# 暖卫通风空调工程施工组织设计实例集

欧阳金练　欧阳曜　刘建刚　张　洁　杨敬峰　编著

中国建筑工业出版社

**图书在版编目(CIP)数据**

暖卫通风空调工程施工组织设计实例集/欧阳金练等
编著.—北京:中国建筑工业出版社,2004
ISBN 7 - 112 - 07048 - 1

Ⅰ.暖… Ⅱ.欧… Ⅲ.①采暖设备—建筑安装工
程—工程施工—施工组织—案例②卫生设备—建筑安装
工程—工程施工—施工组织—案例③通风设备—建筑安
装工程—工程施工—施工组织—案例④空气调节设备—
建筑安装工程—工程施工—施工组织—案例 Ⅳ.TU8

中国版本图书馆 CIP 数据核字(2004)第 126742 号

**暖卫通风空调工程施工组织设计实例集**

欧阳金练 欧阳曜 刘建刚 张洁 杨敬峰 编著
\*
中国建筑工业出版社出版、发行(北京西郊百万庄)
新 华 书 店 经 销
广东昊盛彩印有限公司
\*
开本:787×1092 毫米 1/16 印张:41½ 字数:1010 千字
2004 年 12 月第一版 2004 年 12 月第一次印刷
印数:1—3000 册 定价:**90.00** 元
ISBN 7 - 112 - 07048 - 1
TU·6283(13002)

本书共包括八个工程的内容,分别是某办公楼加固整修工程施工组织设计;中国中医研究院广安门医院扩建医用辅助楼及附属工程暖卫通风空调部分施工组织设计;秦皇岛市港口医院医学技术楼、新病房楼暖卫通风空调工程施工组织设计;北京九州通达电子商务有限公司二期固体制剂厂房、综合楼、办公楼工程暖卫与通风空调施工组织设计;中国网通宽带网络研发中心一期工程暖卫、通风、空调施工组织设计;某万寿路活动中心暖卫通风空调工程施工组织设计;广泉小区地下车库工程给水、排水、通风施工组织设计;首都国际机场东西跑道联络通道工程供热、给水、排水安装工程施工组织设计。各个案例从编制依据和采用标准、工程概况、施工中应特别注意的问题、质量目标和保质措施、施工部署、主要分项目施工方法及技术措施、降低成本与成品保护、安全生产及达标措施、施工进度计划和材料进场计划和现场施工用水设计几个方面进行讲解。

本书可供暖卫通风空调专业从业人员编制施工组织设计时参考,也可供相关专业人员使用。

＊　＊　＊

责任编辑　常　燕

# 前　言

一、本实例分五类。即第一类为改建和扩建工程,它们是"某办公楼加固整修工程施工组织设计(暖卫通风空调部分)"。第二类为医院建筑工程,它们是"中国中医研究院广安门医院扩建医用辅助楼及附属工程暖卫通风空调部分施工组织设计"和"秦皇岛市港口医院医学技术楼、新病房楼暖卫通风空调工程施工组织设计"。第三类为制药厂房和通讯机房工程,它们是"北京九州通达电子商务有限公司二期固体制剂厂房、综合楼、办公楼工程暖卫与通风空调施工组织设计"和"中国网通宽带网络研发中心一期工程暖卫、通风、空调施工组织设计"。第四类为大型活动中心工程,它是"××万寿路活动中心暖卫通风空调工程施工组织设计"。第五类为地下车库和大型市政工程,它们是"广泉小区地下车库工程给水、排水、通风施工组织设计"和"首都国际机场东西跑道联络通道工程供热、给水、排水安装工程施工组织设计"。另外提供了"暖卫通风空调工程施工组织设计参考稿"供编制施工组织设计参改。

二、当了解到编写施工组织设计有一定的模式和规律后,通过实践就可以了解到比较难以掌握的是工程简介部分的编写。这也不难理解,因为它是编写好施工组织设计和搞好工程施工质量的关键。尽管此部分的表达方式有文字叙述、列表表示、横向树枝状框图表示等多种形式。但是如何编写好,达到既简明扼要,又表达清晰,就得靠个人的专业知识水平和文字编写水平了。

三、其他通用性比较强部分也一样。虽然它们有共性,但是编写格式和表达方式应依据具体工程设计的思路,灵活调整和补充有针对性的内容。即使有了"暖卫通风空调工程施工组织设计参考稿",但是对于一个具体工程施工组织设计能否编写好,尚须依赖本人的业务知识、工作经验和文字书写水平。

四、关于各个实例中插图、表格和文字内容相互重复问题的处理。由于各个实例反映一个实际工程,考虑到如果各个实例中相互重复部分采用相互引用的办法,将出现两个问题。

1. 破坏每个实例的完整性,使得后面的实例显得支离破碎,文章结构很不完整。

2. 对于施工现场从实际工作经验提升起来,而专业技术理论比较欠缺的管理人员的阅读和应用带来一定的困难。

因此,没有采取相互引用的排版方式。

五、各个施工组织设计实例中引用的图纸编号是该项工程建设方提供的图纸设计编号,因此,在书中找不到出处。

六、由于各个实例中由产品样本扫描、数码照相机照相获得的彩色插图排版时,因由彩色图片转化为黑白图片效果很差,因此将其删除。

# 目 录

# 第一篇　暖卫通风空调工程施工组织设计参考稿及使用说明

# 暖卫通风空调工程施工组织设计
# 参考稿使用说明

## 1 关于编制依据和采用标准

1.1 使用时应依据该工程暖卫通风空调设计的具体项目、采用材料进行删节,删节的内容应不仅整段无关内容,也包括某项、某节、某段中的部分内容,甚至表格中的某些内容。

1.2 使用时应依据国家新颁布的规范、规程及相关规定进行更新和增补。

1.3 使用时与该工程无关的规范、规程及相关规定、图册不应出现在施工组织设计内容中。

## 2 关于工程概况的编制

2.1 参考稿中采用了"文字叙述法"、"列表法"、"倒树枝状流程框图法"和"简明系统图表达法",建议采用后三种方法表达比较简明扼要,且缩短篇幅。

2.2 土建工程概况采用参考稿的列表法比较好,主要是它符合总公司关于施工组织设计的格式要求;又能表达各层建筑的使用功能,为后文通风空调的调试及施工技术措施作好铺垫,使阅读者了解通风空调采取相关措施和调试方法的必要性。

## 3 关于施工组织机构和管理网络中成员的署名问题

在投标稿中不允许出现任何人名和公司的名称和标记,因此只须标明人员的职称(如经理、主任工程师等),可以不必标明人名;但是在现场实际指导施工的施工组织设计,则必须标明具体人员的名称,故在参考稿中就出现很多"×××"的符号。

## 4 关于其他内容的应用

4.1 应依据具体工程的实际情况进行适当的调整。如采用施工工具和测试仪表;试验检测项目和采用标准(如试验压力标准、是否作通球试验、施工水泵的扬程和流量等)应依据工程的设计标准、工程性质按规范、规程的相应要求进行调整,不得生搬硬套。

4.2 施工技术措施不应被参考稿中的内容限制住,应发挥自己的聪明才智,加以增补与更新;但是试验标准、施工质量标准、技术措施应是惟一的,不得照抄规范用语,提供一个不明确的范围。

## 5 编写时不必说明一般常识性的施工流程

如管道安装的基本流程:预留孔洞、下料、安装、试压、保温等。

## 6  关于原件中插图问题

由于某些插图是由产品样本扫描、数码照相等获得的彩色图片，在排版转化为黑白图片时，效果极为不好，直接影响版面的效果，因此将其删除。敬请读者见谅。

# 1 编制依据和采用标准、规程

## 1.1 编制依据

编制依据见表 1.1.1－1。

编制依据                                        表 1.1.1－1

| 1 | ××工程施工合同 |
|---|---|
| 2 | 北京市××建筑设计研究院工程设计号××－××"××"工程暖卫通风空调工程施工图设计图纸 |
| 3 | 总公司 ZXJZ/TX 0100—2002《综合管理手册》 |
| 4 | 总公司 ZXJZ/TX 0209—2002《施工组织设计管理程序》 |
| 5 | 工程设计技术交底、施工工程概算、现场场地概况 |
| 6 | 国家及北京市有关文件规定 |

## 1.2 采用标准和规程

采用标准和规程见表 1.1.1－2。

采用标准和规程                                    表 1.1.1－2

| 序号 | 标准编号 | 标 准 名 称 |
|---|---|---|
| 1 | GB 50242—2002 | 建筑给水排水与采暖工程施工质量验收规范 |
| 2 | GB 50243—2002 | 通风与空调工程施工质量验收规范(2002 年修订版) |
| 3 | GB 50038—94 | 人民防空地下室设计规范 |
| 4 | GB 50041—92 | 锅炉房设计规范 |
| 5 | GB 50045—95 | 高层民用建筑设计防火规范(2001 年修订版) |
| 6 | GB 50073—2001 | 洁净厂房设计规范 |
| 7 | GB 50098—98 | 人防工程设计防火规范(2001 年修订版) |
| 8 | GB 50151—92 | 低倍数泡沫灭火系统设计规范(2000 年修订版) |
| 9 | GB 50166—92 | 火灾自动报警系统施工及验收规范 |
| 10 | GB 50193—93 | 二氧化碳灭火系统设计规范(1999 年修订版) |
| 11 | GB 50219—95 | 水喷雾灭火系统设计规范 |

| 序号 | 标准编号 | 标 准 名 称 |
|------|----------|-------------|
| 12 | GB 50231—98 | 机械设备安装工程施工及验收通用规范 |
| 13 | GB 50235—97 | 工业金属管道工程施工及验收规范 |
| 14 | GB 50236—98 | 现场设备、工业管道焊接工程施工及验收规范 |
| 15 | GB 50261—96 | 自动喷水灭火系统施工及验收规范 |
| 16 | GB 50263—97 | 气体灭火系统施工及验收规范 |
| 17 | GB 50264—97 | 工业设备及管道绝热工程设计规范 |
| 18 | GB 50268—97 | 给水排水管道工程施工及验收规范 |
| 19 | GB 50270—98 | 连续输送设备安装工程施工及验收规范 |
| 20 | GB 50273—98 | 工业锅炉安装工程施工及验收规范 |
| 21 | GB 50274—98 | 制冷设备、空气分离设备安装工程施工及验收规范 |
| 22 | GB 50275—98 | 压缩机、风机、泵安装工程施工及验收规范 |
| 23 | GB 6245—98 | 消防泵性能要求和试验方法 |
| 24 | CJJ 33—89 | 城镇燃气输配工程施工及验收规范 |
| 25 | CJJ 63—95 | 聚乙烯燃气管道工程技术规程 |
| 26 | CECS 14:89 | 游泳池给水排水设计规范 |
| 27 | CECS 17:2000 | 埋地硬聚氯乙烯给水管道工程技术规程(代替 CECS 17:90 和 CECS 18:90) |
| 28 | CECS 41:92 | 建筑给水硬聚氯乙烯管道设计与施工验收规范 |
| 29 | CECS 94:97 | 建筑排水用硬聚氯乙烯螺旋管管道工程设计、施工及验收规范 |
| 30 | CECS 105:2000 | 建筑给水铝塑复合管道工程技术规程 |
| 31 | CECS 108:2000 | 公共浴室给水排水设计规程 |
| 32 | CECS 125:2001 | 建筑给水钢塑复合管道工程技术规程 |
| 33 | CECS 126:2001 | 叠层橡胶支座隔震技术规程 |
| 34 | CJJ/T 29—98 | 建筑排水硬聚氯乙烯管道工程技术规程 |
| 35 | CJJ/T 81—98 | 城镇直埋供热管道工程技术规程 |
| 36 | JGJ 26—95 | 民用建筑节能设计标准(采暖居住建筑部分) |
| 37 | JGJ 71—90 | 洁净室施工及验收规范 |
| 38 | GBJ 14—87 | 室外排水设计规范(1997 年版) |
| 39 | GBJ 15—88 | 建筑给水排水设计规范(1997 年版) |

| 序号 | 标准编号 | 标 准 名 称 |
|------|----------|-------------|
| 40 | GBJ 16—87 | 建筑设计防火规范(1997年版) |
| 41 | GB 50019—2003 | 采暖通风与空气调节设计规范 |
| 42 | GBJ 67—84 | 汽车库设计防火规范 |
| 43 | GBJ 84—85 | 自动喷水灭火系统设计规范 |
| 44 | GBJ 93—86 | 工业自动化仪表工程施工及验收规范 |
| 45 | GBJ 126—89 | 工业设备及管道绝热工程施工及验收规范 |
| 46 | GBJ 134—90 | 人防工程施工及验收规范 |
| 47 | GBJ 140—90 | 建筑灭火器配置设计规范(1997 版) |
| 48 | GB 50184—93 | 工业金属管道工程质量检验评定标准 |
| 49 | GB 50185—93 | 工业设备及管道绝热工程质量检验评定标准 |
| 50 | GB 50352—2001 | 民用建筑工程室内环境污染控制规范 |
| 51 | GB/T 16293—1996 | 医药工业洁净室(区)悬浮菌的测试方法 |
| 52 | GB/T 16294—1996 | 医药工业洁净室(区)沉降菌的测试方法 |
| 53 | DBJ 01—26—96 | 北京市建筑安装分项工程施工工艺规程(第三分册) |
| 54 | DBJ 01—605—2000 | 新建集中住宅分户热计量设计技术规程 |
| 55 | DBJ/T 01—49—2000 | 低温热水地板辐射供暖应用技术规程 |
| 56 | GB/T 3091—1993 | 低压流体输送用镀锌焊接钢管 |
| 57 | GB/T 3092—1993 | 低压流体输送用焊接钢管 |
| 58 | 劳动部(1990) | 压力容器安全技术监察规程 |
| 59 | 劳动部(1996)276 号 | 蒸汽锅炉安全技术监察规程 |
| 60 | 劳动部(1997) | 热水锅炉安全技术监察规程 |
| 61 | 建设部(2000)第 76 号令 | 关于实施《民用建筑节能管理规定》 |
| 62 | | FT 防空地下室通用图(通风部分) |
| 63 | 京 01SSB1 | 新建集中供暖住宅分户热计量设计和施工试用图集 |
| 64 | 91SB 系列 | 华北地区标准图册 |
| 65 | 国家建筑标准设计图集 | 暖通空调设计选用手册 上、下册 |
| 66 | 98T901 | 《管道及设备保温》 中国建筑标准设计研究所 |
| 67 | 99S201 | 《消防水泵结合器安装》 中国建筑标准设计研究所 |
| 68 | 99S202 | 《室内消火栓安装》 中国建筑标准设计研究所 |

# 2 工程概况

## 2.1 工程简介(例)

### 2.1.1 建筑设计的主要元素(表1.1.2-1)

建筑设计的主要元素                                                 表1.1.2-1

| 项　　目 | 内　　　　容 |
|---|---|
| 工程名称 | ××工程 |
| 建设单位 | ×× |
| 设计单位 | 北京市××建筑设计研究院 |
| 监理单位 | ×× |
| 地理位置 | 北京市××区××街××号 |
| 建筑面积 | ××.××m² |
| 建筑层数 | 地下两层,地上九层 |
| 檐口高度 | ××.××m |
| 建筑总高度 | ××.××m |
| 结构形式 | 现浇钢筋混凝土框架剪力墙结构 |
| 人防等级 | 人防×级 |
| 抗震烈度 | 抗震烈度8度 |
| 安全等级 | 二级 |
| 耐火等级 | 二级 |
| 节能要求 | ××% |

### 2.1.2 建筑各层的主要用途(表1.1.2-2)

建筑各层的主要用途                                                 表1.1.2-2

| 层数 | 层高(m) | 用　　　　　　途 | |
|---|---|---|---|
| | | (A)~(G)轴 | (G)~(L)轴 |
| -2 | 3.30 | 汽车车库(地面标高-9.80) | 六级人防兼汽车车库(地面标高-9.80) |
| -1 | | 汽车车库(地面标高-5.50,层高3.20) | 设备机房和后勤办公用房(地面标高-5.85、层高3.95) |

| 层数 | 层高(m) | 用 途 | |
|---|---|---|---|
| | | (A)~(G)轴 | (G)~(L)轴 |
| 1 | 3.90 | — | 大堂、血透中心、供应室、消防及监控中心 |
| 2 | 3.50 | — | 图书馆及档案室 |
| 3 | 3.50 | — | 医务办公室 |
| 4 | 3.50 | — | 会议室及基础研究室 |
| 5 | 3.50 | — | 基础研究实验室 |
| 6 | 3.50 | — | 动物室及同位素研究室等 |
| 7、8 | 4.05 | — | 音像中心、大会议室及附属用房 |
| 9 | | — | 电梯机房和热交换间、水箱间 |

# 2.2 供暖工程(例一)

## 2.2.1 热源和设计参数

1. 热源:院内锅炉房及小区的热水供暖热力管网,热媒参数85℃/60℃热水。
2. 室内设计参数(表1.1.2-3)。

室内设计参数　　　　　　　　　　　　　表1.1.2-3

| 房间名称 | 夏季室内温度(℃) | 夏季室内相对湿度(%) | 冬季室内温度(℃) | 冬季室内相对湿度(%) | 新风补给量(m³/h) | 排风换气次数(次/h) | 噪声dB(A) |
|---|---|---|---|---|---|---|---|
| 招待用房 | 24 | <50 | 20 | >35 | 50/床 | — | 35 |
| 保龄球场 | 24 | <50 | 22 | >35 | 40/人 | 按发热量计算 | — |
| 网球场 | 24 | <50 | 22 | >35 | 40/人 | — | — |
| 健身房 | 24 | <50 | 22 | >35 | 35/人 | — | 45 |
| 游泳场 | 30 | ≤70 | 30 | ≤70 | 按补风计 | 按发湿量计算 | 45 |
| 多功能厅 | 24 | <50 | 20 | >35 | 35/人 | — | 40 |
| 电影报告厅 | 24 | <50 | 20 | >35 | 35/人 | — | 40 |
| 餐 厅 | 24 | <50 | 20 | >35 | 40/人 | — | 45 |
| 更衣、淋浴室 | 25 | <50 | 25 | >35 | 按补风计 | 10 | 40 |
| 美容院 | 24 | <50 | 20 | >35 | 按补风计 | 10 | 40 |
| 办公室、会议室 | 24 | <50 | 20 | >35 | 35/人 | — | 40 |

| 房间名称 | 夏季室内温度(℃) | 夏季室内相对湿度(%) | 冬季室内温度(℃) | 冬季室内相对湿度(%) | 新风补给量(m³/h) | 排风换气次数(次/h) | 噪声dB(A) |
|---|---|---|---|---|---|---|---|
| 台球室 | 24 | <50 | 20 | >35 | 35/人 | — | 45 |
| 乒乓球室 | 24 | <50 | 20 | >35 | 35/人 | — | 45 |
| 单间客房 | 24 | <50 | 20 | >35 | 100/人 | — | 35 |
| 综合馆 | 24 | <50 | 22 | >35 | 40/人 | — | 45 |
| 地下车库 | — | — | — | — | — | 5 | — |
| 水泵房 | — | — | — | — | — | 4 | — |
| 公共厕所 | — | — | — | — | — | 10 | — |
| 冷冻机房 | — | — | — | — | — | 7 | — |

3. 设计元数:热媒参数为85℃/60℃热水,建筑总热负荷为 $Q = 650kW$,系统总阻力 $H_h = 20kPa$,设计最大系统工作压力 $P = 0.80MPa$,见表1.1.2-4。

**供暖设计元数**　　　　　　　　　　　　　　　　表1.1.2-4

| 建筑总热负荷(kW) | 650 | |
|---|---|---|
| 供暖分系统名称 | R1 | R2 |
| 供暖系统热负荷(kW) | R1 = 340 | R2 = 310 |
| 系统总阻力(kPa) | 20 | |
| 供暖系统配管形式 | 上供下回双立管同程顺流式系统 | |
| 供回水干管敷设位置 | 供水干管敷设在屋顶天沟内,回水干管敷设在设备层顶板底下;人防工程供回水干管敷设在人防层顶板下 | |
| ★设计系统工作压力(MPa) | 0.75(地上)、0.80(地下一层人防掩蔽室) | |
| 设计系统试验压力(MPa) | 1.0 | |

注:★因为外网均为高压系统,因此各建筑供暖系统的工作压力均与外网的整体工作压力有关。

### 2.2.2 热力入口位置、系统供回水干管的直径和标高(表1.1.2-5)

**热力入口位置、系统供回水干管的直径和标高**　　　　　表1.1.2-5

| | 分系统编号 | R1 | R2 |
|---|---|---|---|
| 热力入口位置 | 外墙编号 | J轴 | J轴 |
| | 入口区间 | 1/8轴南侧 | (4)-(5)轴之间 |
| | 入口层数 | 地下设备层 | |

| 供暖范围 | 建筑北半部 | 建筑南半部 |
|---|---|---|
| 系统供水引入干管的直径(mm) | 80 | 80 |
| 系统回水引出干管的直径(mm) | 80 | 80 |
| 供水引入干管的标高(m) | − 1.50 | − 1.50 |
| 回水引出干管的标高(m) | − 1.50 | − 1.50 |
| 散热器型号 | 铸铁四柱760额定压力1.0MPa散热器、厨房卫生间为双排闭式钢穿片 | |
| 采用管道的材质与连接方法 | 管道的材质为焊接钢管,连接方式 $DN \leqslant 32$ 为丝扣连接,$DN \geqslant 40$ 为焊接连接 | |
| 管道防腐 | 防锈漆两道,银粉漆两道 | |
| 阀门材质 | 阀门 $DN \geqslant 70$ 采用双偏心钢制对夹蝶阀,聚四氟乙烯密封;$DN \leqslant 50$ 采用铜质闸阀 | |
| 管道保温材料 | $\delta = 40mm$ 岩棉管壳 | |

## 2.2.3 系统划分

### 1. 散热器供暖系统(表 1.1.2 − 6)

散热器供暖系统                                                表 1.1.2 − 6

| 系统编号 | 主干管直径 $DN$ | 系统形式 | 支路编号 | 主管直径 $DN$ | 供 应 范 围 | 立管编号 |
|---|---|---|---|---|---|---|
| 1 | 70 | 下供下回双管同程 | 1 | 50 | 供应地下夹层至地上三层供暖房间 | 立管 1 ~ 18 |
| | | | 19 | 32/25 | 地上二层至地上三层供暖房间 | 19 系统 |
| 2 | 50 | 下供下回双管同程 | 20 | 25 | 三层 3 号网球场北侧 | 六组散热器 |
| | | | 21 | | 三层 3 号网球场南侧 | 九组散热器 |
| | | | 22 | | 三层 2 号网球场北侧 | 十组散热器 |
| | | | 23 | | 三层 2 号网球场南侧 | 九组散热器 |
| 3 | 40 | 下供下回双管同程 | 24 | 25 | 三层 1 号网球场北侧 | 八组散热器 |
| | | | 25 | 32 | 三层 1 号网球场南侧 | 十组散热器 |
| 4 | 50 | 下供下回双管同程 | 26 | 25 | 一层警卫、消防报警、消防控制值班、二层办公室 | 共九组散热器 |
| | | | 27 | 40 | 二、三、四层招待用房 | 十九组散热器 |

| 系统编号 | 主干管直径 $DN$ | 系统形式 | 支路编号 | 主管直径 $DN$ | 供 应 范 围 | 立管编号 |
|---|---|---|---|---|---|---|
| | 40 | | 28 | 32 | 二、三、四层招待用房 | 十二组散热器 |
| 5 | 改为 32 | 下供下回双管同程 | 29 | 25 | 一层餐厅、二层电梯前室 | 二组散热器 |
| | | | 30 | 25 | 一层餐厅 | 二组散热器 |
| | | | 31 | 25 | 二层大台球厅 | 二组散热器 |
| | | | 32 | 25 | 一层中餐厅、客厅 | 二组散热器 |
| | | | 33 | 25 | 一层服务台、走道 | 二组散热器 |
| | | | 34 | 25 | 一层招待用房 | 一组散热器 |

**2. 低温地板辐射供暖系统**(表 1.1.2 – 7)

低温地板辐射供暖系统　　　　　　　　　　　　表 1.1.2 – 7

| 系统编号 | 主干管直径 $DN$ | 系统形式 | 支路编号 | 主管直径 $DN$ | 供 应 范 围 | 立管编号 |
|---|---|---|---|---|---|---|
| 1 | 70 | 单管水平异程式 | 1 | 50 | 一层大厅 | 2 套 |
| | | | 2 | – | 一层 1/H 轴以北游泳池淋浴和更衣室 | 1 套 |
| | | | 3 | 40/32 | 一层 1/H 轴以南游泳池淋浴和更衣室及 J 轴以北游泳池内 | 2 套 |
| 2 | 40 | | 4 | 40 | 一层 1/H 轴以南游泳池内 | 1 套 |

# 2.3　通风空调工程(例一)

## 2.3.1　一般送排风工程(表 1.1.2 – 8)

通风空调一般排风工程　　　　　　　　　　　　表 1.1.2 – 8

| 类型 | 系统编号 | 服务范围 | 设备名称 | 型号 | 规　　格 | 数量 | 单位 |
|---|---|---|---|---|---|---|---|
| 排风系统 | P – 1 | 地下一层普通中药成品储存区 | 斜流风机 | GXF5.5A | $L = 7891 \text{m}^3/\text{h}$、$H = 427\text{Pa}$、$N = 1.5\text{kW}$ | 1 | 台 |
| | | | 排风竖井 | 土建式 | 500 × 1500 | 1 | 个 |
| | | | 回风口 | FK – 20 | 100 × 300 | 1 | 个 |
| | | | 回风口 | FK – 20 | 300 × 450 | 5 | 个 |

| 类型 | 系统编号 | 服务范围 | 设备名称 | 型号 | 规 格 | 数量 | 单位 |
|------|---------|---------|---------|------|------|------|------|
| 排风系统 | P-2 | 地下一层阴凉药品成品库区 | 斜流风机 | GXF6A | $L=13488\text{m}^3/\text{h}、H=298\text{Pa}、N=2.2\text{kW}$ | 1 | 台 |
| | | | 排风竖井 | 土建式 | $500\times2000$ | 1 | 个 |
| | | | 回风口 | FK-20 | $250\times400$ | 2 | 个 |
| | | | 回风口 | FK-20 | $300\times500$ | 2 | 个 |
| | | | 回风口 | FK-20 | $300\times550$ | 2 | 个 |
| | P-3 | 地下一层制冷站、循环水设施机房 | 斜流风机 | GXF4.5A | $L=4971\text{m}^3/\text{h}、H=206\text{Pa}、N=0.55\text{kW}$ | 1 | 台 |
| | | | 排风百叶窗 | 防水型 | $800\times700$ | 1 | 个 |
| | | | 回风口 | FK-20 | $250\times400$ | 4 | 个 |
| | P-15 | 地下一层阴凉药品成品库区 | 新风换气机组 | XHB-D26型 | $L=2600\text{m}^3/\text{h}、H=170\text{Pa}、N=0.83\text{kW}$ | 1 | 台 |
| | | | 进风竖井 | 土建式 | $300\times700$ | 1 | 个 |
| | | | 排风竖井 | 土建式 | $300\times800$ | 1 | 个 |
| | | | 送风口 | FK-20 | $250\times250$ | 5 | 个 |
| | | | 回风口 | FK-20 | $250\times250$ | 5 | 个 |

### 2.3.2 消防送排风和排烟工程

**1. JGF-1-7排烟风机消防排烟系统(图1.1.2-1)**

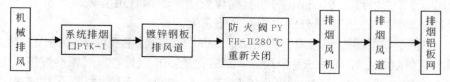

图1.1.2-1 JGF-1-7排烟风机消防排烟系统

**2. JGF-1-5机械补风系统(图1.1.2-2)**

图1.1.2-2 JGF-1-5机械补风系统

### 2.3.3 人防通风工程

**1. 人防等级及设计概况**

人防部分位于地下二层,人防设计的抗力等级为六级;人防消防设计为一个防火区、两个防烟分区;通风系统的设计采用清洁式和隔绝式两种通风方式;同时在用途上设计为平战结合,平时为汽车库,战时为防空地下室。

2. 人防通风系统的设计

(1)清洁式通风系统:由清洁式送风系统和排风系统组成,排风系统的设计见图2.4.1 - B款。清洁式送风系统的流程见图1.1.2 - 3。

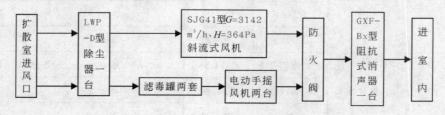

图1.1.2 - 3 人防通风系统

(2)隔绝式通风:隔绝式通风的流程见图1.1.2 - 3下半部流程。

(3)卸压系统设计:设计有两套4XPS - D250超压排气阀,当室内压力超过规定压力时,排气阀打开排气卸压。

(4)测压系统:由 $P = 1000Pa$ 的 U 形测压计及材质为镀锌钢管 $DN = 15$ 的测压管等组成一套测压系统承担。

### 2.3.4 通风系统的材质与安装要求

1. 排风及消防排烟通风系统:管道采用 $\delta = 1.2mm$ 优质冷轧钢板卷折焊接成型。管道采用法兰连接,法兰角钢采用首钢优质产品,排风风道法兰垫料为9501阻燃型密封胶带;排烟风道法兰垫料为 $\delta = 3mm$ 的厚石棉橡胶垫。通风管道应做漏光检测。风道除锈后内外刷防锈漆一道,安装后外表再刷防锈漆两道。

2. 人防通风道系统:预埋短管采用 $\delta \geqslant 3mm$ 优质冷轧钢板卷折气密性焊接成型;人防进风管道(风机以前)$DN \leqslant 500$ 采用 $\delta = 2mm$ 优质冷轧钢板卷折气密性焊接成型。风机以后送风管道的材质 $DN \leqslant 200$ 圆形风道和长边 $L \leqslant 200mm$ 矩形风道,采用 $\delta = 0.5mm$ 优质冷轧钢板折边咬口成型;$DN = 375 \sim 500$ 的圆形风道和长边 $L = 200 \sim 500mm$ 的矩形风道,采用 $\delta = 0.75mm$ 优质冷轧钢板折边咬口成型;长边 $L = 500 \sim 1000mm$ 的矩形风道,采用 $\delta = 1.0mm$ 优质冷轧钢板卷折气密性焊接成型。风道连接采用法兰连接,风道法兰垫料为9501阻燃型密封胶带。冷轧钢板风道除锈后内外刷防锈漆一道,安装后外表再刷防锈漆两道。通风管道安装后应做漏光检测。

# 2.4 通风与空调工程(例二)

## 2.4.1 通风系统的划分

1. 送风兼消防补风系统的划分

计有 S1－1、S1－2、S1－3、S1－4、S2－1、S2－2、S2－3、S2－4、S3－1、S3－2、S3－3/4 十一个系统。

2．排风和排烟系统的划分(表1.1.2－9)

3．通风系统和排风、排烟系统的运行

(1) 平时系统的运行：平时系统是处于正常的进行排烟和排风运行状态。此时熔断片熔断温度为70℃的防火阀和280℃的常开防火阀处于开启状态，而280℃的常闭防火阀处于关闭状态。

排风和排烟系统的划分　　　　　　　　　　表1.1.2－9

| 系统编号 | 服务范围 | 设备名称 | 型号 | 规　　格 | 数量 | 单位 |
|---|---|---|---|---|---|---|
| S1－1 | 地下一层A段送风兼消防补风系统 | 送风机 | GXF7－B | $L=14500\text{m}^3/\text{h}$、$H=540\text{Pa}$、$N=4.0\text{kW}$ | 1 | 台 |
| | | 防火阀 | 280℃ | 1250×500 常开 | 1 | 套 |
| | | 防火阀 | 280℃ | 1000×250 常开 | 1 | 套 |
| | | 消声静压箱 | — | 风机进出口各一台，规格不详 | 2 | 台 |
| S1－2 | 地下一层B段送风兼消防补风系统 | 送风机 | GXF10－S | $L=31000/48500\text{m}^3/\text{h}$、$H=620/1090\text{Pa}$、$N=10/20\text{kW}$ | 1 | 台 |
| | | 射流风机 | DA－1 | $N=210\text{W}$ | 7 | 台 |
| | | 防火阀 | 280℃ | 3200×600 常开 | 1 | 套 |
| | | 防火阀 | 280℃ | 1250×320 常开 | 1 | 套 |
| | | 消声静压箱 | — | 风机进出口各一台，规格不详 | 2 | 台 |
| S1－3 | 地下一层C段送风兼消防补风系统 | 送风机 | GXF8－S | $L=25000/38000\text{m}^3/\text{h}$、$H=480/1090\text{Pa}$、$N=5.5/17\text{kW}$ | 1 | 台 |
| | | 射流风机 | DA－1 | $N=210\text{W}$ | 8 | 台 |
| | | 防火阀 | 280℃ | 2800×550 常开 | 1 | 套 |
| | | 消声静压箱 | — | 风机进出口各一台，规格不详 | 2 | 台 |
| S1－4 | 地下一层D段送风兼消防补风系统 | 送风机 | GXF9－S | $L=26500/40000\text{m}^3/\text{h}$、$H=690/1380\text{Pa}$、$N=8/24\text{kW}$ | 1 | 台 |
| | | 射流风机 | DA－1 | $N=210\text{W}$ | 9 | 台 |
| | | 防火阀 | 280℃ | 1650×500 常开 | 2 | 套 |
| | | 消声静压箱 | — | 风机进出口各一台，规格不详 | 2 | 台 |
| S2－1 | 地下二层A段送风兼消防补风系统 | 送风机 | GXF7－S | $L=14000/22000\text{m}^3/\text{h}$、$H=540/1230\text{Pa}$、$N=4.0/12\text{kW}$ | 1 | 台 |
| | | 防火阀 | 280℃ | 1800×500 常开 | 1 | 套 |
| | | 消声静压箱 | — | 风机进出口各一台，规格不详 | 2 | 台 |

| 系统编号 | 服务范围 | 设备名称 | 型号 | 规格 | 数量 | 单位 |
|---|---|---|---|---|---|---|
| | | | | ...... | | |
| S3－3/4 | 地下二层 C/D 段送风兼消防补风系统 | 送风机 | GXF11－S | $L = 36000/55000\text{m}^3/\text{h}$、$H = 700/1100\text{Pa}$、$N = 10/20\text{kW}$ | 1/1 | 台 |
| | | 射流风机 | DA－1 | $N = 210\text{W}$ | 9/6 | 台 |
| | | 防火阀 | 280℃ | 3400×650 常开 | 1/0 | 套 |
| | | 防火阀 | 280℃ | 3200×550 常开 | 0/1 | 套 |
| | | 防火阀 | 280℃ | 1250×400 常开 | 0/1 | 套 |
| | | 消声静压箱 | — | 风机进出口各一台,规格不详 | 2/2 | 台 |

(2) 火灾时系统的运行:火灾时系统是处于进行排烟、排风和对该消防防火分区进行补风的运行状态,此时系统的熔断片熔断温度为 70℃ 的防火阀和 280℃ 的常开防火阀处于开启状态,并打开系统的熔断片熔断温度为 280℃ 的常闭防火阀,使其处于开启状态。

(3) 系统运行处于关闭状态:当火灾烟气温度超过 280℃ 时,关闭系统的排烟、排风和补风机,系统完全处于停止运行状态。

(4) 人防隔绝通风:战时关闭所有排烟、排风系统和地下一层、地下二层的送风系统,仅运行地下三层的送风系统,运行时将系统的室外进风管上的插板阀关闭、将室内循环的回风管上的插板阀打开,进行内部的隔绝式循环通风。

(5) 平时送风系统的运行:当存车数量较少时,双速风机处于低速运行状态;当存车数量较多时,双速风机处于高速运行状态。

4. 通风系统的材质和连接方式

(1) 送风、排风、排烟系统:机房内系统风道的配管采用冷轧薄钢板风道外,其余风道均采用优质复合改性菱镁无机玻璃钢风道,其厚度(含附件)见表 1.1.2 - 10。复合改性菱镁无机玻璃钢风道采用 1:1 经纬线的玻璃纤维布增强,树脂的重量含量应为 50% ~ 60%。玻璃钢法兰规格见表 1.1.2 - 11;钢板风道法兰采用优质型钢(角钢)。

玻璃钢风道的厚度　　　　　　表 1.1.2 - 10

| 层数 | 系统编号 | 风道和附件材质 | 风道长边或直径尺寸(mm) | 厚度 δ (mm) | 弯头半径 R 和弯头内导流片的参数 |
|---|---|---|---|---|---|
| －1 | S1－1~4、$P_Y$1－1~4、P1－1~4 | | 630≥L | 5.5 | |
| －2 | S2－1~4、$P_Y$2－1~4、P2－1~4 | 复合改性菱镁无机玻璃钢 | 1000≤L≤1500 | 6.5 | 片数 ≥2、厚度 $\Delta = 2\delta$、片间距≥60、弯头半径 $R = D$ |
| －3 | S3－1~4、$P_Y$3－1~4、P3－1~4 | | 1600≤L≤2000 | 7.5 | |
| — | — | | L>2000 | 8.5 | |
| — | 机房内的配管风道 | 冷轧薄钢板 | | $\delta≥3\text{mm}$ | — |

| 层数 | 系统编号 | 风道和附件材质 | 风道长边或直径尺寸(mm) | 厚度δ(mm) | 弯头半径R和弯头内导流片的参数 |
|---|---|---|---|---|---|
| — | 消声静压箱 | δ=1.5mm镀锌钢板内贴δ=50mm海绵 | | | |
| — | 穿楼板或墙风道 | 风道与结构物之间间隙采用岩棉充填 | | | — |

玻璃钢法兰规格

表 1.1.2－11

| 矩形风道长边边长或圆形风道直径的尺寸 | 法兰规格(宽×厚) | 螺栓规格 | 法兰处的密封垫片 | |
|---|---|---|---|---|
| | | | 一般风道 | 排烟风道 |
| ≤400 | 30×4 | M8×25 | 9501胶带 | 石棉橡胶垫 |
| 420~1000 | 40×6 | M8×30 | | |
| 1060~2000 | 50×8 | M10×35 | | |

(2)机房内风机的减振:吊装风机采用减振吊架、安装在地面机座上的风机和射流风机的减振采用弹簧减振器。

### 2.4.2 空调工程

1. 地下一层(1)~(8)轴间的空调送排风系统

(1)新风系统:由一台 BFPX－60WMYQⅢ2 型新风机组、消声器、蝶阀、调节阀、FH－Ⅰ型(t=70℃)防火阀、800×400 铝板网进风口及分布于地下一层的送风管道、送风口等组成。

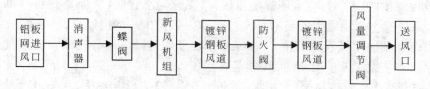

(2)回风系统:由一台 IDG－5.0F 轴流式管道风机、消声器、蝶阀、FH－Ⅰ型(t=70℃)防火阀、800×300 铝板网排风口及分布于地下一层的回风管道、回风口等组成。

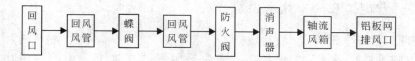

2. 空气幕的设置:安设于首层主入口大门中间,型号为 RM－151－2－S－Y。

3. 风机盘管自然补风空调系统:主要服务于地下一层(1)~(8)轴间机房、库房、地下食堂等,地上一层(1)~(8)轴间库房、服务台等,地上2~4层全部和地上5、6层客房的空气调节。

（1）空调系统的冷热源：为该院室外空调冷热水管网供应，入口位于建筑西南角地下一层（1）轴东侧，供回水干管管径为 $DN = 125$，入口处室外管道标高为 -1.80m。

（2）空调冷热水管道系统的划分：该系统为下送下回系统，供回水干管沿地下一层顶板下敷设，供回水立管共分 29 组，分别将空调冷热水送到各房间的风机盘管机组处。

4．风机盘管加新风系统：共计 20 个系统。

……

7．VRV 变频分体式空调机组

（1）变频分体式空调室内机：制冷量 $L = 3kW$，共 7 台，安装在 4、5、6 层中央讨论室各 2 台、7 层中央讨论室 1 台。

（2）变频分体式空调室外机：型号为 RX8KY1 型、制冷量 $L = 23kW$、功率 $N = 5.7kW$，安装在（2）-（3）轴间的 7 层屋顶上。

（3）室内机与室外机制冷剂输送管道的连接：室内机与室外机制冷剂输送管道的连接尚无设计详图。

8．通风空调系统的材质与安装要求

（1）排风及消防排烟通风系统：管道采用优质镀锌钢板咬口制作。管道采用法兰连接，法兰角钢采用首钢优质产品，排风风道法兰垫料为 9501 阻燃型密封胶带；排烟风道法兰垫料为 $\delta = 3mm$ 的厚石棉橡胶垫。通风管道应做漏光检测。风道除锈后内外刷防锈漆一道，安装后外表再刷防锈漆两道。

（2）空调送、回风系统：管道采用优质镀锌钢板，厚度随管道断面尺寸大小不同而异，详见 91SB6-2-3，但穿防火墙至防火阀处的风道采用 $\delta = 2mm$ 优质镀锌钢板。管道采用镀锌法兰连接，垫料为 9501 阻燃型密封胶带。矩形风道当长度 $L > 1200mm$、大边宽度 $b > 700mm$ 的应加固；风道宽高比 $\geqslant 3$ 时应增加中隔板。矩形风道分叉三通，当支管与主管底（或顶）相距 $\leqslant 150mm$ 时，应采用弧形连接；当支管与主管底（或顶）相距 $> 150mm$ 时，可采用插入式连接。屋顶露天安装的排风管道采用 $\delta = 2mm$ 钢板制作，外表面采用环氧煤沥青防腐。空调送回风管道采用 $\delta = 40mm$ 带加筋铝箔贴面离心玻璃棉板保温。通风空调管道保温前应做漏风量检测，漏风率应小于 10%。

（3）空调冷冻水管道系统：采用焊接钢管，$DN \leqslant 32$ 为丝扣连接，$DN \geqslant 40$ 为焊接连接。管道除锈后刷防锈漆两道，再用阿姆斯壮橡塑隔热材料保温。阀门采用铜质截止阀或蝶阀。

### 2.4.3 空调工程的冷热水供应系统

1．空调工程的冷热源

（1）空调系统的冷源：空调系统的冷源是由安装在地下一层冷冻机房内的两台 WRH-2802 型、制冷量 $L = 729kW$、输入功率 $N = 172kW$、冷冻水进出口温度 $t = 7℃$、入口 $t = 12℃$、冷却水温度 $t = 32℃/37℃$ 的活塞式冷水机组提供，冷冻水进出干管管径 $DN = 150$。

（2）空调系统的热源：空调系统的热源由原医院热力站提供，热媒参数为

$t = 65℃/55℃$，热媒主干管由位于地下一层(12)轴北外墙的(K)轴西侧总入口，热水供回水总干管直径 $DN = 125$。

2．空调工程的冷热水供应系统的划分：空调工程的冷热水供水干管汇合后，进入分水器(分水缸)后引出两路 $DN = 125$ 供水管，沿地下一层顶板下敷设。

………

3．空调系统冷冻水供应的补水系统：空调冷冻水的补水是自来水，由设置在冷冻机房内的两套 TRS – 350 型($G = 3m^3/h$、两个 $\phi350 \times 1600$ 树脂罐、一个 $\phi480 \times 850$ 盐罐)全自动软水器和两台 WY25LD – 8 型($G = 2m^3/h$、$H = 64mH_2O$、$n = 2900r/min$、$N = 1.5kW$)软化水补水泵组成。

4．空调活塞式冷水机组的冷却水循环系统：空调活塞式冷水机组的冷却水循环系统由安装在 7 层屋顶上的两台 LRCM – LN – 150 型、冷却水量 $G = 172m^3/h$、$N = 5.5kW$、噪声 = 55dB(A)超低噪声冷却塔和安装在地下一层冷冻机房内的 SHN – 8 型 $G = 160m^3/h$ 静电水处理器、两台 G160 – 32 – 22NY 型冷却水循环泵组成，冷却水立管 C1、C2($DN = 200$)敷设在 2 号楼梯北侧(H/J) – (J)与(8/9) – (9)网格的管道竖井内。

5．空调冷冻(热水)循环系统的膨胀水系统：空调冷冻(热水)循环系统的膨胀水系统由安装在屋顶热交换间内的有效容积 $V = 1.15m^3$、外形尺寸 $1100mm \times 1100mm \times 1100mm$ 的膨胀水箱和由空调系统回水集水罐接出、安装在 2 号楼电梯的电梯井东侧(7/8) – (8/9)与(H/J) – (J)网格竖井内的 $DN = 40$ 膨胀水立管(K +)组成。

6．空调冷冻(热水)循环系统的材质与安装要求：空调冷冻(热水)循环管道、膨胀管道以及供热引入管道 $DN \leqslant 150$ 均采用焊接钢管，$DN \leqslant 32$ 为丝扣连接，$DN \geqslant 40$ 为焊接连接；空调冷冻(热水)循环管道、冷却水 $DN \geqslant 150$ 均采用无缝钢管，法兰连接；空调冷凝水管道采用 ABS 塑料管道，胶粘连接。空调冷冻(热水)循环管道、膨胀管的管道保温采用 $\delta = 40mm$ 带加筋铝箔贴面的离心玻璃棉管壳保温；分水器、集水器的保温采用 $\delta = 50mm$ 带加筋铝箔贴面的离心玻璃棉管壳保温；冷冻机房内的各种管道和分水器、集水器保温层外加包 $\delta = 0.5mm$ 的镀锌钢板保护壳。

膨胀水箱、软化水箱采用组合式镀锌钢板水箱，外表采用 $\delta = 50mm$ 的离心玻璃棉板保温，保温层外加包 $\delta = 0.5mm$ 的镀锌钢板保护壳。

阀门 $DN \geqslant 70$ 采用双偏心钢制对夹蝶阀，聚四氟乙烯密封；$DN \leqslant 50$ 采用铜质闸阀。

## 2.5 通风空调工程(例三)

### 2.5.1 通风系统

主要服务对象为地下一层车库、各设备安装机房、洗衣房、保龄球设备间，一层厨房、游泳馆及所有卫生间、公共厕所等。人防通风为一个平战结合的六级防护单元，平时为汽车库，战时为物资保存库。

1．通风(排风)系统的划分：共 25 个排风(有的有相应的补风)系统，其服务对象和设备情况见表 1.1.2 – 12。

| 系统编号 | 设备风量、风压与功率 | | | | 服务对象 | 设备安装位置 | 备注 |
|---|---|---|---|---|---|---|---|
| | 型号 | 风量(m³/h) | 风压(Pa) | 功率(kW) | | | |
| PB1－1 | FAS800T | 21000 | 550 | 5.5 | 地下一层车库 | 地下一层(1/16)～(18)与(A)－(B)网格内 | — |
| PB1－2 | FAS800T | 21000 | 550 | 5.5 | | | |
| PB1－3 | TDA－L355/8－8/30/2H | 3660 | 311 | 0.75 | 地下一层保龄球机房 | 地下夹层排烟机房 | — |

注:安装位置中吊装在地下夹层机房内的设备,由于有的机房无夹层,因此吊装在夹层上空内的实际情况就是在地下一层内。

2. SRF 人防送风系统:战时非染毒时按 2 次/h 送风量设计,染毒时停止运行。

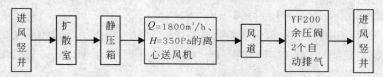

3. 卫生间排风系统(表 1.1.2－13)。

| 楼层 | 系统编号 | 设备风量、风压与噪声 | | | | 服务对象 | 排入位置 | 数量 |
|---|---|---|---|---|---|---|---|---|
| | | 型号 | 风量(m³/h) | 风压(Pa) | 噪声dB(A) | | | |
| 地下一层 | PQS－1 | BPT18－44A | 400 | 50 | 40 | 1 号卫生间 | 竖井及 PWD－1 | 1 |
| | PQS－2 | BPT12－02A | 90 | 30 | 32 | 3 号卫生间 | 竖井 | 1 |
| | PQS－2 | BPT12－02A | 90 | 30 | 32 | 4 号卫生间 | PB1－8 | 1 |
| 夹层 | PQS－2 | BPT12－02A | 90 | 30 | 32 | 5 号卫生间 | PB1－8 | 1 |
| 地上一层 | PQS－1 | BPT18－44A | 400 | 50 | 40 | 2 号卫生间 | 竖井及 PWD－1 | 1 |
| | PQS－2 | BPT12－02A | 90 | 30 | 32 | | | 1 |
| | PQS－2 | BPT12－02A | 90 | 30 | 32 | 6 号卫生间 | PB1－7 | 1 |
| | PQS－2 | BPT12－02A | 90 | 30 | 32 | 7 号卫生间 | 直排室外 | 1 |

注:数量为系统数量,不是排风扇的数量。本表有删减。

### 2.5.2　消防送风排烟系统

本工程的主要服务范围有地下一层车库,地上一层分四个防火区分别设置四套排烟系统、并配置相应的补风系统,一层电影报告厅和二层健身房等也设置机械排烟,中庭独立设置机械排烟系统。

1.消防对通风空调系统的要求

(1)防火阀的安装要求:

A.通风空调管道在进出机房、穿越防火墙、楼电梯前室隔墙处管道必须安装熔断温度 $t = 70℃$ ,并有二次电信号输出的防火阀;垂直风道与水平风道连接处均应安装熔断温度 $t = 70℃$ 的防火阀。

B.排风补风系统进出排风机房及防火墙处,均应安装熔断温度 $t = 280℃$ 并有两路二次电信号输出的防火阀。

(2)对自动控制的要求:

A.通风空调管道在进出机房处的防火阀火灾时防火阀的动作应与相应的风机连锁。

B.排风口可手动及自动打开时,排烟风机和排烟补风系统风机应同时连锁启动;当排烟风机前排烟空气温度达到 $t = 280℃$ 时,排烟风机连锁停止运行。

C.排烟补风系统风机所承担的排烟口防火阀熔断片均熔断关闭后,排烟补风系统风机连锁停止运行。

2.消防送风排烟系统的划分(表1.1.2-14)

消防送风排烟系统的划分 表 1.1.2 - 14

| 系统编号 | 设备风量、风压与功率 | | | | 服务对象 | 设备安装位置 | 备注 |
| --- | --- | --- | --- | --- | --- | --- | --- |
| | 型　　号 | 风量 (m³/h) | 风压 (Pa) | 功率 (kW) | | | |
| PB1-1 | FAS800T | 21000 | 550 | 5.5 | 地下车库 | — | 自然补风 |
| PB1-2 | FAS800T | 21000 | 550 | 5.5 | | — | |
| PY-1 | TDF-L1120/12-12/32.5/AL/5Z | 45600 | 617 | 15 | 地下多功能厅 | 吊顶内 | 11kW |
| PY-2 | TDF-L1120/12-12/37.5/AL/5Z | 60800 | 669 | 18.5 | 地下保龄球活动室等 | 地下夹层排烟机房 | — |
| JY-1 | TDA-L800/9-9/37.5/5Z | 23000 | 500 | 5.5 | 地下多功能厅 | 休息室上空 | — |
| JY-2 | TDA-L1000/9-9/30/5Z | 32200 | 375 | 5.5 | 地下保龄球活动室等 | 空调机房上空 | — |
| PY-3 | TDF-L800/16-16/30/AL/4Z | 14200 | 617 | 5.5 | 一层电影报告厅 | 东北设备间上空 | — |
| PY-4 | TDF-L800/16-16/30/AL/4Z | 14200 | 617 | 5.5 | | 西北设备间上空 | — |
| PY-5 | TDF-L900/12-12/35/AL/4Z | 26000 | 604 | 7.5 | (16)以东一、二层内区房间 | 安装在屋顶 | — |
| PY-6 | TDF-L900/16-16/25/AL/4Z | 16200 | 616 | 5.5 | 中庭休息厅 | 风口安装在三层 | — |
| PY-7 | TDF-L900/16-16/25/AL/4Z | 16200 | 616 | 5.5 | | 风机安装在屋顶 | — |

| 系统编号 | 设备风量、风压与功率 | | | | 服务对象 | 设备安装位置 | 备注 |
|---|---|---|---|---|---|---|---|
| | 型　　号 | 风量 (m³/h) | 风压 (Pa) | 功率 (kW) | | | |
| PY-8 | TDF-L800/16-16/30/AL/4Z | 14200 | 617 | 5.5 | 地下走道水泵房等 | 地下(M)与(11)轴交叉处排烟机房 | 出口在一层 |
| PY-9 | TDF-L800/16-16/30/AL/4Z | 14200 | 617 | 5.5 | 地下夹层职工餐厅 | 风机在夹层东北角空调机房上空 | 出口在一层 |

注:防火阀和排烟口见设施-4。

### 2.5.3 空调系统

本工程空调系统主要有三类。即低速全空气系统、风机盘管加新风系统和 VAV 空调系统。

1. 空调系统的冷热源、加湿汽源和设计负荷

(1) 设计负荷:本工程设计冷负荷 $Q_L = 3820kW$,热负荷 $Q_r = 2850kW$,集中空调面积 $F = 24000m^2$。

(2) 冷热媒参数:夏季空调冷冻水供回水温度为 7℃/12℃;空调冷冻水的水压定压装置采用隔膜式气压罐,定压压力 $P = 0.3MPa$。冬季空调热水的供回水温度为 60℃/50℃,供回水的压力差 $\Delta P \geqslant 200kPa$;空调热水的水压定压装置采用隔膜式气压罐,定压压力 $P = 0.3MPa$。空调系统加湿湿源采用蒸汽加湿,蒸汽由地下一层电热蒸汽锅炉提供。

(3) 空调系统的冷热源和汽源:

冷源:由安装于地下一层冷冻机房内的三台电制冷多机头螺杆式冷水机组提供,其规格为 $q_L = 1500kW$、$N \leqslant 300kW$、供回水温度为 7℃/12℃、冷却供回水水温度为 32℃/37℃。

热源:由安装于地下一层热交换间提供,一次热水由市政热力网供应,二次热水温度为 60℃/50℃。

冷却水系统:由安装于四层招待用房屋顶的三台 KFT-300-6C 冷却塔和其附属设备组成。

汽源:由安装于地下一层锅炉房内的三台蒸汽出率 $G = 500kg/h$、$P = 0.3MPa$、$N = 300kW$ 蒸汽锅炉提供空调加湿用汽,空调的总加湿用汽量 $G = 1152kg/h$、蒸汽压力 $P = 0.2 \sim 0.4MPa$;另外厨房内安装一台蒸汽出率 $G = 310kg/h$、$P = 0.2MPa$、$N = 200kW$ 蒸汽锅炉提供厨房的蒸煮用汽,洗衣房安装一台蒸汽出率 $G = 45kg/h$、$P = 0.8MPa$、$N = 30kW$ 蒸汽锅炉提供洗衣房的加热、消毒用汽。

2. 低速全空气空调系统:主要用于地下多功能厅、一层电影报告厅、游泳馆、三层网球馆、综合运动馆等,其系统划分见表 1.1.2-15。

低速全空气空调系统划分 表 1.1.2 - 15

| 系统编号 | 系统设计参数 | | | | | | 服务对象 | 设备安装位置 |
|---|---|---|---|---|---|---|---|---|
| | 风量 (m³/h) | 余压 (Pa) | $Q_L$ (kcal/h) | $Q_R$ (kcal/h) | 加湿量 (kg/h) | 功率 (N) | | |
| KB1 - 1 | 35000 | 450 | 268800 | 302400 | 126 | 18.5 | 地下一层多功能厅 | 地下一层(5)~(1/7)与(A)轴交叉网格的空调机房内 |
| KB1 - 7 | 20000 | 500 | 108000 | 172800 | 72 | 11 | 三层综合运动馆 | |
| KB1 - 8 | 20000 | 500 | 108000 | 172800 | 72 | 11 | | |
| KB1 - 2 | 21000 | 500 | 128520 | 181440 | 90 | 11 | 一层电影报告厅 | 地下一层空调机房 |
| KB1 - 3 | 15000 | 500 | 48600 | 60750 | 56 | 7.5 | 地下一层保龄球室 | 地下一层(1/D)~(F)与(15)~(17)轴交叉网格内空调机房 |
| KB1 - 4 | 20000 | 500 | 168000 | 一次加热 252000 | | 11 | 一层游泳馆 | |
| KB1 - 5 | | | | 二次加热 79200 | | 11 | | |
| KB1 - 6 | 15000 | 390 | 74820 | — | — | — | 地下一层变配电室 | 变配电室内 |

3.风机盘管加新风空调系统:主要用于餐厅、更衣室、台球室、棋牌室、活动室、健身房、办公室等,其新风送风机组的划分见表 1.1.2 - 16。

空调新风送风系统 表 1.1.2 - 16

| 系统编号 | 系统设计参数 | | | | | | | 服务对象 | 设备安装位置 |
|---|---|---|---|---|---|---|---|---|---|
| | 风量 (m³/h) | 余压 (Pa) | $Q_L$ (kcal/h) | $Q_R$ (kcal/h) | 加湿量 (kg/h) | 功率 (N) | 机组数量 | | |
| XB1 - 1 | 7200 | 300 | 65664 | 70502 | 53 | 4.0 | — | 一层展厅二层棋牌室 | (4)与(A)轴交叉的空调机房 |
| XB1 - 2 | 6000 | 300 | 57600 | 58752 | 44 | 4.0 | 1 | 地下一层保龄球 | 同 KB1 - 3 ~ KB1 - 5 |
| XB1 - 3 | 6000 | 300 | 57600 | 58752 | 44 | 4.0 | 1 | 一层更衣室等 | |
| XB1 - 4 | 4000 | 300 | 36480 | 39168 | 28.8 | 3.0 | 1 | 地下夹层职工餐厅 | 地下一层(11)~(14)与(Q)~(R)网格内 |
| XB1 - 5 | 5000 | 300 | 45600 | 48960 | 36 | 3.0 | 2 | 地下一层洗衣房 | |
| XB1 - 6 | 6500 | 300 | 59280 | 63648 | 46.8 | 4.0 | 1 | 地上一层餐厅 | 地下一层(17)~(21)与(Q)~(R)网格内 |
| XB1 - 7 | 21000 | 300 | 191520 | 205632 | — | 11.0 | 1 | 一层厨房 | |
| XB1 - 8 | 21000 | 300 | 191520 | 205632 | — | 11.0 | 1 | | |
| XB1 - 9 | 5000 | 300 | 45600 | 48960 | 36 | 3.0 | 1 | 二层台球厅、办公室等 | 地下夹层(18)~(21)与(Q)~(R)网格内 |
| XB1 - 10 | 3000 | 300 | 28800 | 29376 | 22 | 2.2 | 1 | 二、三、四层招待客房 | |
| X3 - 1 | 3000 | 300 | 28800 | 29376 | 22 | 2.2 | 1 | 三层单间活动室 | 安装在(K)-(L)与(21)交叉机房内 |

4. VAV空调系统：VAV空调系统主要用于招待用房、接待室和消防控制室。VAV空调系统由甲方向厂家直接定货和厂家安装与调试，但我方作为总包单位应与厂家作好图纸会审，并严密注视安装质量和施工技术资料的交接工作。系统划分见表1.1.2−17。

VAV空调系统划分 表1.1.2−17

| 系统编号 | 室外机 | | 服务范围 | 室内机(注：风量中分数为高/低风速的风量值) | | | | | |
|---|---|---|---|---|---|---|---|---|---|
| | 型号规格 | 功率(kW) | | 型号规格 | 制冷量(kcal/h) | 制冷量(kcal/h) | 风量(m³/min) | 功率(kW) | 数量 |
| 系统−1 | RHXY280K | 11.8 | 一层门厅(一) | FXYD50K | 5000 | 5400 | 15/13 | 0.131 | 2 |
| | | | 一层医疗保健 | FXYD40K | 4000 | 4300 | 13/11 | 0.131 | 1 |
| | | | 一层门厅(三) | FXYD63K | 6300 | 6900 | 18/15 | 0.12 | 2 |
| 系统−2 | RHXY280K | 11.8 | 二层招待用房 | FXYD25K | 2500 | 2800 | 12/11 | 0.078 | 10 |
| 系统−3 | RHXY280K | 11.8 | 三层招待用房 | FXYD25K | 2500 | 2800 | 12/11 | 0.078 | 8 |
| | | | 三层西侧两间 | FXYD40K | 4000 | 4300 | 13/11 | 0.131 | 2 |
| 系统−4 | RHXY280K | 11.8 | 四层招待用房 | FXYD25K | 2500 | 2800 | 12/11 | 0.078 | 8 |
| | | | 四层西侧两间 | FXYD40K | 4000 | 4300 | 13/11 | 0.131 | 2 |
| 注解 | 室外机的型号规格 | | 型号 RHXY280K | 标准制冷量 25000 kcal/h | | 标准制热量 27000 kcal/h | | 功率 11.8kW | 数量 4台 |

注：1. 室外机在屋顶的安装位置设计图纸未提供。

2. 表中的制冷量和制热量均为标准制冷量和标准制热量。

### 2.5.4 空调冷热水供应系统和风机盘管空调系统

1. 空调冷热水供应、冷却水循环系统流程(图1.1.2−4、图1.1.2−5和图1.1.2−6)

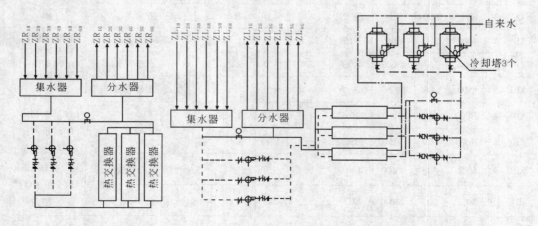

图1.1.2−4 空调循环热　　图1.1.2−5 空调循环冷冻　　图1.1.2−6 空调循环冷却
　　水流程图　　　　　　　　水流程图　　　　　　　　水流程图

**2. 空调冷冻水供应循环系统的划分(表 1.1.2 – 18)**

空调冷冻水、热水循环系统和蒸汽供应系统的划分　　　　表 1.1.2 – 18

| 系统编号 | 主管代号 | 管径 $DN$ | 供 应 系 统 |
|---|---|---|---|
| 系统 – 4 | $ZL_{4G}$ – AHU、$ZL_{4H}$ – AHU | $219 \times 6.0$ | 地下一层 XB1 – 4、XB1 – 5、XB1 – 6、XB1 – 7、XB1 – 8、XB1 – 9、XB1 – 10、KB1 – 6 |
| | $ZR_{4G}$ – AHU、$ZR_{4H}$ – AHU | $133 \times 4.0$ | |
| | AHUZ(加湿蒸汽) | $45 \times 3.5$ | |
| 系统 – 5 | $ZL_{5G}$ – AHU、$ZL_{5H}$ – AHU | $273 \times 6.0$ | 地下一层 XB1 – 1、XB1 – 2、XB1 – 3、KB1 – 1、KB1 – 3、KB1 – 4、KB1 – 5、KB1 – 7、KB1 – 8、屋顶间空调机房 XWD – 1、XWD – 2 |
| | $ZR_{5G}$ – AHU、$ZR_{5H}$ – AHU | $159 \times 4.5$ | |
| | AHUZ(加湿蒸汽) | $76 \times 4.0$ | |

### 2.5.5　游泳池的加热和电热锅炉的设计

设计无图纸,不在招标范围内。游泳池系统二次的设计热负荷 $Q_y = 203kW$,供回水压差 $\Delta P = 150kPa$,供回水温度 60℃/50℃,定压值 0.3MPa。

### 2.5.6　通风、空调及冷热水、冷却水的材质(表 1.1.2 – 19)

通风、空调及冷热水、冷却水的材质　　　　表 1.1.2 – 19

| 系统名称 | 采用材质 | 连接方法 | 保温材料和保温层厚度 $\delta$ | |
|---|---|---|---|---|
| 通风空调系统风道 | 镀锌钢板 | 折边咬口型钢法兰连接 | 阻燃型橡塑海绵板粘接 | 20mm 防火阀前 2m 采用非燃型超细玻璃棉外复合铝箔布 |
| 冷冻水热水管 | $DN < 100$ | 焊接钢管焊接连接 | 阻燃型橡塑海绵管壳 | 保温范围包括吊顶内、竖井内保温层厚度 $DN < 50$ $\delta = 20mm$ $DN \geqslant 50$ $\delta = 30mm$ 异形管件采用异形管壳保温 |
| 冷热共用水管 | $DN \geqslant 100$ | 无缝钢管焊接连接 | | |
| 空气凝结水管 | $DN < 100$ | 热镀镀锌钢管丝扣连接 | | |
| 加湿蒸汽管道 | $DN < 100$ | 焊接钢管焊接连接 | | |
| VAV 空调系统 | 铜管 | 氮气保护银焊连接 | 橡塑泡沫保温套 | $\delta = 9mm$ |
| 消声静压箱 | — | 箱内衬 50mm 超细玻璃棉板,外包玻璃布再用铝网压平加固 | | |
| 压力表 | Y 型测量量程 0 ~ 1.0MPa;精度等级 1.5 级 | | | |
| 温度计 | WT2 – 208 压力表型,直接连接。精度等级 1.5 级;温度表测量量程:空调冷冻水 0 ~ 50℃;空调热水 0 ~ 100℃ | | | |

### 2.5.7　空调冷冻水、热水、加湿蒸汽、冷却水和 VAV 系统管道的试验压力

设计要求试验压力 $P = 0.8MPa$。VAV 系统管道铜管充氮试压压力 2.8MPa,试验时间

24h 不渗不漏为合格,冷凝结水管充水试验不渗不漏为合格。

### 2.5.8 空调、通风系统自动控制(DDC)系统(表 1.1.2 – 20)

空调、通风系统自动控制(DDC)系统
表 1.1.2 – 20

| 项 目 | 概 况 与 组 成 | 功 能 |
|---|---|---|
| DDC 系统的设计概况 | 空调、通风系统、冷源、热源直接数字控制 | 对建筑物内的空调设备、测试参数点、进行监测、控制、故障诊断、报警、打印记录 |
| 控制系统的组成 | 微机控制中心、分布式直接数字控制器、通讯网络、传感器及执行器、控制软件 | 设备状态、测点温湿度、供电故障汉化显示、编程、打印和密码保护 |
| 主要软件功能要求 | 密码系统、控制系统动态彩色图、各单项专业控制、自适应控制、外界条件重设定、夜间净化循环设定、最佳启停控制设定、设定值可调整、焓值控制等软件 | 控制点报警、控制点历史记录、平时及假日运行启停时间记录、运行动态记录、设备运行时间累计记录、焓值控制记录等 |
| 对操作系统的主要设备的要求 | 启停有关设备和装置、调整设定点装置、增加取消修改时间控制程序、执行或停止电脑运行的各项程序、停止或接收有关监控点报警状态设备、执行或停止有关监控点运行时间累计记录装置、执行或停止有关监控点动态记录装置、加入或更改模拟量输入点的报警上下限数值装置、加入或更改模拟量输入点的危险提示上下限数值装置、设定假期表软件、记录及摘要软件、修改系统内日期时间软件等 | |
| 动态彩色图显示要求 | 系统提供包括楼层平面图、机电设备三维动态显示图,各设定点和监测点的参数应在图中实时动态显示,操作人员不必进行程序操作。同时工作站应同时显示多幅工作人员增加修改或取消的显示图 | |
| 图形化的编程要求 | 用户可以使用图形化编写程序语言编写机电设备的联动控制程序和各种逻辑性控制程序 | |
| 风机盘管温度的控制 | 利用室内三速风机开关按钮和温控器控制风机盘管进出水管的电动二通阀进行控制 | |

# 2.6 给水工程(例一)

## 2.6.1 水源及设计参数

1. 水源:分低区和高区两个系统,低区为地下二层至地上二层为市政给水管网,设计资用压力 $P = 30mH_2O$;高区为地上三层以上为医院内加压泵站供应。该建筑给水总入口位于地下一层(12)轴北外墙的(K)轴西侧。低区水源进户管管径 $DN = 80$,主要向地下二层至地上二层各卫生间、实验室、办公室等用水点和向安装在地下一层消防储水箱间内的消防喷洒给水低位储水箱供水。消防喷洒给水储水箱的有效体积 $V = 100m^3$,可满足 1h 消防喷洒灭火用水量要求。屋顶间内设有有效体积 $V = 18.7m^3$ 的消防喷洒高位水箱补水和 QDL4 – 8 × 2 型 $G = 4m^3/h$,$H = 15mH_2O$,$n = 2900r/min$,$N = 0.37kW$ 自动喷洒给水稳压泵两台(一备一用)。消火栓给水用水直接由门诊楼内 $200m^3$ 的消防储水箱和消防加压系统提供。

生活热水由院热力点供应,水温为 $t = 60℃$。和生活给水一样,生活热水也分低区和高区供水。

2. 设计参数:全楼最高日用水量 108t/日,其中生活用水量为 44t/日,夏季冷却塔补水量为 64t/日。室内消火栓设计用水量为 $q = 20L/s$、自动喷洒用水量为 $q = 28L/s$。每根消火栓立管的设计流量为 $q = 10L/s$、每个消火栓的设计水量为 $q = 5L/s$。生活热水最高日用水量 17t/日。

### 2.6.2　生活给水系统的划分

生活给水系统分低区、高区和实验室、办公室及其他工艺用房的给水三部分。

### 2.6.3　消防给水系统

1. 消火栓给水系统的管网组成:消火栓给水管网由进户干管、下连通管、中连通管、上连通管和消火栓立管组成。

(1) 进户管:由两根 $DN = 100$ 引入管组成,入口位于地下一层(12)轴北外墙的(K)轴西侧。顺地下一层顶板下向南敷设,与中环供水连通管连接。

(2) 下环水平连通管:$DN = 100$,沿地下二层车库顶板下敷设,与地下一、二层车库的消火栓立管连接,供应该车库内的消火栓箱用水。并接出四根 $DN = 100$ 至地下一层顶板下,与车库东侧室外消防水泵结合器连接。

(3) 中环水平连通管:$DN = 100$,沿主体地下一层顶板下向南敷设,连接供应地下一层至地上八层消火栓箱的 6 根消火栓立管,构成消火栓给水中环供水管网。并将立管(3/F)、(4/F)延长至地下二层与自北向南敷设人防区域内的 $DN = 100$ 的消火栓水平干管连接,向人防地下室内的消火栓箱供水。同时在北端引出两根 $DN = 100$ 的水平支管与北侧室外消防水泵结合器连接。

(4) 上环水平连通管:$DN = 100$,敷设在八层顶板下,与供应地下一层至地上八层消火栓箱的 6 根消火栓立管连接,构成消火栓给水上环供水管网。

2. 消火栓给水系统示意图:消火栓给水系统示意图见图 1.1.2 - 7。

3. 消防喷洒灭火系统:消防喷洒灭火系统的水源是市政自来水进入地下一层 100m³ 消防蓄水池后,由地下一层泵房内的两台 100DL × 4 型 $G = 100m³/h$、$H = 80mH_2O$、$n = 1400r/min$、$N = 37kW$ 自动喷洒消防给水泵(一备一用)送入沿地下一层顶板下敷设的 $DN = 150$ 水平干管,再分 6 路。

### 2.6.4　给水系统的材质与连接方法

1. 生活给水系统的材质与连接:生活给水系统采用热镀镀锌钢管,$DN \geqslant 100$ 的管道采用沟槽式卡箍柔性管件连接;$DN \leqslant 80$ 的管道采用丝扣连接。阀门 $DN \geqslant 80$ 采用蝶阀,$DN \leqslant 70$ 采用铜质闸阀或截止阀。管道采用 $\delta = 6mm$ 厚的难燃型高压聚氯乙烯泡沫塑料管壳,对缝粘接后外缠密纹玻璃布,刷防火漆两道。

2. 消火栓给水系统的材质与连接:消火栓给水系统的管道材质采用无缝钢管,管道采用焊接连接。阀门采用蝶阀或铜质闸阀,但阀门必须能够辨别是否开启或关闭和开度。

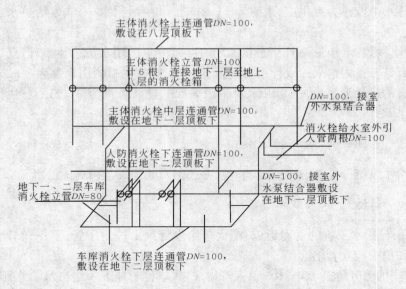

图 1.1.2-7 消火栓给水系统示意图

3．自动消防喷洒灭火系统的材质与连接:自动消防喷洒灭火系统的材质采用热镀镀锌钢管,$DN \geqslant 100$ 的管道采用沟槽式卡箍柔性管件连接;$DN \leqslant 80$ 的管道采用丝扣连接。阀门 $DN \geqslant 80$ 采用蝶阀,$DN \leqslant 70$ 采用铜质闸阀或截止阀;水泵出口采用消声止回阀和全铜质或钢质带测压接口的调节阀;喷洒系统的信号阀采用薄型信号内置蝶阀。水箱外采用 $\delta = 50mm$ 厚玻璃棉板保温,外包 $\delta = 0.5mm$ 厚镀锌钢板保护壳。

# 2.7 给水工程(例二)

## 2.7.1 水源及设计参数

……

4．人防掩蔽体给水水源:市政管网水源接至地下一层人防生活水箱间内的 $10m^3$ 不锈钢板生活蓄水箱和人防饮水水箱间内的 $20m^3$ 不锈钢板饮水蓄水箱供应。

5．设计参数(表 1.1.2-21)

设计参数　　　　　　　　　　　　　　　　　　　　　表 1.1.2-21

| 项目 | 户数 | 日用水量(m³/d) | 室内消防水量(L/s) | 室外消防水量(L/s) | 一次火灾灭火水量(m³) | 喷水强度(L/mim) | 喷洒作用面积(m²/个) | 喷头动作温度(℃) |
|------|------|------|------|------|------|------|------|------|
| 生活给水 | 117 | 75 | — | — | — | — | — | — |
| 消火栓给水 | — | — | 10 | 15 | 170 | — | — | — |
| 消防喷洒给水 | — | — | 27 | — | — | 8 | 160 | 68 |

## 6. 消火栓箱和手提式磷酸铵盐干粉灭火器等的配置(表1.1.2-22)

消火栓箱等的配置                                            表 1.1.2-22

| 楼 层 编 号 | 6层以上 | 5层以下 |
|---|---|---|
| 消 火 栓 箱 型 号 | ZXL24A-SN65 | ZXL24A-SNJ65(减压稳压型) |
| 干粉灭火器的配置数量(个) | 每个消火栓箱配3kg干粉灭火器两个 | |
| 消防增压水泵启动和停止运行压力 | 启动压力 $P_{s1}=0.33$MPa | 停止压力 $P_{s1}=0.38$MPa |
| $DN=100$ 地下式水泵结合器 | 三套(其中消火栓给水一套、消防喷洒两套) | |

## 2.7.2  给水系统的划分(图1.1.2-8)

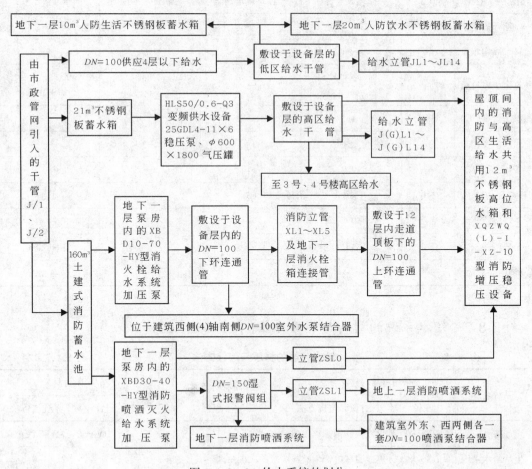

图 1.1.2-8  给水系统的划分

29

# 2.8 给水与蒸汽供应工程(例一)

主要有室内生活给水、生活热水、消火栓给水、自动喷水灭火系统和游泳池给水系统等。蒸汽由三个系统构成,分别供应空调加湿,厨房洗衣房。

## 2.8.1 给水水源及设计参数(表1.1.2-23)

给水水源及设计参数 表1.1.2-23

| 给水类别 | 生活给水 | 生活热水供应 | 游泳池给水 | 消火栓给水 | 自动喷水灭火 |
|---|---|---|---|---|---|
| 水 源 | 市政管网 | 市政热力管网经热交换器的二次热水 | 市政水源补水,循环过滤系统处理 | 市政水源补水,216m³蓄水池供水,高位水箱18m³ | 市政水源补水,216m³蓄水池供水,高位水箱18m³ |
| 给水压力(MPa) | 0.3 | 循环泵输送 | 循环泵输送 | 加压泵供水 | 加压泵供水 0.6 |
| 循环周期 | — | — | — | 6 h/次 | — |
| 日最高用水量 | 595m³/d | — | — | — | — |
| 最大小时流量 | 87 m³/h | — | — | 30L/s;单枪流量 $q = 15$L/s | 30L/s;火灾延续时间 1h |
| 供水温度(℃) | — | ≥65 | 28.5~29 | — | — |
| 回水温度(℃) | — | <50 | — | — | — |
| 热负荷(kW) | — | 1320 | 不清 | — | — |
| 试验压力(MPa) | 1.0 | 1.0 | 1.0 | 1.4 | 1.0 |
| 循环或稳压泵 | 启动 | 50℃ | — | — | 0.53 MPa |
| 循环或稳压泵 | 停止 | 55℃ | — | — | 0.60 MPa |
| 消防泵启动 | — | — | — | — | 0.48 MPa |

## 2.8.2 给水系统的材质与连接方法(表1.1.2-24)

给水系统的材质与连接方法 表1.1.2-24

| 系统名称 | 采用材质与连接方法 | | 保温材料和保温层厚度 δ | 试验压力 | 附件材质 | |
|---|---|---|---|---|---|---|
| | 管径 | 材质和连接方法 | | | 管径 | 连接方法 |
| 生活给水系统 | $DN \leqslant 70$ | 热镀镀锌钢管丝扣连接 | 防结露保温橡塑泡棉 δ = 20mm;阀门处复合硅酸盐涂料 | 1.0 MPa | $DN \leqslant 50$ | 铜芯截止阀 |
| | $DN \geqslant 80$ | 热镀镀锌钢管沟槽连接 | | | $DN > 50$ | 铜质闸阀或蝶阀 |
| | $DN \geqslant 50$ | 机房内法兰连接 | | | | |

| 系统名称 | 采用材质与连接方法 | | 保温材料和保温层厚度 $\delta$ | 试验压力 | 附件材质 | |
|---|---|---|---|---|---|---|
| | 管径 | 材质和连接方法 | | | 管径 | 连接方法 |
| 生活热水系统 | 同上 | 同上 | 同上,但 $DN \leqslant 50$ $\delta = 30mm$,$DN > 50$ $\delta = 40mm$ | 1.0 MPa | 同上 | 铜质截止阀或球阀 |
| 消火栓给水系统 | — | 焊接钢管,焊接连接 | — | 1.4 MPa | — | 蝶阀或明杆闸阀 |
| | $DN \geqslant 50$ | 机房内法兰连接 | — | | — | |
| | 阀门或拆卸处 | 法兰连接 | — | | — | |
| 自动消防喷洒灭火给水系统 | $DN \leqslant 80$ | 热镀镀锌钢管丝扣连接 | | 1.4 MPa | | 蝶阀或明杆闸阀 |
| | $DN \geqslant 100$ | 热镀镀锌钢管沟槽连接 | | | | |
| | 管道与喷头 | 锥形螺纹连接 | | | | |
| 蒸汽管道 | — | 焊接钢管,焊接连接 | 同生活热水系统 | 1.4 MPa | | 铜质或钢质截止阀 |
| 屋顶水箱 | — | $\delta = 20mm$ 聚苯板外包镀锌钢板 | — | | — | — |

| 喷淋头 | 汽车库 | 72℃易熔合金喷头 | — |
|---|---|---|---|
| | 洗衣机房厨房 | 98℃易熔合金喷头 | — |
| | 无吊顶走道及其他场合 | 68℃玻璃球喷头 | — |

| 管道、设备和支架的防腐 | 系统 | 明装非保温管道 | 保温管道 | 颜色 |
|---|---|---|---|---|
| | 给水和热水系统 | 银粉漆两道 | | 银白色 |
| | 消火栓给水系统 | 防锈漆两道调合漆两道 | 防锈漆两道 | 红色 |
| | 消防喷洒系统 | 调合漆两道 | 调合漆两道 | 红色 |
| | 蒸汽管道 | 防锈漆两道调合漆两道 | 防锈漆两道 | 黄色 |
| | 水泵等设备 | 防锈漆两道调合漆两道 | — | 灰色 |
| | 管道支架 | 防锈漆两道调合漆两道 | — | 与管道同 |

| 消火栓箱 | 自救式消防卷盘带灭火喉单出口 69 套 | 自救式消防卷盘带灭火喉双出口 22 套 |
|---|---|---|

### 2.8.3 给水系统的划分

给水管道总入口(J/1)在(R)轴外墙(18)轴以西,(J/1)在(A)轴外墙(14)轴左右,$DN = 150$,标高 $-1.60m$(图 1.1.2 – 9)。

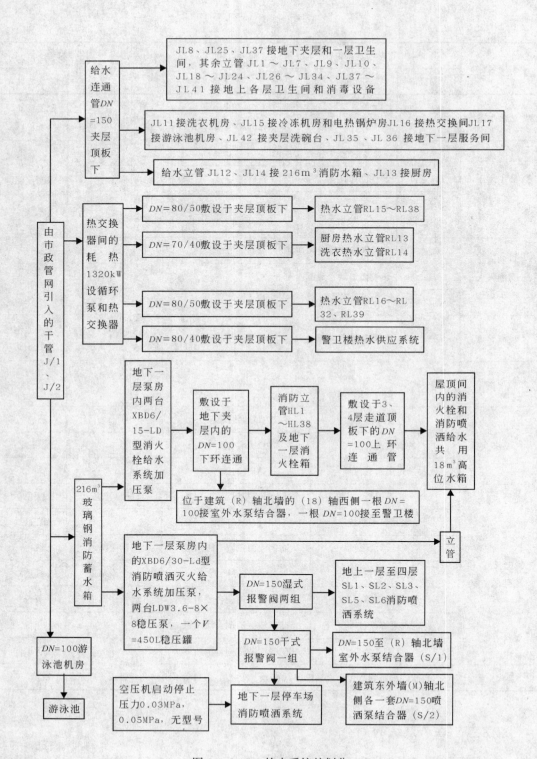

图 1.1.2－9　给水系统的划分

### 2.8.4 蒸汽供应系统的划分

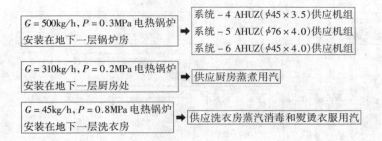

### 2.8.5 消防灭火器材的配置

变配电室配置手推车式灭火器两部,电话机房配置手推车式灭火器一部;手提贮压式磷酸铵干式灭火器 184 个。

### 2.8.6 电开水器的配置

电开水器的规格为 $V = 105L$、$N = 12kW$,共计 12 台,分别配置在各层开水间内。

# 2.9 给水与蒸汽供应工程(例二)

### 2.9.1 水源与生活给水系统流程图(图 1.1.2-10)

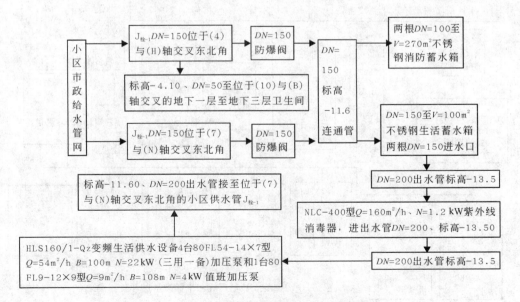

图 1.1.2-10 水源与生活给水系统流程图

## 2.9.2 消火栓给水系统流程图(图1.1.2-11)

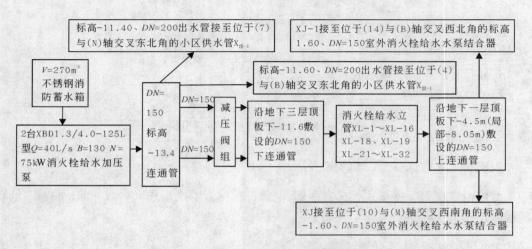

图 1.1.2-11 消火栓给水系统流程图

## 2.9.3 消防自动喷洒给水系统流程图(图1.1.2-12)

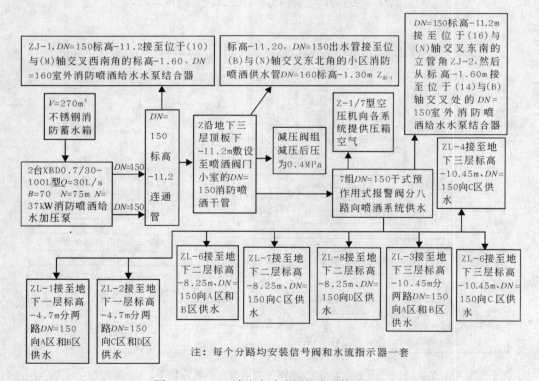

注：每个分路均安装信号阀和水流指示器一套

图 1.1.2-12 消防自动喷洒给水系统流程图

### 2.9.4 给水系统的材质和连接方法

1. 管道、附件及保温材质和连接方法(表 1.1.2 – 25)

管道、附件及保温材质和连接方法 表 1.1.2 – 25

| 分项工程名称 | 管材材质 | 连接方法 | | 阀门材质 | | 管道防冻保温 | |
|---|---|---|---|---|---|---|---|
| | | 管径(mm) | 连接方法 | 泵房外 | 泵前后 | 材质 | 范围 |
| 水源和生活给水 | 热镀镀锌钢管 | $DN \leqslant 80$ | 丝扣连接 | 铜质闸阀或截止阀 | | 内缠 ALDES 电阻丝,外包 $\delta = 40\text{mm}$ 橡塑管壳 | 全部 |
| 消火栓给水系统 | | $DN \geqslant 100$ | 沟槽配管连接 | 铜质蝶阀 | 铜质闸阀或截止阀 | | |
| 消防喷洒给水系统 | | | | | | | 报警阀前 |

2. 其他事项

(1) 水压试验压力:给水 $P = 0.5\text{MPa}$;消火栓给水和消防喷洒系统 $P = 1.8\text{MPa}$,30min 内压力降 $\Delta P \leqslant 0.05\text{MPa}$(建议采用规范标准试验压力 $P = 1.4 + 0.4\text{MPa}$)。

(2) 其他:

A. 消火栓箱:采用 $800 \times 650 \times 240$ 钢制明装消火栓箱,内配 SN65 型单口单阀消火栓、$\phi19$ 水枪、25m 长的衬胶水龙带。

B. 报警阀及喷头:报警阀为湿式 ZSS150 型(依据系统设计应采用干式报警阀)。喷头为 ZSTP15 型直立式自动喷洒头,火灾时的融化温度 $t = 68℃$。

C. 水流指示器和水泵结合器:水流指示器为 ZSJZ150 型,水泵结合器为 SQX – 100 型和 SQX – 150 型。

# 2.10 排水工程(例一)

## 2.10.1 有压管道排水系统

共三个集水坑,三组有压排污系统 PL – a、PL – b、PL – c。共同的设计原则是先将污水排入集水坑,然后用潜污泵排出室外。有压污水管网排水系统的材质采用焊接钢管,丝扣或焊接连接。管道防腐除锈采用除锈后刷防锈漆两道、银粉漆两道。

## 2.10.2 无压污水管网排水系统

无压污水管网排水系统采用地上一层单独直接排放;二层以上采用直通屋顶的排水立管,其中厨房污水排放立管采用单立管(PL)排水系统,而厕所的排水立管采用双立管(PL、TL)排水系统。污水经过化粪池生化处理后才允许排入市政管网。主要排水系统划分见表 1.1.2 – 26。

| 地上一层 | 独立排水系统 | P/2、P/5、P/8、P/9、P/13 |
|---|---|---|
| 地上二层以上 | 单立管的系统 | PL1、PL3、PL5、PL7、PL10、PL11、PL14、PL15、PL18、PL19、PL22、PL23、PL25、PL27 |
| | 双立管的系统 | PL2、TL2；PL4、TL4；PL6、TL6；PL8、TL8；PL9、TL9；PL12、TL12；PL13、TL13；PL16、TL16；PL17、TL17；PL20、TL20；PL21、TL21；PL24、TL24；PL26、TL26；PL28、YL28 |

### 2.10.3 雨水排水系统

雨水排水立管共 11 根,其中建筑西侧 4 根、东侧 7 根,管径 $DN = 100$。雨水口均沿屋面东西两侧女儿墙边缘布置,雨水排水立管的上端接屋面雨水排水斗,下端直接连接沿地下设备顶板下敷设的排出干管,雨水直接排至室外散水。

# 2.11　排水工程(例二)

主要有室内生活污水、设备排放的废水、空调系统的凝结水、雨水四种,其中又分有压和无压排水两类。

### 2.11.1 排水系统的划分

生活污水排水系统的划分　　　　　　　　　　　　　表 1.1.2－27

| 系统编号 | | 污水泵 | | | 管　材 | | 服务立管和对象 |
|---|---|---|---|---|---|---|---|
| | | 型号规格 | 台数 | 管径 | 材质与连接方法 | | |
| 有压生活污水 | 1 号 | MP3068HT210<br>$Q = 14m^3/h$、$H = 20m$ | 2 | 100/75 | 有压管为热镀锌管<br>无压为柔性排水铸铁管 | | 地下一层 4 号卫生间 WL－7 |
| | 2 号 | MP3085LT250 耐温 80℃带冲洗阀<br>$Q = 30m^3/h$、$H = 20m$ | 2 | 100/100 | 有压管为热镀锌管<br>无压为柔性排水铸铁管 | | 地下一层洗衣房 WL－8 |
| | 3 号 | MP3068HT210<br>$Q = 14m^3/h$、$H = 20m$ | 2 | 100/100 | 有压管为热镀锌管<br>无压为柔性排水铸铁管 | | 地下一层 3 号卫生间 WL－16 |
| | 4 号 | MP3068HT210<br>$Q = 14m^3/h$、$H = 20m$ | 2 | 100/100 | 有压管为热镀锌管<br>无压为柔性排水铸铁管 | | 地下一层 1 号、卫生间 WL－19 |
| 无压生活污水 | | 干　管 | | | 立 管 编 号 | | 通气管编号 |
| | 编号 | 直径 | 标高 | | | | |
| | W/1 | 75 | －1.45 | | 接地上一层服务 | | |
| | W/2 | 100 | －1.45 | | WL－1、WL－2 | | |
| | W/3 | 100 | －1.45 | | WL－7(1 号有压系统) | | TL－1 |
| | W/4 | 100 | －1.45 | | WL－6 | | TL－2 |

| 干　管 | | | 立管编号 | 通气管编号 |
|---|---|---|---|---|
| 编号 | 直径 | 标高 | | |
| W/5 | 100 | − 1.45 | 接地上一层 9 号卫生间 | |
| W/6 | 100 | − 1.45 | WL − 3、WL − 4 WL − 5、一层开水间 | |
| W/7 | 200 | − 1.60 | WL − 9 | TL − 3 |
| W/8 | 100 | − 1.50 | 一层 WL − 10、WL − 11；二层以上 WL − 12 | TL − 4 |
| W/9 | 100 | − 1.50 | WL − 17 | TL − 5 |
| W/10 | 150 | − 1.50 | 一层男宾卫生间和男宾淋浴间 | TL − 5 |
| W/11 | 100 | − 1.50 | 一层服务间卫生间 | TL − 8 |
| W/12 | 100 | − 1.50 | WL − 18 | TL − 8 |
| W/13 | 100 | − 1.45 | WL − 20 | TL − 6 |
| W/14 | 2 − 100 | − 1.45 | 一根接 WL − 21；一根接 WL − 22 | |
| W/15 | 100 | − 1.45 | 一层卫 5 号卫生间 | TL − 7 |
| W/16 | 100 | − 1.45 | WL − 23 | |
| W/17 | 100 | − 1.50 | 一层男宾卫生间和男宾淋浴间、WL − 15 | TL − 4 |
| W/18 | 2 − 100 | − 1.50 | WL − 13、WL − 14 等 | TL − 4 |

左侧竖排合并表头：无压生活污水

## 设备废水和雨水排水系统的划分　　　　表 1.1.2−28

| 系统编号 | 污水泵 | | 管　材 | | 服务立管和对象 |
|---|---|---|---|---|---|
| | 型号规格 | 台数 | 管径 | 材质与连接方法 | |
| 1 号 | CP3185LT250<br>$Q = 3.6 \sim 20m^3/h$、$H = 20m$ | 2 | 50/50 | 有压管为热镀锌管<br>无压为柔性排水铸铁管 | 地下一层空调机房 FL − 7、8 |
| 2 号 | CP3185LT250<br>$Q = 3.6 \sim 20m^3/h$、$H = 20m$ | 2 | 50/50 | 有压管为热镀锌管<br>无压为柔性排水铸铁管 | 地下一层空调机房 FL − 9 |
| 3 号 | CP33102LT252<br>$Q = 30m^3/h$、$H = 20m$ | 2 | 100 | 有压管为热镀锌管 | 地下一层洗衣房 FL − 10 |
| 4 号 | CP33102LT252 耐温 80℃<br>$Q = 30m^3/h$、$H = 20m$ | 2 | 100/50 | 有压管为热镀锌管<br>无压为柔性排水铸铁管 | 地下一层热交换间 FL − 11 |
| 5 号 | CP33102LT252<br>$Q = 30m^3/h$、$H = 20m$ | 2 | 100 | 有压管为热镀锌管 | 地下一层游泳池机房 FL − 12 |
| 6 号 | CP3185LT250<br>$Q = 3.6 \sim 20m^3/h$、$H = 20m$ | 1 | 50 | 有压管为热镀锌管 | 地下一层人防扩散室（F/11） |

左侧竖排合并表头：有压设备废水排放系统

37

| 系统编号 | 污水泵 | | | 管材 | | 服务立管和对象 |
|---|---|---|---|---|---|---|
| | 型号规格 | 台数 | 管径 | 材质与连接方法 | | |
| 7号 | CP3185LT250 $Q=3.6\sim20m^3/h、H=20m$ | 2 | 50 | 有压管为热镀锌管 | | 地下一层空调机房（F/14） |
| 8号 | CP3185LT250 $Q=3.6\sim20m^3/h、H=20m$ | 1 | 50 | 有压管为热镀锌管 | | 地下一层人防扩散室（F/12） |
| 9号 | CP3185LT250 $Q=3.6\sim20m^3/h、H=20m$ | 2 | 80/50 | 有压管为热镀锌管 无压为柔性排水铸铁管 | | 地下一层车库 FL-14 |
| 10号 | CP3185LT250 $Q=3.6\sim20m^3/h、H=20m$ | 2 | 80/50 | 有压管为热镀锌管 无压为柔性排水铸铁管 | | 地下一层服务间 FL-15 |
| 11号 | CP3185LT250 $Q=3.6\sim20m^3/h、H=20m$ | 2 | 80/50 | 有压管为热镀锌管 无压为柔性排水铸铁管 | | 地下一层服务间 FL-16 |
| 12号 | CP3185LT250 $Q=3.6\sim20m^3/h、H=20m$ | 2 | 50/50 | 有压管为热镀锌管 无压为柔性排水铸铁管 | | 地下一层空调机房 FL-17 |
| 13号 | CP3185LT250 $Q=3.6\sim20m^3/h、H=20m$ | 2 | 50/50 | 有压管为热镀锌管 无压为柔性排水铸铁管 | | 地下一层空调机房 FL-18 |

左侧纵向标注：有压设备废水排放系统

| 干管 | | | 立管编号 | 备注 |
|---|---|---|---|---|
| 编号 | 直径 | 标高 | | |
| F/1 | 50 | -1.45 | FL-7、FL-8 | 见1号有压系统 |
| F/2 | 50 | -1.45 | FL-9 | 见2号有压系统 |
| F/3 | 100 | -1.50 | FL-1 | — |
| F/4 | 100 | -1.50 | FL-10 | 见3号有压系统 |
| F/5 | 100 | -1.45 | 接一层报警阀室地漏 | — |
| F/6 | 100/250 | -1.50 | FL-12/接游泳池机房地漏 | 见5号有压系统 |
| F/7 | 100 | -1.50 | FL-2 | — |
| F/8 | 200 | -2.40 | 游泳池池内泄水 | — |
| F/9 | 100 | -1.45 | 游泳池池边地面泄水 | — |
| F/10 | 100 | -1.45 | 游泳池池边地面泄水 | — |
| F/11 | 50 | -1.45 | 地下一层人防扩散室 | 见6号有压系统 |
| F/12 | 50 | -1.45 | 地下一层人防扩散室 | 见8号有压系统 |
| F/13 | 80 | -1.45 | FL-14 | 见9号有压系统 |
| F/14 | 100/50 | -1.50 | 接消毒池地漏/FL-13 地下一层空调机房 | 见7号有压系统 |

左侧纵向标注：无压设备废水排放系统

| | 干　管 | | | 立　管　编　号 | 备　注 |
|---|---|---|---|---|---|
| | 编号 | 直径 | 标高 | | |
| 无压设备废水排放系统 | F/15 | 100 | − 1.50 | FL − 16 | — |
| | F/16 | 80 | − 1.50 | FL − 15 | 见 10 号有压系统 |
| | F/17 | 80 | − 1.45 | FL − 16 | 见 11 号有压系统 |
| | F/18 | 50 | − 1.45 | FL − 18 | 见 13 号有压系统 |
| | F/19 | 50 | − 1.45 | FL − 17 | 见 12 号有压系统 |
| | F/20 | 2 − 100 | − 1.50 | 接消毒池地漏和 FL − 3、FL − 4 | — |
| | F/21 | 100 | − 1.50 | FL − 11 | 见 4 号有压系统 |
| 无压雨水排放系统 | Y/1 | 2 − 100 | − 1.45 | YL − 1、YL − 7 | |
| | Y/2 | 100 | − 1.45 | YL − 3 | |
| | Y/3 | 100 | − 1.45 | YL − 5 | |
| | Y/4 | 100 | − 1.45 | YL − 6 | |
| | Y/5 | 100 | − 1.50 | YL − 8 | |
| | Y/6 | 100 | − 1.50 | YL − 11 | YL − 2、YL − 4、YL − 9、YL − 10 均直接至散水 |
| | Y/7 | 100 | − 1.50 | YL − 13 | |
| | Y/8 | 100 | − 1.50 | YL − 14 | |
| | Y/9 | 100 | − 1.50 | YL − 17 | |
| | Y/10 | 100 | − 1.50 | YL − 18 | |
| | Y/11 | 100 | − 1.50 | YL − 19 | — |
| | Y/12 | 100 | − 1.50 | YL − 23 | — |
| | Y/13 | 100 | − 1.50 | YL − 25 | — |
| | Y/4 | 100 | − 1.50 | YL − 27 | — |
| | Y/15 | 100 | − 1.50 | YL − 28 | — |
| | Y/16 | 100 | − 1.50 | YL − 29 | — |
| | Y/17 | 100 | − 1.50/ 1.55 | YL − 30/FL − 5、YL − 24、YL − 26 | — |
| | Y/18 | 100 | − 1.50 | YL − 31 | — |
| | Y/19 | 100 | − 1.45 | YL − 32 | — |

| 干 管 | | | 立 管 编 号 | 备 注 |
|---|---|---|---|---|
| 编号 | 直径 | 标高 | | |
| Y/20 | 100 | − 1.45 | YL − 36 | — |
| Y/21 | 100 | − 1.45 | YL − 37 | — |
| Y/22 | 100 | − 1.45 | YL − 38 | — |
| Y/23 | 100 | − 1.45 | YL − 39 | — |
| Y/24 | 100 | − 1.45 | YL − 35 | — |
| Y/25 | 100 | − 1.45 | YL − 34 | — |
| Y/26 | 100 | − 1.45 | YL − 33 | — |

（最左侧纵排合并单元格：无压雨水排放系统）

## 2.11.2 排水系统的材质和连接方法(表1.1.2 − 29)

**排水系统的材质和连接方法**　　　　　　　　表 1.1.2 − 29

| 连接方法 | 采用材质与连接方法 | | 保温材料和保温层厚度 δ | 试验压力 | 附件材质 | |
|---|---|---|---|---|---|---|
| | 管径(mm) | 材质和连接方法 | | | 管径(mm) | — |
| 污水、废水、通气排水管 | $DN \geqslant 70$ | 机制柔性排水铸铁管橡胶圈密封不锈钢卡箍卡紧 | 防结露保温橡塑泡棉 $\delta = 20mm$ | 有压管道2倍水泵扬程 | $DN \leqslant 50$ | 铜芯截止阀 |
| | $DN \leqslant 50$ | 热镀镀锌钢管丝扣连接 | | | $DN > 50$ | 铜质闸阀或蝶阀 |
| | 有压管 | 焊接钢管焊接连接，拆卸处用法兰连接 | | | | |
| 雨水管 | — | 热镀镀锌钢管沟槽连接或焊接，但焊口表面作防腐处理 | | | — | — |
| 管道防腐 | 排水、雨水、通气管 | 按装修要求刷调合漆或银粉漆两道 | | | — | — |
| | 铸铁管 | 内外刷防锈漆和调合漆各两道 | | | | |

# 2.12 锅炉房设备安装

## 2.12.1 热源输出系统

1. 锅炉给水系统

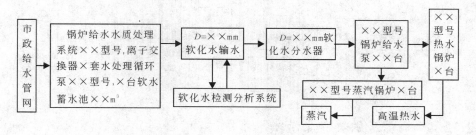

## 2. 热水热媒供应系统

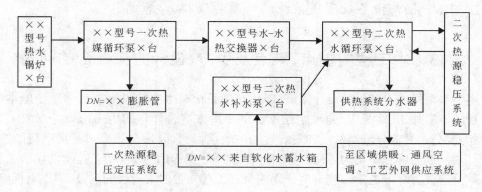

## 3. 汽源供应系统

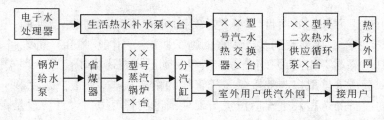

## 2.12.2 排水排污系统

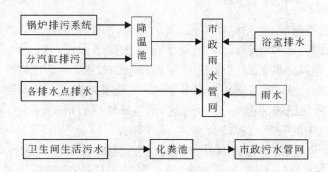

## 2.12.3 风烟排放系统

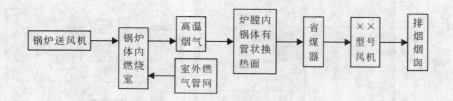

### 2.12.4 锅炉房供暖和生活给水系统(略)

### 2.12.5 锅炉设备及管道系统的材质和连接方法(略)

## 2.13 本工程的重点、难点及甲方、设计方应配合的问题

　　主要是未提供设备间的设计图纸,因此有的系统来去方向没有交代清楚。但本工程除了自动控制外,其他暖卫、通风空调及标书中甲方准备外包的机房内设备安装工程项目,均为我公司专业分公司常见和安装过的一般项目,只要贯彻我公司一贯坚持的"重质量、重信誉、创名牌和一切为了用户"的精神,选择好优秀的劳务队伍,就能以优质工程成果呈献给建设方。但是本工程有两个影响最终工程质量的关键性问题,应引以重视。

### 2.13.1 设备选型

　　标书中由建设方外包的项目(游泳池水处理机房、制冷机房、热交换间、电锅炉房等设备及配管的安装等,直接涉及到整体工程的施工质量。不同厂家生产的设备其尺寸大小、进出管线接口位置均不相同,因此设备选型涉及到已定机房面积能否合理安排、内部配管的优化组合和管道进出甩口与外接已安排管线的衔接大事,因此中标后第一件大事是审核这些机房内设备的选型及进出口位置与现外围进出管道甩口设计位置是否合适和有无调整的余地,及时解决这些矛盾,再进行土建和设备安装。

### 2.13.2 关于楼宇自动化控制

　　本工程全部设备设施(包括电话通信、安全防护、消防系统、通风空调及各机房内设备运行、参数检测与调整等)均实行计算机楼宇自动化控制运行。这是当前比较新的项目。它涉及到的暖卫、通风空调能源供应,系统运行中参数检测、调整、报警等控制。而本工程暖卫、通风空调系统众多,分布面较广而分散,因此必须关注三方面问题。

　　1.楼宇自动化控制检测探头、信号变送、调节部件执行机构、检测口构造和暖通专业调节部件在各系统中的安装位置的合理性、可操作性。

　　2.为了检测、调试、维护检修窗井、检修人员行走栈桥等设施的布局的可行性、合理性以及检查井对顶棚分割、灯具布局、送回风口布局、烟(温)感探头分布、喷淋头布局等安排引起调整的可行性、合理性、合法性。

　　3.楼宇自动化控制系统的控制线路很多(可以说非常之多),因此在各机房内、管线较集中的顶棚、房间内,就成为建筑安全、施工质量的关键性问题。因此这些线路的走向、埋设位置(结构层、垫层、吊顶内的线槽内等)问题必须在楼地板、墙体施工前进行全面安排解决好,才能进行结构施工;在安排中应注意不要将多根穿管同时集中在结构层一个地方,以免影响结构的安全。也要注意控制线路对屏蔽性的要求,避免相互干扰,影响控制检测的准确性和可靠性。

### 2.13.3 洁净室的设计提供参数不全

洁净室的设计既提供参数不全(无室内静压设计参数、洁净级别等),且门窗选用又为普通非密闭门窗;顶棚选材与做法等装修手段也均为一般装修,这些与 JGJ 71—90《洁净室施工及验收规范》要求不符。先纸面放样,实地放线调整无误后再下料安装。

## 2.14 设备、材料明细表

### 2.14.1 暖通工程设备、材料明细表(表 1.1.2-30)

暖通工程设备、材料明细表　　　　　　　　　　　表 1.1.2-30

| 序号 | 名　称 | 型　号　规　格 | 数量 | 单位 | 备　注 |
|---|---|---|---|---|---|
| — | — | — | — | — | — |

### 2.14.2 给排水工程设备、材料明细表(表 1.1.2-31)

给排水工程设备、材料明细表　　　　　　　　　　表 1.1.2-31

| 序号 | 名　称 | 型　号　规　格 | 数量 | 单位 | 备　注 |
|---|---|---|---|---|---|
| — | — | — | — | — | — |

# 3 施工部署

## 3.1 施工组织机构及施工组织管理措施

1. 建立由公司技术主管副经理、总工程师、公司设备专业技术主管、项目技术主管工程师、专业技术主管、材料供应组长组成的本工程专业施工安装项目领导班子,负责本工程专业施工的领导、技术管理、材料供应和进度协调工作。

2. 组织由项目主管工程师、设备安装分公司主任工程师、项目专业技术主管、暖卫技术负责工程师、通风空调技术负责工程师、锅炉设备技术负责工程师、电气专业技术负责工程师,暖卫专业施工工长、通风专业施工工长、锅炉专业施工工长、电气专业施工工长,暖卫专业施工质量检查员、通风专业施工质量检查员、锅炉专业施工质量检查员、电气专业施工质量检查员等技术人员组成的专业技术组,负责施工技术、施工计划、变更洽商和各工种技术资料的填写与管理工作;技术组内除了设专职质检员等应负责质量监督与把关外,项目及专业技术主管工程师、专业技术负责人、施工工长也应对质量负责,尤其是主管工程师更应负全责。

3. 按专业、按项目、按工序、按系统及时进行预检、试验、隐检、冲洗、调试工作,并完成各种记录单的填写和整理工作。

## 3.2 施工流水作业安排

(例)依据土建专业大流水作业段的安排。土建大流水作业段除了地下一、二层以南北对称轴(6/7)轴分为两段,主体地上 1~8 层每层为一施工段进行流水作业。暖卫、通风安装流水作业均与土建相同。

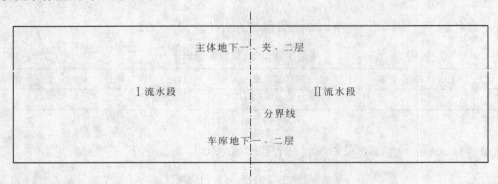

图 1.1.3-1 地下施工流水段的划分

图 1.1.3-2 地上施工流水段的划分

## 3.3 施工力量总的部署

### 3.3.1 暖卫、通风空调工程分布的特点(含冷冻水等管道安装)

依据本工程设备安装专业工程量分布的特点:

1. 在地下一层暖通专业设备安装的工程量比较集中,特别在水箱间和水泵房、空调

机房、冷冻机房、热交换间的各种配管在此汇集;

2. 通风专业、消防管道均集中各层的吊顶内,管道相互交叉,矛盾较突出;

3. 各层安装的工程量比较均匀的特点作如下安排。

工程量较大。因此各专业安排投入较多的人力,应随工程顺序渐进,及时完成各工序的施工、检测进度,并对施工质量、成品保护、技术资料整理的管理工作按时限、按质量完成。

### 3.3.2 施工力量的安排

通风空调专业:依工程概算本工程共需通风工 32500 个工日和工程量分布不均匀性,计划投入通风工人 165 人(其中电焊工 10 人、通风工 60 人、机械安装工 8 人、管道安装工 87 人)。通风工程的安装工作必需在工程竣工前 20d 结束,留出较富裕时间进行修整和资料整理。

暖卫专业:依据工程概算需 9300 个工日,考虑未预计到的因素拟增加 800 个工日,共计 11000 个工日,投入水暖工人 95 人(其中电焊工 7 人、机械安装工 6 人、水暖安装工 74 人、锅炉安装工人 8 人)。水暖每组抽调 5 人配合土建结构施工进行预埋件制作、预埋和预留孔洞预留工作。在土建各流水段的建筑粗装修后进行支、吊、托架、管道安装、试压、灌水试验、防腐、保温,土建粗装修后精装修前进行设备安装和散热器单组组装、试压、除锈、防腐及稳装工作。土建精装修后进行卫生器具及给水附件安装和灌水试验、系统水压试验、冲洗、通水、单机试运转试验和系统联合调试试验,以及清除污染和防腐(刷表面油漆)施工。一切工作必需在竣工前 20d 完成,留 20d 时间作为检修补遗和资料整理。暖气调试可能处在非供暖期,可以作为甩项处理,在冬季进行调试。

# 4 施工准备

## 4.1 技术准备

### 4.1.1 施工现场管理机构准备

实行双轨管理体制(双轨管理体制仅适用于重点工程)。

1. 建立公司一级的专项管理指导体系:建立以公司技术主管副总经理、总工程师、技术质量检查处处长、暖卫通风空调技术主管高级工程师、电气专业技术主管高级工程师、材料供应处长组成的施工现场管理指导组,负责重点解决施工现场的技术难点、施工工序科学搭接、施工进度及材料供应的合理安排;帮助现场与建设、监理、分包单位协调有关各项配合问题(一般工程无此款)。

2. 建立施工现场管理指导体系:建立以项目经理、主任工程师、设备分公司主任工程师、设备分公司副主任工程师、各专业技术主管工程师、施工安全及环境卫生(防环境污染、职工健康)主管、材料采购供应组长、劳务队负责人等组成的现场施工进度、施工技术质量、施工工序搭接、施工安全、材料供应与管理、施工环境卫生等的管理协调班子。

4.1.2　建立暖卫通风空调工程施工管理网络图

(例一 —— 一般工程)(图1.1.4-1)

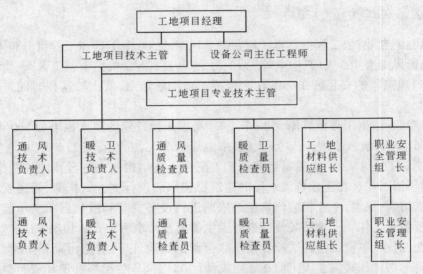

图1.1.4-1　一般工程暖卫通风空调工程施工管理网络图

建立暖卫通风空调工程施工管理网络图
(例二 ——重点工程)(图1.1.4-2)

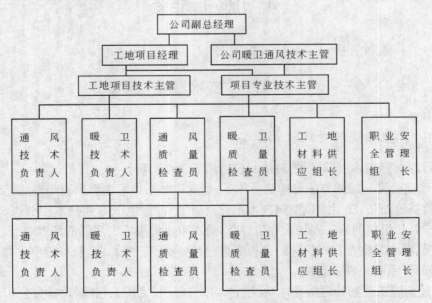

图1.1.4-2　重点工程暖卫通风空调工程施工管理网络图

46

### 4.1.3　建立公司、现场两级图纸会审班子

实行背靠背对施工图纸进行审图和各工种之间图纸的全面会审制度,提出初步解决方案与建议。然后双方将会审结果进行汇总,以书面形式提请设计、建设各方解决,办理设计变更与洽商,将图纸中的问题解决在施工实施之前。

### 4.1.4　成立现场协调小组

建议由甲方牵头,组成由建设、设计、监理、总包、分包单位组成常驻现场协调小组,定期协调现场需要协调的问题。

### 4.1.5　编写通风空调参数测试、系统调试方案

此项工作应在中标后及时进行,具体安排略。

## 4.2　施工机械和设备准备

施工所有钢材、管材、设备由工地器材组统一管理,施工时依据任务书及领料单随用随领,其他材料、配件由器材组采购入库,班组凭任务单领料,依据工程施工材料加工,预制项目多,故在现场应利用工程配备办公室一间、工具房和库房一间(有的待地上一层结构拆模后解决),供各班组存放施工工具、衣物。

### 4.2.1　暖卫专业施工机具和测试仪表的配备

交流电焊机:10 台　电锤:15 把　电动套丝机:4 台　倒链:8 个　切割机:6 台
台式钻床:4 台　角面磨光机:4 台　手动试压泵:6 台　电动试压泵:4 台
气焊(割)器:6 套　弹簧式压力计:10 台　刻度 0.5℃带金属保护壳玻璃温度计:6 支
管道泵:GB50 - 12 型 $G = 12.5 \text{ m}^3/\text{h}$、$H = 12\text{mH}_2\text{O}$、$n = 2830\text{r/min}$、$N = 1.1\text{kW}$　1 台(用于冲洗)
噪声仪:1 台　转速计:1 台　电压表:2 台　手持式 ST20 型红外线温度测试仪:1 台

### 4.2.2　通风专业施工机具的配备

电焊机:6 台　台钻:4 台　手电钻:10 把　拉铆枪:15 把　电锤:10 台　卷圆机:1 台
龙门剪板机:1 台　手动电动倒角机:2 台　联合咬口机:1 台　折方机:1 台
合缝机:1 台　风道无法兰连接成型机:一套

### 4.2.3　通风空调工程施工调试测量仪表及附件的配备

1. 施工调试测量仪表(表 1.1.4 - 1)
2. 测量辅助附件(表 1.1.4 - 2)
3. 灯光检漏测试装置(表 1.1.4 - 3)
4. 风道漏风量检测装置设备的配置(表 1.1.4 - 4)

施工调试测量仪表 表 1.1.4-1

| 序号 | 仪表名称 | 型号规格 | 量程 | 精度等级 | 数量 | 备注 |
|---|---|---|---|---|---|---|
| 1 | 水银温度计 | 最小刻度 0.1℃ | 0~50℃ | — | 5 | — |
| 2 | 水银温度计 | 最小刻度 0.5℃ | 0~50℃ | — | 10 | — |
| 3 | 酒精温度计 | 最小刻度 0.5℃ | 0~100℃ | — | 10 | — |
| 4 | 带金属保护壳水银温度计 | 最小刻度 0.5℃ | 0~50℃ | — | 2 | — |
| 5 | 带金属保护壳水银温度计 | 最小刻度 0.5℃ | 0~100℃ | — | 2 | — |
| 6 | 热球式温湿度表 | RHTH-1 型 | -20~85℃<br>0~100% | — | 5 | |
| 7 | 热球式风速风温表 | RHAT-301 型 | 0~30m/s<br>-20~85℃ | <0.3m/s<br>±0.3℃ | 5 | |
| 8 | 电触点压力式温度计 | — | 0~100℃ | 1.5 | 2 | 毛细管长 3m |
| 9 | 手持式红外线温度测试仪 | Raynger ST20 型 | — | — | 1 | |
| 10 | 干湿球温度计 | 最小分度 0.1℃ | -26~51℃ | — | 5 | |
| 11 | 压力计 | — | 0~1.0MPa | 1.0 | 2 | |
| 12 | 压力计 | — | 0~0.5MPa | 1.0 | 2 | |
| 13 | 转速计 | HG-1800 | 1.0~99999r/s | 50ppm | 1 | |
| 14 | 噪声检测仪 | CENTER320 | 30~13dB | 1.5dB | 1 | |
| 15 | 叶轮风速仪 | | | | | |
| 16 | 标准型毕托管 | 外径 $\phi 10$ | — | | 2 | |
| 17 | 倾斜微压测定仪 | TH-130 型 | 0~1500Pa | 1.5 Pa | 2 | |
| 18 | U 形微压计 | 刻度 1Pa | 0~1500Pa | | 4 | |
| 19 | 灯光检测装置 | 24V100W | — | — | 2 | 带安全罩 |
| 20 | 多孔整流栅 | 外径 = 100mm | | | 1 | |
| 21 | 节流器 | 外径 = 100mm | | | 1 | |
| 22 | 测压孔板 | 外径 $D_0 = 100$,孔径 $d = 0.0707m, \beta = 0.679$ | | | 2 | |
| 23 | 测压孔板 | 外径 $D_0 = 100$,孔径 $d = 0.0316m, \beta = 0.603$ | | | 2 | |
| 24 | 测压软管 | $\phi = 8mm, L = 2000mm$ | | | 6 | |
| 25 | 电压计 | | | | 1 | |

测量辅助附件 表 1.1.4-2

| 序号 | 附件名称 | 规格 | 数量 | 附图编号 |
|---|---|---|---|---|
| 1 | 加罩测定散流器风量 | — | 若干 | 图 1.1.4-4 |
| 2 | 室内温度测定架 | 木制品 | 若干 | 悬挂温度计 |

**灯光检漏测试装置**　　　　　　　　　　　　　　表 1.1.4－3

| 序号 | 附 件 名 称 | 规格 | 数量 | 附图编号 |
|---|---|---|---|---|
| 1 | 灯光检漏装置 | | 1 | 图 1.1.4－3 |
| 2 | 系统漏风量测试装置 | | 1 | 图 1.1.4－5 |

**风道漏风量检测装置设备的配置**　　　　　　　　表 1.1.4－4

| 序号 | 系统漏风量(m³/h) | 测试风机 | | 测试孔板 | | | 压差计 | 风道 | 软接头 |
|---|---|---|---|---|---|---|---|---|---|
| | | $Q$ (m³/h) | $H$ (Pa) | 直径 (mm) | 孔板常数 | 个数 | | | |
| 1 | — | 1600 | 2400 | — | — | — | — | — | — |
| 2 | ≥130 | — | — | 0.0707 | 0.697 | 1 | — | — | — |
| | <130 | — | — | 0.0316 | 0.603 | 1 | — | — | — |
| 3 | — | 0～2000Pa | | | | | 2个 | — | — |
| 4 | — | 镀锌钢板风道 $\phi$100、$L$ = 1000mm | | | | | | 3节 | — |
| 5 | | 软接头 $\phi$100、$L$ = 250mm | | | | | | | 3个 |

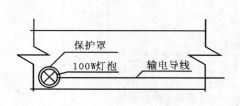

图 1.1.4－3　灯光检漏测试示意图　　　图 1.1.4－4　加罩法测定散流器风量示意图

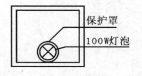

5. 漏风量测试装置示意图(图 1.1.4－5)
6. 漏风量系统的连接示意图(图 1.1.4－6)
7. 测试参数测点的布局要求
(1) 风道内测点位置的要求(图 1.1.4－7)。

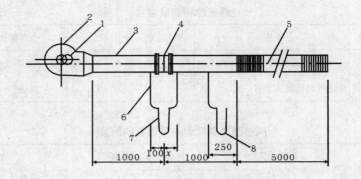

图 1.1.4 - 5　风管漏风试验装置

孔板 1($D = 0.0707$m)；$x = 45$mm；孔板 2($D = 0.0316$m)；$x = 71$mm；

1—逆风挡板；2—风机；3—钢风管 $\phi$100；4—孔板；5—软管 $\phi$100；6—软管 $\phi$8；7、8—压差计

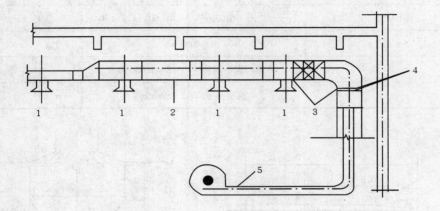

图 1.1.4 - 6　风道漏风试验系统连接示意图

1—风口；2—被试风管；3—盲板；4—胶带密封；5—试验装置

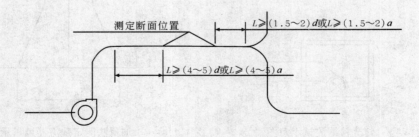

图 1.1.4 - 7　测定断面位置示意图

$a$—圆形风道直径；$b$—矩形风道长边长度

（2）圆形断面风口或风道参数扫描测点分布图（图 1.1.4 - 8）。

（3）矩形断面风口或风道参数扫描测点分布图（图 1.1.4 - 9）。

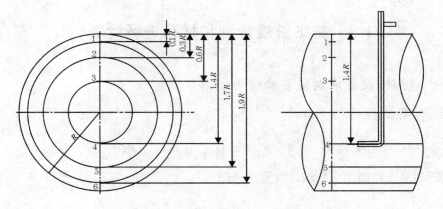

图 1.1.4 - 8　圆形断面风口或风道参数测点分布图

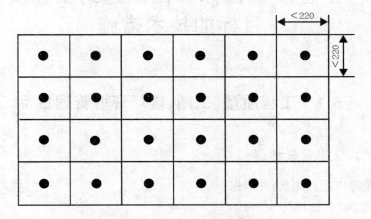

图 1.1.4 - 9　矩形断面风口或风道参数扫描测点分布图

(4) 室内温湿度、噪声、风速等参数测点分布图(图 1.1.4 - 10)。

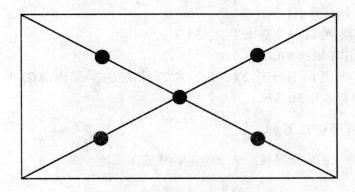

图 1.1.4 - 10　室内参数五点分布测试图

## 4.3 施工进度计划和材料进场计划

### 4.3.1 材料、设备采购定货及进场计划

中标后再编制详细计划书(略)。

### 4.3.2 施工进度计划

详细计划见土建施工组织设计统筹系统图。

# 5 工程质量目标和保证达到工程质量目标的技术措施

## 5.1 工程质量、工期、现场环境管理目标

### 5.1.1 工程质量目标(例)

工程质量等级达到优良,并确保:
1. 确保结构"长城杯";
2. 确保中国建筑工程"鲁班奖"(国家优质工程)。

### 5.1.2 工期目标(例)

(技术措施详见第7.1节)
1. 定额工期:620d,业主要求工期:530d。
2. 我方承诺工期:488d。
3. 2002年05月01日开工,2002年09月20日完成主体结构;2003年08月20日内外装修完成,2003年8月31日竣工。

### 5.1.3 现场管理目标

确保北京市文明安全样板工地,创建花园式施工现场。

## 5.2 保证达到工程质量目标的技术措施

### 5.2.1 组织措施(双轨管理体制仅适用于重点工程)

1. 建立施工现场双轨管理体制:即"建立公司一级的专项管理指导体系"详见4.1.1(1)款和"建立施工现场管理指导体系"详见4.1.1(2)款;

2. 建立公司、现场两级图纸会审班子:即4.1.2款;

3. 成立现场协调小组:建议由甲方牵头,组成由建设、设计、监理、总包、分包单位组成常驻现场协调小组,定期协调现场需要协调的问题。即4.1.3款。

### 5.2.2 制定和组织学习保证工程质量的技术管理规范、规程

1. 组织学习新的GB 50242—2002《建筑给水排水及采暖工程施工质量验收规范》和GB 50243—2002《通风与空调工程施工质量验收规范》。

2. 组织工程现场主要管理人员重新学习公司下发的三个技术管理文件的学习与贯彻:即(摘录略)

(1) 建五技质[2001]159号《加强工程施工全过程各工种之间的协调,防止造成不应出现质量事故的规定》;

(2) 建五技质[2001]159号附件《暖卫通风空调专业施工技术管理人员的工作职责》;

(3) 建五技质[2001]159号《通风空调工程安装中若干问题的技术措施》;

(4) 建五技质[2001]154号《"建筑安装工程资料管理规程"暖卫通风部分实施中提出问题的处理意见》。

通过以上文件的学习和现场观摩,提高现场工程管理和技术管理人员的责任感和防范施工质量问题的出现。

### 5.2.3 制定关键工序的质量保障控制程序

1. 工程重要部位施工工序和质量控制程序(图1.1.5-1)

2. 制定各工种施工工序搭接协调质量保障控制程序(图1.1.5-2)

3. 竖井内管道安装质量控制程序(图1.1.5-3)

4. 材料、设备、附件质量保证控制体系(图1.1.5-4)

5. 管道竖井土建施工质量控制程序(图1.1.5-5)

6. 低温地板辐射供暖预埋管道安装质量控制程序(图1.1.5-6)

7. 暖卫管道安装质量控制程序(详见6.1节)

8. 通风管道安装质量控制程序(详见6.2节)

9. 洁净室施工工艺流程控制程序(图1.1.5-7)

### 5.2.4 编制通风空调工程设计参数检测、系统调试实施方案

通风空调系统参数的检测和系统的调试是检验施工质量、设计功能是否满足工艺的建筑质量和使用功能要求的必要和不可缺少的手段,也是分清工程质量事故归属(建设方、设计方、施工方)的有效论据;更是节约能源减轻环境污染的有效技术措施。

### 5.2.5 制定施工质量审核控制大纲(表1.1.5-1和表1.1.5-2)

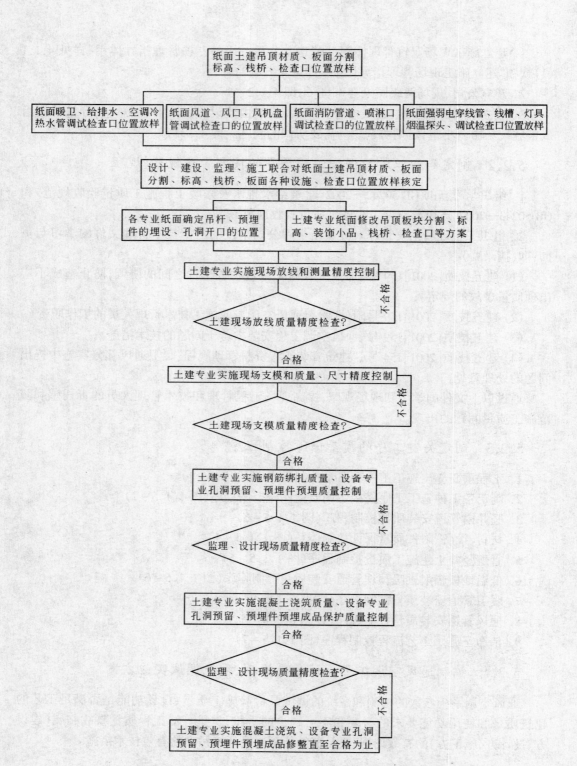

图 1.1.5-1　工程重要部位施工工序和质量控制程序

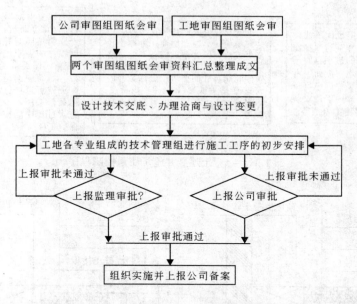

图 1.1.5－2　各工种施工工序搭接协调控制程序

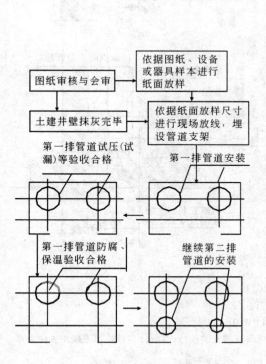

图 1.1.5－3　竖井内管道安装控制程序

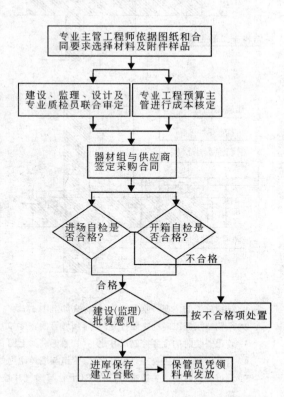

图 1.1.5－4　材料、设备、附件质量保证控制体系

設備專業依據設計圖紙、規範和安裝操作、附件操作維修更換應有的最小空間尺寸要求，詳細地在紙面上進行排列，確定竪井內座具備的最小淨空尺寸，以及安裝過程應預留安裝操作孔洞尺寸

土建專業依據設備專業的要求，共同與設計、監理協商，辦理設計變更或洽商，並依據設備專業對竪井最小淨空尺寸和安裝過程應預留操作孔洞尺寸的要求，進行竪井的放線（包括更換材料）施工，設備專業配合施工進行現場監督和預埋件預埋

土建專業對竪井內進行粗裝修後（或邊砌築邊勾縫），設備專業再按照竪井內管道安裝控制程序的要求進行管道安裝、試驗、保溫，經過辦理交接檢，填寫中間記錄單後，土建專業就可以進行後期的堵洞和精裝修工序，但各方在自己的施工過程中均應特別注意成品保護工作

圖 1.1.5 – 5　土建竪井施工質量控制程序

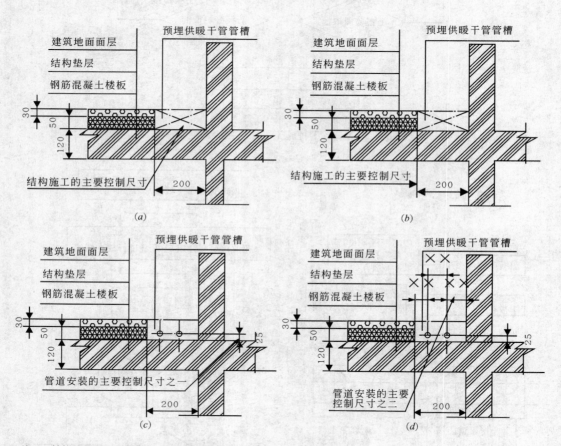

注：1. 結構施工的主要控制尺寸（樓板標高如上圖 a）；
　　2. 結構墊層施工時的主要控制尺寸（預埋管槽寬度如上圖 b）；
　　3. 管道安裝時的主要控制尺寸之一（管道標高如上圖 c）；
　　4. 管道安裝時的主要控制尺寸之二（管道與牆體距離如上圖 d）；
　　5. 管道安裝時的主要控制質量之三（干管與暖氣片連接支管的安裝技巧，參閱分戶散熱器連接相關注意事項）。

圖 1.1.5 – 6　低溫地板輻射供暖預埋管道安裝質量控制程序

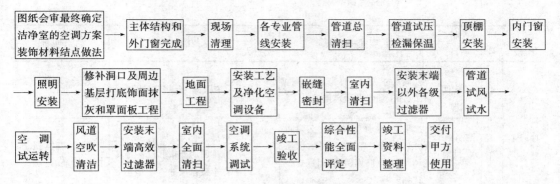

图 1.1.5-7  洁净室施工工艺流程图

暖卫工程施工质量控制大纲                                         表 1.1.5-1

| 施工阶段 | 序号 | 控制项目 | 主 要 控 制 点 | 控制点负责人 | 工作依据 | 工作见证 |
|---|---|---|---|---|---|---|
| 施工准备阶段 | 1 | 图纸会审阶段 | 着重了解设计概况,各系统的来龙去脉、服务对象,主要设备、材质要求,工程难点、重点,设计未交代清楚和与其他专业相矛盾的地方 | — | 设计施工图、标准图册、规范、规程及相关文件 | 审图记录 |
| | 2 | 设计技术交底 | 了解设计意图,弄清审图中提出的疑问,确定设计变更洽商项目纪要 | — | 设计施工图及相关文件 | 设计交底纪要及设计变更洽商记录 |
| | 3 | 施工组织设计 | 工程难点及重点,施工力量安排与部署,主要施工项目的施工方法及质量进度保证措施 | — | 施工图纸、规范、规程及施工机械配备情况,新工艺设备的配置可能性 | 施工组织设计研讨记录、审批记录文件及施工组织设计交底记录 |
| | 4 | 材料设备采购 | 设备、材料的型号规格,质量检测报告书,使用单位的调查报告书的真实性,施工预概算等 | — | 设计图纸要求,工程物质选样送审表,质量检测报告书,使用单位的调查报告书 | 工程物质选样送审表,工程物质进场检验记录 |
| | 5 | 施工组织设计交底 | 工程难点及重点,施工力量安排与部署,主要施工项目的施工方法及质量进度保证措施 | — | 施工组织设计审批件及相关规范、规程 | 施工组织设计交底记录 |
| | 6 | 劳务队伍选择 | 劳务队伍的技术力量、管理体制与素质 | — | 合格承包文书,技术力量素质,管理体制和组织机构 | 外包劳务队审批报告 |
| | 7 | 材料机具进场 | 满足施工进度计划 | — | 材料机具设备进场计划书 | 材料设备进场检验记录,施工领料记录单,可追溯性材料设备产品记录单 |

57

| 施工阶段 | 序号 | 控制项目 | 主 要 控 制 点 | 控制点负责人 | 工作依据 | 工作见证 |
|---|---|---|---|---|---|---|
| 管道设备安装阶段 | 1 | 孔洞预留、管件预埋 | 孔洞尺寸、位置、标高及预埋件材质、加工质量和固定措施 | — | 施工图纸、规范、规程 | 预检、隐检记录单 |
| | 2 | 钢制给水、供暖管道安装 | 水平度、垂直度、坡度、支架间距、甩口位置、连接方式、耐压强度和严密性、防腐保温、固定支座位置和安装 | — | 施工图纸、规范、规程、标准图册要求和设备器具样本接口尺寸 | 预检、隐检、水压试验记录单 |
| | 3 | 塑料和铝塑复合管道安装 | 土建结构层标高、垫层厚度和管顶覆盖层厚度、管道的标高、位置、水平度、垂直度、坡度、支架间距、甩口位置、连接方式、埋设管道接口设置☆☆、耐压强度和严密性、防腐保温、固定支座位置和安装、伸缩器设置安装 | — | 施工图纸、规范、规程、标准图册要求和设备器具样本接口尺寸 | 预检、隐检、水压、通水试验记录单 |
| | 4 | 排水及雨水管道安装 | 管道规格、标高、位置、水平度、垂直度、坡度、支架间距、甩口位置、连接方式、塑料管道伸缩器设置、严密性、防结露保温 | — | 施工图纸、规范、规程、标准图册要求和设备器具样本接口尺寸 | 预检、隐检、灌水、通水、通球试验记录单 |
| | 5 | 卫生器具安装 | 型号规格、位置标高、平整度、接口连接 | — | 施工图纸、规范、规程、标准图册要求和设备器具样本 | 预检、灌水、通水试验记录单 |
| | 6 | 散热器安装 | 型号规格、位置、标高、平整度、接口连接、散热器固定 | — | 施工图纸、规范、规程、标准图册要求 | 预检、水压试验记录单 |
| | 7 | 设备安装 | 型号规格、位置、标高、平整度、接口、减振、严密性 | — | 施工图纸、规范、规程、标准图册、设备样本要求 | 进场检验、预检记录单 |
| 系统调试 | 1 | 系统试验冲洗 | 试验压力、冲洗流量与速度 | — | 施工图纸、规范、规程 | 系统水压和冲洗试验记录单 |
| | 2 | 单机试运转 | 水量、风压、转速、噪声、转动件外表温度、振动波幅 | — | 施工图纸、规范、规程、设备样本要求 | 单机试运转试验记录单 |
| | 3 | 分项工程调试 | 散热器表面温度和房间温度 | — | 施工图纸、规范、规程系统调试试验记录单 | 施工资料整理 |
| 施工资料整理 | 1 | 记录单内容 | 文字书写、内容准确性、时限性、相关性、签字完整性、文笔简练性 | — | DBJ 01—51—2000 | 施工记录单 |
| | 2 | 记录单组卷 | 格式、分类、数量、装订 | — | DBJ 01—51—2000 | 施工记录单组卷 |

注:埋地塑料和铝塑复合管道一般不允许有接头,仅热熔连接 PB 和 PP－R 供暖下分式双管系统在支管分叉处允许用相同材质的专用连接管件连接。

通风空调工程施工质量控制大纲 表 1.1.5－2

| 施工阶段 | 序号 | 控制项目 | 主 要 控 制 点 | 控制点负责人 | 工作依据 | 工作见证 |
|---|---|---|---|---|---|---|
| 施工准备阶段 | 1 | 图纸会审阶段 | 着重了解设计概况,各系统的来龙去脉、服务对象,主要设备、材质要求,工程难点、重点,设计未交代清楚和与其他专业相矛盾的地方 | — | 设计施工图、标准图册、规范、规程及相关文件 | 审图记录 |
| | 2 | 设计技术交底 | 了解设计意图,弄清审图中提出的疑问,确定设计变更洽商项目纪要 | — | 设计施工图及相关文件 | 设计交底纪要及设计变更洽商记录 |
| | 3 | 施工组织设计 | 工程难点及重点,施工力量安排与部署,主要施工项目的施工方法及质量进度保证措施 | — | 施工图纸、规范、规程及施工机械配备情况,新工艺设备的配置可能性 | 施工组织设计研讨记录、审批记录文件及施工组织设计交底记录 |
| | 4 | 材料设备采购 | 设备、材料的型号规格,质量检测报告书,使用单位的调查报告书的真实性,施工预概算等 | — | 设计图纸要求,工程物质选样送审表,质量检测报告书,使用单位的调查报告书 | 工程物质选样送审表,工程物质进场检验记录 |
| | 5 | 施工组织设计交底 | 工程难点及重点,施工力量安排与部署,主要施工项目的施工方法及质量进度保证措施 | — | 施工组织设计审批件及相关规范、规程 | 施工组织设计交底记录 |
| | 6 | 劳务队伍选择 | 劳务队的技术力量、管理体制与素质 | — | 合格承包文书,技术力量素质,管理体制和组织机构 | 外包劳务队审批报告 |
| | 7 | 材料机具进场 | 满足施工进度计划 | — | 材料机具设备进场计划书 | 材料设备进场检验记录,施工领料记录单,可追溯性材料设备产品记录单 |
| | 8 | 编制通风空调工程调试方案 | 参数数量和精度、测试仪表型号规格与精度、测试方法及资料整理 | — | 施工图纸、规范、规程 | 测试调试数据记录、测试资料报告 |

| 施工阶段 | 序号 | 控制项目 | 主要控制点 | 控制点负责人 | 工作依据 | 工作见证 |
|---|---|---|---|---|---|---|
| 管道设备安装阶段 | 1 | 孔洞预留、管件预埋 | 孔洞尺寸、位置、标高及预埋件材质、加工质量和固定措施 | — | 施工图纸、规范、规程 | 预检、隐检记录单 |
| | 2 | 管件附件制作 | 材质、规格、咬口焊口、翻边、铆钉间距与铆接质量、外观尺寸与平整度、严密性 | — | 施工图纸、规范、规程 | 材料设备进场检验、预检、灯光检漏记录单 |
| | 3 | 通风管道吊装 | 水平度、垂直度、坡度、甩口位置、连接方式、严密性、支架间距和安装、防腐保温 | — | 施工图纸、规范、规程标准图册要求和设备器具样本接口尺寸 | 预检、隐检、灯光检漏、漏风率检测试验记录单 |
| | 4 | 空调管道安装 | 水平度、垂直度、坡度、支架间距、甩口位置、连接方式、耐压强度和严密性、防腐保温、固定支座位置和安装 | — | 施工图纸、规范、规程标准图册要求和设备器具样本接口尺寸 | 预检、隐检、水压、冲洗试验记录单 |
| | 5 | 风口附件安装 | 型号规格、位置、标高、接口严密性、平整度、阀件方向性、调节灵活性 | — | 施工图纸、规范、规程标准图册要求和附件设备样本 | 预检、隐检、调试试验记录单 |
| | 6 | 各类机组安装 | 型号规格、位置、标高、平整度、接口、减振、严密性 | — | 施工图纸、规范、规程标准图册、设备样本要求 | 进场检验、预检、水压试验、漏风率检测记录单 |
| 系统调试 | 1 | 单机试运转 | 风（水）量、风压、转速、噪声、转动件外表温度、振动波幅 | — | 施工图纸、规范、规程、设备样本要求 | 单机试运转试验记录单 |
| | 2 | 空调冷热媒和冷却系统试验冲洗 | 试验压力、冲洗流量与速度 | — | 施工图纸、规范、规程 | 系统水压和冲洗试验记录单 |
| | 3 | 送回风口风量和通风空调系统风量平衡 | 风口、支路风量、系统总风量 | — | 施工图纸、规范、规程 | 风口风量及系统调试试验记录单 |
| | 4 | 室内参数检测 | 房间温度和送风口流速、湿度、洁净度、噪声、静压等 | — | 施工图纸、规范、规程要求 | 室内参数检测记录单 |
| | 5 | 系统联合试运转 | 通风系统、冷热源系统、冷却水系统、自动控制系统和室内参数 | — | 施工图纸、规范、规程要求 | 系统联合试运转试验记录单 |

| 施工阶段 | 序号 | 控制项目 | 主要控制点 | 控制点负责人 | 工作依据 | 工作见证 |
|---|---|---|---|---|---|---|
| 施工资料整理 | 1 | 记录单内容 | 文字书写、内容准确性、时限性、相关性、签字完整性、文笔简练性 | — | DBJ 01—51—2000 | 施工记录单 |
| | 2 | 记录单组卷 | 格式、分类、数量、装订 | — | DBJ 01—51—2000 | 施工记录单组卷 |

### 5.2.6 新技术的应用

1. 风道保温板采用金属碟形帽保温钉焊接工艺代替原塑料保温钉粘贴工艺,增加保温板的粘接牢靠性。其焊接工艺如图1.1.5－8所示。

2. 引进新设备风道安装采用无法兰连接。

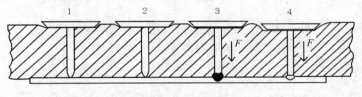

图1.1.5－8　碟形帽金属保温钉焊接固定工艺

### 5.2.7 控制质量通病,提高施工质量

1. 防止管道干管分流后的倒流差错(图1.1.5－9和图1.1.5－10)。

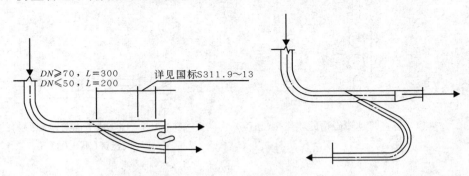

图1.1.5－9　干管分路的正确连接方法　　　图1.1.5－10　干管分路的错误连接方法

2. 管道走向的布局:应先放样,调整合理后才下料安装。特别要防止出现不合理的管道走向(图1.1.5－11)。

3. 严格执行 GB 50243—2002 第 5.3.9 条和建五技质[2001]169 号《通风空调工程安装中

若干问题的技术措施》第4.1条~第4.5条的规定,禁止在通风安装工程中滥用软管和软接头的规定,减少空调病的发作,以确保用户的健康(具体应用的正确性见图1.1.5-12~图1.1.5-15)。

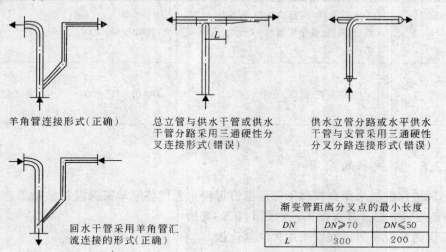

羊角管连接形式(正确)

总立管与供水干管或供水干管分路采用三通硬性分叉连接形式(错误)

供水立管分路或水平供水干管与支管采用三通硬性分叉分路连接形式(错误)

回水干管采用羊角管汇流连接的形式(正确)

| 渐变管距离分叉点的最小长度 | | |
| --- | --- | --- |
| DN | DN≥70 | DN≤50 |
| L | 300 | 200 |

图1.1.5-11 总立管与供水干管的连接

注:本图适用于供暖和供水管道;→为流体流入或流出方向。

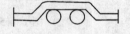

图1.1.5-12 从上面跨越障碍物的软连接(正确) 　图1.1.5-13 水平跨越障碍物的软连接
(俯视图、正确)

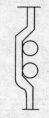

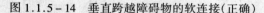

图1.1.5-14 垂直跨越障碍物的软连接(正确) 　图1.1.5-15 从下面跨越障碍物的
软连接(不正确)

(1)柔性短管应选用防腐、防潮、不透气、不易霉变的柔性材料。用于空调系统的应采用防止结露的措施;用于净化空调系统的还应是内壁光滑、不易产生尘埃的材料。

(2)柔性短管的长度一般为150~300mm,其连接处应严密、牢固可靠。

(3)柔性短管不宜作为找正、找平的异径连接管。

(4)设于结构变形缝处的柔性连接管,其长度宜为变形缝的宽度加100mm及以上。

（5）为了保障用户的健康和工程质量，在应用柔性短管时还应严格执行我公司建五技质［2001］169 号《通风空调工程安装中若干问题的技术措施》第 4.1 条～第 4.5 条的规定，禁止在通风安装工程中滥用软管和软接头的规定。即：

第 4.1 条　风道软管和软接头因材质粗糙、质地柔软、严密性差、阻力大、寿命短、易积尘，而粉尘又是各种微生物、细菌的寄存和繁殖的营养供给基地，在润湿的环境中易引起军团菌等"空调病菌"的繁殖，引发空调病。因此除了洁净空调对风道软管和软接头的应用有严格的规定外（其选材、制作、安装应符合 JGJ 71—90 第 3.2.7 条的规定），在一般空调系统中也应慎重采用。

第 4.2 条　在通风安装工程中软管和软接头的应用范围应有一定的限制，严禁乱用软管风道和软接头。除了在有振动设备前后为了防止振动的传播和降低噪声采用软接头外，在下列场合原则上禁止采用软管作为风口的连接件和作为干管与支管的连接件。

（1）洁净工程、生物工程、微生物工程、放射性实验室工程、制药厂、食品工业加工厂和医疗工程等对工艺流程和卫生防疫有特殊要求的工程，除了在有振动设备前后可以安装软接头外（这些工程对软接头的用料和加工也有特殊的要求，详见 JGJ 71—90），其余场合原则上禁止采用软接头进行过渡连接。

（2）重要的、有历史意义的公共建筑、纪念馆、纪念堂、大会堂、博物馆等。如人民大会堂的观众厅、会议室或重要办公建筑中高级人物的办公室和出入场所。

（3）风口、风道为高空分布难以清扫的大容积或高大空间内的通风空调系统。

（4）凡是支管能用硬性管道连接的场合，一律不得采用软管连接。不得不采用软管连接时，软管只能从跨越管（跨越的障碍物）的上部绕过，不得从跨越管（跨越的障碍物）的下部绕过。且软管的弯曲部分应保持足够大的曲率半径，不得形成局部压扁现象。

（5）两连接点距离超过 2m 者，不得采用可伸缩性的金属或非金属软管连接。

第 4.3 条　在下列场合应做好相应的限制位移和严密性封闭的技术措施：

（1）当软管作为厕所或其他次要房间顶棚内的排风扇与土建式排风竖井连接时，除了应保证管道平直和长度不大于 2m 外，它与竖井的接口应通过法兰连接，不得未经任何处理而采用直接插入土建通风竖井内的方法，以免因其他原因而脱离。

（2）应特别注重风机盘管室内送风口处送风管、新风管与室内送风口（格栅）处连接的严密性、牢靠性。

第 4.4 条　柔性短管的应用尚应符合 GB 50243—2002 第 6.3.3 条的规定，水平直管的垂度每米不大于 3mm，总偏差不大于 6mm（因最长不得超过 2m）。

第 4.5 条　以柔性短管连接的送（回）风口，安装后与设备（或干管）出口和风口的连接应严密，不渗漏；外形应基本方正，圆形风道外形的椭圆度应符合 GB 50243—2002 的要求。从风口向里看，软管内壁应基本平整、光滑、美观，无严重的褶皱现象。

4．注重管道两边与墙体的距离：注意管道预留孔洞位置的准确性，防止安装后管道距离墙体表面距离超过规范的要求和影响外观质量（图 1.1.5 - 16）。

5．预留孔洞或预埋件位置的控制：预留孔洞或预埋件及管道安装时应特别注意管道与墙面（两个方向均应照顾到）及管道与管道之间的距离。明装管道距离墙体表面等的距离应严格遵守设计和规范的要求。即本条第 4 款附图要求。

6. 设备和材料的采购和进场验收：应执行材料、设备、附件质量保证控制体现。主要是规格的鉴别，特别是管材的壁厚；管道支架的规格和加工质量（按 91SB 详图控制），避免不合格品进场。提计划和定货时应特别注意无缝钢管及配件的外径、厚度应与水煤气管匹配、弯头外径应与管道外径一致（材料、设备、附件质量保证控制体系详见图 1.1.5 - 4）。

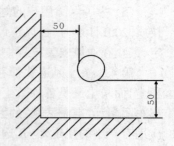

图 1.1.5 - 16　管道与墙面的距离

7. 洁净室的施工程序：为保证洁净室最终测试能达到设计要求，洁净室各工种（包括土建、电气等专业）的施工程序一定得按照 JGJ 71—90《洁净室施工及验收规范》附录二"洁净室主要施工程序"规定安排施工。本工程不仅内部工种之间的协调复杂，总包单位与分包单位之间工序的协调复杂；洁净室内工艺设备的进入时间和设备安装与建筑施工各工种的配合也直接影响洁净室的施工质量，因此施工前方方面面的协调工作不可忽略。

8. 吊顶预留人孔（检查孔）的安排：吊顶人孔（检查孔）的预留应事先作好安排，其位置、结点做法既要照顾便于调节、测试和检修的需要，更应考虑密闭性的质量要求。尤其洁净室的检查孔最好安排在走道或非洁净房间的吊顶上，不宜安排在洁净度要求较高的房间内。为了便于人员进入吊顶内调试和检修，应与设计、监理和土建专业人员共同协商，在吊顶内增设人行栈桥。

9. 管道甩口的控制：管道安装应执行管道安装控制程序（图 1.1.6 - 1）应防止干管中支管（支路）接口甩口位置与支管安装位置的过大误差，解决的办法：

（1）严格执行事先放线定位的施工程序和安装交底程序；

（2）废除从起点至终点安装不分阶段"一竿子插到底"的不科学的施工陋习，应分段进行，并留有调整位置的最后下料直管段，待位置调整合适后再安装。

10. 土建竖井施工应控制内表面的光洁度：应监督土建专业在各种管道竖井的浇筑和砌筑时，及时进行风道内壁的抹光处理工序（图 1.1.5 - 5）。

11. 竖井内风道法兰连接安装孔的预留：断面较大的通风管道，由于边长较长，风道又紧靠竖井侧壁，往往因风道与井壁间间距太小，手臂太短，因此两段风道间连接法兰的螺栓无法拧紧。因此应在竖井施工前预留安装孔洞，以便于风道的安装。

12. 竖井内管道安装应严格按控制程序进行：（图 1.1.5 - 3）以保证施工质量和避免返工。

13. 分户供暖预埋管槽的预留应注意的问题：

（1）应事先做好图纸会审工作，严格控制结构楼板、垫层的标高及管槽的宽度和位置。

（2）应严格按分户供暖预埋管道安装质量控制程序进行（图 1.1.5 - 6）。

（3）低温地板辐射分户供暖和其他形式分户供暖预埋管道安装应按图 1.1.5 - 17 和图 1.1.5 - 18 控制安装质量。

14. 分户供暖干管与支管和散热器的连接：应事先放样并拟定好安装方案，以免出现外观质量事故。

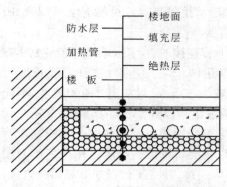

图 1.1.5 – 17  楼层辐射供暖地板构造图

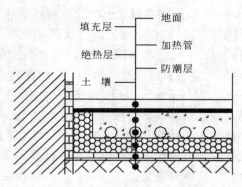

图 1.1.5 – 18  底层辐射供暖地板构造图

15．拆除工程注意事项：

（1）拆除时先关好立管阀门,泄空管内存水,以免污染用户住房。

（2）施工前做好施工进度计划,合理安排劳动力,调整好土建和专业项目相关工序的顺序。采取速战速决快速施工战术,尽量减少各户施工时间,减少扰民现象。

（3）拆除应按照从上到下的顺序依次进行。

（4）需剔凿墙体时,严禁剔凿横缝,如必须剔凿需经甲方、监理、设计同意方可施工。

（5）拆除屋面太阳能管线和水箱时,注意不得破坏屋面防水层,不得将无用的东西向下投掷,拆除的管线、水箱搬运时注意,避免碰撞用户的物品,不得发生直接向地面投掷野蛮施工事件。

16．注意无缝钢管与焊接钢管外径和厚度尺寸的匹配:见表 1.1.5 – 3。

无缝钢管及钢压制弯头匹配表 　　　　　　　　　　　　　表 1.1.5 – 3

| DN (mm) | 相应英制 (in) | 相应无缝钢管外径×壁厚(mm) | 与焊接钢管配套弯头外径×壁厚(mm) | DN (mm) | 相应英制 (in) | 相应无缝钢管外径×壁厚(mm) | 与焊接钢管配套弯头外径×壁厚(mm) |
|---|---|---|---|---|---|---|---|
| 15 | 1/2 | 22×3 | — | 150 | 6 | 159×4.5 | 168×4.5 |
| 20 | 3/4 | 25×3 | — | 200 | 8 | 219×6 | — |
| 25 | 1 | 32×3.5 | — | 250 | 10 | 273×8 | — |
| 32 | 1 1/4 | 38×3.5 | 42×3.5 | 300 | 12 | 325×8 | — |
| 40 | 1 1/2 | 45×3.5 | 50×3.5 | 350 | 14 | 377×9 | — |
| 50 | 2 | 57×3.5 | 60×3.5 | 400 | — | 426×9 | — |
| 65 | 2 1/2 | 76×4 | 76×4 | 450 | — | 480×10 | — |
| 80 | 3 | 89×4 | 89×4 | 500 | — | 530×10 | — |
| 100 | 4 | 108×4 | 114×4 | 600 | — | 630×10 | — |
| 125 | 5 | 133×4.5 | 140×4.5 | | | | |

17. 给水和供暖管道的排气和泄水：给水和供暖管道最高点或可能有空气积聚处，应设排气装置，最低点或可能有水积存处应设泄水装置。

18. 暖气立管和横干管连接：暖气立管和横干管连接时，应按图集 91SB1－P29 方式连接，如立管直线长度小于 15m，立管与干管可以用两个弯头连接；立管直线长度大于 15m，立管与干管可以用三个弯头连接；横节长度应为 300mm，且应有 1% 的坡度，不应使用对丝加弯头代替管段横节的连接方法，保证立管胀缩得以补偿（※两个弯头和三个弯头的连接方法在华北地区标准图集 91SB、老版本安装标准图集以及教科书中均指横干管敷设在吊顶内的连接方法。这里扩大到明装横干管，在层高较低的经济适用房将给有横干管的住户带来极大的不便与损失。建议采用乙字弯连接，并将闭合管往散热器一边移，以解决立管的伸缩问题，如图 1.1.5－19 和图 1.1.5－20 所示）。

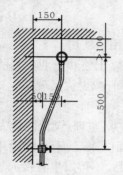
图 1.1.5－19　明装干管与立管的连接

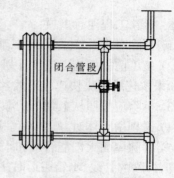
图 1.1.5－20　当明装干管与立管的连接如左图时闭合管段往散热器一边偏

### 5.2.8　规范施工技术记录资料管理

1. 贯彻建五技质［2001］154 号《"建筑安装工程资料管理规定"暖卫通风部分实施中提出问题的处理意见》，使现场技术管理人员明确该《规程》的本质在于强调资料的完整性、真实性、准确性、系统性、时限性和同一性，以及其与原 418 号规定的本质区别。

2. 强调工序技术交底的重要性，并提供某项工序技术交底的具体编制方法（详见示例）。

3. 提供比较难以填写记录单的填写示例，规范技术管理资料的样式（详见示例）。

### 5.2.9　成品、半成品保护措施

本工程高空作业面大、工种多、多专业交叉作业，故成品、半成品保护工作特别重要。为确保质量，拟采取下列措施：

1. 结构阶段：各专业施工人员不得撬钢筋、扭曲钢筋、拆除扎丝，应在钢筋上放走道护板，严禁割主筋。要派专人看护管盒、套管、预埋件，防止移位。

2. 装修阶段：搬运器具、钢管、机械注意不碰门框及抹灰腻子层，不得剔除面砖，不得上人站在安装的卫生设备器具上面，注意对电线、配电箱、消火栓箱的看护，以免损坏，在

吊顶内施工不得扭曲龙骨。对油漆粉刷墙面、防护膜不得触摸。

　　3．思想教育与奖惩制度：组织在施人员学习,加强教育,认真贯彻执行,确保成品、半成品保护工作,对成效突出的个人进行奖励,对破坏成品者严肃处理。

　　5.2.10　依据规范的要求,加强安装工程的各项测试与试验,确保设备安装工程的施工质量

　　本工程涉及到的各种试验如下：

　　1．进场阀门强度和严密性试验。依据 GB 50242—2002 第 3.2.4 条、第 3.2.5 条和 GB 50243—2002 第 8.3.5 条、第 9.2.4 条规定。

　　(1) 各专业各系统主控阀门和设备前后阀门的水压试验

　　A．试验数量及要求：100% 逐个进行编号、试压、填写试验单,并进行标识存放,安装时对号入座。本项目包括减压阀、止回阀、调节阀、水泵结合器等。

| 技术交底记录(表式 C2 – 2 – 1) | | 编号 | J4 – 3 |
| --- | --- | --- | --- |
| | | | 001 |
| 工程名称 | 广安门医院扩建工程<br>地下一、二层和夹层孔洞预留和预埋件、短管的预埋 | 施工单位 | 新兴建设总公司<br>五公司六项 |

交底提要：
　　本交底包括地下一层夹层和地下二层通风管道预留孔洞预留和预埋件预埋部分,共计墙体上预留孔洞 3 个、楼板上预留孔洞 2 个；预埋件 58 件,其中楼板上 30 件、墙体上 10 件、柱子上 18 件；短管 1 件。预埋件主要用于固定风道的支、吊、托架。
　　安装难点是位置、标高的准确性,控制预留和埋设位置准确性的技术措施是：
　　(1) 以墙柱中心线为度量尺寸的基准线；
　　(2) 采用钢尺和水准尺丈量；
　　(3) 丈量尺寸由两人操作。施工班组为王小明班共计 5 人。工程完成日期为 2001.11.25～2002.1.13。交底时间 2001.11.20。交底人童杰。接受交底人有通风工长、质量检查员及施工人员王小明班 5 人,共计 7 人。

主要材料：
　　1．预埋件采用 δ = 6mm 的 Q235 冷轧钢板和 φ10 钢筋制作见图 1.1.5 – 21(a)；预埋短管采用 δ = 3mm 的 Q235 冷轧钢板制作,钢板表面应光滑、无严重锈蚀,无污染,短管的内表面刷防锈漆两道见图 1.1.5 – 21(b)；预留孔洞的模具圆形孔洞用 δ = 10mm 木板制作成内模,外包 δ = 0.7mm 镀锌钢板,内衬 30mm × 30mm 木枋支撑；方形孔洞木模用 δ = 10mm 木板制作成模,相互连接的两块模板采用榫接头连接,模板外侧应用刨刀刨光。模板内侧四角采用 30mm × 30mm 木枋倾斜支撑,倾斜角度为 45°,详见图 1.1.5 – 21(c)、(d)。
　　2．预埋件和预留孔洞的数量、规格尺寸和埋设位置如下表：尺寸依据 GB 50243—97 第 3.2.3 条表 3.2.3 – 1 和表 3.2.3 – 2 的规定制作。

| 序号 | 名　称 | 规　格 | 模(埋)板尺寸 | 板材尺寸 | 斜撑或埋筋尺寸 | 数量 | 标高 | 平面位置 |
| --- | --- | --- | --- | --- | --- | --- | --- | --- |
| 1 | 预埋铁件 | — | 120 × 120 × 6 | 120 × 120 × 6 | 2 – φ10 L = 280 | 58 | | 详设施 05、06 |
| 2 | 圆形木模 | φ350 | φ450 | 10 × 200 × 450 | 30 × 30 × 390 | 2 | | 详设施 05、06、07 |

| 序号 | 名 称 | 规 格 | 模(埋)板尺寸 | 板材尺寸 | 斜撑或埋筋尺寸 | 数量 | 标高 | 平面位置 |
|---|---|---|---|---|---|---|---|---|
| 3 | 方形模板 | 800×320 | 900×450 | 10×250×450<br>10×250×900 | 30×30×200 | 2 | | 详设施05、06、07 |
| 4 | 方形模板 | 1200×500 | 1300×600 | 10×300×600<br>10×300×1300 | 30×30×250 | 1 | | 详设施05、06、07 |
| 5 | 预埋短管 | 1200×500 | 1200×500 | $\delta=2mm$ | — | 1 | | 详设施05 |

3．质量标准要求：

(1) 位置和标高应准确，其误差在±5mm以内；

(2) 圆形风道模板外径的误差应小于±2mm，椭圆度用丈量互相垂直90°两外径相差不应大于2mm；

(3) 矩形风道模板外边长度误差应小于±2mm，模板相互之间的垂直度为两对角线丈量相差不应大于3mm；

(4) 孔洞内表面应光滑平整，不起毛或无蜂窝、狗洞现象；

(5) 预埋件的脚筋与铁板的焊接质量应焊缝均匀，无气泡、气孔、夹渣和烧熔、熔坑现象，焊渣应清除干净，脚筋应垂直钢板，且尺寸应符合图示要求。

4．施工前提(施工条件)：预埋孔洞和预埋件预埋应在土建专业钢筋绑扎就绪、合模之前进行安装固定就位。同时应在再次校核施工图纸和与其他专业会审无误后施工。

5．预埋件和预留孔洞模板固定措施：

(1) 预埋件的固定只许用退火钢丝绑扎固定，不允许用焊接固定，若土建钢筋与固定位置要求不一致，可增设辅助钢筋，将预埋件脚筋焊接在辅助钢筋上，然后再将辅助钢筋绑扎在土建的钢筋网上。辅助钢筋的直径采用 $\phi12$。短管用四根焊接于短管侧面(互成井字形)的 $L=$ 边长 $+2×250$，$\phi16$ 八根锚固。

(2) 孔洞模板的固定，可用2英寸的铁钉钉于楼板或墙板的木模板上，然后增设加固钢筋。其中圆形孔洞模板用四根 $\phi16$，$L=800mm$ 的井字形加固钢筋绑扎固定在土建的钢筋网片上，矩形孔洞模板可用8根或16根 $\phi12mm$、长度分别为 $L=$ 边长 $+800mm$(井字筋，共8根)和 $L=600mm$(8根与井字筋成45°的加固筋，仅长边 $L=1300mm$ 的孔洞模板才有)固定筋绑扎于土建的钢筋网片上。

(3) 土建专业浇筑混凝土时应派工人在现场进行成品保护和校正埋设位置移动的误差。

(4) 在此工序的实施过程中，应特别关注埋设位置的准确性，措施如前所述。

6．安全措施：

(1) 施工人员应戴安全帽进行作业。

(2) 施工人员应穿硬底和防滑鞋进入现场，防止铁钉扎脚伤人。

(3) 安装前应检查焊接设备是否符合安全使用要求，电源、接线有无破皮、漏电等不安全因素，严禁未检查就启用焊接设备进行焊接工作。

(4) 高空作业施工人员应系好安全带。

7．施工过程检查合格后，预留孔洞应填写《预检工程检查记录表》C5-1-2，预埋件和预埋短管的预埋应填写《隐蔽工程检查记录表》C5-1-1。不合格项应填写《不合格项处置记录表》C1-5。

8．插图详见附页。

| 技术负责人 | 童 杰 | 交底人 | 童 杰 | 接受交底人 | 杨学峰、王延岭、王小明等 |
|---|---|---|---|---|---|

本表由施工单位填报，交底单位与接受交底单位各保存一份。

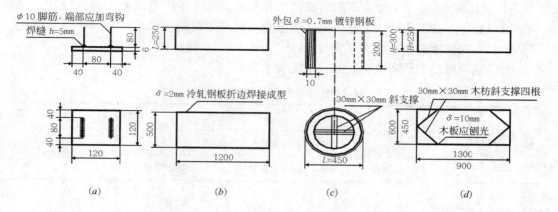

图 1.1.5-21 1-1001 预留孔洞预留和预埋件埋设技术交底插图
(a)预埋件;(b)预埋短管;(c)圆形木模制作;(d)矩形木模制作

| 管道强度严密性试验记录(表式 C6-5-2) | | 编 号 | J2-1 |
|---|---|---|---|
| | | | 1-002 |
| 工程名称 | ×××图书馆工程 | 试验日期 | 年 月 日 |
| 试验部位 | 给水系统 GL1 | 材质及规格 | 热镀镀锌钢管 DN40 |

试验要求:

 1. 试压泵安装在地上一层,系统工作压力为 0.6MPa,试验压力为 0.9MPa;压力表的精度为 1.5 级,量程为 1.0MPa;

 2. 试验要求是:试验压力升至工作压力后,稳压进行检查,未发现问题,继续升压。当压力升至试验压力后,稳压 10min,检查系统压力降 $\Delta P$ 应≤试验允许的压力降 0.05MPa,检查无渗漏;

 3. 然后将压力降至工作压力 0.6MPa 后,稳压进行检查,不渗不漏为合格。

试验情况记录:

 1. 自 08 时 30 分开始升压,至 09 时 25 分达到工作压力 0.6MPa,稳压检查,发现 8 层主控制阀门前的可拆卸法兰垫料渗水问题;经卸压进行检修处理后,10 时 05 分修理完毕。10 时 15 分又开始升压,至 11 时 02 分到工作压力 0.6MPa,稳压检查,未发现异常现象。

 2. 自 11 时 20 分开始升压作超压试验,至 11 时 55 分升压达到试验压力 0.9MPa,维持 10min 后,压力降为 0.01MPa。

 3. 压力降 $\Delta P$ 为 0.01MPa≤允许压力降 0.05MPa,维持 10min,经检查未发现渗漏等现象。

试验结论:

符合设计和规范要求

| 参加人员签字 | 建设(监理)单位 | 施工单位 | | |
|---|---|---|---|---|
| | | 技术负责人 | 质检员 | 工 长 |
| | | | | |

本表由施工单位填写,城建档案馆、建设单位、施工单位各保存一份。

B．试压标准：强度试验为该阀门额定工作压力的 1.5 倍作为试验压力；严密性试验为该阀门额定工作压力的 1.1 倍作为试验压力。在观察时限内试验压力应保持不变，且壳体填料和阀瓣密封面不渗不漏为合格。

阀门强度试验和严密性试验的时限见表 1.1.5-4。

阀门强度试验和严密性试验的时限　　　　表 1.1.5-4

| 公称直径 DN (mm) | 最短试验持续时间 (s) | | | |
|---|---|---|---|---|
| | 严密性试验 | | | 强度试验 |
| | 金属密封 | 非金属密封 | 制冷剂管道 | |
| ≤50 | 15 | 15 | 30 | 15 |
| 65～200 | 30 | 15 | | 60 |
| 250～450 | 60 | 30 | — | 180 |
| ≥500 | 120 | 60 | | — |

(2) 其他阀门的水压试验：其他阀门的水压试验标准同上，但试验数量按规范规定为：

A．按不同进场日期、批号、不同厂家(牌号)、不同型号、规格进行分类。

B．每类分别抽 10%，但不少于 1 个进行试压，合格后分类填写试压记录单。

C．10% 中有不合格的，再抽 20%(含第一次共计 30%)进行试压后，如果又出现不合格的，则应 100% 进行试压。但本工程第二批(20%)中又出现不合格的，应全部退货。

D．阀门应有北京市用水器具注册证书。

2．水暖附件的检验

(1) 进场的管道配件(管卡、托架)应有出厂合格证书；

(2) 应按 91SB3 图册附件的材料明细表中各型号的零件规格、厚度及加工尺寸相符，且外观美观，与卫生器具结合严密等要求进行验收。

3．卫生器具的进场检验

(1) 卫生器具应有出厂合格证书；

(2) 卫生器具的型号规格应符合设计要求；

(3) 卫生器具外观质量应无碰伤、凹陷、外凸等质量事故；

(4) 卫生器具的排水口应阻力小，泄水通畅，避免泄水太慢；

(5) 坐式便桶盖上翻时停靠应稳，避免停靠不住而下翻；

(6) 器具进场必须经过严格交接检，填写检验记录，没有合格证、检验记录，不能就位安装。

4．太阳能集热器的水压试验

依据 GB 50242—2002 第 6.3.1 条、第 13.6.1 条规定，在安装太阳能集热器玻璃前应对集热器排管和上、下集管进行水压试验。试验压力为 1.5 倍的工作压力，时限 10min 内，压力不降、不渗不漏为合格。

5．热交换器的水压试验

依据 GB 50242—2002 第 6.3.2 条规定,水 – 水热交换器和汽 – 水热交换器的水部分的试验压力为 1.5 倍的工作压力,时限 10min 内,压力不降、不渗不漏为合格。汽 – 水热交换器的蒸汽部分的试验压力应不低于蒸汽供汽压力加 0.3MPa;热水部分应不低于 0.4MPa,在试验压力下时限 10min 内,压力不降、不渗不漏为合格。

6．组装后散热器的水压试验

依据 GB 50242—2002 第 8.3.1 条规定,组对后或整组出厂的散热器,在安装前应做水压试验。

试验数量及要求:要 100%进行试验,试验压力为工作压力(设计工作压力)的 1.5 倍,但不小于 0.6MPa,试验时间 2～3min 内,压力不降、不渗不漏为合格。试压后办理散热器组对预检记录和水压试验记录单(按系统分层填写)。

7．金属辐射板水压试验

依据 GB 50242—2002 第 8.4.1 条规定,辐射板在安装前应做水压试验。

试验数量及要求:要 100%进行试验,试验压力为工作压力(设计工作压力)的 1.5 倍,但不小于 0.6MPa ,试验时间 2～3min 内,压力不降、不渗不漏为合格。试压后办理散热器组对预检记录和水压试验记录单(按系统分层填写)。

8．室内生活给水管道和消火栓供水管道的水压试验

(1) 试压分类

单项试压:分局部隐检部分和分各系统(或每根立管)进行试压,应分别填写试验记录单。

系统综合试压:按系统分别进行。

(2) 试压标准

单项试压:单项试压的试验压力,当系统工作压力 $P \leqslant 1.0$MPa 时,依据 GB 50242—2002 第 4.2.1 条规定,各种材质的给水系统的水压试验压力均为系统工作压力的 1.5 倍,但不小于 0.6MPa。

A．金属和复合管道系统:将系统压力升至试验压力,在试验压力下观察 10min 内,压力降 $\Delta P \leqslant 0.02$MPa,检查不渗不漏后。然后再将压力降至工作压力进行外观检查,不渗不漏为合格。

B．塑料管道系统:将系统压力升至试验压力,在试验压力下稳压 1h,压力降 $\Delta P \leqslant 0.05$MPa,检查不渗不漏后。然后再将压力降至工作压力的 1.15 倍,稳压 2h,压力降 $\Delta P \leqslant 0.03$MPa,同时进行各连接处的外观检查,不渗不漏为合格。

综合试压:试验方法同压力同单项试压,其试压标准不变。

9．室内热水供应管道的水压试验

(1) 试压分类

单项试压:分局部隐检部分和分各系统(或每根立管)进行试压,应分别填写试验记录单。

系统综合试压:按系统分别进行。

(2) 试压标准

单项试压:单项试压的试验压力,当系统工作压力 $P \leqslant 1.0$MPa 时,依据 GB 50242—2002 第 6.2.1 条规定,热水管道在保温前应进行水压试验。各种材质的热水供应系统的水压试验压力应符合两个条件。

A．热水供应系统的水压试验压力应为系统顶点的工作压力加 0.1MPa。

B．在热水供应系统顶点的水压试验压力 $\geqslant 0.3$MPa。

C．钢管或复合管道系统:将系统压力升至试验压力,在试验压力下观察 10min 内,压力降 $\Delta P \leqslant 0.02$MPa,检查不渗不漏后。然后再将压力降至工作压力进行外观检查,不渗不漏为合格。

(3) 塑料管道系统

将系统压力升至试验压力,在试验压力下稳压 1h,压力降 $\Delta P \leqslant 0.05$MPa,检查不渗不漏后。然后再将压力降至工作压力的 1.15 倍,稳压 2h,压力降 $\Delta P \leqslant 0.03$MPa,同时进行各连接处的外观检查,不渗不漏为合格。

综合试压:试验方法同压力同单项试压,其试压标准不变。

10．冷却水管道及空调冷热水循环管道的水压试验

依据 GB 50243—2002 第 9.2.3 条的规定。

(1) 系统水压试验压力:

A．当系统工作压力 $\leqslant 1.0$MPa 时,系统试验压力为 1.5 倍工作压力,但不小于 0.6MPa;

B．当系统工作压力 $> 1.0$MPa 时,系统试验压力为工作压力加 0.5MPa;

C．各类耐压塑料管道的强度的试验压力为 1.5 倍工作压力,严密性试验压力为 1.15 倍工作压力。

(2) 试验要求:

A．大型或高层建筑垂直位差较大的冷热媒循环水系统、冷却水系统宜采用分区、分层试压和系统试压相结合的方法进行水压试验。

B．一般建筑可采用系统试压的方法。

(3) 试验标准:

A．分区、分层试压:分区、分层试压是对相对独立的局部区域的管道进行试压。试验时将系统压力升至试验压力,在试验压力下稳压 10min,压力不得下降,再将试验压力降至工作压力,在 60min 内,压力不得下降,外观检查,不渗不漏为合格。

B．系统试压:系统试压是在各分区管道与系统主、干管全部连通后,对整个系统的管道进行的试压。试验压力以最低点的压力为准,但最低点的压力不得超过管道与组成件的承受压力。当系统压力升至试验压力后稳压 10min,压力降 $\Delta P \leqslant 0.02$MPa,检查不渗不漏。然后再将系统压力降至工作压力进行外观检查,不渗不漏为合格。

11．空调凝结水管道的充水试验

依据 GB 50243—2002 第 9.2.3 条第 4 款的规定。空调凝结水管道采用冲水试验,不渗不漏为合格。

12．室内消火栓供水系统的试射试验

依据 GB 50242—2002 第 4.3.1 条的规定,室内消火栓系统安装完成后,应取屋顶层(或水箱间内)的试射消火栓和首层取两处消火栓进行实地试射试验,试验的水柱和射程

应达到设计的要求为合格。

13. 室内消防自动喷洒灭火系统管道的试压

依据 GB 50261—96 第 6.2.1 条、第 6.2.2 条、第 6.2.3 条、第 6.2.4 条的规定。

（1）试压分类：

单项试压：分隐检部分和系统局部进行试压，并分别填写试验记录单。

综合试压：按系统分别进行。

（2）试验环境与条件：

A. 试验环境温度：水压试验的试验环境温度不宜低于 5℃，当低于 5℃ 时，水压试验应采取防冻措施。

B. 试验条件：水压试验的压力表应不少于 2 只，精度不应低于 1.5 级，量程应为试验压力的 1.5~2 倍。

C. 试验环境准备：系统冲洗方案已确定，不能参与试验的设备、仪表、阀门、附件应加以拆除或隔离。

（3）试验压力的要求：

A. 当系统设计工作压力 ≤1.0MPa 时，水压强度试验压力应为设计工作压力的 1.5 倍，但不低于 1.4MPa。

B. 当系统设计工作压力 >1.0MPa 时，水压强度试验压力为该设计工作压力加 0.4MPa。

C. 水压强度试验的达标要求：系统或单项水压强度试验的测点应设在系统管网的最低点。对管网注水时应将管网中的空气排净，并缓慢升压，当系统压力达到试验压力时，稳压 30min，目测管网应无渗漏和无变形，且系统压力降 $\Delta P \leqslant 0.05MPa$ 为合格。

（4）系统严密性试验：系统严密性试验（即综合试压或通水试验）。严密性试验应在水压强度试验和管网冲洗试验合格后进行。试验压力为在工作压力，在工作压力下稳压 24h，进行全面检查，不渗不漏为合格。

（5）自动喷水灭火系统的水源干管、进户管和埋地管道应在回填前单独进行或与系统一起进行水压强度试验和严密性试验。

14. 室内干式喷水灭火系统和预作用喷洒灭火系统的气压试验

依据 GB 50261—96 第 6.1.1 条、第 6.3.1 条、第 6.3.2 条的规定，消防自动喷洒灭火系统应做水压试验和气压试验。

（1）水压试验

同一般湿式消防自动喷洒灭火系统（详见 13 项）。

（2）气压试验

A. 气压试验的介质：气压试验的介质为空气或氮气。

B. 气压试验的标准：气压严密性试验的试验压力为 0.28MPa，且在试验压力下稳压 24h，压力降 $\Delta P \leqslant 0.01MPa$ 为合格。

15. 室内蒸汽、热水供暖系统管道的水压试验

（1）单项试验：包括局部隐蔽工程的单项水压试验及分支路或整个系统与设备和附件连接前的水压试验，应分别填写记录单。

（2）综合试验：是系统全部安装完后的水压试验，应按系统分别进行试验，并填写记录单。

（3）试验标准：依据 GB 50243—2002 第 8.1.1 条、第 8.6.1 条的规定，热媒温度≤130℃的热水和饱和蒸汽压力≤0.7MPa 的供暖系统安装完毕，保温和隐蔽之前应进行水压试验。

A．一般蒸汽、热水供暖系统：蒸汽、热水供暖系统的试验压力应满足两个条件：

（A）供暖系统的试验压力应以系统顶点工作压力加 0.1MPa 作为试验压力；

（B）供暖系统顶点的试验压力还应≥0.3MPa。

B．高温热水供暖系统：高温热水供暖系统的试验压力应为系统顶点工作压力加 0.4MPa 作为试验压力。

C．使用塑料或复合管道的热水供暖系统：使用塑料或复合管道的热水供暖系统的试验压力应满足两个条件：

（A）供暖系统的试验压力应以系统顶点工作压力加 0.2MPa 作为试验压力；

（B）供暖系统顶点的试验压力还应≥0.4MPa。

（4）合格标准：

A．钢管和复合管道的供暖系统：采用钢管和复合管道的供暖系统在系统试验压力下，稳压 10min 内压降 $\Delta P \leqslant 0.02MPa$，外观检查不渗不漏后，然后再将系统压力降至工作压力，稳压进行外观检查不渗不漏为合格。

B．塑料管道的供暖系统：采用塑料管道的供暖系统在系统试验压力下，稳压 1h 内压力降 $\Delta P \leqslant 0.05MPa$，外观检查不渗不漏后，然后再将系统压力降至 1.15 倍工作压力，稳压 2h 内压力降 $\Delta P \leqslant 0.03MPa$，同时进行外观检查不渗不漏为合格。

16．低温热水地板辐射供暖系统的水压试验

（1）依据 GB 50243—2002 第 8.4.1 条、第 8.5.2 条的规定，低温热水地板辐射板安装前应进行水压试验(详见本条第 7 款,注：这里的低温热水地板辐射板是属于工厂的产品)。

（2）地面下盘管安装完毕后隐蔽前必须进行水压试验，试验压力为系统工作压力的 1.5 倍，但不小于 0.6MPa。试验时系统压力升至试验压力后，稳压 1h 内压力降 $\Delta P \leqslant 0.05MPa$，同时进行外观检查不渗不漏为合格。

17．室外供热蒸汽管道、供热热水管道和蒸汽凝结水管道的水压试验

依据 GB 50243—2002 第 11.1.1 条、第 11.3.1 条的规定，热媒温度≤130℃的热水和饱和蒸汽压力≤0.7MPa 的室外供热管网安装完毕，保温和隐蔽之前应进行水压试验。

（1）单项试验：包括局部隐蔽工程的单项水压试验及分支路或整个系统与设备和附件连接前的水压试验，应分别填写记录单。

（2）综合试验：是系统全部安装完后的水压试验，应按系统分别试验，并填写记录单。

（3）试验标准：试验压力为供热管道的工作压力的 1.5 倍，但不小于 0.6MPa。在试验压力下，稳压 10min 内压降 $\Delta P \leqslant 0.05MPa$，外观检查不渗不漏，然后再将系统压力降至工作压力后，进行外观检查不渗不漏为合格。

18．室外给水管道的水压试验

（1）依据 GB 50243—2002 第 9.2.5 条的规定，室外给水管网必须进行水压试验，试验

压力为系统工作压力的 1.5 倍,但不小于 0.6MPa。

（2）达标标准：

A．管材为钢管、铸铁管的系统：管材为钢管、铸铁管的给水管网,在试验压力下,稳压 10min 内压降 $\Delta P \leqslant 0.05$MPa,外观检查不渗不漏,然后再将压力降至工作压力后,进行外观检查,压力应保持不变,不渗不漏为合格。

B．管材为塑料管的系统：管材为塑料管的给水管网,在试验压力下,稳压 1h 内压降 $\Delta P \leqslant 0.05$MPa,外观检查不渗不漏,然后再将系统压力降至工作压力后,进行外观检查,压力应保持不变,不渗不漏为合格。

19．室外消火栓给水系统的水压试验

依据 GB 50243—2002 第 9.3.1 条、第 13.3.3 条的规定,试验压力为工作压力的 1.5 倍,但不得小于 0.6MPa,在试验压力下 10min 内压力降 $\Delta P \leqslant 0.05$MPa,然后降至工作压力,进行检查,压力保持不变,不渗不漏为合格。

20．密闭水箱(罐)的水压试验

依据 GB 50243—2002 第 4.4.3 条、第 6.3.5 条、第 8.3.2 条、第 13.3.4 条的规定,密闭水箱(罐)的水压试验必须符合设计和本规范的规定,试验压力为工作压力的 1.5 倍,但不得小于 0.4MPa,在试验压力下 10min 内压力不下降,不渗不漏为合格。

21．锅炉本体的水压试验

（1）依据 GB 50273—98 第 5.0.1 条的规定,锅炉的汽、水系统及其附属装置安装完毕应做水压试验。锅炉本体水压试验前应将连接在上面的安全阀、仪表拆除,安全阀、仪表等的阀座可用盲板法兰封闭,待水压试验完毕后再安装上。同时水压试验前应将锅炉、集箱内的污物清理干净,水冷壁、对流管束应畅通。然后封闭人孔、手孔,并再次检查锅炉本体、连接管道、阀门安装是否妥当。并检查各拆卸下来的阀件阀座的盲板是否封堵严密,盲板上的放水放气管安装质量和长度是否合适,并引至安全地点进行排放。

（2）依据 GB 50273—98 第 5.0.3 条和 GB 50242—2002 第 13.2.6 条的规定,水压试验压力应符合表 1.1.5-5 的规定。

锅炉汽、水系统的水压试验压力　　　　　　　　　　表 1.1.5-5

| 序号 | 设备名称 | 工作压力(MPa) | 试验压力(MPa) |
|---|---|---|---|
| 1 | 锅炉本体 | $P < 0.59$ | $1.5P$ 但不小于 0.2 |
| | | $0.59 \leqslant P \leqslant 1.18$ | $P + 0.3$ |
| | | $P > 1.18$ | $1.25P$ |
| 2 | 可分式省煤器 | $P$ | $1.25P + 0.5$ |
| 3 | 非承压锅炉 | 大气压 | 0.2 |

注：工作压力 $P$ 对蒸汽锅炉指锅筒工作压力,对热水锅炉指锅炉的额定出水压力。铸铁锅炉水压试验同热水锅炉非承压锅炉水压试验压力为 0.2MPa,试验期间压力应保持不变。

（3）水压试验应符合如下条件：

A．试验的环境温度应不低于 5℃,低于 5℃时应采取防冻措施。

B．水温应高于周围的露点温度。

C．锅炉内应充满水,待排尽空气后方可关闭放空阀。

D．当初步检查无漏水现象时,再缓慢升压。当升至 0.3~0.4MPa 时应进行一次检查,必要时可拧紧人孔、手孔和法兰的螺栓。

E．当水压上升至额定工作压力时,暂停升压,检查各部分应无漏水或变形等异常现象。然后应关闭就地水位计,继续升压到试验压力,在试验压力下保持 5min,其间压力降 $\Delta P \leqslant 0.02$MPa(GB 50273—98 为 $\Delta P \leqslant 0.05$MPa)。最后将压力回降到额定工作压力进行检查,检查期间压力保持不变、不渗不漏。同时观察检查各部件不得有残余变形,各受压元件金属壁和焊缝上不得有水珠和水雾,胀口不应滴水珠。

F．水压试验后应及时将锅炉内的水全部放尽,在冰冻期应采取防冻措施。

G．每次水压试验应有记录,水压试验合格后应办理签证手续。

(4) 依据 GB 50273—98 第 5.0.2 条的规定,主气阀、出水阀、排污阀、给水阀、给水止回阀应一起进行水压试验。试验压力见锅炉汽、水系统的水压试验压力表。

22．锅炉和热力站附件的水压试验

(1) 分汽缸(分水器、集水器)的水压试验:GB 50242—2002 第 13.3.3 条的规定,分汽缸(分水器、集水器)安装前应做水压试验,试验压力为工作压力的 1.5 倍,但不得小于 0.6MPa。试验时在试验压力下,维持 5min,无压降、无渗漏为合格。

(2) 省煤器安装前的检查和试验:

A．外观检查:安装前应认真检查省煤器四周嵌填的石棉绳是否严密牢固,外壳箱板是否平整、各部结合是否严密,缝隙过大的应进行调整。肋片有无损坏,每根省煤器管上破损的翼片数不应大于总翼片数的 5%;整个省煤器中有破损翼片的根数不应大于总根数的 10%。

B．水压试验:外观检查无问题后,应进行水压试验。依据 GB 50273—98《工业锅炉安装工程施工及验收规范》第 5.0.3 条、第 5.0.4 条、第 5.0.5 条的规定,试验压力为 $1.25P + 0.49$MPa,本工程锅炉的工作压力为 1.27MPa,故试验压力为 2.08MPa。试验时将压力升至 0.3~0.4MPa 时,应进行检查,没有问题后再继续升压,压力升至试验压力 2.08MPa 时稳压 5min,且压力降 $\leqslant 0.05$MPa。然后将压力降到工作压力 1.27MPa,再进行检查无渗漏为合格。

23．氢气、氮气和氩气输送管道的强度和严密性试验

(1) 依据设计要求管道安装完后,应进行介质为空气或水的强度试验。介质为空气或氮气的严密性试验。

(2) 试验条件应符合 GB 50235—97《工业金属管道工程施工及验收规范》第 7.5.2 条的试验前提规定。

(3) 当试验介质为液体时,依据 GB 50235—97《工业金属管道工程施工及验收规范》第 7.5.3 条、第 7.5.3 条 12 款规定,试验压力应缓慢升压,待到试验压力时,稳压 10min,再将压力降至设计压力,停压 30min,压力不降、系统无渗漏为合格。

当试验介质为气体时,依据 GB 50235—97《工业金属管道工程施工及验收规范》第

7.5.3 条、第 7.5.4 条、第 7.5.4 条 4 款规定。

A. 试验前必须用空气进行预试验,试验压力为 0.2MPa。

B. 试验时应逐步缓慢升压,当压力升至试验压力的 50% 时,如未发现异状或渗漏。继续按试验压力的 10% 逐级升压,每级稳压 3min,直至试验压力为止。稳压 10min,再将压力降至设计压力,停压时间应根据查漏工作需要而定,以发泡剂检验系统无渗漏为合格。

(4) 系统的设计压力见表 1.1.5-6。

**氢气、氮气和氩气管道的设计工作压力和试验压力** 表 1.1.5-6

| 管道设计压力(MPa) | 强度试验压力 | | 严密性试验压力 | |
|---|---|---|---|---|
| | 试验介质 | 试验压力(MPa) | 试验介质 | 试验压力(MPa) |
| ≤0.3 | 洁净水 | $1.15P = 0.35$ | 干燥空气 | $1P$ |
| | 干燥空气 | $1.15P = 0.35$ | 干燥氮气 | $1P$ |
| 0.4 | 洁净水 | $1.5P = 0.6$ | 干燥空气 | $1P = 0.4$ |
| | — | — | 干燥氮气 | $1P$ |

(5) 安全阀启闭压力试验:安全阀启闭压力试验按设计要求试验介质为干燥的压缩空气或干燥的氮气,试验压力为系统工作压力的 1.15 倍,即 0.35MPa 或 0.46MPa。每个阀门应连续试验不少于 3 次。

24. 大口径无缝钢管焊缝的超声波试验

大口径无缝钢管焊缝应依据 GB 50235—97《工业金属管道工程施工及验收规范》第 7.4.4 条的规定进行超声波检验。检验标准详见 GB 50235—97《工业金属管道工程施工及验收规范》和 GB 50236—98《现场设备、工业管道焊接工程施工及验收规范》相关规定。

25. 灌水和满水试验

(1) 室内排水管道的灌水试验:

A. 隐蔽或埋地的排水管道的灌水试验:依据 GB 50243—2002 第 5.2.1 条的规定,隐蔽或埋地的排水管道在隐蔽前必须进行灌水试验。

B. 灌水试验的标准:灌水试验应分立管、分层进行,并按每根立管分层填写记录单。试验的标准是灌水高度应不低于底层卫生器具的上边缘或底层地面的高度,灌满水 15min 水面下降后,再将下降水位灌满,持续 5min 后,若水位不再下降,管道及接口不渗漏为合格。

(2) 室内排雨水管道的灌水试验:依据 GB 50243—2002 第 5.3.1 条的规定,安装在室内的雨水管道应做灌水试验,试验按每根立管进行,灌水高度应由屋顶雨水漏斗至立管根部排出口的高差,灌满 15min 后,再将下降水面灌满,保持 5min,若水面不再下降,且外观无渗漏为合格。

(3) 卫生器具的满水和通水试验:依据 GB 50243—2002 第 7.7.2 条的规定,洗面盆、洗涤盆、浴盆等卫生器具交工前应做满水和通水试验,并按每单元进行试验和填表。灌水高度是将水灌至卫生器具的溢水口或灌满,各连接件不渗不漏为合格。卫生器具通水试验时给、排水应畅通。

(4) 各种贮水箱和高位水箱满水试验:依据 GB 50243—2002 第 4.4.3 条、第 6.3.5 条、第 8.3.2 条、第 13.3.4 条的规定,各类敞口水箱应单个进行满水试验,并填写记录单。试验标准同卫生器具,但静置观察时间为 24h,不渗不漏为合格。

26. 供暖系统补偿器预拉伸试验

应按系统按个数 100% 进行试验,并按个数分别填写记录单。

27. 管道冲洗和消毒试验

(1) 管道冲洗试验应按专业、按系统、分别进行,即室内供暖系统、室内给水系统、室内消火栓供水、室内热水供应系统,并分别填写记录单。

(2) 管内冲水的流速和流量要求:

A. (室内、室外)生活给水系统的冲洗和消毒试验:依据 GB 50243—2002 第 4.2.3 条、第 9.2.7 条的规定,生产给水管道在交付使用之前必须进行冲洗和消毒,并经过有关部门取样检验,水质符合国家《生活饮用水标准》方可使用,检测报告由检测部门提供。

(A) 管道的冲洗:管道的冲洗流速 ≥ 1.5m/s,为了满足此流速要求,冲洗时可安装临时加压泵。

(B) 管道的消毒:管道的消毒依据 GB 50268—97 第 10.4.4 条的规定,管道应采用含量不低于 20mg/L 氯离子浓度的清洁水浸泡 24h,再冲洗,直至水质管理部门取样化验合格为止。

B. 消火栓及消防喷洒供水管道的冲水试验:依据 GB 50243—2002 第 4.2.3 条、第 9.3.2 条的规定,消火栓供水管道管内冲洗流速 ≥ 1.5m/s,为了满足此流速要求,若管内流速达不到时,冲洗时可安装临时加压泵。消防喷洒系统供水管道管内冲洗流速 ≥ 3.0m/s。

C. 室内热水供应系统的冲洗:依据 GB 50243—2002 第 6.2.3 条的规定,热水供应系统竣工后应进行管道冲洗,管道的冲洗流速 ≥ 1.5m/s。

D. 供暖管道的冲水试验:依据 GB 50243—2002 第 8.6.2 条的规定,供暖系统管道试压合格后应进行冲洗和清扫过滤器和除污器,管道冲洗前应将流量孔板、滤网、温度计等暂时拆除,待冲洗完后再安上。冲洗流量和压力按设计最大流量和压力进行(若设计说明未标注,则按管道内流速 ≥ 1.5m/s 进行)。

(3) 达标标准:一直到各出水口排出水不含泥砂、铁屑等杂质,水色不浑浊,出水口水色和透明度、浊度与进水口侧一样为合格。

(4) 蒸汽管道的吹洗:依据 GB 50235—97 第 8.4.1 条 ~ 第 8.4.6 条的规定,蒸汽管道的吹洗用蒸汽,蒸汽压力和流量与设计同,但流速应 ≥ 30m/s,管道吹洗前应慢慢升温,并及时排泄凝结水,待暖管温度恒温 1h 后,再次进行吹扫,应吹扫三次。

28. 输送氢、氮、氩气管道的吹洗试验

氢气、氮气、氩气管道清洗与脱脂工艺的要求:

(1) 管道的冲洗应严格按照设计说明的要求与步骤进行,检验质量应符合 GB 50235—97《工业金属管道工程施工验收规范》第 8.2.1 条 ~ 第 8.2.6 条的规定进行管道冲洗。

（2）管道的空吹应严格按照设计说明的要求与步骤进行,检验质量应符合 GB 50235—97《工业金属管道工程施工及验收规范》第 8.3.1 条～第 8.3.3 条的规定进行空吹除尘。

（3）管道空吹的介质为干燥的空气或氮气,空吹的气体流速应不少于 20m/s,直至无铁锈、焊渣及其他污物为止。

29．输送氢、氮、氩管道的脱脂

（1）经空吹的管道和管件应按设计规定进行脱脂处理。

（2）脱脂采用工业四氯化碳或其他高效脱脂剂。

（3）管子和管件外表面的脱脂可用干净不脱落纤维的布料或丝绸织物浸蘸脱脂剂擦拭。

（4）管子和管件内表面的脱脂可在管内注入脱脂剂,管端用木塞或其他方法堵严封闭。将管子放平浸泡 1～1.5h,每隔 15min 转动管子一次,使整个管子内表面能均匀得到洗涤。脱脂后应用无油的干燥压缩空气或干燥的氮气进行吹干,直至无脱脂剂的气味为止。

（5）脱脂工艺应严格按照设计说明的要求与步骤进行,检验质量应符合 HGJ 202—82《脱脂工程施工及验收规范》和设计说明的要求。

（6）四氯化碳为有毒的易挥发液体,能使人通过呼吸中毒,因此应制定安全操作规程,加强人身防护和运输安全。脱脂废液的排放应进行检验,必须符合工业三废的排放标准。

30．氢气、氮气、氩气管道阀门清洗与脱脂前的拆卸清除污物与研磨要求

（1）阀门拆洗后再组装的技术要求较高,为了保证拆洗组装后能保证阀门零件不磨损和严密性,因此应安排技术水平较高、责任心较强的工人负责。

（2）擦拭布料应用较柔软和干净的布料,不得用纤维粗硬和污染的布料擦拭。

（3）阀门的研磨技术性很强,应委托专业厂家进行,并索取研磨质量证明书。

31．输送纯净水、高纯净水,洁净压缩空气、氢、氮、燃气管道及真空管道的吹洗试验

依据 JGJ 71—90 第 4.2.2 条、第 4.2.3 条规定系统管道安装完毕后,运行前必须进行清洗,清洗后输送水质化验必须符合设计要求。

纯净水、高纯净水等管道的清洗与脱脂试验的步骤是:

（1）用清水将管内外的脏物、泥沙冲洗干净;

（2）再用 5％的 NaOH 水溶液将其浸泡 2h 后,用刷子刷洗干净,用清水冲至出水为中性;

（3）然后用无油压缩空气吹干;

（4）再用塑料布将洗净的管道两端包扎封口待用,防止再污染。

32．纯净水、高纯净水输送管道脱脂试验的脱脂工艺流程

纯净水、高纯净水输送管道的脱脂工艺流程是:

吹扫—四氯化碳脱脂—温水冲洗—洗涤剂洗净—温水冲洗—干燥—封口—保管

具体实例:

吹扫:用 8 号铁丝中间扎白布在管腔来回拉动擦净。

脱脂:把管道搁在架子上,在管道两端头设一个槽子,用手摇泵将四氯化碳原液冲入管内,来回循环脱脂,以除净管内腔油渍。

温水洗:把脱脂过的管道浸泡在 40~50℃的温水槽内清洗,管道内腔用洗净机械在软轴头包扎一块白布,开动洗净机来回上下清洗洗净。洗涤剂溶液浓度在 2%~3% 之间,倒入槽中,把槽中溶液加温至 40~50℃,在槽内进行动态洗净,洗后用温水冲洗管子内腔,冲净为止。

干燥:用无油干燥的热压缩空气或用高压鼓风机吹干。

封闭:用塑料布加入松套法兰盘之间。

33. 供暖工程铜管热水管道的冲洗试验

铜管热水供暖管道系统在安装完毕交付使用前均应对系统管道进行冲洗。

(1)管道冲洗前应将管道系统上安装的流量孔板、滤网、温度计等阻碍污物通过的设施临时拆除,待管道冲洗合格后再重新安装好。

(2)供暖铜管热水管道的冲洗水源为清水(自来水、无杂质透明度清澈未消毒的天然地表水、地下水)。冲洗水压及冲洗要求同给水工程。

34. 通水试验

(1)试验范围:要求做通水试验的有室内冷热水供水系统、室内消火栓供水系统、卫生器具。

(2)试验要求:

A. 室内冷热水供水系统:依据 GB 50243—2002 第 4.2.2 条的规定,应按设计要求同时开放最大数量的配水点,观察和开启阀门、水嘴等放水,是否全部达到额定流量。若条件限制,应对卫生器具进行 100%满水排泄试验检查通畅能力,无堵塞、无渗漏为合格。

B. 室内卫生器具满水和通水试验:依据 GB 50243—2002 第 7.2.2 条的规定,洗面盆、洗涤盆、浴盆等卫生器具应做满水和通水试验,按每单元进行试验和填表,满水高度是灌至溢水口或灌满后,各连接件不渗不漏;通水试验时给、排水畅通为合格。

35. 室内排水管道通球试验

依据 GB 50243—2002 第 5.2.5 条的规定,排水主立管及水平干管均应做通球试验。

(1)通球试验:通球试验应按不同管径做横管和立管试验。立管试验后按立管编号分别填写记录单,横管试验后按每个单元分层填写记录单。

(2)试验球直径如下:通球球径应不小于排水管直径的 2/3,大小见表 1.1.5-7。

(3)合格标准:通球率必须达到 100%。

通球试验的试验球直径                                    表 1.1.5-7

| 管　　径(mm) | 150 | 100 | 75 | 50 |
|---|---|---|---|---|
| 胶球直径(mm) | 100 | 70 | 50 | 32 |

36. 锅炉受热面管子的通球实验

依据 GB 50273—98 第 4.2.1 条第六款的规定,锅炉受热面管子应做通球试验。通球后应有可靠的封闭措施。通球的直径应符合表 1.1.5-8 的规定。

| 弯管直径 | $< 2.5D_W$ | $\geq 2.5D_W$,且 $< 3.5D_W$ | $\geq 3.5D_W$ |
|---|---|---|---|
| 通球直径 | $0.70D_0$ | $0.80D_0$ | $0.85D_0$ |

注:$D_W$——管子公称外径;$D_0$——管子公称内径。

37. 供暖系统的热工调试

依据 GB 50243—2002 第 8.6.3 条和(94)质监总站第 036 号第四部分第 20 条的规定,供暖系统冲洗完毕后,应进行充水、加热和运行、调试,观察、测量室内温度应满足设计要求,并按分系统填写记录单。

38. 通风风道、部件、系统、空调机组的检漏试验

(1) 通风风道的制作要求

依据 GB 50243—2002 第 4.2.5 条的规定,风道的制作必须通过工艺性的检测或验证,其强度和严密性要求应符合设计或下列规定。即

A. 风道的强度应能满足在 1.5 倍工作压力下接缝处无开裂。

B. 矩形风道的允许漏风量应符合以下规定:

低压系统风道 $\quad Q_L \leq 0.1056P^{0.65}$

中压系统风道 $\quad Q_M \leq 0.0352P^{0.65}$

高压系统风道 $\quad Q_H \leq 0.0117P^{0.65}$

式中 $\quad Q_L$、$Q_M$、$Q_H$——在相应的工作压力下,单位面积(风道的展开面积)风道在单位时间内允许的漏风量($m^3/h \cdot m^2$);

$\quad P$——风道系统的工作压力(Pa)。

C. 低压、中压系统的圆形金属风道、复合材料风道及非法兰连接的非金属风道的允许漏风量为矩形风道的允许漏风量的 50%。

D. 砖、混凝土风道的允许漏风量不应大于矩形风道规定允许漏风量的 1.5 倍。

E. 排烟、除尘、低温送风系统风道的允许漏风量应符合中压系统风道的允许漏风量标准(低压中压系统均同)。1~5 级净化空调系统按高压系统风道的规定执行。

F. 检查数量及合格标准:

(A) 检查数量:按风道系统类别和材质分别抽查,但不得少于 3 件及 15m²。

(B) 检查方法及合格标准:检查产品合格证明文件和测试报告书,或进行强度和漏风量检测。低压系统依据 GB 50243—2002 第 6.1.2 条的规定,在加工工艺得到保证的前提下可采用灯光检漏法检测。

(2) 通风系统和空调机组的检漏试验

依据 GB 50243—2002 第 6.1.2 条的规定,风道系统安装后,必须进行严密性检验,合格后方能交付下一道工序施工。风道严密性检验以主、干管为主。

A. 通风系统管道安装的灯光检漏试验:依据 GB 50243—2002 第 6.1.2 条、第 6.2.8 条和 GB 50243—2002 附录 A 的规定,通风系统管段安装后应分段进行灯光检漏,并分别填写检测记录单。

（A）测试装置：见图 1.1.4－3。

（B）灯光检漏的标准：低压系统抽查率为 5%，合格标准为每 10m 接缝的漏光点不大于 2 处，且 100m 接缝的漏光点不大于 16 处为合格。

中压系统抽查率为 20%，合格标准为每 10m 接缝的漏光点不大于 1 处，且 100m 接缝的漏光点不大于 8 处为合格。

高压系统抽查率为 100%，应全数合格。

B．通风系统漏风量的检测：

（A）测试装置：通风管道安装时应分系统、分段进行漏风量检测，其检测装置如图 1.1.4－5 和图 1.1.5－22 所示，连接示意图见图 1.1.4－6。

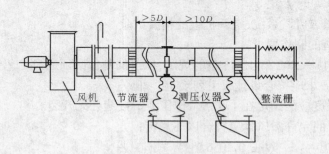

图 1.1.5－22　负压风管式漏风量测试装置

（B）检测数量：依据 GB 50243—2002 第 6.2.8 条和 GB 50243—2002 附录 A 的规定。低压系统抽查率为 5%，中压系统抽查率为 20%，高压系统抽查率为 100%。

（C）合格标准：详见本节第（1）款。

C．通风与空调设备漏风量的检测：依据 GB 50243—2002 第 7.1.1 条、第 7.2.3 条和 GB 50243—2002 附录 A 的规定。

（A）现场组装的组合式空调机组：其漏风量的检测必须符合现行国家标准 GB/T 14294《组合式空调机组》的规定。

测试装置：见图 1.1.5－23。

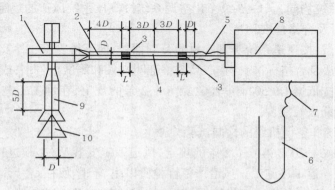

图 1.1.5－23　空调器漏风率检测装置

1—试验风机；2—出气风道；3—多孔整流器；4—测量孔；5—连接软管；

6—压差计；7—连接胶管；8—空调器；9—进气风道；10—节流器

检测数量:依据 GB 50243—2002 第 7.2.3 条的规定。一般空调机组抽查率为总数的 20%,但不少于 1 台。净化空调机组 1~5 级洁净空调系统抽查率为总数的 100%;6~9 级洁净空调系统抽查率为 50%。

合格标准:详见本节第(1)款。

(B)除尘器:依据 GB 50243—2002 第 7.2.4 条的规定。

a. 型号、规格、进出口方向必须符合设计要求。

b. 现场组装的除尘器壳体应做漏风量检测,在工作压力下允许的漏风量为 5%,其中离心式除尘器为 3%,布袋式除尘器、电除尘器抽查数量为 20%。

c. 布袋式除尘器、电除尘器的壳体和辅助设备接地应可靠,抽查数量 100%。

(C)高效过滤器:高效过滤器安装前需进行外观检查和仪器检漏。

a. 外观检查:目测不得有变形、脱落、断裂等破损现象。

b. 抽检数量:仪器检漏抽检数量为 5%,仪器检漏应符合产品质量文件要求。

39. 通风系统的重要设备(部件)– DA – 1 型射流风机设计参数的试验

通风系统的重要设备(部件)应按规范和说明书进行试验和填写试验记录单。

40. 风机性能的测试

大型风机应进行风机风量、风压、转速、功率、噪声、轴承温度、振动幅度等的测试,测试装置如图 1.1.5 – 24 所示。

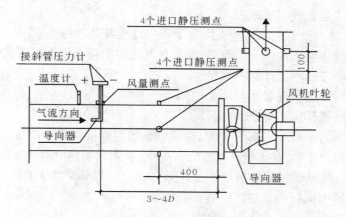

图 1.1.5 – 24 风机测试装置图

41. 水泵的单机试运转

依据 GB 50243—2002 第 9.2.7 条、第 11.2.1 条、第 11.2.2 条、第 13.3.1 条的规定。水泵等设备的单机试运转应在安装预检合格和配管安装后进行,每台设备应有独立的安装预检记录单和单机运转试验单。检查叶轮旋转方向正确,无异常振动和声响,紧固连接部位无松动,电机功率符合设备文件的规定,水泵连续运转 2h 后滑动轴承和机壳最高温度不超过 70℃,滚动轴承最高温度不超过 75℃。水泵型号、规格、技术参数(流量、扬程、转速、功率)、轴承和电机发热的温升、噪声应符合设计要求和产品性能指标。无特殊要求情况下,普通填料泄漏量不应大于 60mL/h,机械密封的泄漏量不应大于 5mL/h。试运转记录单中应有温升、噪声等参数的实测数据及运转情况记录。抽查数量 100%,每台运行时间不小于 2h。为了测流量,应在机组前后事先安装测试口,以便安装测试仪表。

42.大型水泵的试运转

(1)水泵试运转前应作以下检查:

A.原动机(电机)的转向应符合水泵的转向。

B.各紧固件连接部位不应松动。

C.润滑油脂的规格、质量、数量应符合设备技术文件的规定;有预润滑要求的部位应按设备技术文件的规定进行预润滑。

D.润滑、水封、轴封、密封冲洗、冷却、加热、液压、气动等附属系统管路应冲洗干净,保持通畅。

E.安全保护装置应灵敏、齐全、可靠。

F.盘车灵活、声音正常。

G.泵和吸入管路必须充满输送的液体,排尽空气,不得在无液体的情况下启动;自吸式水泵的吸入管路不需充满输送的液体。

H.水泵启动前的出入口阀门应处于下列启闭位置:

(A)入口阀门全开;

(B)出口阀门离心式水泵全闭,其他形式水泵全开(混流泵真空引水时全闭);

(C)离心式水泵不应在出口阀门全闭的情况下长期运转;也不应在性能曲线的驼峰处运转,因在此点运行极不稳定。

(2)泵在设计负荷下连续运转不应少于 2h,且应符合下列要求:

A.附属系统运转正常,压力、流量、温度和其他要求符合设备技术文件规定。

B.运转中不应有不正常的声音。

C.各静密封部位不应渗漏。

D.各紧固连接部位不应松动。

E.滚动轴承的温度不应高于 75℃,滑动轴承的温度不应高于 70℃。

F.填料的温升正常;在无特殊要求的情况下,普通软填料宜有少量的渗漏(每分钟不超过 10~20 滴);机械密封的渗漏量不宜大于 10mL／h(每分钟约 3 滴)。

G.电动机的电流应不超过额定值。

H.泵的安全保护装置应灵敏、可靠。

I.振动振幅应符合设备技术文件规定;如无规定,而又需要测试振幅时,测试结果应符合下列要求(用手提振动仪测量)见表 1.1.5－9。

振动振幅测试结果要求　　　　　　　　　　　　表 1.1.5－9

| 转速 r/min | ≤375 | >375~600 | >600~750 | >750~1000 | >1000~1500 |
|---|---|---|---|---|---|
| 振幅≤(mm) | 0.18 | 0.15 | 0.12 | 0.10 | 0.08 |

| 转速 r/min | >1500~3000 | >3000~6000 | >6000~12000 | >12000 | — |
|---|---|---|---|---|---|
| 振幅≤(mm) | 0.06 | 0.04 | 0.03 | 0.02 | — |

（3）运转结束后应做好如下工作：

A．关闭泵出入口阀门和附属系统的阀门。

B．输送易结晶、凝固、沉淀等介质泵，停泵后应及时用清水或其他介质冲洗泵和管路，防止堵塞。

C．放净泵内的液体，防止锈蚀和冻裂。

（4）填写水泵安装和试运行、调试记录单。

43．通风机、空调机组中风机的单机试运转

依据 GB 50243—2002 第 9.2.7 条、第 11.2.2 条的规定。检查叶轮旋转方向正确、运转平稳、无异常振动和声响，电机功率符合设备文件的规定，在额定转速下连续运转 2h 后滑动轴承和机壳最高温度不超过 70℃，滚动轴承最高温度不超过 80℃。试运转记录单中应有温升、噪声等参数的实测数据及运转情况记录。抽查数量 100％，每台运行时间不小于 2h。

44．新风机组、风机盘管、制冷机组、单元式空调机组的单机试运转

依据 GB 50243—2002 第 9.2.7 条、第 11.2.2 条的规定，设备参数应符合设备文件和国家标准 GB 50274—98《制冷设备、空气分离设备安装工程施工及验收规范》的规定，并正常运转不小于 8h。依据 GB 50243—2002 第 13.3.1 条的规定风机盘管的三速温控开关动作应正确，抽查数量为 10％，但不少于 5 台。

（1）活塞式制冷压缩机和压缩机组：依据 GB 50274—98《制冷设备、空气分离器设备安装工程施工及验收规范》第 2.2.6 条、第 2.2.7 条的规定，压缩机和压缩机组的空负荷和空气负荷试运转应符合下列要求。

A．应先拆去汽缸盖和吸、排气阀组并固定汽缸套。启动压缩机并运行 10min，停车后检查各部位的润滑和温升应无异常。而后应再继续运转 1h。运转应平稳，无异常声响和剧烈振动。

B．主轴承外侧面和轴封外侧面的温度应正常，油泵供油应正常。油封处不应有滴漏现象。停车后检查汽缸内壁面应无异常的磨损。

C．压缩机和压缩机组吸、排气阀组安装固定后，应调整活塞的止点间隙，并符合设备的技术文件规定。启动压缩机当吸气压力为大气压时，其排气压力对于有水冷却的应为 0.3MPa（绝对压力）；对于无水冷却的应为 0.2MPa（绝对压力），并继续运转且不得少于 1h。运转应平稳，无异常声响和剧烈振动。吸、排气阀片跳动声响应正常。各连接部位、轴封、填料、汽缸盖和阀件应无漏气、漏油、漏水现象。空气负荷试运转后应拆洗空气滤清器和油过滤器，并更换润滑油。

D．油压调节阀的操作应灵活，调节油压宜比吸气压力高 0.15～0.3MPa。同时能量调节装置的操作应灵活、正确。汽缸套冷却水进口水温不应大于 35℃，出口水温不应大于 45℃。压缩机各部位的允许温升应符合表 1.1.5–10。

E．依据 GB 50274—98《制冷设备、空气分离设备安装工程施工及验收规范》第 2.2.8 条的规定，压缩机和压缩机组应进行抽真空试运转。抽真空试运转应关闭吸、排气截止阀，并启动放气通孔，开动压缩机进行抽真空。曲轴箱压力应迅速抽至 0.015MPa（绝对压力）；油压不应低于 0.1MPa。

F. 压缩机和压缩机组的负荷试运转除了应符合 GB 50274—98 第 2.2.7 条相关部分的规定外,尚应符合第 2.2.9 条的规定。

压缩机各部位的允许温升

表 1.1.5－10

| 检查部位 | 有水冷却(℃) | 无水冷却(℃) |
|---|---|---|
| 主轴外侧面 | ≤40 | ≤60 |
| 轴封外侧面 | | |
| 润滑油 | ≤40 | ≤50 |

(2) 螺杆式制冷机组:螺杆式制冷机组的试运转和负荷试运转应符合 GB 50274—98《制冷设备、空气分离设备安装工程施工及验收规范》第 2.3.3 条、第 2.3.4 条的规定。

(3) 离心式制冷机组:离心式制冷机组的试运转和负荷试运转应符合 GB 50274—98《制冷设备、空气分离设备安装工程施工及验收规范》第 2.4.3 条、第 2.4.4 条、第 2.4.6 条的规定。

(4) 溴化锂吸收式制冷机组:溴化锂吸收式制冷机组的安装和各辅助设备的试运转、负荷试运转应符合 GB 50274—98《制冷设备、空气分离设备安装工程施工及验收规范》第 2.7.2 条 ~ 第 2.7.10 条、第 2.4.6 条的规定。

45. 冷却塔的单机试运转

依据 GB 50243—2002 第 9.2.7 条、第 11.2.2 条的规定,冷却塔本体应稳固、无异常振动和声响,其噪声应符合设计要求和产品性能指标。抽查数量 100%,系统运行时间不小于 2h。风机试运转见 35 款。

46. 电控防火、防排烟风阀(口)的试运转

电控防火、防排烟风阀(口)的手动、电动操作应灵活、可靠,信号正确。抽查数量按上述第 43 款中按风机数量的 10%,但不得少于 1 个。第 41、44、45 款按系统中风阀数量的 20%抽查,但不得少于 1 个。

47. 新风系统、排风系统风量的检测与平衡调试

风系统、排风系统安装后应进行系统各分路及各风口风量的调试和测量,并填写记录单。系统风量的平衡一般采用基准风口法进行测试。现以图 1.1.5－25 为例说明基准风口法的调试步骤。

(1) 风量调整前先将所有三通调节阀(图 1.1.5－26)的阀板置于中间位置,而系统总阀门处于某实际运行位置,系统其他阀门全部打开。然后启动风机,初测全部风口的风量,计算初测风量与设计风量的比值(百分比),并列于记录表格中。

(2) 在各支路中选择比值最小的风口作为基准风口,进行初调。

(3) 先调整各支路中最不利的支路,一般为系统中最远的支路。用两套测试仪器同时测定该支路基准风口(如风口 1)和另一风口的风量(如风口 2),调整另一个风口(风口 2)前的三通调节阀(如三通调节阀 a),使两个风口的风量比值近似相等;之后,基准风口的测试仪器不动,将另一套测试仪器移到另一风口(如风口 3),再调试另一风口前的三通

调节阀(如三通调节阀 b),使两个风口的风量比值近似相等。如此进行下去,直至此支路各个风口的风量比值均与基准风口的风量比值近似相等为止。

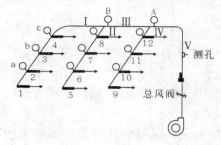

图 1.1.5 - 25　通风系统管网风量
平衡调节示意图

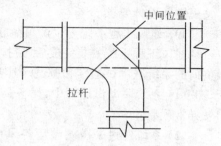

图 1.1.5 - 26　三通调节阀

(4) 同理调整其他支路,各支路的风口风量调整完后,再由远及近,调整两个支路(如支路Ⅰ和支路Ⅱ)上的手动调节阀(如手动调节阀 B),使两支路风量的比值近似相等。似此进行下去。

(5) 各支路送风口的送风量和支路送风量调试完后,最后调节总送风道上的手动调节阀,使总送风量等于设计总送风量,则系统风量平衡调试工作基本完成。

(6) 但总送风量和各风口的送风量能否达到设计风量,尚取决于送风机的出率是否与设计选择相符。若达不到设计要求就应寻找原因,进行其他方面的调整,具体详见"测试中发现问题的分析与改进办法"部分。调整达到要求后,在阀门的把柄上用油漆做好标记,并将阀位固定。

(7) 为了自动控制调节能处于较好的工况下运行,各支路风道及系统总风道上的对开式电动比例调节阀在调试前,应将其开度调节在 80% ~ 85% 的位置,以利于运行时自动控制的调节和系统处于较好的工况下运行。

(8) 风量测定值的允许误差:风口风量测定值的误差为 10%,系统风量的测定值应大于设计风量 10% ~ 20%,但不得超过 20%。

(9) 流量等比分配法(也称动压等比分配法):此方法用于支路较少,且风口调整试验装置(如调节阀、可调的风口等)不完善的系统。系统风量的调整一般是从最不利的环路开始,逐步调向风机出风段。如图 1.1.5 - 27,先测出支管 1和 2 的风量,并用支管上的阀门调整两支管的风量,使其风量的比值与设计风量的比值近似相等。然后测出并调整支路 4 和 5、支管 3 和 6 的风量,使其风量的比值与设计风量的比值都近似相等。最后测定并调整风机的总风量,使其等于设计的总风量。这一方法称"风量等比分配法"。调整达到要求后,在阀门的把柄上用油漆记上标记,并将阀位固定。

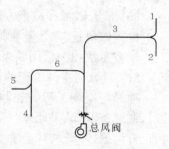

图 1.1.5 - 27　流量等比分配
法的管网风量调节示意图

**48. 空调房间室内参数的检测**

空调房间室内参数(温湿度、洁净度、静压及房间之间的静压压差等)应分夏季和冬季分别检测,并分别填写各种试验记录单。检测参数见 GB 50243—2002 和 JGJ 70—90 的相关规定和设计要求。

49.通风工程系统无生产负荷联动试运转及调试

通风工程系统安装完成后,应按 GB 50243—2002 规范第 11.3.2 条的规定进行无生产负荷的系统联动试运转和调试。其要求如下:

(1)系统联动试运转中,设备及主要部件的联动必须符合设计要求,动作协调、正确,无异常现象。

(2)系统经过平衡调整后各风口或吸气罩的风量与设计风量的允许偏差不应大于15%。

(3)湿式除尘器的供水与排水系统运行应正常。

50.空调工程系统无生产负荷联动试运转及调试

空调工程系统安装完成后,应按 GB 50243—2002 规范第 11.3.3 条的规定进行无生产负荷的系统联动试运转和调试。其要求如下:

(1)空调工程水系统应冲洗干净、不含杂物,并排除管道系统中的空气;系统连续运行应达到正常、平稳;水泵的压力和水泵电机的电流不应出现大幅度波动。系统平衡调整后,各空调机组的水流量应符合设计要求,允许偏差为20%。

(2)各种自动计量检测元件和执行机构的工作应正常,满足建筑设备自动化(BA、FA等)系统对被测定参数进行检测和控制的要求。

(3)多台冷却塔并联运行时,各冷却塔的进、出水量应达到均衡一致。空调室内噪声应符合设计要求。

(4)有压差要求的房间、厅堂与其他相邻房间之间的压差应符合设计要求:

A.舒适性空调的正压为 0~25Pa。

B.工艺性空调应符合设计要求。

(5)有环境噪声要求的场所,制冷、空调机组应按现行国家标准 GB 9068《采暖通风与空气调节设备噪声声功率级的测定——工程法》的规定进行测定。洁净室的噪声应符合设计的规定。

(6)检查数量和检查方法:

检查数量:按系统数量抽查 10%,且不得少于一个系统或一间房间。

检查方法:观察、用仪表测量检查及查阅调试记录。

51.通风与空调工程的控制和监控设备的调试

通风与空调工程的控制和监控设备应依据 GB 50243—2002 规范第 11.3.4 条的规定进行调试,调试结果通风与空调工程的控制和监控设备应能与系统的检测元件和执行机构正常沟通,系统的状态参数应能正确显示,设备连锁、自动调节、自动保护应能正确动作。

检查数量:按系统或监测系统总数抽查 30%,且不得少于一个系统。

检查方法:旁站观察,查阅调试记录。

52.制冷剂输送管道的强度和真空度试验

制冷剂输送管道的强度和真空度试验应符合 GB 50243—2002《通风与空调工程施工及验收规范》第 8.2.10 条、第 8.3.6 条及 GB 50274—98《制冷设备、空气分离设备安装工程施工及验收规范》的相关规定。

(1) 制冷剂输送系统的吹污：制冷剂输送系统管道的强度和真空度试验前应进行系统吹污，吹污可用压力 0.5~0.6MPa 的干燥压缩空气或用氟利昂系统可用惰性气体如氮气，按系统顺序反复进行多次吹扫，并在排污口处设靶检查(如用白布)，检查 5min 无污物为合格。吹污后应将系统中阀门的阀芯拆下清洗(安全阀除外)干净后，重新组装。

(2) 制冷剂输送系统和阀门的气密性试验：依据 GB 50274—98《制冷设备、空气分离设备安装工程施工及验收规范》第 2.5.3 条、第 2.5.11 条的规定，制冷剂输送系统的气密性试验应分高压、低压两步进行。试验介质可采用氮气、二氧化碳气或干燥的压缩空气。制冷剂输送系统和阀门的试验压力按表 1.1.5－11 的试验压力取值。

系统气密性的试验压力(绝对大气压)　　　　　　　　表 1.1.5－11

| 系统压力 | 活塞式制冷机 | | | 离心式制冷机 |
|---|---|---|---|---|
| | R717、R502 | R22 | R12、R134a | R11、R123 |
| 低压系统 | 1.8 | 1.8 | 1.2 | 0.3 |
| 高压系统 | 2.0 | 高冷凝压力 2.5 | 高冷凝压力 1.6 | 0.3 |
| | | 低冷凝压力 2.0 | 低冷凝压力 1.2 | |

A. 低压制冷剂输送系统的气密性试验：试验前在高、低压部分安装压力表，拆去原系统中不宜承受过高压力的部件和阀件(如恒压阀、压力控制器、热力膨胀阀等)，并用其他阀门或管道代替，开启手动膨胀阀和管路上其他阀门，自高压系统的任何一处向系统充氮气，并使压力达到试验的低压试验压力，即停止充气。观察系统压力下降情况，若无明显下降，则用肥皂液进行检漏。若检查无渗漏，则稳压保持 24h。前 6h 系统的压力降不应大于 0.03 MPa，后 18 h 开始记录压力降，除因环境温度变化而引起的误差外(一般不超过 0.01~0.03 MPa)，若压力按下式计算不超过 1% 为合格。

$$\Delta P = P_1 - \left[(273 + t_1)/(273 + t_2)\right]P_2$$

式中　$\Delta P$——压力降(MPa)；

　　　$P_1$——开始时系统中气体的压力(MPa 绝对压力)；

　　　$P_2$——结束时系统中气体的压力(MPa 绝对压力)；

　　　$t_1$——开始时系统中气体的温度(℃)；

　　　$t_2$——结束时系统中气体的的温度(℃)。

B. 高压制冷剂输送系统的气密性试验：低压制冷剂输送系统压力试验合格以后，再继续充气对制冷剂输送系统的高压部分进行压力试验。当压力达到试验的高压试验压力时，即停止充气，观察系统压力下降的情况，若无明显的压力下降，则用肥皂液进行检漏。若无渗漏，则稳压保持 24h，前 6h 系统的压力降不应大于 0.03 MPa，后 18 h 开始记录压力降，除因环境温度变化而引起的误差外(一般不超过 0.01~0.03 MPa)，若压力降按上式计算不超过 1% 为合格。

(3) 制冷剂输送系统的检漏：制冷剂输送系统的检漏方法有肥皂水检漏、检漏灯检漏和电子自动检漏仪检漏等方法。

A. 肥皂水检漏：当制冷剂输送系统内达到一定压力(低压系统不低于 0.2MPa)后，用肥皂水涂抹各连接、焊接和紧固等可疑部位，若发现有不断扩大的气泡出现，即说明有泄漏存在。

B. 检漏灯检漏：检漏灯(也称卤素灯)对氟利昂制冷剂输送系统是一种简便有效的检漏工具。如果检漏灯吸入的空气中含有氟利昂气体，则氟利昂遇到火焰后便分解为氟、氯元素，这些元素与灯头上炽热的铜丝网接触即合成卤素铜化合物，并使火焰变成光亮的绿色、深绿色。当氟利昂大量泄漏时，火焰则变成紫罗兰色或深蓝色，以至火焰熄灭。但系统泄漏严重时不宜采用检漏灯检漏，以免产生光气引起中毒事故。

C. 电子卤素检漏仪检漏：这种检漏仪对卤素的检漏灵敏度很高，反映速度快，重量轻，携带方便。

(4) 制冷剂输送系统的抽真空试验：抽真空试验可用系统本身的压缩机对系统进行抽真空，大型的制冷剂输送系统也可用专门的真空泵对系统进行抽真空。制冷剂输送系统抽真空试验的余压对于氨输送系统不应高于 8kPa，氟利昂输送系统不应高于 5.3kPa。稳压保持 24h 后，氨输送系统压力以无变化为合格；氟利昂输送系统压力回升值不应大于 0.53kPa。但依据 GB 50274—98《制冷设备、空气分离设备安装工程施工及验收规范》第 2.6.5 条要求应符合设备技术文件的规定。

(5) 其他制冷剂系统的严密性和抽真空试验：详见 GB 50274—98《制冷设备、空气分离设备安装工程施工及验收规范》的相关部分。

53. 锅炉的各项参数测试和试运转

(1) 锅炉的高低水位报警器和超温、超压报警器及连锁保护装置的联动试验：依据 GB 50242—2002《建筑给水排水及采暖工程施工质量验收规范》第 13.4.4 条及 GB 50273—98《工业锅炉安装工程施工及验收规范》第 6.1.9 条、第 6.1.10 条规定，应对锅炉的高低水位报警器和超温、超压报警器及连锁保护装置进行启动、联动试验，验证这些装置安装是否齐全和有效，并作好记录。

(2) 锅炉的煮炉试验：如果选用的锅炉厂家出厂时已对炉内进行清洁处理，为避免炉体化学损伤厂家不同意再进行煮炉试验，则可不必进行。如果选用的锅炉厂家出厂时无说明，则应按 GB 50242—2002 第 13.5.1 条、第 13.5.2 条、第 13.5.3 条、第 13.5.4 条及 GB 50273—98 第 9.2.1 条、第 9.2.2 条、第 9.2.3 条、第 9.2.4 条、第 9.2.5 条、第 9.2.6 条、第 9.2.7 条、第 9.2.8 条的要求进行煮炉试验，煮炉时间一般 2~3d。

(3) 锅炉联合试运行试验：锅炉机组及其附属系统的单机试运行与联合试运行同期进行。

A. 锅炉启动的准备：启动前应检查炉内及系统内有无遗留物品，各相关阀门和检测仪表是否处于启动的开启或关闭状态；

B. 炉水是否注满或注到应有的水位，循环泵、给水泵、鼓风机的运转是否正常，安全阀、水位计、电控及电源系统、燃气供应系统、燃烧设备的调试是否达到运行条件，给水水

质是否符合要求;

C．送风系统的漏风试验已经进行(可用正压法进行试验,即关闭炉门、灰门、看火孔、烟道排烟门等,然后用鼓风机鼓风,炉内能维持 50～100Pa 正压;再用发烟设备产生烟雾,由送风机吸入口吸入,送入炉内,检查无渗漏为合格);

D．调整安全阀的启动压力,锅炉带负荷运行 24～48h,运行正常为合格;

E．运行过程应检查锅炉设备及附属设备的热工性能和机械性能;测试给水、炉水水质、炉膛温度、排烟温度及烟气的含尘、含硫化合物、含氮化合物、一氧化碳、二氧化碳等有害物质的浓度是否符合国家规定的排放标准(此项应事先委托环保部门测试)。同时测试锅炉的出力(即发热量或蒸发量)、压力、温度等参数;与此同时测试给水泵、引(鼓)风机的相关参数。

54．洁净室有关参数的测试

(1) 风道和风口断面风量 $L$、平均动压 $P_d$、平均风速 $v$ 的计算

A．风道和风口断面风量、平均动压、平均风速的测量条件:风道和风口断面风量、平均动压、平均风速的测量一般随系统的平衡调试同时进行。

B．风道和风口断面风量、平均动压、平均风速测量的仪表:

(A) 风道断面风量、平均动压、平均风速测量的仪表(表 1.1.5 – 12)。

**风道断面风量、平均动压、平均风速测量的仪表**　　表 1.1.5 – 12

| 序号 | 设备和仪表名称 | 型号 | 规格或量程 | 精度等级 | 数量 | 单位 |
|------|--------------|------|-----------|---------|------|------|
| 1 | 标准型毕托管 | — | 外径 $\phi10$ | — | 1 | 台 |
| 2 | 倾斜微压测定仪 | TH – 130 型 | 0～1500Pa | 1.5 Pa | 1 | 套 |

(B) 风口断面风量、平均风速测量的仪表(表 1.1.5 – 13)或选毕托管和微压计等仪表进行测定。

C．风道和风口断面测量扫描测点的确定:

(A) 圆形断面风道测点和风口扫描测点的确定:圆形断面风道测点和风口扫描测点的布局按图 1.1.4 – 8 确定,但测定内圆环数按表 1.1.5 – 14 选取。

**风口断面风量、平均风速测量的仪表**　　表 1.1.5 – 13

| 设备和仪表名称 | 型号 | 规格或量程 | 精度等级 | 数量 | 单位 |
|--------------|------|-----------|---------|------|------|
| 热球式风速风温表 | RHAT – 301 型 | 0～30m/s  – 20～85℃ | <0.3m/s±0.3℃ | 2 | 台 |

**圆形断面风道和风口扫描测点环数选取表**　　表 1.1.5 – 14

| 圆形断面直径(mm) | 200 以下 | 200～400 | 401～600 | 601～800 | 801～1000 | >1001 |
|----------------|---------|----------|----------|----------|-----------|-------|
| 圆环个数(个) | 3 | 4 | 5 | 6 | 8 | 10 |

(B) 矩形断面风道测点和风口扫描测点的确定:矩形断面风道测点和风口扫描测点

的布局按图 1.1.4-9 确定,但依据 GB 50243—2002 附录 B.1 第 B.1.2 条第 1 款规定,匀速扫描移动不应少于 3 次,测点个数不应少于 6 个。

D. 采用表 B(A)仪表测试时风道和风口断面风量 $L$、平均动压 $P_d$、平均风速 $v$ 的计算:

(A) 风道和风口断面平均动压 $P_d$ 的计算

$$P_d = \left[\sum (P_{dk})^{0.5}/n\right]^2$$

式中　　$P_d$——断面平均动压(Pa);

　　　　$P_{dk}$——断面测点动压(Pa);

　　　　$k$——1、2、3、4……$n$;

　　　　$n$——测点数。

(B) 平均风速 $v$ 的计算

$$v = (2P_d/\gamma)0.5 = 1.29(P_d)^{0.5} \qquad\qquad \text{m/s}$$

(C) 风道断面风量 $L$

$$L = 1.29A(P_d)^{0.5} \qquad\qquad \text{m}^3/\text{h}$$

式中　　$A$——风道断面面积($\text{m}^2$)。

E. 采用表 1.1.5-13 仪表测试时风口断面风量 $L$、断面平均风速 $V_d$ 的计算:

(A) 断面平均风速 $V_d$ 的计算:

$$V_d = \sum V_{dk}/n$$

式中　　$V_d$——断面平均风速(m/s);

　　　　$V_{dk}$——断面测点风速(m/s);

　　　　$k$——1、2、3、4……$n$;

　　　　$n$——测点数。

(B) 风口风量 $L$ 的计算:

$$L = A \cdot V_d \qquad\qquad \text{m}^3/\text{h}$$

式中　　$A$——风道断面面积($\text{m}^2$)。

(C) 风口、房间和系统风量测定的允许相对误差

a. 风口风量、房间和系统风量测定相对误差值 $\Delta$ 的计算

$$\Delta = \left[(L_{实测值} - L_{设计值})/L_{设计值}\right]\%$$

式中　　$L_{实测值}$——实测风量值($\text{m}^3/\text{h}$);

　　　　$L_{设计值}$——设计风量值($\text{m}^3/\text{h}$)。

b. 系统允许相对误差值:依据 GB 50243—2002 第 11.2.3 条第 1 款、第 11.2.5 条第 2 款规定,$\Delta \leqslant 10\%$。

c. 风口允许相对误差值:依据 GB 50243—2002 第 11.3.2 条第 2 款规定,$\Delta \leqslant 15\%$。

F. 洁净室室内风量的测定

(A) 单向流洁净室的室内风量的测定:测定离高效过滤器 0.3m,垂直于气流的截面。截面上的测点间距不宜大于 0.6m,测点数不应少于 5 个,将测点的算术平均值,作为平均风速。平均风速与洁净室截面的乘积为洁净室的送风量。

（B）非单向流洁净室的室内风量的测定

ａ．风口法测定：可采用风口法，测定高效过滤送风口的平均风速与风口净截面积之积。

ｂ．支管法测定：利用测定风口上支管的断面的平均风速与风管断面积之积。

Ｇ．风口、房间和系统风量采用记录单：风口、房间和系统风量采用记录单为表式 C6－6－3或 C6－6－3A。

（2）室内温湿度及噪声的测量

Ａ．室内温湿度的测定

（A）测点布置和测试方法：室内测点布置为送风口、回风口、室内中心点、工作区测三点。室中心和工作区的测点高度距地面 0.8m，距墙面≥0.5m，但测点之间的间距≤2.0m；房间面积≤50m² 的测点 5 个，每超过 20～50m² 增加 3～5 个。测定时间间隔为 30min。测试方法采用悬挂温度计、湿度计，定时考察测试。或采用便携式 RHTH－Ⅰ 型温湿度测试仪表定时测试。

（B）测定仪表选择：温度计、干湿球温度计或其他便携 RHTH－Ⅰ 型温湿度测试仪表，见表 1.1.5－15。

室内温湿度测试仪表　　　　　　　　　　　　表 1.1.5－15

| 序号 | 仪表名称 | 型号规格 | 量程 | 精度等级 | 数量 |
|---|---|---|---|---|---|
| 1 | 水银温度计 | 最小刻度 0.1℃ | 0～50℃ | — | 5 |
| 2 | 水银温度计 | 最小刻度 0.5℃ | 0～50℃ | — | 10 |
| 3 | 酒精温度计 | 最小刻度 0.5℃ | 0～100℃ | — | 10 |
| 4 | 热球式温湿度表 | RHTH－1 型 | －20～85℃<br>－0～100% | | 5 |
| 5 | 热球式风速风温表 | RHAT－301 型 | 0～30m/s<br>－20～85℃ | <0.3m/s、<br>±0.3℃ | 5 |
| 6 | 干湿球温度计 | 最小分度 0.1℃ | －26～51℃ | — | 5 |

（C）测试条件：室内温湿度的测定应在系统风量平衡调试完毕后进行，也可与系统联合试运转同时进行。

Ｂ．允许误差值和采用的记录单

（A）测定值的允许误差：室温和相对湿度允许误差详见设计要求。

（B）测点数量要求：见表 1.1.5－16。

温湿度测点数量　　　　　　　　　　　　表 1.1.5－16

| 波动范围 | 洁净室面积≤50m² | 每增加 20～50m² |
|---|---|---|
| $\Delta t = \pm 0.5 \sim \pm 2℃$ | 5 个 | 增加 3～5 个 |
| $\Delta RH = \pm 5\% \sim \pm 10\%$ | | |

| 波动范围 | 洁净室面积≤50m² | 每增加 20～50m² |
|---|---|---|
| $\Delta t = \pm 0.5℃$ | 点间距不应大于 2m,点数不应少于 5 个 | |
| $\Delta RH = \pm 5\%$ | | |

（C）室内温湿度测试记录单采用表式 C6-6-3B(见相关记录表集)。

C. 室内噪声的测定:噪声测定采用五点布局(见图 1.1.4-10)和普通噪声仪(如 CENTER320 型或其他型号的噪声测定仪)。测定时间间隔同温度测定。测点高度距离地面 1.1～1.5m,房间面积≤50m² 可仅测中间点,设计无要求的不测。测试记录单采用C6-6-3C。室内噪声的测定应在系统风量平衡调试完毕后,也可与系统联合试运转同时进行。

(3)室内风速的测定

依据设计和工艺的要求安排测点的分布并绘制出平面图,主要应重点测试工作区和对工艺影响较大的地方。(如控制通风柜操作口周围的风速,以免风速过大将通风柜内的污染空气搅乱溢出柜外或影响柜内的操作,通风柜入口测定风速应大于设计风速 $v$,但误差不应超过 20%)。采用仪表为 RHAT-301 型热球式风速风温仪或 MODEL24/6111 型热线式风速仪。室内风速的测定应在系统平衡调试完毕后,也可与系统联合试运转同时进行。

(4)洁净室静压和静压差的测试:

A. 洁净室室内静压测试的前提(洁净度的测定条件):

(A)土建精装修已完成和空调系统等设备已安装完毕。

(B)空调系统已进行风量平衡调试和单机试运转完毕。

(C)各种风口已安装就绪。

(D)系统联合试运转已进行、且测试合格后进行。

(E)测定前应按洁净室的要求进行彻底清洁工作,并且空调系统应提前运行 12h。

(F)进入洁净室的测试人员应穿白色的工作服,戴洁净帽,鞋应套洁净鞋套。进入人员应受控制,一般不超过 3 人。

B. 洁净室室内静压的测试方法:测定设备应用灵敏度不低于 2.0Pa 的微压计检测,一般采用最小刻度等于 1.6Pa 的倾斜式微压计和胶管。测试时将门关闭,并将测定的胶管(最好口径在 5mm 以下)从墙壁上的孔洞伸入室内,测试口在离壁面不远处垂直气流方向设置,测试口周围应无阻挡和气流干扰最小。洞口平均风速大于或等于 2.0m/s 时可采用热球风速仪。测得静压值与设计要求值的误差值不应超过设计允许的误差值或 ±5Pa。

C. 需测试静压差的项目:需测试静压差的项目有室内与走廊静压差、高效过滤器和有要求设备前后的静压差等。相邻不同级别的洁净室之间和洁净室与非洁净室之间测得的静压差值应大于 5Pa;洁净室与室外测得的静压差值应大于 10Pa。

(5)洁净度的测定

A. 测点数和测定状态的确定:洁净度的测试委托总公司技术部测定。

（A）洁净度的测定状态：依据 GB 50243—2002 规定测定状态为静态或空态。

（B）洁净度的测定点数：依据 GB 50243—2002 附录 B.4 规定每间房间测点数的确定，见表 1.1.5 – 17，测点布局可按图 1.1.4 – 10 五点布局原则进行。当测点少于五点或多于五点时，其中一点应放在房间中央，且测点尽量接近工作区，但不得放在送风口下。测点距地面 0.8～1.0m。

**最低限度采样点点数**　　　　　　　　　　　表 1.1.5 – 17

| 测点数 $N_L$ | 2 | 3 | 4 | 5 | 6 | 7 | 8 | 9 | 10 |
|---|---|---|---|---|---|---|---|---|---|
| 洁净区面积 A（m²） | 2.1～6.0 | 6.1～12.0 | 12.1～20.0 | 20.1～30.0 | 30.1～42.0 | 42.1～56.0 | 56.1～72.0 | 72.1～90.0 | 90.1～110.0 |

注：1. 在水平单向流时，面积 A 为与气流方向呈垂直的流动空气截面的面积。

2. 最低限度的采样点 $N_L$ 按公式 $N_L = A^{0.5}$ 计算（四舍五入取整数）。

3. 每点采样最小采样时间为 10min，采样量至少 2L，每点采样次数不小于 3 次。

（C）测定洁净度的最小采样量：依据 GB 50243—2002 附录 B.4 规定测定洁净度的最小采样量见表 1.1.5 – 18。

**每次采样的最小采样量（L）**　　　　　　　　表 1.1.5 – 18

| 洁净度级别 |  | 粉尘粒径（μm） |  |  |  |  |  |  |  |  |  |  |  |
|---|---|---|---|---|---|---|---|---|---|---|---|---|---|
|  |  | 0.1 |  | 0.2 |  | 0.3 |  | 0.5 |  | 1.0 |  | 5.0 |  |
| 新标准 | 旧标准 | 新标准 | 旧标准 | 新标准 | 旧标准 | 新标准 | 旧标准 | 新标准 | 旧标准 | 新标准 | 旧标准 | 新标准 | 旧标准 |
| 1 | — | 2000 | — | 8400 | — | — | — | — | — | — | — | — | — |
| 2 | — | 200 | — | 840 | — | 1960 | — | 5680 | — | — | — | — | — |
| 3 | 1 | 20 | 17 | 84 | 85 | 196 | 198 | 568 | 566 | 2400 | — | — | — |
| 4 | 10 | 2 | 2.83 | 8 | 8.5 | 20 | 19.8 | 57 | 56.6 | 240 | — | — | — |
| 5 | 100 | 2 | — | 2 | 2.83 | 2 | 2.83 | 6 | 5.66 | 24 | — | 680 | — |
| 6 | 1000 | 2 |  | 2 |  | 2 |  | 2 | 2.83 | 2 |  | 68 | 85 |
| 7 | 10000 |  |  |  |  |  |  | 2 | 2.83 | 2 |  | 7 | 8.5 |
| 8 | 100000 |  |  |  |  |  |  | 2 | 2.83 | 2 |  | — | 8.5 |
| 9 |  |  |  |  |  |  |  | 2 |  | 2 |  | 2 |  |

B. 采用测试仪器：洁净度的测试采用 BCJ – 1 激光粒子计数器（或其他型号的激光粒子计数器），测得含尘计数浓度应小于设计允许值（如 8 级应 ≤3500 个／L）。

C. 室内洁净度测定值的计算

（A）室内平均含尘量 N 的计算

$$N = \frac{C_1 + C_2 + \cdots + C_i}{n}$$

（B）测点平均含尘浓度的标准误差 $\sigma_N$

（C）每个采点上的平均含尘浓度 $C_i$

$$C_i \leqslant 洁净级别上限$$

$$\sigma_N = \sqrt{\frac{\sum\limits_{i-1}^{n}(C_i - N)^2}{n(n-1)}}$$

（D）室内平均含尘浓度与置信度误差浓度之和（测试浓度的校核）

$$N + t\sigma \leqslant 洁净级别上限$$

式中　$n$——测点数量；

　　　$C_i$——每个采点上的平均含尘浓度；

　　　$t$——置信度上限为 95% 时，单侧 $t$ 分布的系数，其值见表 1.1.5 - 19。

分布的系数　　　　　　　　　　　　　表 1.1.5 - 19

| 点数 | 2 | 3 | 4 | 5 | 6 | 7 ~ 9 | 10 ~ 16 | 17 ~ 29 | ≥20 |
|---|---|---|---|---|---|---|---|---|---|
| $t$ | 6.3 | 2.9 | 2.4 | 2.1 | 2.0 | 1.9 | 1.8 | 1.7 | 1.65 |

D. 洁净度测定合格标准：见表 1.1.5 - 20。

洁净室和洁净区洁净等级及悬浮粒子浓度限值　　　　　　表 1.1.5 - 20

| 洁净度级别 | | 粉尘粒径($\mu$m) | | | | | | | | | | | |
|---|---|---|---|---|---|---|---|---|---|---|---|---|---|
| | | 0.1 | | 0.2 | | 0.3 | | 0.5 | | 1.0 | | 5.0 | |
| 新标准 | 旧标准 | 新标准 | 旧标准 | 新标准 | 旧标准 | 新标准 | 旧标准 | 新标准 | 旧标准 | 新标准 | 旧标准 | 新标准 | 旧标准 |
| 1 | — | 10 | — | 2 | — | — | — | — | — | — | — | — | — |
| 2 | — | 100 | — | 24 | — | 10 | — | 4 | — | — | — | — | — |
| 3 | 1 | 1000 | $1.25 \times 10^3$ | 237 | 270 | $10^2$ | 100 | 35 | 35 | 8 | — | — | — |
| 4 | 10 | $10^4$ | $1.25 \times 10^4$ | $2.37 \times 10^3$ | $2.7 \times 10^3$ | $1.02 \times 10^3$ | $10^3$ | 352 | 350 | 83 | — | — | — |
| 5 | 100 | $10^5$ | — | $2.37 \times 10^4$ | $2.7 \times 10^4$ | $1.02 \times 10^4$ | $10^4$ | $3.52 \times 10^3$ | $3.5 \times 10^3$ | 832 | — | 29 | — |
| 6 | 1000 | $10^6$ | — | $2.37 \times 10^5$ | — | $1.02 \times 10^5$ | — | $3.52 \times 10^4$ | $3.5 \times 10^4$ | $8.32 \times 10^3$ | — | 293 | 250 |
| 7 | 10000 | — | — | — | — | — | — | $3.52 \times 10^5$ | $3.5 \times 10^5$ | $8.32 \times 10^4$ | — | $2.93 \times 10^3$ | 2500 |

| 洁净度级别 | | 粉尘粒径($\mu$m) | | | | | | | | | | | |
| --- | --- | --- | --- | --- | --- | --- | --- | --- | --- | --- | --- | --- | --- |
| | | 0.1 | | 0.2 | | 0.3 | | 0.5 | | 1.0 | | 5.0 | |
| 新标准 | 旧标准 | 新标准 | 旧标准 | 新标准 | 旧标准 | 新标准 | 旧标准 | 新标准 | 旧标准 | 新标准 | 旧标准 | 新标准 | 旧标准 |
| 8 | 100000 | — | — | — | — | — | — | $3.52 \times 10^6$ | $3.5 \times 10^6$ | $8.32 \times 10^5$ | — | $2.93 \times 10^4$ | 25000 |
| 9 | — | — | — | — | — | — | — | $3.52 \times 10^7$ | — | $8.32 \times 10^6$ | — | $2.93 \times 10^5$ | — |

洁净室和洁净区各种粒径的粒子允许的最大浓度 $C_n = 10^N \times (0.1/D)^{2.08}$

式中  $C_n$——大于或等于要求粒径的粒子最大允许浓度 pc/m³;

　　　$N$——洁净级别,最大不超过9。洁净度等级之间可以按0.1为最小允许值递增;

　　　$D$——要求的粒子的粒径($\mu$m);

　　0.1——常数,量纲为($\mu$m)。　洁净度等级定级的粒径范围为0.1～5.0$\mu$m,用于定级的粒径数不应大于3个,且其顺序级差不应小于1.5倍。

(6) 洁净室截面平均流速和速度不均匀度的检测

A. 测点位置

(A) 垂直单向流和非单向流洁净室:测点选择距离墙体或围护结构内表面大于0.5m,离地面高度0.5～1.5m作为工作区。

(B) 水平单向流洁净室:选择以送风墙或围护结构内表面0.5m处的纵断面高度作为第一工作面。

B. 测定断面的测点数和测定仪器的要求:测点数和测定仪器的要求与室内温湿度的测点数同表1.1.5-16。

C. 测定仪器操作要求:

(A) 测定风速应采用测定架固定风速仪图1.1.5-28,以避免人体干扰。

(B) 不得不用手持风速仪时,手臂应伸至最长位置,尽量使人体远离测头。

D. 风速不均匀度的计算:风速不均匀度 $\beta_0$ 按下式计算,一般值不应大于0.25。

$$\beta_0 = s / v$$

式中  $s$——各测点风速的平均值;

　　　$v$——标准差。

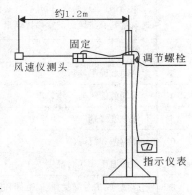

图 1.1.5-28　风速仪测定架

E. 洁净室内气流流形的测定:洁净室内气流流形的测定宜采用发烟或悬挂丝线的方法进行观察测量与记录。然后标在记录的送风平面的气流流形图上。一般每台过滤器至少对应一个观察点(图1.1.5-29和图1.1.5-30)。

(7) 综合评定检测

A. 综合评定工作的组织和对评定单位的要求:上述测试为竣工验收测试,竣工验收后,交付使用前,尚应由甲方委托建设部建筑科学研究院空调研究所测定,或其他具备国家认定检测资质的检测单位测定。但核定单位必须与甲方、乙方、设计三方同时没有任何关系的单位。

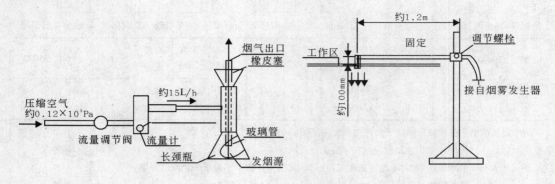

图 1.1.5－29　烟雾发生器　　　　　图 1.1.5－30　烟雾引入装置

B. 综合评定检测的项目:依据 JGJ 71—90 第 5.3.2 条规定见表 1.1.5－21。

综合性能全面评定检测项目和顺序　　　　　　　　　　表 1.1.5－21

| 序号 | 项　　　目 | 单向流洁净室 | | 乱流洁净室 |
| --- | --- | --- | --- | --- |
| | | 高于 100 级 | 100 级 | 1000 级及 1000 级以下 |
| 1 | 室内送风量、系统总新风量(必要时系统总送风量),有排风时的室内排风量 | 检　　　测 | | |
| 2 | 静压差 | 检　　　测 | | |
| 3 | 房间截面平均风速 | 检　　　测 | | 不检测 |
| 4 | 房间截面风速不均匀度 | 检　测 | 必要时检测 | — |
| 5 | 洁净度级别 | 检　　　测 | | |
| 6 | 浮游菌和沉降菌 | 必要时检测 | | |
| 7 | 室内温度和相对湿度 | 检　　　测 | | |
| 8 | 室温(或相对湿度)波动范围和区域温差 | 必要时检测 | | |
| 9 | 室内噪声级 | 检　　　测 | | |
| 10 | 室内倍频程声压级 | 必要时检测 | | |
| 11 | 室内照度和照度的均匀度 | 检　　　测 | | |
| 12 | 室内微振 | 必要时检测 | | |
| 13 | 表面导静电性能 | 必要时检测 | | |
| 14 | 室内气流流型 | 不　测 | | 必要时检测 |
| 15 | 流线平行性 | 检　测 | 必要时检测 | 不　测 |
| 16 | 自净时间 | 不　测 | 必要时检测 | 必要时检测 |

98

C. 测定结果由检测单位提供测试资料、评定结论和提出出现相关问题的责任方,综合评定的费用由甲方支付。

55. 人防工程通风系统的调试

依据 GB 50238—94《人民防空地下室设计规范》第 5.2.13 条及 GBJ 134—90《人防工程施工及验收规范》第 15.0.1 条的规定。

(1) 防毒密闭管路及密闭阀的气密性试验,当充气压力为 $P = 5.06 \times 10^4$ Pa(即 0.0506MPa),并维持 5min,经检查不漏气为合格。

(2) 过滤吸收器(即滤毒器)的气密性试验,当试验充气压力 $P = 1.06 \times 10^4$ Pa(即 0.0106MPa)后,5min 内压力降 $\Delta P \leq 660$ Pa 为合格。

(3) 设有滤毒器过滤通风系统的防空地下室应在口部和排风机房设测压装置,测定室内与室外的静压差,其超压值应为 30 ~ 50Pa(即室内应维持 30 ~ 50Pa 的静压值)。

(4) 野战防空工程最后一道防毒通道与室外应维持 20 ~ 100Pa 的超压值。

# 6 主要分项项目施工方法及技术措施

## 6.1 暖卫工程

暖卫工程的安装应严格按照"暖卫管道安装质量控制程序"(图 1.1.6 - 1)进行。

### 6.1.1 预留孔洞及预埋件施工

1. 预留孔洞及预埋件施工在土建结构施工期间进行。

2. 预留孔洞按设计要求施工,设计无要求时按 DBJ 01—26—96(三)表 1.4.3 规定施工。预留孔洞及预埋件应特别注意:

(1) 预留、预埋位置的准确性;

(2) 预埋件加工的质量和尺寸的精确度,详见前面技术交度记录(表式 C2 - 2 - 1)。

3. 具体技术措施:

(1) 分阶段认真进行技术交底;

(2) 控制好预留、预埋位置的准确性,措施可采用钢尺丈量和控制土建模板的移位变形;模具选用优良材质并改进预留空洞模具的刚度、表面光洁度;适当扩大模具的尺寸,留有尺寸调整余地;加强模具固定措施;作好成品保护,防止模具滑动。

4. 托、吊卡架制作按 DBJ 01—26—96(三)第 1.4.5 条规定制作,管道托、吊架间距不应大于该规程和下列各表的规定。固定支座的制作与施工按设计详图施工。

(1) 依据 GB 50242—2002 第 3.3.8 条的规定,钢制管道水平安装支吊架间距应不大于表 1.1.6 - 1 间距。

(2) 依据 GB 50242—2002 第 3.3.9 条的规定,塑料及复合管管道垂直或水平安装支吊架间距应不大于表1.1.6-2,采用金属制作的管道支架,应在管道与支架间加衬非金属垫或套管。

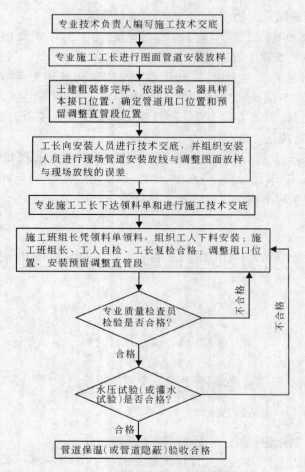

图1.1.6-1 暖卫管道安装质量控制程序

**钢制管道支架的最大间距**      表1.1.6-1

| 公称直径 | | 15 | 20 | 25 | 32 | 40 | 50 | 70 | 80 | 100 | 125 | 150 | 200 | 250 | 300 |
|---|---|---|---|---|---|---|---|---|---|---|---|---|---|---|---|
| 支架的最大间距(m) | 保温管道 | 2 | 2.5 | 2.5 | 2.5 | 3 | 3 | 4 | 4 | 4.5 | 6 | 7 | 7 | 8 | 8.5 |
| | 非保温管道 | 2.5 | 3 | 3.5 | 4 | 4.5 | 5 | 6 | 6 | 6.5 | 7 | 8 | 9.5 | 11 | 12 |

(3)依据GB 50242—2002第3.3.10条的规定,铜管管道垂直或水平安装支吊架间距应不大于表1.1.6-3。

(4)依据GB 50242—2002第5.2.9条的规定,排水塑料管道支吊架间距应不大于表1.1.6-4。

塑料及复合管管道垂直或水平安装支架的最大间距　　　　表 1.1.6－2

| 管径(mm) | | 12 | 14 | 16 | 18 | 20 | 25 | 32 | 40 | 50 | 63 | 75 | 90 | 110 |
|---|---|---|---|---|---|---|---|---|---|---|---|---|---|---|
| 支架最大间距(m) | 立管 | 0.5 | 0.6 | 0.7 | 0.8 | 0.9 | 1.0 | 1.1 | 1.3 | 1.6 | 1.8 | 2.0 | 2.2 | 2.4 |
| | 水平管 冷水管 | 0.4 | 0.4 | 0.5 | 0.5 | 0.6 | 0.7 | 0.8 | 0.9 | 1.0 | 1.1 | 1.2 | 1.35 | 1.55 |
| | 水平管 热水管 | 0.2 | 0.2 | 0.25 | 0.3 | 0.3 | 0.35 | 0.4 | | 0.5 | 0.6 | 0.7 | 0.8 | — | — |

铜制管道支架的最大间距　　　　表 1.1.6－3

| 公称直径 | | 15 | 20 | 25 | 32 | 40 | 50 | 65 | 80 | 100 | 125 | 150 | 200 |
|---|---|---|---|---|---|---|---|---|---|---|---|---|---|
| 支架最大间距(m) | 垂直管道 | 1.8 | 2.4 | 2.4 | 3.0 | 3.0 | 3.0 | 3.5 | 3.5 | 3.5 | 3.5 | 4.0 | 4.0 |
| | 水平管道 | 1.2 | 1.8 | 1.8 | 2.4 | 2.4 | 2.4 | 3.0 | 3.0 | 3.0 | 3.0 | 3.5 | 3.5 |

排水塑料管道支吊架间距　　　　表 1.1.6－4

| 管径(mm) | 50 | 75 | 110 | 125 | 160 |
|---|---|---|---|---|---|
| 立管 | 1.2 | 1.5 | 2.0 | 2.0 | 2.0 |
| 横管 | 0.5 | 0.75 | 1.10 | 1.30 | 1.60 |

（5）依据 GB 50242—2002 第 3.3.11 条的规定，采暖、给水及热水供应系统的金属立管管卡安装应符合下列的要求。

A．楼层高度少于或等于 5m，每层必须安装一个金属立管管卡。

B．楼层高度大于 5m，每层不得少于二个金属立管管卡。

C．管卡的安装高度距离地面应为 1.5~1.8m，2 个以上管卡应均匀安装，同一房间管卡应安装在同一高度上。

5．套管安装一般比管道规格大 2 号，内壁作防腐处理或按设计要求施工。

6．预留洞、预埋件位置、标高应符合设计要求，质量符合 GBJ 302—88 有关规定和设计要求。

### 6.1.2　管道安装

暖卫工程管道安装应严格按照"暖卫管道安装质量控制程序"(图 1.1.6－1)进行。

1．镀锌钢管的安装

（1）镀锌钢管的安装：热镀镀锌钢管，$DN \geqslant 100$ 的管道采用卡箍式柔性管件连接，$DN \leqslant 80$ 的管道采用丝扣连接，安装时丝扣肥瘦应适中，外露丝扣不大于 3 扣，锌皮损坏处应采取可靠的防腐措施（涂防锈漆后再涂刷银粉漆）。$DN > 80$ 的镀锌钢管及由于消火栓供水立管至埋于墙内连接消火栓 $DN < 100$ 的支管，因转弯过急或受安装尺寸限制时也可采用对口焊接连接。做好防腐措施和冷水管穿墙应加 $\delta \geqslant 0.5mm$ 的镀锌套管，缝隙用油麻充填。穿楼板应预埋套管，套管直径比穿管大 2 号，高出地面 $\geqslant 20$，底部与楼板结构底

面平等其他质量要求。

（2）焊接质量要求：其焊接外观质量应焊缝表面无裂纹、气孔、弧坑、未熔合、未焊透和夹渣等缺陷。焊缝高度应不低于母材，焊缝与母材应圆滑过渡。焊接咬边深度不超过0.5mm，两侧咬边的长度不超过管道周长的20%，且不超过40mm，并应遵守焊接质量控制程序，见表1.1.6－5"等厚焊件坡口形式和尺寸"、"不等厚焊件坡口形式和尺寸（见图1.1.6－2）"及表1.1.6－6"焊接对接接头焊缝表面质量标准"。

等厚焊件坡口形式和尺寸 表1.1.6－5

| 序号 | 填口名称 | 坡 口 形 式 | 手工焊接填口尺寸(mm) | | | |
|---|---|---|---|---|---|---|
| 1 | I形坡口 | | 单面焊 | s | >1.5~2 | 2~3 |
| | | | | c | 0+0.5 | 0+1.0 |
| | | | 双面焊 | s | ≥3~2.5 | 3.5~6 |
| | | | | c | 0+1.0 | $1^{+1.5}_{-1.0}$ |
| 2 | V形坡口 | | s | | ≥3~9 | >9~25 |
| | | | α | | 70°±5° | 50°±5° |
| | | | c | | 1±1 | $2^{+1.0}_{-1.0}$ |
| | | | p | | 1±1 | $2^{+1.0}_{-2.0}$ |
| 3 | X形坡口 | | $s≥12~50$ $c=2^{+1.0}_{-1.0}$ $p=2^{+1.0}_{-2.0}$ $α=60°±6°$ | | | |

焊接对接接头焊缝表面的质量标准 表1.1.6－6

| 序号 | 项 目 | 质量标准 |
|---|---|---|
| 1 | 表面裂纹　表面气孔　表面夹渣　熔合性飞溅 | 不允许 |
| 2 | 咬边 | 深度：e<0.5，长度小于等于该焊缝总长的10% |
| 3 | 表面加强高度 | 深度：e≤1+0.2b，但最大为5 |

| 序号 | 项 目 | 质量标准 |
|---|---|---|
| 4 | 表面凹陷 | 深度：$e \leqslant 0.5$,长度≤该焊缝总长的10% |
| 5 | 接头坡口错位 | $e \leqslant 0.25s$,但最大为5 |

| 钢管对口时错位允许偏差 | 壁厚（mm） | 2.5～5 | 6～10 | 12～14 | ≥16 |
|---|---|---|---|---|---|
| | 允许偏差值(m) | 0.5 | 1.0 | 1.5 | 2.0 |

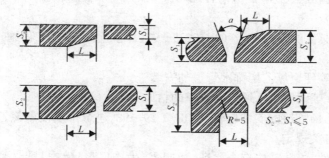

注：1. $L \geqslant 4(S_2 - S_1)$。

2. 当薄件厚度小于或等于10mm，厚度差大于3mm及薄件厚度大于10mm，厚度差大于薄件厚度的30%或超过15mm时，按图中规定削薄厚件边缘。

图 1.1.6-2 不等厚焊件坡口形式和尺寸

（3）质量要求：

A. 水平给水管道应有 2‰～5‰的坡度坡向泄水装置。气、水同向流动的水平热水供暖管道和气、水同向流动的蒸汽、凝结水管道应有 2‰～3‰的坡度。气、水逆向流动的水平热水供暖管道和气、水逆向流动的蒸汽、凝结水管道应有大于 5‰的坡度。

B. 给水引入管与排水排出管的水平净距离不得小于1m。室内给水与排水管道平行敷设时，两管道间的最小净距离不得小于 0.5m，交叉敷设时垂直净距离不得小于 0.15m。给水管应敷设在排水管上面，若给水管敷设在排水管下面时，给水管应加套管，其长度不得小于排水管管径的 3 倍。

C. 室内给水设备安装允许的偏差详见 GB 50242—2002 第 4.4.7 条表 4.4.7 的规定；供暖管道安装允许的偏差详见 GB 50242—2002 第 8.2.18 条表 8.2.18 的规定。

D. 室外给水管道安装允许的偏差详见 GB 50242—2002 第 9.2.8 条表 9.2.8 的规定。

E. 给水立管和装有 3 个或 3 个以上配水点的支管始端均应安装可拆卸的连接件。

2．焊接钢管和无缝钢管的安装

焊接钢管 $DN \leqslant 32$ 的采用丝扣连接，$DN \geqslant 40$ 的采用焊接。无缝钢管 $DN \geqslant 100$ 的管道采用沟槽式卡箍柔性管件连接；$DN \leqslant 80$ 的管道采用丝扣连接。丝扣连接、焊接连接接口的要求同上款。管道穿墙应预埋厚 $\delta \geqslant 1\text{mm}$，直径比管径大 1 号的套管，套管两端与墙面平，缝隙填充油麻密封；管道穿楼板的预埋套管同上。安装中应特别注意暖气片进出水管甩口的位置，以免影响支管坡度的要求；与散热器连接的灯叉弯应在现场实地煨弯，弯曲半径应与墙角相适应，保证安装后美观和上下整齐。

3．不锈钢管的安装

（1）不锈钢管的安装应符合 GB 50235—97《工业金属管道工程施工及验收规范》第6.3.1条～第6.3.29条的规定。

（2）不锈钢管的管道上不应焊接临时支撑物。不得用铁质工具敲击管道。

（3）不锈钢管道应采用机械或等离子方法切割，采用砂轮切割或修磨时应使用专用砂轮片。

（4）不锈钢管道法兰和不锈钢管道与支架的非金属垫片中氯离子的含量不得超过 $50 \times 10^{-6}(50\text{ppm})$。

（5）管道的安装误差应符合 GB 50235—97《工业金属管道工程施工及验收规范》第6.3.29条的规定。

4．PVC－U 等硬聚氯乙烯排水管道的安装

（1）PVC－U 等硬聚氯乙烯排水管道的材质要求

A．硬聚氯乙烯管道的安装应符合 CJJ/T 29—98《建筑排水硬聚氯乙烯管道工程技术规程》和设计的有关规定。

B．管材、管件、胶粘剂应有合格证、说明书、生产厂名、生产日期（胶粘剂尚应有使用有效日期）、执行标准、检验员代号。防火套管、阻火圈应有规格、耐火极限、生产厂名等标志。

C．管材、管件的运输、装卸和搬运应轻放，不得抛、摔、拖。存放库房应有良好通风，室温不宜大于 40℃，不得曝晒，距离热源不得小于 1m。管材堆放应水平、有规则，支垫物宽度不得小于 75mm，间距不得大于 1m，外悬端部不宜超过 500mm，叠放高度不得超过1.5m。

D．胶粘剂等存放与运输应阴凉、干燥、安全可靠，且远距火源。胶内不得含有团块和不溶颗粒与杂质，并且不得呈胶凝状态和分层现象，未搅拌时不得有析出物，不同型号的胶粘剂不得混合使用。

E．管道粘接时应将承口内侧和插口外侧擦拭干净，无尘砂、无水迹，有油污的应用清洁剂擦净。承插口内外侧胶粘剂的涂刷应先涂刷管件承口内侧，后涂刷插口外侧，胶粘剂的涂刷应迅速、均匀、适量、不得漏涂。管子插入方向应找正，插入后应将管道旋转 90°，管道承插过程不得用锤子击打。插接好后应将插口处多余的胶粘剂清除干净。粘接环境温度低于 －10℃时，应采取防寒、防冻措施。

（2）管道的敷设

A．埋地管道的安装

（A）埋地管道安装顺序应先安装室内 ±0.00 以下埋地管部分,并伸出外墙 250mm,待土建施工结束后再从外墙边敷设至检查井。

（B）埋地管道的沟底应平整、无突出的硬物。一般还应敷设厚度 100~150 mm 的砂垫层,垫层宽度不应小于管道外径的 2.5 倍,坡度应与管道设计坡度相同。埋地管道灌水试验合格后才能回填,回填时管顶 200mm 以下应用细土回填,待压实后再分层回填至设计标高。每一层回填土高度为 300mm 夯至 150mm。

（C）穿越地下室外墙时应采用刚性防水套管等措施,套管应事先预埋,套管与管道外壁间的缝隙中部应用防水胶泥充填,两端靠墙面部分用水泥砂浆填实。

B. 楼层管道的安装

（A）应按管道系统及卫生设备的设计位置,结合设备排水口的尺寸、排水管道管口施工的要求,配合土建结构施工进行孔洞的预留和套管等预埋件的预埋。

（B）土建拆模后应对预留孔洞和预埋管件进行全面的检查与校验,不符合要求的应加以调整。

（C）依据纸面放样图和设备安装尺寸,并依据 CJJ/T 29—98 第 3.1.9 条、第 3.1.10 条、第 3.1.15 条、第 3.1.19 条、第 3.1.20 条的有关规定到现场实地放线校验无误后,测定各管段长度,然后进行配管和管道裁剪。管道裁剪可用木工锯或手锯切割,但切口应垂直均匀、无毛刺。

（D）选定支承件和固定形式,按 CJJ/T 29—98 第 4.1.8 条规定确定垂直管道和水平管道支承件间距,选定支承件的规格、数量和埋设位置。

（E）土建粗装修后开始按放线的计划,安装管道和伸缩器,在管道粘接之前,依据 CJJ/T 29—98 第 4.1.13 条、第 4.1.14 条的规定将需要安装防火套管或阻火圈的楼层,先将防火套管和阻火圈套在管道外,然后进行管道接口粘接。

（F）管道安装顺序应自下而上,分层进行,先安装立管,后安装横管,施工应连续。

（G）管道粘接后应迅速摆正位置,并进行垂直度、水平坡度校正。校正无误后,用木楔卡牢,用铁丝临时固定,待粘接剂固化后再紧固支承件,但卡箍不宜过紧,以免损坏管件。然后拆除临时固定设施、支模堵洞等。

5. PPR 聚丙烯给水管道的安装

（1）明装敷设管线的安装:明装敷设管线的安装可参照 PVC – U 管道安装的要求和质量标准进行。即:

A. 土建拆模后应对预留孔洞和预埋管件进行全面的检查与校验,不符合要求的应加以调整。

B. 依据纸面放样图和设备安装尺寸,并依据 CJJ/T 29—98 第 3.1.9 条、第 3.1.10 条、第 3.1.15 条、第 3.1.19 条、第 3.1.20 条的有关规定到现场实地放线校验无误后,测定各管段长度,然后进行配管和裁管。裁管可用木工锯或手锯切割,但切口应垂直均匀、无毛刺。

C. 选定支承件和固定形式,按 CJJ/T 29—98 第 4.1.8 条规定确定垂直管道和水平管道支承件间距,选定支承件的规格、数量和埋设位置。

D. 土建粗装修后开始按放线的实际尺寸下料,然后进行管道接口的热熔粘接安装管道。

E. 管道安装顺序应自下而上,分层进行,先安装立管,后安装横管,施工应连续。

F. 管道粘接后应迅速摆正位置,并进行垂直度、水平坡度校正。校正无误后,用木楔卡牢,用铁丝临时固定,待粘接固化后再紧固支承件,但卡箍不宜过紧,以免损坏管件。然后拆除临时固定设施、支模堵洞等。

(2) 明装敷设管道的质量标准:依据设计和 GB 50242—2002《建筑给水排水及采暖工程施工质量验收规范》的要求,其支吊架、管道安装质量要求详见 6.1.1 节及 6.1.2 - (3) 款。

(3) 埋地敷设管道的固定和成品保护措施:埋地管道的安装应参照图 1.1.5 - 6"低温地板辐射供暖预埋管道安装质量控制程序"的要求执行。

A. 埋地敷设管道的固定:直埋管道的管槽应配合土建施工工序预留,管槽底部和槽壁应平整,无凸出的尖锐物。管槽宽度应比管道公称外径 $De$ 大 40 ~ 50mm,深度应比管道公称外径 $De$ 大 20 ~ 25mm。铺放管道后应用管卡(或鞍形卡片)将管道固定。管卡的固定和支架的间距应符合表 1.1.6 - 7 要求。水压试验合格后方可用 M7.5 水泥砂浆填塞管槽。热水管道的回填宜分两层填塞,第一层填高为槽深 3/4,水泥砂浆初凝后左右轻摇管道使管壁与水泥砂浆之间形成缝隙,再填充第二层水泥砂浆至与地面平,水泥砂浆应密实饱满。但是在管道拐弯处在水泥砂浆填塞前沿转弯管外侧插嵌宽度等于外径,厚度为 5 ~ 10mm 的质松软板条,再进行上述操作。

管道最大支撑间距     表 1.1.6 - 7

| 公称外径 $De$ | 立管间距(mm) | 横管间距(mm) | 公称外径 $De$ | 立管间距(mm) | 横管间距(mm) |
|---|---|---|---|---|---|
| 12 | 500 | 400 | 32 | 1100 | 800 |
| 14 | 600 | 400 | 40 | 1300 | 1000 |
| 16 | 700 | 500 | 50 | 1600 | 1200 |
| 18 | 800 | 500 | 63 | 1800 | 1400 |
| 20 | 900 | 600 | 75 | 2000 | 1600 |
| 25 | 1000 | 700 | — | — | — |

B. 成品保护措施:

(A) 暗埋管道区域的标志线:为了能按规程和设计要求,在楼板浇筑后,能准确地标出暗埋管道的区域,以防止以后室内装修时避免凿(或钻)坏管道,安装暗埋管道后,浇筑垫层混凝土前,应预埋标志物(如图 1.1.6 - 3 所示),以便楼板浇筑垫层混凝土后能准确地画出安装暗埋管道区域的标志线。

(B) 管道埋设位置的标志:当埋地管道覆盖,表面混凝土凝固后,应按照规范的要求,在楼地面基层,用不易褪色的染料沿预埋标志物位置准确地标志出安装暗埋管道区域的标志线。依据设计和 GB 50242—2002《建筑给水排水及采暖工程施工质量验收规范》的要求,其支吊架、管道安装质量要求详见 6.1.1 及 6.1.2 - 1 款。埋地管道的安装应按照

图 1.1.5 – 6"低温地板辐射供暖预埋管道安装质量控制程序"要求执行。

6. XPAP 交联铝塑复合管管道的安装

（1）材料的质量要求：

A. 给水铝塑复合管的型号规格必须符合 CECS 105：2000《建筑给水铝塑复合管管道工程技术规程》第 3.1.4 条的规定,用于冷水的给水管道的用途代号为"L"、外层颜色为白色；用于热水给水管道的用途代号为"R"、外层颜色为橙红色。

B. 管材的外观质量：管壁的颜色应一致,无色泽不均及分解变色线,内外壁应光滑、平整、无气泡、裂口、裂纹、脱皮、痕纹及碰撞凹陷,盘材的截面应无明显的椭圆变形。

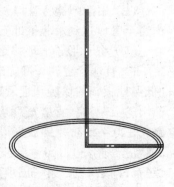

图 1.1.6 – 3　预埋区域显示预埋件

C. 管材的截面尺寸应符合 CECS 105：2000《建筑给水铝塑复合管管道工程技术规程》第 3.2.2 条表 3.2.2 – 1 和表 3.2.2 – 2 的规定。

D. 管材的静压强度及环向拉伸力和爆破强度应符合 CECS 105：2000《建筑给水铝塑复合管管道工程技术规程》第 3.2.3 条 ~ 第 3.2.5 条表 3.2.4、表 3.2.5 的规定。

E. 铜质管件必须符合现行国家 GB/T 5232《加工黄铜》标准中的 HPb59 – 1 的要求。管件必须是管材生产厂家的配套产品。管件表面应光滑无毛刺,无缺损和变形,无气泡和沙眼。同一口径的锁紧螺帽、紧箍环应能互换。管件内使用的密封圈材质应是符合卫生要求的丁氰橡胶或硅橡胶。

F. 进场材料必须有质量合格证书和产品说明书。

（2）铝塑复合管管道的安装：

A. 铝塑复合管管道必须采用专用工具进行安装。施工人员应经过必要的技术培训。

B. 明装管道应在内墙面粉刷（或粘贴面层）完成后进行；暗装管道应配合土建施工工序同时进行。

C. 管材及附件的运输、装卸和搬运应小心轻放,避免油污、抛、摔、滚、拖。管材及附件应存放在通风条件良好的库房内,不得露天存放,并防止阳光直射和远离热源。严禁与油类或化学品混合堆放,注意防火安全。堆放场地应平整,堆高不宜超过 2m。管件原箱堆码不宜超过 3 箱。

D. 管道的清洁、调直、截断与弯曲：进场材料应清除垃圾、杂物、泥沙、油污,施工过程中应防止管材、管件污染,开口应及时堵塞。公称外径 $De \leqslant 32mm$ 管道应展开、调直。管材的截断应使用专用的管剪或管子割刀。公称外径 $De \leqslant 25mm$ 管道采用在管内放置专用弹簧用手直接加力弯曲,公称外径 $De \geqslant 32mm$ 管道采用专用弯管器弯曲；管道的弯曲半径以管轴心计不得小于管道 5 倍公称外径 $De$,且应一次弯曲成型,不得多次弯曲。

E. 管道的连接：管道连接宜采用卡套连接。

（A）连接前应检查管道的规格材质长度是否符合设计要求,管口的毛刺、不平整处是否整理完好,端面是否与轴线垂直。

（B）用专用的刮刀将管口处的聚乙烯内承削成坡口,坡角为 20° ~ 30°,深度 1.0 ~ 1.5mm,并用清洁纸或布将坡口擦净。

（C）用整圆器将管口整圆。再将锁紧螺帽、C形紧箍环套在管上，用力将管芯插入管内直至管口达到管芯根部。

（D）将C形紧箍环移至距离管口 0.5~1.5mm 处，再将锁紧螺帽与管件本体拧紧。

F. 直埋管道的管槽应配合土建施工工序预留，埋地管道的安装应按照图 1.1.5-6 "低温地板辐射供暖预埋管道安装质量控制程序"要求执行。管槽底部和槽壁应平整，无凸出的尖锐物。管槽宽度应比管道公称外径 $De$ 大 40~50mm，深度应比管道公称外径 $De$ 大 20~25mm。铺放管道后应用管卡（或鞍形卡片）将管道固定。管卡的固定和支架的间距应符合表 1.1.6-7 要求。水压试验合格后方可用 M7.5 水泥砂浆填塞管槽。冷水管道宜分两层填塞，第一层填高为槽深 3/4，水泥砂浆初凝后左右轻摇管道使管壁与水泥砂浆之间形成缝隙，再填充第二层水泥砂浆至与地面平，水泥砂浆应密实饱满。热水管道的回填与冷水管道大体相同，仅在管道拐弯处在水泥砂浆填塞前沿转弯管外侧插嵌宽度等于外径，厚度为 5~10mm 的质松软板条，再进行上述操作。

G. 穿越混凝土屋面，楼板、墙体等部位应预留孔洞或预埋套管，孔洞或套管的内径宜比管道公称外径 $De$ 大 30~40mm。穿越屋面、楼板的管道应有防渗漏措施，首先在贴近屋面或楼板的底部设管道固定支撑件，预留孔洞或预埋套管与管道之间的环形缝隙用 C15 细石混凝土或 M15 膨胀水泥砂浆分两次嵌缝，第一次嵌至板厚 2/3 高度，待强度达到 50% 后再进行第二次嵌缝至板面，并用 M10 水泥砂浆抹高、宽不小于 25mm 的三角灰。管道穿越无防水要求的墙体、梁、板应在靠近穿越孔洞的一端设固定支承件将管道固定，预留孔洞或预埋套管与管道之间的环形缝隙用 M7.5 的水泥砂浆填实。

H. 管道伸缩器的设置与固定支承的设置间距：

（A）无伸缩补偿装置的直线管段，固定支承件的最大间距：冷水管不宜大于 6.0m，热水管不宜大于 3.0m，且应设置在管道配件附近。

（B）有伸缩补偿装置的直线管段，固定支承件的间距经计算确定。管道伸缩补偿装置应装在两固定支承件中间部位。采用管道折角进行补偿时，悬臂长度不应大于 3.0m，自由臂长度不应小于 300mm。

（C）固定支承件的管卡与管道表面应为面接触，管卡的宽度宜为管道公称外径 $De$ 的 1/2，收紧管卡时不应损坏管壁。

I. 埋地敷设管道的安装：埋地管道的安装应按照图 1.1.5-6"低温地板辐射供暖预埋管道安装质量控制程序"要求执行。

（A）进户管穿越外墙处应预留孔洞，管顶距离孔洞上边净高应不小于 100mm。公称外径 $De \geqslant 40mm$ 的管道应采用水平折弯后进户。

（B）管道穿出地坪处应套长度不小于 100mm 的金属套管，套管根部应插入地坪 30~50mm。

（C）室外管道的埋深应大于冰冻深度，且非行车地面应不小于 300mm，行车地面应不小于 600mm。

（D）埋地敷设管件应做好防腐处理。

（3）埋地敷设管道的固定和成品保护措施：

A. 埋地敷设管道的固定：详见本节第（2）-F款。

B．成品保护措施：

（A）暗埋管道区域的标志线：为了能按规程和设计要求，在楼板浇筑后，能准确地标出暗埋管道的区域，以防止以后室内装修时避免凿（或钻）坏管道，安装暗埋管道后，浇筑垫层混凝土前，应预埋标志物（图 1.1.6－3），以便楼板浇筑垫层混凝土后能准确地画出安装暗埋管道区域的标志线。

（B）防止浇筑混凝土时损坏管道的保护措施：采用管道保护架，防止振捣棒等施工工具和人员踩坏管道的保护架。

7．PE－X 交联聚乙烯管道的安装

管道安装的质量要求：

A．管道安装质量应符合 GB 50242—2002《建筑给水排水及采暖工程施工质量验收规范》相关条文的要求。埋地管道的安装应按照图 1.1.5－6"低温地板辐射供暖预埋管道安装质量控制程序"的要求执行。

B．管道距离热源应大于 1m，明装管道距离家用灶具不得小于 0.4m。

C．冷热水给水管道的管径≤25mm 时，宜采用集中设置分水器进行供水，以便缩短连接点到配水点的距离。分水器应配置分水箱，分水器中心离地高度冷水为 0.3m，热水为 0.45m。

D．管道不宜穿越建筑物的沉降缝、伸缩缝，必须穿越时，在穿越部位应设置防沉降或防伸缩措施。

E．管道固定支座距离冷水管 $L \leqslant 6m$，热水管 $L \leqslant 3m$。当直线管道采用伸缩节进行补偿时，伸缩节的公称压力不应小于管道系统所用的压力等级。当管道全部支撑点均为固定支撑点时，可不设伸缩节。

F．当供应管道为盘状管时，应于施工现场以合适的方法使之平直，安装时应适当缩短支撑点的距离。

G．管道支撑点的间距见表 1.1.6－8。

管道支撑点的间距                                     表 1.1.6－8

| 管径 $D$（mm） | | 16～20 | 25 | 32 | 40 | 50 | 63 |
|---|---|---|---|---|---|---|---|
| 立管 | | 0.8 | 0.9 | 1.0 | 1.3 | 1.6 | 1.8 |
| 横管 | 冷水管 | 0.5 | 0.6 | 0.75 | 0.95 | 1.10 | 1.20 |
| | 热水管 | 0.3 | 0.35 | 0.4 | 0.5 | 0.6 | 0.7 |

H．管道的连接件（略）。

8．ABS 硬丙烯腈、丁二烯、苯乙烯树脂排水管道的安装

（1）采用标准：参照硬聚氯乙烯管道的安装应符合 CJJ/T 29—98《建筑排水硬聚氯乙烯管道工程技术规程》和设计的有关规定。

（2）材料质量要求：管材、管件、胶粘剂应有合格证、说明书、生产厂名、生产日期（胶粘剂尚应有使用有效日期）、执行标准、检验员代号等标志。

（3）材料的运输与保管：管材、管件的运输、装卸和搬运应轻放，不得抛、摔、拖。存放库房应有良好通风，室温不宜大于40℃，不得曝晒，距离热源不得小于1m。管材堆放应水平、有规则，支垫物宽度不得小于75mm，间距不得大于1m，外悬端部不宜超过500mm，叠放高度不得超过1.5m。

（4）管道胶粘剂的质量和保管：胶粘剂等存放与运输应阴凉、干燥、安全可靠，且远距火源。胶内不得含有团块和不溶颗粒与杂质，并且不得呈胶凝状态和分层现象，未搅拌时不得有析出物，不同型号的胶粘剂不得混合使用。

（5）管道的粘接质量要求：管道粘接时应将承口内侧和插口外侧擦拭干净，无尘砂、无水迹，有油污的应用清洁剂擦净。承插口内外侧胶粘剂的涂刷应先涂刷管件承口内侧，后涂刷插口外侧，胶粘剂的涂刷应迅速、均匀、适量、不得漏涂。管子插入方向应找正，插入后应将管道旋转90°，管道承插过程不得用锤子击打。插接好后应将插口处多余的胶粘剂清除干净。粘接环境温度低于－10℃时，应采取防寒、防冻措施。

（6）管道的安装

A．结合设备排水口的尺寸和排水管道管口施工的要求，配合土建结构施工进行孔洞的预留和套管等预埋件的预埋。

B．土建拆模后应对预留孔洞和预埋管件进行全面的检查与校验，不符合要求的应加以调整。

C．依据纸面放样图和设备安装尺寸，并依据 CJJ/T 29—98 第3.1.9条、第3.1.10条、第3.1.15条、第3.1.19条、第3.1.20条的有关规定到现场实地放线校验无误后，测定各管段长度，然后进行配管和裁管。裁管可用木工锯或手锯切割，但切口应垂直均匀、无毛刺。

D．选定支承件和固定形式，按 CJJ/T 29—98 第4.1.8条规定确定垂直管道和水平管道支承件间距，选定支承件的规格、数量和埋设位置。

E．土建粗装修后开始按放线的实际尺寸下料，然后进行管道接口粘接安装管道。

F．管道安装顺序应自下而上，分层进行，先安装立管，后安装横管，施工应连续。

G．管道粘接后应迅速摆正位置，并进行垂直度、水平坡度校正。校正无误后，用木楔卡牢，用铁丝临时固定，待粘接剂固化后再紧固支承件，但卡箍不宜过紧，以免损坏管件。然后拆除临时固定设施、支模堵洞等。

9．钢塑复合管道的安装

（1）材质要求：依据 CECS 125：2001《建筑给水钢塑复合管道工程技术规程》第1.0.3条、第1.0.4条、第3.0.1条～第3.0.7条的规定。

A．管道系统工作压力与管材、管件及连接方式的选择见表1.1.6－9。

B．水箱（池）内配管的选择：

（A）水箱（池）内浸水部分的管道应采用内外涂塑焊接钢管及管件（包括法兰、水泵吸水管、溢水管、吸水喇叭、溢水斗等）。

（B）泄水管、出水管应采用管内外及管口端涂塑管段。管道穿越钢筋混凝土水池（箱）的部位应采用耐腐蚀防水套管。

（C）管道的支承件、紧固件均应采用经防腐蚀处理的金属支承件。

**管道系统工作压力与管材、管件及连接方式的选择** 表 1.1.6－9

| 系统工作压力(MPa) | 管材材质的选择 | 管件材质的选择 | 连接方式 |
|---|---|---|---|
| $P \leqslant 1.0$ | 涂(衬)塑焊接钢管 | 可锻铸铁衬塑管件 | 螺纹连接 |
| $1.0 < P \leqslant 1.6$ | 涂(衬)塑无缝钢管 | 无缝钢管或球墨铸铁涂(衬)塑管件 | 法兰或沟槽式连接 |
| $1.6 < P < 2.5$ | 涂(衬)塑无缝钢管 | 无缝钢管或铸钢涂(衬)塑管件 | |
| 连接方式注解 | 管径 $DN \leqslant 100$ 时宜采用螺纹连接。管径 $DN \geqslant 100$ 宜采用法兰或沟槽式连接,水泵房内配管宜采用法兰连接 | | |

C. 热水供应管道系统中的管件和密封

(A) 热水供应管道系统中的管道应采用内衬交联聚乙烯(PEX)、氯化聚氯乙烯(PVC－C)的塑钢复合管。

(B) 热水供应管道系统中的管件应采用内衬聚丙烯(PP)、氯化聚氯乙烯(PVC－C)的管件。

(C) 热水供应管道系统中当采用橡胶密封时,应采用耐热橡胶密封圈。

D. 埋地的钢塑复合管管道宜在管道外壁采取可靠的防腐措施。

(2) 管道安装:

A. 管道安装的前提

(A) 施工图纸、相关技术文件应齐全,并进行过设计技术交底。所需管材、配件、阀门等附件和管道支承件、紧固件、密封圈等应具备有核对过的产品合格证、质量保证书、型号、规格、品种和数量,且有经过进场检验合格单。

(B) 施工用水、用电满足要求,施工机具已到位。施工人员已经过培训,对塑钢复合管管材性能及安装操作程序基本掌握。

(C) 与管道连接的设备已就位固定,安装定位。

B. 管道的安装

(A) 施工机具:金属锯、自动套丝机、专用压槽滚槽机、冷弯弯管机等。

(B) 管道的安装程序:

a. 管道穿越楼板、屋面、水箱(池)壁(底)应预留孔洞或预埋套管。预留孔洞尺寸应为管道外径加40mm;管道在墙体内暗敷需开管槽时,管槽宽度应为管道外径加30mm,且管槽的坡度应与管道坡度相符。埋地、嵌墙敷设管道在进行隐蔽工程验收后应及时填补。

b. 钢筋混凝土水箱(池)在进水管、出水管、泄水管、溢水管等穿越处应预埋防水套管,并应用防水胶泥嵌填密实。

c. 管径大于50mm时,可用冷弯弯管机冷弯,但其弯曲曲率半径不得小于8倍管径,弯曲角度不得大于10°。

d. 室内埋地管道的安装应在底层土建地坪施工前安装;室内埋地管道安装至外墙外不宜少于500mm,管口应及时封堵,防止异物进入和污染。

e. 安装管道的顺序宜从大口径管道逐渐接驳到小口径管道。钢塑复合管不得埋设于钢筋混凝土结构层中。

f. 管道的螺纹连接：螺纹连接的套丝工艺应符合 CECS 125：2001《建筑给水钢塑复合管道工程技术规程》第 6.2.1 条、第 6.2.2 条、第 6.2.3 条的规定。管端、管螺纹清理后应进行防腐、密封处理。密封宜采用防锈密封胶和聚四氟乙烯生料带缠绕螺纹，同时用色笔在管壁上标记拧入深度。管道不得采用非衬塑的可锻铸铁连接件，管子与管件连接前应检查衬塑可锻铸铁连接件内的相交密封圈或厌氧密封胶。拧紧时不得逆向旋转。外露丝扣、管钳痕迹和外表损坏部分应涂防锈密封胶。厌氧密封胶的管接头的养护期不得少于24h，在养护期间不得进行试压。钢塑复合管不得与阀门、消火栓、铜管、塑料管直接连接，应采用黄铜质内衬塑的内螺纹专用过渡管接头过渡连接。

g. 管道的法兰连接：管道的法兰连接的法兰应符合 CECS 125：2001《建筑给水钢塑复合管道工程技术规程》第 6.3.1 条的规定，法兰有凸面板式平焊钢制管法兰和凸面带颈螺纹钢制法兰两种，法兰的压力等级应与管道的压力等级相匹配，凸面带颈螺纹钢制法兰仅适用于公称管径不大于 150mm 的塑钢复合管。现场应采用凸面带颈螺纹钢制法兰连接。

h. 沟槽连接：沟槽连接适用于 $DN \geqslant 65$ 的涂（衬）塑钢复合管，沟槽连接件的工作压力应与管道的工作压力相匹配。输送热水管道沟槽连接件内的密封圈应采用耐温型橡胶密封圈，用于输送饮用水的密封圈应符合 GB/T 17219《生活饮用水输配水设备及防护材料的安全性评估标准》的要求。

沟槽连接段的长度应是管段两端口间净长度减去 6～8mm，每个接口之间应有 3～4mm 的间隙，并用钢印编号。管道断面应与管轴线垂直允许偏差管径 $DN \leqslant 100$ 为 ≤1，管径 $DN > 100$ 为 ≤1.5。管外壁端面应有 1/2 壁厚的圆角。

涂塑复合钢管的沟槽连接宜采用现场测量，工厂预涂塑加工，现场安装的施工方案。管段的涂塑除了内壁外，还应涂管口端和管端外壁与橡胶密封圈接触的部位。与橡胶密封圈接触的管外端应平整光滑，不得有划伤橡胶圈或影响密封的毛刺。

沟槽连接的管道不必考虑管道的热胀冷缩。埋地管道用沟槽式卡箍接头时，其防腐措施应与管道相同。

(3) 管道最大支承间距：见表 1.1.6－10。

管道最大支承间距　　　　　　　　　　　　　　　　表 1.1.6－10

| 管　径　（mm） | 最大支承间距(m) |
| --- | --- |
| 65～100 | 3.5 |
| 125～200 | 4.2 |
| 250～315 | 5.0 |

10. 上、下水铸铁管道安装

(1) 上水铸铁管道安装

在安装管道前应清扫管膛，将承口内侧、插口外侧端头的沥青除掉，承口朝来水方向，连接的对口间隙应不小于 3mm，找平找直后，将管子固定。管道拐弯和始端应支撑牢靠，防止捻口时轴向移动，所有管口应随时封堵好。接口捻麻时先清除承口内的污物，将油麻绳拧成麻花状,用麻钎捻入承口内,一般捻两圈以上,约为承口深度的1/3,使承口四周缝隙保持均匀,将油麻捻实后进行捻灰,水泥强度等级及水灰配比按设计要求拌匀。用捻凿将灰填入承口,随填随捣,填满后同手锤打实,直至将承口打满,灰口表面应密实、平整、光滑,捻口四周缝隙应均匀,然后进行浇水养护2~5d。管道安装后应进行水压试验。铸铁管道捻口应密实、平整、光滑,捻口四周缝隙应均匀,立管应用线坠校验使其垂直,不出现偏心、歪斜,核准无误,再安装管道。

(2) 室内下水铸铁管道的安装

A. 埋地下水铸铁管道的安装:埋地敷设时沟底应夯实,捻口处应挖掘工作坑;预制管段下管应徐徐放入沟内,封严总出水口,做好临时支撑,找好坡度及预留管口。立管、水平管的安装同上水管;接口为水泥捻口,水灰比为1:9,施工方法与上水铸铁管类似,管材依据北京市(98)建材字第480号文件和质监总站要求应为离心浇铸的铸铁管。安装后应及时先封堵管口,作灌水试验。

B. 室内排水铸铁管道安装:在安装管道前应清扫管腔,将承口内侧、插口外侧端头的沥青除掉,承口朝来水方向,连接的对口间隙应不小于3mm,找平找直后,将管子固定。管道拐弯和始端应支撑牢靠,防止捻口时轴向移动,所有管应随时封堵好。铸铁管道捻口应密实、平整、光滑,捻口四周缝隙应均匀,立管应用线坠校验使其垂直,不出现偏心、歪斜,支管安装时先搭好架子,并按管道坡度准备埋设吊卡处吊杆长度,核准无误,将吊卡预埋就绪后,再安装管道。卡箍式柔性接口应按产品说明书的技术要求施工,吊架加工尺寸应严格按标准图册要求加工,外形应美观,规格、尺寸应准确,材质应可靠。支吊架埋设应牢靠,位置、高度应准确。排水系统安装后应按GB 50242—2002的规定作通球试验。

11. 消防喷洒管道的安装:消防喷洒管道安装应与土建密切配合,结合吊顶分格布置喷淋头位置,使其位于分块中心位置,且分格均匀,横向、竖向、对角线方向均成一直线。镀锌钢管安装如前,但是管道安装中应注意其特殊要求。

(1) 管道变径应采用异径接头,不宜采用补心,在弯道的弯头处不得采用补心。当需要采用补心时,三通上可以用一个,四通最多只能用两个。$DN > 50$的不得采用活接头。螺纹拧紧时不得将密封填料挤入管道内。

(2) 管道与围护结构的距离应符合GB 50261—96第5.1.6条的规定见表1.1.6－11。

管道中心与梁、柱、楼板等的最小距离　　　　　　　　　　　　　表 1.1.6－11

| 管道公称直径 | 25 | 32 | 40 | 50 | 70 | 80 | 100 | 125 | 150 | 200 |
|---|---|---|---|---|---|---|---|---|---|---|
| 距离(mm) | 40 | 40 | 50 | 60 | 70 | 80 | 100 | 125 | 150 | 200 |

(3) 管道支吊架和防晃动支架之间的间距应符合表1.1.6－12的要求:

管道支吊架之间的间距　　　　　　　　　　　　　表 1.1.6－12

| 管道公称直径 | 25 | 32 | 40 | 50 | 70 | 80 | 100 | 125 | 150 | 200 | 250 | 300 |
|---|---|---|---|---|---|---|---|---|---|---|---|---|
| 距离(m) | 3.5 | 4.0 | 4.5 | 5.0 | 6.0 | 8.0 | 8.5 | 7.0 | 8.0 | 9.5 | 11.0 | 12.0 |

管道支吊架的位置不应妨碍喷头喷水的效果,支吊架与喷头之间的距离不小于300mm,与末端喷头的距离不小于750mm。配水支管上每一直管段、相邻两喷头之间的管段不宜设置少于一个支架;当喷头之间距离小于1.8m时,可隔段设置吊架,但吊架之间的距离不宜大于3.6m。当管道公称直径 $DN \geq 50$ 时,水平每段配水干管或配水管设置不少于一个防晃动支架,管道改变方向时应增设防晃动支架。竖直安装的配水干管应在始端和终端设防晃动支架或采用管卡固定,其位置距离地面为1.5~1.8m。横向管道坡度为0.002~0.005,坡向排水管。当局部区域难以利用系统应设置的排水管排净时,应采取相应的排水措施,喷头数量少于或等于5只时,可在管道低点设排水堵头,喷头数量大于5只时应装带阀门的排水管。

(4)管道穿越建筑物的变形缝时,应设置柔性短管。

(5)喷头应在系统试压和冲洗合格后安装,喷头安装宜采用专用的弯头、三通。喷头安装应符合 GB 50261—96 第5.2.3条~第5.2.10条的规定。

(6)报警阀组和其他组件的安装应符合 GB 50261—96 第5.3.1条~第5.3.5条和第5.4.1条~第5.4.8条的规定。ZSFU 预作用报警装置的系统工作原理图见图1.1.6-4。

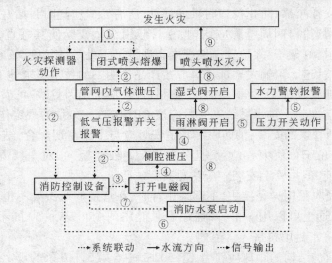

图1.1.6-4  ZSFU 预作用报警装置的系统工作原理

12. 内排雨水镀锌钢管安装

因出厂管长一般均比层高长,为减少管道接口和避免扩大楼板开洞尺寸切断钢筋,下管应由屋顶由上而下下管。接口注意事项详见镀锌钢管安装部分。

13. 铜管的安装

(1)铜管的材质要求:

A. 采用铜管和配件应有产品合格证书和材质试验报告书。铜管的管径、壁厚及材质的化学成分应符合设计和国标要求。其表面及内壁均应光洁,无疵孔、裂缝、结疤、尾裂或气孔。黄铜管不得有绿锈和严重脱锌。纵向划痕深度应不大于0.03mm,局部凸出高度不大于0.35mm。疤块、碰伤的凹坑深度不超过0.03mm,且其表面积不超过管子表面积的5‰。

B. 铜管的内外表面应干净无污染,安装时应清理管子内壁的污物,并用汽油或其他有机溶剂擦洗铜管的插入部分表面,以防止任何油脂、氧化物、污渍或灰尘影响钎料对母体的焊接性能,使焊接产生缺陷。

C. 铜管件(接头)若有污垢,应用铜丝或钢丝刷刷净,不得用不清洁的工具进行处理。

(2) 铜管的安装

A. 铜管的调直:弯曲的铜管应调直后再安装。铜管调直宜在管内充砂用调直器调直或采用木锤子或橡皮锤子,在铺木垫板的平台上进行,不得用铁锤敲打。调直后管内应清理干净,并放置平直,防止其表面被硬物划伤。

B. 铜管的切割:铜管切口表面应平整,不得有毛刺、凹凸等缺陷,切口平面允许倾斜,偏差为管子直径的1%。

C. 铜管的连接方法有四种:即喇叭口翻边连接(亦称卡套连接,适用于 $\phi 25$ 以下的管子)、焊接(主要采用钎焊,一般适用于 $\phi 25$ 以下的管子,如银钎焊和铜钎焊)、连接件或法兰连接、螺纹连接。铜管连接应符合下列规定:

(A) 喇叭口翻边连接(亦称卡套连接):喇叭口翻边连接的管道应保持同轴,当公称直径小于或等于50mm时,其偏差不应大于1mm;当公称直径大于50mm时,其偏差不应大于2mm。制作喇叭口的管段应预先退火、锉平、管口毛刺刮光,再用专用工具制作。喇叭口外径应小于紧固螺母内径0.3~0.5mm,以免紧固时喇叭口被螺母的内径卡死,扭坏接管,以至不能保证密封。同时翻边时也不得出现裂纹,分层豁口及褶皱等缺陷,并有良好的密封面。

(B) 螺纹连接:螺纹连接一般用于工业管道,且螺纹连接的管子应有一定的壁厚,套丝后管壁的净厚度应能承受管内流体的安全压力,管螺纹应完整,螺纹的断丝和缺丝的缺损不得大于螺纹全扣数10%,螺纹的连接应牢固,螺纹根部应有外露螺纹,其螺纹部分应涂以石墨甘油。

(C) 焊接连接:铜管的焊接连接可采用对焊、承插式焊接及套管式焊接,其中承口的扩口深度不应小于管径,扩口方向应迎向介质流向。

a. 管道的钎焊:普通铜管的焊接连接主要采用钎焊(如银钎焊和铜钎焊)。普通管道钎焊一般采用搭接焊接或套接连接,管道采用搭接连接的搭接长度为管壁厚度的6~8倍;当管道的公称直径(指外径)小于25mm时,搭接长度为管道公称直径(外径) $\phi$ 的1.2~1.5倍。管道采用套接连接的套管长度为 $L = 2 \sim 2.5\phi$ ( $\phi$ 为管道外径),但承口的扩口长度不应小于管径。钎焊后的管件必须在8h内进行清洗,可用湿布擦拭焊接部分(常用的方法是用煮沸的含10%~15%的明矾水溶液涂刷接头处,然后用水冲洗擦干),以稳定焊接部分和除去残留的熔剂和熔渣,避免腐蚀。焊后的正常焊缝应无气孔、无裂纹和无未熔合等缺陷。

b. 铜管的对接焊连接:铜管的对接焊连接一般用于工业管道系统。工业管道紫铜设备和管道一般采用手工钨极氩弧焊的对接焊连接;黄铜设备和管道一般采用手工的氧乙炔焊的对接焊连接,其焊接工艺和质量应符合 GB 50236—98《现场设备、工业管道焊接工程施工及验收规范》第8.2.1条~第8.3.6.3条的规定。

c. 焊接采用氧-乙炔加热火焰时,火焰应呈中性或略带还原性,加热时焊炬应沿管子作环向转动,使之均匀加热,一般预热至呈暗红色为宜。

d. 焊接时应均匀加热被焊接的管件,并用加热的焊丝沾取适量钎料(焊剂、焊粉)均匀涂抹在焊缝上。当温度达到 650~750℃时,送入钎料(焊剂、焊粉),切勿将火焰直接加热钎料(焊剂、焊粉),以免因毛细管作用和润湿作用致使熔化后的液体钎料(焊剂、焊粉)在缝内渗透。当钎料(焊剂、焊粉)全部熔化时停止加热,否则钎料(焊剂、焊粉)会不断往里渗透,不能形成饱满的焊角。

(D) 连接件或法兰连接:铜管采用法兰连接时铜管与法兰的连接有焊接和翻边连接两种。铜管采用法兰连接时必须采用凹凸法兰,并在凹槽内填装密封垫片。密封垫片的材料——对于输送介质为氟利昂、水的管道采用胶质石棉垫或紫铜环;对于输送介质为氮气的管道采用胶质石棉垫或铅片。铜管与法兰采用翻边连接时管道的翻边宽度见表1.1.6-13。

铜管与法兰翻边连接时的翻边宽度 表 1.1.6-13

| 公称直径(mm) | 15 | 20 | 25 | 32~100 | 125~200 |
|---|---|---|---|---|---|
| 翻边宽度(mm) | 11 | 13 | 16 | 18 | 20 |

D. 气焊材料的选用:焊铜管时采用的焊丝其成分应力求与基层金属的化学成分基本一致。焊接时可采用下列的焊丝:

(A) 焊铜时的焊丝:当壁厚为 $\delta = 1~2mm$ 时,焊丝成分为纯铜(电解铜,含杂质 < 0.4%);当壁厚为 $\delta = 3~10mm$ 时,焊丝成分为铜99.8%、磷0.2%;当壁厚为 $\delta > 10mm$ 时,焊丝成分为磷0.2%、硅0.15%~0.35%、其余为铜量。

(B) 焊黄铜时的焊丝:铜62%、硅0.45%~0.5%,其余为含锌量;或硅0.2%~0.3%、磷0.15%,其余为含铜量。

(C) 气焊用的熔剂(焊剂、焊粉):气焊用熔剂的性能——熔点约650℃,呈酸性反应,应能有效地熔融氧化铜和氧化亚铜,焊接时生成液态熔渣覆盖于焊缝表面,防止金属氧化。常用铜焊及合金铜焊熔剂(焊剂、焊粉)见表1.1.6-14。

常用铜焊及合金铜焊熔剂 表 1.1.6-14

| 硼酸<br>$H_3BO_3$ | 硼砂<br>$Na_2BO_3$ | 磷酸氢钠<br>$Na_2HPO_4$ | 碳酸钾<br>$K_2CO_3$ | 氯化钠<br>NaCl |
|---|---|---|---|---|
| 100 | — | — | — | — |
| — | 100 | — | — | — |
| 50 | 50 | — | — | — |
| 25 | 75 | — | — | — |
| 35 | 50 | 15 | — | — |
| — | 56 | — | 32 | 22 |

E. 铜管的弯曲:铜管及铜合金管道的弯管可先将管内充填无杂质的干细砂,并用木锤敲实,再热弯或冷弯。热弯后管内不易清除的细砂可用浓度15%~20%的氢氟酸在管内存留3h使其溶蚀,再用10%~15%的碱溶液中和,然后以干净水冲洗,再在120~150℃温度下历3~4h烘干。

冷弯一般用于紫铜管,冷弯前也应先将管内充填无杂质的干细砂,并用木锤敲实,再进行冷弯,冷弯前先将管道加热至540℃时,立即取出管道,并将其加热部分浇水,待其冷却后再放到胎具上弯制。

热弯或冷弯后管道的椭圆率不应大于8%,弯管的直边长度不应小于管径,且不小于30mm。

F. 铜波纹膨胀节的安装:安装铜波纹膨胀节时,其前后的直管长度不得小于100mm。

G. 铜管安装的支架:铜管水平管道最大支撑支架的间距按表1.1.6-15设置。

铜管水平管道最大支撑支架的间距　　　　　　表1.1.6-15

| 公称外径 $\phi$(mm) | 立管间距(mm) | 横管间距(mm) | 公称直径 $\phi$(mm) | 立管间距(mm) | 横管间距(mm) |
| --- | --- | --- | --- | --- | --- |
| 8 | 500 | 400 | 45 | 1300 | 1000 |
| 10 | 600 | 400 | 55 | 1600 | 1200 |
| 15 | 700 | 500 | 70 | 1800 | 1400 |
| 18 | 800 | 500 | 80 | 2000 | 1600 |
| 22 | 900 | 600 | 85 | 2200 | 1800 |
| 28 | 1000 | 700 | 96 | 2500 | 2200 |
| 35 | 1100 | 800 | 100 | 3000 | 2500 |

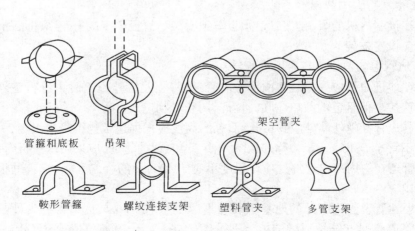

图1.1.6-5　支、吊架形加工示意图

H. 管道穿越无防水要求的墙体、梁、板的做法应符合下列规定:

（A）应设置穿越墙体、梁、板的钢制套管，钢制套管的内径应比穿越管道的公称外径大 30~40mm。垂直穿梁、板的钢制套管底部应与梁、板底平齐，钢制套管上端高出地面 20~50mm；水平穿墙、梁的钢制套管的两端应与墙体、梁两侧表面平齐。

（B）管道靠近穿越孔洞的一端应设固定支撑件将管道固定。

（C）管道与钢制套管或孔洞之间的环形缝隙应用防水材料填塞密实。

I．管道固定支撑件的设置：

（A）无伸缩补偿装置的直管段，固定支撑件的最大间距：冷水管道不宜大于 6.0m，热水管道不宜大于 3.0m，且应配置在管道配件附近。

（B）管道采用伸缩补偿器的直管段，固定支撑件的间距应经计算确定，管道伸缩补偿器应设在两个固定支撑件的中间部位。

（C）管道伸缩量 $\Delta L$ 的计算：

$$\Delta L = 16.8 \times 10^{-6}(T_1 - T_2)L$$

式中　　$\Delta L$——管道热伸长（冷压缩）量（mm）；

$T_1$——管内介质温度（℃）；

$T_2$——管道安装地点环境温度（℃），室内取 -5℃，室外取供暖室外计算温度；

$L$——计算管道的长度（m）；

$16.8 \times 10^{-6}$——铜材的线膨胀系数（mm/m·℃）。

（D）采用管道折角进行伸缩补偿时，悬臂长度不应大于 3.0m，自由臂长度不应小于 300 mm。

（E）固定支撑件的管卡与管道表面应为面接触，管卡的宽度宜为管道公称外径的 1/2，收紧管卡时不得损坏管壁。

（F）滑动支撑件的管卡应卡住管道，可允许管道轴向滑动，但不允许管道产生横向位移，管道不得从管卡中弹出。

（G）连接制冷机的吸、排气管道须设单独支架。管径小于或等于 20 mm 的铜管道，在阀门等处应设置支架。

J．埋地管道的敷设应符合下列规定：

（A）埋地进户管应先安装室内部分的管道，待土建室外施工时再进行室外部分管道的安装与连接。但管道的敞口应临时堵严，防止异物进入。

（B）进户管穿越外墙处应预留孔洞，孔洞高度应根据建筑物沉降量决定，一般管顶以上的净高不宜小于 100mm。公称外径 $\phi$ 不小于 40mm 的管道，应采用水平折弯后进户。

（C）管道在室内穿出地坪处应设长度不小于 100mm 的金属套管，套管的根部应插嵌入地坪层内 30~50mm。

（D）埋地管道管沟底部的地基承载力不应小于 $80kN/m^2$，且不得有尖硬凸出物。管沟回填时管道周围 100mm 以内的填土不得含有粒径大于 10mm 的尖硬石（砖）块。

（E）室外埋地管道的管顶覆土深度除应不小于冰冻线深度外，非行车地面不宜小于 300mm；行车地面不宜小于 600mm。

（F）埋地敷设的管道及管件应做外防腐处理。

K. 制冷剂输送管道的安装应符合 GB 50243—2002《通风与空调工程施工质量验收规范》第 8.3.4 条的相关规定。制冷系统阀门的安装应符合第 8.3.5 条的相关规定。

L. 紫铜管和黄铜管管道安装的工程质量检验评定标准：依据 GB 50242—2002《建筑给水排水及采暖工程质量验收规范》第 3.3.1 条~第 3.3.6 条、第 3.3.10 条、第 3.3.11 条及第 3.3.15 条、第 3.3.16 条、第 4.1.2 条、第 4.1.6 条~第 4.1.8 条、第 4.2.7 条~第 4.2.10 条、第 4.4.8 条、第 6.2.4 条~第 6.2.7 条、第 8.2.16 条~第 8.2.18 条和 GB 50243—2002《通风与空调工程质量验收规范》第 8.1.2 条、第 8.1.5 条、第 8.2.5 条、第 8.2.10 条、第 8.3.4 条~第 8.3.6 条、第 9.2.1 条、第 9.2.3 条~第 9.2.5 条、第 9.3.2 条，GB 50184—93《工业管道工程质量检验评定标准》第 3.1.1 条、第 3.1.2 条、第 3.4.1 条、第 3.4.2 条、第 4.2.6 条、第 6.2.6 条、第 6.6.2 条、第 6.6.4 条等条款的有关规定。室内冷、热水铜管给水管道、铜管道热水供暖系统和通风空调铜管制冷剂输送系统的安装质量应符合下列规定。

（A）铜管安装质量保证项目见表 1.1.6-16。

安装质量保证项目                                                             表 1.1.6-16

| | 项　目 | 质量标准 | 检查方法 | 检查数量 |
|---|---|---|---|---|
| 1 | 管子、部件、焊接材料 | 型号、规格、质量必须符合设计要求和规范规定 | 检查合格证、进场验收记录和试验记录 | 按系统全部检查 |
| 2 | 阀门 | 型号、规格和强度、严密性试验及需作解体检验的阀门，必须符合设计要求和规范的规定 | 检查合格证和逐个试验记录 | |
| 3 | 脱脂① | 忌油的管道、部件、附件、垫片和填料等，脱脂后必须符合设计要求和规范规定 | 检查脱脂记录 | |
| 4 | 焊缝表面 | 不得有裂纹、气孔和未熔合等缺陷；钎焊焊缝应光洁，不应有较大焊瘤及焊接边缘熔化等缺陷 | 观察和用放大镜检查 | 按系统内管道焊口全部检查 |
| 5 | 焊缝探伤检查（主要用于工业管道的安装）② | 黄铜气焊焊缝的射线探伤必须按设计或规范规定的数量检查。工作压力在 10MPa 以上者，必须 100% 检查；工作压力在 10MPa 以下者，固定焊口为 10%，转动焊口为 5% | 检查探伤记录，必要时可按规定检查的焊口数抽查 10% | 按系统内管道焊口全部检查 |
| 6 | 弯管表面 | 不得有裂纹、分层、凹坑和过烧等缺陷 | 观察检查 | 按系统抽查 10%，但不少于 3 件 |

| 项 目 | | 质量标准 | 检查方法 | 检查数量 |
|---|---|---|---|---|
| 7 | 管道试压 | 管道强度、严密性试验、抽真空试验、管道冲洗脱脂试验、通水试验必须符合设计要求和规范规定 | 按系统检查分段试验记录 | 按系统全部检查 |
| 8 | 清洗、吹除 | 管道系统必须按设计要求和规范规定进行清洗、吹除 | 检查清洗、吹除试样或记录 | |

① 一般给水管道和热水供暖管道无此要求；

② 一般给水管道和热水供暖管道无此要求，它多发生于工业管道系统。

（B）安装质量的基本项目见表 1.1.6 – 17。

安装质量的基本项目　　　　　　　　　表 1.1.6 – 17

| 项 目 | | 质量标准 | 检查方法 | 检查数量 |
|---|---|---|---|---|
| 1 | 支吊托架安装 | 位置正确、平正、牢固。支架同管道之间应用石棉板、软金属垫或木垫隔开，且接触紧密。活动支架的活动面与支撑面接触良好，移动灵活。吊架的吊杆应垂直，丝扣完整。锈蚀、污垢应清除干净，油漆均匀，无漏涂，附着良好 | 用手拉动和观察检查 | 按系统内支、吊托架的件数抽查10%，但不应少于3件 |
| 2 | 钎焊焊缝 | 表面光洁，不应有较大焊瘤及焊接边缘熔化等缺陷 | 观察检查 | 按系统内的管道焊口全部检查 |
| 3 | 法兰连接 | 对接应紧密、平行、同轴，与管道中心线垂直。螺栓受力应均匀，并露出螺母2~3扣，垫片安置正确。检查法兰管口翻边折弯处为圆角，表面无褶皱、裂纹和刮伤 | 用扳手拧试、观察和用尺检查 | 按系统内法兰类型各抽查10%，但不应少于3处，有特殊要求的法兰应逐个检查 |
| 4 | 管道坡度 | 应符合设计要求和规范规定 | 检查测量记录或用水准仪（水平尺）检查 | 按系统每50m直线管段抽查2段，不足50m抽查1段 |
| 5 | 补偿器安装 | Π形补偿器的两臂应平直，不应扭曲，外圆弧均匀。水平管道安装时，坡向应与管道一致。波纹及填料式补偿器安装的方向应正确 | 观察和用水平尺检查 | 按系统全部检查 |
| 6 | 阀门安装 | 位置、方向应正确，连接牢固、紧密。操作机构灵活、准确。有特殊要求的阀门应符合有关规定 | 观察和作启闭检查或检查试验记录 | 按系统内阀门的类型各抽查10%，但不应少于2个。有特殊要求的应逐个检查 |

（C）安装质量允许偏差的项目见表 1.1.6－18。

安装质量允许偏差的项目  表 1.1.6－18

| | 项 目 | | | 允许偏差（mm） | 检查方法 | 检查数量 |
|---|---|---|---|---|---|---|
| 1 | 坐标及标高 | 室外 | 埋 地 | 25 | 检查测量记录或用经纬仪、水准仪（水平尺）、直尺拉线和用尺量检查 | 按系统检查管道起点、终点、分支点和变向点 |
| | | | 地沟、架空 | 15 | | |
| | | 室内 | 架 空 | 10 | | |
| | | | 地 沟 | 15 | | |
| 2 | 水平管道纵、横方向弯曲 | 每米 | $\phi \leqslant 100$ | 0.5 | 吊线和尺量 | 全长为 25 m 以上；按每 50m 抽 2 段，不足 50 m 不小于 1 段；有隔墙以隔墙分段抽查 5%，但不小于 5 段 |
| | | | $\phi > 100$ | 1.0 | | |
| | | 全长 | $\phi \leqslant 100$ | 不大于 13 | | |
| | | | $\phi > 100$ | 不大于 25 | | |
| 3 | 立管垂直度 | 每 米 | | 2 | 用吊线和尺量检查 | 一根为一段两层及以上按楼层分段，各抽查 5%，但不小于 10 段 |
| | | 全长（5 m 以上） | | 不大于 10 | | |
| 4 | 成排管段 | 在同一平面上 | | 5 | 用尺和拉线检查 | 按系统抽查 10% |
| | | 间距 | | ＋5 | | |
| 5 | 交叉 | 管外壁和保温层间隙 | | ＋10mm | 用尺检查 | 管道交叉处按系统全部检查 |
| 6 | 弯管椭圆率 | 紫铜 | | 8% | 用尺和外卡钳检查 | 按系统抽查 10%，但不小于 3 件 |
| | | 黄铜 | | 8% | | |
| 7 | 弯管弯曲角度 | $PN \leqslant 10MPa$ | 每米 | ±3 mm | 用样板和尺检查 | 按系统抽查 10%，但不小于 3 件；一般用于大口径的工业管道 |
| | | | 最长 | ±10 mm | | |
| | | $PN > 10MPa$ | 每米 | ±1.5 mm | | |
| 8 | 弯管褶皱不平度 | $PN < 10MPa$ | | 2 mm | 用尺和卡钳检查 | |

| 项 目 | | | 允许偏差 | 检查方法 | 检查数量 |
|---|---|---|---|---|---|
| 9 | Π形补偿器外形尺寸 | 悬臂长度 | 10 mm | 用尺和拉线检查 | 按系统全部检查 |
| | | 平直度　每米 | ≤3 mm | | |
| | | 平直度　全长 | ≤10 mm | | |
| 10 | 补偿器预拉（压）长度 | Π形补偿器 | ±10 mm | 检查预拉（压）记录 | 按系统全部检查 |
| | | 波纹、填料式 | ±5mm | | |
| 11 | 焊口平直度　管壁厚度 | ≤10 | 管壁厚度的1/10 | 用尺和样板检查 | 按系统内管道焊口全部检查 |
| | | >10 | 1mm | | |
| 12 | 焊缝加强层 | 高　度 | +1mm | 用焊接检验尺检查 | |
| | | 宽　度 | +1mm | | |
| 13 | 咬肉 | 深　度 | <0.5 mm | 用尺和焊接检验尺检查 | |
| | 长度 | 连续长度 | 10 mm | | |
| | | 总长度（两侧） | 小于焊缝长度的25% | | |

参考资料：1. 卢士勋主编　《制冷与空气调节技术》　上海科学普及出版社 1993.4

　　　　　2. 强十渤　程协瑞主编　《安装工程分项施工工艺手册（管道工程）》　中国计划出版社 1996

　　　　　3. CECS 105:2000《建筑给水铝塑复合管管道工程技术规程》　2000.6

　　　　　4. 张英云等编写　《最新常用五金手册》　江西科学技术出版社　1995.8

14. 竖井内立管的安装

当竖井内有较多的管道时，其配管安装工作比一般竖井内管道的安装要复杂，安装前应认真做好纸面放样和实地放线排列工序，以确保安装工作的顺利进行。竖井内立管安装应在井口设型钢支架，上下统一吊线安装卡架，暗装支管应画线定位，并将预制好的支管敷设在预定位置，找正位置后用勾钉固定。竖井内管道安装应按相应的控制程序（图1.1.5-3"竖井内管道安装质量控制程序"）进行，以免影响质量、进度和造成不必要的返工与浪费。

15. 分户供暖住宅工程竖井内管道的安装

分户供暖住宅工程竖井内不仅有较多的管道，而且尚有热量计量仪表、水表、调节阀件，因此配管工作比一般竖井内管道的安装要复杂的多，安装前应认真做好纸面放样和实地放线排列工序，以确保安装工作的顺利进行。竖井内立管安装应在井口设型钢支架，上下统一吊线安装卡架，暗装支管应画线定位，并将预制好的支管敷设在预定位置，找正位置后用勾钉固定。

16. 给水管道和空调冷热水循环管道测温孔的制作和安装

在进行系统水力平衡和试运转时要测量进出口水温，并进行调节，以便达到设计水量、供回水温度和温差的要求,因此在管道上应依据事先运转试验的安排,并按照 4.2.3－1－(1)测孔布置原则安装温度测孔。

### 6.1.3 卫生器具安装

1. 一般卫生器具的安装

(1) 一般卫生器具安装除按图纸要求及 91SB 标准图册详图安装外,尚应严格执行 DBJ 01—26—96(三)的工艺标准,同时还应了解产品说明书,按产品的特殊要求进行安装。

(2) 卫生器具的安装应在土建做防水之前,给水、排水支管安装完毕,并且隐蔽排水支管灌水试验及给水管道强度试验合格后进行。

(3) 卫生器具安装器具固定件必须使用镀锌膨胀螺栓固定,且安装必须牢固平稳,外表干净美观,满水、通水试验合格。

(4) 卫生器具安装完毕做通水试验,水力条件不满足要求时,卫生器具要进行 100% 满水试验。

(5) 每根排水立管和横管安装完毕应 100% 做通球试验。

2. 台式洗脸盆的安装

(1) 台式洗脸盆的安装应符合本条第 1 款的要求;

(2) 台式洗脸盆中,单个脸盆安装于台子长度的中部;

(3) 洗脸盆水龙头安装位置应符合"左热右冷",不得反装,以免影响使用;

(4) 台面开孔应在洗脸盆定货后,在土建工种或台面加工厂家的配合下进行;

(5) 存水弯下节插入排水管口内部分应缠盘根绳,并用油灰将下水口塞严、抹平。

3. 坐便器、浴缸安装

(1) 坐便器、浴缸安装之前应清理排水口,取下临时管堵,检查管内有无杂物;

(2) 将坐便器、浴缸排水口对准预留排水管口找平找正,在器具两侧螺栓孔处画标记;

(3) 移开器具,在画标记处栽 $\phi10$ 膨胀螺栓,并检查固定螺栓与器具是否吻合;

(4) 将器具排水口及排水管口抹上油灰,然后将器具找平找正固定;

(5) 坐便器水箱配件的安装应参照其安装使用说明书进行。

4. 卫生器具安装的允许偏差和卫生器具给水配件安装的允许偏差应符合 GB 50242—2002 第 7.2.3 条和第 7.3.2 条规定的要求,满水、通水试验合格。

### 6.1.4 供暖散热器

1. 供暖散热器应在土建抹灰之后,精装修之前、管道安装、水压试验合格后安装。

2. 散热器必须用卡钩与墙体固定牢、位置准确,支架、托架数量应符合 GB 50242—2002 第 8.3.5 条的规定。

3. 散热器组对应平直紧密,组对后的平直度应符合表 1.1.6－19 的要求。

4. 组对后散热器的垫片外露不应大于 1mm,填片应采用耐热橡胶。

5. 散热器背面与墙体装修后表面的距离应为 30mm。安装后的偏差应符合表 1.1.6－20 的要求。

**组对后散热器平直度允许的偏差**　　　　　表 1.1.6－19

| 项次 | 散热器类型 | 片数 | 允许偏差(mm) |
|---|---|---|---|
| 1 | 长翼型 | 2～4 | 4 |
| | | 5～7 | 6 |
| 2 | 铸铁片式 | 3～15 | 4 |
| | 钢制片式 | 16～25 | 6 |

**散热器安装允许的偏差**　　　　　表 1.1.6－20

| 项次 | 项　目 | 允许偏差(mm) | 检验方法 |
|---|---|---|---|
| 1 | 散热器背面与墙内表面距离 | 3 | 尺量 |
| 2 | 与窗中心线或设计定位尺寸 | 20 | |
| 3 | 散热器垂直度 | 3 | 吊线和尺量 |
| 4 | 散热器支管坡度 | ≥1% | — |

### 6.1.5　低温热水地板辐射供暖系统的安装

1．分水器、集水器型号规格、公称压力及安装位置、高度等应符合设计和产品说明书的要求。

2．地面下敷设的盘管埋地部分不应有接头。

3．加热盘管管径、间距、长度应符合设计的要求，间距偏差不大于±10mm。

4．防水层、防潮层、隔热层及伸缩缝应符合设计要求，填充层强度应符合设计要求。

### 6.1.6　消火栓箱体安装

1．消火栓箱应在土建抹灰之后，精装修之前，管道安装、水压试验合格后安装。

2．消火栓箱与墙体固定不牢的，可用 CUP 发泡剂(单组份聚氨酯泡沫发泡剂)封堵作为弥补措施，安装时箱体标高应符合设计和规范要求，箱体应水平，箱面应与墙面平齐，为防止污染，应贴粘胶带保护。

3．消火栓箱的安装质量应符合下列要求：

(1) 栓口应朝外，并安装在离门轴一侧。栓口中心距离地面为 1.1m，允许偏差为±20mm。

(2) 阀门中心距离箱体侧面为 140mm，距离箱体后内表面为 100mm，允许偏差为±5mm。

(3) 消火栓箱体安装的垂直度允许偏差为 3mm。

### 6.1.7　水泵安装和气压稳压装置安装

1．设备的验收：泵的开箱清点和检查应对零件、附件、备件、合格证、说明书、装箱单进行全面清点。数量是否齐全,有无损伤、缺件、锈蚀现象,各堵盖是否完好。

2．检查基础和划线:泵安装前应复测基础的标高、中心线,将中心线标在基础上,以检查预留孔或预埋地脚螺栓的准确度,若不准,应采取措施纠正。

3．基础的清理:水泵就位前的基础混凝土强度、坐标、标高、尺寸和螺栓孔的位置应符合设计要求,水泵就位于基础前,必须将泵底座表面的污浊物、泥土等杂物清除干净,将泵和基础中心线对准定位,要求每个地脚螺栓在预留孔洞中都保持垂直,其垂直度偏差不超过 1/100;地脚螺栓离孔壁大于 15mm,离孔底 100mm 以上。

4．泵的找平与找正:泵的找平与找正就是水平度、标高、中心线的校对。可分初平和精平两步进行。

5．固定螺栓的灌浆固定:上述工作完成后,将基础铲成麻面并清除污物,将碎石混凝土填满并捣实,浇水养护。

6．水泵的精平与清洗加油:当混凝土强度达到设计强度 70% 以上时,即可紧固螺栓进行精平。在精平过程中进一步找正泵的水平度、同轴度、平行度,使其完全达到设计要求后,就可以加油试运转。

7．立式水泵的减振装置不应采用弹簧减振器。

8．水泵安装允许的偏差:水泵安装允许的偏差应符合 GB 50242—2002 第 4.4.7 条的规定。

9．试运转前的检查:试运转应检查密封部位、阀门、接口、泵体等有无渗漏,测定压力、转速、电压、轴承温度、噪声等参数是否符合要求。

10．气压稳压装置安装详说明书和有关规范。

### 6.1.8 水箱的安装

1．贮水箱和高位水箱的安装:应检查水箱的制造质量,做好安装前的设备检验验收工作;和水泵安装一样检查基础质量和有关尺寸;安装后检查安装坐标、接口尺寸、焊接质量、除锈防腐质量、清除污染;做好满水试验(有压水箱则做水压试验);有保温或深度防腐的则做好保温防腐工作。

2．太阳能闭式水箱安装:

(1)水箱进场必须经过严格交接检,填写检验记录,没有合格证、检验记录,不能就位安装。器具固定件必须做好防腐处理,且安装必须牢固平稳,外表干净美观。水箱安装应在土建做防水之前,上水管安装完毕后进行。

(2)水箱的基座用原有的水箱基座,安装前要仔细检查基座的质量,若基座的质量不符合要求,会影响水箱的安装质量。基座表面应平整,并且清理干净。水箱就位前应根据图纸,复测基座的标高和中心线,并用标记明显地标注在确定的中心线位置上,然后画出各固定螺栓的位置。

(3)水箱的开箱、清点和检查。水箱进场要进行检查,开箱前应检查水箱的名称、规格、型号。开箱时,施工质检人员应会同监理工程师进行检查,根据制造厂商提供的装箱单,对箱内的设备、附件逐一进行清点,检查水箱的零件、附件和备件是否齐全,有无缺件现象,检查设备有无缺损或损坏锈蚀等不合格现象。

（4）水箱的找正找平。第一步，主要是初步找标高和中心线的相对位置；第二步，是在初平的基础上对泵进行精密的调整，直到完全达到符合要求的程度。水箱进水管应安装可靠的支架，不将管道的重量落在水箱上。

（5）集热器上、下集管接往热水箱的循环管道应有5‰的坡度。自然循环的热水箱底部与集热器上集管之间应有0.3～1.0m的距离。水箱及上、下集管等循环管道均应保温。

3. 供暖膨胀水箱的膨胀管及循环管上不允许安装阀门。

4. 水箱溢流管和排泄管应设置在排水点附近，但不得与排水管直接连接。

5. 水箱安装允许的偏差：水箱安装允许的偏差应符合GB 50242—2002第4.4.7条的规定。

### 6.1.9 汽-水、水-水片式热交换器的安装

1. 如同水泵安装应做好设备进场检验、设备基础检验、设备安装和安装后的验收和单机试运转试验，应特别注意其与配管的连接和接口质量。

2. 安装时应注意的具体事项：

（1）安装时一次侧和二次侧与系统的连接可以自由调换，但安装管件时应注意液流应相互交叉流动。

（2）为了防止液体中异物质堵塞板材内部，应在入口处安装20网眼以上的过滤网。

（3）避免使用柱塞泵或在出入口处安装直动式开关。还应避免压力频繁变化。

（4）安装时不要使出入口向上或向下（即水平安装）。

（5）一次边和二次边的出入口处管件安装应组成相互交叉流动。使用在冷媒用途时，冷媒应流向一次边。

### 6.1.10 软化水装置（含电子软化水装置）的安装

其相关事项与水泵安装类同，但更应注意软水罐的水位视镜应布置便于观察的方向同时还应注意罐体接口与配管连接尺寸的准确性及接口的连接质量。

### 6.1.11 管道和设备的防腐与保温

1. 管道、设备及容器的清污除锈：铸铁管道清污除锈应先用刮刀、锉刀将管道表面的氧化皮、铸砂去掉，然后用钢刷反复除锈，直至露出金属本色为止。焊接钢管和无缝钢管的清污除锈用钢刷和砂纸反复除锈，直至露出金属本色为止。应在刷油漆前用棉纱再擦一遍浮尘。

2. 管道、设备及容器的防腐：管道、设备及容器的防腐应按设计要求进行施工，在涂刷油漆前，必须清除管道及设备表面的灰尘、污垢、锈斑、焊渣等物。涂漆的厚度应均匀，不得有脱皮、起泡、流淌和漏涂等缺陷。埋地的镀锌钢管或焊接钢管的防腐应符合GB 50242—2002第9.2.6条的规定。室内镀锌钢管刷银粉漆两道，锌皮被损坏的和外露螺丝部分刷防锈漆一道、银粉漆两道。

3. 管道、设备及容器的保温：空调冷冻（热水）循环管道、膨胀管道、供暖管道的保温采用$\delta = 40$mm带加筋铝箔贴面的离心玻璃棉管壳保温；分水器、集水器的保温采用$\delta =$

50mm带加筋铝箔贴面的离心玻璃棉管壳保温;冷冻机房内的各种管道和分水器、集水器保温层外加包$\delta = 0.5mm$的镀锌钢板保护壳。空调冷冻水管的吊架、吊卡与管道之间应安设计隔热垫。

膨胀水箱、软化水箱采用组合式镀锌钢板水箱,外表采用$\delta = 50mm$的离心玻璃棉板保温,保温层外加包$\delta = 0.5mm$的镀锌钢板保护壳。

给水和排水管道的防结露保温管道采用$\delta = 6mm$厚的难燃型高压聚氯乙烯泡沫塑料管壳,对缝粘接后外缠密纹玻璃布,刷防火漆两道。因此施工时应严格控制外径尺寸的误差,保温层缝隙的严密,以免产生冷桥。防止对环境和设备及其他专业安装工程的污染。以免产生冷桥、外观质量和环境污染指标违标的问题。

4.管道和设备的保温质量:管道和设备的保温质量应符合 GB 50242—2002 第4.4.8条、第6.2.7条、第8.2.18条的规定。

### 6.1.12 伸缩器安装应注意事项

伸缩器的安装应符合 GB 50242—2002 第8.2.5条、第8.2.6条、第8.2.15条的规定。

1.伸缩器应水平且应与管道同心,固定支座埋设应牢靠。

2.伸缩器(套管式的除外)应安装在直管段中间,靠两端固定支座附近应加设导向支座。有关安装要求参见相关规范。

3.方型伸缩器可用两根或三根管道煨制焊接而成,但顶部必须采用一根整管煨制,焊口只能在垂直臂中部。四个弯曲角必须90°,且在一个平面内。

4.波形伸缩器水压试验压力绝对不允许超过波形伸缩器的使用压力,且试压前应将伸缩器用固定架夹牢,以免过量拉伸。

5.安装后应进行拉伸试验。

### 6.1.13 锅炉设备的安装(详见6.3节)

锅炉设备安装和验收按相关安装规范和产品说明书进行。当前燃气和燃油锅炉一般不存在烘炉工序,按规范要求应进行煮炉试验。但是有的进口锅炉厂家不同意进行煮炉试验,遇到此种情况应征求设计单位的意见和视产品本身的要求,才决定是否进行煮炉试验。

# 6.2 通风工程

### 6.2.1 预留孔洞及预埋件

施工参照暖卫工程施工方法进行。

### 6.2.2 通风管道及附件制作

1.材料:通风送风系统为优质镀锌钢板,排烟风道和人防手摇电动两用送风机前的风道采用$\delta = 2.0mm$厚度的优质冷轧薄板。前者以折边咬口成型,后者以卷折焊接成型。

法兰角钢用首钢优质产品。

2．加工制作按常规进行，但应注意以下问题：

（1）材料均应有合格证及检测报告。

（2）防锈除尘必须彻底，不彻底的不得进入第二道工序。镀锌板可用中性洗涤剂清除油污，冷轧板、角钢应用钢刷彻底清除锈迹和浮尘，直至露出金属本色。

（3）咬口不能有胀裂、半咬口现象，焊缝应整齐美观、无夹渣和漏焊、烧熔现象，翻边宽度为 6～9mm，不开裂。

（4）制作应严格执行 GB 50243—2002、GBJ 304—88 及 DBJ 01—26—96（三）的有关规定和要求。

（5）洁净空调的风道制作应严格执行 JGJ 71—90《洁净室施工及验收规范》的规定，加工后应进行灯光检漏，安装后应按设计要求进行漏风率检测。

（6）风道规格的验收：风管以外径或外边长为准，风道以内径或内边长为准。

3．优质复合改性菱镁无机玻璃钢风道的质量要求：

（1）复合改性菱镁无机玻璃钢风道的材质要求：复合改性菱镁无机玻璃钢风道采用 1∶1 经纬线的玻璃纤维布增强，树脂的重量含量应为 50%～60%，规格详见表 1.1.6－21。玻璃钢法兰规格见表 1.1.6－22。

复合改性菱镁无机玻璃钢风道规格

表 1.1.6－21

| 系统位置 | 风道和附件材质 | 风道长边或直径尺寸(mm) | 厚度 $\delta$ (mm) | 弯头半径 $R$ 和弯头内导流片的参数 |
|---|---|---|---|---|
| 室内风道 | 复合改性菱镁无机玻璃钢 | $630 \geq L$ | 5.5 | 片数≥2、厚度 $\Delta = 2\delta$、片间距≥60、弯头半径 $R = D$ |
| | | $1000 \leq L \leq 1500$ | 6.5 | |
| | | $1600 \leq L \leq 2000$ | 7.5 | |
| | | $L > 2000$ | 8.5 | |
| 机房内配管风道 | 冷轧薄钢板 | | $\delta \geq 3mm$ | |
| 消声静压箱 | $\delta = 1.5mm$ 镀锌钢板内贴 $\delta = 50mm$ 海绵 | | | |
| 穿楼板或墙风道 | 风道与结构物之间间隙采用岩棉充填 | | | |

玻璃钢法兰规格

表 1.1.6－22

| 风道长边或圆形直径尺寸 | 法兰规格(宽×厚) | 螺栓规格 | 法兰处的密封垫片 | |
|---|---|---|---|---|
| | | | 一般风道 | 排烟风道 |
| ≤400 | 30×4 | M8×25 | 9501 胶带 | 石棉橡胶垫 |
| 420～1000 | 40×6 | M8×30 | | |
| 1060～2000 | 50×8 | M10×35 | | |

（2）复合改性菱镁无机玻璃钢风道的质量要求：风道的质量应符合 GB 50243—2002 第 4.2.3 条～第 4.2.5 条、第 4.2.7 条、第 4.2.8 条、第 4.2.11－2 条、第 4.2.12 条的要求。

A．防火风道的本体、框架与固定材料、密封垫料必须是不燃材料，其耐火等级应符合设计要求。

B．复合改性菱镁无机玻璃钢风道的覆面材料必须是不燃材料，内部的绝热材料应为不燃或难燃 B1 级，且对人体无害的材料。

C．风道必须通过工艺性的检测或验证，其强度和严密性要求符合 GB 50243—2002 第 4.2.5 条的规定。

D．出厂或进场产品必须有材料质量合格证明文件、性能检测报告。

E．进场应观察检查或点燃试验其材料的可燃性质是否符合设计和规范要求。

F．复合改性菱镁无机玻璃钢风道的玻璃钢法兰规格必须符合表 1.1.6－22 的规定。

G．复合改性菱镁无机玻璃钢风道采用法兰连接时，法兰与风道板材的连接应可靠，其绝热层不得外露，不得采用降低板材强度和绝热性能的连接方法。

H．复合改性菱镁无机玻璃钢风道的加固应为本体材料或防腐性能相同的材料，并与风道成为一个整体。

I．矩形风道弯管的制作一般应采用曲率半径为一个平面边长的内外同心圆弧弯管。当采用其他形式的弯管时，平面边长大于 500mm 时，必须设置弯管导流片。抽查数量 20%，但不少于 2 件。

4．金属风道的制作：

（1）金属风道的厚度：金属风道的厚度应符合 GB 50243—2000 第 4.2.1 条的规定，检查数量为按材料与风道加工批数抽查 10%，但不少于 5 件。

（2）防火风道的本体、框架与固定材料、密封垫料必须是不燃材料，其耐火等级应符合设计要求。

（3）风道必须通过工艺性的检测或验证，其强度和严密性要求符合 GB 50243—2002 第 4.2.5 条的规定。

（4）金属风道的连接应符合下列要求：

A．风道板材拼接的咬口缝应错开，不得有十字型的拼接缝。

B．金属风道法兰材料的规格不应小于表 1.1.6－23 和表 1.1.6－24 的规定。中低压系统风道法兰的螺栓及铆钉孔的间距不得大于 150mm，高压系统风道不得大于 100mm，矩形风道法兰的四角应设有螺栓孔。

采用加固方法提高了风道法兰部位强度时，其法兰材料规格相应的使用条件可以适当放宽。无法兰连接的薄钢板法兰高度应参照金属法兰风道的规格执行。

抽查数量：按加工批数量抽查 5%，但不少于 5 件。

（5）金属风道的加固应符合 GB 50243—2002 第 4.2.10 条的规定，即圆形风道（不包括螺旋风道）直径大于等于 800mm，且其管段长度大于 1250mm 或表面积大于 $4m^2$，均应采取加固措施。矩形风道长边大于 630mm、保温风道长边大于 800mm，管段长度大于 1250mm 或低压风道单边平面积大于 $1.2m^2$，中、高压风道单边平面积大于 $1.0m^2$，均应采取加固措施。非规则椭圆形风道的加固，应参照矩形风道执行。

**金属圆形风道的法兰及螺栓规格**　　　　　　　　表 1.1.6－23

| 风管直径 D (mm) | 法兰材料规格 | | 螺栓规格(mm) |
| --- | --- | --- | --- |
| | 扁　钢（mm） | 角　钢（mm） | |
| $D \leqslant 140$ | $20 \times 4$ | | M6 |
| $140 < D \leqslant 280$ | $25 \times 4$ | | |
| $280 < D \leqslant 630$ | | $25 \times 3$ | |
| $630 < D \leqslant 1250$ | | $30 \times 4$ | M8 |
| $1250 < D \leqslant 2000$ | | $40 \times 4$ | |

**金属矩形风道的法兰及螺栓规格**　　　　　　　　表 1.1.6－24

| 风管直径 b(mm) | 法兰材料规格(角钢)(mm) | 螺栓规格(mm) |
| --- | --- | --- |
| $b \leqslant 630$ | $25 \times 3$ | M6 |
| $630 < b \leqslant 1500$ | $30 \times 3$ | M8 |
| $1500 < b \leqslant 2500$ | $40 \times 4$ | |
| $2500 < b \leqslant 4000$ | $50 \times 5$ | M10 |

抽查数量:按加工批数量抽查 5%,但不少于 5 件。

（6）矩形风道弯管的制作一般应采用曲率半径为一个平面边长的内外同心圆弧弯管。当采用其他形式的弯管时,平面边长大于 500mm 时,必须设置弯管导流片。抽查数量 20%,但不少于 2 件。

（7）净化空调系统风道还应符合下列规定:矩形风道边长小于或等于 900mm 时,底板不应有拼接缝;大于 900mm 时,不应有横向拼接缝。风道所用的螺栓、螺母、垫圈和铆钉应采用与管材性能相匹配、不会产生电化学腐蚀的材料,或采用镀锌或其他防腐措施,并不得采用抽芯铆钉。不应在风道内设加固框及加固筋,无法兰风道的连接不得使用 S 形插条、直角形插条及立联合角形插条等形式。

（8）空气洁净度等级为 1～5 级的净化空调系统风道不得采用按扣式咬口。风道清洗不得用对人体和材质有危害的清洁剂。

（9）镀锌钢板风道不得有镀锌层严重损害的现象,如表层大面积白花、锌层粉化等。抽查数量按风道数量的 20%,但每个系统不得少于 5 件。

（10）金属风道和法兰连接风道的制作应符合 GB 50243—2002 第 4.3.1 条、第 4.3.2条的规定。金属风道的加固应符合 GB 50243—2002 第 4.3.4 条的规定。

（11）无法兰连接风道的制作应符合 GB 50243—2002 第 4.3.3 条的规定。风道的无法兰连接可以节约大量的钢材,降低工程造价,但是要有相应的风道加工机械。常见的风道无法兰连接有如下几种:

抱箍式连接:(主要用于圆形和螺旋风道)在风道端部轧制凸棱(把每一管段的两端轧制出鼓筋,并使其一端缩为小口),安装时按气流方向把小口插入大口,并在外面扣以两块半圆形双凸棱钢制抱箍抱合,最后用螺栓穿入抱箍耳环中拧紧螺栓将抱箍固定(图1.1.6－6)。

插接式连接:(也称插入式连接,主要用于矩形和圆形风道)安装时先将预制带凸棱的内接短管插入风道内,然后用铆钉将其铆紧固定(图1.1.6－6)。

插条式连接:(主要用于矩形风道)安装时将风道的连接端轧制成平折咬口,将两段风道合拢,插入不同形式的插条,然后压实平折咬口即可。安装时应注意将有耳插条的折耳在风道转角处拍弯,插入相邻的插条中;当风道边长较长插条需对接时,也应将折耳插入相邻的另一根插条中(图1.1.6－6)。

单立咬口连接:(主要用于矩形和圆形风道)见图1.1.6－6。

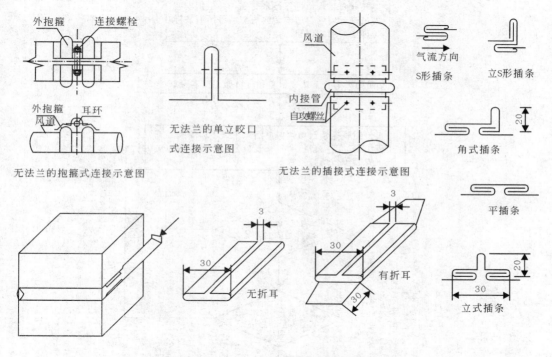

图1.1.6－6 无法兰风道连接示意图

5. 风道部件的制作:风道部件的制作应符合 GB 50243—2002 第 5 章的有关规定和质量要求。

### 6.2.3 管道吊装

1. 通风管道安装质量控制程序(图1.1.6－7)。

2. 管道加工完后应临时封堵,防止灰尘污物进入管内;风道进场后应再次进行加工质量检查和修理,并用棉布擦拭内壁后再进行吊装。吊装还应随时擦净内壁的重复污染物,然后立即封堵敞口。安装过程还应按 GB 50243—2002 规定进行分段灯光检漏,进行漏风率检测合格后才能继续安装。

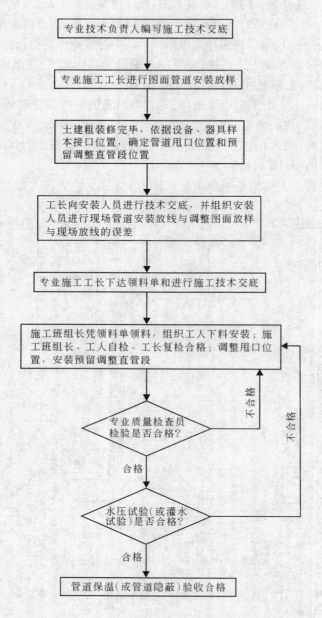

图 1.1.6 - 7　通风管道安装质量控制程序

3.安装时法兰接口处采用9501阻燃胶条作垫料,螺栓应首尾处于同一侧,拧紧对称进行;阀件安装位置应正确,启闭灵活,并有独立的支、吊架。

4.为保证支、吊架的安装质量,吊架安装前应先实地放线,确定吊杆长度、支架标高和吊杆宽度,以保证安装平直、吊架排列整齐美观。

5.风道的吊装质量要求:风道的吊装质量应符合 GB 50243—2002 第 6.1.2 条、第

6.1.3 条、第 6.2.1 条、第 6.2.2 条、第 6.2.4 条～第 6.2.6 条、第 6.2.8 条、第 6.2.9 条、第 6.3.1 条～第 6.3.4 条、第 6.3.6 条、第 6.3.8 条～第 6.3.10 条的规定和要求。

（1）风道接口的连接应严密、牢靠。法兰垫片材料应符合系统功能性要求（本工程应为不燃材料），厚度不应小于 3mm，垫片不应凹入管内，也不宜凸出法兰外。风道系统安装后必须进行严密性检验，检验结果应符合第 4.2.5 条和第 6.2.8 条的要求，合格后方能交付下一道工序。风道系统严密性检验以主、干管为主。在加工工艺得到保证的前提下，低压风道系统可采用漏光法检测。

（2）风道吊架采用膨胀螺栓等胀锚方法固定时，必须符合其相应技术文件的规定。风道支、吊架间距和安装要求见表 1.1.6 - 25。

风道支、吊架间距和安装要求                                        表 1.1.6 - 25

| 风道支、吊架间距（m） | | | | | | 支吊架的质量要求 | |
| --- | --- | --- | --- | --- | --- | --- | --- |
| 直径 D 或长边 L | 水平风道 | | | | 垂直风道 | 位　置 | 质　量 |
| | 一般风道 | 螺旋风道 | 薄钢板法兰风道 | 复合材料风道 | 一般 | 单根直管 | | |
| ≤400 | ≤4m | ≤5m | ≤3m | 按产品标准规定设置 | ≤4m | ≥2个 | 应离开风口、阀门、检查口、自控机构处；距离风口、插接管 ≥200mm | 1. 抱箍支架折角应平直、紧贴箍紧风道<br>2. 圆形风道应加托座和抱箍，它们圆弧应均匀，且与外径相一致<br>3. 非金属风道应适当增加支吊架与水平风道的接触面<br>4. 吊架的螺孔应用机械加工，吊杆应平直，螺纹应完整、光洁。受力应均匀，无明显变形 |
| >400 | ≤3m | ≤3.75m | ≤3m | | | | | |
| >2500 | 按设计要求设置 | | | | | | | |

（3）复合改性菱镁无机玻璃钢风道的连接处接缝应牢固，无孔洞和开裂；连接两法兰端面应平行、严密，法兰螺栓两侧应加镀锌垫圈。

（4）风道穿过需要封闭的防火、防爆墙体或楼板时，应设预埋管或防护套管，其钢板厚度不应小于 1.6mm。风道与防护套管之间应用不燃且对人体无害的柔性材料封堵。

（5）风道内严禁其他管线穿越；室外立管的固定拉索严禁拉在避雷针或避雷网上；安装在易燃、易爆环境内的风道系统应有良好的接地；输送易燃、易爆气体的风道系统应有良好的接地，当它通过生活区或其他辅助生产房间时必须严密，并不得设置接口。

（6）风道安装前和安装后应检查和清除风道内、外的杂物，做好清洁和保护工作；连接法兰螺栓应均匀拧紧，其螺母应在同一侧，螺栓伸出螺母长度应不大于一个螺栓直径。

（7）风道的连接应平直、不扭曲。明装水平风道的水平度的允许偏差为 3/1000，总偏差不应大于 20mm。暗装风道位置应正确、无明显偏差。柔性短管的安装应松紧适度，无明显扭曲。

（8）风道附件的安装必须符合如下要求：

A．各类风道部件、操作机构应能保证其正常的使用功能和便于操作；

B．斜插板阀的阀板必须为向上拉启，水平安装时插板阀的阀板还应为顺气流方向插入；止回阀、自动排气活门的安装应正确。风道附件的安装应符合 GB 50243—2002 第 5 章的有关规定和质量要求。

（9）防火阀、排烟阀（口）的安装方向、位置应正确。防火分区隔墙两侧的防火阀距离墙面不应大于 200mm。调节阀、密闭阀安装后启闭应灵活，设备与周围围护结构应留足检修空间，详参阅 91SB6 的施工做法。防火阀、排烟阀（口）、调节阀、密闭阀的安装应符合 GB 50243—2002 第 5 章的有关规定和质量要求。

### 6.2.4　风口的安装

墙上风口的安装，应随土建装修进行，先做好埋设木框，木框应精刨细作。然后在风口和阀件上钻孔，再用木螺丝固定，安装时要注意找平，并用密封胶堵缝。与土建排风竖井的固定应预埋法兰，固定牢靠，周边缝隙应堵严。风口的安装质量应符合 GB 50243—2002 第 6.3.11 条的规定和要求。风口与风道的连接应严密、牢固，与装饰面相紧贴，表面平整、不变形，调节灵活、可靠。条形风口的安装接缝处应衔接自然，无明显缝隙。同一厅室内的相同风口的安装高度应一致，排列应整齐。明装无吊顶的风口安装位置和标高偏差不应大于 10mm。风口水平安装水平度偏差不应大于 3/1000，垂直安装的垂直度偏差不应大于 2/1000。检查数量 10%，但不少于一个系统或不少于 5 件和两个房间的风口。

### 6.2.5　净化空调系统风口的安装

净化空调系统风口的安装应符合 GB 50243—2002 第 6.3.12 条的规定和要求。高效过滤送风口安装前应对系统进行 8～12h 的吹扫干净后，才能运至现场进行拆封安装。安装时应使风口周围与边框、建筑顶棚或墙面紧密结合，其接缝处应加设密封垫料或密封胶封堵严密，避免污染，检查无漏风，然后封上保护罩。带高效过滤器的送风口，应采用可分别调节高度的吊杆。检查数量为 20%，但不少于一个系统或不少于 5 件和两个房间的风口。

### 6.2.6　风帽、吸排气罩的安装

风帽的安装必须牢固，连接风道与屋面或墙面的交接处不应有渗水。吸排气罩的安装位置应正确、排列应整齐，安装应牢固可靠。检查数量 10%，但不少于 5 个。

### 6.2.7　风道风量、风压测孔的安装

1．风道风量、风压测孔的安装位置在安装前应依据设计和规范的要求，事先作好安排；

2．风道风量、风压测孔的安装位置还应随管道周围情况而定，要便于测量的操作和测量数据的读取；

3．风道风量、风压测孔的构造如图 1.1.6－8 所示。

### 6.2.8 柜式空调机组和分体式空调机的安装

由厂家安装,但应注意电源和孔洞、预埋件、室外基础的预留位置和浇筑质量的验收。

### 6.2.9 新风机房和新风机组的安装

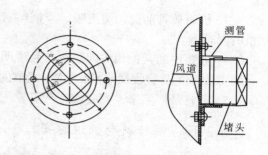

图 1.1.6－8 风道风量、风压测孔构造图

1. 安装前应详细审阅图纸,明确工艺流程和各设备的接口位置和尺寸,先在纸面上放大,再到实地检验调整,使各管道部件加工尺寸合适、连接顺利、外观整齐。

2. 安装前应做好设备进场开箱检验,办理检验手续,研读使用安装说明书,充分了解其结构尺寸和性能,加速施工进度,提高安装质量。

3. 安装前应和水泵安装一样检查设备基础,验收合格后再就位安装。安装后按 GB 50243—2002 相关条文要求进行单机试运转,并测试有关参数,填写试验记录单。

4. 机房配管安装应严格按设计和规范要求进行,安装后应进行渗漏检查和隐检验收,再进行保温。

### 6.2.10 消声器的安装

消声器消声弯头应有单独的吊架,不使风道承受其重量。支、吊架、托铁上穿吊杆的螺孔距离应比消声器宽 40～50mm,吊杆套丝为 50～60mm,安装方向要正确。

### 6.2.11 风机盘管的安装

风机盘管进场前应进行进场验收,做单机三速试运转及水压试验。试验压力为系统工作压力的 1.5 倍(0.6MPa),不漏为合格;卧式机组应由支吊架固定,并应便于拆卸和维修;排水管坡度要符合设计要求,冷凝水应畅通地流到设计指定位置,供回水阀及水过滤器应靠近风机盘管机组安装。吊顶内风机盘管与条形风口的连接应注意如下问题。即风机盘管出口风道与风口法兰上下边不得用间断的铁皮拉接,应用整块铁皮拉铆搭接;风道两侧宽度比风口窄,风管盖不住的,应用铁皮覆盖,铁皮三个折边与风口法兰铆接,另一边反向折边与风管侧面铆接。板的四角应有铆钉,且铆钉间距应小于 100mm。接缝应用玻璃胶密封。风机盘管与管道的连接宜采用弹性接管或软接管(金属或非金属软管)连接,其耐压值应高于 1.5 倍的工作压力,软管连接应牢靠、不应有强扭或瘪管。

### 6.2.12 活塞式水冷制冷机组的安装

1. 活塞式制冷机组进场时应做开箱验收记录,内容同水泵进场验收;同时还应对基础进行验收和修理,并核查与机组有关的相关尺寸。安装前应研读使用说明书,按使用说明书和规范要求安装。

2. 安装时应对机座进行找平,其纵、横水平度偏差均应不大于 0.2/1000 为合格。

3．机组接管前应先清洗吸、排气管道,合格后方能连接。接管不得影响电机与压缩机的同轴度。

4．安装中的其他相关问题按产品说明书和 GB 50274—98《制冷设备、空气分离设备安装工程施工及验收规范》第二章第二节的相关条文规定进行。

5．不管是厂家来人安装或自己安装,安装后均应作单机试运转记录。

### 6.2.13  螺杆制冷机组的安装

1．螺杆式制冷机组进场时应做开箱验收记录,内容同水泵进场验收;同时还应对基础进行验收和修理,并核查与机组有关的相关尺寸。安装前应研读使用说明书,按使用说明书和规范要求安装。

2．安装时应对机座进行找平,其纵、横水平度偏差均应不大于 0.1/1000 为合格。

3．机组接管前应先清洗吸、排气管道,合格后方能连接。接管不得影响电机与压缩机的同轴度。

4．不管是厂家来人安装或自己安装,安装后均应作单机试运转记录。

5．螺杆式制冷机组安装中的其他相关问题按产品说明书和 GB 50274—98《制冷设备、空气分离设备安装工程施工及验收规范》第二章第三节的相关条文规定进行。

### 6.2.14  冷却塔及冷却水系统安装

1．和其他设备一样设备进场应作开箱检查验收,并对设备基础进行验收。基础标高允许误差为 ±20mm。安装完后应作单机试运转记录,并测试有关参数。

2．冷却塔安装应平稳,地脚螺栓与预埋件的连接或固定应牢靠,各连接件应采用热镀锌或不锈钢螺栓,其紧固力应一致、均匀。冷却塔安装应水平,单台冷却塔安装的水平度和垂直度允许偏差均为 2/1000。多台冷却塔的安装水平高度应一致,高差不应大于 30mm。

3．冷却塔的出水管口及喷嘴的方向和位置应正确,布水均匀。其转动部分应灵活,风机叶片端部与塔体四周的径向间隙应均匀,对可调整的叶片角度应一致。

4．玻璃钢和塑料是易燃品,应注意防火。冷却塔的安装必须按照 GB 50243—2002 第9.2.6 条的要求严格执行施工防火的规定。

### 6.2.15  软化水装置(含电子软化水装置)的安装

详见 6.1.10 款。

### 6.2.16  风道及部件的保温

屋顶露天安装的排风管道采用 $\delta = 2mm$ 钢板制作,外表面采用环氧煤沥青防腐。

1．通风空调管道的保温:

(1)塑料粘胶保温钉的保温:空调送回风管道采用 $\delta = 40mm$ 带加筋铝箔贴面离心玻璃棉板保温。排烟风道采用 $\delta = 30mm$ 厚离心玻璃棉板保温,外缠玻璃丝布保护。保温板下料要准确,切割面要平齐。在下料时要使水平面、垂直面搭接处以短边顶在大面上,粘贴保温钉前管壁上的尘土、油污应擦净,将胶粘剂分别涂在保温钉和管壁上,稍后再粘接。

保温钉分布为管道侧面 20 只/m²、下面 12 只/m²。保温钉粘接后，应等待 12～24h 后才可敷设保温板。或用碟形帽金属保温钉焊接固定连接，保温钉分布为管道侧面 10 只/m²、下面 6 只/m²。

（2）碟形帽焊接保温钉的保温：保温钉的材质应和基层材质接近，两种金属受热熔化后能在熔坑中混合，使得加热区内材料性质变硬、变脆，因此金属保温钉的钢材含碳量应低于 0.20%。当风道钢板厚度 $\delta \geqslant 0.75$ 时，焊枪的焊接电流应控制在 3～4.5A 之间。焊钉个数控制在——侧面和顶面 6 个/m²；底面 10 个/m²。其质量要求见表 1.1.6－26。

**蝶形帽焊接保温钉的质量要求**　　表 1.1.6－26

| 序号 | 项　目 | 质　量　要　求 |
|---|---|---|
| 1 | 保温板板面 | 应平整，下凹或上凸不应超过 ±5mm |
| 2 | 保温板拼接缝 | 应饱满、密实无缝隙 |
| 3 | 保护面层质量 | 保温板面层应平整、基本光滑，无严重撕裂和损缺 |
| 4 | 保温钉焊接质量 | 用校核过的弹簧秤套棉绳垂直用力拉拔，读数 ≥5kg 未被拔掉为合格 |
| 5 | 保温钉直径 $\phi$ | $\phi \geqslant 3$ |

2．风道保温的质量要求：风道保温的质量要求必须符合 GB 50243—2002 第十章的规定。

# 6.3　锅炉房锅炉设备和管道的安装与调试

实例　五台 16t/h 燃气锅炉安装施工组织设计摘录

锅炉安装前必须提前向锅炉监察机关办理锅炉报批手续和压力容器的报批手续，一切手续完成后方可进行安装。

## 6.3.1　锅炉本体安装

1．安装准备：

（1）锅炉进场路线的选择：经与建设、运输、环保、公安部门共同研究，确定锅炉由××经×××至本院北门，再由东侧院区东干线运至锅炉房安装场地。

（2）设备的清点与验收：由建设方组织设备供方、运输、施工安装、监理、设计等单位进行设备进场验收：

A．验收步骤：通过开箱单对设备部件、元件逐项进行数量清点、外观质量验收。对损坏轻微而不影响使用的，可以按合格品验收；损坏较严重的经适当修理可以使用而不影响质量的，经修理后再办理补充验收手续；损坏严重不能使用的应逐项登记造册进行更换；必须进行现场手动、电动或水压试验的应当场压力试验，并办理设备验收和压力试验验收单的填写等工作。

B．成品保护与工程标识：验收后零部件安装前必须进行覆盖、封堵、包装相应的成品保护措施,并做好工程标识、编号、登记造册。

(3) 锅炉设备基础的放线与验收:

A. 依据设计图纸和锅炉技术资料提供的相关参数配合土建专业进行基础浇筑前的放线工作与验收;

B. 设备基础的验收:设备基础拆模后,与土建专业办理设备基础验收手续。主要有混凝土(或钢筋混凝土)的强度、基础相应尺寸、预留孔洞位置及尺寸、预埋件的位置和大小等。设备基础尺寸和位置允许偏差值见表 1.1.6 - 27。

设备基础尺寸和位置允许偏差值　　　　　　　　　　表 1.1.6 - 27

| 序号 | 项　　　　　目 | 允许偏差(mm) | 备　注 |
|---|---|---|---|
| 1 | 基础坐标位置(纵横轴线) | ± 20 | — |
| 2 | 基础各不同高度平面的标高 | + 0<br>- 20 | — |
| 3 | 基础外形表面平整度误差<br>　　表面上凸尺寸误差<br>　　表面凹穴尺寸误差 | ± 20<br>+ 0<br>- 20 | — |
| 4 | 基础表面水平度的误差 | 每米≤5、全长≤10 | — |
| 5 | 竖向偏差(即垂直度偏差) | 每米≤5、全长≤10 | — |
| 6 | 预埋地脚螺栓标高<br><br>预埋地脚螺栓中心距(从根部和顶部两处测量) | ± 20<br><br>+ 20<br>- 0 | — |
| 7 | 预埋地脚螺栓孔中心位置<br>预埋地脚螺栓孔深度<br>预埋地脚螺栓孔壁的垂直度 | ± 20<br>+ 20<br>- 0<br>+ 10 | |

C. 办理设备基础检验单的填写工作。

(4) 锅炉安装基准线的放线与标记:依据锅炉房的平面图和锅炉基础图进行下列基准线的放样与设置:

A. 锅炉纵向中心基准线或锅炉支架纵向中心基准线;

B. 锅炉前面板基准线;

C. 省煤器纵向中心基准线和横向中心基准线;

D. 鼓风机纵向中心基准线和横向中心基准线;

E. 锅炉基础标高基准线。在锅炉基础上或四周选择有关的若干点分别作出标记,各标记的相对偏移不超过 1mm;

F. 当检查所有尺寸均符合设计图纸和施工规范要求后,办理有关基础放线记录单。

2. 锅炉的就位：

(1) 锅炉的就位必须在锅炉基础验收合格、设备进户的预留洞预留完成和就位方案确定后进行；

(2) 锅炉就位方案采用滚杠牵引就位方案；

(3) 锅炉牵引路线的准备：本工程因锅炉基础与室外地平线高差1.2m，每台锅炉基础之间有基础梁相连接。因此在锅炉房室外，沿施工洞至第一台的基础方向敷设宽6m、长8m、高1.2m的砖砌施工平台。平台内用素土夯实，使其与基础形成一平面，作为锅炉就位牵引的移动通道（其中有一小段坡度为10°）；在通道上敷设双排160mm×200mm×2500mm的枕木作为下滚道，在枕木上敷设$\phi 89 \times 11$的无缝钢管作为滚杠，锅炉底座作为滚动平面供锅炉就位时用。

A. 滚杠数量的计算

(A) 每根滚杠能承担的荷载为

$$P = 220bd = 220 \times 8.9(20 \times 2) = 78.32\text{kN}$$

式中　　$P$——每根滚杠承受的荷载(kN)；

　　　　$b$——滚杠与轨道接触的长度 $= 20 \times 2$（20是枕木的宽度，2是两排）(cm)；

　　　　$d$——滚杠的直径（$d = 8.9$cm）。

(B) 所需的滚杠数量 $n$

$$n = 9.8Q/P = 9.8 \times 32000/78320 = 4.004 \text{ 根}$$

式中　　$Q$——锅炉的重量(N)；

　　　　$P$——每根滚杠能承担的荷载(N)。

考虑到锅炉结构长度为7.13m，可设计6～7根滚杠。为了预防滚杠的损坏，故准备12根倒着用。

B. 滚运拖动启动牵引力的计算（详见《机械设备安装手册》）：

$$F = \frac{9.8Qk(f_1 + f_2)}{D} = \frac{9.8 \times 32000 \times 2.5(0.10 + 0.05)}{9.0} = 13.07\text{kN}$$

式中　　$k$——拖动启动时阻力增加系数（$k = 2.5$）；

　　　　$Q$——设备（锅炉）的重量(N)；

　　　　$f_1$——拖动启动时滚杠与枕木间的滚动摩擦系数（$f_1 = 0.10$）；

　　　　$f_2$——拖动启动时滚杠与锅炉底板间的滚动摩擦系数（$f_2 = 0.05$）；

　　　　$D$——滚杠的直径 $D = 8.9 \approx 9.0$cm。

C. 滑轮组钢丝绳（跑绳）的拉力计算：选用"二二起四"滑轮组（即跑绳是从定滑轮绕出的动、定、导向滑轮数为 $2 + 1 + 1 = 4$ 个的滑轮总数的滑轮组），金属滑轮阻力系数 $\mu = 1.04$，工作绳索根数 $n = 5$，滑轮总数 $m = 4$（其中含导向滑轮1个即 $m = 3$、$j = 1$）。则牵引钢丝绳的拉力为 $S$。

查该参考书表2-40得 $\alpha = 0.276$，则滑轮组牵引绳（即跑绳）的牵引力 $S_0$

$$S_0 = \frac{\mu - 1}{\mu^n - 1} \mu^m \mu^j F = \frac{\mu - 1}{\mu^5 - 1} \mu^3 \mu^1 F = \frac{\mu - 1}{\mu^5 - 1} \mu^4 F = \alpha \times F$$

$$S_0 = \alpha F = 0.276 \times 13.07 = 3.606 \approx 3.6\text{kN} \qquad \text{（滑道是水平时）}$$

因其中有一段滑道有 $\beta = 10°$ 的坡度故滑轮组牵引绳(即跑绳)的牵引力 $S$ 应为

$$S = S_0 + Q\,\text{tg}\beta = 3.6 + 32 \times \text{tg}10° = 9.24 \text{ kN}$$

D. 牵引设备的选择:依据钢丝绳的拉力 $S = 9.24\text{kN}$ 选用 JJK - 2 型电动卷扬机。

E. 钢丝绳型号的选择:依据钢丝绳的拉力 $S = 9.24\text{kN}$ 可选用抗拉强度为 $1400\text{N/mm}^2$、$6 \times 19$ 型钢丝绳。钢丝绳直径为 15.5mm 时的破坏拉断拉力为 106.3kN、安全系数 $k = 5$,则允许拉力为 $106.3/5 = 21.26\text{kN} >$ 钢丝绳的拉力(9.24kN)。故选用 $d = 15.5\text{mm}$、$6 \times 19$ 型钢丝绳是合理的。

F. 滑轮的选择:依据钢丝绳的拉力选用起重重量为 10t、滑轮个数 3 个(不含导向滑轮)、直径为 $D = 165\text{mm}$ 的 H 系列滑轮组。

G. 牵引柱的受力计算:牵引柱即锅炉牵引时用于固定和支撑牵引滑轮组的立柱,为了避免牵引柱表面被钢绳损害,在牵引柱与钢丝绳之间用 4mm 厚的钢板作垫块。锅炉自重 32t。并假设牵引时拉绳与地面平行。

(A) 牵引柱受到的拉力 $F$:

$$F = 13.07\text{kN}$$

(B) 牵引柱内力的计算:牵引柱为锅炉房侧墙(B)轴抗风柱,其计算图如图 1.1.6 - 9:

a. 弯矩计算

$$M_{\text{MAX}} = M_c = \frac{Fba^2}{2L^3}\left(3 - \frac{a}{L}\right) = \frac{13.07 \times 2.3 \times 0.7^2}{2 \times 3^3}\left(3 - \frac{0.7}{3}\right) = 2.26\text{kN}\cdot\text{m}$$

b. 剪力计算 $V_A$

$$R_A = V_A = \frac{Fb}{2L}\left(3 - \frac{b^2}{L^2}\right) = \frac{13.07 \times 2.3 \times 0.7}{2 \times 3}\left(3 - \frac{0.7^2}{3^2}\right) = 12.086\text{kN}$$

c. 弯矩剪力图(见图 1.1.6 - 10)

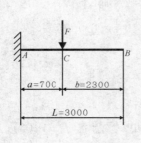

图 1.1.6 - 9　牵引柱内力计算简图　　　图 1.1.6 - 10　弯矩剪力图

(C) 钢筋混凝土柱强度核算:该柱断面为 $400 \times 400$,保护层厚度 $h = 25\text{mm}$,混凝土为 C25, $h_0 = 575\text{mm}$ 的配筋图。

a. 弯矩验算:查表得

$f_Y = 310$ 　　　　　 $A_S = 1256$ 　　　　　 $h_0 = 575 - 25 = 550\text{mm}$

$$\therefore M_u = 310 \times 1256 \times 550 = 214\text{kN}\cdot\text{m} > M_{\text{max}} = 2.26 \text{ kN}\cdot\text{m}$$

b. 剪力验算:取 $\lambda = 1.4$ 　　 $f_c = 12.5$

$$V = 0.2 \times 12.5 \times 400 \times 575/(1.4 + 1.5) + 1.25 \times 210 \times 3 \times 78.5 \times 575/200$$
$$= 376kN > 12.086\ kN$$

综上所述,该柱能承受锅炉安装的牵引力。

3．锅炉就位应注意的事项:

(1)锅炉就位前应依据锅炉进场的具体包装情况,采用帆布包装保护,防止拖动过程中其外表被划伤。

(2)锅炉在水平运输时,为确保基础不受损害,必须使道木高于锅炉基础表面。

(3)当锅炉运至基础位置后,不撤出滚杠进行校正,并要达到如下要求:

A．锅炉前轴中心线应与基础前轴中心基准线吻合,允许偏差为 2mm;

B．锅炉纵向中心线应与基础纵向中心线相吻合或锅炉支架纵向中心线与基础前轴中心基准线吻合,允许偏差为 10mm:

(A)锅炉就位过程中可能出现的位移应用千斤顶校正至允许偏差范围内;

(B)锅炉安装应留有 3‰的坡度,以利排污;

(C)当锅炉横向不平时,应用千斤顶将锅炉低侧连同支架一起顶起,再在支架之下垫以适当厚度的垫铁,垫铁的间距为 500～1000mm;

(D)锅炉就位找平、找正后,应用干硬性的高强度等级水泥砂浆将锅炉支架底板与基础之间的缝隙堵严,并在支架的内侧与基础之间用水泥砂浆抹成斜坡;

(E)锅炉安装完成后应做好如下两项工作:

a．设备找平、找正后,用比基础混凝土强度高的干硬性的豆石混凝土将地脚螺栓孔浇筑满,浇筑时应边灌边捣实,并应防止地脚螺栓歪斜。待混凝土强度达到 75% 以上时再拧紧螺帽将底座固定在基础上,在拧紧时应交替进行,并用水平仪进行复核。

b．将预留的孔洞砌筑封堵并用水泥砂浆抹平。

4．水压试验:详见本节 5.2.10 - 21 款。

### 6.3.2 锅炉附件的安装

1．省煤器的安装

(1)省煤器安装前的检查和试验:

A．外观检查:安装前应认真检查省煤器四周嵌填的石棉绳是否严密牢固,外壳箱板是否平整、各部结合是否严密,缝隙过大的应进行调整。肋片有无损坏,每根省煤器管上破损的翼片数不应大于总翼片数的 5%;整个省煤器中有破损翼片的根数不应大于总根数的 10%;

B．水压试验:详见本节 5.2.10 - 22 款。

(2)省煤器支架的安装:省煤器支架的安装与其他支架的安装类同,应调整支架的位置、标高、水平度、垂直度。当其各项误差在允许范围内时,再如同锅炉支架的安装一样,浇筑支架地脚螺栓的混凝土,待混凝土强度达到要求后方可进行省煤器吊装。

(3)省煤器的吊装:省煤器吊装就位后应检查省煤器的安装位置、标高、烟气进出口位置和标高是否与锅炉烟气出口相符,连接法兰螺栓孔是否对齐。进出水管管口位置、标高、方向是否与设计相符,各种仪表阀门安装位置是否正确。不符合要求的应进行调整。

(4) 省煤器安装允许的误差:省煤器安装允许的误差值见表1.1.6-28。

省煤器安装允许的误差值 表1.1.6-28

| 序 号 | 项 目 | 允 许 偏 差 |
|---|---|---|
| 1 | 支承架的水平方向位置的偏差 | ±3mm |
| 2 | 支承架的标高偏差 | $^{+0}_{-5}$ mm |
| 3 | 支承架的纵、横的水平度 | 长度的1/1000 |

(5) 省煤器上安全阀及其他仪表的安装:

A. 安全阀安装前应送锅炉检测中心检验其始启压力、起座压力、回座压力,在整定压力下安全阀应无渗漏和冲击现象。经调整合格的安全阀应铅封和作好标志。

B. 蒸汽锅炉省煤器安全阀的启动压力为安装地点工作压力的1.1倍,即1.4MPa. 其调整应在锅炉严密性试验前用水压试验的方法进行。

C. 其他仪表的安装详见后文仪表安装部分。

2. 安全阀的安装:

(1) 安全阀安装前必须逐个进行严密性试验,并应送锅炉检测中心检验其始启压力、起座压力、回座压力,在整定压力下安全阀应无渗漏和冲击现象。经调整合格的安全阀应铅封和作好标志。

(2) 依据GB 50273—98《工业锅炉安装工程施工及验收规范》第6.1.2条的规定,锅筒上必须安装两个安全阀,其中一个的启动压力应比另一个的启动压力高,而其他设备为一个。它们的启动压力见表1.1.6-29。

安全阀启动压力表 表1.1.6-29

| 设备编号 | 蒸汽锅炉 | | 热水锅炉 | | 蒸汽锅炉 | 热水锅炉 | 备注 |
|---|---|---|---|---|---|---|---|
| | 1 | 2 | 1 | 2 | 分汽缸、热交换器、分水器、集水器 | 分汽缸、热交换器、分水器、集水器 | |
| 起始压力(MPa) | 1.04$P$=1.32MPa | 1.06$P$=1.35MPa | 1.12$P$=1.43MPa $\geqslant P+0.07$ | 1.14$P$=1.45MPa $\geqslant P+0.10$ | 1.04$P$=1.32MPa | 1.43MPa | $P$为安装地点的工作压力 |

(3) 安全阀应垂直安装,并装设排泄放气(水)管,排泄放气(水)管的直径应严格按设计规格安装,不得随意改变大小,也不得小于安全阀的出口截面积。

(4) 安全阀与连接设备之间不得接有任何分叉的取气或取水管道,也不得安装阀门。

(5) 安全阀的排泄放气(水)管应通至室外安全地点,坡度应坡向室外。排泄放气(水)管上不得安装阀门。

（6）安全阀的排泄放气（水）管的设置应一个阀门一根，不得几根并联排放。

（7）设备水压试验时应将安全阀卸下，安全阀的阀座可用盲板法兰封闭，待水压试验完毕后再安装。

3．水位计的安装：

（1）依据 GB 50273—98《工业锅炉安装工程施工及验收规范》第 10.3.6 条及劳动人事部《蒸汽锅炉安全技术监察规程》的有关规定，本工程每台锅炉应安装两副水位计（额定蒸发量≤0.2t/h 的锅炉可以只安一副）。水位计应按设计和规范要求安装在易观察的地方（当安装地点距离操作地面高于 6m 时应加装低位水位计，低位水位计的连接管应单独接到锅筒上，其连接管的内径应≥18mm，并有防冻措施。锅炉水位监视的低位水位计在控制室内应有两个可靠的低位水位表）水位表的安装应符合规范的有关规定。

（2）水位计安装前应检查旋塞的转动是否灵活，填料是否符合要求，不符合要求的应更换填料。玻璃管或玻璃板应干净透明。

（3）安装时应使水位计的两个表口保持垂直和同心，玻璃管不得损坏，填料要均匀，接头要严密。

（4）水位计的泄水管应接至安全处。当锅炉安装有水位报警器时，其泄水管可与水位计的泄水管接在一起，但报警器的泄水管上应单独安装一个截止阀，不允许只在合用管段上安装一个阀门。

（5）水位计安装后应划出最高、最低水位的明显标志，最低安全水位比可见边缘水位至少应高 25mm；最高安全水位比可见边缘水位至少应低 25mm。

（6）当采用玻璃水位计时应安装防护罩，防止损坏伤人。

4．温度计的安装：

（1）本工程锅炉及热力管道上安装的温度计均为压力式温度计。

（2）安装时温度计的丝接部分应涂白色铅油，密封垫应涂机油石墨。温度计的温感器应装在管道的中心。温度计的毛细管应有规则的固定好，多余的部分应卷曲好固定在安全处，防止硬拉硬扯将毛细管扯断。

（3）温度计的表盘应安装在便于观察的地方。安装完毕应在表盘上画出高运行温度的标志。

5．减压阀的安装：

（1）安装前应检查减压阀的进场验收记录单，审查其使用介质、介质温度、减压等级、弹簧的压力等级（如公称压力为 $P=1.568MPa$ 的减压阀，配备有压力段为 $0\sim0.3MPa$、$0.2\sim0.8MPa$、$0.7\sim1.1MPa$ 三种减压段的弹簧，在本工程应配置 $0.7\sim1.1MPa$ 减压段的弹簧）等参数是否符合设计和规范的要求。

（2）安装前应将减压阀送到有检测资格的检测单位进行检测与校定，并出具检测报告试验单，方可进行就位安装。

（3）减压阀的进出口压力差应≥0.15MPa。

6．排污阀的安装：

（1）依据锅炉安全技术监察规程规定，排污阀安装前应送到相关检测单位进行检测与校验，并出具检测记录单。

（2）排污阀应为专用的快速排放的球阀或旋塞，不得采用螺旋升降的截止阀或闸板阀。

（3）排污管应尽量减少弯头，所有的弯头或弯曲管道均应采用煨制制造，其弯曲半径 $R \geqslant 1.5D$（$D$ 为管道外径）。排污管应按设计要求接到室外安全的排放地方。明管部分应加固定支架。其坡度应坡向室外。

（4）为了操作方便，排污阀的手柄应朝向外侧。

7. 烟囱的安装：

（1）烟囱的加工和验收：本工程采用每台锅炉独立排烟系统，各自有独立的烟囱。烟囱的材质为 $\delta = 8mm$ 冷轧钢板。为了保证质量，本工程拟委托专业加工厂加工。因此：

A. 编制加工工艺和加工质量的标准：主要有材质要求、原材料的除锈及防腐要求、焊工等级要求、焊接质量采用标准和要求、焊缝质量检测和检测报告记录要求、外观质量要求等。

B. 制定严格进场检查技术条件和检验制度：检测内容应有加工厂家的材质报告书、焊工等级证书、各种检测记录和加工质量报告书；外观检查有几何尺寸（直径、长度、厚度、圆度等）、防腐质量（遍数和结合紧密性、外表的光泽度）以及各项外观质量及数量。

（2）烟囱的吊装：

A. 烟囱的就位：用吊装设备将烟囱吊装就位，用拉绳调整烟囱的垂直度。

B. 烟囱的连接前应检查其位置、垂直度（允许偏差为 1/1000）、水平度、水平管道的支吊架等，烟囱的水平度、垂直度及防腐保温的各项指标和安装质量应符合 GB 50243—2002《通风与空调工程施工及验收规范》及 GBJ 304—88《通风与空调工程质量检验评定标准》的误差要求和质量要求。

C. 烟囱的连接采用石棉板绳作垫料，螺栓头一律朝上。螺栓外露长度为其直径的 0.5 倍。拧紧应对称拧紧，防止各个螺栓拧紧度不均，结合不严。

D. 烟囱拉绳的安装：拉绳应按设计要求成 120° 分布。拉绳与地平面成 45° 布置，在距离地面 ≥3m 的地方设绝缘子，以隔离其与地面的导电联系。在拉绳的适当位置设花篮螺栓以便拉紧拉绳，并拧紧绳卡和基础螺栓将烟囱固定。

E. 按设计要求做好烟囱穿越屋面的隔热保护套、填料和防水措施。

F. 按设计要求做好避雷线的安装与验收。

（3）烟囱的保温：

A. 烟囱的保温材料采用 $\delta = 50mm$ 厚的岩棉保温板，外表面保护层采用 $\delta = 0.5mm$ 厚的铝质薄板。订货时应按烟囱外径向厂家预订圆筒形保温壳为宜，以便于施工。

B. 安装前应严格进行材料进场检验，不合格品不得采用并一律退回。保温板就位前应进行挑选，以保证安装后烟囱的外径粗细一致。

C. 保温层的安装应自下而上，逐步推进，并用细铁丝捆绑牢靠。

D. 保温层安装后再进行铝薄板的外壳安装。铝薄板的加工和安装工艺应符合 GB 50243—97《通风与空调工程施工及验收规范》的技术要求。

E. 为防止雨水渗漏，在烟囱根部应加防雨罩。防雨罩应将土建的烟囱出口台度覆盖住，防雨罩的上端应与烟囱保温层的外保护层铆接牢靠，接缝处应用密封胶封堵严密。

### 6.3.3 锅炉附属设备的安装

1. 锅炉给水泵及其他输送泵的安装:

(1) 泵的开箱清点和检查应对零件、附件、备件、合格证、说明书、装箱单进行全面清点。数量是否齐全,有无损伤、缺件、锈蚀现象,各堵盖是否完好。

(2) 检查基础和划线。泵安装前应复测基础的标高、中心线,将中心线标在基础上,以检查预留孔或预埋地脚螺栓的准确度,若不准,应采取措施纠正。

(3) 泵就位于基础前,必须将泵底座表面的污浊物、泥土等杂物清除干净,将泵和基础中心线对准定位,要求每个地脚螺栓在预留孔洞中都保持垂直,其垂直度偏差不超过1/100;地脚螺栓离孔壁大于15mm,离孔底100mm以上。

(4) 泵的找平与找正。泵的找平与找正就是水平度、标高、中心线的校对。可分初平和精平两步进行。安装后水泵的实际标高与设计标高之间允许误差为 + 20mm、- 10mm。

(5) 水泵找正、找平后,用水准仪、百分表或测微螺钉、塞尺等工具检查时,其安装质量应符合下列要求:泵体水平度误差应≤0.1mm/m;轴向倾斜≤0.8mm/m; 径向位移≤0.1mm。

(6) 灌浆固定。上述工作完成后,将基础铲成麻面并清除污物,将碎石混凝土填满并捣实,浇水养护。

(7) 精平与清洗加油。当混凝土强度达到设计强度70%以上时,即可紧固螺栓进行精平。在精平过程中进一步找正泵的水平度、同轴度、平行度,使其完全达到设计要求后,就可以加油试运转。

(8) 水泵找正后将地脚螺栓拧紧,进行二次灌浆,以固定地脚螺栓和将水泵底座与基础表面间隙灌满。

(9) 试运转应检查密封部位、阀门、接口、泵体等有无渗漏,测定压力、转速、电压、轴承温度、噪声等参数是否符合要求。

2. 水泵配管的安装

(1) 水泵配管安装应在二次灌浆后,基础混凝土强度达到75%和水泵经过精校后进行。

(2) 管道与水泵泵体的连接不得强行扭合连接,且管道的重量不得附加在泵体上。

(3) 水泵吸水管的安装:为了不影响水泵的效率、运行功率、出水参数等,水泵吸水管安装时应注意如下事项:

A. 每台水泵宜设单独的吸水管(特别是消防水泵、吸水式水泵),若共用吸水管,吸水管应有一定的长度,以免运行时可能影响其他水泵的启动。

B. 水泵的吸水管如有变径,应采用上平下斜的偏心大小头,以免产生"气塞"。

C. 吸水管应具有沿水流方向向水泵入口不断上升直至入口的坡度,且坡度应不小于0.005。

D. 吸水管靠近水泵吸入口处应有一段长度约为 2～3 倍管径的直管段,避免直接安装弯头。否则水泵进口处流速不均匀,使水泵流量减少。

E. 吸水管段应有支撑件。

F. 吸水管段应尽量短,且少配弯头,一般不宜安装阀件,力求减少管道阻力损失。

G. 当水泵直接从管网抽水时(管道加压泵例外),应在吸水管上安装阀门、止回阀、压力表,并应设绕开泵的旁通管,旁通管上应装阀门。

H. 若水泵直接从蓄水池抽水,吸水管进口应在水池最低水位 0.5～1.0m 处;水泵底阀与水底距离一般不小于喇叭口的直径,且距池壁不小于 0.75～1.0$D$。

(4) 水泵出水管安装中应注意的事项

A. 出水管上应安装阀门、止回阀、压力表,止回阀应安装在靠近水泵一侧。

B. 在出水管可能滞留空气的拐弯处上部,应安排气阀。

C. 离心式水泵出水管的第一个拐弯处,若拐弯管与叶轮在同一平面内,拐弯应与叶轮转向一致,不宜逆向拐弯。

D. 并联运行水泵的出水管应先用连通管连接,连通后,再由连通管中部引出总出水管与总干管连接,不应直接与总干管连接,形成接点在总干管上成为串联接法。

3. 水泵的试运转

(1) 水泵试运转前应作以下检查:

A. 原动机(电机)的转向应符合水泵的转向。

B. 各紧固件连接部位不应松动。

C. 润滑油脂的规格、质量、数量应符合设备技术文件的规定;有预润滑要求的部位应按设备技术文件的规定进行预润滑。

D. 润滑、水封、轴封、密封冲洗、冷却、加热、液压、气动等附属系统管路应冲洗干净,保持通畅。

E. 安全保护装置应灵敏、齐全、可靠。

F. 盘车灵活、声音正常。

G. 泵和吸入管路必须充满输送的液体,排尽空气,不得在无液体的情况下启动;自吸式水泵的吸入管路不需充满输送的液体。

H. 水泵启动前的出入口阀门应处于下列启闭位置:

(A) 入口阀门全开;

(B) 出口阀门离心式水泵全闭,其他形式水泵全开(混流泵真空引水时全闭);

(C) 离心式水泵不应在出口阀门全闭的情况下长期运转;也不应在性能曲线的驼峰处运转,因在此点运行极不稳定。

(2) 泵在设计负荷下连续运转不应少于 2h ,且应符合下列要求:

A. 附属系统运转正常,压力、流量、温度和其他要求符合设备技术文件规定。

B. 运转中不应有不正常的声音。

C. 各静密封部位不应渗漏。

D. 各紧固连接部位不应松动。

E. 滚动轴承的温度不应高于 75℃,滑动轴承的温度不应高于 70℃。

F. 填料的温升正常;在无特殊要求的情况下,普通软填料宜有少量的渗漏(每分钟不超过 10～20 滴);机械密封的渗漏量不宜大于 10mL /h(每分钟约 3 滴)。

G. 电动机的电流应不超过额定值。

H. 泵的安全保护装置应灵敏、可靠。

I. 振动振幅应符合设备技术文件规定;如无规定,而又需要测试振幅时,测试结果应符合表 1.1.6 – 30 的要求(用手提振动仪测量)。

振幅测试结果　表 1.1.6 – 30

| 转速(r/min) | ≤375 | >375~600 | >600~750 | >750~1000 | >1000~1500 |
|---|---|---|---|---|---|
| 振幅≤(mm) | 0.18 | 0.15 | 0.12 | 0.10 | 0.08 |

| 转速(r/min) | >1500~3000 | >3000~6000 | >6000~12000 | >12000 | |
|---|---|---|---|---|---|
| 振幅≤(mm) | 0.06 | 0.04 | 0.03 | 0.02 | — |

(3) 运转结束后应做好如下工作:

A. 关闭泵出入口阀门和附属系统的阀门。

B. 输送易结晶、凝固、沉淀等介质泵,停泵后应及时用清水或其他介质冲洗泵和管路,防止堵塞。

C. 放净泵内的液体,防止锈蚀和冻裂。

(4) 填写水泵安装和试运行、调试记录单。

4. 贮水箱(膨胀水箱、凝结水箱、软化水箱、贮水箱等)的安装:详见 6.1.8 节。

5. 汽 – 水、水 – 水片式热交换器的安装:详见 6.1.10 节。

6. 软化水装置(含电子软化水装置、除氧器等)的安装:详见 6.1.9 节。

7. 锅炉鼓风机的安装:

(1) 安装前应做好设备进场开箱检验,办理检验手续,研读使用安装说明书,充分了解其结构尺寸和性能,加速施工进度,提高安装质量。

(2) 安装前应和水泵安装一样检查设备基础,验收合格后再就位安装。安装后按 GB 50243—97 相关条文要求进行单机试运转,并测试有关参数,填写试验记录单。

8. 分汽缸、分水器、集水器的安装:

分汽缸、分水器、集水器均属压力容器,其进货的生产厂家应具备有压力容器加工和生产的资格。安装前应对进货产品进行认真的检查和办理进场验收手续。还应上报压力容器监察机构审批,方可进行就位安装。其水压试验要求详见前面内容。分汽缸、分水器、集水器的保温采用石棉硅藻土涂抹,外包 $\delta = 0.5mm$ 铝薄板。

### 6.3.4 锅炉房管道的安装

1. 锅炉房管道的种类:

锅炉房管道可分为两大类。即工艺管道(锅炉的配管:有锅炉给水管道、蒸汽输送管道、冷凝水管道、排污放气管道等)、暖卫管道(供暖和给排水管道)。

2. 材料进场检验与验收

(1) 进场材料必须按材质种类、进场日期、型号、规格分批进行验收;验收时必须供方、使用(或监理)、施工三方在场共同进行验收;

(2) 验收前应检查合格证书、质量检验证书齐全,质量检验证书的填写和项目必须符合国家标准的规定。外观检查中应特别注意管材规格、厚度是否符合国家标准的要求。证书检查合格后再进行抽样检查,抽样检查率为 10%,但不少于 1 件(管件不少于 5 件)。

3. 管道的安装:

(1) 安装前的准备:由于锅炉房内管道分布密集、管道类型多,且一般情况下设计图纸的管道排列与现场实际情况脱离较大,因此安装前应先在纸面上按各类管道的安装间距和工艺要求重新进行排列。在排列中应特别注意减少管道的交叉和拐弯,使管道走向流畅合理、坡度坡向符合要求、外观整齐简洁明快,便于支架、保温、阀门以及控制元件、控制线路的安装与操作。然后再到现场进行核实与调整,最后在建筑物的维护结构面上放线。

(2) 预留孔洞及预埋件施工(详见 6.1.1 节)

(3) 管道安装

A. 无缝钢管和焊接钢管的安装:焊接钢管 $DN \leqslant 40$ 的采用丝扣连接(无缝钢管均采用焊接连接),$DN > 40$ 的采用焊接。与阀门等附件的连接视附件的连接方式而定,可采用丝接、焊接和法兰连接。采用丝接接口,安装时丝扣肥瘦应适中,外露丝扣不大于 3 扣。焊接接口是本工程的控制重点。

(A) 本工程热力管道采用氩弧焊焊接,其他管道采用手工电弧焊焊接。焊接工人必须有压力容器焊接操作的准许证,必须持证上岗。

(B) 管道采用对口焊接。坡口加工时,管道端面应与管道轴线垂直。垂直度可用直角尺检查,其最大偏差不得超过 1.5mm。坡口的加工采用机械方法加工,坡口有凹凸不平的应磨平。

(C) 管道的组对。管道组对时其错口值应符合《锅炉安装手册》的有关规定。组对前应将管口不圆的管道进行调圆、修整。组对时焊接两端的坡口及长度 15~20mm 内的管道内外壁表面的油漆、油污、锈迹、毛刺均应进行清理干净。为保证焊接质量,组对时管道对口的缝隙见表 1.1.6-31。

<table>
<tr><td colspan="4" style="text-align:center">组对时管道对口缝隙要求　　　　　　　　　　表 1.1.6-31</td></tr>
<tr><td>焊缝名称</td><td>管壁厚度(mm)</td><td>缝隙宽度(mm)</td><td>焊缝张角(°)</td></tr>
<tr><td>单面焊 V 形口</td><td>3~5</td><td>0.5~1</td><td>50~60</td></tr>
<tr><td>双面焊 V 形口</td><td>5~8</td><td>1.5~2.5</td><td>50~60</td></tr>
<tr><td>双面焊 X 形口</td><td>≥8</td><td>2.0~3.0</td><td>50~60</td></tr>
</table>

(D) 其外观质量要求焊缝表面无裂纹、气孔、弧坑和夹渣,焊接咬边深度不超过 0.5mm,两侧咬边的长度不超过管道周长的 20%,且不超过 40mm。

(E) 除了进行一般的质量检查外,尚应进行焊缝射线探伤检查。

采用法兰连接时,法兰端面应与管道的中心线垂直,两法兰之间的间距应符合规范规定,螺栓孔径和个数应相同(即压力等级应一样),螺栓孔应对齐。法兰的垫片应是封闭的,若需要拼接时其接缝应采用迷宫式的对接方式。当管内介质温度≥100℃时,螺栓、螺母应涂以二氧化钼油脂、石墨机油或石墨粉。

管道穿墙应预埋厚 $\delta \geqslant 1mm$,直径比管径大 2 号的套管、套管两端与墙面平,缝隙填充油麻密封;穿楼板应预埋套管,套管直径比穿管大 2 号,高出地面≥20,底部与楼板结构底面平。供暖管道安装中应特别注意暖气片进出水管甩口的位置,以免影响支管坡度的要求;与散热器连接的灯叉弯应在现场实地煨弯,弯曲半径应与墙角相适应,保证安装后美观和上下整齐。配电室或控制室内的管道应采用焊接接口,不得有丝扣、法兰等活接口,散热器和管道的放气、泄水管应引到喷水喷不到电器设备的地方。

为了配合检测和测试的需要,在管道安装时应按设计和施工前拟定的位置安装测试探头的测孔。

B. 镀锌钢管的安装、PVC – U 等硬聚氯乙烯排水管,铸铁上、下水管道安装,管道和设备的防腐与保温(详见 6.1.2 节)。

C. 管道的试验:详见 2.2.11 节。

### 6.3.5 卫生洁具、消火栓箱、散热器、阀门的安装

详见 6.1 节。

### 6.3.6 锅炉及其他系统的调试

1. 供暖系统的热工调试:按(94)质监总站第 036 号第四部分第 20 条规定进行调试,按高区、低区分系统填写记录单。

2. 水泵、风机、热交换器等的单机试运转:水泵的单机试运转详况见水泵安装部分。为了测流量,应在机组前后事先安装测试口,以便安装测试仪表。水泵等设备的单机试运转应在安装预检合格和配管安装后进行,每台设备应有独立的安装预检记录单和单机运转试验单。试运转记录单中应有流量、扬程、转速、功率、轴承和电机发热的温升、噪声的实测数据及运转情况记录。

3. 软化水系统应进行联合运行试运转。并测试处理后的水质相关的各项指标。

4. 锅炉的各项参数测试和试运转:

(1)锅炉的煮炉试验:本工程选用的锅炉为德国菲斯曼公司的 16t/h 燃油燃气两用锅炉,按厂家要求,出厂时已对炉内进行清洁处理,为避免炉体化学损伤厂家不同意进行煮炉试验。

(2)锅炉联合试运行试验:锅炉机组及其附属系统的单机试运行与联合试运行同期进行。

A. 锅炉启动的准备:启动前应检查炉内及系统内有无遗留物品,各相关阀门和检测仪表是否处于启动的开启或关闭状态;

B. 炉水是否注满或注到应有的水位,循环泵、给水泵、鼓风机的运转是否正常,安全阀、水位计、电控及电源系统、燃气供应系统、燃烧设备的调试是否达到运行条件,给水水质是否符合要求;

C. 送风系统的漏风试验已经进行(可用正压法进行试验,即关闭炉门、灰门、看火孔、

烟道排烟门等,然后用鼓风机鼓风,炉内能维持 50~100Pa 正压;再用发烟设备产生烟雾,由送风机吸入口吸入,送入炉内,检查无渗漏为合格);

D. 调整安全阀的启动压力,锅炉带负荷运行 24~48h,运行正常为合格;

E. 运行过程应检查锅炉设备及附属设备的热工性能和机械性能;测试给水、炉水水质、炉膛温度、排烟温度及烟气的含尘、含硫化合物、含氮化合物、一氧化碳、二氧化碳等有害物质的浓度是否符合国家规定的排放标准(此项应事先委托环保部门测试)。同时测试锅炉的出率(即发热量或蒸发量)、压力、温度等参数;与此同时测试给水泵、引(鼓)风机的相关参数。

5. 锅炉安装工程的验收:在试运转的末期,应请建设、监理、设计、劳动部门、环保部门到场,共同对锅炉设备及其附属设备、管道系统安装、控制系统进行验收,并办理验收手续。

6. 燃气安装工程:因由甲方直接外包给燃气公司,其施工技术管理资料及试验工作由甲方监督执行,但是甲方应向我方出具安装质量等证明书,并将证明书归入施工资料中。

# 7　工期目标与保证实现工期目标的措施

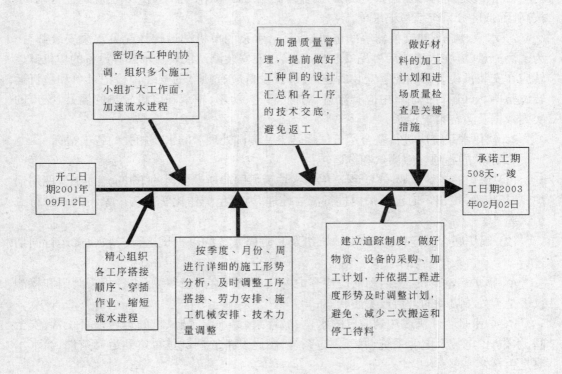

# 8 现场管理的各项目标和措施

## 8.1 降低成本目标及措施

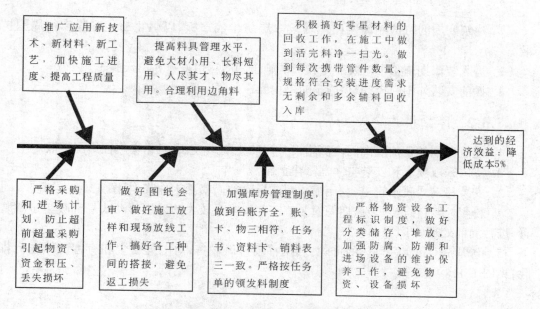

推广应用新技术、新材料、新工艺，加快施工进度、提高工程质量

提高料具管理水平，避免大材小用、长料短用、人尽其才、物尽其用。合理利用边角料

积极搞好零星材料的回收工作，在施工中做到活完料净一扫光。做到每次携带管件数量、规格符合安装进度需求无剩余和多余辅料回收入库

达到的经济效益：降低成本5%

严格采购和进场计划，防止超前超量采购引起物资、资金积压、丢失损坏

做好图纸会审、做好施工放样和现场放线工作；搞好各工种间的搭接，避免返工损失

加强库房管理制度，做到台账齐全，账、卡、物三相符，任务书、资料卡、销料表三一致。严格按任务单的领发料制度

严格物资设备工程标识制度，做好分类储存、堆放，加强防腐、防潮和进场设备的维护保养工作，避免物资、设备损坏

## 8.2 文明施工现场管理目标及措施

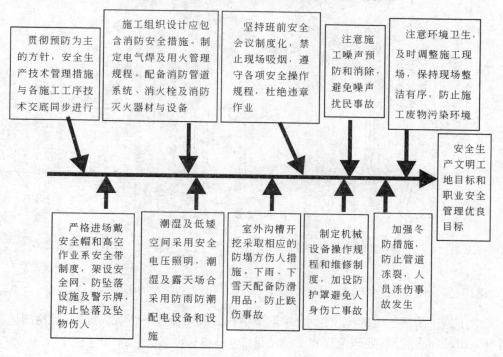

贯彻预防为主的方针，安全生产技术管理措施与各施工工序技术交底同步进行

施工组织设计应包含消防安全措施。制定电气焊及用火管理规程。配备消防管道系统、消火栓及消防灭火器材与设备

坚持班前安全会议制度化，禁止现场吸烟，遵守各项安全操作规程，杜绝违章作业

注意施工噪声预防和消除，避免噪声扰民事故

注意环境卫生，及时调整施工现场，保持现场整洁有序，防止施工废物污染环境

安全生产文明工地目标和职业安全管理优良目标

严格进场戴安全帽和高空作业系安全带制度，架设安全网、防坠落设施及警示牌，防止坠落及坠物伤人

潮湿及低矮空间采用安全电压照明，潮湿及露天场合采用防雨防潮配电设备和设施

室外沟槽开挖采取相应的防塌方伤人措施。下雨、下雪天配备防滑用品，防止跌伤事故

制定机械设备操作规程和维修制度，加设防护罩避免人身伤亡事故

加强冬防措施，防止管道冻裂，人员冻伤事故发生

# 8.3 环境保护措施

## 8.3.1 隔声隔尘措施

1．建筑四周的防护隔离网内侧增设一层防尘隔声板,以阻止粉尘和噪声往周围扩散。

2．进入装修期施工中对发声量较大的施工工序尽量安排在白天施工。

3．提前安装外围门窗,减少施工时室内噪声外溢。

## 8.3.2 降尘措施

1．建筑四周的防护隔离网内侧增设一层防尘隔声板,以阻止噪声往周围扩散。

2．室内采取喷水和安装自净器降尘措施。

3．安装移动式喷水管道,利用喷头对准拆除墙面喷洒水珠降尘(图1.1.8-1)。

4．粉尘控制:在进入装修期间对装修工艺发尘量较大的采用移动式局部吸尘过滤装置,进行局部处理(图1.1.8-3)。

5．电焊粉尘和有害气体的排除:利用移动排风设备,对电焊粉尘和有害气体进行排除,见图1.1.8-2。

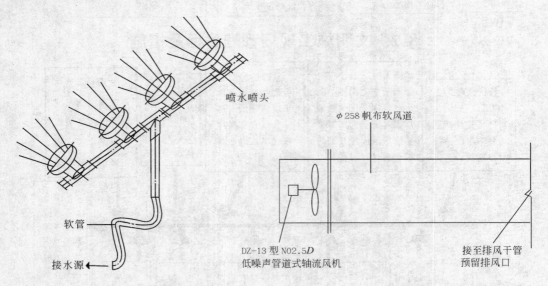

图1.1.8-1 移动式喷水降尘装置          图1.1.8-2 移动式电焊排烟装置

## 8.3.3 施工污水的处理

对于施工阶段产生的施工污水,采取集中排放到沉淀池进行沉淀处理,经检测达标后再排入市政污水管网(处理流程和示意图见图1.1.8-4)。

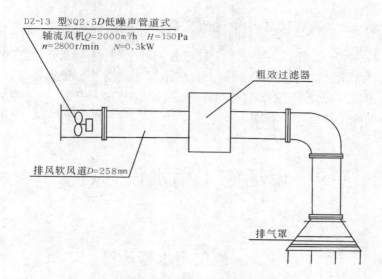

图 1.1.8-3 移动式除尘装置

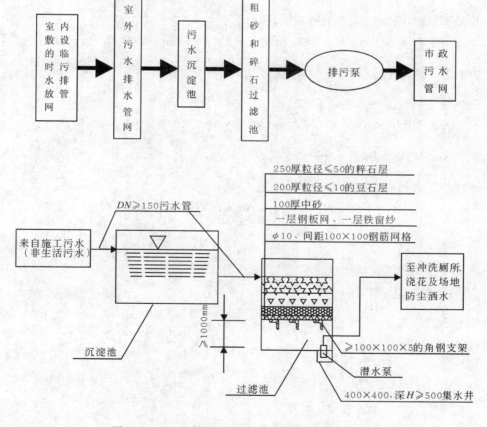

图 1.1.8-4 现场施工污水处理流程和结构示意图

### 8.3.4 加强协调确保环保措施的实现

定期召开协调会议,除了加强施工全过程各工种之间、总包和分包之间施工工序、技术矛盾、进度计划的协调,将所有矛盾解决在实施施工之前外。做到各专业之间(总包单位内部、总包单位与分包单位之间)按科学、文明的施工方法施工,避免各自为政无序施工,造成严重的施工环境污染事故。

# 9　现场施工用水设计(一)

## 9.1　施工用水量计算

### 9.1.1　现场施工用水

按最不利施工阶段(粗装修抹灰阶段)计算:

$$q_1 = 1.05 \times 100 (\text{m}^3/\text{d}) \times 700\text{L}/\text{m}^3 \times 1.5(2\text{b}/\text{d} \times 8\text{h}/\text{b} \times 3600\text{s}/\text{h})^{-1} = 1.92\text{L}/\text{s}$$

### 9.1.2　施工机械用水

现场施工机械需用水的是运输车辆:

$$q_2 = 1.05 \times 10 \text{ 台} \times 50\text{L}/\text{台} \times 1.4(2\text{b} \times 8\text{h}/\text{b} \times 3600\text{s}/\text{h})^{-1} = 0.013\text{L}/\text{s}$$

### 9.1.3　施工现场饮水和生活用水

现场施工人员高峰期为1300人/d,则:

$$q_3 = 1300 \times 50 \times 1.4(2\text{b} \times 8\text{h}/\text{b} \times 3600\text{s}/\text{h})^{-1} = 1.56\text{L}/\text{s}$$

### 9.1.4　消防用水量

1. 施工现场面积小于 $25\text{hm}^2$
2. 消防用水量　　$q_4 = 10\text{L}/\text{s}$

### 9.1.5　施工总用水量 $q$

$$\because q_1 + q_2 + q_3 = 3.493\text{L}/\text{s} < q_4 = 10\text{L}/\text{s}$$

$$\therefore q = q_4 = 10\text{L}/\text{s} = 0.01\text{m}^3/\text{s} = 36\text{m}^3/\text{h}$$

## 9.2 贮水池计算

### 9.2.1 消防 10min 用水储水量

$$V_1 = 10 \times 10 \times 60/1000 = 6 m^3$$

### 9.2.2 施工用水蓄水量

$$V_2 = 4 m^3$$

### 9.2.3 贮水池体积 $V$

$$V = 10 m^3$$

## 9.3 水泵选型

### 9.3.1 水泵流量

$$G \geqslant 36 m^3/h$$

### 9.3.2 水泵扬程估算

$$H = \sum h + h_0 + h_s + h_1 = 4 + 3 + 10 + 38.8 = 55.8 \approx 56 \ m = 0.56 MPa$$

式中　　$H$——水泵扬程($mH_2O$)；

　　　$\sum h$——供水管道总阻力($mH_2O$)；

　　　$h_0$——水泵吸入段的阻力($mH_2O$)；

　　　$h_s$——用水点平均资用压力($mH_2O$)；

　　　$h_1$——主楼用水最高点与水泵中心线高差静水压力($h_1 = 38.8m$)($mH_2O$)。

### 9.3.3 水泵选型

选用 DA1 – 80×5 型多级离心式水泵，$G = 32.4 \ m^3/h$、$H = 56.75 mH_2O$、$n = 2920 r/min$、功率 $N = 7.5 kW$、泵出口直径 $DN = 80$，进口直径 $DN = 80$。

## 9.4 输水管道管径计算

$$D = [4G(\pi v)^{-1}]^{0.5} = [4 \times 0.010(2.5 \times \pi)^{-1}]^{0.5} = 0.0714 m \approx 80 mm$$

取 $DN = 80$

式中　　$D$——计算管径(m)；

　　　$DN$——公称直径(mm)；

$G$——流量$(m^3/s)$;

$v$——流速(按消防时管内流速考虑取 $v = 2.5m/s(m/s)$)。

## 9.5 施工现场供水管网平面布置图

详见附图(图 1.1.9－1～图 1.1.9－4)或土建施工组织设计。

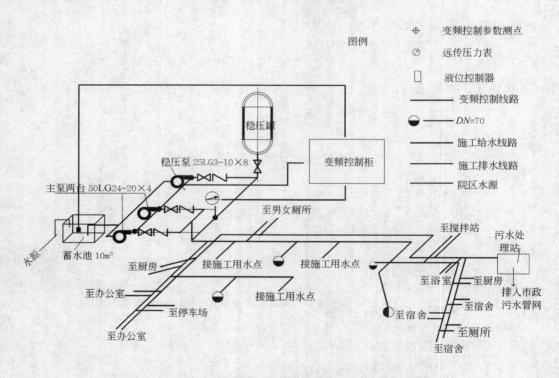

图 1.1.9－1 肿瘤医院外科病房工程施工给水排水示意图

# 10 现场施工用水设计(二)

## 10.1 施工用水量计算

### 10.1.1 现场施工用水

按最不利施工阶段(结构施工现浇混凝土阶段)计算:

$$q_1 = 1.05 \times 300(m^3/d) \times 700L/m^3 \times 1.5(3b/d \times 8h/b \times 3600s/h)^{-1} = 3.83L/s$$

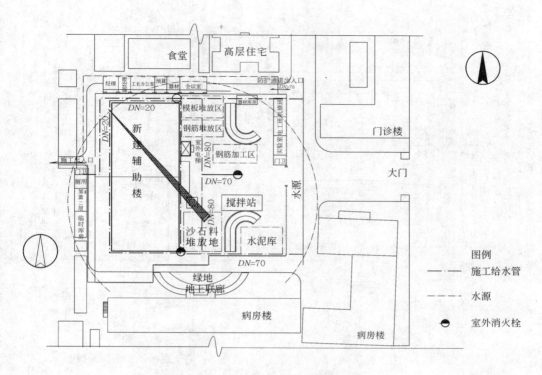

图 1.1.9-2　施工用水平面布置图

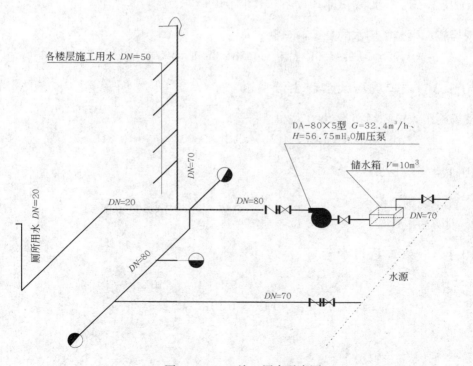

图 1.1.9-3　施工用水示意图

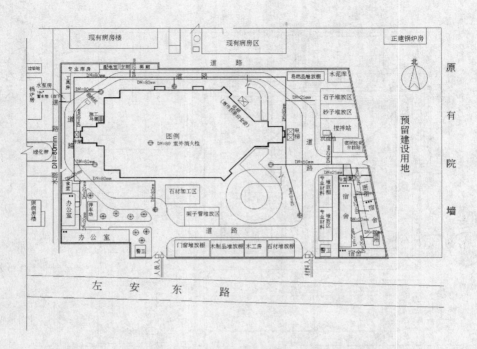

图 1.1.9-4　中国医学科学院肿瘤医院外科病房工程施工现场供水平面布置图

### 10.1.2　施工机械用水

现场施工机械需用水的是运输车辆

$$q_2 = 1.05 \times 10\,台 \times 50L/台 \times 1.4(3b \times 8h/b \times 3600s/h)^{-1} = 0.0085L/s$$

### 10.1.3　施工现场饮水和生活用水

现场施工人员高峰期为 1000 人/d,则

$$q_3 = 1000 \times 50 \times 1.4(3b \times 8h/b \times 3600s/h)^{-1} = 0.81L/s$$

### 10.1.4　消防用水量

1. 施工现场面积小于 25hm$^2$

2. 消防用水量　　　$q_4 = 10\ L/s$

### 10.1.5　施工总用水量 $q$

$$\because q_1 + q_2 + q_3 = 4.65L/s < q_4 = 10L/s$$

$$\therefore q = q_4 = 10\ L/s = 0.01m^3/s = 36m^3/h$$

## 10.2 贮水池计算

### 10.2.1 消防 10min 用水量

$$V_1 = 10 \times 10 \times 60/1000 = 6 \mathrm{m}^3$$

### 10.2.2 施工用水蓄水量

$$V_2 = 3 \mathrm{m}^3$$

### 10.2.3 贮水池体积 $V$

$$V = 9 \mathrm{m}^3$$

## 10.3 水泵选型

### 10.3.1 水泵流量

$$G \geqslant 36 \mathrm{m}^3/\mathrm{h}$$

### 10.3.2 水泵扬程估算

$$H = \sum h + h_0 + h_s + h_1 = 8 + 3 + 10 + 64 \approx 85 \ \mathrm{m} \approx 0.9 \ \mathrm{MPa}$$

式中　$H$——水泵扬程($\mathrm{mH_2O}$);
　　　$\sum h$——供水管道总阻力($\mathrm{mH_2O}$);
　　　$h_0$——水泵吸入段的阻力($\mathrm{mH_2O}$);
　　　$h_s$——用水点平均资用压力($\mathrm{mH_2O}$);
　　　$h_1$——主楼用水最高点与水泵中心线高差静水压力 $h_1 = 64\mathrm{m}(\mathrm{mH_2O})$。

### 10.3.3 水泵选型

选用北京科进电子技术开发公司的 WPSA-22/Ⅱ(60/80)型变频泵组,$G = 36 - 60 - 70 \ \mathrm{m}^3/\mathrm{h}$、$H = 92.5 - 80 - 72.5 \ \mathrm{mH_2O}$,泵出口直径 $DN = 80$,泵型号为 6.5DL80×5 两台,每台泵功率 $N = 15\mathrm{kW}$。

## 10.4 输水管道管径计算

$$D = [4G(\pi v)^{-1}]^{0.5} = [4 \times 0.01(2.5 \times \pi)^{-1}]^{0.5} = 0.0714 \ \mathrm{m}$$

取 $DN = 80$
式中　　$D$——计算管径(m);

$DN$——公称直径(mm);

$G$——流量(m³/s);

$v$——流速(按消防时管内流速考虑取 $v = 2.5$m/s(m/s)。

## 10.5　施工现场供水管网布置图

详见附图或土建施工组织设计。

# 第二篇　实　　例

# 一、某办公楼加固整修工程施工组织设计

# 1 编制依据和采用标准、规程

## 1.1 编制依据

编制依据见表 2.1.1 - 1。

编 制 依 据　　　　　　　　　　　　　　　　　　表 2.1.1 - 1

| 1 | 某办公楼加固整修工程招标文件 |
|---|---|
| 2 | 建设部建筑设计院工程设计号 601"某办公楼加固整修工程"暖卫通风空调工程施工图设计图纸 |
| 3 | 总公司 ZXJ/ZB0100 - 1999《质量手册》 |
| 4 | 总公司 ZXJ/ZB0102 - 1999《施工组织设计控制程序》 |
| 5 | 总公司 ZXJ/AW0213 - 2001《施工方案管理程序》 |
| 6 | 工程设计技术交底、施工工程概算、现场场地概况 |
| 7 | 国家及北京市有关文件规定 |

## 1.2 采用标准和规程

采用标准和规程见表 2.1.1 - 2。

采用标准和规程　　　　　　　　　　　　　　　　　　表 2.1.1 - 2

| 序号 | 标 准 编 号 | 标　准　名　称 |
|---|---|---|
| 1 | GBJ 242—82 | 采暖与卫生工程施工及验收规范 |
| 2 | GB 50045—95 | 高层民用建筑设计防火规范 |
| 3 | GB 50166—92 | 火灾自动报警系统施工及验收规范 |
| 4 | GB 50193—93 | 二氧化碳灭火系统设计规范 |
| 5 | GB 50219—95 | 水喷雾灭火系统设计规范 |
| 6 | GB 50231—98 | 机械设备安装工程施工及验收通用规范 |
| 7 | GB 50235—97 | 工业金属管道工程施工及验收规范 |
| 8 | GB 50236—98 | 现场设备、工业管道焊接工程施工及验收规范 |
| 9 | GB 50243—97 | 通风与空调工程施工及验收规范 |
| 10 | GB 50261—96 | 自动喷水灭火系统施工及验收规范 |
| 11 | GB 50263—97 | 气体灭火系统施工及验收规范 |

| 序号 | 标 准 编 号 | 标 准 名 称 |
|---|---|---|
| 12 | GB 50264—97 | 工业设备及管道绝热工程设计规范 |
| 13 | GB 50268—97 | 给水、排水管道工程施工及验收规范 |
| 14 | GB 50274—98 | 制冷设备、空气分离设备安装工程施工及验收规范 |
| 15 | GB 50275—98 | 压缩机、风机、泵安装工程施工及验收规范 |
| 16 | GB 6245—98 | 消防泵性能要求和试验方法 |
| 17 | CECS 94:97 | 建筑排水用硬聚氯乙烯螺旋管管道工程设计、施工及验收规范 |
| 18 | CJJ/T 29—98 | 建筑排水硬聚氯乙烯管道工程技术规程 |
| 19 | CJJ/T 53—93 | 民用房屋修缮工程施工规范 |
| 20 | GBJ 14—87 | 室外排水设计规范(1997 年版) |
| 21 | GBJ 15—88 | 建筑给水排水设计规范(1997 年版) |
| 22 | GB 50019—2003 | 采暖通风与空气调节设计规范 |
| 23 | GBJ 84—85 | 自动喷水灭火系统设计规范 |
| 24 | GBJ 93—86 | 工业自动化仪表工程施工及验收规范 |
| 25 | GBJ 106—87 | 给水、排水制图标准 |
| 26 | GBJ 114—88 | 采暖通风与空气调节制图标准 |
| 27 | GBJ 126—89 | 工业设备及管道绝热工程施工及验收规范 |
| 28 | GBJ 300—88 | 建筑安装工程质量检验评定标准 |
| 29 | GBJ 302—88 | 建筑采暖卫生与煤气工程质量检验评定标准 |
| 30 | GBJ 304—88 | 通风与空调工程质量检验评定标准 |
| 31 | TGJ 305—75 | 建筑安装工程质量检验评定标准(通风机械设备安装工程) |
| 32 | GB 50184—93 | 工业金属管道工程质量检验评定标准 |
| 33 | GB 50185—93 | 工业设备及管道绝热工程质量检验评定标准 |
| 34 | DBJ 01—26—96 | 北京市建筑安装分项工程施工工艺规程(第三分册) |
| 35 | DBJ 01—51—2000 | 建筑安装工程资料管理规程 |
| 36 | (94)质监总站第 036 号文件 | 北京市建筑工程暖卫设备安装质量若干规定 |
| 37 | 91SB 系列 | 华北地区标准图册 |
| 38 | 国家建筑标准设计图集 | 暖通空调设计选用手册　　上、下册 |
| 39 | 中国建筑工业出版社 | 通风管道配件图表(全国通用)　　1997.10 出版 |
| 40 | 国家建筑标准设计 | 给水排水标准图集 合订本 S1 上、下,S2 上、下,S3 上、下 |

# 2 工程概况

## 2.1 工程简介

### 2.1.1 建筑设计的主要元素(表2.1.2-1)

建筑设计的主要元素 表2.1.2-1

| 项 目 | 内 容 |
|---|---|
| 工程名称 | ××办公楼加固整修工程 |
| 建设单位 | ××××办公楼加固整修工程指挥部 |
| 设计单位 | 建设部建筑设计院 |
| 地理位置 | 北京市××区××大街××号 |
| 建筑面积 | 24315.76m² |
| 建筑层数 | 地下1层,地上15层 |
| 檐口高度 | 50.90m |
| 建筑总高度 | 61.00m |
| 结构形式 | 现浇钢筋混凝土框架剪力墙结构 |
| 抗震等级 | 安全等级2级、框架抗震等级2级、剪力墙抗震等级3级 |

### 2.1.2 建筑各层的主要用途(表2.1.2-2)

建筑各层的主要用途 表2.1.2-2

| 层数 | 层高 (m) | 用途 | | | |
|---|---|---|---|---|---|
| | | Ⅰ段 | Ⅱ段 | | Ⅲ段 |
| | | | (29)~(53) | (53)~(59) | |
| -1 | — | 设备层(地面标高-2.00m)热水机房(地面标高-5.55m) | 库房、厨房(层高3.60m)、大餐厅(层高7.62m) | 门厅(层高7.62m)、厕所、库房(层高3.60m) | 设备层(地面标高-2.00m) |
| 1 | — | 门厅、电梯厅等(层高5.62m)、贵宾接待室(层高7.10m) | 夹层(层高3.92m)、大餐厅上空 | 夹层(层高3.92m)、大餐厅上空 | 变电室、柴油机房、空调机房 |

| 层数 | 层高 (m) | 用 | | | 途 |
|---|---|---|---|---|---|
| | | Ⅰ段 | Ⅱ段 | | Ⅲ段 |
| | | | (29)~(53) | (53)~(59) | |
| 2 | — | 电梯厅、办公室、档案室等(层高3.60m)及门厅、贵宾接待室上空 | 会议室(层高3.92m)、综合会议室(层高5.33m) | 办公室、会议室(层高3.60) | 档案馆 |
| 3 | 3.60 | 办公室、会议室 | 办公室、综合会议室上空 | 办公室 | 办公室、会议室 |
| 4 | 3.60 | 办公室 | 办公室 | | 数码设备存放、屏蔽室、机房、复印室、办公室 |
| 5 | 3.60 | 办公室 | 办公室 | | 办公室、会议室 |
| 6 | 3.60 | 办公室 | 办公室 | | 办公室、会议室 |
| 7 | 3.60 | 办公室 | 办公室 | | 办公室、会议室 |
| 8 | 3.60 | 办公室 | 办公室、健身房 | 办公室 | 办公室、会议室 |
| 9 | 3.60 | 办公室 | 办公室、健身房上空(层高3.98m) | 办公室(层高3.98m) | 办公室、会议室 |
| 10 | 3.60 | ××机房、UPS室、备件维修等 | | | 监控室、配电室、学习室、办公室、电话室、电瓶室 |
| 11 | 3.60 | 开发室、办公室、网络设备室、资料室等 | | | 监控室、开发机房、主机房、钢瓶室 |
| 12 | 3.60 | 办公室及(23)~(31)轴屋面 | 屋 面 | | |
| 13 | 4.50 | 办公室、休息厅、网络设备室、培训教室 | | | 屋 面 |
| 14 | 4.50 | 网络设备室、休息厅上空、电梯机房 | | | |
| | 3.68 | 水箱间 | | | |

# 2.2 室内设计参数

室内设计参数

表2.1.2－3

| 房间名称 | 夏季室内温度(℃) | 夏季室内相对湿度(%) | 冬季室内温度(℃) | 冬季室内相对湿度(%) | 新风补给量(m³/h) | 新风换气次数(次/h) |
|---|---|---|---|---|---|---|
| 办公室休息室 | 25~27 | ≤60 | 20 | — | — | — |
| 会议室 | 25~27 | ≤60 | 20 | — | 30 | — |

| 房间名称 | 夏季室内温度(℃) | 夏季室内相对湿度(%) | 冬季室内温度(℃) | 冬季室内相对湿度(%) | 新风补给量(m³/h) | 新风换气次数(次/h) |
|---|---|---|---|---|---|---|
| 综合会议室 | 25~27 | ≤60 | 20 | — | 30 | — |
| 餐厅 | 23±2 | ≤60 | 18 | — | 25 | — |
| 主机房 | 23±2 | 55±10 | 20±2 | 55±10 | 50 | — |
| 水泵房 | — | — | — | — | — | 4 |
| 变配电间 | — | — | — | — | — | 8 |
| 卫生间 | — | — | — | — | — | 10 |

## 2.3  供暖工程

### 2.3.1  热源和设计参数

1. 热源:热力站引出的热水供暖热力外管网。

2. 设计参数:热媒参数为 90℃/70℃热水,建筑热负荷为 $Q$ = 1250kW,系统总阻力 $H_h$ = 30000kPa,设计系统工作压力 $P$ = 60.0mH₂O = 0.6MPa。

3. 供暖范围:Ⅰ、Ⅱ、Ⅲ段地上一层以上办公室、会议室、门厅、机房、餐厅等。

### 2.3.2  供暖系统热源、热力入口与系统划分

供暖系统热源设在 1991 年改建的Ⅰ段热水机房内。

1. 供回水干管(一次热水 90℃/70℃)入口及该楼热力站位置:由热水机房引入的供回水干管入口位于(4)–(5)轴与Ⅲ段(31)轴墙体相交处。系统热力站分水器和集水器仍然设在Ⅲ段地下一层(4)~(9)与(26)~(31)轴交叉的网格内。

2. 供回水(一次热水 90℃/70℃)干管的直径和标高:供回水干管的直径 $DN$ = 150(图纸未注明)、供回水干管标高图纸未提供。

3. 系统的划分:全楼供暖系统主要分为三大系统。即Ⅰ段供暖系统、Ⅱ段供暖系统、Ⅲ段供暖系统。供暖系统采用上供下回单管穿流同程式供暖系统。供水总干管接入分水器后分两路向三大系统供水。回水干管分三路接入集水器。

(1) 第一分路:第一路供回水干管 $DN$ = 100 接至Ⅰ段(10)轴与(29)轴交叉处供暖竖井内与供水总立管 $DN$ = 100 连接,在此总立管上又分两个支路,分别向Ⅰ段和Ⅲ段室内暖气供热。

A. Ⅲ段供暖系统(第一大系统):干管敷设在第十层吊顶内,分别沿Ⅲ段外墙敷设,向系统的立管(56)~(62)和立管(63)~(69)供水,为上供下回系统(十一层为下供下回式)。回水支干管在地下一层汇合后,沿顶板下 –1.20m 敷设($DN$ = 70),接至集水器。

B. Ⅰ段供暖系统(第二大系统):干管沿第十二层吊顶内敷设,向立管(1)~(6)和立管(7)~(14)供水。南分支路的回水干管沿地上二层敷设,由回水立管(3－HL)和(3－1L)接至地下一层原暖气沟内与地下一层北分支路回水支干管汇合后,顺原地沟敷设接至集水器。

(2) 第二分路Ⅱ段供暖系统(第三大系统):供回水干管 $DN=125$ 沿原Ⅰ段地下一层暖气地沟敷设,向Ⅱ段第三大系统供水;回水总干管 $DN=125$ 也沿原Ⅰ段地下一层的暖气沟敷设,接至Ⅲ段热力站内的集水器。

A. Ⅱ段主体供暖系统:

(A) Ⅱ段(46)轴以西主体供暖系统:分总立管 G1,干管敷设在八层吊顶内,向立管(15)~(20)和(21)~(26)供热。此系统北侧的回水干管敷设在地上三层标高 ＋11.80m 处,其余均敷设在地下一层的管沟内;

(B) Ⅱ段(46)~(53)轴主体供暖系统:分总立管 G2( $DN=100$ ),干管敷设在八层吊顶内,向立管(27)~(33)和(34)~(40)供热。此系统北侧的回水干管敷设在地上三层标高 ＋11.80m 处,其余均敷设在地下一层的管沟内;

(C) Ⅱ段(53)~(59)轴之间主体供暖系统:分总立管 G2( $DN=100$ )干管 $DN=70$ 在八层吊顶内,沿(53)轴进入立管(34)之前的中点附近,又分出一支干管连接的供暖干管,向立管(41)~(45)和立管(46)~(55)供热。此系统的回水干管敷设在地下一层的管沟内。

B. Ⅱ段扩建部分供暖系统:标高 －2.67m 的供水总干管 $DN=125$ 进入Ⅱ段主体分出总立管 G1( $DN=70$ )后,总干管管径变为 $DN=100$ ,至(43)轴又分出一支路 $DN=70$ 至标高 ＋0.60m,再向北敷设至(43)轴与(1/6)轴交叉处,分两个小支路向该区房间供暖。

(A) Ⅱ段扩建部分一层(1/1)~(1/7)轴间库房、厨房供暖系统:供水干管 $DN=40$ 至(1/6)轴又分两路,向南侧一层的库房、厨房供暖立管(70)~(78)供热和向北侧一层的库房供暖立管(79)~(94)供热,此系统的回水干管与供水干管均敷设在地沟内,是下供下回系统;

(B) Ⅱ段扩建部分二层综合会议厅供暖系统:支路(2GL) $DN=50$ ,供回水干管敷设在吊顶内,向二层综合会议厅的立管(94)~(107)供热。回水通过立管(2HL)接至地下一层管沟内,再与Ⅱ段一层主管沟内的回水干管汇合,送回Ⅲ段热力站的集水器。

### 2.3.3　Ⅰ段首层门厅的风机盘管供暖系统

因此处采用落地窗,无法安装散热器,故采用 60℃/50℃ 热媒的风机盘管供暖系统,热耗失 95kW。风机盘管共六台型号为 FP－20,每台散热量 $Q_R=14200W$、风机功率 $N=200W$。

### 2.3.4　膨胀水箱

原有屋顶膨胀水箱间内规格为 2000mm×1400mm×1400mm 的膨胀水箱,改安装在Ⅲ段地下室的膨胀水罐(详招标文件附件五第八条,膨胀水罐规格不详)。

### 2.3.5 采用材质和连接方法

供暖管道 $DN \geqslant 100$ 采用无缝钢管，$DN < 100$ 采用焊接钢管；$DN \leqslant 32$ 为丝扣连接，$DN \geqslant 40$ 为焊接连接。管道采用 $\delta = 40mm$ 超细离心玻璃棉管壳保温，外包玻璃丝布并刷白漆两道。散热器一至五层采用钢制三柱 3075 型散热器；六层以上采用原有四柱 813 型灰铸铁散热器。阀门 $DN \geqslant 70$ 采用双偏心钢制对夹蝶阀，聚四氟乙烯密封；$DN \leqslant 50$ 采用铜质闸阀。

# 2.4 通风空调工程

### 2.4.1 一般通风工程

主要有排风、送风、新风换气机和局部排气扇系统。

1. 排风系统及局部排气扇：地下室（P-1）、首层变配电室（P-2）、首层厨房（P-3）、卫生间（P-4、P-5）采用机械排风，餐厅、办公室等采用局部排气扇排风。

（1）P-1 排风系统：P-1 是Ⅲ段地下一层水泵房、备用房（安装供暖分水器、集水器等用房）的排风系统。排风机采用 GXF-5-A 型斜流风机，$G = 6856m^3/h$、全压 $H = 254Pa$、$n = 1450r/min$、$N = 0.75kW$。室外铝合金防雨百叶排风口安装在（31）轴墙上，规格为 $1000mm \times 800mm$，标高 $-1.70m$。系统配有 $A \times B = 700 \times 550$ 阻抗复合式消声器一个。

（2）P-2 排风系统：P-2 是Ⅲ段首层变配电室的排风系统。排风机采用 GXF-5-A 型斜流风机，$G = 6856m^3/h$、全压 $H = 254Pa$、$n = 1450r/min$、$N = 0.75kW$。室外铝合金防雨百叶排风口安装在（31）轴墙上，规格为 $2000mm \times 600mm$，标高 $+4.05m$。系统配有 $A \times B = 700mm \times 550mm$ 阻抗复合式消声器和 $2000mm \times 900mm \times 700mm$ 风道连接箱各一个。

（3）P-3 排风系统：P-3 是Ⅱ段首层（52）-（53）轴厨房的排风系统。排风机采用 GFW-8B 型轴流排烟风机，$G = 16214m^3/h$、全压 $H = 396Pa$、$n = 960r/min$、$N = 3.0kW$，安装在九层屋面上。排风管道断面为 $1000mm \times 300mm$，排风竖管沿（53）轴与（8）轴交叉处敷设至九层屋顶。

（4）P-4 排风系统：P-4 是Ⅰ段卫生间的排风系统。排风机采用 GXF-5.5-A 型斜流风机，$G = 7891m^3/h$、全压 $H = 427Pa$、$n = 1450r/min$、$N = 1.5kW$，风机安装在十三层屋面上。每层男女厕所均安装有排风扇（男厕为 BPT18-44A、女厕 BPT18-34A 各一台）、排风道和 $400mm \times 200mm$（$t = 70℃$）防火阀一个，排风排入土建通风竖井，再由屋顶斜流风机排向室外。

（5）P-5 排风系统：P-5 是Ⅱ段卫生间和四、五层Ⅱ段带卫生间 A 型办公室卫生间的排风系统。风机安装在十三层屋面上。每层男女厕所均安装有排风扇（男厕为四台或五台 BPT18-44A、女厕为四台 BPT18-34A 排气扇，A 型办公室卫生间每层各安装五台 BPT15-24A 型排气扇）。其余与 P-4 同。

（6）局部排气扇的安装：主要有Ⅱ段夹层餐厅三台 APB30E 型排气扇；Ⅱ段首层和夹层餐厅雅座每层各安装四台 BPT18-34A 型排气扇；二层Ⅱ段无新风换气机的会议室共

安装 5 台 BPT18 - 34A 型排气扇,排风由厨房屋顶排出。

2. 新风换气系统:主要用于地上Ⅰ、Ⅱ、Ⅲ段各层的综合会议厅、会议室、电话机房、空管机房、网络机房等的排风换气,见表 2.1.2 - 4。

新风换气机系统划分和布局 表 2.1.2 - 4

| 系统编号 | 换气机规格 | 服务对象及安装位置 | | |
|---|---|---|---|---|
| | | Ⅰ | Ⅱ | Ⅲ |
| HRV1 ~ HRV6 | YH1000 | — | 二层综合会议厅安装在屋顶上 | — |
| HRV7 | YH600 | — | 首层会议室安装吊顶内 | — |
| HRV8 | YH600 | — | 二层会议室安装吊顶内 | — |
| HRV9 | YH600 | — | — | 三层会议室安装吊顶内 |
| HRV10、HRV11 | YH600 | — | 四层会议室安装吊顶内 | — |
| HRV12 | YH600 | — | — | 五层会议室安装吊顶内 |
| HRV13、HRV14 | YH600 | — | 五层会议室安装吊顶内 | — |
| HRV15 | YH600 | — | — | 六层会议室安装吊顶内 |
| HRV16 | YH600 | — | — | 七层会议室安装吊顶内 |
| HRV17 | YH600 | — | 六层会议室安装吊顶内 | — |
| HRV18 | YH600 | — | 七层会议室安装吊顶内 | — |
| HRV19 | YH600 | — | — | 八层会议室安装吊顶内 |
| HRV20 | YH600 | — | — | 十层电话室安装吊顶内 |
| HRV21 | YH600 | — | — | 九层会议室安装吊顶内 |
| HRV22 | YH1000 | 十层××机房安装吊顶内 | — | — |
| HRV23 | YH1000 | — | — | 十一层主机房安装吊顶内 |
| HRV24 | YH600 | 十二层会议室安装吊顶内 | — | — |

3. 地上Ⅲ段首层柴油发电机房 J - 1 送风系统:柴油发电机房送风系统由一台安装于室内楼板下的 GXF - 5 - A 型斜流风机、两个 1200mm × 1200mm × 800mm 和 2000mm × 900mm × 700mm 风道连接箱、一个 A × B = 700mm × 550mm 阻抗复合式消声器和一个安装在(31)轴墙上的 2000mm × 600mm 室外铝合金防雨百叶排风口等组成。柴油发电机的排风由厂家配套提供。

### 2.4.2 消防排风和送风排烟系统

本工程有排烟系统三个,正压送风排烟系统一个。

1. 地上Ⅱ段首层餐厅 PY－1 排烟系统:由一台安装于厨房屋面上的 GYF－9－Ⅰ型、$G = 39022\text{m}^3/\text{h}$、全压 $H = 506\text{Pa}$、$n = 1450\text{r/min}$、$N = 11.0\text{kW}$ 消防排烟风机承担,和 1200mm × 1200mm 的排烟防火阀(常开、$t = 280℃$)一个、1200mm × 1200mm × 1700mm 风道连接箱等组成

2. 地上Ⅱ段 4～7 层内走道 PY－2 排烟系统:由一台安装于 9 层屋面上的 GYF－6.5－Ⅰ型、$G = 15494\text{m}^3/\text{h}$、全压 $H = 564\text{Pa}$、$n = 1450\text{r/min}$、$N = 4.0\text{kW}$ 消防排烟风机承担,每层一个 350mm × 700mm 常闭多叶排风口、系统由一个 $\phi650$ 排烟防火阀(常开、$t = 280℃$)、一个 600mm × 800mm × 1800mm 风道连接箱等附件组成。排烟管道断面为 900mm × 400mm,安装在土建排风竖井内。

3. 地上Ⅰ段 3～13 层内走道 PY－3 排烟系统:由一台安装于 13 层西北角机房内的 GYF－6.5－Ⅰ型、$G = 15494\text{m}^3/\text{h}$、全压 $H = 564\text{Pa}$、$n = 1450\text{r/min}$、$N = 4.0\text{kW}$ 消防排烟风机承担,每层一个 500mm × 700mm 常闭多叶排风口、系统由一个 $\phi650\text{mm}$ 排烟防火阀(常开、$t = 280℃$)、两个 700mm × 800mm × 1300mm 和 1200mm × 1600mm × 1900mm 风道连接箱等附件组成。排烟管道断面为 800mm × 600mm,安装在土建排风竖井内。

4. JY－1 正压送风排烟系统:主要承担地上Ⅱ段(56)－(57)轴之间电梯前室的正压送风排烟。由安装于九层屋顶的一台 GXF－9－Ⅰ型 $G = 26191\text{m}^3/\text{h}$、全压 $H = 635\text{Pa}$、$n = 960\text{r/min}$、$N = 7.5\text{kW}$ 斜流风机承担,每层一个 900mm × 400mm 常闭多叶排风口、风道断面为 1600mm × 400mm,安装在土建排风竖井内。

### 2.4.3 空调工程

计有智能热泵型变频空调(即 VRV)系统 29 个,带有电加热和电加湿的分体式专用空调机组系统五个,壁挂分体式热泵型空调机组四台。

1. 智能热泵型变频空调(即 VRV)系统:

(1) 智能热泵型变频空调(即 VRV)系统划分:见表 2.1.2－5。

智能热泵型变频空调(即 VRV)系统划分      表 2.1.2－5

| 系统编号 | 调节对象 | 室外机型号 | 室外机安装位置 | 室内机规格及台数 |
| --- | --- | --- | --- | --- |
| K－1 | Ⅱ段(41)～(47)首层与夹层 | RXY30K | Ⅱ段厨房屋顶 | F125 两台 F100 五台 F40 两台 |
| K－2 | Ⅱ段(46)～(51)首层与夹层 | RXY30K | Ⅱ段厨房屋顶 | F125 两台 F100 五台 F40 三台 |
| K－3 | Ⅱ段(52)～(59)首层与夹层 | RXY30K | Ⅱ段厨房屋顶 | F125 一台 F80 三台 C50 两台 F50 四台 C40 四台 C32 一台 C25 两台 |
| K－4 | Ⅱ段(54)～(59)二层与三层 | RXY20K | Ⅱ段九层屋顶 | C40 六台 F50 四台 F63 两台 |
| K－5 | Ⅱ段(54)～(59)四层与五层 | RXY20K | Ⅱ段九层屋顶 | C40 六台 F50 两台 F63 四台 |
| K－6 | Ⅱ段(54)～(59)六层与七层 | RXY20K | Ⅱ段九层屋顶 | C40 六台 F50 六台 |
| K－7 | Ⅱ段(53)～(59)八层与九层 | RXY28K | Ⅱ段九层屋顶 | C40 四台 C50 三台 F50 三台 F63 三台 F100 一台 |

| 系统编号 | 调节对象 | 室外机型号 | 室外机安装位置 | 室内机规格及台数 |
|---|---|---|---|---|
| K-8 | Ⅱ段(43)~(53)三层综合会议厅 | RXY24K | Ⅱ段九层屋顶 | F125 四台 |
| K-9 | | RXY26K | | C50 一台 C63 一台 F125 四台 |
| K-10 | Ⅱ段(40)~(54)二层 | RXY20K | Ⅱ段九层屋顶 | C25 两台 C32 两台 F40 一台 F50 一台 S63 四台 |
| K-11 | Ⅱ段(40)~(54)三层 | RXY24K | Ⅱ段九层屋顶 | C25 两台 F40 七台 F50 五台 |
| K-12 | Ⅱ段(40)~(54)四层 | RXY24K | Ⅱ段九层屋顶 | C20 五台 C25 六台 F25 四台 C32 两台 F40 一台 F50 两台 |
| K-13 | Ⅱ段(40)~(54)五层 | RXY24K | Ⅱ段九层屋顶 | C20 五台 C25 五台 F25 五台 C32 两台 F40 一台 F50 两台 |
| K-14 | Ⅱ段(40)~(54)六层 | RXY24K | Ⅱ段九层屋顶 | C20 一台 C25 两台 C32 两台 F40 六台 F50 五台 |
| K-15 | Ⅱ段(40)~(54)七层 | RXY24K | Ⅱ段九层屋顶 | C20 一台 C25 两台 F40 六台 F50 五台 F63 一台 |
| K-16 | Ⅱ段(40)~(46)八、九层 | RXY28K | Ⅱ段九层屋顶 | F40 五台 F50 一台 F63 两台 F80 四台 |
| K-17 | Ⅱ段(46)~(54)九层 | RXY20K | Ⅱ段九层屋顶 | F80 六台 |
| K-18 | Ⅲ段二层、Ⅰ段首层接待室等待室 | RXY18K | Ⅲ段十一层屋顶 | S32 四台 C32 一台 F40 五台 C50 一台 F63 一台 |
| K-19 | Ⅰ段二层休息平台、大堂上空 | RXY28K | Ⅲ段十一层屋顶 | S80 八台 |
| K-20 | Ⅰ段二层大堂上空、休息厅、电梯厅等 | RXY26K | Ⅲ段十一层屋顶 | F32 一台 F40 一台 C50 一台 S80 六台 |
| K-21 | Ⅰ段、Ⅲ段三层 | RXY26K | Ⅲ段十一层屋顶 | C25 两台 C32 三台 F32 三台 C40 两台 C50 两台 F50 一台 F63 三台 |
| K-22 | Ⅰ段、Ⅲ段四层 | RXY24K | Ⅲ段十一层屋顶 | C25 两台 C32 五台 F32 一台 C50 两台 F50 一台 F63 三台 |
| K-23 | Ⅰ段、Ⅲ段五层 | RXY28K | Ⅲ段十一层屋顶 | C25 两台 C32 三台 F32 一台 C40 两台 F40 一台 C50 两台 F50 一台 F63 三台 |
| K-24 | Ⅰ段、Ⅲ段六层 | RXY26K | Ⅲ段十一层屋顶 | C25 两台 C32 一台 F32 三台 C40 两台 C50 两台 F50 一台 F63 四台 |

| 系统编号 | 调节对象 | 室外机型号 | 室外机安装位置 | 室内机规格及台数 |
|---|---|---|---|---|
| K-25 | Ⅰ段、Ⅲ段七层 | RXY26K | Ⅲ段十一层屋顶 | C25 两台 C32 一台 F32 三台<br>C40 两台 C50 两台 F50 一台<br>F63 四台 |
| K-26 | Ⅰ段、Ⅲ段八层 | RXY26K | Ⅲ段十一层屋顶 | C25 两台 C32 一台 F32 三台<br>C40 两台 C50 两台 F50 一台<br>F63 四台 |
| K-27 | Ⅰ段、Ⅲ段九、十层 | RXY30K | Ⅲ段十一层屋顶 | C25 两台 C32 两台 F32 三台<br>C40 两台 C50 两台 F50 一台<br>F63 七台 |
| K-28 | Ⅰ段十、十一层、Ⅲ段十一层 | RXY30K | Ⅲ段十一层屋顶 | C25 四台 F32 两台 C40 一台<br>C50 两台 F50 三台 F63 一台<br>C80 一台 F100 一台 F125 一台 |
| K-29 | Ⅰ段十二、十三、十四层 | RXY30K | Ⅲ段十一层屋顶 | C25 三台 C32 两台 F32 三台<br>C50 两台 C63 两台 F63 五台 |

（2）安装说明：本工程由厂家安装的智能变频空调（即 VRV）系统的机组采用热泵型机组，但作为总承包方应特别注意的问题有设备进场验收时的验收手续；大部分均集中安装于两个管道竖井中的室内机与室外机制冷剂输送管道安装的顺序；各工艺流程的合理搭接，以及各工序的质量验收；并督促厂家对施工技术资料的搜集与整理。

本系统室内机凝结水的排放均由提升泵提升后，再送入凝结水排水系统。

2. 专用分体式空调机组系统：共有五个系统，主要用于Ⅰ段十层电话机房 JK-1 和 JK-2、××机房 JK-3 和十一层网络机房 JK-4 和 JK-5 的空调。

分体式专用空调机组为下送风型，型号分别为 DXA10.E1（JK-1 和 JK-2、JK-4 和 JK-5）及 DXA15.E1（JK-3），机组应配带电加热器和电加湿器。

3. 壁挂分体式空调机组系统：壁挂分体式热泵型空调机组共计四台。其中 FT-1 用于Ⅰ段首层消防自动控制室，机组规格为制冷量 $Q_L = 4kW$、制热量 $Q_R = 5kW$、$N = 3kW$；FT-2 用于Ⅱ段十层电梯机房，机组型号同 FT-1；FT-3 用于Ⅰ段十四层电梯机房，机组型号同 FT-1；FT-4 用于Ⅲ段首层值班室，机组规格为制冷量 $Q_L = 2.5kW$、制热量 $Q_R = 4kW$、$N = 1.5kW$。

4. 风机盘管空调系统：详见供暖工程部分。

5. 通风空调系统的材质与安装要求：

管道采用优质镀锌钢板，厚度随管道断面尺寸大小不同而异，详见 91SB6-2-3，但穿防火墙至防火阀处的风道采用 $\delta = 2mm$ 优质镀锌钢板。管道采用镀锌法兰连接，垫料为 9501 阻燃型密封胶带。矩形风道宽边 > 500mm 时弯头应作导流片，当长度 $L >$ 1200mm、宽边 > 800mm 时应加固；风道宽高比 ≥3 时应增加中隔板。矩形风道的分叉三通,当支管与主管底(或顶)相距≤150mm时,应采用弧形连接;当支管与主管底(或顶)相距>150mm时,可采用插入式连接。风机进出口应用 $L=150\sim200$mm 软接头连接,软接头不许变径管;风道的结合处法兰不得位于墙体或楼板内;管道支吊架置于保温层外,吊架与管道之间应有防腐垫木隔离。空调凝结水管道采用热镀镀锌钢管,丝扣连接。管道保温采用 $\delta=20$mm 橡塑保温管壳。通风空调管道保温前应做漏光率检测,风压 $P>$ 500Pa 应做漏风量检测。

# 2.5 给水工程

### 2.5.1 生活给水和热水供应系统

生活给水分低区和高区两个系统,低区给水系统为地下一层至地上三层为市政给水管网供应,设计资用压力 $P=30$mH$_2$O;地上四层以上为高区给水系统,由位于Ⅲ段(23)~(28)轴与(9)~(14)轴交叉网格内的加压泵站供应。生活用水和开水供应由电热热水器就地加热水供应。

1. 生活给水供应系统:生活给水总干管 $DN=100$ 由××大街市政管网接出后,再由两根 $DN=80$ 引入管分两个入口引入。引入管 1/J,位于(10)轴与(23)轴交叉处,供Ⅰ、Ⅲ段低区生活给水和高区生活给水泵房内给水储水箱储水,泵房内配置有效体积 $V=20$m$^3$ 的不锈钢给水储水箱一个,HBG36-75-3型变频调速供水设备一套(主泵 50DL×6 型三台、稳压泵一台、气压罐一个)减压阀、紫外线消毒器一套等;引入管 2/J 位于(52)轴与(18)轴交叉处,供Ⅱ段低区生活给水用水。

生活给水系统划分:给水立管八根。JL-2'接入户水源 1/J 的立管 JL-a,供应Ⅰ段低区卫生间用水;JL-1'接入户水源 2/J,供应Ⅱ段低区卫生间用水。高区给水总立(干)管 JL-b(与变频调速供水设备供水干管连接)由入户水源 1/J 供应。与总立(干)管 JL-b连接的立管有供应Ⅱ段高区卫生间用水的立管 JL-1;供应Ⅰ段高区卫生间及九层××机房和电话机房、十层电信机房空调机加湿器用水,并连接水箱间内 $V=18$m$^3$ 的不锈钢消防高位储水箱,向储水箱补水的立管 JL-2;向Ⅱ段四、五层 A 型办公室的卫生间供水的立管 JL-3、JL-4、JL-5;向Ⅱ段四、五层服务间供水的立管 JL-6。

2. 生活热水供应:全楼生活热水由安装在 A 型办公室卫生间内的电热热水器就地加热水供应,共 10 台 $V=60$L、$N=2$kW。

3. 开水供应:由安装于Ⅰ段首层至十一层 1 号卫生间、Ⅱ段一、二层 2 号卫生间和三至九层 3 号卫生间内的 20 台 $V=60$L、$N=6$kW 电热开水器供应。

### 2.5.2 消防给水系统

有消火栓给水系统、喷洒灭火系统。

1. 消防给水的水源:由设在大楼东南角的地下加压泵房提供,泵房内有消防给水储水池和消火栓给水系统的加压水泵和消防喷洒灭火系统的加压水泵。从市政给水管网引入的 1/J 水源($DN=100$)至储水池,然后由加压泵房加压,送入室内消防给水管网。

2. 消火栓给水系统:消火栓给水系统为单区设计,由水泵房内的消防储水池、两台套 XBD40-90-TB 型加压泵(一备一用)、输水管网、消火栓箱、室外消火栓水泵结合器、屋顶水箱间内的 $V=18m^3$ 不锈钢消防高位储水箱组成。两根 $DN=200$ 的室内消火栓进户引入管由建筑东南角(57)东侧引入,通过敷设于首层吊顶内的两根 $DN=150$ 水平干管和各消火栓供水立管连接组成下环给水环路。同时又通过敷设于Ⅱ段九层吊顶内的一根 $DN=150$ 给水干管、Ⅰ段十三层吊顶内的一根 $DN=150$ 给水干管、Ⅲ段十一层吊顶内的一根 $DN=150$ 和 $DN=100$ 给水干管与各消火栓给水立管连接组成上环给水环路。室外 $DN=100$ 的消火栓给水水泵接合器两套,分别位于建筑南侧的(42)轴和(50)轴东侧。系统内压力平时由消防高位水箱维持,火灾时可由各消火栓箱控制按钮、消防泵房和消防控制中心启动消火栓加压泵加压。消火栓加压泵的运行在消火栓箱有灯光显示,消防控制中心、消防泵房的控制盘上均有声光显示。

3. 消防喷洒灭火系统:消防喷洒灭火系统为单区设计,由水泵房内的消防储水池、两台套 XBD30-110-TB 型喷洒加压泵(一备一用)、两台套 LDW3.6-8×4 型喷洒稳压泵(一备一用,并有配 $\phi800$ 稳压罐一个)、ZSS 型 $DN=150$ 进口湿式自动报警阀组 3 套、信号阀、屋顶水箱间内的 $V=18m^3$ 不锈钢消防高位储水箱(与消火栓给水系统合用)、输送管网、喷洒头(厨房采用 93℃,其余采用 68℃;吊顶处采用装饰型,无吊顶处采用直立型)、水流指示器等组成。消防喷洒灭火系统两根 $DN=150$ 进户引入管由建筑东南角(59)轴西侧引入,接至安装在首层(2)~(8)轴与(59)交汇处湿式自动报警阀组,然后分八路与室内各喷洒系统连接。

第一路 SL-a: $DN=80$,由其中一引入干管引出,与屋顶消防高位水箱连接。

第二路: $DN=80$,由 3 号湿式自动报警阀组干管引出,接至(43)~(59)与(1/1)~(3/3)网格内一层库房的喷洒系统。

第三路 SL-1: $DN=150$,由 3 号湿式自动报警阀组干管引出,接至Ⅱ段 1~3 层的喷洒系统。

第四路 SL-1': $DN=150$,由 3 号湿式自动报警阀组干管引出,接至Ⅰ段 1~3 层和Ⅲ段二、三层的喷洒系统。

第五路 SL-2: $DN=150$,由 2 号湿式自动报警阀组干管引出,接至Ⅱ段 4~7 层的喷洒系统。

第六路 SL-2': $DN=150$,由 2 号湿式自动报警阀组干管引出,接至Ⅰ和Ⅲ段 4~7 层的喷洒系统。

第七路 SL-3: $DN=150$,由 1 号湿式自动报警阀组干管引出,接至Ⅱ段 8、9 层的喷洒系统。

第八路 SL-3': $DN=150$,由 1 号湿式自动报警阀组干管引出,接至Ⅰ段 8~14 层和Ⅲ段 8~11 层的喷洒系统。

消防喷洒系统压力由压力控制器控制,平时由稳压泵维持,当系统压力降到 1.00MPa 时,稳压泵启动;当系统压力达到 1.05 MPa 时,稳压泵停止运行。火灾时当系统压力降到 0.97MPa 时,喷洒加压泵启动。水流指示器动作时,消防报警中心声光报警,信号阀关闭,并显示火灾方位。稳压泵、喷洒加压泵的运行情况在消防控制中心有灯光显示。

### 2.5.3  Inergen(烟烙尽)气体灭火系统及灭火器材的配置

1. Inergen(烟烙尽)气体灭火系统:主要用于Ⅰ段十层空管机房和Ⅲ段一层柴油发电机房、十层电话主机房、十一层电信公司主机房。设计灭火最小灭火浓度37.5%(16℃)、最大浓度42.8%(32℃),喷射时间≤80s。系统由Inergen(烟烙尽)气体钢瓶、压力开关、选择阀、减压阀、单向阀、放气阀、喷头和输气管道组成,钢瓶(共计44个,其中电信公司主机房12瓶、电话主机房7瓶、××机房18瓶、柴油发电机房7瓶)用特殊支架集中固定在Ⅲ段十一层钢瓶间内,然后通过输气管道送到各灭火房间。控制方式为能同时具备自动控制、手动控制、应急操作三种操作。各系统设计的气体喷头为柴油发电机房301型一个,电话主机房301、302、401、402各一个,电信公司主机房301、302、401、402各一个,空管机房301、302、303、401、402、403各一个。

2. 灭火器材主要配置如下:

Ⅰ段:MF-2型手提式磷酸铵盐灭火器的配置为一层自控室2瓶、网络设备室2瓶,2～13层网络设备室各2瓶,10层UPS室2瓶,两个××机房各2瓶,12层电井室2瓶。

Ⅲ段:MF-40型推车式磷酸铵盐灭火器的配置为一层变配电室配置2瓶。MF-2型手提式磷酸铵盐灭火器的配置为一层消防控制室2瓶,四层屏蔽室和数码设备存放室各2瓶,十层电话主机房2瓶、监控室2瓶、配电室2瓶、电瓶室2瓶,十一层钢瓶室2瓶、电信公司主机房2瓶、监控室2瓶。

各个消火栓箱处:每个消火栓箱(消防前室的消火栓箱除外)处配置MF-2型手提式磷酸铵盐灭火器2瓶。

### 2.5.4  给水系统的材质与连接方法

1. 生活给水、热水供应系统的材质与连接:生活给水系统采用不锈钢管,$DN \leqslant 60$为特殊管件连接,$DN > 60$为焊接。阀门$DN \leqslant 50$采用铜质截止阀,$DN > 50$采用铜质或不锈钢蝶阀。水泵出水管止回阀采用防水锤消声止回阀;其余为旋启式止回阀。吊顶内、管井内的管道采用$\delta = 13mm$厚的泡沫橡塑隔热管壳保温对缝粘接。水箱保温材料采用$\delta = 25mm$厚的泡沫橡塑隔热材料对缝粘接。水压试验压力给水管道低区和热水管道$P = 0.6MPa$,高区$P = 1.0MPa$。阀门和止回阀的工作压力$P \geqslant 1.0MPa$。

2. 消火栓给水系统的材质与连接:消火栓给水系统的管道材质采用无缝钢管,管道采用焊接连接,阀门和需要拆卸部位采用法兰连接。阀门采用双向密封蝶阀,水泵出水管止回阀采用防水锤消声止回阀;其余为旋起式止回阀,但阀门必须能够辨别是否开启或关闭和开度。阀门和止回阀的工作压力$P \geqslant 1.6MPa$。管网水压试验压力$P = 1.6MPa$。管道彻底清除管道表面锈蚀和污染后,刷防锈漆两道、调合漆两道防腐。

3. 自动消防喷洒灭火系统的材质与连接:自动消防喷洒灭火系统的材质采用热镀镀锌钢管,$DN \geqslant 100$的管道采用沟槽式卡箍柔性管件连接;$DN \leqslant 80$的管道采用丝扣连接。阀门采用带电讯号的蝶阀;水泵出水管止回阀采用防水锤消声止回阀,其余为旋启式止回阀。阀门和止回阀的工作压力$P \geqslant 1.6MPa$。管网水压试验压力$P = 1.6MPa$,维持2h试验压力,以无明显渗漏为合格(试验压力表应安装在最低位置)。水箱和水池的冲水试验,充满水后 72h,各处无渗漏和明显润湿为合格。

4. Inergen(烟烙尽)气体灭火系统:气体灭火系统管材采用无缝钢管(但同一说明的第 4 条又说"所有气体管道采用镀锌钢管"),$DN \leqslant 70$ 采用丝扣连接,$DN \geqslant 80$ 采用焊接连接($DN \geqslant 70$ 也可采用法兰连接)。固定支架的安装,直管线间距 $L \leqslant 3.0\text{m}$,弯头和三通各侧 $0.3 \sim 0.5\text{m}$ 处应设置固定支架。各管道末端三通之后应留 $0.3\text{m}$ 左右,用以储集污渣。钢瓶至选择阀之间的集流管的管道工作压力为 15MPa,其余为 7.0MPa。管道应按规范要求进行吹扫,吹扫和试压合格,检查管内无污物后再安装喷头。集流管应做 X 射线拍片检查。管道彻底清除表面锈蚀和污染后,刷防锈漆两道、调合漆两道防腐。

## 2.6　排水工程

### 2.6.1　有压管道排水系统

共两个系统,即:(1)Ⅲ段地下室水泵房有压管道排水系统;(2)室外消防地下消防水泵加压房有压管道排水系统。废水排入集水坑后,再由两台型号为 WQ40 - 15 - 4 潜水泵(一备一用)提升排入室外污水管网。潜水泵正常情况下一备一用运行,当一台泵排水不足以排除涌水时,两台水泵同时投入工作,并向值班室报警。

有压污水管网排水系统的材质和连接:有压污水管网排水系统的材质采用焊接钢管、丝扣和法兰连接。

### 2.6.2　无压污水管网排水系统

一层以上的无压污水或废水管网排水共有八个系统。其中(W/2)、(W/7)、(W/8)采用直通屋顶的排水立管系统,其余采用自闭吸气阀排水立管系统。生活污水经化粪池生化处理后,排入城市污水管网。

1. 系统(W/2):接立管 WL - 2 和通气管 TL - 1,主要排放Ⅰ段地上一层至十三层 1 号卫生间的生活污水;

2. 系统(W/3):接立管 WL - 6,主要排放Ⅱ段四、五层服务间的泄水;

3. 系统(W/4):接立管 WL - 4、WL - 5,主要排放Ⅱ段四、五层 A 型办公室的卫生间的生活污水;

4. 系统(W/5):接 WL - 3 立管主要排放Ⅱ段四、五层 A 型办公室的卫生间的生活污水;

5. 系统(W/6):主要排放Ⅱ段首层厨房、库房的污水;

6. 系统(W/7):接 WL - 1a 立管,主要排放Ⅱ段首层、夹层和二至九层 2 号、3 号卫生间男厕所的生活污水;

7. 系统(W/8):接 WL - 1 立管,主要排放Ⅱ段首层、夹层和二至九层 2 号、3 号卫生间女厕所的生活污水;

8. 系统(W/9):主要排放Ⅱ段首层喷洒报警阀小室的泄水。

无压污水管网排水系统的材质和连接:无压污水管网排水系统的材质采用承插硬聚氯乙烯排水管道,接口为承插胶粘连接。管井和吊顶内的排水管道采用 $\delta = 13\text{mm}$ 厚的泡沫橡塑隔热管壳作防结露保温对缝粘接。

### 2.6.3 雨水排水系统

雨水排放采用外排雨水管道排水,详见本工程建筑施工图纸。

## 2.7 设计中存在的问题

1. 图中对供暖系统及风机盘管的热源部分未详细交代。

2. 六层以上的散热器采用原铸铁四柱 813 散热器,存在两方面的问题。即明显与北京市建委和规委京建材[2001]192 号淘汰落后 813 型铸铁散热器的规定不符和旧散热器内表面积垢严重,影响散热效果。

3. 原铸铁四柱 813 散热器的新品额定工作压力为 0.4MPa,现供暖系统设计工作压力为 0.6MPa,组装散热器的试验压力和系统的试验压力为 0.8MPa,旧散热器能否承受此压力很成问题。

4. 风机盘管热媒 60℃/50℃ 的热水设计中未设热交换系统,热媒从何处来。

# 3 工程的难点和施工中应着重注意的问题

## 3.1 工程的难点

本工程从施工难度看主要是外包分项太多,这就带来如下的困难。

### 3.1.1 施工协调的困难

即分包单位依据己方的情况和利益,难以按照总包单位施工进度的要求准时进场,按时完工。

### 3.1.2 施工质量控制的困难

即分包单位依据己方的利益与方便,往往不经协调,抢占有利的安装空间与路径,损坏其他专业安装成品、半成品的成果,从而引起其他专业安装走向和空间的需要及其他专业已施工工程受损,从而带来不应出现的人为质量缺陷。

### 3.1.3 施工技术资料收集、整理困难

即分包单位对国家、省市及土建行业施工安装规范、规程、规定因不同行业的关系,往往了解、关心不够,仅凭自身行业的技术角度出发,忽视建筑行业的相关规定,致使安装过程中必不可少的安装验收记录短缺,施工技术资料难以补齐与整理。

## 3.2 施工中应着重注意的问题

### 3.2.1 认真全面的审图弄清各种管道位置的关系

因室内各专业管道种类繁多,相互交叉,特别是Ⅰ、Ⅱ段地上各层吊顶内空间狭小。因此,必须坚持先专业自身审图,后工种和工种之间、总包与分包之间、分包与分包之间图纸会审、纸面放样、现场放线、下料安装等安装程序。总包单位不仅要深入了解本单位施工图纸问题,尚应深入了解分包安装工程的工艺流程、技术标准与建筑行业相关规范、规程、规定的关系,以及分包工程图纸中存在的问题。做到施工安装工序明确、进度安排合理、核验制度健全、施工技术资料管理有序。

### 3.2.2 组织现场协调小组是处理上述问题的惟一保证

建议由建设单位牵头,组成甲方、监理、设计、总包与分包的现场联合协调小组,协调处理总包与分包、设计与施工日常的安装事宜,将一切工程中的隐患消灭于萌芽之中。

### 3.2.3 注重拆旧利用器材的质量安全

尤其是旧铸铁散热器的拆卸、清垢除锈、重新组对时,应特别注意铸铁的脆性和结垢锈蚀难拆的特点,避免造成过量拆旧散热器片的脆裂损坏。

### 3.2.4 设备和材料的采购和进场验收

主要是规格的鉴别,特别是管材的壁厚;管道支架的规格和加工质量(按91SB详图控制),避免不合格品进场。提计划和定货时应特别注意无缝钢管及配件的外径、厚度应与水煤气管匹配,弯头、三通外径应与管道外径一致。

### 3.2.5 管道走向的布局

应先放样,调整合理后才下料安装。特别要防止管道分叉支路急剧倒流现象(图2.1.3-1)。

### 3.2.6 吊顶预留人孔(检查孔)的安排

吊顶人孔(检查孔)的预留应事先做好安排,其位置、结点做法既要照顾便于调节、测试和检修的需要,更应考虑密闭性的质量要求。尤其不宜安排在使用要求较高的房间内和距离检查对象较远的地方。为了便于人员进入吊顶内调试和检修,应与设计、监理和土建专业人员共同协商,在吊顶内增设人行栈桥。

### 3.2.7 预留孔洞或预埋件位置的控制

预留孔洞或预埋件及管道安装时,应特别注意管道与墙面(两个方向均应照顾到)及管道与管道之间的距离。明装管道距离墙体表面的距离应严格遵守设计和规范的要求,见图 2.1.3-2。

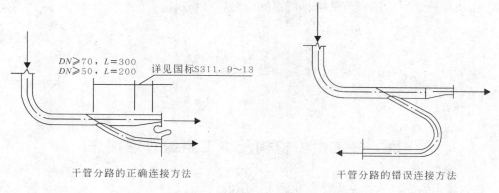

干管分路的正确连接方法    干管分路的错误连接方法

图 2.1.3-1　干管分路的连接方法

### 3.2.8　管道甩口的控制

应防止干管中支管(支路)接口甩口位置与支管安装位置的过大误差。

解决的办法:

(1) 严格执行事先放线定位的施工程序和安装交底程序;

(2) 废除从起点至终点不分阶段"一竿子插到底"的不科学的施工安装陋习,应分段进行,并留有调整位置的现场实测最后下料的直管段,待位置调整合适后再安装。

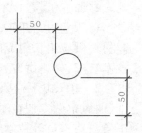

图 2.1.3-2　明装管道与墙体表面的距离

### 3.2.9　竖井内表面光洁度的控制

应注视和监督土建专业在各种管道竖井浇筑和砌筑时的施工质量,及时进行风道内壁的抹光处理工序。

### 3.2.10　竖井内风道法兰连接安装孔的预留

断面较大的通风管道,由于边长较长,风道又紧靠竖井侧壁,往往因风道与井壁间间距太小,手臂太短,因此两段风道间连接法兰的螺栓无法拧紧。因此应在竖井施工前预留安装孔洞,以便于风道的安装。

### 3.2.11　竖井内管道的安装

竖井内管道的安装不应齐头推进,应依据工期时限、管道安装各工序试验(如水压试验、漏风率检测、灌水试验)、安装与保温等工序的顺序,各系统错开分步进行,以免造成彼此之间测试或保温等工序难以进行。

### 3.2.12　电梯前室的布局和密闭性

电梯前室的布局和密闭性涉及将来工程完工后,正压送风排烟系统能否保证电梯前室正压度(一般不小于25Pa)的消防设计要求。因此应注重土建专业门窗安装密闭性的重要性;也应防止甲方随意改变电梯前室隔墙的原有布局。

# 4 施工部署

## 4.1 施工组织机构及施工组织管理措施

总的施工组织机构详见土建专业施工组织设计。

安装工程将由项目经理部组织参加过有影响的大型优质工程施工的技术人员和技术工人参加施工,在技术上确保工程达到优质目标,具体施工组织管理措施如下。

1.建立由工程项目经理(土建)、项目技术主管工程师(土建)、专业项目技术主管、专业材料供应组长组成的本工程专业施工安装项目领导班子,负责本工程专业施工的领导、技术管理、材料供应和进度协调工作。

2.组织由工程项目主管工程师(土建)、专业项目技术主管、暖卫专业技术主管工程师、通风空调专业技术主管工程师、电气专业技术主管工程师、各专业施工工长、各专业施工质量检查员等技术人员组成的专业技术组,负责施工技术、施工计划、变更洽商和各工种技术资料的填写与管理工作;技术组内除了设专职质检员应负责质量监督与把关外,土建项目及专业项目技术主管工程师、各专业技术负责人、各专业施工工长也应对质量负责,尤其是专业项目主管工程师更应负全责。

3.建立以专业项目技术主管工程师、各专业技术负责人、各专业施工工长的协调技术组,负责全面审查各专业施工图纸,解决审查中出现的矛盾;并参与工程项目组建的分包分项工程的技术、进度协调和配合工作;监督分包工程的施工质量,搜集和审核分包单位的施工技术资料。

4.按专业、项目、工序、系统及时进行预检、试验、隐检、冲洗、调试工作,并完成各种记录单的填写和整理工作。

5.由工程项目专业施工劳务队与项目经理部签订施工质量、产值和工期承包合同,层层把关负责合同履行。

6.暖卫通风空调工程施工管理网络图(图2.1.4-1)。

## 4.2 施工流水作业段和安装工程的安排

配合土建大流水作业段:拆除——分两个流水段,Ⅰ+Ⅲ和Ⅱ段由上到下;加固——分三个流水段,Ⅲ、Ⅰ、Ⅱ段由下到上;装修——分三个流水段,Ⅲ、Ⅰ、Ⅱ段由上到下的流水作业安排。暖卫、通风安装流水作业均与土建相同,以达到紧密配合,完成土建施工工期的要求。在拆除阶段主要是配合土建拆除作业,对原有的暖卫管道、设备进行拆除存放;对原有分体式空调机进行拆除入库。在加固和新建部分结构施工阶段,进行利用旧设备和器材的维护检修、散热器组对,孔洞预留和预埋件的预埋。在土建加固和新建部分结构工程完工后,进行管道安装。在土建装修基本完成后进行设备安装与调试。

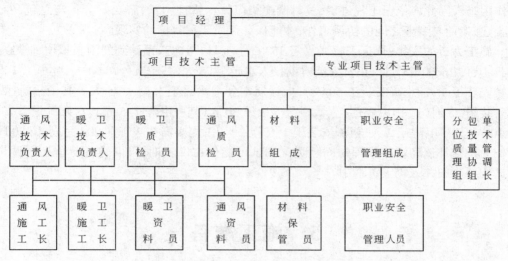

图 2.1.4－1 暖卫通风空调工程施工管理网络图

## 4.3 施工力量总的部署

依据本工程设备安装专业分包项目多,主要设备分别集中于Ⅲ段一层水泵房、室外地下消防水泵房、屋顶水箱间和Ⅱ段九层屋面、Ⅲ段十一层屋面;给水排水及卫生设备集中于卫生间,各层工作面狭窄,工程量集中;而其余管道安装工程的工作面较宽、分散、均匀的特点做如下安排。

**4.3.1 通风空调工程(含分包项目制冷剂输送管道和室内机、室外机的安装和拆除工程)**

通风空调工程量较大,因此通风专业安排投入较多的人力(含分包单位的人力)。安装工程应随工程进展顺序渐进,及时完成各工序的施工、检测进度,并对施工质量、成品保护、技术资料整理的管理工作按时限、按质量完成。

施工力量的安排:依工程概算本工程共需通风日 9500 个工日(其中本部约 3000 个工日)和工程量分布不均匀性,计划正常施工期投入通风工人 55 人(本公司 20 人,其中电焊工 4 人,通风工 6 人,机械安装工 2 人,管道安装工 8 人);拆除期本公司投入 30 人。通风工程的安装工作必需在工程竣工前 20d 结束,留出较富裕时间进行修整和资料整理。

**4.3.2 给水排水、消火栓给水、Inergen(烟烙尽)气体灭火系统及供暖工程**

在整个施工过程工程量的分配,除了地上各层生活给水、排水相应集中于卫生间;水泵、水箱等设备安装集中在Ⅲ段一层泵房、室外地下泵房和屋顶高位水箱间内,工作面较狭窄外,其余分项工程的工程量分配比较均匀,各层容纳人员较多。因此可以采用大作业组流水集中作业加速安装进度。但工作面大,涉外分包工程的技术质量管理和进度协调工作困难。因此应依据工程进展,及时调配相应技术管理力量,解决好分包与总包、专业与土建、专业与专业之间的协调工作,才能保证优质工程目标的实现。

施工力量的安排:依据工程概算需 15200 个工日,考虑未预计到的因素拟增加 800 个工日,共计 16000 个工日,正常安装时期投入水暖工 75 人(其中本公司 60 人,电焊工 7 人、机械安装工 3 人、水暖安装工 50 人);拆除期本公司水暖工人投入 75 人。其中给排水工程安装组 25 人(其中电焊工 3 人),暖气安装组 30 人(其中电焊工 5 人),水泵等设备安装组 10 人(其中电焊工 2 人、机械安装工 1 人)。一切工作必需在竣工前 20d 完成,留 20d 时间作为检修补遗和资料整理时间。暖气调试可能处在供暖期,可以进行冬季运行调试。调试资料应归并入竣工资料中。

# 5 施工准备

## 5.1 技术准备

1. 组织图纸会审人员认真阅图,熟悉设计图纸内容,明确设计意图,通过会审记录明确各专业之间的相互关联。记录图纸中存在问题和疑问,并整理成文,为参加建设单位组织的设计技术交底做好书面准备。

2. 参加建设单位召集的设计技术交底,并由各个专业技术负责人负责交底中问题的记录和整理工作。

3. 暗埋管道卡具的制作:依据设计施工图纸的管道固定详图尺寸,制作管卡加工模具和各种不同规格管卡备用。

4. 拟定施工机械、器具和人员进场计划(另报)。但应特别指出的是本工程室外场地狭窄,且工程位于市中心区,物资进场设备受交通管制影响很大,大量物资必须在基地加工成半成品。因此安排好配件和辅件的加工计划和材料进场计划是保证工程进度和质量的重要环节。

## 5.2 机械器具准备

施工所有钢材、管材、设备由工地器材组统一管理,施工时依据任务书及领料单随用随领。其他材料、配件由器材组采购入库,班组凭任务单领料,依据工程施工材料加工、预制项目多,故在现场应利用临设工程或原有建筑配备办公室一间,供各班组存放施工工具、衣物的工具房一间,加工场地和库房一间。

暖卫专业施工机具配备：

交流电焊机：6台　电锤：8把　电动套丝机：4台　倒链：4个　电动试压泵：2台

台式钻床：2台　切割机：4台　角面磨光机：2台　手动试压泵：2台　气焊(割)器：4套

通风专业施工机具配备：

电焊机：3台　台钻：2台　手电钻：4把　拉铆枪：5把　电锤：2把　龙门剪板机：1台

手动电动倒角机：1台　联合咬口机：1台　折方机：1台　合缝机：1台　卷圆机：1台

暖卫通风工程施工调试测量仪表：

电压表：2台　弹簧式压力计：4台　刻度0.5℃玻璃温度计：6支　翼轮风速仪：3台

刻度0.1℃玻璃温度计：10支　电热球风速仪：1台　噪声仪：1台　转速计：1台

管道泵：GB50－12型 $G = 12.5$ m³/h，$H = 12$mH₂O，$n = 2830$r/min，$N = 1.1$kW 1台(用于冲洗)36V 低压带保护罩 60～100W 通风检漏灯：2盏　微压测压计(含毕托管)：2台

漏风量测定设备：1套

## 5.3 施工进度计划(详细计划见土建施工组织设计) 和材料进场计划(进场前制订)

施工进度计划和材料进场计划　　　　　　表 2.1.5－1

| 施工项目 | 施　　工　　阶　　段 | | | | | |
|---|---|---|---|---|---|---|
| | 拆除与加固阶段 | 结构施工阶段 | 粗装修阶段 | 精装修阶段 | 精装修后10天 | 竣工前10天 |
| 拆除与旧品维修工序 | | | | | | |
| 预留、预埋工序 | | | | | | |
| 管道制作安装阶段 | | | | | | |
| 设备洁具安装阶段 | | | | | | |
| 系统试验测试阶段 | | | | | | |
| 施工技术资料整理 | | | | | | |

# 6 主要分项项目施工方法及技术措施

## 6.1 暖卫工程

### 6.1.1 预留孔洞及预埋件施工

1. 预留孔洞及预埋件施工在土建结构施工期间进行。

2. 预留孔洞按设计要求施工,设计无要求时按 DBJ 01—26—96(三)表 1.4.3 规定施工。预留孔洞及预埋件应特别注意:

(A) 预留、预埋位置的准确性;

(B) 预埋件加工的质量和尺寸的精确度。

具体技术措施:

(A) 分阶段认真进行技术交底;

(B) 控制好预留、预埋位置的准确性,措施可采用钢尺丈量和控制土建模板的移位变形;模具选用优良材质,并改进预留孔洞模具的刚度、表面光洁度;适当扩大模具的尺寸,留有尺寸调整余地;加强模具固定措施;做好成品保护,防止模具滑动。

3. 托、吊卡架制作按 DBJ 01—26—96(三)第 1.4.5 条规定制作,管道托、吊架间距不应大于该规程表 1.4.5 的规定。固定支座的制作与施工按设计详图施工。

4. 套管安装一般比管道规格大 2 号,内壁做防腐处理或按设计要求施工。

5. 预留洞、预埋件位置、标高应符合设计要求,质量符合 GBJ 302—88 有关规定和设计要求。

### 6.1.2 管道安装

1. 镀锌钢管的安装:热镀镀锌钢管,$DN \geqslant 100$ 的管道采用卡箍式柔性管件连接;$DN \leqslant 80$ 的管道采用丝扣连接。安装时丝扣肥瘦应适中,外露丝扣不大于 3 扣,锌皮损坏处应采取可靠的防腐措施(涂防锈漆后再涂刷银粉漆)。$DN > 80$ 的镀锌钢管因转弯过急或受安装尺寸限制时也可采用焊接连接,但是应注意焊口质量和做好防腐措施。安装时应注意安排器具连接甩口的位置,避免连接管道甩口与器具接口严重错位。且可拆卸管道连接件不得位于墙体和楼板之中。

焊接接口的质量要求:管道采用对口焊接,其外观质量要求焊缝表面无裂纹、气孔、弧坑和夹渣,焊接咬边深度不超过 0.5mm,两侧咬边的长度不超过管道周长的 20%,且不超过 40mm。冷水管穿墙应加 $\delta \geqslant 0.5$mm 的镀锌套管,缝隙用油麻充填。穿楼板应预埋套管,套管直径比穿管大 2 号,高出地面 $\geqslant 20$mm,底部与楼板结构底面平。

2. 焊接钢管和无缝钢管的安装:焊接钢管 $DN \leqslant 32$ 的采用丝扣连接,$DN \geqslant 40$ 的采用焊接,丝接、焊接接口要求同上。管道穿墙应预埋厚 $\delta \geqslant 1$mm,直径比管径大 1 号的套管、套管两端与墙面平,缝隙填充油麻密封;管道穿楼板的预埋套管同上。安装中应特别注意暖气片进出水管甩口的位置,以免影响支管坡度的要求;与散热器连接的灯叉弯应在现场实地煨弯,弯曲半径应与墙角相适应,保证安装后美观和上下整齐。其他要求同上。

3. 不锈钢管的安装:生活给水系统采用不锈钢管,$DN \leqslant 60$ 为特殊管件连接,$DN > 60$ 为氩弧焊焊接。不锈钢管道与支架之间应垫入不锈钢或氯离子含量不超过 $50 \times 10^{-6}$ (50ppm)的非金属垫片。管道的切割应采用机械或等离子方法切割,应用专用砂轮片切割或修磨,不得用普通砂轮切割或修磨。且在管道安装过程中不得用铁质工具敲击管道。

4. PVC–U 硬聚氯乙烯排水管道的安装:

(1) 硬聚氯乙烯管道的安装应符合 CJJ/T 29—98《建筑排水硬聚氯乙烯管道工程技术

规程》和设计的有关规定。

(2) 管材、管件、胶粘剂应有合格证、说明书、生产厂名、生产日期(胶粘剂应有使用有效日期)、执行标准、检验员代号。防火套管、阻火圈应有规格、耐火极限、生产厂名等标志。

(3) 管材、管件的运输、装卸和搬运应轻放,不得抛、摔、拖。存放库房应有良好通风,室温不宜大于 40℃,不得曝晒,距离热源不得小于 1m。管材堆放应水平、有规则,支垫物宽度不得小于 75mm,间距不得大于 1m,外悬端部不宜超过 500mm,叠放高度不得超过1.5m。

(4) 胶粘剂等存放与运输应阴凉、干燥、安全可靠,且远距火源。胶内不得含有团块和不溶颗粒与杂质,并且不得呈胶凝状态和分层现象,未搅拌时不得有析出物,不同型号的胶粘剂不得混合使用。

(5) 管道粘接时应将承口内侧和插口外侧擦拭干净,无尘砂、无水迹,有油污的应用清洁剂擦净。承插口内外侧胶粘剂的涂刷应先涂刷管件承口内侧,后涂刷插口外侧,胶粘剂的涂刷应迅速、均匀、适量、不得漏涂。管子插入方向应找正,插入后应将管道旋转 90°,管道承插过程不得用锤子击打。插接好后应将插口处多余的胶粘剂清除干净。粘接环境温度低于 - 10℃时,应采取防寒、防冻措施。

(6) 管道的敷设

A. 埋地管道的安装

(A) 埋地管道安装顺序应先安装室内 ± 0.00 以下埋地管部分,并伸出外墙 250mm,待土建工程施工结束后再连接外墙边至检查井的室外管道。

(B) 埋地管道的沟底应平整、无突出的硬物。一般还应敷垫厚度 100 ~ 150mm 的砂垫层,垫层宽度不应小于管道外径的 2.5 倍,坡度应与管道设计坡度相同。埋地管道灌水试验合格后才能回填,回填时管顶 200mm 以下应用细土回填,待压实后再分层回填至设计标高。每一层回填土的密实度为虚铺松土高度 300mm 夯至 150mm。

(C) 管道穿越地下室外墙时,应采用刚性防水套管防渗漏措施,套管应事先预埋,套管与管道外壁间的缝隙中部应用防水胶泥充填,两端靠墙面部分用水泥砂浆填实。

B. 楼层管道的安装

(A) 应按管道系统及卫生设备的设计位置,结合设备排水口的尺寸、排水管道管口连接要求施工。同时配合土建结构施工进行孔洞的预留和套管等预埋件的预埋。

(B) 土建拆模后应对预留孔洞和预埋管件进行全面的质量检查与位置校验,不符合要求的应加以调整。

(C) 依据纸面放样图和设备安装尺寸,并依据 CJJ/T 29—98 第 3.1.9 条、第 3.1.10条、第 3.1.15 条、第 3.1.19 条、第 3.1.20 条的有关规定到现场实地放线校验无误后,再测定各管段长度,然后进行配管和裁管。裁管可用木工锯或手锯切割,但切口应垂直均匀、无毛刺。

(D) 按 CJJ/T 29—98 第 4.1.8 条规定确定垂直管道和水平管道支承件间距,选定支承件固定形式和支承件的规格、数量和埋设位置。

(E) 土建粗装修后开始按放线的计划,安装管道和伸缩器。在管道粘接之前,依据

CJJ/T 29—98 第 4.1.13 条、第 4.1.14 条的规定将需要安装防火套管或阻火圈的楼层,先将防火套管和阻火圈套在管道上,然后进行管道接口粘接。

(F) 管道安装施工应连续,顺序应自下而上,分层进行,先安装立管,后安装横管。

(G) 管道粘接后应迅速摆正位置,并进行垂直度、水平坡度校正。校正无误后,用木楔卡牢,用铁丝临时固定,待胶粘剂固化后再紧固支承件,但卡箍不宜过紧,以免损坏管件。然后拆除临时固定设施、支模堵洞等。

5. Inergen(烟烙尽)气体灭火系统管道的安装:本系统由厂家进行安装,但安装过程中应严格执行 GB 50263—97 的规定。总包单位应在甲方、监理、设计的配合下,对其进行严格的质量和安装技术资料填写的监控。并提醒厂方在竖向管井内安装的管道,应先审查设计管道布局的合理性;且管道安装不应齐头推进,为了对管道试验、检漏、保温工序的顺利进行,井内管道安装应分系统异步推进。且应参与甲方组织的分包工程中间验收。

6. 消防喷洒管道的安装:消防喷洒管道安装应与土建密切配合,结合吊顶分格布置喷淋头位置,吊顶的分格均匀,使喷淋头的排列应横向、竖向、对角线方向均成一直线,喷淋头位于分块的中心位置。镀锌钢管安装如前。

7. 竖井内立管的安装:本工程竖井内有较多的管道,因此配管安装工作比一般竖井内管道的安装要复杂,安装前应认真做好纸面放样和实地放线排列,以确保安装工作的顺利进行。竖井内立管安装不应所有系统齐头并进,应根据管道安装、水压试验、防腐保温等工序的需要,各系统间分步进行。否则将因受空间限制,致使各系统互相影响,造成内侧系统各工序完成的困难。竖井内管道的支架可上下统一吊线,在井口安装型钢卡架固定,暗装支管安装时应画线定位,并将预制好的支管敷设在预定位置,找正位置后再用勾钉固定。

### 6.1.3 卫生洁具、消火栓箱、散热器的安装

1. 卫生洁具的安装

(1) 卫生洁具安装除按图纸及 91SB2 标准图册详图要求安装外,尚应严格执行 DBJ 01—26—96(三)的工艺标准。安装时除按常规工艺进行外,尚应研读产品说明书,按其产品的特殊要求进行安装。

(2) 卫生器具进场必须进行严格交接检验,没有合格证、检验记录,不能就位安装。器具固定件必须使用镀锌膨胀螺栓固定,且安装必须牢固平稳,外表干净美观,通水试验合格。

(3) 卫生洁具应在土建做防水之前,卫生器具给水排水支管安装完毕,排水支管灌水试验合格、给水支管水压试验合格,及土建粗装修完成后安装。

2. 供暖散热器及消火栓箱安装

(1) 供暖散热器及消火栓箱应在土建抹灰之后、精装修之前、管道安装、水压试验合格后安装。

(2) 散热器必须用卡钩与墙体固定牢;消火栓箱与墙体固定不牢的,可用 CUP 发泡剂(单组份聚氨酯泡沫发泡剂)或掺有膨胀剂的干硬性水泥砂浆封堵作为弥补措施,安装时箱体标高应符合设计和规范要求,箱体应水平,箱面应与墙面平齐。为防止污染,箱面应

粘贴胶带保护膜保护。

(3) 旧散热器的组对:旧散热器的组对之前,应认真对内部的水垢进行清除,以免因结垢过多影响散热器的散热效果。

### 6.1.4 水泵安装和气压稳压装置安装

1. 设备的验收:泵的开箱清点和检查应按装箱单对主体部件、零件、附件、备件、合格证、说明书进行全面清点。数量应齐全,无损伤、缺件、锈蚀现象,各堵盖齐全完好。

2. 检查基础和划线:泵安装前应复测基础的标高、中心线,将中心线标在基础上,以检查预留孔或预埋地脚螺栓的准确度,若不准,应采取纠正措施。

3. 基础的清理:泵就位于基础前,必须将泵底座表面的污浊物、泥土等杂物清除干净,将泵与基础中心线对准定位。要求每个地脚螺栓在预留孔洞中都应保持垂直,其垂直度偏差不超过 1/100;地脚螺栓离孔壁大于 15mm,离孔底 100mm 以上。

4. 泵的找平与找正:泵的找平与找正就是水平度、标高、中心线的校对。可分初平和精平两步进行。

5. 固定螺栓的灌浆固定:上述工作完成后,将基础铲成麻面并清除污物,将碎石混凝土填满并捣实,浇水养护。

6. 水泵的精平与清洗加油:当混凝土强度达到设计强度 70% 以上时,即可紧固螺栓进行精平。在精平过程中进一步找正泵的水平度、同轴度、平行度,使其完全达到设计要求后,就可以加油试运转。

7. 试运转前的检查:试运转前应检查密封部位、阀门、接口、泵体等有无渗漏,运行中应测定水泵的压力(扬程)、转速、电压、轴承和电机温度、噪声等参数是否符合要求。

8. 气压稳压装置安装详见说明书和有关规范。

### 6.1.5 贮水池和水箱的安装

应检查水箱的制造质量,做好安装前的设备进场检验验收工作;并检查设备基础质量和有关尺寸;安装后检查安装坐标(含标高)、接口尺寸、焊接质量、除锈防腐质量、清除污染;做好满水试验;做好保温防腐工作。

### 6.1.6 管道和设备的防腐与保温

1. 管道、设备及容器的清污除锈:焊接钢管和无缝钢管的清污除锈用钢刷和砂纸反复除锈,直至露出金属本色为止。应在刷油漆前用棉纱再擦一遍浮尘。

2. 管道、设备及容器的防腐:管道、设备及容器的防腐应按设计要求进行施工,室内锌皮的被损坏的镀锌钢管、无缝钢管、焊接钢管和外露螺丝部分刷防锈漆两道,无缝钢管、焊接钢管和镀锌钢管表面再刷银粉漆两道。

3. 管道、设备及容器的保温:供暖管道的保温采用管道 $\delta = 40mm$ 超细离心玻璃棉管壳保温后,外缠密纹玻璃布,刷防火漆两道;分水器、集水器的保温采用 $\delta = 50mm$ 超细离心玻璃棉保温板,后外缠密纹玻璃布,刷防火漆两道。水泵房内的各种管道和分水器、集水器保温层外加包 $\delta = 0.5mm$ 的镀锌钢板保护壳。空调冷冻剂管道的吊架、吊卡与管道之间应按设计增安隔热垫。

膨胀水箱、膨胀水罐，外表采用 $\delta = 50mm$ 的离心玻璃棉板保温，保温层外缠密纹玻璃布，刷防火漆两道，并加包 $\delta = 0.5mm$ 的镀锌钢板保护壳。

吊顶内、管井内给水和排水管道的防结露保温采用 $\delta = 13mm$ 厚的泡沫橡塑隔热管壳，对缝粘接。热水管道采用 $\delta = 25mm$ 厚的泡沫橡塑隔热管壳对缝粘接。不锈钢水箱保温材料采用 $\delta = 25mm$ 厚的泡沫橡塑隔热材料。

### 6.1.7　伸缩器安装应注意事项

1．伸缩器应水平且应与管道同心，固定支座埋设应牢靠。

2．伸缩器(套管式的除外)应安装在直管段中间，靠两端固定支座附近应加设导向支座。有关安装要求参见相关规范。

3．方形伸缩器可用两根或三根管道煨制焊接而成，但顶部必须采用一根整管煨制，焊口只能在垂直臂中部。四个弯曲角必须 90°，且在一个平面内。

4．波形伸缩器水压试验压力绝对不允许超过波形伸缩器的使用压力，且试压前应将伸缩器用固定架夹牢，以免过量拉伸。

5．安装后应进行拉伸试验。

# 6.2　通风工程

### 6.2.1　预留孔洞及预埋件

施工参照暖卫工程施工方法进行。

### 6.2.2　通风管道及附件制作

1．材料：通风送风系统为优质镀锌钢板，排烟风道采用 $\delta = 2.0mm$ 厚的优质冷轧薄板。前者以折边咬口成型，后者以卷折焊接成型。法兰角钢用首钢优质产品。

2．加工制作按常规进行，但应注意以下问题：

(1)材料均应有合格证及检测报告。制作应严格执行 GB 50243—97、GBJ 304—88 及 DBJ 01—26—96(三)的有关规定和要求。

(2)防锈除尘必须彻底，不彻底的不得进入第二道工序。镀锌板可用中性洗涤剂清除油污，冷轧板、角钢应用钢刷彻底清除锈迹和浮尘，直至露出金属本色。

(3)咬口不能有胀裂、半咬口现象，焊缝应整齐美观、无夹渣和漏焊、烧熔现象，翻边宽度为 6~9mm，不开裂。

(4)矩形风道宽边 >500mm 时弯头应作导流片，当长度 $L > 1200mm$、宽边 >800mm 时应加固；风道宽高比 ≥3 时应增加中隔板。矩形风道分叉三通，当支管与主管底(或顶)相距 ≤150mm 时，应采用弧形连接；当支管与主管底(或顶)相距 >150mm 时，可采用插入式连接。风机进出口应用 $L = 150~200mm$ 软接头连接，软接头不许变径管；风道的结合处法兰不得位于墙体或楼板处。

### 6.2.3 管道吊装

1. 管道加工完后应临时封堵,防止灰尘污物进入管内;风道进场后应再次进行加工质量检查和修理,并用棉布擦拭内壁后再进行吊装。吊装还应随时擦净内壁的重复污染物,然后立即封堵敞口。安装过程还应按 GB 50243—97 规定进行分段灯光检漏,并按设计和规范要求进行漏风率检测合格后才能进行后续工序安装。

2. 安装时法兰接口处采用 9501 阻燃型密封胶条作垫料,螺栓应首尾处于法兰的同一侧,螺栓的拧紧对称进行;阀件安装位置应正确,启闭灵活,并有独立的支、吊架。

3. 为保证支、吊架的安装质量,吊架安装前应先实地放线,确定吊杆长度、支架标高和吊杆宽度,以保证安装平直、吊架排列整齐美观。管道支吊架应置于保温层外,吊架与管道之间应有防腐垫木隔离。

4. 不得利用土建吊顶的吊杆作为管道和设备、附件的支吊架,反之也同。土建吊顶的吊杆不得穿透任何风道。

### 6.2.4 风口的安装

墙上风口的安装,应随土建装修进行,先预埋好木框或钢框,木框应精刨细作,钢框应平整合适。然后在风口和阀件上钻孔,再用木螺丝(或机制螺栓)固定。

安装时要注意找平,并用密封胶堵缝。与土建排风竖井的固定应预埋法兰,固定牢靠,周边缝隙应封堵严密。

### 6.2.5 壁挂分体式空调机的安装

由厂家安装,但应注意电源和孔洞、预埋件、室外基础的预留位置、浇筑质量和安装质量的验收,资料的搜集整理。

### 6.2.6 新风换气机组的安装

1. 安装前应详细审阅图纸,明确工艺流程和设备的接口位置和尺寸,先在纸面上放大,再到实地检验调整,使各管道部件加工尺寸合适、连接顺利、外观整齐。

2. 安装前应做好设备进场开箱检验,办理检验手续,研读使用安装说明书,充分了解其结构尺寸和性能,加速施工进度,提高安装质量。

3. 安装前应检查设备基础,验收合格后再就位安装。安装后按 GB 50243—97 相关条文要求进行单机试运转,并测试有关参数,填写试验记录单。

4. 机组配管安装应严格按设计和规范要求进行,安装后应进行灯光渗漏检查和隐检验收后,再进行保温。

### 6.2.7 智能热泵型变频空调(即 VRV)机组的安装

智能热泵型变频空调(即 VRV)机组由厂家进行安装与调试,但是安装中应注意如下问题:

1. 安装前应详细审阅图纸,明确工艺流程和设备的接口位置和尺寸,先在纸面上放大,再到实地检验调整,使各管道部件加工尺寸合适、连接顺利、外观整齐。

2. 安装前应做好设备进场开箱检验,办理检验手续,填好验收技术资料。

3. 室外机组安装前应检查设备基础,验收合格后再就位安装。安装后按 GB 50243—97 相关条文要求进行单机试运转,并测试有关参数,填写试验记录单。

4. 室内机组的安装应与土建工种配合、协调,确定室内机安装的位置,遵守土建室内装修标准的要求,使安装后的外观质量达到建筑装修设计要求。安装后按 GB 50243—97 相关条文要求进行单机试运转,并测试有关参数,填写试验记录单。

5. 连接室外机组和室内机组的制冷剂输送配管安装应严格按厂方安装工艺标准、设计和规范要求进行,安装后应进行渗漏检查和隐检验收后,再进行保温。保温管壳接缝应严密,不得形成"冷桥",产生结露破坏建筑内装修。

### 6.2.8 专用空调机组的安装

专用空调机组由厂家进行安装与调试,但是安装中应注意如下问题:

1. 安装前应详细审阅图纸,明确工艺流程,检查设备、送风口安装位置、接口的位置和尺寸的可靠性。并先在纸面上放大,再到实地检验调整,使各管道部件加工尺寸合适、连接顺利、外观整齐。

2. 安装前应做好设备进场开箱检验,办理检验手续,填好验收技术资料。

3. 室内机组安装前应检查设备基础,验收合格后再就位安装。安装应与土建工种配合与协调,确定室内机安装的位置,遵守土建室内装修标准的要求,使安装后的外观质量达到建筑装修设计和使用功能的要求。安装后按 GB 50243—97 相关条文要求进行单机试运转,并测试有关参数,填写试验记录单。

4. 连接室外机组和室内机组的制冷剂输送配管安装应严格按厂方安装工艺标准、设计和规范要求进行,安装后应进行渗漏检查和隐检验收后,再进行保温,保温管壳接缝应严密,不得造成"冷桥",产生结露破坏建筑内装修。

### 6.2.9 防火阀、调节阀、密闭阀安装

防火阀、调节阀、密闭阀安装后方向应正确,启闭应灵活,设备与周围围护结构应留足检修空间,详参阅 91SB6 的施工做法。

### 6.2.10 消声器的安装

消声器、消声弯头应有单独的吊架,不得使风道承受其重量。支、吊架、托铁上穿吊杆的螺孔距离应比消声器宽 40~50mm,吊杆套丝长度为 50~60mm,安装方向要正确。

### 6.2.11 风机盘管的安装

风机盘管进入安装场地前应进行进场验收,并做单机三速试运转及水压试验。水压试验压力为系统工作压力的 1.5 倍(0.9MPa),不漏为合格;机组安装应由支吊架固定,并应便于拆卸和维修。

### 6.2.12 风道及部件的保温

管道支吊架应置于保温层外,吊架与管道之间应有防腐垫木隔离。空调冷凝结水管道采用热镀镀锌钢管,丝扣连接,管道保温采用 $\delta = 20mm$ 橡塑保温管壳。通风空调风道保温前应做漏光率检测,风压 $P > 500Pa$ 应做漏风量检测。

# 6.3 施工试验与调试

本工程涉及到的试验与调试如下。

### 6.3.1 进场阀门强度和严密性试验

依据 GBJ 242—82 第 2.0.14 条规定。

1. 各专业各系统主控阀门和设备前后阀门的水压试验。

(1) 试验数量及要求:100%逐个进行编号、试压、填写试验单,并按 ZXJ/ZB 0211—1999 规定进行标识存放,安装时对号入座。

(2) 试压标准:试验压力为该阀门额定工作压力的 1.2~1.5 倍(供暖 1.2 倍、其他 1.5 倍)。

观察时限及压降,供暖为 5min、$\Delta P \leqslant 0.02MPa$,其他为 10min、$\Delta P \leqslant 0.05MPa$,不渗不漏为合格。

2. 其他阀门的水压试验:其他阀门的水压试验标准同上,但试验数量按规范规定。

(1) 按不同进场日期、批号、不同厂家(牌号)、不同型号、规格进行分类。

(2) 每类分别抽 10%,但不少于 1 个进行试压,合格后分专业、分类填写试压记录单。

(3) 10%中有不合格的,再抽 20%(含第一次共计 30%)进行试压后,如果又出现不合格的,则应 100%进行试压。但本工程第二批(20%)中又出现不合格的,应全部退货。

3. 消防喷洒系统和消火栓给水系统阀门的试验压力 2.4MPa。观察时限及压降为 10min、$\Delta P \leqslant 0.05MPa$,不渗不漏为合格。

### 6.3.2 组装后散热器的水压试验

试验数量及要求:要 100%进行试验,试验压力为 0.8MPa(设计工作压力 0.6MPa),5min 内无渗漏为合格。试压后办理散热器组对预检记录和水压试验记录单(按系统分层填写)。

### 6.3.3 室内生活给水、热水供应管道的试压

1. 试压分类:单项试压——按局部隐检部分和各分区(高区、低区)的各系统(或每根立管)进行试压,应分别填写试验记录单。

系统综合试压——本工程按高区和低区分别进行。

2. 试压标准:

单项试压:试验压力低区生活给水和热水供应为 0.6MPa、高区生活给水为 1.0 MPa

且 10min 内压降 $\Delta P \leqslant 0.05$MPa，检查不渗不漏后，再将压力降至工作压力（低区为 0.3MPa、高区为 0.6MPa）进行外观检查，不渗不漏为合格。

综合试压：试验压力同单项试压压力，但稳压时限由 10min 改为 1h，其他不变（试验压力表应安装在最低位置）。

### 6.3.4　消火栓供水系统的试压

除局部属隐蔽的工程进行隐检试压，并单独填写试验单外，其余均在系统安装完后做静水压力试验，试验压力为 1.6MPa，维持 2h 后，外观检查不渗不漏为合格（试验时应包括先前局部试压部分）。

### 6.3.5　消防自动喷洒灭火系统管道的试压

1. 试压分类：

单项试压——按局部隐检部份和各系统进行试压，应分别填写试验记录单。

系统综合试压——本工程按系统分别进行（试验压力表应安装在最低位置）。

2. 试压标准：

单项试压：试验压力为 1.6MPa，且 10min 内压降 $\Delta P \leqslant 0.05$MPa，检查不渗不漏后，再将压力降至工作压力 1.0MPa 进行外观检查，不渗不漏为合格。

综合试压（即通水试验）：管网在水压试验压力 $P = 1.6$MPa 下，维持 2h 试验压力，以无明显渗漏为合格（试验压力表应安装在最低位置）。

### 6.3.6　供暖系统管道及空调凝结水系统的水压试验

1. 单项试验：包括局部隐蔽工程的单项水压试验及分支路或整个系统与设备和附件连接前的水压试验，应分别填写记录单。

2. 综合试验：是系统全部安装完后的水压试验，试验测压压力表应安装在系统最低点，并填写记录单。

3. 试验标准：试验压力为 0.8MPa，5min 内压降 $\Delta P \leqslant 0.02$MPa，外观检查不渗不漏后，再将压力降至工作压力 $P = 0.6$MPa，稳压 10min 后，进行外观检查不渗不漏为合格。

### 6.3.7　Inergen（烟烙尽）气体灭火系统管道的水压试验

1. 单项试验：包括局部隐蔽工程的单项水压试验及分支路或整个系统与设备和附件连接前的水压试验，应分别填写记录单。

2. 综合试验：是系统全部安装完后的水压试验，并填写记录单。

3. 试验标准：试验压力依据 GB 50263—97 第 3.7.2.3 条的要求为 15MPa，压力升至试验压力 15MPa 后，维持 5min 管内压力，外观检查管道各连接处，无明显的渗漏，目测管道无明显变形为合格。

4. 严密性试验：试验介质可采用压缩空气或氮气，试验压力升至水压试验压力的 2/3，即 10MPa 后，关断试压气源，3min 后系统内压力降不超过试验压力的 10%（即 1MPa），且用肥皂水涂抹检查防护区外的管道连接处，应无气泡产生为合格。

### 6.3.8 灌水试验

1. 室内排水管道的灌水试验：按立管分层进行，每根立管分层填写记录单。试验标准的灌水高度为楼层高度，灌满后 15min，再将下降水位灌满，持续 5min 后，若水位不再下降为合格。

2. 卫生器具的灌水试验：洗面盆、洗涤盆、浴盆等，按每层每单元进行试验和填表，灌水高度是灌至溢水口或灌满，其他同管道灌水试验。

3. 各种贮水箱(贮水池)灌水试验：应按单个进行试验，并填写记录单，试验标准是水箱和水池充满水后维持 72h，各处无渗漏和明显洇湿为合格。

4. 雨水排水管道灌水试验：每根立管灌水高度应由屋顶雨水漏斗至立管根部排出口的高差，灌满 15min 后，再将下降水面灌满，保持 5min，若水面不再下降，且外观无渗漏为合格。

### 6.3.9 供暖系统伸缩器预拉伸试验

应按系统按个数进行 100% 试验，并按个数分别填写记录单。

### 6.3.10 管道冲洗试验

1. 管道冲洗试验应按专业、按系统、分区(高区、低区)分别进行，即室内供暖系统、空调冷凝结水排放系统、室内生活给水系统(高区、低区)、室内消火栓供水、消防喷洒供水、室内热水供应系统，并分别填写记录单。

2. 管内冲水流速和流量要求

(1) 生活给水和消火栓供水管道的冲水试验：生活给水和消火栓供水管道管内流速 $v \geqslant 1.5 \mathrm{m/s}$，为了满足此流速要求，冲洗时可安装临时加压泵(详见试验仪器准备)。

(2) 供暖管道的冲水试验：供暖管道冲洗前应将流量孔板、滤网、温度计等暂时拆除，待冲洗完后再安上。冲洗流量和压力按设计最大流量和压力进行(设施总说明未标注，故按管道管内流速 $\geqslant 1.5 \mathrm{m/s}$ 进行)。

3. 达标标准：一直冲洗到各出水口的水色、透明度、浊度与进水口一侧水质一样为合格。

### 6.3.11 Inergen(烟烙尽)气体灭火系统管道的吹扫

Inergen(烟烙尽)气体灭火系统管道在水压试验合格后，严密性试验之前，应进行管道吹扫。吹扫介质可采用压缩空气或氮气。吹扫时管道末端气体的流速应 $v \geqslant 20 \mathrm{m/s}$，并用白布检查，直至白布上无铁锈、尘土、水渍及其他脏物出现为止。

### 6.3.12 通水试验

1. 试验范围：要求做通水试验的有室内冷、热供水系统、室内消火栓供水系统、室内排水系统、卫生器具。

2. 试验要求：

(1) 室内冷、热水供水系统：应按设计要求同时开放最大数量的配水点，观察是否全部达到额定流量。若受条件限制,应对卫生器具进行 100％满水排泄试验,检查通畅能力,无堵塞、无渗漏为合格。

(2)室内排水系统:应按系统 1/3 配水点同时开放进行试验。

(3)室内消火栓供水系统:检查喷射水柱能否满足开启消火栓最大组数时的消防能力。

(4)室内消防喷洒灭火系统:管网在水压试验压力 $P=1.6\text{MPa}$ 下,维持 2h(此为设计要求,但规范要求为 24h)试验压力,以无明显渗漏为合格(试验压力表应安装在最低位置)。

### 6.3.13　供暖系统的热工调试

按(94)质监总站第 036 号第四部分第 20 条规定进行调试,按系统填写记录单。

### 6.3.14　通风风道、部件、系统及空调机组的检漏试验

详见 GB 50243—97 第 3.1.13、3.1.14、7.1.5、8.5.3 条。

1.通风管道制作部件灯光检漏试验:按不同规格抽 10％,但不少于 1 件,并分别填写记录单。记录单可采用 JGJ 71—90 附表 5—6。

2.通风系统管段安装的灯光检漏试验:通风系统管段安装后,应分段进行灯光检漏,试验数量为系统的 100％,并分别填写记录单。

3.组装空调机组的灯光检漏试验:组装空调机组按 GB 50243—97 第 8.5.3 条要求进行。

### 6.3.15　通风系统漏风量的检测

通风系统漏风量检测的设备:通风管道安装时应分系统、分段进行漏风量检测,其检测装置和连接如图 2.1.6－1、图 2.1.6－2 所示。

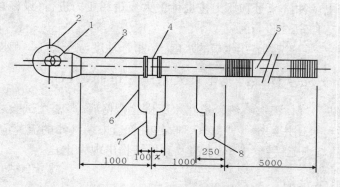

图 2.1.6－1　风管漏风试验装置

孔板 1:$x=45\text{mm}$;孔板 2:$x=71\text{mm}$

1—进风挡板;2—风机;3—钢风管 φ100;4—孔板;5—软管 φ100;6—软管 φ8;7、8—压差计

### 6.3.16　水泵、风机、新风换气机组、风机盘管、智能热泵型变频空调(即

VRV)机组、专用空调机组等的单机试运转

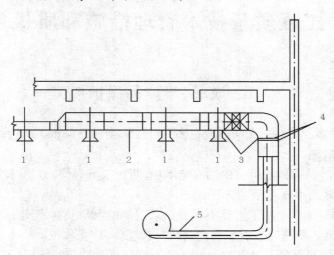

图 2.1.6-2　风管漏风试验系统连接示意图
1—风口;2—被试风管;3—盲板;4—胶带密封;5—试验装置

为了测流量,应在机组前后事先安装测试口,以便安装测试仪表。水泵等设备的单机试运转应在安装预检合格和配管安装后进行,每台设备应有独立的安装预检记录单和单机运转试验单。试运转记录单中应有流量、扬程、转速、功率、轴承和电机发热的温升、噪声的实测数据及运转情况记录。

### 6.3.17　排烟系统、排风系统和正压送风系统风量的检测与平衡调试

排烟系统、排风系统和正压送风排烟系统安装后应进行系统各分路及各风口风量的调试和测量,正压送风排烟系统应检测电梯前室的正压值(前室与周围房间的静压差 $\Delta P$ ≥25Pa),并填写检测试验记录单。

### 6.3.18　空调房间室内参数的检测

空调房间室内参数(一般有温湿度、静压及房间之间的静压压差等)应分夏季和冬季分别检测,并分别填写各种试验记录单。需要检测参数见 GB 50243—97 的相关规定和设计要求。

### 6.3.19　空调系统的联合试运转

排烟系统、排风系统、正压送风系统和风机盘管系统因系统单一,可与单机试运转一起进行。但智能热泵型变频空调(即 VRV)机组、专用空调机组、新风换气机组等空调系统安装完成后,应按 GB 50243—97 规范第 12.3.1、12.2.2、12.2.3、13.2.3、13.2.4 条规定进行无负荷和全负荷的系统联合试运转,试运转时间和记录的参数及其他内容详见规范规定。

# 7 工程质量技术管理措施和质量目标

## 7.1 成品、半成品保护措施

本工程工种多、专业多，交叉作业也多，故成品、半成品保护工作特别重要。为确保质量，拟采取下列措施。

1. 拆除阶段：认真做好拆除中的安全事项，防止人员砸伤、碰伤、摔伤，以及保证回收设备的完好性，做到堆放有序、无损伤。

2. 结构阶段：各专业施工人员不得撬钢筋、扭曲钢筋、拆除扎丝，应在钢筋上放走道护板，严禁割主筋。要派专人看护管盒、套管、预埋件，防止移位。

3. 装修阶段：搬运器具、钢管、机械注意不碰门框及抹灰腻子层，不得剔除面砖，不得让人站在安装的卫生设备器具上面，注意对电线、配电箱、消火栓箱的看护，以免损坏，在吊顶内施工不得扭曲龙骨。对油漆粉刷墙面、防护膜不得触摸。

4. 思想教育与奖惩制度：组织在施人员学习，加强教育，认真贯彻执行，确保成品、半成品保护工作，对成效突出的个人进行奖励，对破坏成品者严肃处理。

## 7.2 质量目标及保证质量的主要管理措施

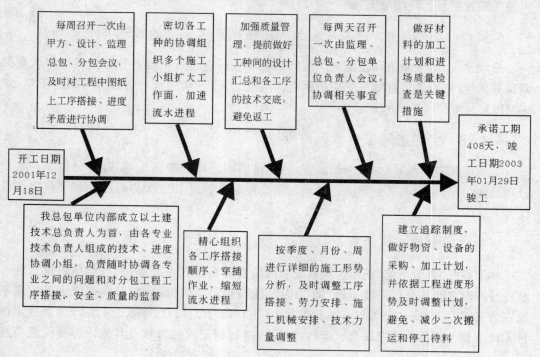

# 8 工期目标与保证实现工期目标的措施

制定旧铸铁暖气片和旧分体式空调机组等旧设备的拆卸储运堆入方案和旧散热器的拆分组对技术措施

认真进行审阅图纸和专业间的图纸会审，掌握国家标准规范和新材料、新工艺安装技术，研究对策，将问题解决在施工之前，避免返工

严格班组"三检制度"（自检、互检、交接检），实行四定（定量、定点、定人、定时）的施工管理，质量要求落实到人，把质量优劣与经济挂钩，实行优奖劣罚制度

做好现场加工场区，物资设备堆放标识工作对控制调节阀门和系统主控阀门、规范及设计单位要求试压的阀门，应认真与图纸对应编号，逐个试压，并做好工程标识，专人负责保管，安装时对号入座

对下列项目进行重点检查：
1. 孔洞预留、预埋件制作与埋设的精度、暗埋配管等安装的质量和固定保护措施；
2. 箱、盒与地面的关系及地漏标高、位置与地面坡度坡向的关系
3. 设备、管道支吊架安装位置、外观质量、埋设的牢靠性的检查；
4. 管道接口质量、镀锌钢管防腐措施的检查

工程竣工交付使用时达到市优质工程
1. 合同范围内全部工程的所有功能符合设计要求
2. 分项、分部单位工程质量全部达到国家有关质量检验评定标准和国家现行施工及验收规范要求
3. 分部工程质量全部合格，优良率达到75%以上。
4. 观感质量的评定优良率达到90%以上
5. 工程资料齐全符合北京市DBJ 01—51—2000《建筑安装工程资料管理规定》的要求

控制好各工种施工工序的搭接是质量保证的关键

严格进场检验制度，质量有问题的材料、设备不许进场，测试为不合格品的不能在工程中使用

技术资料定期送上级主管单位检查、验收，符合北京市DBJ 01—51—2000《建筑安装工程资料管理规定》的要求

管道交叉复杂地点的安装工作，进行认真研究，找出合理可行的施工方案和技术措施，安排详细的施工工序搭接质量保证措施与交接验收管理制度，编制工序施工技术交底资料，使施工人员对该工序的技术重点、难点、保质技术措施了如指掌，确保设计要求及国家技术规定得以如实贯彻，做到一次成活。技术交底要做好记录，在实施过程中各负其责，做质量责任、进度计划层层落实到人。每台设备安装前要编写安装方案，制定管理规程和参加安装人员责任书

严格计量器具的管理、校验与进行定期维护和保养，确保总计量仪器检测设备的合格率，为施工质量的提高创造条件

成立甲方、设计、监理、总包、分包单位的协调领导小组，负责协调和专业之间、总包和分包之间，各分项工程安装的顺序、工期、质量保障的问题，通信图纸中的问题

# 9 现场管理的各项目标和措施

## 9.1 降低成本目标及措施

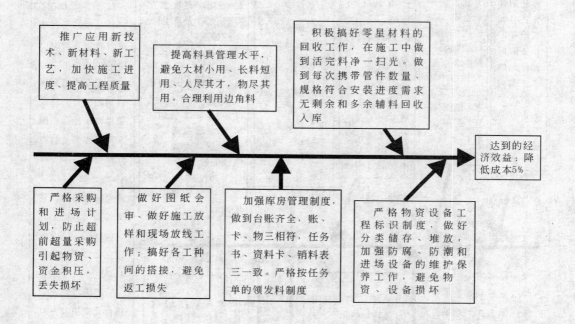

## 9.2 文明施工现场管理目标及措施(详见 202 页)

## 9.3 拆旧过程的安全措施

### 9.3.1 甲方最关心的两个问题三个方面

此项主要由土建专业承担,设备专业予以配合。

1. ×段×层××角裙房原通信总机房内至×邻新建××楼出线挂板的迁移:×段×层××角××原通信总机房内××墙体上至×邻新建××楼出线挂板,在×段×层通信机房未改建完成,这些线路板未搬移上去时的安全运行问题。这是一个问题的两个方面。

(1)×段×层××原通信总机房内××墙体上出线挂板的安全运行问题:

A. 进场后对该房间进行加强密封处理,严防施工中的粉尘、噪声、渗水往里渗透。

B. 加强该房间屋顶及××层周围房间的防水措施,并切断周围的一切水管(原有给水管和施工给水管),建立对其周围用水的严格控制管理制度,未经施工现场指挥部批准,并采取严防和监控措施,任何人不得擅自用水或将施工水管引入周围地段。

C. 室内安装一台空气自净器,对室内的空气进行净化处理,保证室内空气符合其运行的环境条件。

D. 组织专门的安全警卫小组,对该房间进行24h的严密安全监控。

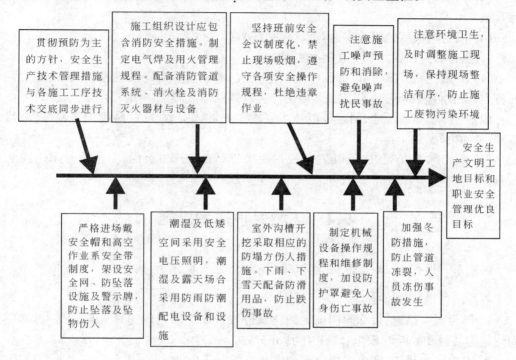

(2) 加速×段×层通信机房的改建争取提前实现通信线路挂板的迁移:×段×层××原通信总机房内,××体上通信线路挂板安全运行的另一方面是加速×段×层通信机房的改建,争取提前按施工进度计划的时限将底层的通信线路挂板移至×段×层机房内。

2. ×段××水箱间加高和如何保证××停用一个月以内复原的问题

(1) 与甲方合作在对××水箱间拆除前期,对原有××进行搭架防护,避免因施工引起对原××的碰撞与损害。主要是维护材料的选择(选择既可以起保护作用,又没有屏蔽性而影响××的材料)和架设形式。

(2) 在周围××间加固拔高扩建就绪后,安排拆除原有××,并保证在25d之内将天线处的结构改建完成,使天线达到能够复位的条件。

(3) 继续与甲方合作对新装××进行搭架防护,避免因施工引起对新装××的碰撞与损害。

### 9.3.2 拆旧利用物资的安全措施与目标

1. 原有分体式空调机组的拆除:

（1）拆除人员的安排：选派公司技术熟练的空调安装人员，承担对原有分体式空调机组进行拆除工作。

（2）技术和安全措施：主要是依据现场具体情况编写拆除方案；拆除脚手架搭架方案；做好拆除技术交底；制定高空作业安全措施，并按安全措施备齐应配备的器材；指定现场安全监督人员进行施工前、施工中的安全检查。

（3）旧空调机组的存放：严格按甲方要求运抵指定的存放地点，并按设备技术要求进行存放。

（4）旧空调机组的回收率：力争达到完好率98%以上。

2．原有旧铸铁四柱813散热片的拆除：

（1）编制拆除方案，作好拆除中的技术交底，特别应针对锈蚀难拆、铸铁易脆裂损坏的特点，交代好轻拆轻放，防止猛烈敲击、碰撞、摔跌事故。

（2）安排好堆放场地，制定堆放技术要求。如堆放层数、堆放高度的最高限度，堆放方式，通道间距等。

（3）制定除垢方案和拆分组对的技术要求（见施工方案设计），力争回修率达到95%左右。

# 9.4 环境保护技术措施

## 9.4.1 拆旧施工中的防尘和防噪声污染的技术措施

拆除阶段的环保措施：

1．隔声隔尘措施：拆除阶段确保原建筑外维护墙上的门窗完好无损，保证拆除室内旧建筑的装修和隔断时粉尘和噪声不往外扩散。

2．室内降尘措施：室内采取喷水和安装自净器降尘措施。

3．外墙装饰拆除的防尘措施：

（1）建筑四周的防护隔离网内侧增设一层防尘隔声板，以阻止粉尘和噪声往周围扩散。

（2）安装移动式喷水管道，利用喷头对准拆除墙面喷洒水珠降尘（图2.1.9－1和图2.1.9－2）。

## 9.4.2 进入结构施工和装修期施工中的环保措施

1．粉尘控制：在进入装修期间对装修工艺发尘量较大的采用移动式局部吸尘过滤装置，进行局部处理。

2．噪声控制：进入装修期施工中的噪声控制，除了维持拆除阶段整栋建筑外围防护网内加衬隔声层，防止噪声外溢，污染周围环境外，对发声量较大的施工工序尽量安排在白天施工。

3．施工污水的处理：对于施工阶段产生的施工污水，采取集中排放到沉淀池进行沉淀处理，经检测达标后再排入市政污水管网（处理流程如图2.1.9－3所示）。

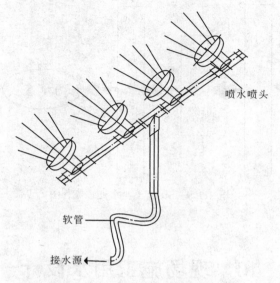

图 2.1.9-1 移动式喷水降尘装置

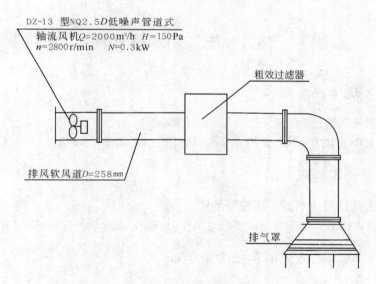

图 2.1.9-2 移动式降尘装置

4. 加强协调确保环保措施的实现:定期召开协调会议,除了加强施工全过程各工种之间、总包和分包之间施工工序、技术矛盾、进度计划的协调,将所有矛盾解决在实施施工之前外,应做到各专业之间(总包单位内部、总包单位与分包单位之间)按科学、文明的施工方法施工,避免各自为政无序施工,造成严重的施工环境污染事故。

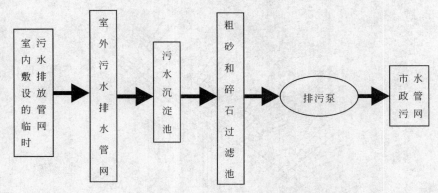

图 2.1.9 – 3　施工污水处理流程图

# 10　现场施工用水设计

## 10.1　施工用水量计算

### 10.1.1　现场施工用水

按最不利施工阶段(初装修抹灰阶段)计算：

$$q_1 = 1.05 \times 100 (\text{m}^3/\text{d}) \times 700\text{L}/\text{m}^3 \times 1.5 (2\text{b}/\text{d} \times 8\text{h}/\text{b} \times 3600\text{s}/\text{h})^{-1} = 1.92\text{L}/\text{s}$$

### 10.1.2　施工机械用水

现场施工机械需用水的是运输车辆：

$$q_2 = 1.05 \times 10 \text{ 台} \times 50\text{L}/\text{台} \times 1.4 (2\text{b} \times 8\text{h}/\text{b} \times 3600\text{s}/\text{h})^{-1} = 0.013\text{L}/\text{s}$$

### 10.1.3　施工现场饮水和生活用水

现场施工人员高峰期为 1300 人/d,则：

$$q_3 = 1300 \times 50 \times 1.4 (2\text{b} \times 8\text{h}/\text{b} \times 3600\text{s}/\text{h})^{-1} = 1.56\text{L}/\text{s}$$

### 10.1.4　消防用水量

1. 施工现场面积小于 25hm²
2. 消防用水量　　$q_4 = 10\text{L}/\text{s}$

### 10.1.5　施工总用水量 $q$

$$\because q_1 + q_2 + q_3 = 3.493\text{L}/\text{s} < q_4 = 10\text{L}/\text{s}$$

$$\therefore q = q_4 = 10\mathrm{L/s} = 0.01\mathrm{m}^3/\mathrm{s} = 36\mathrm{m}^3/\mathrm{h}$$

## 10.2　贮水池计算

### 10.2.1　消防 10min 用水储水量

$$V_1 = 10 \times 10 \times 60/1000 = 6\mathrm{m}^3$$

### 10.2.2　施工用水蓄水量

$$V_2 = 4\mathrm{m}^3$$

### 10.2.3　贮水池体积 $V$

$$V = 10\mathrm{m}^3$$

## 10.3　施工水泵选型

### 10.3.1　水泵流量

$$G \geqslant 36\mathrm{m}^3/\mathrm{h}$$

### 10.3.2　水泵扬程估算

$$H = \sum h + h_0 + h_s + h_1 = 4 + 3 + 10 + 61.0 = 77.0 \text{ m} = 0.77\mathrm{MPa}$$

式中　　$H$——水泵扬程($\mathrm{mH_2O}$);

　　　$\sum h$——供水管道总阻力($\mathrm{mH_2O}$);

　　　$h_0$——水泵吸入段的阻力($\mathrm{mH_2O}$);

　　　$h_s$——用水点平均资用压力($\mathrm{mH_2O}$);

　　　$h_1$——主楼用水最高点与水泵中心线高差静水压力($h_1 = 38.8\mathrm{m}$)($\mathrm{mH_2O}$)。

### 10.3.3　水泵选型

选用 DA1 – 80×9 型多级离心式水泵,$G = 40.0\mathrm{m}^3/\mathrm{h}$,$H = 79.2\mathrm{mH_2O}$,$n = 2920\mathrm{r/min}$,功率 $N = 15\mathrm{kW}$,泵出口直径 $DN = 80$,进口直径 $DN = 80$。

## 10.4　输水管道管径计算

$$D = [4G(\pi v)^{-1}]^{0.5} = [4 \times 0.010(2.5 \times \pi)^{-1}]^{0.5} = 0.0714\mathrm{m} \approx 80\mathrm{mm}$$

取 $DN = 80$

式中　　$D$——计算管径($\mathrm{m}$);

$DN$——公称直径(mm);

$G$——流量($m^3/s$);

$v$——流速(按消防时管内流速考虑取 $v=2.5m/s$)(m/s)。

## 10.5 施工现场供水管网平面布置图

详见附图或土建施工组织设计。

室内利用原有两个卫生间的生活给水立管和排水立管、消防立管作为施工的临时供水和消防设施,室外另行布置。

### 10.5.1 施工现场给水平面布置图(略)

### 10.5.2 施工给水排污示意图(略)

# 二、中国中医研究院广安门医院扩建医用辅助楼及附属工程暖卫通风空调部分施工组织设计

# 1 编制依据和采用标准、规程

## 1.1 编制依据

编制依据见表 2.2.1 – 1。

表 2.2.1 – 1

编制依据

| | |
|---|---|
| 1 | 中国中医研究院广安门医院扩建医用辅助楼及附属工程招标文件 |
| 2 | 北京市建筑设计研究院工程设计号 2000 – 106"广安门医院医疗辅助楼"工程暖卫通风空调工程施工图设计图纸 |
| 3 | 总公司 ZXJ/ZB0100 – 1999《质量手册》 |
| 4 | 总公司 ZXJ/ZB0102 – 1999《施工组织设计控制程序》 |
| 5 | 总公司 ZXJ/AW0213 – 2001《施工方案管理程序》 |
| 6 | 工程设计技术交底、施工工程概算、现场场地概况 |
| 7 | 国家及北京市有关文件规定 |

## 1.2 采用标准和规程

采用标准和规程见表 2.2.1 – 2。

表 2.2.1 – 2

采用标准和规程

| 序号 | 标准编号 | 标 准 名 称 |
|---|---|---|
| 1 | GBJ 242—82 | 采暖与卫生工程施工及验收规范 |
| 2 | GB 50231—98 | 机械设备安装工程施工及验收通用规范 |
| 3 | GB 50235—97 | 工业金属管道工程施工及验收规范 |
| 4 | GB 50236—98 | 现场设备、工业管道焊接工程施工及验收规范 |
| 5 | GB 50243—97 | 通风与空调工程施工及验收规范 |
| 6 | GB 6245—98 | 消防泵性能要求和试验方法 |
| 7 | CJJ/T 29—98 | 建筑排水硬聚氯乙烯管道工程技术规程 |
| 8 | GBJ 16—87 | 建筑设计防火规范(1997 年版) |
| 9 | GB 50045—95 | 高层民用建筑设计防火规范 |
| 10 | GBJ 67—84 | 汽车库设计防火规范 |

| 序号 | 标准编号 | 标准名称 |
|------|----------|----------|
| 11 | GB 50098—98 | 人防工程设计防火规范 |
| 12 | JGJ 100—98 | 汽车库建筑设计规范 |
| 13 | GB 50019—2003 | 采暖通风与空气调节设计规范 |
| 14 | GB 50219—95 | 水喷雾灭火系统设计规范 |
| 15 | GBJ 84—85 | 自动喷水灭火系统设计规范 |
| 16 | GB 50261—96 | 自动喷水灭火系统施工及验收规范 |
| 17 | GB 50264—97 | 工业设备及管道绝热工程设计规范 |
| 18 | GB 50268—97 | 给水排水管道工程施工及验收规范 |
| 19 | GB 50274—98 | 制冷设备、空气分离设备安装工程施工及验收规范 |
| 20 | GB 50275—98 | 压缩机、风机、泵安装工程施工及验收规范 |
| 21 | GBJ 93—86 | 工业自动化仪表工程施工及验收规范 |
| 22 | GBJ 126—89 | 工业设备及管道绝热工程施工及验收规范 |
| 23 | GB 50038—94 | 人民防空地下室设计规范 |
| 24 | GBJ 134—90 | 人防工程施工及验收规范 |
| 25 | JGJ 71—90 | 洁净室施工及验收规范 |
| 26 | GBJ 300—88 | 建筑安装工程质量检验评定标准 |
| 27 | GBJ 302—88 | 建筑采暖卫生与煤气工程质量检验评定标准 |
| 28 | GBJ 304—88 | 通风与空调工程质量检验评定标准 |
| 29 | TGJ 305—75 | 建筑安装工程质量检验评定标准(通风机械设备安装工程) |
| 30 | GB 50184—93 | 工业金属管道工程质量检验评定标准 |
| 31 | GB 50185—93 | 工业设备及管道绝热工程质量检验评定标准 |
| 32 | GB/T 16293—1996 | 医药工业洁净室(区)悬浮菌的测试方法 |
| 33 | GB/T 16294—1996 | 医药工业洁净室(区)沉降菌的测试方法 |
| 34 | DBJ 01—26—96 | 北京市建筑安装分项工程施工工艺规程(第三分册) |
| 35 | (94)质监总站第036号文件 | 北京市建筑工程暖卫设备安装质量若干规定 |
| 36 | 91SB系列 | 华北地区标准图册 |
| 37 | 国家建筑标准设计图集 | 暖通空调设计选用手册　上、下册 |
| 38 | 国家建筑标准设计 | 给水排水标准图集　合订本S1上、下，S2上、下，S3上、下 |

# 2  工程概况

## 2.1  工程简介

### 2.1.1  建筑设计的主要元素(表2.2.2－1)

建筑设计的主要元素 表2.2.2－1

| 项　　　目 | 内　　　　容 |
|---|---|
| 工程名称 | 中国中医研究院广安门医院扩建医用辅助楼及附属工程 |
| 建设单位 | 中国中医研究院广安门医院 |
| 设计单位 | 北京市建筑设计研究院 |
| 地理位置 | 北京市宣武区北线阁五号 |
| 建筑面积 | 21980.89m² |
| 建筑层数 | 地下两层地上九层　注:地下一、二层的(G)－(H)轴间为3.25m高的夹层 |
| 檐口高度 | 29.25m |
| 建筑总高度 | 38.879m |
| 结构形式 | 现浇钢筋混凝土框架剪力墙结构 |
| 人防等级 | 人防六级 |
| 抗震烈度 | 抗震烈度8度 |

### 2.1.2  建筑各层的主要用途(表2.2.2－2)

建筑各层的主要用途 表2.2.2－2

| 层数 | 层高<br>(m) | 用途 (A)～(G)轴 | 用途 (G)～(L)轴 |
|---|---|---|---|
| －2 | 3.30 | 汽车车库(地面标高－9.80) | 六级人防兼汽车车库(地面标高－9.80) |
| 夹层 | 3.25 | (G)－(H)轴之间(地面标高－3.25、层高3.25)自行车库 | |
| －1 | | 汽车车库(地面标高－5.50、层高3.20) | 设备机房和后勤办公用房(地面标高－5.85、层高3.95) |

| 层数 | 层高<br>(m) | 用途 | |
|---|---|---|---|
| | | (A)~(G)轴 | (G)~(L)轴 |
| 1 | 3.90 | — | 大堂、血透中心、供应室、消防及监控中心 |
| 2 | 3.50 | — | 图书馆及档案室 |
| 3 | 3.50 | — | 医务办公 |
| 4 | 3.50 | — | 会议室及基础研究室 |
| 5 | 3.50 | — | 基础研究实验室 |
| 6 | 3.50 | — | 基础研究实验室 |
| 7 | 3.50 | — | 动物室及同位素研究室等 |
| 8 | 4.05 | — | 音像中心、大会议室及附属用房 |
| 9 | | — | 电梯机房和热交换间、水箱间 |

## 2.2　室内设计参数

室内设计参数　　　　　　　　表 2.2.2-3

| 房间名称 | 夏季室内<br>温度(℃) | 夏季室内相<br>对湿度(%) | 冬季室内<br>温度(℃) | 冬季室内相<br>对湿度(%) | 新风补给量<br>(m³/h) | 新风换气次<br>数(次/h) |
|---|---|---|---|---|---|---|
| 门　　厅 | 26 | ≤65 | 20 | ≥30 | — | — |
| 血透室 | 26 | ≤60 | 22 | ≥30 | | 5 |
| 研究办公 | 26 | ≤65 | 20 | ≥30 | 30 | |
| 音像中心 | 26 | ≤65 | 20 | ≥30 | 20 | |
| 动物饲养室 | 20 | ≤60 | 24 | ≥40 | | 12 |

## 2.3　供暖工程

### 2.3.1　热源和设计参数

1. 热源:医院热力站引出的热水供暖热力外管网。

2. 设计参数:热媒参数为 85℃/60℃ 热水,建筑热负荷为 $Q = 100\text{kW}$,系统总阻力 $H_h$ = ×××kPa(设计未提供),设计系统工作压力 $P = 60.0\text{mH}_2\text{O} = 0.6\text{MPa}$。

3. 供暖范围:地下一层设备机房、单身宿舍、管理室;地上一层大厅;七层动物室;八层音像中心。

### 2.3.2　热力入口与系统划分

供暖系统采用双管系统,热力入口与各类管道合并在一个引入口处。

1. 位置:位于地下一层(12)轴北外墙的(K)轴西侧。

2. 供回水干管的直径和标高:供回水干管的直径 $DN = 70$,标高供水干管 – 1.80、回水干管 – 2.10。

3. 系统的划分:供回水干管进入室内以后沿地下一层顶板下敷设分四路。

(1) 第一分路:供回水干管 $DN = 50$ 先在(12)轴外墙内侧向东敷设,至(J)轴拐向南,至与(H)轴交叉处分出一 $DN = 25$ 的立管,接首层向北入口门厅的热风幕供热。再向东敷设,接至首层主入口大厅沿(G)轴内侧大厅东北角布置的热风幕立管向热风幕供热和首层沿(G)轴外墙内侧布置在主入口大厅两侧的暖气片立管供热。供回水干管继续向西向太平间等供暖。

(2) 第二分路:上述供回水干管至(6)轴以北分一支路 $DN = 40$,地下一层顶板下敷设至沿(12)轴北外墙内侧,向地下一层冷冻机房、空调机房、单身宿舍、男女淋浴室暖气片立管供热。

(3) 第三分路:供回水干管 $DN = 32$(图中未提供)沿地下一层顶板下敷设,接至 2 号楼梯东墙东侧,(9)轴南侧靠墙边敷设的供回水主立管,送至七层顶板下的吊顶内,在标高 + 24.0 处,再接一支路 $DN = 25$ 向分布于七层沿(G/H)轴至(K)轴处动物饲养室洁净走道内的供暖立管供热。

(4) 第四分路:在动物饲养室污染走道处的七层顶板下的吊顶内,在标高 + 24.0 处再分出一支路 $DN = 25$,至沿(K)轴西外墙分布的立管,向八层音像中心供暖。

### 2.3.3　采用材质和连接方法

供暖管道采用焊接钢管,$DN \leqslant 32$ 为丝扣连接,$DN \geqslant 40$ 为焊接连接。管道采用 $\delta = 40mm$ 带加筋铝箔贴面的离心玻璃棉管壳保温。散热器采用四柱 660 型[即 TZ4 – 5 – 5(8) 型]灰铸铁散热器。阀门 $DN \geqslant 70$ 采用双偏心钢制对夹蝶阀,聚四氟乙烯密封;$DN \leqslant 50$ 采用铜质闸阀。

# 2.4　通风空调工程

### 2.4.1　一般送排风工程

地下机房、汽车库、库房、开水间、卫生间及通风柜采用机械排风。

1. 地下二层送排风系统:地下二层送排风系统由两个送风系统和一个排风系统组成。

(1) 送风系统:由两组送风机组(设备明细表中只一套)和分布于室内的 17 台(设备明细表中台数待定)射流诱导风机组成。送风机组采用 FDA630 型,$G = 24000 m^3/h$、$H =$

250Pa、$n = 955r/min$、$N = 4.0kW$、噪声 $= 72.6dB(A)$。进风口为 2400mm × 630mm、标高 −7.45、送风口为 FK1600 × 630、标高 −7.45、连接风道为 1800mm × 630mm、标高 −7.45。安装位置在(G)−(H)轴北外墙(12)，由窗井进风。射流诱导风机安装位置详设−8图纸。

(2) 排风系统：排风系统风道的平面布置图详防设 2 图，安装于(J)～(L)和(1)～(12)区域的人防地下室内，构成平时车库的排风系统。排风系统由一台 GXF − 7S 型、$G = 19761/13129m^3/h$、$H = 945/417Pa$、$n = 1450/960r/min$、$N = 9.0/3.0kW$、噪声 $= 78/70dB(A)$ 双速轴流排风机，1000mm × 1000mm 的排风口、常开式的防火阀(FH − WS 型 $DN = 400$、$t = 70℃$)、320mm × 200mm侧下百叶回风口、320mm × 200mm侧向百叶回风口及风道组成。排风通过建筑西南角的排风竖井排出室外。

2. 地下一层送排风系统：地下一层送排风系统由两个送风系统和多个排风系统组成。

(1) 送风系统：

A. 车库送风系统：由两组送风机组(设备明细表中只一套含地下二层共计 4 套)和分布于室内的 17 台(设备明细表中台数待定)射流诱导风机组成。送风机组采用 FDA630 型、$G = 24000m^3/h$、$H = 250Pa$、$n = 955r/min$、$N = 4.0kW$、噪声 $= 72.6dB(A)$。进风口为 2400mm × 630mm、标高 −4.20，送风口为 FK1600 × 630、标高 −4.20，连接风道为 1800mm × 630mm、标高 −4.20。安装位置在(G)−(H)轴北外墙(12)，由窗井进风。射流诱导风机安装位置详设 − 10 图纸。

B. 冷冻机房送风系统：新风进风口为 FK2000 × 1500 安装在地下一层西北角外墙(12)的窗井内，它是冷冻机房送风系统、新风机组 XF10、XF11、XF12 四个系统的共同进风口，进风管为 1800mm × 1400mm、标高 −2.20。冷冻机房送风系统的进风管由总进风管接出，经一台 TDA − L400 型 $G = 4190m^3/h$、$H = 251Pa$、$n = 2843r/min$、$N = 0.55kW$、噪声 $= 63dB(A)$的轴流风机、四个 FK300 × 300 送风口和相应的风道向冷冻机房送风。

(2) 排风系统：男女淋浴室排风系统、机房排风系统、各空调系统排风等。

A. 男女淋浴室排风系统：男女淋浴室排风系统由一台 TSK315M1 型 $G = 1000m^3/h$、$H = 235Pa$、$n = 2465r/min$、$N = 0.2kW$、噪声 $= 55dB(A)$轴流风机、一个 FK320 × 320 室外排风口、两个室内 FK250 × 200 排风口及排风道组成，排风直接排入(L)轴西外墙的窗井内。

B. 配电室排风系统：配电室排风系统由一台 TDA351 型 $G = 1510m^3/h$、$H = 201Pa$、$n = 2823r/min$、$N = 0.37kW$、噪声 $= 58dB(A)$轴流风机、两个 FK400 × 400 排风口及排风道组成，排风直接排入(L)轴西外墙的窗井内。

C. 地下一层机房排风系统：地下一层机房排风系统主要排除冷冻机房、泵房的污染空气。它由一台 TDA450 型 $G = 5600m^3/h$、$H = 247Pa$、$n = 2845r/min$、$N = 0.75kW$、噪声 $= 64dB(A)$轴流风机、一个 FK800 × 630 排风出口、泵房内一个 FK200 × 150、冷冻机房内四个 FK400 × 320 室内排风口和相应的排风道组成，排风直接排入(L)轴西外墙的窗井内。

3. 地上各层的送排风系统

(1) PF − 1 排风系统：由一台安装在七层屋面上的 CPT − FDA355 型 $G = 8000m^3/h$、$H = 320Pa$、$n = 700r/min$、$N = 1.5kW$、噪声 $= 55dB(A)$风机箱承担，主要排除首层(1)～(5/6)轴与(G)−(H)轴区域内消防控制中心、办公室及 2～7 层 1 号楼梯西侧和南侧各空调房间的排风。排风立管安装在女厕所西侧(H/J)−(J)轴与(4)−(4/5)轴网格内的竖井中。

（2）PF－2 排风系统：由一台安装在七层屋面上的 CPT－FDA400 型 $G = 10000 \mathrm{m^3/h}$、$H = 320 \mathrm{Pa}$、$n = 644 \mathrm{r/min}$、$N = 2.2 \mathrm{kW}$、噪声 $= 60 \mathrm{dB(A)}$ 风机箱承担，主要排除二层档案室、三层(10)～(12)轴间办公室、四层(10)～(12)轴间基础研究室、东侧(6)轴以北的主任办公室、其他办公室等、5～6 层(10)～(12)轴间实验室、建筑东侧(6)轴以北的主任办公室、其他办公室等各空调房间的排风。通风竖风道安装在 2 号楼梯北侧的竖井内。

（3）PF－3 排风系统：由一台安装在九层热交换间内的 CPT－FDA500 型 $G = 14000 \mathrm{m^3/h}$、$H = 404 \mathrm{Pa}$、$n = 613 \mathrm{r/min}$、$N = 3.0 \mathrm{kW}$、噪声 $= 60 \mathrm{dB(A)}$ 风机箱承担，主要排除二层内走道和出纳台、三层(4)～(9)轴间西侧办公室、四层(4)～(9)轴间西侧会议室、五层和六层(4)～(9)轴间西侧各基础研究实验室、至七层(4)～(7)轴间西侧各基础研究实验室、八层(6)轴以南(E)轴以西各办公室等空调房间的排风，排风通过 RHS1－25×13 低温热管交换器经与新风系统 XF－2 的新风热交换后，排出室外。排风立管安装在女厕所西侧(H/J)－(J)轴与(4)－(4/5)轴网格内的竖井中。

（4）PF－4 排风系统：由一台安装在七层屋顶上的 TDA－M312 型 $G = 2070 \mathrm{m^3/h}$、$H = 245 \mathrm{Pa}$、$n = 2823 \mathrm{r/min}$、$N = 0.37 \mathrm{kW}$、噪声 $= 61 \mathrm{dB(A)}$ 轴流风机承担，主要排除首层供应室交接间、二次清洗间、包装制作间、一次性物品存放间、蒸馏水、储藏、女更衣间等空调房间的排风，排风立管安装在女厕所西侧(H/J)－(J)轴与(4)－(4/5)轴网格内的竖井中。

（5）PF－5 排风系统：由一台安装在七层屋顶上的 TDA－M135 型 $G = 1540 \mathrm{m^3/h}$、$H = 257 \mathrm{Pa}$、$n = 2823 \mathrm{r/min}$、$N = 0.37 \mathrm{kW}$、噪声 $= 61 \mathrm{dB(A)}$ 轴流风机（设 31 标注风机型号为 TDA351 型 $G = 1510 \mathrm{m^3/h}$、$H = 201 \mathrm{Pa}$、$n = 2823 \mathrm{r/min}$、$N = 0.37 \mathrm{kW}$、噪声 $= 58 \mathrm{dB(A)}$ 轴流风机）承担，主要排除地下一层管理室（图中未找到）、2～8 层开水间的排风，排风立管安装在女厕所西侧(H/J)－(J)轴与(4)－(4/5)轴网格内的竖井中。

（6）PF－6 排风系统：由一台安装在七层屋顶上的 TDA－M312 型 $G = 2070 \mathrm{m^3/h}$、$H = 245 \mathrm{Pa}$、$n = 2823 \mathrm{r/min}$、$N = 0.37 \mathrm{kW}$、噪声 $= 61 \mathrm{dB(A)}$ 轴流风机承担，主要排除地下二层污水泵房（平面图未标出、系统图标识为地下一层）、地下一层至地上八层卫生间的排风，排风立管安装在女厕所西侧(H/J)－(J)轴与(4)－(4/5)轴网格内的竖井中。

（7）PF－7 排风系统：由一台安装在七层屋面上的 TDA－M312 型 $G = 2070 \mathrm{m^3/h}$、$H = 245 \mathrm{Pa}$、$n = 2823 \mathrm{r/min}$、$N = 0.37 \mathrm{kW}$、噪声 $= 61 \mathrm{dB(A)}$ 轴流风机承担，主要排除地下二层污水泵房（平面图未标出、系统图标识为地下一层）、地下一层管理室（图中未找到）、地上一层至八层卫生间的排风，竖风道安装在 2 号楼梯南北的竖井内。

（8）PF－8 排风系统：由一台安装在七层屋面上的 TSK－200M1 型 $G = 700 \mathrm{m^3/h}$、$H = 257 \mathrm{Pa}$、$n = 2500 \mathrm{r/min}$、$N = 0.16 \mathrm{kW}$、噪声 $= 55 \mathrm{dB(A)}$ 轴流风机承担，主要排除地下一层管理室（图中未找到）、地上二层库房（图中已有标出）、3～7 层开水间的排风，竖风道安装在 2 号楼梯北侧的竖井内。

（9）PF－9 排风系统：由一台安装在七层屋面上的 CPT－FDA280 型 $G = 5000 \mathrm{m^3/h}$、$H = 318 \mathrm{Pa}$、$n = 924 \mathrm{r/min}$、$N = 1.1 \mathrm{kW}$、噪声 $= 55 \mathrm{dB(A)}$ 轴风机箱承担，主要排除首层(6)～(12)轴血透中心更衣间、通风柜的排风，竖风道安装在 2 号楼梯北侧的竖井内。

（10）PF－10 排风系统：由一台安装在六层屋顶上的 $N = 0.55 \mathrm{kW}$ 排风机（型号待定）承担，主要排除地上一层供应室消毒柜的排风，排风立管安装在女厕所西侧(H/J)－(J)轴与(4)-(4/5)轴网格内的竖井中,立管至六层排风干管沿六层(3)-(4)轴间的吊顶敷设,至(K/L)-(L)轴间,出顶板接六层屋顶上的排风机。

(11)八层音像中心排风系统:排风机为一台 TDA-L630 型 $G = 9210 m^3/h$、$H = 249 Pa$、$n = 1402 r/min$、$N = 1.5 kW$、噪声=66dB(A)的轴流风机承担,排风机与 FY-10UGS 型的组合式空调机组一起安装在八层(8)-(9)与(J/K)-(K)交叉网格的空调机房内,污染空气由总排风道直接排出室外。

(12)七层动物实验室排风系统:由两台(明细表中为一台,设 28 为两台)安装在六层屋顶上(K/L)-(L)轴与(4/5)-(5)轴网格的 CPT-KDD12 型 $G = 3500 m^3/h$、$H = 300 Pa$、$n = 900 r/min$、$N = 0.75 kW$、噪声=57dB(A)风机箱承担,主要排除(8)~(12)轴间动物实验室的污染空气。

(13)七层操作间毒气柜的排风系统:毒气柜安装(1)~(3)和(J/K)-(K)网格的操作间内,由一台安装在七层屋面上的 CPT-FDA280 型 $G = 5000 m^3/h$、$H = 318 Pa$、$n = 924 r/min$、$N = 1.1 kW$、噪声=55dB(A)轴风机箱承担。

(14)六层实验室内毒气柜的排风系统:毒气柜安装(1)轴南侧,(K)轴两侧的实验室内,每间各一个,分别由一台安装在七层屋面上的 CPT-FDA280 型 $G = 5000 m^3/h$、$H = 318 Pa$、$n = 924 r/min$、$N = 1.1 kW$、噪声=55dB(A)的风机箱承担。

(15)五层实验室内毒气柜的排风系统:毒气柜安装(1)轴北侧,(K)轴两侧的实验室内,每间各一个。分别由一台安装在七层屋面上的 CPT-FDA280 型 $G = 5000 m^3/h$、$H = 318 Pa$、$n = 924 r/min$、$N = 1.1 kW$、噪声=55dB(A)的风机箱承担。

(16)卫生间的排风:计有排风量为 $180 m^3/h$、排风扇 18 台、$90 m^3/h$ 的排风扇 2 台。但图上有标注的是地上 1~8 层男女主厕所共 16 台,图中尚有 2 台未标注使用地点;排风量为 $90 m^3/h$ 的排风扇 2 台,图中尚未标注使用地点。另外图中也没有具体标注安装位置与方法。

### 2.4.2 消防送排风和排烟工程

1. 地下二层车库排风排烟系统:地下二层车库排风排烟系统以建筑南北中心对称轴线(6/7)的挡烟垂壁为分界,分两个排烟区,每区安装排烟系统一套承担该区的排烟任务,该层共两套。每套由一台 TDF-L900 型、$G = 30000/19723 m^3/h$、$H = 600/260 Pa$、$n = 1445/950 r/min$、$N = 7.0/4.0 kW$、噪声=84/72dB(A)双速排烟风机,1500mm×400mm 的排烟阀一个、1000mm×500mm 电动阀(常开)一个、800mm×1200mm 电动阀(常开)一个、排烟防火阀(常开,$t = 280℃$)一个、FK1000×500 排风口 6 个、FK1250×400 排风口 2 个和相应的排风管道组成,烟气由排烟竖井排出室外。

2. 地下一层车库排风排烟系统:地下一层车库排风排烟系统以建筑南北中心对称轴线(6/7)的挡烟垂壁为分界,分两个排烟区,每区安装排烟系统一套承担该区的排烟任务,该层共两套。排烟方案同地下二层。

3. 地下一层配电室排烟补风系统:地下一层配电室排烟补风系统由一台 TDA-M312 型、$G = 2070 m^3/h$、$H = 245 Pa$、$n = 2823 r/min$、$N = 0.37 kW$、噪声=61dB(A)轴流风机、一个 FK500×400 新风口、两个 FK400×250 送风口及送风道组成,补风直接由(L)轴西外墙的窗井内进气。

4. PY-1 排烟系统:承担地下一层冷冻机房、1~8层1号楼梯间前室和南半部内走道的排烟。PY-1的排风立管安装在(4)-(4/5)与(J/H)-(J)网格的竖井内,由安装在七层屋顶上的一台 TDF-L710 型、$G=15000\text{m}^3/\text{h}$、$H=650\text{Pa}$、$n=2800\text{r/min}$、$N=4.0\text{kW}$、噪声=89.9dB(A)排烟风机承担。

5. PY-2 排烟系统:承担地下一层配电室、首层(5/6)轴线以北空调房间、二层2号楼梯间前室、3~8层2号楼梯间前室和北半部内走道的排烟。PY-2的排风立管安装在(8/9)-(9)与(J/H)-(J)网格的竖井内,由安装在七层屋顶上的一台 TDF-L710 型、$G=15000\text{m}^3/\text{h}$、$H=650\text{Pa}$、$n=2800\text{r/min}$、$N=4.0\text{kW}$、噪声=89.9dB(A)排烟风机承担。

6. ZS-1 正压送风排烟系统:由安装于八层(G/H)-(H)走道吊顶内的一台 TDA-L1000 型、$G=27000\text{m}^3/\text{h}$、$H=650\text{Pa}$、$n=1445\text{r/min}$、$N=7.5\text{kW}$、噪声=85.6dB(A)排烟风机承担。进风口为 FM17A 型,安装在(4)轴外墙上。700mm×630mm送风立管安装在1号楼梯休息平台东侧(5)轴与(H)轴交叉处的竖井内。送风口为500mm×500mm自垂式百叶送风口,安装层次为地下一层、地上首层、三、五、七层。

7. ZS-2 正压送风排烟系统:由安装于八层(H/J)-(J)与(8/9)-(9)网格内管道井内一台 TDA-L710 型、$G=15000\text{m}^3/\text{h}$、$H=650\text{Pa}$、$n=2800\text{r/min}$、$N=4.0\text{kW}$、噪声=90.0dB(A)排烟风机承担。进风口为 800×800 FM 型,安装在(9)轴外墙上。1000mm×400mm送风立管安装在2号楼梯北侧(H/J)-(J)与(8/9)-(9)网格管道竖井内。送风口为FK400×400自垂式百叶送风口、标高在休息平台之下,安装层次为地下一层、地上首层、三、五、七层。

8. ZS-3 正压送风排烟系统:由安装于八层(G/H)-(H)走道吊顶内的一台 TDA-L900 型、$G=23000\text{m}^3/\text{h}$、$H=650\text{Pa}$、$n=1445\text{r/min}$、$N=7.5\text{kW}$、噪声=83.3dB(A)排烟风机承担。进风口为 FM17A 型,安装在(9)轴外墙上。800mm×500mm送风立管安装在2号电梯井东侧(8)轴与(H/J)轴交叉处的竖井内。送风支管为500mm×400mm,支管上各安装一个电动多叶调节阀,再安装 FK1000×500 百叶送风口,安装层次为地下二层至地上八层。

### 2.4.3 人防通风工程

1. 人防等级及设计概况:人防部分位于地下二层,人防设计等级为六级;人防消防设计为一个防火区、两个防烟分区;通风系统的设计采用清洁式和隔绝式两种通风方式;同时在用途上设计为平战结合,平时为汽车库,战时为防空地下室。

2. 人防通风系统的设计:

(1) 清洁式通风系统:由清洁式送风系统和排风系统组成,排风系统的设计详见 2.4.1-B 款。清洁式送风系统的流程(图 2.2.2-1)。

(2) 隔绝式通风:隔绝式通风的流程如图 2.2.2-1 所示下半部流程。

(3) 卸压系统设计:设计有两套 4XPS-D250 超压排气阀,当室内压力超过规定压力时,排气阀打开排气卸压。

(4) 人防设计存在的问题:图中关系交代不清,提供的图纸防设 4 与其他图纸环境极不相同,无法参照施工。

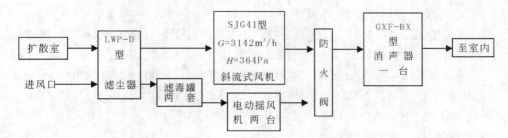

图 2.2.2 – 1    清洁式送风系统的流程

### 2.4.4  空调工程

共计有风机盘管系统 20 个,全空气系统两个,洁净空调系统两个。

1. 一般空调系统:共计有风机盘管加新风系统 20 个系统,全空气系统一个,新风系统四个,空调机房统一设在地下一层的空调机房内。

(1) 风机盘管加新风系统:共计 20 个系统。

A. 首层东南区(供应室)空调系统:新风由来自(4) –(4/5)与(H/J) –(J)网格竖井内的新风 XF – 1 立管,排风由 PF – 1 系统承担[详见 2.4.1 –(3) – A],本系统共有风机盘管 F300 五台(其中两台安装于大厅)、F400 三台、F600 四台(其中西门厅一台)。无菌室的新风由来自 2 号楼梯北侧(H/J) –(J)与(8/9) –(9)网格内管道竖井内新风 XF – 4 立管供应,送风口为带高效过滤器的 FK320 × 320 送风口。

B. 首层西北区(血透中心)空调系统:新风由来自安装在 2 号楼梯北侧(H/J) –(J)与(8/9) –(9)网格竖井内新风 XF – 4 立管供应,房间内各送风口为带高效过滤器的 FK500 × 500 送风口。排风由 PF – 9 系统承担[详见 2.4.1 –(3) – I],病房内尚安装有风机盘管 F300 十台、F400 两台。

C. 首层东北区(血透中心附属用房)空调系统:新风由来自安装在 2 号电梯井东侧(8)轴与(H/J)轴交叉处竖井内的新风 XF – 2 立管,排风由 PF – 9 系统承担[详见 2.4.1 –(3) – I],病房内尚安装有风机盘管 F200 六台、F300 五台(其中两台安装于大厅)、F600 一台。

D. 二层东南区(多媒体阅览区)空调系统:新风由来自(4) –(4/5)与(H/J) –(J)网格竖井内的新风 XF – 1 立管,排风由 PF – 1 系统承担[详见 2.4.1 –(3) – A],本系统共有风机盘管 F300 五台(其中两台安装于大厅)、F400 三台、F600 三台。

E. 二层东北区(档案室和大厅上空等)空调系统:新风由来自安装在 2 号电梯井东侧(8)轴与(H/J)轴交叉处竖井内的新风 XF – 2 立管,排风由 PF – 2 系统承担[详见 2.4.1 –(3) – B],室内安装有风机盘管 F400 两台、F600 八台、F800 两台(安装于大厅上空)。

F. 三层南区(办公区)空调系统:新风由来自(4) –(4/5)与(H/J) –(J)网格竖井内的新风 XF – 1 立管供应,排风由 PF – 1 系统承担[详见 2.4.1 –(3) – A],本系统共有风机盘管 F400 七台、F600 四台、F800 一台。

G. 三层西区(办公区)空调系统:新风由来自安装在 2 号楼梯北侧(H/J) –(J)与(8/9) –(9)网格内管道竖井内新风 XF – 3 立管供应,排风由 PF – 3 系统承担[详见 2.4.1 –

（3）－C]，本系统共有风机盘管 F800 十台。

H．三层北、东北区（办公区）空调系统：新风由来自安装在 2 号电梯井东侧（8）轴与（H/J）轴交叉处竖井内的新风 XF－2 立管，排风由 PF－2 系统承担[详见 2.4.1－（3）－B]，本系统共有风机盘管 F300 五台、F400 两台、F600 六台、F800 一台、F1000 两台。

I．四层南区、东南区（基础研究室）空调系统：新风由来自（4）－（4/5）与（H/J）－（J）网格竖井内的新风 XF－1 立管，排风由 PF－1 系统承担[详见 2.4.1－（3）－A]，本系统共有风机盘管 F400 五台、F600 五台。

J．四层西区（会议室）空调系统：新风由来自安装在 2 号楼梯北侧（H/J）－（J）与（8/9）－（9）网格竖井内新风 XF－3 立管供应，排风由 PF－3 系统承担[详见 2.4.1－（3）－C]，本系统共有风机盘管 F800 十台。

K．四层北、东北区（办公区）空调系统：新风由来自安装在 2 号电梯井东侧（8）轴与（H/J）轴交叉处竖井内的新风 XF－2 立管，排风由 PF－2 系统承担[详见 2.4.1－（3）－B]，本系统共有风机盘管 F200 一台、F300 四台、F400 两台、F600 五台、F1000 两台。

L．五层南区、东南区（实验办公区）空调系统：新风由来自（4）－（4/5）与（H/J）－（J）网格竖井内的新风 XF－1 立管，排风由 PF－1 系统承担[详见 2.4.1－（3）－A]，本系统共有风机盘管 F400 六台、F600 五台。

M．五层西区（大实验室）空调系统：新风由来自安装在 2 号楼梯北侧（H/J）－（J）与（8/9）－（9）网格竖井内的新风 XF－3 立管供应，排风由 PF－3 系统承担[详见 2.4.1－（3）－C]，本系统共有风机盘管 F800 十台。

N．五层北、东北区（实验、办公区）空调系统：新风由来自安装在 2 号电梯井东侧（8）轴与（H/J）轴交叉处竖井内的新风 XF－2 立管，排风由 PF－2 系统承担[详见 2.4.1－（3）－B]，本系统共有风机盘管 F200 一台、F300 四台、F400 两台、F600 五台、F800 一台、F1000 两台。

O．六层南区、东南区（实验、办公区）空调系统：新风由来自（4）－（4/5）与（H/J）－（J）网格竖井内的新风 XF－1 立管，排风由 PF－1 系统承担[详见 2.4.1－（3）－A]，本系统共有风机盘管 F400 六台、F600 五台。

P．六层西区（大实验室）空调系统：新风由来自安装在 2 号楼梯北侧（H/J）－（J）与（8/9）－（9）网格竖井内的新风 XF－3 立管供应，排风由 PF－3 系统承担[详见 2.4.1－（3）－C]，本系统共有风机盘管 F800 两台、F1000 八台。

Q．六层北、东北区（实验、办公区）空调系统：新风由来自安装在 2 号电梯井东侧（8）轴与（H/J）轴交叉处竖井内的新风 XF－2 立管，排风由 PF－2 系统承担[详见 2.4.1－（3）－B]，本系统共有风机盘管 F200 一台、F300 四台、F400 两台、F600 五台、F800 一台、F1000 两台。

R．七层南区（基础研究室）空调系统：新风由来自（4）－（4/5）与（H/J）－（J）网格竖井内的新风 XF－1 立管，排风由 PF－1 系统承担[详见 2.4.1－（3）－A]，本系统共有风机盘管 F300 两台、F400 五台、F600 三台、F800 一台。

S．七层中区（基础研究室和办公室）空调系统：新风由来自安装在 2 号楼梯北侧（H/J）－（J）与（8/9）－（9）网格竖井内的新风 XF－3 立管供应，排风由 PF－3 系统承担[详见

2.4.1－(3)－C]，本系统共有风机盘管 F200 一台、F400 六台、F600 一台、F1000 三台。

T．八层中区(会议、办公区)空调系统：新风由来自安装在 2 号楼梯北侧(H/J)－(J)与(8/9)－(9)网格竖井内的新风 XF－3 立管供应，排风由 PF－3 系统承担[详见 2.4.1－(3)－C]，本系统共有风机盘管 F400 四台、F600 九台、F1000 一台。

(2) 二层西区(图书阅览室)全空气空调系统：新风由来自安装在 2 号楼梯北侧(H/J)－(J)与(8/9)－(9)网格竖井内的新风 XF－3 立管供应，排风由 PF－3 系统承担[详见 2.4.1－(3)－C]。新风道安装在内走道吊顶内，新风口安装在(K)轴内墙上方，为侧向射流送风，回风口安装在(K)轴内墙下方(风口规格不详)，回风排入走道后，再由安装在走道吊顶内 PF－3 系统的排风道和安装在走道吊顶上的排风口排出。本系统在出纳台大厅内还安装有两台 F200 风机盘管，以便对出纳台大厅内空气参数进行局部调节。

(3) 一般空调系统新风机组的型号规格与系统划分：

A．XF－1 新风机组的型号规格与系统划分：XF－1 新风机组安装于地下一层空调机房内，它的型号规格为 FY－15UGA 型，$G = 13000 \text{m}^3/\text{h}$、余压 $H = 300\text{Pa}$、制冷量 $L = 110\text{kW}$、制热量 $Q = 151\text{kW}$、加湿量 $W = 58\text{kg/h}$、$N = 7.5\text{kW}$、噪声 $= 55\text{dB(A)}$。室外新风进风口安装在建筑西北角北边窗井处，进风口 FK2000×1500，经 1800mm×1400mm 进风管道引至空调机房，再接至 XF－1 新风机组，处理后的新风，送至安装在(H/J)－(J)网格竖井内的新风 XF－1 立管，然后向上述各层的相应空调系统送风。

B．XF－2 新风机组的型号规格与系统划分：XF－2 新风机组安装于地下一层空调机房内，它的型号规格为 FY－20UGA 型，$G = 17000 \text{m}^3/\text{h}$、余压 $H = 300\text{Pa}$、制冷量 $L = 143\text{kW}$、制热量 $Q = 198\text{kW}$、加湿量 $W = 75\text{kg/h}$、$N = 11\text{kW}$、噪声 $= 58\text{dB(A)}$。室外新风进风口安装在建筑西北角北边窗井处，进风口 FK2000×1500，经 1800mm×1400mm 进风管道引至空调机房，再接至 XF－2 新风机组，处理后的新风，送至安装在 2 号电梯井东侧(8)轴与(H/J)轴交叉处竖井内的新风 XF－2 立管，然后向上述各层的相应空调系统送风。

C．XF－3 新风机组的型号规格与系统划分：XF－3 新风机组安装于地下一层空调机房内，它的型号规格为 FY－15UGA 型，$G = 13000 \text{m}^3/\text{h}$、余压 $H = 300\text{Pa}$、制冷量 $L = 110\text{kW}$、制热量 $Q = 151\text{kW}$、加湿量 $W = 58\text{kg/h}$、$N = 7.5\text{kW}$、噪声 $= 55\text{dB(A)}$。室外新风进风口安装在建筑西北角北边窗井处，进风口 FK2000×1500，经 1800mm×1400mm 进风管道引至空调机房，再接至 XF－1 新风机组，处理后的新风，送至安装在 2 号楼梯北侧(H/J)－(J)与(8/9)－(9)网格竖井内的新风 XF－3 立管供应，然后向上述各层的相应空调系统送风。

D．XF－4 新风机组的型号规格与系统划分：XF－4 新风机组安装于地下一层空调机房内，它的型号规格为 FY－05UGA 型，$G = 4000 \text{m}^3/\text{h}$、余压 $H = 600\text{Pa}$、制冷量 $L = 34\text{kW}$、制热量 $Q = 47\text{kW}$、加湿量 $W = 18\text{kg/h}$、$N = 3.7\text{kW}$、噪声 $= 48\text{dB(A)}$。室外新风进风口安装在建筑西北角北边窗井处，进风口 FK2000×1500，经 1800mm×1400mm 进风管道引至空调机房，再接至 XF－1 新风机组，处理后的新风，送至安装在 2 号楼梯北侧(H/J)－(J)与(8/9)－(9)网格竖井内的新风 XF－4 立管供应，然后向上述各层的相应空调系统送风。

2．八层音像中心独立空调系统：该系统的空调机房设在八层(J/K)－(K)与(8)－(9)交叉的网格内，由一台型号规格为 FY－10UGS 型，$G = 10000 \text{m}^3/\text{h}$、余压 $H = 300\text{Pa}$、制冷量 $L = 58\text{kW}$、制热量 $Q = 80\text{kW}$、加湿量 $W = 10\text{kg/h}$、$N = 7.5\text{kW}$、噪声 $= 53\text{dB(A)}$ 送风空调机

组和一台 TDA – L630 型 $G = 9210\text{m}^3/\text{h}$、$H = 249\text{Pa}$、$n = 1402\text{r/min}$、$N = 1.5\text{kW}$、噪声 $= 66$ dB(A)的轴流排风机组成送回风系统,室内送风口为 FK320×320 八个,回风口为 FK500×250 四个,气流组织为上送上回。

3．七层实验动物饲养室洁净空调系统:该洁净动物饲养室由一级动物(即一般清洁动物)饲养室一间、二级动物(无特殊病原体 SPF 动物)饲养室三间、试验室一间、更衣室一间,有污染走道、洁净走道和洗消通道各一个,空调机房一间及附属库房等组成。空调机房设在(J/K)–(K)与(7)–(8)相交的网格内,内安装 HFJ18 型分体式恒温恒湿洁净空调机组两台(一备一用),空调机组的规格为 $G = 3800\text{m}^3/\text{h}$、余压 $H = 200\text{Pa}$、制冷量 $L = 17.8\text{kW}$、制热量 $Q = 13.5\text{kW}$、加湿量 $W = 8\text{kg/h}$、$N = 23.2\text{kW}$、噪声 $= 67\text{dB}$(A)和一台 RHS1 – 15×5 型、片距 2.0mm、6 排低温热管换热器。该系统由 HFJ18 型恒温恒湿洁净式空调机、一台 RHS1 – 15×5 型低温热管换热器和两台(一备一用)安装在六层屋顶上的 CPT – KDD12 型 $G = 3500\text{m}^3/\text{h}$、$H = 300\text{Pa}$、$n = 900\text{r/min}$、$N = 0.75\text{kW}$、噪声 $= 57\text{dB}$(A)风机箱组成的送排风系统。该系统除了一级动物饲养室和试验室外,均为直流式全新风空调系统,气流组织为上送上回,仅三间二级动物饲养室的回风口带调节阀,其他送风口和回风口均为一般 FK 型送排风口。另外在一级动物饲养室内安装有一台 F1000 风机盘管,试验室内安装有两台 F800 风机盘管,进行补充温湿度调节。

4．通风空调系统的材质与安装要求:

(1)通风空调系统:管道采用优质镀锌钢板,厚度随管道断面尺寸大小不同而异,详见 91SB6 – 2 – 3,但穿防火墙至防火阀处的风道采用 $\delta = 2\text{mm}$ 优质镀锌钢板。管道采用镀锌法兰连接,垫料为 9501 阻燃型密封胶带。矩形风道当长度 $L > 1200\text{mm}$、大边宽度 $b > 700\text{mm}$ 的应加固;风道宽高比≥3 时应增加中隔板。矩形风道分叉三通,当支管与主管底(或顶)相距≤150mm 时,应采用弧形连接;当支管与主管底(或顶)相距 > 150mm 时,可采用插入式连接。屋顶露天安装的排风管道采用 $\delta = 2\text{mm}$ 钢板制作,外表面采用环氧煤沥青防腐。空调送回风管道采用 $\delta = 40\text{mm}$ 带加筋铝箔贴面离心玻璃棉板保温。通风空调管道保温前应做漏风量检测,漏风率应小于 $10\%$。

(2)消防排烟风道和人防进风道系统:消防正压送风管道和人防排风及手摇电动两用送风机后的风道采用的材质和连接方法同一般通风空调系统。消防排烟风道和人防进风口至手摇电动两用送风机处的风道材质采用 $\delta = 2\text{mm}$ 的冷轧薄钢板,法兰连接,垫料为 $\delta = 3\text{mm}$ 的厚石棉橡胶垫。排烟风道采用 $\delta = 30\text{mm}$ 厚离心玻璃棉板保温,外缠玻璃丝布保护。

2.4.5　变频分体式空调机组

1．变频分体式空调室内机:制冷量 $L = 3\text{kW}$,共七(系统图为八台)台,安装在四、五、六层中央讨论室各两台、七层中央讨论室一台(系统图为两台)。

2．变频分体式空调室外机:型号为 RX8KY1 型、制冷量 $L = 23\text{kW}$、功率 $N = 5.7\text{kW}$,安装在(2)–(3)轴间的七层屋顶上。

3．室内机与室外机制冷剂输送管道的连接:室内机与室外机制冷剂输送管道的连接尚无设计详图。

### 2.4.6 空调工程的冷热水供应系统

1. 空调工程的冷热源：

(1) 空调系统的冷源：空调系统的冷源是由安装在地下一层冷冻机房内的两台 WRH – 2802 型、制冷量 $L = 729kW$、输入功率 $N = 172kW$、冷冻水进出口温度 $t = 7℃$、入口温度 $t = 12℃$、冷却水温度 $t = 32℃/37℃$ 的活塞式冷水机组提供，冷冻水进出干管管径 $DN = 150$。

(2) 空调系统的热源：空调系统的热源由原医院热力站提供，热媒参数为 $t = 65℃/55℃$，热媒主干管由位于地下一层(12)轴北外墙的(K)轴西侧总入口，热水供回水总干管直径 $DN = 125$。

2. 空调工程的冷热水供应系统的划分：空调工程的冷热水供水干管汇合后，进入分水器(分水缸)后引出两路 $DN = 125$ 供水管，沿地下一层顶板下敷设。

(1) 建筑南半部空调系统的冷冻(热)水供应系统：由分水器(分水缸)引出一路沿地下一层顶板下敷设至 1 号楼电梯的电梯井西侧(5) – (6)与(H/J) – (J)网格竖井内的空调冷冻水供水总立管(1/LN1)，向建筑南半部各层空调系统的风机盘管供应冷热源；各层各风机盘管空调系统的冷冻水(冬天为热水)的回水，又通过各层相应的回水干管汇集于 1 号楼电梯间电梯井西侧(5) – (6)与(H/J) – (J)网格竖井内的空调冷冻水回水总立管(1/LN2)，送至地下一层顶板下，与同路敷设至此的另一支路空调冷冻水回水干管连接，再接至集水器(集水缸)，与另一路空调冷冻水回水汇合后，经过两台(一备一用)G125 – 32 – 22NY 型冷冻水循环泵加压，回到两台 WRH – 2802 型的活塞式冷水机组进行再制冷循环(冬季热水系统中的循环动力直接由医院热力点的循环水泵承担，热水不通过冷冻水循环泵和冷冻水制冷机组)。

(2) 建筑北半部空调系统的冷冻(热)水供应系统：由分水器(分水缸)引出另一路沿地下一层顶板下敷设至 2 号楼电梯间的电梯井东侧(7/8) – (8/9)与(H/J) – (J)网格竖井内的空调冷冻水供水总立管(2/LN1)，向建筑北半部各层系统的风机盘管和设在八层(J/K) – (K)与(8) – (9)交叉网格内音像中心独立空调系统空调机房内的一台型号规格为 FY – 10UGS 型组合式空调机和风机盘管供应冷热源(平面图的设计标识与系统图互相矛盾，详见下款(3))；各层各空调系统的冷冻水(冬天为热水)的回水，又通过各层相应的回水干管汇集于 2 号楼电梯的电梯井东侧(7/8) – (8/9)与(H/J) – (J)网格竖井内的空调冷冻水回水总立管(2/LN2)至地下一层顶板下，与顺路敷设至此的另一路空调冷冻水回水干管连接，再接至集水器(集水缸)，与第一路空调冷冻水回水汇合后，经过两台(一备一用)G125 – 32 – 22NY 型冷冻水循环泵加压，回到两台 WRH – 2802 型的活塞式冷水机组进行再制冷循环(冬季热水在系统中的循环动力直接由医院热力点的循环水泵承担，不再通过冷冻水循环泵和冷冻水制冷机组)。

(3) 八层音像中心独立空调系统空调机房冷冻(热)水供应系统(此处系统图设计标识的设计意图，与平面图的设计标识矛盾，详见上款(2))：由第二路再分出一路(3/L1)沿地下一层顶板下敷设接至安装在 2 号楼梯北侧(H/J) – (J)与(8/9) – (9)网格竖井内的总立管(3/L1)，送至设在八层(J/K) – (K)与(8) – (9)交叉网格内音像中心独立空调系统空调机房内的一台型号规格为 FY – 10UGS 型组合式空调机和风机盘管提供冷热源。空调系统的冷冻水(冬天为热水)的回水,又通过各层相应的回水干管汇集于安装在 2 号楼梯北侧(H/J) – (J)与(8/9) – (9)网格竖井内的回水总立管(3/L2),至地下一层顶板下,与顺路敷设至此的空调冷冻水回水干管(3/L2)连接,再与第二路回水干管(2/L2)汇合。

3. 空调系统冷冻水供应的补水系统:空调冷冻水的补水是自来水,由设置在冷冻机房内的两套 TRS – 350 型($G = 3m^3/h$、两个 $\phi 350 \times 1600$ 树脂罐、一个 $\phi 480 \times 850$ 盐罐)全自动软水器和两台 WY25LD – 8 型($G = 2m^3/h$、$H = 64mH_2O$、$n = 2900r/min$、$N = 1.5kW$)软化水补水泵组成。

4. 空调活塞式冷水机组的冷却水循环系统:空调活塞式冷水机组的冷却水循环系统由安装在七层屋顶上的两台 LRCM – LN – 150 型、冷却水量 $G = 172m^3/h$、$N = 5.5kW$、噪声 = 55dB(A)超低噪声冷却塔和安装在地下一层冷冻机房内的 SHN – 8 型 $G = 160m^3/h$ 静电水处理器、两台 G160 – 32 – 22NY 型冷却水循环泵组成,冷却水立管 C1、C2($DN = 200$)敷设在 2 号楼梯北侧(H/J) – (J)与(8/9) – (9)网格的管道竖井内。

5. 空调冷冻(热水)循环系统的膨胀水系统:空调冷冻(热水)循环系统的膨胀水系统由安装在屋顶热交换间内的有效容积 $V = 1.15m^3$、外形尺寸 1100mm × 1100mm × 1100mm 的膨胀水箱和由空调系统回水集水罐接出、安装在 2 号楼电梯的电梯井东侧(7/8) – (8/9)与(H/J) – (J)网格竖井内的 $DN = 40$ 膨胀水立管(K + )组成。

6. 空调冷冻(热水)循环系统的材质与安装要求:空调冷冻(热水)循环管道、膨胀管道以及供热引入管道 $DN \leq 150$ 均采用焊接钢管,$DN \leq 32$ 为丝扣连接,$DN \geq 40$ 为焊接连接;空调冷冻(热水)循环管道、冷却水 $DN \geq 150$ 均采用无缝钢管,法兰连接;空调冷凝结水管道采用 ABS 塑料管道,胶粘连接。空调冷冻(热水)循环管道、膨胀管的管道保温采用 $\delta = 40mm$ 带加筋铝箔贴面的离心玻璃棉管壳保温;分水器、集水器的保温采用 $\delta = 50mm$ 带加筋铝箔贴面的离心玻璃棉管壳保温;冷冻机房内的各种管道和分水器、集水器保温层外加包 $\delta = 0.5mm$ 的镀锌钢板保护壳。

膨胀水箱、软化水箱采用组合式镀锌钢板水箱,外表采用 $\delta = 50mm$ 的离心玻璃棉板保温,保温层外加包 $\delta = 0.5mm$ 的镀锌钢板保护壳。阀门 $DN \geq 70$ 采用双偏心钢制对夹蝶阀,聚四氟乙烯密封;$DN \leq 50$ 采用铜质闸阀。

## 2.5 给水工程

### 2.5.1 水源及设计参数

1. 水源:分低区和高区两个系统,低区为地下二层至地上二层为市政给水管网,设计资用压力 $P = 30mH_2O$;高区为地上三层以上为医院内加压泵站供应。该建筑给水总入口位于地下一层(12)轴北外墙的(K)轴西侧。低区水源进户管管径 $DN = 80$,主要向地下二层至地上二层各卫生间、实验室、办公室等用水点和向安装在地下一层消防储水箱间内的消防喷洒给水低位储水箱供水。消防喷洒给水储水箱的有效体积 $V = 100m^3$,型号规格设计未提供,可满足 1h 消防喷洒灭火用水量要求(图中对储水箱水源的来源交代不清楚,比较合理的方案应该是由市政水源补给较为合理)。屋顶间内设有有效体积 $V = 18.7m^3$ 的消防喷洒高位水箱补水和 QDL4 - 8 × 2 型 $G = 4m^3/h$、$H = 15mH_2O$、$n = 2900r/min$、$N = 0.37kW$ 自动喷洒给水稳压泵两台(一备一用)。消火栓给水用水直接由门诊楼内 $200m^3$ 的消防储水箱和消防加压系统提供。

生活热水由院热力点供应,水温为 $t = 60℃$。和生活给水一样,生活热水也分低区和高区供水。

2. 设计参数:全楼最高日用水量 108t/日,其中生活用水量为 44t/日,夏季冷却塔补水量为 64t/日。室内消火栓设计用水量为 $q = 20L/s$、自动喷洒用水量为 $q = 28L/s$。每根消火栓立管的设计流量为 $q = 10L/s$,每个消火栓的设计水量为 $q = 5L/s$。生活热水最高日用水量 17t/日。

### 2.5.2  生活给水系统的划分

生活给水系统分低区和高区两部分。

1. 低区:低区主要供给范围为地下二层至地上二层的给水系统,低区生活给水系统由市政给水管网直接供水。进户管 $DN = 80$ 自室外市政管网由总入口引入后分两路,一路 $DN = 80$ 接至向安装在地下一层消防储水箱间内有效体积 $V = 100m^3$ 的消防喷洒给水低位储水箱供水。另一路向地下一层男女淋浴室、男女厕所用水点和地上一、二层 1 号男女厕所的供水立管(1/G)、(2/G)和 2 号男女厕所的供水立管(3/G)、(4/G)供水。

2. 高区:高区主要供给范围为地上 3~8 层的给水系统,高区给水水源自医院内加压泵站室外供应管网接出。总进户管 $DN = 80$ 从本楼总入口引入后,沿地下一层顶板下的(K)轴向南敷设,向位于(4) - (4/5)轴间的 1 号男女厕所靠(H)轴内墙边的高区给水立管(1/G)、(2/G)和位于(8) - (9)轴与(H) - (H/J)轴之间的 2 号男女厕所靠(H/J)轴墙边的高区给水立管(3/G)、(4/G)供水。

3. 实验室、办公室及其他工艺用房的给水:给水总立管(总/G)和给水立管(5/G)分别安装在 1 号楼电梯间的电梯竖井西侧的管井内和 2 号楼梯间东侧开水间内。其中给水总立管(总/G)是用来向 1 号、2 号厕所以外的三层各办公室,五、六层各办公室实验室,七层(3)轴以北各办公室实验室,八层办公室实验室的用水点供水。给水立管(5/G)向地上 1~7 开水间内的用水点供水。

### 2.5.3  生活热水给水系统的划分

生活热水给水系统和生活给水系统一样也分低区和高区两部分。

1. 低区:低区主要供给范围为地下二层至地上二层的生活热水给水系统,低区生活热水给水系统由院内生活热水给水管网直接供水。进户管 $DN = 80$、循环管 $DN = 50$ 自室外生活热水管网接出由总入口引入后,沿地下一层顶板下的(K)轴向南敷设,分一路供给地下一层男女淋浴室用水点用水;同时接至安装在 1 号楼电梯间电梯竖井西侧管井内的热水给水总立管(总/R1)和热水回水总立管(总/R2),向地上一层供应室清洁间和血透中心的清洁间供应热水。

2. 高区:高区主要供给范围为地上三层以上的生活热水给水系统,高区生活热水给水系统由院内生活热水给水管网直接供水。进户管 $DN = 80$、循环管 $DN = 50$ 自室外生活热水管网接出由总入口引入后,沿地下一层顶板下的(K)轴向南敷设至安装在1号楼电梯间电梯竖井西侧管井内的热水给水总立管(总/R1)和热水回水总立管(总/R2),向地上三层各办公室,五、六层各办公室实验室,七层(3)轴以北各办公室实验室,八层办公室实验室供应热水。

### 2.5.4 消防给水系统

1. 消火栓给水系统的管网组成:消火栓给水管网由进户干管、下连通管、中连通管、上连通管和消火栓立管组成。

(1) 进户管:由两根 $DN=100$ 引入管组成,入口位于地下一层(12)轴北外墙的(K)轴西侧。顺地下一层顶板下向南敷设,与中环供水连通管连接。

(2) 下环水平连通管:$DN=100$,沿地下二层车库顶板下敷设,与地下一、二层车库的消火栓立管连接,供应该车库内的消火栓箱用水。并接出四根 $DN=100$ 至地下一层顶板下,与车库东侧室外消防水泵结合器连接。

(3) 中环水平连通管:$DN=100$,沿主体地下一层顶板下向南敷设,连接供应地下一层至地上八层消火栓箱的六根消火栓立管,构成消火栓给水中环供水管网。并将立管(3/F)、(4/F)延长至地下二层与自北向南敷设人防区域内的 $DN=100$ 的消火栓水平干管连接,向人防地下室内的消火栓箱供水。同时在北端引出两根 $DN=100$ 的水平支管与北侧室外消防水泵结合器连接。

(4) 上环水平连通管:$DN=100$,敷设在八层顶板下,与供应地下一层至地上八层消火栓箱的六根消火栓立管连接,构成消火栓给水上环供水管网。

2. 消火栓给水系统示意图:消火栓给水系统示意图如图 2.2.2－2 所示。

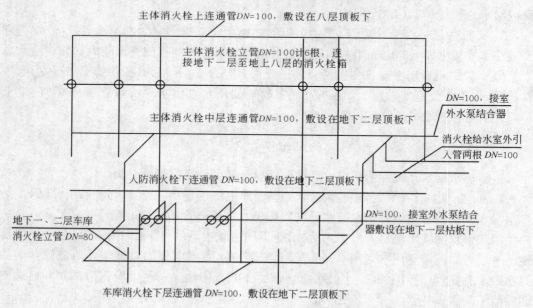

图 2.2.2－2　消火栓给水系统示意图

224

3. 消防喷洒灭火系统:消防喷洒灭火系统的水源是市政自来水进入地下一层 100m³ 消防蓄水池后,由地下一层泵房内的两台 100DL × 4 型 $G = 100\text{m}^3/\text{h}$、$H = 80\text{mH}_2\text{O}$、$n = 1400\text{r/min}$、$N = 37\text{kW}$ 自动喷洒消防给水泵(一备一用)送入沿地下一层顶板下敷设的 $DN = 150$ 水平干管,再分六路。

(1) 第一路:$DN = 100$ 顺北敷设,接室外水泵结合器。

(2) 第二路:$DN = 100$,接地下一、二层车库和人防隐蔽室的自动消防喷洒系统供水立管,向地下一、二层车库自动消防喷洒系统供水。并于地下一、二层车库自动消防喷洒的四根干管末端,各安装一个自动快速排气阀。

(3) 第三、四、五路:管径均为 $DN = 100$,引至安装在 1 号楼电梯间电梯竖井西侧管井内的供水立管(1/H)、(2/H)、(3/H),分别向地上一、二层、地上三、四、五层、地上六、七、八层的自动消防喷洒系统供水。

(4) 第六路:$DN = 100$,引至安装在 1 号楼电梯间的电梯竖井西侧的管井内供水立管(4/H),然后送至屋顶间有效体积 $V = 18.7\text{m}^3$ 消防高位水箱补水,同时在屋顶间内还安装有 QDL4 - 8 × 2 型 $G = 4\text{m}^3/\text{h}$、$H = 15\text{mH}_2\text{O}$、$n = 2900\text{r/min}$、$N = 0.37\text{kW}$ 自动喷洒给水稳压泵两台(一备一用)。

### 2.5.5 给水系统的材质与连接方法

1. 生活给水系统的材质与连接:生活给水系统采用热镀镀锌钢管,$DN \geqslant 100$ 的管道采用沟槽式卡箍柔性管件连接;$DN \leqslant 80$ 的管道采用丝扣连接。阀门 $DN \geqslant 80$ 采用蝶阀,$DN \leqslant 70$ 采用铜质闸阀或截止阀。管道采用 $\delta = 6\text{mm}$ 厚的难燃型高压聚氯乙烯泡沫塑料管壳,对缝粘接后外缠密纹玻璃布,刷防火漆两道。

2. 消火栓给水系统的材质与连接:消火栓给水系统的管道材质采用无缝钢管,管道采用焊接连接。阀门采用蝶阀或铜质闸阀,但阀门必须能够辨别是否开启或关闭和开度。

3. 自动消防喷洒灭火系统的材质与连接:自动消防喷洒灭火系统的材质采用热镀镀锌钢管,$DN \geqslant 100$ 的管道采用沟槽式卡箍柔性管件连接;$DN \leqslant 80$ 的管道采用丝扣连接。阀门 $DN \geqslant 80$ 采用蝶阀,$DN \leqslant 70$ 采用铜质闸阀或截止阀;水泵出口采用消声止回阀和全铜质或钢质带测压接口的调节阀;喷洒系统的信号阀采用薄型信号内置蝶阀。水箱外采用 $\delta = 50\text{mm}$ 厚玻璃棉板保温,外包 $\delta = 0.5\text{mm}$ 厚镀锌钢板保护壳。

# 2.6 排水工程

### 2.6.1 有压管道排水系统

共四个集水坑,五组排污系统,主要承担排放地下一层卫生间的生活污水和地下一、二层机房和电梯井等泄漏的积水。共同的设计原则是先将污水排入集水坑,然后用潜污泵排出室外。

1. 地下一层卫生间、淋浴室、地下二层及电梯机坑等污水排泄系统:两个污水集水坑设在(4) - (5)轴与(H) - (J)网格内,厕所的污水、淋浴污水、电梯机坑的积水、地面积水排入集水坑后,再用四组潜污泵(每组两台一备一用)和热镀镀锌钢管排出室外污水管网,再经过化粪池经生化处理后排入市政污水管网。潜污泵 40 – 12 – 15 – 1.5 型 $G = 12m^3/h$、$H = 15mH_2O$、$n = 2900r/min$、$N = 1.5kW$ 六台和 80 – 40 – 15 – 4 型 $G = 40m^3/h$、$H = 15mH_2O$、$n = 2900r/min$、$N = 4kW$ 二台。

2．地下一层漏水、机房漏水及地下二层电梯机坑积水等污水排泄系统:两个污水集水坑设在(8)–(9)与(H)–(H /J)网格内,每个污水集水坑内各安装一组 40 – 12 – 15 – 1.5 型 $G = 12m^3/h$,$H = 15mH_2O$、$n = 2900r/min$、$N = 1.5kW$ 潜污泵(每组两台一备一用)和热镀镀锌钢管排出室外雨水管网,再排入市政污水管网。

3．有压污水管网排水系统的材质和连接:有压污水管网排水系统的材质采用热镀镀锌钢管,沟槽式卡箍柔性管件连接。

### 2.6.2　无压污水管网排水系统

无压污水管网排水系统采用直通屋顶的排水立管,主要排放地上一层各卫生间的生活污水和饮水间的泄水、实验室、办公室等的污水,前者要经过化粪池生化处理后才允许排入市政管网,后者可以直接排入市政雨水管网。

1．(1/W)、(2/W)污水排水立管:位于一号卫生间男、女厕所东内墙边,承担排放地上 1 ~ 8 层男、女厕所的生活污水,$DN = 100$。

2．(3/W)、(4/W)污水排水立管:位于二号卫生间男、女厕所西内墙边,承担排放地上 1 ~ 8 层男、女厕所的生活污水,$DN = 150$。

3．(5/W)污水排水立管:位于(9)轴与(H/J)轴交叉处,出屋顶间屋面,承担排放地上 1 ~ 8 层开水间、屋顶水箱间泄漏的污水,$DN = 100$ 污水直接排入室外雨水管网。

4．(6/W)、(7/W)、(8/W)与(9/W)污水排水立管:出七层屋顶,承担排放(9)轴以北地上 1 ~ 7 层实验室办公室、动物饲养室等用水点的污水,$DN = 100$ 污水直接排入室外雨水管网。

5．(10/W) ~ (13/W)、(18/W) ~ (22/W)污水排水立管:位于(4)–(9)轴与(G)–(K)轴交叉区间内,出屋顶间屋面,承担排放地上 1 ~ 8 层各办公室、实验室等用水点的污水,$DN = 100$ 污水直接排入室外雨水管网。

6．(14/W) ~ (17/W)污水排水立管:出七层屋顶,承担排放地上 1 ~ 7 层各办公室、实验室等用水点的污水,$DN = 100$ 污水直接排入室外雨水管网。

7．无压污水管网排水系统的材质和连接:无压污水管网排水系统的材质采用机制排水铸铁管,柔性接口。吊顶内管道采用 $\delta = 6mm$ 厚的难燃型高压聚氯乙烯泡沫塑料管壳保温,对缝粘接后外缠密纹玻璃布,刷防火漆两道。

### 2.6.3　内排雨水排水系统

雨水排水立管管径 $DN = 100$ 共十根,雨水口均沿七层屋面南、西、北女儿墙边缘布置,南、北两侧各三根,西侧四根,雨水排水立管的上端接屋面雨水排水斗,下端直接连接沿地下一层顶板下敷设的排出干管,雨水直接排入室外雨水管网。雨水排水系统的材质采用热镀镀锌钢管,沟槽式卡箍柔性管件连接。

## 2.7　设计中存在的问题

1. 各种机房中设备的布局和配管的连接等均无详图,配给的人防机房图纸与工程设计图纸矛盾很多,无法参照。

2. 施工图内未作任何交代厕所排风扇的安装和排出口位置等、地下一层给水干管、消火栓干管、供暖热水供回水干管的布置等均未做交代。

3. 室内未按消防要求配备消防器材(灭火器)等。

4. 图中差错、遗漏、未标明的设计问题较多,因此必须严格执行施工工序流程,先纸面放样,实地放线调整无误后再下料安装。

5. 洁净室的设计既提供参数不全(无室内静压设计参数、洁净级别等),且门窗选用又为普通非密闭门窗;顶棚选材与做法等装修手段也均为一般装修,这些与 JGJ 71—90《洁净室施工及验收规范》要求不符。

## 2.8　施工中应着重注意的问题

本工程从施工难度看均为一般安装工艺,没有特殊的工艺要求。因此在施工中应特别注意如下事项。

### 2.8.1　管道走向的布局

应先放样,调整合理后才下料安装。特别要防止不合理的管道走向,见图 2.2.2－3。

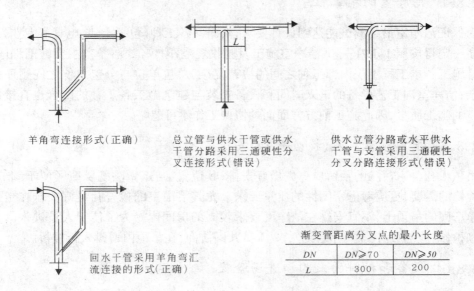

羊角弯连接形式(正确)

总立管与供水干管或供水干管分路采用三通硬性分叉连接形式(错误)

供水立管分路或水平供水干管与支管采用三通硬性分叉分路连接形式(错误)

回水干管采用羊角弯汇流连接的形式(正确)

| 渐变管距离分叉点的最小长度 | | |
| --- | --- | --- |
| DN | DN≥70 | DN≥50 |
| L | 300 | 200 |

图 2.2.2－3　总立管与供水干管的连接或水平管道干管与支管的连接

注:本图适用于供暖和供水管道,→本图例为流体流入或流出方向。

### 2.8.2 管线的分叉

防止分叉支路急剧倒流(图 2.2.2－4)。

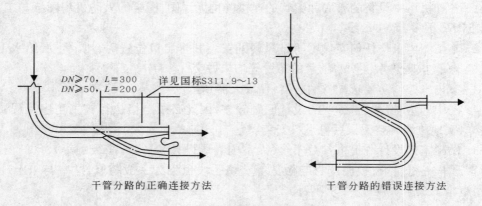

图 2.2.2－4 干管分路的连接方法

### 2.8.3 认真审图弄清各种管道位置的关系

因室内各专业管道种类繁多,相互交叉,特别是地上 1～8 层吊顶内,空间狭小。因此,必须坚持先专业自身审图、工种间图纸会审、纸面放样、现场放线、下料安装等安装程序。

### 2.8.4 洁净室的施工程序

为保证洁净室最终测试能达到设计要求,洁净室各工种(包括土建、电气等专业)的施工程序一定得按照 JGJ 71—90《洁净室施工及验收规范》附录二"洁净室主要施工程序"规定安排施工。本工程不仅内部工种之间的协调复杂,总包单位与分包单位之间工序的协调复杂;洁净室内工艺设备的进入时间和设备安装与建筑施工各工种的配合也直接影响洁净室的施工质量,因此施工前方方面面的协调工作不可忽略。

### 2.8.5 吊顶预留人孔(检查孔)的安排

吊顶人孔(检查孔)的预留应事先做好安排,其位置、结点做法既要照顾便于调节、测试和检修的需要,更应考虑密闭性的质量要求。尤其洁净室的检查孔最好安排在走道或非洁净房间的吊顶上,不宜安排在洁净度要求较高的房间内。为了便于人员进入吊顶内调试和检修,应与设计、监理和土建专业人员共同协商,在吊顶内增设人行栈桥。

### 2.8.6 设备和材料的采购和进场验收

主要是规格的鉴别,特别是管材的壁厚;管道支架的规格和加工质量(按 91SB 详图控制),避免不合格品进场。提计划和定货时应特别注意无缝钢管及配件的外径、厚度应与水煤气管匹配、弯头外径应与管道外径一致。

### 2.8.7 预留孔洞或预埋件位置的控制

预留孔洞或预埋件及管道安装时应特别注意管道与墙面(两个方向均应照顾到)及管道与管道之间的距离。明装管道距离墙体表面等的距离应严格遵守设计和规范的要求(图 2.2.2–5)。

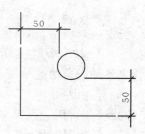

图 2.2.2–5 明装管道与墙体距离

### 2.8.8 管道甩口的控制

应防止干管中支管(支路)接口甩口位置与支管安装位置的过大误差,解决的办法:

1. 严格执行事先放线定位的施工程序和安装交底程序;

2. 废除从起点至终点安装不分阶段"一竿子插到底"的不科学的施工陋习,应分段进行,并留有调整位置的最后下料直管段,待位置调整合适后再安装。

### 2.8.9 竖井内表面光洁度的控制

应监督土建专业在各种管道竖井的浇筑和砌筑时,及时进行风道内壁的抹光处理工序。

### 2.8.10 竖井内风道法兰连接安装孔的预留

断面较大的通风管道,由于边长较长,风道又紧靠竖井侧壁,往往因风道与井壁间间距太小,手臂太短,因此两段风道间连接法兰的螺栓无法拧紧。因此应在竖井施工前预留安装孔洞,以便于风道的安装。

# 3 施工部署

## 3.1 施工组织机构及施工组织管理措施

总的施工组织机构详见土建专业施工组织设计。安装工程将由项目经理部组织参加过有影响的大型优质工程施工的技术人员和技术工人参加施工,在技术上确保达到优质目标,具体施工组织管理措施如下。

1. 建立由项目经理、项目技术主管工程师、专业技术主管、材料供应组长组成的本工程专业施工安装项目领导班子,负责本工程专业施工的领导、技术管理、材料供应和进度协调工作。

2. 组织由项目主管工程师、项目专业技术主管、暖卫、通风空调、锅炉设备、电气专业负责工程师、专业施工工长、专业施工质量检查员等技术人员组成的专业技术组,负责施工技术、施工计划、变更洽商和各工种技术资料的填写与管理工作;技术组内除了设专职质检员应负责质量监督与把关外,项目及专业技术主管工程师、专业技术负责人、施工工长也应对质量负责,尤其是主管工程师更应负全责。

3．按专业、按项目、按工序、按系统及时进行预检、试验、隐检、冲洗、调试工作,并完成各种记录单的填写和整理工作。

4．由专业施工队与项目经理部签订施工质量、产值和工期承包合同,层层把关负责合同履行。

5．暖卫通风空调工长施工管理网络图(图2.2.3-1)。

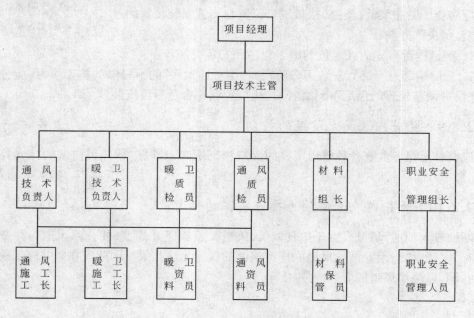

图 2.2.3-1 暖卫通风空调工长施工管理网络图

## 3.2 施工流水作业安排

土建大流水作业段除了地下一、二层以南北对称轴(6/7)轴分为两段,主体地上1~8层每层为一施工段进行流水作业。暖卫、通风安装流水作业均与土建相同,以达到紧密配合,完成土建施工工期的要求。

## 3.3 施工力量总的部署

依据本工程设备安装专业工程量分布的特点:

1．在地下一层暖通专业设备安装的工程量比较集中,特别在水箱间和水泵房、空调机房、冷冻机房的各种配管在此汇集;

2．给水排水及卫生设备集中于卫生间,各层工作面狭窄,工程量集中;

3．通风专业、消防管道均集中各层的吊顶内,管道相互交叉,矛盾较突出;

4. 供暖工程安装的工程量比较少,工程量较分散;

5. 屋顶高位水箱间、热交换间和电梯机房的设备安装量相对较大的特点作如下安排。

### 3.3.1 通风空调工程(含冷冻水等管道安装)

工程量较大。因此通风专业安排投入较多的人力,应随工程顺序渐进,及时完成各工序的施工、检测进度,并对施工质量、成品保护、技术资料整理的管理工作按时限、按质量完成。

施工力量的安排:依工程概算本工程共需通风工 12500 个工日和考虑到工程量分布不均匀性,计划投入通风工人 55 人(其中电焊工 6 人、通风工 20 人、机械安装工 4 人、管道安装工 25 人)。通风工程的安装工作必需在工程竣工前 20d 结束,留出较富裕时间进行修整和资料整理。

### 3.3.2 给水排水、消火栓给水、内排雨水及供暖工程

在整个施工过程中工程量的分配除了生活给水、排水地上各层相应集中在卫生间;水泵、水箱等设备安装集中在地下一层泵房、水箱间和屋顶高位水箱间内,工作面较狭窄外,其余分项工程工程量分配比较均匀。各层容纳人员较多,因此可以采用大作业组流水集中作业加速安装进度。但工作面大,给技术质量管理工作带来一定困难。因此应依据工程进展及时调配相应技术管理力量,才能保证优质工程目标的实现。

本工程供暖工程工程量有限,在整个施工过程中,主要集中地下一层,首层大厅和七层动物饲养室洁净走道、八层音像室。工作面也较大,因此以采用大流水段、大作业组的工作安排为宜。

### 3.3.3 暖卫工程施工力量的安排

依据工程概算需 13200 个工日,考虑未预计到的因素拟增加 800 个工日,共计 14000 个工日,投入水暖工人 65 人(其中电焊工 7 人、机械安装工 1 人、水暖安装工 57 人)。具体安排如下。

给排水工程安装组 45 人(其中电焊工 3 人),暖气安装组 10 人(其中电焊工 2 人),水泵等设备安装组 10 人(其中电焊工 2 人、机械安装工 1 人)。每组抽调 4 人配合土建结构施工进行预埋件制作、预埋和预留孔洞预留工作。在土建各流水段的建筑粗装修后进行支、吊、托架、管道安装、试压、灌水试验、防腐、保温,土建粗装修后精装修前进行设备安装和散热器单组组装、试压、除锈、防腐及稳装工作。土建精装修后进行卫生器具及给水附件安装和灌水试验、系统水压试验、冲洗、通水、单机试运转试验和系统联合调试试验,以及清除污染和防腐(刷表面油漆)施工。一切工作必需在竣工前 20d 完成,留 20d 时间作为检修补遗和资料整理时间。暖气调试可能处在非供暖期,可以作为甩项处理,在冬季进行调试。但必需与甲方办理甩项协议书,并归入竣工资料中。

# 4 施工准备

## 4.1 技术准备

1. 组织图纸会审人员认真阅图,熟悉设计图纸内容,明确设计意图,通过会审记录明确各专业之间的相互关联,记录图纸中存在的问题和疑问整理成文,为参加建设单位组织的设计技术交底做好书面准备。

2. 参加建设单位召集的设计技术交底,并由各专业技术负责人负责交底中问题的记录和整理工作。

3. 暗埋管道卡具的制作:依据设计施工图纸的管道固定详图尺寸,制作管卡制作模具和各种不同规格管卡备用。

4. 拟定施工机械、器具和人员进场计划(另报)。但应特别指出的是本工程场地非常狭窄,且工程位于市中心区,物资进场设备受严格的交通管制影响很大,大量物资必须在基地加工成半成品,因此安排好配件和附件的加工计划和材料进场计划是保证工程进度和质量的关键。

## 4.2 机械器具准备

施工所有钢材、管材、设备由工地器材组统一管理,施工时依据任务书及领料单随用随领,其他材料、配件由器材组采购入库,班组凭任务单领料,依据工程施工材料加工,预制项目多,故在现场应利用工程配备办公室一间、工具房和库房一间(有的待地上一层结构拆模后解决),供各班组存放施工工具、衣物。

暖卫专业施工机具配备:

交流电焊机:6台　电锤:8把　电动套丝机:4台　倒链:4个

台式钻床:2台　切割机:4台　角面磨光机:2台　手动试压泵:2台

气焊(割)器:4套　电动试压泵:2台

通风专业施工机具配备:

电焊机:4台　台钻:2台　手电钻:6把　拉铆枪:8把　电锤:5把　龙门剪板机:1台

手动电动倒角机:2台　联合咬口机:1台　折方机:1台　合缝机:1台

卷圆机:1台

暖卫通风工程施工调试测量仪表:

电压表:2台　弹簧式压力计:4台　刻度0.5℃玻璃温度计:6支

刻度0.1℃玻璃温度计:10支　翼轮风速仪:3台　电热球风速仪:1台

噪声仪:1台　管道泵:GB50－12型　$G = 12.5\text{m}^3/\text{h}$、$H = 12\text{mH}_2\text{O}$、$n = 2830\text{r/min}$、$N =$

1.1kW 1台 (用于冲洗)涡街流量计(或差压流量计):1台(测量水泵流量)
转速计:1台 36V 低压带保护罩 60～100W 通风检漏灯:2盏 微压测压计(含毕托管):2台 漏风量测定设备:1套 粒子测定仪:1套

## 4.3 施工进度计划和材料进场计划(详细计划见土建施工组织设计)(表 2.2.4－1)

施工进度计划和材料进场计划 　　　　　　　　表 2.2.4－1

| 施　工<br>项　目 | 施　　工　　阶　　段 | | | | |
|---|---|---|---|---|---|
| | 结构施工阶段 | 粗装修阶段 | 精装修阶段 | 精装修后 10 天 | 竣工前 10 天 |
| 预留、预埋<br>工序 | | | | | |
| 管道制作<br>安装阶段 | | | | | |
| 设备洁具<br>安装阶段 | | | | | |
| 系统试验<br>测试阶段 | | | | | |
| 施工技术<br>资料整理 | | | | | |

# 5　主要分项项目施工方法及技术措施

## 5.1　暖卫工程

### 5.1.1　预留孔洞及预埋件施工

1. 预留孔洞及预埋件施工在土建结构施工期间进行。

2. 预留孔洞按设计要求施工,设计无要求时按 DBJ 01—26—96(三)表 1.4.3 规定施工。预留孔洞及预埋件应特别注意:

(A)预留、预埋位置的准确性;

(B)预埋件加工的质量和尺寸的精确度。

具体技术措施:

(A)分阶段认真进行技术交底;

（B）控制好预留、预埋位置的准确性，措施可采用钢尺丈量和控制土建模板的移位变形；模具选用优良材质并改进预留空洞模具的刚度、表面光洁度；适当扩大模具的尺寸，留有尺寸调整余地；加强模具固定措施；作好成品保护，防止模具滑动。

3. 托、吊卡架制作按 DBJ 01—26—96(三)第 1.4.5 条规定制作，管道托、吊架间距不应大于该规程的表 1.4.5 规定。固定支座的制作与施工按设计详图施工。

4. 套管安装一般比管道规格大 1～2 号，内壁做防腐处理或按设计要求施工。

5. 预留洞、预埋件位置、标高应符合设计要求，质量符合 GBJ 302—88 有关规定和设计要求。

### 5.1.2 管道安装

1. 镀锌钢管的安装：热镀锌钢管，$DN \geqslant 100$ 的管道采用卡箍式柔性管件连接；$DN \leqslant 80$ 的管道采用丝扣连接。安装时丝扣肥瘦应适中，外露丝扣不大于 3 扣，锌皮损坏处应采取可靠的防腐措施(涂防锈漆后再涂刷银粉漆)。$DN > 80$ 的镀锌钢管及由于消火栓供水立管至埋于墙内连接消火栓 $DN < 100$ 的支管，因转弯过急或受安装尺寸限制时也可采用焊接连接，但是应注意焊口质量和做好防腐措施。

焊接接口的质量要求：管道采用对口焊接，其外观质量要求焊缝表面无裂纹、气孔、弧坑和夹渣，焊接咬边深度不超过 0.5mm，两侧咬边的长度不超过管道周长的 20%，且不超过 40mm。冷水管穿墙应加 $\delta \geqslant 0.5$mm 的镀锌套管，缝隙用油麻充填。穿楼板应预埋套管，套管直径比穿管大 1～2 号，高出地面 $\geqslant 20$mm，底部与楼板结构底面平。

2. 焊接钢管和无缝钢管的安装：焊接钢管 $DN \leqslant 32$ 的采用丝扣连接，$DN \geqslant 40$ 的采用焊接，丝接、焊接接口要求同上。管道穿墙应预埋厚 $\delta \geqslant 1$mm，直径比管径大 1 号的套管、套管两端与墙面平，缝隙填充油麻密封；管道穿楼板的预埋套管同上。安装中应特别注意暖气片进出水管甩口的位置，以免影响支管坡度的要求；与散热器连接的灯叉弯应在现场实地煨弯，弯曲半径应与墙角相适应，保证安装后美观和上下整齐。

3. 无缝钢管的安装：$DN \geqslant 100$ 的管道采用沟槽式卡箍柔性管件连接；$DN \leqslant 80$ 的管道采用丝扣连接。

4. ABS 硬丙烯腈、丁二烯、苯乙烯树脂排水管道的安装

(1) 采用标准：参照硬聚氯乙烯管道的安装应符合 CJJ/T 29—98《建筑排水硬聚氯乙烯管道工程技术规程》和设计的有关规定。

(2) 材料质量要求：管材、管件、胶粘剂应有合格证、说明书、生产厂名、生产日期(胶粘剂尚应有使用有效日期)、执行标准、检验员代号等标志。

(3) 材料的运输与保管：管材、管件的运输、装卸和搬运应轻放，不得抛、摔、拖。存放库房应有良好通风，室温不宜大于 40℃，不得曝晒，距离热源不得小于 1m。管材堆放应水平、有规则，支垫物宽度不得小于 75mm，间距不得大于 1m，外悬端部不宜超过 500mm，叠放高度不得超过 1.5m。

(4) 管道胶粘剂的质量和保管：胶粘剂等存放与运输应阴凉、干燥、安全可靠，且远离火源。胶内不得含有团块和不溶颗粒与杂质，并且不得呈胶凝状态和分层现象，未搅拌时不得有析出物，不同型号的胶粘剂不得混合使用。

（5）管道的粘接质量要求：管道粘接时应将承口内侧和插口外侧擦拭干净，无尘砂、无水迹，有油污的应用清洁剂擦净。承插口内外侧胶粘剂的涂刷应先涂刷管件承口内侧，后涂刷插口外侧，胶粘剂的涂刷应迅速、均匀、适量、不得漏涂。管子插入方向应找正，插入后应将管道旋转 90°，管道承插过程不得用锤子击打。插接好后应将插口处多余的胶粘剂清除干净。粘接环境温度低于 −10℃时，应采取防寒、防冻措施。

（6）管道的安装

A. 结合设备排水口的尺寸和排水管道管口施工的要求，配合土建结构施工进行孔洞的预留和套管等预埋件的预埋。

B. 土建拆模后应对预留孔洞和预埋管件进行全面的检查与校验，不符合要求的应加以调整。

C. 依据纸面放样图和设备安装尺寸，并依据 CJJ/T 29—98 第 3.1.9 条、第 3.1.10 条、第 3.1.15 条、第 3.1.19 条、第 3.1.20 条的有关规定到现场实地放线校验无误后，测定各管段长度，然后进行配管和裁管。裁管可用木工锯或手锯切割，但切口应垂直均匀、无毛刺。

D. 选定支承件和固定形式，按 CJJ/T 29—98 第 4.1.8 条规定确定垂直管道和水平管道支承件间距，选定支承件的规格、数量和埋设位置。

E. 土建粗装修后开始按放线的实际尺寸下料，然后进行管道接口粘接安装管道。

F. 管道安装顺序应自下而上，分层进行，先安装立管，后安装横管，施工应连续。

G. 管道粘接后应迅速摆正位置，并进行垂直度、水平坡度校正。校正无误后，用木楔卡牢，用铁丝临时固定，待胶粘剂固化后再紧固支承件，但卡箍不宜过紧，以免损坏管件。然后拆除临时固定设施、支模堵洞等。

5. 排水铸铁管道安装：在安装管道前应清扫管膛，将承口内侧、插口外侧端头的沥青除掉，承口朝来水方向，连接的对口间隙应不小于 3mm，找平找直后，将管子固定。管道拐弯和始端应支撑牢靠，防止捻口时轴向移动，所有管口应随时封堵好。铸铁管道捻口应密实、平整、光滑，捻口四周缝隙应均匀，立管应用线坠校验使其垂直，不出现偏心、歪斜，支管安装时先搭好架子，并按管道坡度准备埋设吊卡处吊杆长度，核准无误，将吊卡预埋就绪后，再安装管道。卡箍式柔性接口应按产品说明书的技术要求施工，吊架加工尺寸应严格按标准图册要求加工，外形应美观，规格、尺寸应准确，材质应可靠。支吊架埋设应牢靠，位置、高度应准确。

6. 竖井内立管的安装：本工程竖井内有较多的管道，因此配管安装工作比一般竖井内管道的安装要复杂，安装前应认真做好纸面放样和实地放线排列工序，以确保安装工作的顺利进行。竖井内立管安装应在井口设型钢支架，上下统一吊线安装卡架，暗装支管应画线定位，并将预制好的支管敷设在预定位置，找正位置后用勾钉固定。

### 5.1.3 卫生洁具、消火栓箱、散热器的安装

1. 卫生洁具的安装

（1）卫生洁具安装除按图纸要求及 91SB2 标准图册详图安装外，尚应严格执行 DBJ 01—26—96(三)的工艺标准。安装时除按常规工艺进行外，因本工程采用的卫生器具特殊，故尚应研读产品说明书，按其产品的特殊要求进行安装。

(2) 器具进场必须进行严格交接检,没有合格证、检验记录,不能就位安装。器具固定件必须使用镀锌膨胀螺栓固定,且安装必须牢固平稳,外表干净美观,通水试验合格。

(3) 卫生洁具应在土建做防水之前,卫生器具排水支管、给水支管安装完,排水支管灌水试验合格、给水支管水压试验合格,土建粗修完成后安装。

2. 供暖散热器及消火栓箱体安装

(1) 供暖散热器及消火栓箱应在土建抹灰之后,精装修之前,管道安装、水压试验合格后安装。

(2) 散热器必须用卡钩与墙体固定牢;消火栓箱与墙体固定不牢的,可用 CUP 发泡剂(单组份聚氨酯泡沫发泡剂)封堵作为弥补措施,安装时箱体标高应符合设计和规范要求,箱体应水平,箱面应与墙面平齐,为防止污染,应粘贴胶带保护。

### 5.1.4  水泵安装和气压稳压装置安装

1. 设备的验收:泵的开箱清点和检查应对零件、附件、备件、合格证、说明书、装箱单进行全面清点。数量是否齐全,有无损伤、缺件、锈蚀现象,各堵盖是否完好。

2. 检查基础和划线:泵安装前应复测基础的标高、中心线,将中心线标在基础上,以检查预留孔或预埋地脚螺栓的准确度,若不准,应采取措施纠正。

3. 基础的清理:泵就位于基础前,必须将泵底座表面的污浊物、泥土等杂物清除干净,将泵和基础中心线对准定位,要求每个地脚螺栓在预留孔洞中都保持垂直,其垂直度偏差不超过 1/100;地脚螺栓离孔壁大于 15mm,离孔底 100mm 以上。

4. 泵的找平与找正:泵的找平与找正就是水平度、标高、中心线的校对。可分初平和精平两步进行。

5. 固定螺栓的灌浆固定:上述工作完成后,将基础铲成麻面并清除污物,将碎石混凝土填满并捣实,浇水养护。

6. 水泵的精平与清洗加油:当混凝土强度达到设计强度 70% 以上时,即可紧固螺栓进行精平。

在精平过程中进一步找正泵的水平度、同轴度、平行度,使其完全达到设计要求后,就可以加油试运转。

7. 试运转前的检查:试运转应检查密封部位、阀门、接口、泵体等有无渗漏,测定压力、转速、电压、轴承温度、噪声等参数是否符合要求。

8. 气压稳压装置安装详见说明书和有关规范。

### 5.1.5  贮水箱和高位水箱的安装

应检查水箱的制造质量,做好安装前的设备检验验收工作;和水泵安装一样检查基础质量和有关尺寸;安装后检查安装坐标、接口尺寸、焊接质量、除锈防腐质量、清除污染;做好满水试验(有压水箱则做水压试验);有保温或深度防腐的则做好保温防腐工作。

### 5.1.6  管道和设备的防腐与保温

1. 管道、设备及容器的清污除锈:铸铁管道清污除锈应先用刮刀、锉刀将管道表面的氧化皮、铸砂去掉,然后用钢刷反复除锈,直至露出金属本色为止。焊接钢管和无缝钢管的清污除锈用钢刷和砂纸反复除锈,直至露出金属本色为止。应在刷油漆前用棉纱再擦一遍浮尘。

2. 管道、设备及容器的防腐:管道、设备及容器的防腐应按设计要求进行施工,室内镀锌钢管刷银粉漆两道,锌皮被损坏的和外露螺丝部分刷防锈漆一道、银粉漆两道。

3. 管道、设备及容器的保温:空调冷冻(热水)循环管道、膨胀管道、供暖管道的保温采用 $\delta=40mm$ 带加筋铝箔贴面的离心玻璃棉管壳保温;分水器、集水器的保温采用 $\delta=50mm$ 带加筋铝箔贴面的离心玻璃棉管壳保温;冷冻机房内的各种管道和分水器、集水器保温层外加包 $\delta=0.5mm$ 的镀锌钢板保护壳。空调冷冻水管的吊架、吊卡与管道之间应按设计隔热垫。

膨胀水箱、软化水箱采用组合式镀锌钢板水箱,外表采用 $\delta=50mm$ 的离心玻璃棉板保温,保温层外加包 $\delta=0.5mm$ 的镀锌钢板保护壳。

给水和排水管道的防结露保温管道采用 $\delta=6mm$ 厚的难燃型高压聚氯乙烯泡沫塑料管壳,对缝粘接后外缠密纹玻璃布,刷防火漆两道。因此施工时应严格控制外径尺寸的误差,保温层缝隙的严密,以免产生冷桥。防止对环境和设备及其他专业安装工程的污染,以免产生外观质量和环境污染指标违标的问题。

### 5.1.7 伸缩器安装应注意事项

1. 伸缩器应水平且应与管道同心,固定支座埋设应牢靠。

2. 伸缩器(套管式的除外)应安装在直管段中间,靠两端固定支座附近应加设导向支座。有关安装要求参见相关规范。

3. 方形伸缩器可用两根或三根管道煨制焊接而成,但顶部必须采用一根整管煨制,焊口只能在垂直臂中部。四个弯曲角必须 90°,且在一个平面内。

4. 波形伸缩器水压试验压力绝对不允许超过波形伸缩器的使用压力,且试压前应将伸缩器用固定架夹牢,以免过量拉伸。

5. 安装后应进行拉伸试验。

## 5.2 通风工程

### 5.2.1 预留孔洞及预埋件

施工参照暖卫工程施工方法进行。

### 5.2.2 通风管道及附件制作

1. 材料:通风送风系统为优质镀锌钢板,排烟风道和人防手摇电动两用送风机前的风道采用 $\delta=2.0mm$ 厚度的优质冷轧薄板。前者以折边咬口成型,后者以卷折焊接成型。法兰角铁用首钢优质产品。

2. 加工制作按常规进行,但应注意以下问题:

(1) 材料均应有合格证及检测报告。

(2) 防锈除尘必须彻底，不彻底的不得进入第二道工序。镀锌板可用中性洗涤剂清除油污，冷轧板、角钢应用钢刷彻底清除锈迹和浮尘，直至露出金属本色。

(3) 咬口不能有胀裂、半咬口现象，焊缝应整齐美观、无夹渣和漏焊、烧熔现象，翻边宽度为 6～9mm，不开裂。

(4) 制作应严格执行 GB 50243—97、GBJ 304—88 及 DBJ 01—26—96(三)的有关规定和要求。

(5) 洁净空调的风道制作应严格执行 JGJ 71—90《洁净室施工及验收规范》的规定，加工后应进行灯光检漏，安装后应按设计要求进行漏风率检测。

### 5.2.3　管道吊装

1．管道加工完后应临时封堵，防止灰尘污物进入管内；风道进场后应再次进行加工质量检查和修理，并用棉布擦拭内壁后再进行吊装。吊装还应随时擦净内壁的重复污染物，然后立即封堵敞口。安装过程还应按 GB 50243—97 规定进行分段灯光检漏，并按设计要求进行漏风率检测合格后才能后续安装。

2．安装时法兰接口处采用 9501 阻燃胶条作垫料，螺栓应首尾处于同一侧，拧紧对称进行；阀件安装位置应正确，启闭灵活，并有独立的支、吊架。

3．为保证支、吊架的安装质量，吊架安装前应先实地放线，确定吊杆长度、支架标高和吊杆宽度，以保证安装平直、吊架排列整齐美观。

### 5.2.4　风口的安装

墙上风口的安装，应随土建装修进行，先做好埋设木框，木框应精刨细作。然后在风口和阀件上钻孔，再用木螺丝固定，安装时要注意找平，并用密封胶堵缝。与土建排风竖井的固定应预埋法兰，固定牢靠，周边缝隙应堵严。

### 5.2.5　分体式空调机的安装

由厂家安装，但应注意电源和孔洞、预埋件、室外基础的预留位置和浇筑质量的验收。

### 5.2.6　新风机房和新风机组的安装

1．安装前应详细审阅图纸，明确工艺流程和各设备的接口位置和尺寸，先在纸面上放大，再到实地检验调整，使各管道部件加工尺寸合适、连接顺利、外观整齐。

2．安装前应做好设备进场开箱检验，办理检验手续，研读使用安装说明书，充分了解其结构尺寸和性能，加速施工进度，提高安装质量。

3．安装前应和水泵安装一样检查设备基础，验收合格后再就位安装。安装后按 GB 50243—97 相关条文要求进行单机试运转，并测试有关参数，填写试验记录单。

4．机房配管安装应严格按设计和规范要求进行，安装后应进行渗漏检查和隐检验收，再进行保温。

### 5.2.7　防火阀、调节阀、密闭阀安装

防火阀、调节阀、密闭阀安装后启闭应灵活,设备与周围围护结构应留足检修空间,详细参阅91SB6的施工做法。

### 5.2.8　消声器的安装

消声器消声弯头应有单独的吊架,不使风道承受其重量。支、吊架、托铁上穿吊杆的螺孔距离应比消声器宽40~50mm,吊杆套丝为50~60mm,安装方向要正确。

### 5.2.9　风机盘管的安装

风机盘管进场前应进行进场验收,做单机三速试运转及水压试验。试验压力为系统工作压力的1.5倍(0.6MPa),不漏为合格;卧式机组应由支吊架固定,并应便于拆卸和维修;排水管坡度要符合设计要求,冷凝水应畅通地流到设计指定位置,供回水阀及水过滤器应靠近风机盘管机组安装。吊顶内风机盘管与条形风口的连接应注意如下问题。即风机盘管出口风道与风口法兰上下边不得用间断的铁皮拉接,应用整块铁皮拉铆搭接;风道两侧宽度比风口窄,风管盖不住的,应用铁皮覆盖,铁皮三个折边与风口法兰铆接,另一边反向折边与风管侧面铆接。板的四角应有铆钉,且铆钉间距应小于100mm。接缝应用玻璃胶密封。

### 5.2.10　高效过滤送风口的安装

高效过滤送风口安装前应对系统进行8~12h的吹洗后,才能运至现场进行拆封安装。安装时应使风口周围与顶棚紧密结合,并用密封胶封堵严密,然后封上保护罩,避免污染。

### 5.2.11　活塞式水冷制冷机组的安装

1. 活塞式制冷机组进场时应做开箱验收记录,内容同水泵进场验收;同时还应对基础进行验收和修理,并核查与机组有关的相关尺寸。安装前应研读使用说明书,按使用说明书和规范要求安装。

2. 安装时应对机座进行找平,其纵、横水平度偏差均应不大于0.2/1000为合格。

3. 机组接管前应先清洗吸、排气管道,合格后方能连接。接管不得影响电机与压缩机的同轴度。

4. 安装中的其他相关问题按产品说明书和GB 50243—97《通风与空调工程施工及验收规范》第9.2.4条的相关规定进行。

5. 不管是厂家来人安装或自己安装,安装后均应做单机试运转记录。

### 5.2.12　冷却塔及冷却水系统安装

1. 和其他设备一样设备进场应作开箱检查验收,并对设备基础进行验收。安装完后应作单机试运转记录,并测试有关参数。

2．冷却塔安装应平稳，地脚螺栓固定应牢靠。

3．冷却塔的出水管口及喷嘴的方向和位置应正确，布水均匀。玻璃钢和塑料是易燃品，应注意防火。

### 5.2.13 软化水装置(含电子软化水装置)的安装

其相关事项与水泵安装类同，但更应注意其与配管连接尺寸的准确性和接口的质量。

### 5.2.14 风道及部件的保温

屋顶露天安装的排风管道采用 $\delta = 2mm$ 钢板制作，外表面采用环氧煤沥青防腐。空调送回风管道采用 $\delta = 40mm$ 带加筋铝箔贴面离心玻璃棉板保温。排烟风道采用 $\delta = 30mm$ 厚离心玻璃棉板保温，外缠玻璃丝布保护。保温板下料要准确，切割面要平齐。在下料时要使水平面、垂直面搭接处以短边顶在大面上，粘贴保温钉前管壁上的尘土、油污应擦净，将粘接剂分别涂在保温钉和管壁上，稍后再粘接。保温钉分布为管道侧面 20 只/m、下面12 只/m。保温钉粘接后，应等待 12～24h 后才可敷设保温板，或用盘状金属保温钉焊接固定连接，保温钉分布为管道侧面 10 只/m、下面 6 只/m。

## 5.3　施工试验与调试

本工程涉及到的试验与调试如下。

### 5.3.1 进场阀门强度和严密性试验

依据 GBJ 242—82 第 2.0.14 条规定：

1．各专业各系统主控阀门和设备前后阀门的水压试验

(1) 试验数量及要求：100%逐个进行编号、试压、填写试验单，并按 ZXJ/ZB0211－1998 进行标识存放，安装时对号入座。

(2) 试压标准：为该阀门额定工作压力的 1.2～1.5 倍(供暖 1.2 倍、其他 1.5 倍)作为试验压力。观察时限及压降，供暖为 5min、$\Delta P \leqslant 0.02MPa$，其他为 10min、$\Delta P \leqslant 0.05MPa$，不渗不漏为合格。

2．其他阀门的水压试验：其他阀门的水压试验标准同上，但试验数量按规范规定为：

(1) 按不同进场日期、批号、不同厂家(牌号)、不同型号、规格进行分类。

(2) 每类分别抽 10%，但不少于 1 个进行试压，合格后分类填写试压记录单。

(3) 10%中有不合格的，再抽 20%(含第一次共计 30%)进行试压后，如果又出现不合格的，则应 100%进行试压。但本工程第二批(20%)中又出现不合格的，应全部退货。

### 5.3.2 组装后散热器的水压试验

试验数量及要求：要 100%进行试验，试验压力为 0.8MPa(设计工作压力 0.6MPa)，5min 内无渗漏为合格。试压后办理散热器组对预检记录和水压试验记录单(按系统分层填写)。

### 5.3.3 室内生活给水、热水供应及冷却水管道的试压

1. 试压分类：

单项试压——分局部隐检部份和各分区(高区、低区)的各系统(或每根立管)进行试压，应分别填写试验记录单。

系统综合试压——本工程按高区和低区分别进行。

2. 试压标准：

单项试压的试验压力低区为 0.5MPa、高区为 0.9MPa 且 10min 内压降 $\Delta P \leqslant 0.05MPa$，检查不渗不漏后，再将压力降至工作压力低区为 0.3MPa、高区为 0.6MPa 进行外观检查，不渗不漏为合格。

综合试压：试验压力同单项试压压力，但稳压时限由 10min 改为 1h，其他不变。

### 5.3.4 消火栓供水系统的试压

除局部属隐蔽的工程进行隐检试压，并单独填写试验单外，其余均在系统安装完后做静水压力试验，试验压力为 1.5MPa，维持 2h 后，外观检查不渗不漏为合格(试验时应包括先前局部试压部分)。

### 5.3.5 消防自动喷洒灭火系统管道的试压

1. 试压分类：

单项试压——分局部隐检部份和各系统进行试压，应分别填写试验记录单。

系统综合试压——本工程按系统分别进行。

2. 试压标准：

单项试压的试验压力为 0.9MPa 且 10min 内压降 $\Delta P \leqslant 0.05MPa$，检查不渗不漏后，再将压力降至工作压力 0.6MPa 进行外观检查，不渗不漏为合格。

综合试压(即通水试验)：在工作压力 0.6MPa 下，稳压 24h，进行全面检查，不渗不漏为合格。

### 5.3.6 供暖系统管道及空调冷冻(热)水系统的水压试验

1. 单项试验：包括局部隐蔽工程的单项水压试验及分支路或整个系统与设备和附件连接前的水压试验，应分别填写记录单。

2. 综合试验：是系统全部安装完后的水压试验，分两个系统分别试验，并填写记录单。

3. 试验标准：试验压力为 0.75MPa，5min 内压降 $\Delta P \leqslant 0.02MPa$，外观检查不渗不漏后，再将压力降至工作压力 $P = 0.6MPa$，稳压 10min 后，进行外观检查不渗不漏为合格。

### 5.3.7 灌水试验

1. 室内排水管道的灌水试验：分立管、分层进行，每根立管分层填写记录单。试验标准的灌水高度为楼层高度，灌满后 15min，再将下降水位灌满，持续 5min 后，若水位不再下降为合格。

2. 卫生器具的灌水试验:洗面盆、洗涤盆、浴盆等,按每单元进行试验和填表,灌水高度是灌至溢水口或灌满,其他同管道灌水试验。

3. 各种贮水箱(高位水箱)灌水试验:应按单个进行试验,并填写记录单,试验标准同卫生器具,但观察时间为 12～48h。

4. 雨水排水管道灌水试验:每根立管灌水高度应由屋顶雨水漏斗至立管根部排出口的高差,灌满 15min 后,再将下降水面灌满,保持 5min,若水面不再下降,且外观无渗漏为合格。

### 5.3.8 供暖系统伸缩器预拉伸试验

应按系统按个数 100% 进行试验,并按个数分别填写记录单。

### 5.3.9 管道冲洗试验

1. 管道冲洗试验应按专业、按系统、分区(高区、低区)分别进行,即室内供暖系统、空调冷冻水循环系统、冷却水系统、室内给水系统(高区、低区)、室内消火栓供水、消防喷洒供水、室内热水供应系统,并分别填写记录单。

2. 管内冲水流速和流量要求

(1) 生活给水和消火栓供水管道的冲水试验:生活给水和消火栓供水管道管内流速 ≥1.5m/s,为了满足此流速要求,冲洗时可安装临时加压泵(详见试验仪器准备)。

(2) 供暖管道的冲水试验:供暖管道冲洗前应将流量孔板、滤网、温度计等暂时拆除,待冲洗完后再安上。冲洗流量和压力按设计最大流量和压力进行(暖施总说明未标注,故按道管内流速 ≥1.5m/s 进行)。

3. 达标标准:一直到各出水口水色和透明度、浊度与进水口一侧水质一样为合格。

### 5.3.10 通水试验

1. 试验范围:要求做通水试验的有室内冷热水供水系统、室内消火栓供水系统、室内排水系统、卫生器具。

2. 试验要求:

(1) 室内冷热水供水系统:应按设计要求同时开放最大数量的配水点,观察是否全部达到额定流量,若条件限制,应对卫生器具进行 100% 满水排泄试验检查通畅能力,无堵塞、无渗漏为合格。

(2) 室内排水系统:应按系统 1/3 配水点同时开放进行试验。

(3) 室内消火栓供水系统:应检查能否满足组数的最大消防能力。

(4) 室内消防喷洒灭火系统:详见室内消防喷洒灭火系统综合水压试验。

### 5.3.11 供暖系统的热工调试

按(94)质监总站第 036 号第四部分第 20 条规定进行调试,按高区、低区分系统填写记录单。

### 5.3.12　通风风道、部件、系统空调机组的检漏试验

详见 GB 50243—97 第 3.1.13、3.1.14、7.1.5、8.5.3 条。

1. 通风管道制作部件灯光检漏试验：按不同规格抽 10%，但不少于 1 件，并分别填写记录单。记录单可采用 JGJ 71—90 附表 5 - 6。

2. 通风系统管段安装后应分段进行灯光检漏，试验数量为系统的 100% 并分别填写。

3. 组装空调机组按 GB 50243—97 第 8.5.3 条要求进行。

### 5.3.13　通风系统的重要设备(部件)的试验

通风系统的重要设备(部件)应按规范和说明书进行试验和填写试验记录单。

### 5.3.14　水泵、风机、新风机组、风机盘管、活塞式冷水机组、热交换器等的单机试运转

为了测流量，应在机组前后事先安装测试口，以便安装测试仪表。水泵等设备的单机试运转应在安装预检合格和配管安装后进行，每台设备应有独立的安装预检记录单和单机运转试验单。试运转记录单中应有流量、扬程、转速、功率、轴承和电机发热的温升、噪声的实测数据及运转情况记录。

### 5.3.15　通风系统漏风量的检测

通风系统漏风量检测的设备：通风管道安装时应分系统、分段进行漏风量检测，其检测装置和连接如图 2.2.5 - 1 和图 2.2.5 - 2 所示。

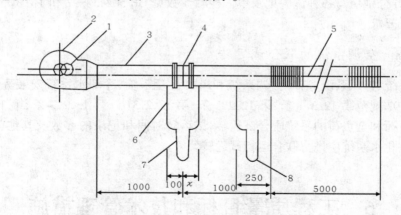

图 2.2.5 - 1　风管漏风试验装置
孔板 1：$x = 45mm$；孔板 2：$x = 71mm$
1—进风挡板；2—风机；3—钢风管 $\phi100$；4—孔板；5—软管 $\phi100$；
6—软管 $\phi8$；7、8—压差计

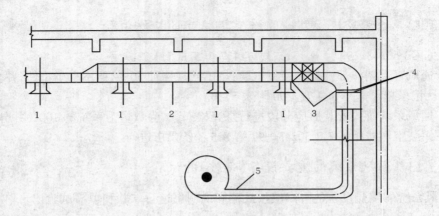

图 2.2.5-2 风道漏风试验系统连接示意图
1—风口;2—被试风管;3—盲板;4—胶带密封;5—试验装置

### 5.3.16 新风系统、排风系统风量的检测与平衡调试

新风系统、排风系统安装后应进行系统各分路及各风口风量的调试和测量,并填写记录单。

### 5.3.17 空调房间室内参数的检测

空调房间室内参数(温湿度、洁净度、静压及房间之间的静压压差等)应分夏季和冬季分别检测,并分别填写各种试验记录单。检测参数见 GB 50243—97 和 JGJ 70—90 的相关规定和设计要求。

### 5.3.18 空调系统的联合试运转

新风系统、排风系统、洁净空调系统和风机盘管系统、冷却水系统安装完成后,应按 GB 50243—97 规范第 12.3.1 条、第 12.2.2 条、第 12.2.3 条、第 13.2.3 条、第 13.2.4 条规定进行无负荷和全负荷的系统联合试运转,试运转时间和记录的参数及其他内容详见规范规定。软化水系统应进行联合运行试运转。

# 6  工程质量目标和技术管理措施

## 6.1  质量目标及保证质量主要管理措施

认真进行审阅图纸和专业间的图纸会审，掌握国家标准规范和新材料、新工艺安装技术，研究对策，将问题解决在施工之前，避免返工

做好现场加工场区，物资设备堆放标识工作。对控制调节阀门和系统主控阀门、规范及设计单位要求试压的阀门，应认真与图纸对应编号，逐个试压，并做好工程标识，专人负责保管，安装时对号入座

对下列项目进行重点检查：

1.孔洞预留、预埋件制作与埋设的精度、暗埋配管等安装的质量和固定保护措施

2.箱、盒与地面的关系及地漏标高、位置与地面坡度坡向的关系

3.设备、管道支吊架安装位置、外观质量、埋设的牢靠性的检查

4.管道接口质量、镀锌钢管防腐措施的检查

工程竣工交付使用时达到国家鲁班奖工程

1.合同范围内全部工程的所有功能符合设计要求

2.分项、分部单位工程质量全部达到国家有关质量检验评定标准和国家现行施工及验收规范要求

3.分部工程质量全部合格，优良率达到75%以上

4.观感质量的评定优良率达到90%以上

5.工程资料齐全符合北京市DBJ 01—51—2000《建筑安装工程资料管理规定》的要求

严格班组"三检制度"（自检、互检、交接检），实行四定（定量、定点、定人、定时）的施工管理，质量要求落实到人，把质量优劣与经济挂钩，实行优奖劣罚制度

控制好各工种施工工序的搭接是质量保证的关键

严格进场检验制度，质量有问的材料、设备不许进场，测试为不合格口的不能在工程中使用

技术资料定期送上级主管单位检查、验收，符合北京市DBJ 01—51—2000《建筑安装工程资料管理规定》的要求

管道交叉复杂地点的安装工作，进行认真研究，找出合理可行的施工方案和技术措施，安排详细的施工工序搭接质量保证措施与交接验收管理制度，编制工序施工技术交底资料，使施工人员对该工序的技术重点、难点、保质技术措施了如指掌，确保设计要求及国家技术规定得以如实贯彻，做到一次成活。技术交底要做好记录，在实施过程中各负其责，做到质量责任、进度计划层层落实到人。每台设备安装前要编写安装方案，制定管理规程和参加安装人员责任书

严格计量器具的管理、校验与进行定期维护和保养，确保各种计量仪器检测设备的合格率，为施工质量的提高创造条件

## 6.2 成品、半成品保护措施

本工程高空作业面大、工种多、多专业交叉作业,故成品、半成品保护工作特别重要。为确保质量,拟采取下列措施。

1. 结构阶段:各专业施工人员不得撬钢筋、扭曲钢筋、拆除扎丝,应在钢筋上放走道护板,严禁割主筋。要派专人看护管盒、套管、预埋件,防止移位。

2. 装修阶段:搬运器具、钢管、机械注意不碰门框及抹灰腻子层,不得剔除面砖,不得上人站在安装的卫生设备器具上面,注意对电线、配电箱、消火栓箱的看护,以免损坏,在吊顶内施工不得扭曲龙骨。对油漆粉刷墙面、防护膜不得触摸。

3. 思想教育与奖惩制度:组织在施人员学习,加强教育,认真贯彻执行,确保成品、半成品保护工作,对成效突出的个人进行奖励,对破坏成品者严肃处理。

# 7 工期目标与保证实现工期目标的措施

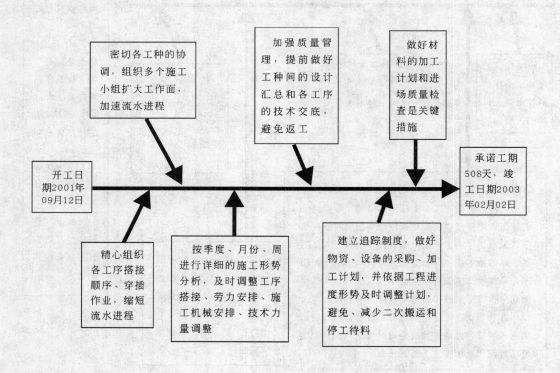

# 8 现场管理的各项目标和措施

## 8.1 降低成本目标及措施

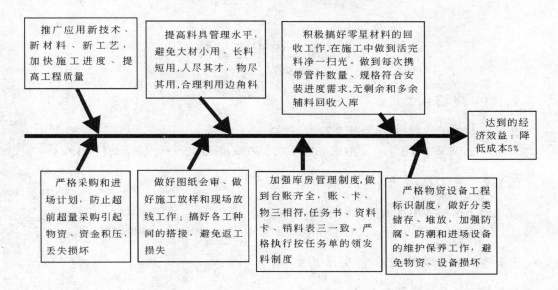

推广应用新技术、新材料、新工艺,加快施工进度、提高工程质量

提高料具管理水平,避免大材小用、长料短用,人尽其才,物尽其用,合理利用边角料

积极搞好零星材料的回收工作,在施工中做到活完料净一扫光。做到每次携带管件数量、规格符合安装进度需求,无剩余和多余辅料回收入库

达到的经济效益:降低成本5%

严格采购和进场计划,防止超前超量采购引起物资、资金积压,丢失损坏

做好图纸会审、做好施工放样和现场放线工作;搞好各工种间的搭接,避免返工损失

加强库房管理制度,做到台账齐全,账、卡、物三相符,任务书、资料卡、销料表三一致。严格执行按任务单的领发料制度

严格物资设备工程标识制度,做好分类储存、堆放,加强防腐、防潮和进场设备的维护保养工作,避免物资、设备损坏

## 8.2 文明施工现场管理目标及措施

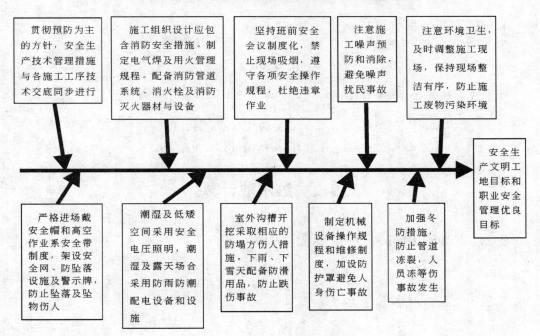

贯彻预防为主的方针,安全生产技术管理措施与各施工工序技术交底同步进行

施工组织设计应包含消防安全措施。制定电气焊及用火管理规程。配备消防管道系统、消火栓及消防灭火器材与设备

坚持班前安全会议制度化,禁止现场吸烟,遵守各项安全操作规程,杜绝违章作业

注意施工噪声预防和消除,避免噪声扰民事故

注意环境卫生,及时调整施工现场,保持现场整洁有序,防止施工废物污染环境

安全生产文明工地目标和职业安全管理优良目标

严格进场戴安全帽和高空作业系安全带制度,架设安全网、防坠落设施及警示牌,防止坠落及坠物伤人

潮湿及低矮空间采用安全电压照明,潮湿及露天场合采用防雨防潮配电设备和设施

室外沟槽开挖采取相应的防塌方伤人措施。下雨、下雪天配备防滑用品,防止跌伤事故

制定机械设备操作规程和维修制度,加设防护罩避免人身伤亡事故

加强冬防措施,防止管道冻裂,人员冻伤等伤事故发生

# 9 现场施工用水设计

## 9.1 施工用水量计算

### 9.1.1 现场施工用水

按最不利施工阶段(初装修抹灰阶段)计算:

$$q_1 = 1.05 \times 100(m^3/d) \times 700L/m^3 \times 1.5(2b/d \times 8h/b \times 3600s/h)^{-1} = 1.92L/s$$

### 9.1.2 施工机械用水

现场施工机械需用水的是运输车辆:

$$q_2 = 1.05 \times 10 台 \times 50L/台 \times 1.4(2b \times 8h/b \times 3600s/h)^{-1} = 0.013L/s$$

### 9.1.3 施工现场饮水和生活用水

现场施工人员高峰期为 1300 人/d,则:

$$q_3 = 1300 \times 50 \times 1.4(2b \times 8h/b \times 3600s/h)^{-1} = 1.56L/s$$

### 9.1.4 消防用水量

1. 施工现场面积小于 25hm²
2. 消防用水量:

$$q_4 = 10L/s$$

### 9.1.5 施工总用水量 $q$

$$\because q_1 + q_2 + q_3 = 3.493L/s < q_4 = 10L/s$$
$$\therefore q = q_4 = 10L/s = 0.01m^3/s = 36m^3/h$$

## 9.2 贮水池计算

### 9.2.1 消防 10min 用水储水量

$$V_1 = 10 \times 10 \times 60/1000 = 6m^3$$

### 9.2.2 施工用水蓄量水

$$V_2 = 4m^3$$

### 9.2.3 贮水池体积 $V$

$$V = 10 \text{m}^3$$

## 9.3 水泵选型

### 9.3.1 水泵流量

$$G \geqslant 36 \text{m}^3/\text{h}$$

### 9.3.2 水泵扬程估算

$$H = \sum h + h_0 + h_s + h_1 = 4 + 3 + 10 + 38.8 = 55.8 \approx 56 \text{ m} = 0.56 \text{MPa}$$

式中　　$H$——水泵扬程($\text{mH}_2\text{O}$)；

　　　　$\sum h$——供水管道总阻力($\text{mH}_2\text{O}$)；

　　　　$h_0$——水泵吸入段的阻力($\text{mH}_2\text{O}$)；

　　　　$h_s$——用水点平均资用压力($\text{mH}_2\text{O}$)；

　　　　$h_1$——主楼用水最高点与水泵中心线高差静水压力($h_1 = 38.8\text{m}$)($\text{mH}_2\text{O}$)。

### 9.3.3 水泵选型

选用 DA1－80×5 型多级离心式水泵，$G = 32.4$ $\text{m}^3/\text{h}$、$H = 56.75\text{mH}_2\text{O}$、$n = 2920\text{r}/\text{min}$、功率 $N = 7.5\text{kW}$，泵出口直径 $DN = 80$，进口直径 $DN = 80$。

## 9.4 输水管道管径计算

$$D = [4G(\pi v)^{-1}]^{0.5} = [4 \times 0.010(2.5 \times \pi)^{-1}]^{0.5} = 0.0714\text{m} \approx 80 \text{ mm}$$

取 $DN = 80$

式中　　　$D$——计算管径(m)；

　　　　$DN$——公称直径(mm)；

　　　　$G$——流量($\text{m}^3/\text{s}$)；

　　　　$v$——流速(按消防时管内流速考虑取 $v = 2.5\text{m}/\text{s}$)($\text{m}/\text{s}$)。

## 9.5 施工现场供水管网布置详施工现场供水平面布置图

详见附图或土建施工组织设计。

# 三、秦皇岛市港口医院医学技术楼、新病房楼暖卫通风空调工程施工组织设计

# 1　编制依据和采用标准、规程

## 1.1　编制依据

编制依据见表 2.3.1－1。

<table>
<tr><td colspan="2">编制依据</td><td>表 2.3.1－1</td></tr>
<tr><td>1</td><td colspan="2">秦皇岛市港口医院医技楼、新病房楼工程招标文件</td></tr>
<tr><td>2</td><td colspan="2">中国建筑设计研究院设计号 638－01 和 638－02 号"秦皇岛市港务局港口医院医技楼、新病房楼"工程暖卫通风空调工程施工图设计图纸</td></tr>
<tr><td>3</td><td colspan="2">总公司 ZXJ/ZB0100－1999《质量手册》</td></tr>
<tr><td>4</td><td colspan="2">总公司 ZXJ/ZB0102－1999《施工组织设计控制程序》</td></tr>
<tr><td>5</td><td colspan="2">总公司 ZXJ/AW0213－2001《施工方案管理程序》</td></tr>
<tr><td>6</td><td colspan="2">工程设计技术交底、施工工程概算、现场场地概况</td></tr>
<tr><td>7</td><td colspan="2">国家及北京市有关文件规定</td></tr>
</table>

## 1.2　采用标准和规程

采用标准和规程见表 2.3.1－2。

<table>
<tr><td colspan="3">采用标准和规程</td><td>表 2.3.1－2</td></tr>
<tr><td>序号</td><td>标　准　编　号</td><td colspan="2">标　　准　　名　　称</td></tr>
<tr><td>1</td><td>GB 50038—94</td><td colspan="2">人民防空地下室设计规范</td></tr>
<tr><td>2</td><td>GB 50045—95</td><td colspan="2">高层民用建筑设计防火规范(2001 年修订版)</td></tr>
<tr><td>3</td><td>GB 50073—2001</td><td colspan="2">洁净厂房设计规范</td></tr>
<tr><td>4</td><td>GB 50098—98</td><td colspan="2">人防工程设计防火规范(2001 年修订版)</td></tr>
<tr><td>5</td><td>GB 50166—92</td><td colspan="2">火灾自动报警系统施工及验收规范</td></tr>
<tr><td>6</td><td>GB 50219—95</td><td colspan="2">水喷雾灭火系统设计规范</td></tr>
<tr><td>7</td><td>GB 50231—98</td><td colspan="2">机械设备安装工程施工及验收通用规范</td></tr>
<tr><td>8</td><td>GB 50235—97</td><td colspan="2">工业金属管道工程施工及验收规范</td></tr>
<tr><td>9</td><td>GB 50236—98</td><td colspan="2">现场设备、工业管道焊接工程施工及验收规范</td></tr>
<tr><td>10</td><td>GB 50242—2002</td><td colspan="2">建筑给水排水与采暖工程施工质量验收规范</td></tr>
</table>

| 序号 | 标 准 编 号 | 标 准 名 称 |
|---|---|---|
| 11 | GB 50243—2002 | 通风与空调工程施工质量验收规范(2002年修订版) |
| 12 | GB 50261—96 | 自动喷水灭火系统施工及验收规范 |
| 13 | GB 50264—97 | 工业设备及管道绝热工程设计规范 |
| 14 | GB 50268—97 | 给水排水管道工程施工及验收规范 |
| 15 | GB 50274—98 | 制冷设备、空气分离设备安装工程施工及验收规范 |
| 16 | GB 50275—98 | 压缩机、风机、泵安装工程施工及验收规范 |
| 17 | GB 6245—98 | 消防泵性能要求和试验方法 |
| 18 | CECS 126:2001 | 叠层橡胶支座隔震技术规程 |
| 19 | JGJ 46—88 | 施工现场临时用电安全技术规范 |
| 20 | JGJ 71—90 | 洁净室施工及验收规范 |
| 21 | GBJ 16—87 | 建筑设计防火规范(1997年版) |
| 22 | GB/T 16293—96 | 医药工业洁净室(区)悬浮菌的测试方法 |
| 23 | GB/T 16294—96 | 医药工业洁净室(区)沉降菌的测试方法 |
| 24 | GBJ 93—86 | 工业自动化仪表工程施工及验收规范 |
| 25 | GBJ 126—89 | 工业设备及管道绝热工程施工及验收规范 |
| 26 | GBJ 134—90 | 人防工程施工及验收规范 |
| 27 | GBJ 140—90 | 建筑灭火器配置设计规范(1997版) |
| 28 | GB 50300—2001 | 建筑工程施工质量验收统一标准 |
| 29 | TGJ 305—75 | 建筑安装工程质量检验评定标准(通风机械设备安装工程) |
| 30 | GB 50184—93 | 工业金属管道工程质量检验评定标准 |
| 31 | GB 50185—93 | 工业设备及管道绝热工程质量检验评定标准 |
| 32 | DBJ 01—26—96 | 北京市建筑安装分项工程施工工艺规程(第三分册) |
| 33 | (94)质监总站第036号文件 | 北京市建筑工程暖卫设备安装质量若干规定 |
| 34 | 劳动部(1990) | 压力容器安全技术监察规程 |
| 35 | | FT防空地下室通用图(通风部分) |
| 36 | GB 50352—2001 | 民用建筑工程室内环境污染控制规范 |
| 37 | GB/T 16293—1996 | 医药工业洁净室(区)悬浮菌的测试方法 |
| 38 | GB/T 16294—1996 | 医药工业洁净室(区)沉降菌的测试方法 |
| 39 | 91SB系列 | 华北地区标准图册 |
| 40 | 国家建筑标准设计图集 | 暖通空调设计选用手册 上、下册 |
| 41 | | 通风管道配件图表(全国通用)中国建筑工业出版社 1979.10 出版 |

# 2 工程概况

## 2.1 工程简介

### 2.1.1 建筑设计的主要元素(表 2.3.2-1)

建筑设计的主要元素  表 2.3.2-1

| 项　　目 | 内　　容 | |
|---|---|---|
| 工程名称 | 秦皇岛市港口医院医技楼工程 | 秦皇岛市港口医院新病房楼工程 |
| 建设单位 | 秦皇岛市港务局港口医院 | 秦皇岛市港务局港口医院 |
| 设计单位 | 中国建筑设计研究院 | 中国建筑设计研究院 |
| 地理位置 | 秦皇岛市港务局港口医院内 | |
| 建筑面积 | 21390.00m² | 5948.00m² |
| 总建筑面积 | 27338.00m² | |
| 建筑层数 | 地下1层地上6层 | 地下1层地上13层 |
| 檐口高度 | 20.85 | |
| 建筑总高度 | 21.4m | 52.20m |
| 结构形式 | 现浇钢筋混凝土框架结构 | 现浇钢筋混凝土框剪结构 |
| 耐久等级 | 一级 | 一级 |
| 耐火等级 | 二级 | 一级 |
| 抗震烈度 | 抗震烈度8度 | |
| 建筑类别 | 二类 | 一类 |
| 人防等级 | 人防六级 | — |
| 安全等级 | 二级 | 一级 |

### 2.1.2 建筑各层的主要用途(表 2.3.2-2)

建筑各层的主要用途  表 2.3.2-2

| 层数 | 医技楼工程 | | 新病房楼工程 | |
|---|---|---|---|---|
| | 层高(m) | 用　　途 | 层高(m) | 用　　途 |
| -1 | 4.20 | 人防工程(平时自行车库) | 5.25~5.70 | 变配电室、制冷机房、生活消防泵房、水箱间、换热间、强电间、弱电间、楼电梯间等 |

| 层数 | 医技楼工程 | | 新病房楼工程 | |
|---|---|---|---|---|
| | 层高(m) | 用途 | 层高(m) | 用途 |
| 1 | 3.75 | 大厅、登记室、值班室、办公室、阅片室、洗片室、控制室、MIR室、CT室、储片室、医生休息室、注射室、强电间、弱点间、管道间、电梯间、楼梯间、男女厕所、男女更衣间(放射科) | 6.00 | 大堂、住院部办公室、病案室、咖啡厅、消防控制室、保安监控室、网络机房、新风机房、通信公司办公室、强电间、弱电间、楼电梯间、鲜花礼品店、休息室、卫生间等(住院办公室等) |
| 2 | 3.60 | 大厅、登记室、档案室、主任办公室、医生办公室、阅片讨论室、乳腺机、候诊区、洗片室、储片室、万东X光机、岛诊X光机、西门子X光机、操作间、胃肠造影、机房、强电间、弱点间、管道间、电梯间、楼梯间、男女厕所、男女更衣间、洁品间、污品间(放射科和碎石中心) | 3.90 | 大堂上空、男女更衣室、衣帽间、血透室、CCU病房、主任办公室、医生办公室、医生值班室、护士站、护士值班室、护士办公室、治疗室、消毒室、器械室、复用间、盥洗室、开水间、备餐室、水处理间、新风机房、强电间、弱点间、管道间、电梯间、楼梯间、病床电梯间(血透科、CCU治疗科) |
| 技术夹层 | | 无 | | 管道层 |
| 3 | 3.60 | 大厅、办公室、储片室、多普勒、肌电图、肝肿瘤、候诊区、B超室、操作间、彩超室、动态室、心电图室、脑电图室、平板室、介入治疗室、扫描间、强电间、弱点间、管道间、电梯间、楼梯间、男女厕所、男女更衣间、刷手间、器品库(功能科) | 6.10 | 病房、护士站、护士值班室、医生值班室、护士办公室、医生办公室、男女更衣室、治疗室、观察室、药品室、急救室、处置室、备品室、污物洗刷间、家化室、游戏室、备餐室、开水间、家属等候室、办公室、强电间、弱点间、管道间、新风机房、电梯间、楼梯间、病床电梯间(儿科) |
| 4 | 3.60 | 大厅、值班室、取样室、常规化验室、细菌室、临床检查室、候诊区、生化室、微机室、消毒室、试剂室、办公室、测定室、操作间、洁品间、污品间、强电间、弱点间、管道间、电梯间、楼梯间、男女厕所、男女更衣间(放免科) | 3.90 | 待产室、产房、婴儿室、洗婴室、配奶室、隔离产房、观察室、器械室、治疗室、检查室、家化室、病房、护士站、护士值班室、医生值班室、护士办公室、医生办公室、男女更衣室、备餐室、开水间、家属等候室、办公室、强电间、弱点间、管道间、新风机房、电梯间、楼梯间、病床电梯间(妇产科) |
| 5 | 3.60 | 大厅、登记室、技术室、资料室、标本室、浴室及更衣室、解剖室、心血管治疗中心、肝功能治疗中心、肝肿瘤、椎间盘、乳腺检查、诊室、内窥室、洁品间、污品间、强电间、弱点间、管道间、电梯间、楼梯间、男女厕所、男女更衣间(病理科、内窥镜) | 3.90 | 病房、备品室、药品室、急救室、处置室、眼科暗室、办公室、家化室、病房、护士站、护士值班室、医生值班室、护士办公室、医生办公室、男女更衣室、备餐室、开水间、家属等候室、强电间、弱点间、管道间、新风机房、电梯间、楼梯间、病床电梯间(综合科) |

| 层数 | 医技楼工程 | | 新病房楼工程 | |
| --- | --- | --- | --- | --- |
| | 层高(m) | 用 途 | 层高(m) | 用 途 |
| 6 | | 新风机房、电梯机房(局部) | 3.90 | 病房、阳光室、备品室、药品室、急救室、处置室、观察室、治疗室、护士站、护士值班室、医生值班室、护士办公室、医生办公室、男女更衣室、备餐室、开水间、家属等候室、强电间、弱点间、管道间、新风机房、电梯间、楼梯间、病床电梯间(外一、二科) |
| 7 | | | | |
| 8 | — | | 3.90 | 烧伤病房、病房、备品室、药品室、急救室、处置室、观察室、治疗室、护士站、护士值班室、医生值班室、护士办公室、医生办公室、男女更衣室、备餐室、开水间、家属等候室、强电间、弱点间、管道间、新风机房、电梯间、楼梯间、病床电梯间(烧伤外科——外三科) |
| 9 | | | 3.90 | 病房、阳光室、备品室、药品室、急救室、处置室、观察室、治疗室、护士站、护士值班室、医生值班室、护士办公室、医生办公室、男女更衣室、备餐室、开水间、家属等候室、强电间、弱点间、管道间、新风机房、电梯间、楼梯间、病床电梯间(高干病房) |
| 10 | | | 3.90 | ICU病房、病房主任办公室、会诊室(会议室)、消毒室、器械室、休息室、接待室、病房、库房、教室、衣帽间、备品室、药品室、急救室、处置室、观察室、治疗室、护士站、护士值班室、医生值班室、护士办公室、医生办公室、男女更衣室、开水间、强电间、弱点间、管道间、新风机房、电梯间、楼梯间、病床电梯间(ICU病房) |
| 11 | | | 4.70 | 洁净手术室 |
| 12 | | | | 洁净手术室技术层 |
| 13 | | | | 水箱间、电梯机房(局部) |

## 2.2 通风空调工程

### 2.2.1 冷热源和设计参数

1. 热源:院内锅炉房及小区的蒸汽供热管网,热媒为 $P \geqslant 0.4\mathrm{MPa}$ 低压蒸汽经热交换为

60℃/50℃热水。冷源由冷冻机房内的溴化锂吸收式制冷机组供应,冷冻水温度为7℃/12℃。

2.室内设计参数(表2.3.2-3~表2.3.2-5)

新病房楼

表2.3.2-3

| 房间名称 | 夏季室内温度(℃) | 夏季室内相对湿度 | 冬季室内温度(℃) | 冬季室内相对湿度 | 新风补给量(m³/h) | 换气次数(m³/h) | 噪声dB(A) |
|---|---|---|---|---|---|---|---|
| 办公室 | 24~26 | 50%~60% | 20~22 | ≥40% | 30 | — | 40 |
| 病 房 | 25~26 | 50%~55% | 20~22 | ≥40% | 25 | | 45 |
| 休息厅 | 25~27 | 50%~65% | 18~20 | ≥40% | 25 | | 45 |
| 大 厅 | 25~27 | 50%~60% | 18~20 | ≥40% | 20 | | 50 |
| 产 房 | 24~25 | 50%~60% | 24~25 | ≥40% | 30 | | 40 |
| 手术室 | 24~25 | 50%~60% | 24~25 | ≥40% | 30 | | 40 |
| 诊 室 | 25~26 | 50%~55% | 20~22 | ≥40% | 30 | | 40 |
| 其他空调房间 | 24~27 | 50%~60% | 18~22 | ≥40% | 20~35 | — | 45 |
| 制冷机房 | — | — | — | — | — | 6 | — |
| 热交换间 | — | — | — | — | — | 6 | — |
| 变配电室 | — | — | — | — | — | 10 | — |
| 卫生间 | — | — | — | — | — | 10 | — |

手术室洁净室设计参数

表2.3.2-4

| 编 号 | 夏季室内温湿度 | | 冬季室内温湿度 | | 洁净级别 | | 室内静压(Pa) | 室内噪声dB(A) | 过滤级数 |
|---|---|---|---|---|---|---|---|---|---|
| | 温度(℃) | 湿度(%) | 温度(℃) | 湿度(%) | 旧标准 | 新标准 | | | |
| OR-1 | 25±1 | 60±5 | 25±1 | 50±5 | 1000 | 6 | +12 | <40 | 初、中、高三级过滤 |
| OR-2 | 25±1 | 60±5 | 25±1 | 50±5 | 1000 | 6 | +12 | <40 | |
| OR-3 | 25±1 | 60±5 | 25±1 | 50±5 | 100 | 5 | +15 | <40 | |
| OR-4 | 25±1 | 60±5 | 25±1 | 50±5 | 1000 | 6 | +12 | <40 | |
| OR-5(负压洁净室) | 25±1 | 60±5 | 25±1 | 50±5 | 10000 | 7 | -5~-8 | <40 | |
| OR-6 | 25±1 | 60±5 | 25±1 | 50±5 | 10000 | 7 | +10 | <40 | |
| OR-7 | 25±1 | 60±5 | 25±1 | 50±5 | 10000 | 7 | +10 | <40 | |
| 洁净走道 | — | — | — | — | 100000 | 8 | 0~+5 | <40 | |
| 辅助用房 | — | — | — | — | 100000 | 8 | 0~+5 | <40 | |
| 过滤器效率要求 | 100级手术室为≥99.999% | | | | 其他级别手术室为≥99.99% | | | | |

256

| 房间名称 | 夏季室内温度（℃） | 夏季室内相对湿度 | 冬季室内温度（℃） | 冬季室内相对湿度 | 换气次数（m³/h） | | 噪声dB(A) |
| --- | --- | --- | --- | --- | --- | --- | --- |
| | | | | | 送风 | 排风 | |
| 办公室 | 24～26 | 50%～60% | 18～20 | ≥40% | — | — | 40 |
| 大厅 | 25～27 | 50%～60% | 18～20 | ≥40% | — | — | 50 |
| 休息厅 | 25～27 | 50%～65% | 18～20 | ≥40% | — | — | 45 |
| 诊室 | 25～26 | 50%～55% | 20～22 | ≥40% | 1.5 | 2 | 40 |
| X光诊断及治疗室 | 24～26 | 50%～55% | 18～22 | ≥40% | 5 | 7 | 40 |
| CT诊室 | 20 | 50%～55% | 18～20 | <60% | | | 40 |
| 病人浴室 | — | — | 21～25 | | | 2 | |
| 其他空调房间 | 24～27 | 50%～60% | 18～22 | ≥35% | 20～35 | — | 45 |
| 标本室 | — | — | — | — | — | 6 | — |
| 操作间 | — | — | — | — | — | 6 | — |
| 资料室 | — | — | — | — | — | 6 | — |
| 解剖室 | — | — | — | — | — | 6 | — |
| 生化室 | — | — | — | — | — | 6 | — |
| 技术室 | — | — | — | — | — | 6 | — |
| 卫生间 | — | — | — | — | — | 10 | — |
| X光室 | — | — | — | — | — | 7 | — |
| 测定室 | — | — | — | — | — | 6 | — |
| B超室 | — | — | — | — | — | 6 | — |

3. 设计元数（表 2.3.2 - 6）

通风空调设计元数表　　　　　　　　　　　　　　　表 2.3.2 - 6

| 项　　目 | 空调负荷(kW) | | 空调冷热水温度(℃) | | 蒸汽用量(kg/h) | 管道试验压力(MPa) |
| --- | --- | --- | --- | --- | --- | --- |
| | 夏季冷负荷 | 冬季热负荷 | 冷冻水 | 热水 | | |
| 医技楼 | 485 | 590 | 7/12 | 60/50 | — | 1.0 |
| 新病房楼 | 2096 | 1711 | 7/12 | 60/50 | 4150 | 1.0 |

2.2.2　通风和医用动力管线系统的划分、采用材质与连接方法

[1] 医技楼

主要服务对象为地下一层人防通风、屋顶风机排风、墙上的轴流风机排风、地下和地

上一层主要入口的热风幕、空调房间新风和空调房间的风机盘管系统。

1. 通风(排风)系统的划分:主要服务对象和设备情况见表 2.3.2 - 7。

通风系统的划分 表 2.3.2 - 7

| 系统编号 | 设备风量、风压与功率 | | | | 服务对象 | 设备安装位置 | 台数 |
| --- | --- | --- | --- | --- | --- | --- | --- |
| | 型号 | 风量 (m³/h) | 风压 (Pa) | 功率 (kW) | | | |
| KM - 1 | 热风幕 FM1512 | 2300 | — | 0.21 | 地上一层 | 大门入口 | 2 |
| KM - 2 | 热风幕 FM1512 | 2300 | — | 0.21 | | | 2 |
| KMB - 1 | 热风幕 FM1512 | 2300 | — | 0.21 | 地下一层 | 大门入口 | 2 |
| KMB - 4 | 热风幕 FM1512 | 2300 | — | 0.21 | | | 2 |
| 墙上轴流风机排风 | No2.2C 方形壁式轴流风机 | — | — | 0.06 | 地上二层万东 X 光室 | 距地 2.5m | 1 |
| | | — | — | 0.06 | 地上二层津岛 X 光室 | 距地 2.5m | 1 |
| | | — | — | 0.06 | 地上二层西门子 X 光室 | 距地 2.5m | 1 |
| | | — | — | 0.06 | 地上三层彩超室 | 距地 2.5m | 1 |
| | | — | — | 0.06 | 地上三层 B 超室 | 距地 2.5m | 1 |
| | | — | — | 0.06 | 地上四层污物储藏室 | 距地 2.5m | 1 |
| | | — | — | 0.06 | 屋顶电梯机房 | 无图 | 1 |
| P - 1 | 低噪声轴流风机 No4 | 3500 | — | 0.25 | 地上一至五层卫生间 | 五层屋顶 | 1 |
| P - 2 | No2.5 屋顶风机 | 400 | — | 0.06 | 五层解剖室的浴室 | 五层屋顶 | 1 |
| P - 3 | 低噪声轴流风机 No2.5 | 650 | — | 0.025 | 四层操作间 | 五层屋顶 | 1 |
| P - 4 | 低噪声轴流风机 No2.5 | 400 | — | 0.025 | 四层测定室 | 五层屋顶 | 1 |
| P - 5 | 低噪声轴流风机 No2.5 | 650 | — | 0.025 | 四层生化室 | 五层屋顶 | 1 |
| P - 6 | 低噪声轴流风机 No2.5 | 650 | — | 0.025 | 五层解剖室 | 五层屋顶 | 1 |
| P - 7 | 低噪声轴流风机 No2.5 | 450 | — | 0.025 | 四层细菌、五层标本室 | 五层屋顶 | 1 |
| P - 8 | 低噪声轴流风机 No2.5 | 650 | — | 0.025 | 五层资料室 | 五层屋顶 | 1 |
| P29 | 低噪声轴流风机 No2.5 | 650 | — | 0.025 | 五层技术室 | 五层屋顶 | 1 |
| KF - 1 | 分体式空调机组 | — | — | 1.5 | 屋顶电梯机房 | — | 1 |

2. 新风和送、排风系统的划分:主要由地上 1~5 层空调房间风机盘管空调系统的补风,它通过安装于送风竖井内的竖风道送至各层的送风干管,然后由送风支管分别与各组安装于吊顶内的风机盘管连接;其余送风和排风系统,主要有地下室人防通风和送风排风系统。

(1) 新风系统流程图(图 2.3.2 - 1)

258

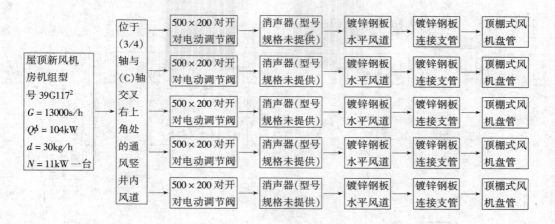

图 2.3.2 - 1　新风系统流程图

（2）地下一层人防排风系统流程图（图 2.3.2 - 2）

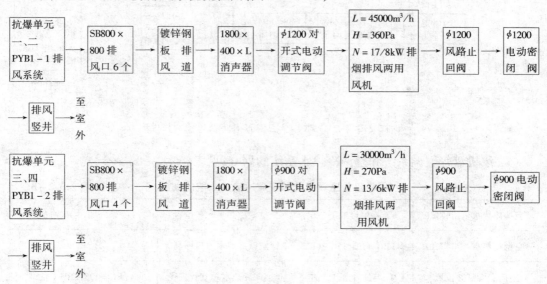

图 2.3.2 - 2　地下一层人防排风系统流程图

（3）地下一层人防送风系统流程图（图 2.3.2 - 3）

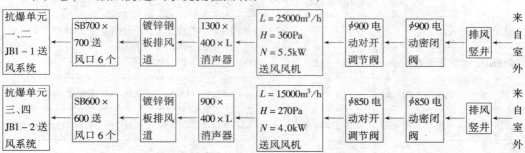

图 2.3.2 - 3　地下一层人防送风系统流程图

（4）地下一层战时人防通风流程图(图2.3.2-4)

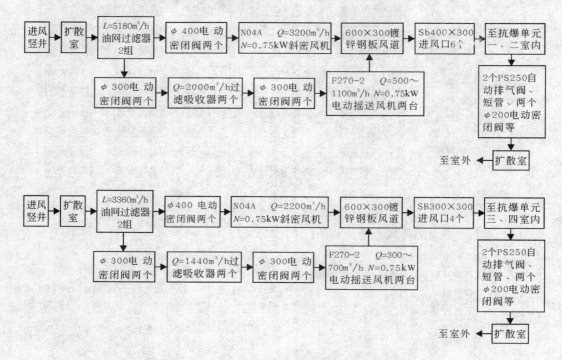

图 2.3.2-4　地下一层战时人防通风流程图

## 3. 风机盘管空调系统和空调冷热水系统的划分：见表2.3.2-8。

风机盘管空调系统和空调冷热水系统的划分　　　　　　　　　表 2.3.2-8

| 空调冷热水机组位置 | 新病房楼地下一层 | | 空调冷热水入口位置 | (E)轴外墙(-4)轴左侧 |
|---|---|---|---|---|
| 空调冷热水入口管径 | LRG = 125、LRH = 125 | | 空调冷热水入口标高 | — |
| 空调立管竖井位置 | (C/D)与(-4)轴交叉左下角 | | 空调冷热水总立管管径 | LRG = 125、LRH = 125 |
| 空调冷却塔位置 | 五层屋顶<br>LRCM - H - 500<br>L = 500m³/h 两台 | | 空调冷却水管入口管径 | TG = 300、TH = 300<br>补水管 DN = 80 |
| 空调冷却水管入口标高 | — | | 空调冷却水立管位置 | (C/D)与(-4)轴交叉左下角 |
| 系统编号 | 干管直径 DN | 服务对象 | 风机盘管型号与台数 | |
| FP - 1 | LRG = LRH = 50 | 一层空调系统 | 4 - FP3.5Z、7 - FP3.5Y、7 - FP5Z、7 - FP5Y、1 - FP6.3Z | |
| FP - 2 | LRG = LRH = 50 | 二层空调系统 | 1 - FP2.5Z、1 - FP2.5Y、5 - FP3.5Z、9 - FP3.5Y、5 - FP5Z、7 - FP5Y | |
| FP - 3 | LRG = LRH = 50 | 三层空调系统 | 5 - FP3.5Z、6 - FP3.5Y、6 - FP5Z、8 - FP5Y | |

| FP－4 | LRG＝LRH＝50 | 四层空调系统 | 5－FP3.5Z、7－FP3.5Y、7－FP5Z、7－FP5Y |
| FP－5 | LRG＝LRH＝50 | 五层空调系统 | 6－FP3.5Z、8－FP3.5Y、5－FP5Z、8－FP5Y |
| XF | LRG＝LRH＝70 | 六层新风机组 | — |

4．通风空调系统的连锁控制：本工程采用 DDC 数字直接控制系统,见通风空调系统的连锁控制流程图(图 2.3.2－5、图 2.3.2－6 和图 2.3.2－7)。

启动顺序　冷却塔进水电动蝶阀 → 冷却水泵 → 冷冻水泵 → 冷却塔风机 → 冷冻水机组
停机顺序　冷却塔进水电动蝶阀 → 冷却水泵 → 冷冻水泵 → 冷却塔风机 → 冷冻水机组

图 2.3.2－5　通风空调系统的连锁控制流程图

系统实需冷量 → 冷冻机组制冷量和循环水泵运行台数　冷却回水温度 → 冷却塔运行台数
室内温度(或回风温度) → 新风机组送风温度　电梯机房的分体式空调机的起停 ← DDC 系统
室温调节器＋风机三速开关＋电动二通阀 → 风机盘管

图 2.3.2－6　各机组控制元素

启动顺序　电动水阀 → 电动新风阀 → 机组风机　　停机顺序　电动水阀 ← 电动新风阀 ← 机组风机

图 2.3.2－7　新风机组的联动控制顺序

5．材质和连接方法：

材质及附件：新风送风管道和排风管道采用热镀镀锌钢板折边咬口成型管道,消防排烟管道采用 $\delta＝2mm$ 冷轧薄板折边焊接成型风道。法兰采用优质型钢,垫圈采用 9501 阻燃密封胶带,软风道采用带玻璃棉保温的双层复合柔性玻纤软管。凝结水管采用热镀镀锌钢管,其余采用焊接钢管。镀锌钢管采用丝扣连接,焊接钢管 $DN≤32$ 采用丝扣连接,$DN≥40$ 采用焊接连接,软接头采用工作压力 $≥1.0MPa$ 的 JGD 软接头,系统试验压力 1.0MPa。水路手动调节阀采用 T40H 系列调节阀,手动蝶阀采用法兰连接,其余为铜质截止阀。

管道保温。空调送、回风管道采用 $\delta＝25mm$ 的不燃型保温材料、新风管道采用 $\delta＝10mm$ 的不燃型保温材料、防火阀两侧 2m 处采用 $\delta＝25mm$ 厚外带铝箔玻璃棉保温。

空调冷热水管、凝结水管均采用难燃型发泡橡胶保温,其厚度分别为 $DN＞250$ 时 $\delta＝40mm$,$DN≤250$ 时 $\delta＝30mm$,$DN≤100$ 时 $\delta＝25mm$,凝结水管 $\delta＝9mm$,分、集水器 $\delta＝40mm$。

6．医用动力管线系统：医用动力管线的气源设在新病房楼地下一层医用气体中心机房内(详见[2]新病房楼工程),医用动力管线有镀锌钢管的吸引(X)系统、紫铜管的氧气(Y)供应系统和压缩空气(YQ)系统。本工程仅三层沿内走道吊顶敷设的干管(标高

+2.25m、管径不详),主要向介入治疗室提供服务。

[2] 新病房楼

主要系统有卫生间排风系统,地下一层空调机房、热交换间、水泵房、配电室的送风系统和排风系统,地上各层的新风系统和各楼电梯间的消防排烟系统,地上 1 ~ 10 层的风机盘管系统,12 层手术室的洁净空调系统,及若干房间的分体式空调机组等。

1. 卫生间的排风系统:共有 6 个大系统,它们均通过室内顶棚上的方形散流器排风口,通过排风支管(系统 P1 和 P2 部分卫生间的排风支管上还安装有 70℃防火阀,详见施工图)排入土建式的排风竖井,然后有屋顶上的排风机排出室外。其排风机规格见表2.3.2 – 9。

卫生间的排风系统风机规格表　　　　　　　　　　表 2.3.2 – 9

| 系统编号 | 服务对象 | 排风机规格 | | | | |
|---|---|---|---|---|---|---|
| | | 规格 | 风量(m³/h) | 风压(Pa) | 转速(rpm) | 功率(kW) |
| P – 1 | (A) – (E)与(4/5) – (5)网格内卫生间 | No6B | 9800 | 500 | 960 | 2.2 |
| | 二层男女更衣卫生间直排室外 | 型号规格未交代 | | | | |
| P – 2 | 3 ~ 11 层(A) – (D)与(1) – (3)网格内卫生间 | No6B | 10400 | 500 | 960 | 2.2 |
| P – 3 | 3 ~ 9 层(D) – (F)与(1) – (2)网格内卫生间 | No3.5 | 1400 | 300 | 1450 | 0.12 |
| P – 4 | 3 ~ 9 层(D) – (F)与(2) – (3)网格内卫生间 | No2.8 | 2800 | 350 | 2900 | 0.25 |
| P – 5 | 3 ~ 9 层(D) – (F)与(3) – (4)网格内卫生间 | No2.8 | 2800 | 350 | 2900 | 0.25 |
| P – 6 | 一、二、十层(D) – (F)与(4) – (5)网格内卫生间 | No2.8 | 2100400 | 1450 | | 0.25 |
| 注解 | 除了 P – 3 为屋顶风机外,其余均为低噪声流风机 | | | | | |

2. 消防排烟排风系统:消防排烟排风系统有两个,PY – 1 服务于地上 2 ~ 11 层、PY – 2 服务于地下一层至地上十一层,见表 2.3.2 – 10。

消防排烟排风系统　　　　　　　　　　表 2.3.2 – 10

| 系统编号 | 竖井位置 | 排烟风口 | | 防火阀 | | 风机型号 | | |
|---|---|---|---|---|---|---|---|---|
| | | 规格 | 个数 | 规格 | 个数 | 型号 | 风量(m³/h) | 风压(Pa) |
| PY – 1 | (B) – (C)与(2) – (3) | 500 × 800 | 10 | $\phi$703 $t = 280℃$ | 1 | No7.0 – Ⅰ | 22800 | 600 |
| PY – 2 | (E) – (F)与(4) – (5) | 500 × 800 | 12 | $\phi$653 $t = 280℃$ | 1 | No6.5 – Ⅰ | 17500 | 500 |

3. 楼电梯间消防正压送风系统:楼电梯间消防正压送风系统共四个,见表 2.3.2 – 11。

| 系统编号 | 竖井位置 | 排烟风口 | | 防火阀 | | 风机型号 | | |
|---|---|---|---|---|---|---|---|---|
| | | 规格 | 个数 | 规格 | 个数 | 型号 | 风量(m³/h) | 风压(Pa) |
| JY－1 | (B)与(4)交叉处 | 500×400 自垂百叶 | 6 | $\phi$840 $t=70℃$ | 1 | No8B 斜流风机 | 19500 | 450 |
| JY－3 | (B)与(4/5)交叉处 | 600×400 | 12 | $\phi$703 $t=70℃$ | 1 | No7B 斜流风机 | 15500 | 400 |
| JY－2 | (F)与(6)交叉右上角 | 500×400 自垂百叶 | 6 | $\phi$840 $t=70℃$ | 1 | No8B 斜流风机 | 19500 | 450 |
| JY－4 | (F)与(5)交叉右上角 | 500×500 | 12 | $\phi$703 $t=70℃$ | 1 | No7B 斜流风机 | 24000 | 400 |

4. 空气幕设置:见表 2.3.2－12。

| 系统编号 | 设备风量、风压与功率 | | | 服务对象 | 设备安装位置 | 台数 |
|---|---|---|---|---|---|---|
| | 型号 | 风量(m³/h) | 功率(kW) | | | |
| KM－1 | 热风幕 FM1512 | 2300 | 0.21 | 地上一层 | 正门入口 | 4 |
| KM－2 | 热风幕 FM1512 | 2300 | 0.21 | 地上一层 | 右上角楼梯外入口 | 2 |

5. 分体式空调机组:见表 2.3.2－13。

| 系统编号 | 规格与参数 | | 服务地点 | 数量 | |
|---|---|---|---|---|---|
| | 参数 | 规格 | | 单位 | 台数 |
| KFB－1 | $Q=4.2kW$ $N=1.5kW$ | 单冷机 | 地下一层配电间值班室 | 台 | 1 |
| KF₁－1 | $Q=4.2kW$ $N=3.0kW$ | 冷暖机 | 地上一层消防控制中心 | 台 | 1 |
| KF₁－2 | $Q=4.2kW$ $N=3.0kW$ | 冷暖机 | 地上一层保安监控室 | 台 | 1 |
| KF₁－3 | $Q=4.2kW$ $N=1.5kW$ | 单冷机 | 地上一层网络机房 | 台 | 2 |
| KF₁₂－1 | $Q=5.0kW$ $N=3.7kW$(柜式机) | 单冷机 | 地上十二层电梯机房 | 台 | 1 |
| KF₁₂－2 | $Q=4.2kW$ $N=1.5kW$ | 单冷机 | 地上十二层电梯机房 | 台 | 1 |
| KF₁₂－3 | $Q=3.0kW$ $N=1.5kW$ | 单冷机 | 地上十二层电梯机房 | 台 | 1 |

**6. 新风系统的划分:见表 2.3.2 − 14。**

新风系统的划分　　　　　　　　　　　　　　表 2.3.2 − 14

| 系统编号 | 新风机组型号规格 | | | | 机房所在位置 | 服务对象 | 消声器 | 附件 |
|---|---|---|---|---|---|---|---|---|
| | 风量(m³/h) | 风压(Pa) | 冷量(kW) | 热量(kW) | | | | |
| X₁ − 1 | 5000 | 450 | 56 | 90 | 一层新风机房 | 一、二层 | 折板式 | 防火阀 $t = 70℃$ |
| X₃ − 1 | 3000 | 400 | 33 | 53 | 三层新风机房 | 三层 | 折板式 | 防火阀 $t = 70℃$ |
| X₄ − 1 | 3000 | 400 | 33 | 53 | 四层新风机房 | 四层 | 折板式 | 防火阀 $t = 70℃$ |
| X₅ − 1 | 3000 | 400 | 33 | 53 | 五层新风机房 | 五层 | 折板式 | 防火阀 $t = 70℃$ |
| X₆ − 1 | 3000 | 400 | 33 | 53 | 六层新风机房 | 六层 | 折板式 | 防火阀 $t = 70℃$ |
| X₇ − 1 | 3000 | 400 | 33 | 53 | 七层新风机房 | 七层 | 折板式 | 防火阀 $t = 70℃$ |
| X₈ − 1 | 3000 | 400 | 33 | 53 | 八层新风机房 | 八层 | 折板式 | 防火阀 $t = 70℃$ |
| X₉ − 1 | 3000 | 400 | 33 | 53 | 九层新风机房 | 九层 | 折板式 | 防火阀 $t = 70℃$ |
| X₁₀ − 1 | 3000 | 400 | 33 | 53 | 十层新风机房 | 十层 | 折板式 | 防火阀 $t = 70℃$ |

消声器尺寸详见原设计图总说明第七 − 9条,个数见设施38及各层平面图。进风口和手动百叶调节阀见各新风机房平面图

**7. 风机盘管空调系统及冷热源系统**

**(1) 空调冷热水源流程图(图 2.3.2 − 8)**

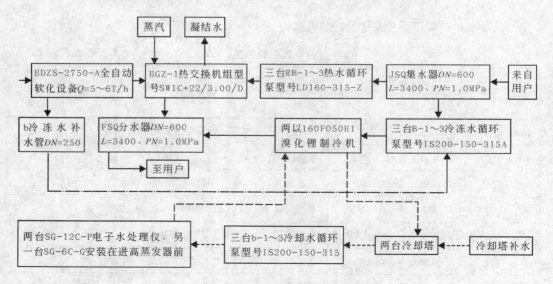

图 2.3.2 − 8　空调冷热水源流程图

（2）风机盘管空调系统的划分（图 2.3.2-9）

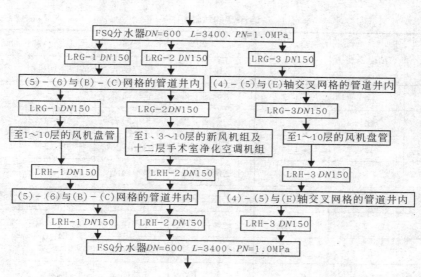

图 2.3.2-9　风机盘管空调系统与空调冷热水系统的划分

8．通风空调系统的连锁控制：本工程采用 DDC 数字直接控制系统，详见[1]通风空调系统的连锁控制流程图。

9．材质和连接方法：详见[1]-2.2.2-5。

10．医用动力管线系统（图 2.3.2-10）

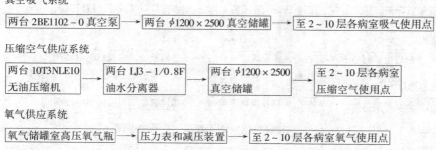

图 2.3.2-10　医用动力管线系统流程图

医用动力管线的气源设在新病房楼地下一层医用气体中心机房内，医用动力管线有镀锌钢管的吸引（X）系统、紫铜管的氧气（Y）供应系统和压缩空气（YQ）系统。本工程医用动力管线供应系统向 2～10 层各病房提供服务，至于手术室在设计图中没有明确标注。

### 2.2.3　新病房楼手术室洁净空调系统

本工程洁净手术室共有 7 个，即 OR-1、OR-2、OR-3、OR-4、OR-5、OR-6、OR-7，其中 OR-3 为百级（新标准 5 级）洁净室，OR-1、OR-2、OR-4 为千级（新标准 6 级）洁净室，OR-5 为万级（新标准 7 级）负压洁净室，OR-6、OR-7 为十万级（新标准 8 级）洁净室。

1. 洁净室的气流组织:见表 2.3.2 - 15

洁净室的气流组织

表 2.3.2 - 15

| 手术室编号 | 洁净级别 | 室内静压 (Pa) | 气流组织形式 | | 空调机组组合 | |
|---|---|---|---|---|---|---|
| | | | 设计 | 规范要求 | 洁净空调机组 | 下排风机组 |
| OR - 1 | 6 | + 12 | 上送侧回下排 | 非单向流 | JH - 1 | PF - 1 |
| OR - 2 | 6 | + 12 | 上送侧回下排 | 非单向流 | JH - 2 | PF - 2 |
| OR - 3 | 5 | + 15 | 上送侧回下排 | 垂直单向流 | JH - 3 | PF - 3 |
| OR - 4 | 6 | + 12 | 上送侧回下排 | 非单向流 | JH - 4 | PF - 4 |
| OR - 5 | 7 | - 5 ~ - 8 | 上送侧回下排 | 非单向流 | JH - 5 | PF - 5 |
| OR - 6 | 7 | + 10 | 上送侧回下排 | 非单向流 | JH - 6 | PF - 6 |
| OR - 7 | 7 | + 10 | 上送侧回下排 | 非单向流 | | |
| 洁净走道 | 8 | 0 ~ + 5 | 上送侧回下排 | 非单向流 | JH - 7 | PF - 7 |

2. 净化空调系统流程图(略)

3. 手术室空调系统的运行开机、关机顺序(图 2.3.2 - 11)

正压手术室开机顺序

$\boxed{\text{空调机组风机及机组电动阀}} \longrightarrow \boxed{\text{新风机组风机及机组电动阀}} \longrightarrow \boxed{\text{排风机组风机及机组电动阀}}$

正压手术室关机顺序

$\boxed{\text{空调机组风机及机组电动阀}} \longrightarrow \boxed{\text{新风机组风机及机组电动阀}} \longrightarrow \boxed{\text{排风机组风机及机组电动阀}}$

负压手术室开机顺序

$\boxed{\text{排风机组风机及机组电动阀}} \longrightarrow \boxed{\text{空调机组风机及机组电动阀}} \longrightarrow \boxed{\text{新风机组风机及机组电动阀}}$

负压手术室关机顺序

$\boxed{\text{排风机组风机及机组电动阀}} \longrightarrow \boxed{\text{空调机组风机及机组电动阀}} \longrightarrow \boxed{\text{新风机组风机及机组电动阀}}$

图 2.3.2 - 11 手术室净化空调系统开、关机顺序图

4. 材质和连接方法:详见[1] - 2.2.2 - 5。

# 2.3 给水工程

## 2.3.1 水源及设计参数

1. 水源

(1)生活给水水源:分低区和高区两个系统,低区为医技楼和新病房楼地下一层至地上二、四层,由市政给水管网引入一根 $DN = 100$ 进水管至设于新病房楼地下一层的 $V = 125m^3$ 的不锈钢组合水箱,再由变频给水装置加压,向低区以 0.35MPa 恒压供水;原有建

筑专门设一套恒压 0.55MPa 变频给水装置供水。新病房楼五层以上为高区供水,由设置于新病房楼地下一层的 $V = 125m^3$ 的不锈钢组合水箱,再由高区变频给水加压泵和高压气压罐装置加压,向高区供水。

(2)消防给水水源:消防给水水源由室外消防给水管网供应,在十二层屋顶水箱间内设有 $V = 18m^3$ 的高位水箱和稳压泵组、气压罐,以保证消防喷洒系统和消火栓给水系统的压力稳定。

(3)热水供应水源:热水供应水源由医院锅炉房提供的蒸汽,于新病房楼地下室的热交换间通过四组热交换器获得热水,然后由热水循环泵加压供应。

2.设计参数见表 2.3.2-16:

设计参数        表 2.3.2-16

| 工程项目 | 全院设计生活用水量 | | 设计秒流量 | | 消火栓给水 | | | 消防喷洒给水 | | |
|---|---|---|---|---|---|---|---|---|---|---|
| | 日总用水量 (m³/d) | 最大小时用水量 (m³/h) | 生活给水(L/s) | 生活热水(L/s) | 总用水量(m³) | 设计流量(L/s) | 火灾延续时间 | 总用水量(m³) | 设计流量(L/s) | 火灾延续时间 |
| 全院 | 550 | 46 | — | — | — | — | — | — | — | — |
| 医技楼 | — | — | 12 | 6 | 108 | 15 | 2h | 108 | 30 | 1h |
| 新病房楼 | 4 | 2 | 216 | 30 | 2h | 100 | 30 | 1h | — | — |

## 2.3.2 系统划分

[1] 医技楼

1.生活给水系统的划分:见表 2.3.2-17。

生活给水系统的划分        表 2.3.2-17

| 引入管编号 | 入口位置 | 管径 DN | 标高(m) |
|---|---|---|---|
| J/1 | E 与 5/6 轴交叉右侧 | 100 | -2.30/-0.60 |

| 立管编号 | 管径 DN | 位置 | 服务对象 |
|---|---|---|---|
| JL1 | 32 | C 与(4/5)轴左上角 | 一至五层用水点 |
| JL2 | 32 | C 与(4/5)轴右上角 | 一至五层用水点 |
| JL3 | 20 | 1/D 与(2)轴左上角 | 一、二、五层用水点 |
| JL4 | 32 | 1/D 与(4)轴右上角 | 一至五层用水点 |
| JL5 | 32 | 1/D 与(6)轴左上角 | 一至五层用水点 |
| JL6 | 32 | C 与(6)轴右上角 | 一、二、四、五层用水点 |
| JL7 | 25 | OA 与(6)轴右上角 | 一、二、四、五层用水点 |

| 引入管编号 | 入口位置 | 管径 DN | 标高(m) |
|---|---|---|---|
| J/1 | E 与 5/6 轴交叉右侧 | 100 | −2.30/−0.60 |

| 立管编号 | 管径 DN | 位置 | 服务对象 |
|---|---|---|---|
| JL8 | 32 | OA/C 与(5/6)轴右下角 | 一至五层用水点 |
| JL9 | 25 | OA/C 与(5/6)轴左下角 | 一至四层用水点 |
| JL10 | 32 | OA/C 与(3/4)轴左下角 | 一至五层用水点 |
| JL11 | 25 | D 与(6)轴下角 | 二至五层用水点 |
| JL12 | 80 | C/D 与 3/4 轴交叉的管道井内 | 至五层屋顶向新风机组和冷却塔补水 |

2. 生活热水给水系统的划分:见表 2.3.2 − 18。

生活热水给水系统的划分         表 2.3.2 − 18

| 引入管编号 | 入口位置 | 管径 DN | 标高(m) |
|---|---|---|---|
| R/1 | E 与 2/3 轴交叉右侧 | 80 | −2.40/−0.40 |
| RH/1 | E 与 2/3 轴交叉右侧 | 50 | −2.40/−0.40 |

| 立管编号 | 管径 DN | 位置 | 服务对象 |
|---|---|---|---|
| RL1 | 50 | C 与(4/5)轴左上角 | 一至五层用水点 |
| RL2 | 32 | C 与(4/5)轴左上角 | 一至五层用水点 |
| RL3 | 20 | 1/D 与(2)轴左上角 | 一、二、五层用水点 |
| RL4 | 32 | 1/D 与(4)轴左上角 | 一至五层用水点 |
| RL5 | 32 | 1/D 与(6)轴左上角 | 一至五层用水点 |
| RL6 | 32 | C 与(6)轴右上角 | 一、二、四、五层用水点 |
| RL7 | 25 | OA 与(6)轴右上角 | 一、二、四、五层用水点 |
| RL8 | 32 | OA/C 与(5/6)轴右下角 | 一至五层用水点 |
| RL9 | 25 | OA/C 与(5/6)轴左下角 | 一至四层用水点 |
| RL10 | 32 | OA/C 与(3/4)轴左下角 | 一至五层用水点 |
| RL11 | 25 | D 与(6)轴下角 | 二至五层用水点 |
| RHL − 1 | 50 | C 与(4/5)轴左上角 | 回水总立管,上接敷设于五层吊顶内的各立管回水水平管 |

3. 地下一层人防生活给水系统

人防生活给水系统

(1) 抗爆单元一、二人防生活给水系统(图 2.3.2 − 12)

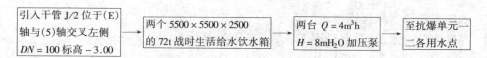

图 2.3.2 - 12　抗爆单元一、二人防生活给水系统

（2）抗爆单元三、四人防生活给水系统（图 2.3.2 - 13）

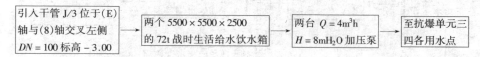

图 2.3.2 - 13　抗爆单元三、四人防生活给水系统

4．消火栓给水系统的划分：见表 2.3.2 - 19。

消火栓给水系统的划分　　　　　　　表 2.3.2 - 19

| 系统分区 | 引入管 | | | | 上下连通管 | | 连接立管标号 | 室外水泵结合器连管 |
|---|---|---|---|---|---|---|---|---|
| | 编号 | 管径(mm) | 位置 | 标高(m) | 管径 | 位置 | | |
| 地上系统 | H/1 | 150 | E 与 3 轴交叉左侧 | -1.1/-0.4 | 150 | 地下一层顶板下 | L - 1 至 - 4 | DN = 150 |
| | H/2 | 150 | E 与 5 轴交叉右侧 | -1.1/-0.4 | 150 | 地上五层顶板下 | | 由 H/1 干管接出 |
| 地下系统 | H/3 | 100 | F 与 4 轴交叉左侧 | -3.00 | 100 | 地下一层顶板下 | 接三个消火栓箱 | — |
| | H/4 | 100 | F 与 7 轴交叉右侧 | -3.00 | | | | — |

5．消防喷洒给水系统的划分（图 2.3.2 - 14 和图 2.3.2 - 15）。（注：下面流程图中标高改正 0.6 改为 - 0.60, - 2.15 改为 - 3.85。）

消防喷洒给水系统

（1）地上 1~5 层消防喷洒给水系统

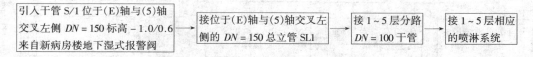

图 2.3.2 - 14　地上 1~5 层消防喷洒给水系统

（2）地下人防抗爆单元消防喷洒给水系统

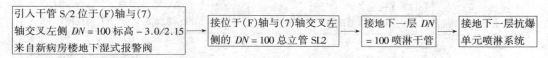

图 2.3.2 - 15　地下人防抗爆单元消防喷洒给水系统

［2］新病房楼

1．生活给水系统的划分（图 2.3.2 - 16 和图 2.3.2 - 17）。

(1) 低区生活给水流程图

(2) 高区生活给水流程图(见图 2.3.2-16 下半部分)

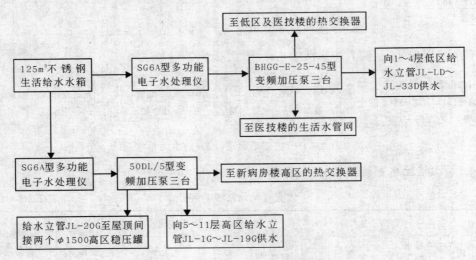

图 2.3.2-16 低、高区生活给水流程图

(3) 原有建筑生活给水系统

图 2.3.2-17 原有建筑生活给水流程图

2. 热水供应系统(图 2.3.2-18)。

(1) 低区生活热水系统流程图

(2) 高区生活热水系统流程图

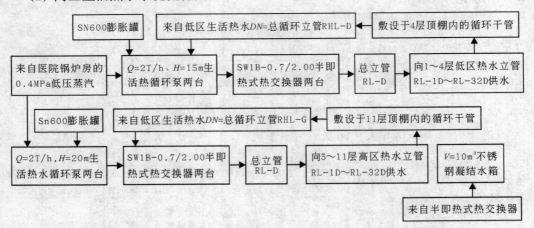

图 2.3.2-18 热水供应系统流程图

270

**3．消防给水系统的划分**(图 2.3.2 - 19 和图 2.3.2 - 20)。

**(1) 消火栓给水系统流程图**

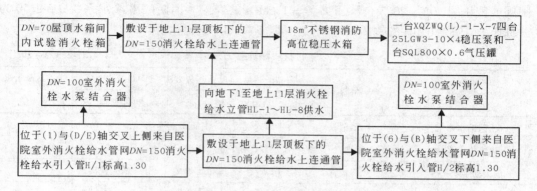

图 2.3.2 - 19　消火栓给水系统流程图

**(2) 消防喷淋给水系统流程图**

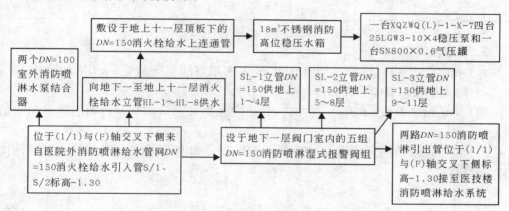

图 2.3.2 - 20　消防喷淋给水系统流程图

**4．开水供应系统**：在 1~10 层的开水间内均设置电热开水器。

## 2.3.3　磷酸铵干粉灭火器及气体灭火系统的配置

［1］医技楼：在 CT 治疗室、MRI 治疗室、彩超检查室设置气体灭火系统，此分项工程由供销商设计与安装。其次在每个消火栓箱处均配置两个 5A 型手提式磷酸铵干粉灭火器。

［2］新病房楼：在变配电室设置推车式磷酸铵干粉灭火器，在每个消火栓箱处均配置两个 5A 型手提式磷酸铵干粉灭火器。

## 2.3.4　给水系统的材质和连接方法

1．管材材质和连接方法(表 2.3.2 - 20)
2．阀门及附件：
阀门：供水系统 $DN \leqslant 50$ 为铜质截止阀、$DN \geqslant 70$ 为蝶阀,水泵吸入口前公称压力 $P =$

0.6MPa,水泵出口后公称压力 $P=1.6$MPa。生活给水和生活热水系统为公称压力 $P=1.0$MPa 的铜质闸阀或截止阀。消火栓给水系统 $DN \leqslant 50$ 为公称压力 $P=1.6$MPa 的铜质闸阀或截止阀，$DN \geqslant 70$ 为公称压力 $P=1.6$MPa 的蝶阀。消防喷淋给水系统 $DN \leqslant 50$ 为公称压力 $P=1.6$MPa 的铜质闸阀或截止阀，$DN \geqslant 70$ 为公称压力 $P=1.6$MPa 的蝶阀。

管材材质和连接方法 表 2.3.2-20

| 系统类别 | 材质 | | 连接方法 | | | 试验压力（MPa） |
|---|---|---|---|---|---|---|
| | | | $DN \leqslant 50$ | $DN \geqslant 70$ | 拆卸和阀门处 | |
| 生活给水系统 | 不锈钢管 | | 卡压式连接 | 卡压式连接 | — | 按规范 |
| 热水供应系统 | 紫铜管 | | 焊接连接 | 焊接连接 | — | 按规范 |
| 消火栓给水系统 | 无缝钢管 | | 焊接 | 焊接 | 法兰连接 | 1.4 |
| 消防喷淋系统 | 报警阀前 | 镀锌无缝钢管 | 丝扣连接 | 1.6MPa 沟槽式卡箍连接 | 法兰连接或 1.6MPa 沟槽式卡箍连接 | 1.6 |
| | 报警阀后 | 镀锌钢管 | | | | |

3. 管道保温：

(1) 热水管道：$DN \leqslant 100$ 采用 $\delta = 20$mm 自熄难燃硬聚氨酯管壳，$DN \geqslant 125$ 采用 $\delta = 25$mm 自熄难燃硬聚氨酯管壳保温。

(2) 生活给水管道：吊顶内、管井内、管槽内采用 $\delta = 5$mm 软聚氨酯泡沫塑料防结露保温。

(3) 地下一层及屋顶水箱间内的给水、消防管道和水箱：做 $\delta = 5$mm 软聚氨酯泡沫塑料防冻结保温。

# 2.4 排水工程

本工程排水有有压排水系统、无压排水系统、内排雨水系统三种。

## 2.4.1 排水系统的划分

[1] 医技楼

1. 有压排水系统：见表 2.3.2-21。

医技楼有压排水系统 表 2.3.2-21

| 集水坑编号 | 集水坑位置与个数 | | | 注解 |
|---|---|---|---|---|
| | 位置 | 个数 | 合计 | |
| 1号 | 抗爆单元一防毒通道 | 1 | 3 | 设计无交代 |
| | 抗爆单元二楼梯间 | 1 | | |
| | 抗爆单元四防毒通道 | 1 | | |

| 集水坑编号 | 集水坑位置与个数 | | | 注解 |
|---|---|---|---|---|
| | 位置 | 个数 | 合计 | |
| 2 号 | 抗爆单元一扩散室 | 1 | 4 | 设计无交代 |
| | 抗爆单元一洗消间 | 1 | | |
| | 抗爆单元四扩散室 | 1 | | |
| | 抗爆单元四洗消间 | 1 | | |
| 3 号 | 抗爆单元二扩散室 | 1 | 2 | |
| | 抗爆单元三扩散室 | 1 | | |

2. 无压排水系统:见表 2.3.2 - 22。

医技楼无压排水系统　　　　　　　　　　　　表 2.3.2 - 22

| 污水干管 | | | 连接污水立管 | | | | 备　　注 |
|---|---|---|---|---|---|---|---|
| 编号 | 管径 | 标高 | 编号 | 管径 | 通气管编号 | 管径 | |
| W/1 | 75 | - 2.30 | WL - 4 | 75 | WL - 4 | 75 | 直通屋面 |
| W/2 | 75 | - 2.20 | WL - 5 | 75 | WL - 5 | 75 | 直通屋面 |
| W/3 | 150 | - 2.20 | WL - 11 | 75 | WL - 11 | 75 | 直通屋面 |
| | | | WL - 1 | 75 | TL - 1 | 100 | 通过 DN100 干管连通后出屋面 |
| W/4 | 100 | - 2.20 | WL - 2 | 75 | TL - 1 | 100 | |
| | | | WL - 10 | 75 | WL - 9 | 75 | 合并后直通屋面 |
| W/5 | 100 | - 2.20 | WL - 9 | 75 | | | |
| | | | WL - 3 | 75 | TL - 1 | 100 | 同 WL - 1、WL - 2 |
| W/6 | 75 | - 2.10 | WL - 6 | 75 | WL - 6 | 75 | 直通屋面 |
| W/7 | 100 | - 2.10 | WL - 7 | 75 | WL - 7 | 75 | 直通屋面 |
| | | | WL - 8 | 75 | WL - 8 | 75 | 直通屋面 |
| | | | WL - 12 | 100 | WL - 12 | 100 | 直通屋面 |

3. 内排雨水管道系统:见表 2.3.2 - 23。

| 雨水干管 | | | 连接雨水立管 | | 服务对象 |
|---|---|---|---|---|---|
| 编号 | 管径(mm) | 标高(m) | 编号 | 管径 | |
| Y/1 | 150 | －2.30 | YL－1 | 100 | 接五、六屋面雨水口 |
| | | | YL－6 | 100 | 接五、六屋面雨水口 |
| Y/2 | 100 | －2.20 | YL－2 | 100 | 接五、六屋面雨水口 |
| Y/3 | 100 | －2.20 | YL－5 | 100 | 接五、六屋面雨水口 |
| Y/4 | 100 | －2.10 | YL－3 | 100 | 接五屋面雨水口 |
| Y/5 | 100 | －2.10 | YL－4 | 100 | 接五屋面雨水口 |

[2] 新病房楼

1. 有压排水系统：见表 2.3.2－24。

**新病房楼有压排水系统** 　　　　表 2.3.2－24

| 集水井编号 | 集水井位置与潜污泵型号 | | | 密封井盖 | |
|---|---|---|---|---|---|
| | 位置 | 潜污泵型号 | 个数 | 型号 | 个数 |
| 1号 | 6号电梯前室 | $Q=10L/s$、$H=20m$、$N=5.5kW$ | 2 | — | — |
| 2号 | 凝结水箱间内 | $Q=5L/s$、$H=18m$、$N=5.5kW$ | 2 | — | — |
| 3号 | 3号电梯前室 | $Q=10L/s$、$H=20m$、$N=5.5kW$ | 2 | — | — |
| 4号 | (5)－(6)与(A)－(B)网格内 | $Q=5L/s$、$H=18m$、$N=5.5kW$ | 2 | FRK$_2$－70 | 1 |
| 5号 | | $Q=5L/s$、$H=18m$、$N=5.5kW$ | 2 | — | — |

2. 无压排水系统：见表 2.3.2－25。

**新病房楼无压排水系统** 　　　　表 2.3.2－25

| 污水干管 | | | | 连接污水立管 | | | | 服务对象 |
|---|---|---|---|---|---|---|---|---|
| 编号 | | 管径 | 标高 | 编号 | 管径 | 通气管编号 | 管径 | |
| 干管 | 总立管 | | | | | | | |
| W/1 | — | 100 | －2.40/4.65 | WL－1D | 100 | TL－12 | 100 | 地上二层男更衣室 |
| | | | | WL－2D | 100 | TL－12 | 100 | 地上二层女更衣室 |
| | | | | WL－3D | 100 | TL－12 | 100 | 地上二层护士值班室 |
| | | | | WL－4D | 100 | TL－13 | 100 | 地上二层护士办公室 |

| 污水干管 | | | | 连接污水立管 | | | | 服务对象 |
|---|---|---|---|---|---|---|---|---|
| 编号 | | 管径 | 标高 | 编号 | 管径 | 通气管编号 | 管径 | |
| 干管 | 总立管 | | | | | | | |
| W/2 | WL-Z1 | 150 | -2.40/10.10 | WL-1 | 100 | TL-1 | 100 | 地上 3~11 层(1)~(2)与(A)~(B)网格病房 |
| | | | | WL-2 | 100 | TL-1 | 100 | |
| | | | | WL-3 | 100 | TL-2 | 100 | 地上 3~10 层(1)~(2)与(B)~(C)网格病房 |
| | | | | WL-4 | 100 | TL-2 | 100 | |
| | | | | WL-23 | 100 | TL-12 | 100 | 地上 3~11 层(2)~(3)与(C)~(D)网格护士值班 |
| | | | | WL-24 | 100 | TL-13 | 100 | 地上 3~11 层(2)~(3)与(C)~(D)网格急救等 |
| | | | | WL-5 | 100 | TL-3 | 100 | 地上 3~9 层(1)~(2)与(C)~(D)网格病房 |
| | | | | WL-6 | 100 | TL-3 | 100 | |
| | | | | WL-7 | 100 | TL-4 接至 TL-3 | 100 | 地上 3~9 层(1)~(2)与(D)~(D/E)网格病房 |
| | | | | WL-8 | 100 | TL-5 | 100 | 地上 3~11 层(1)~(2)与(D)~(D/E)网格病房 |
| W/3 | — | 75 | -2.20 | WL-5D | 75 | TL-5 | 75 | 二层医生办公室 |
| | — | | | WL-6D | 75 | TL-6 | 75 | 二层医生值班室 |
| W/4 | — | 150 | -1.60/10.10 | WL-7D | 75 | TL-7 | 75 | 二层污洗间 |
| | — | | | WL-8D | 75 | TL-7 | 75 | 二层主任办公室 |
| | | | | WL-9 | 100 | TL-6 | 100 | 地上 3~11 层(2)~(3)与(D/E)~(E)网格病房 |
| | | | | WL-10 | 100 | TL-6 | 100 | 地上 3~9 层(2)~(3)与(D/E)~(E)网格病房 |
| | WL-Z2 | | | WL-11 | 100 | TL-7 | 100 | 地上三至八、九层(3)~(4)与(D/E)~(E)网格病房 |
| | | | | WL-12 | 100 | TL-7 | 100 | |
| | | | | WL-25 | 100 | WL-25 | 100 | 地上 3~11 层(2)~(3)与(D/E)~(E)网格病房 |
| | | | | WL-13 | 75 | WL-13 | 75 | 地上 3~11 层(4)~(5)与(E)~(E/F)网格污洗间等 |
| | | | | WL-15 | 75 | WL-15 | 75 | 地上 3~10 层(5)~(6)与(E)~(E/F)网格办公室等 |
| | — | | | WL-14 | 100 | 接 TL-7 | 100 | 地上 3~10 层(4)~(5)与(D/E)~(E)网格开水间 |

| 污水干管 | | | | 连接污水立管 | | | | 服务对象 |
|---|---|---|---|---|---|---|---|---|
| 编号 | | 管径 | 标高 | 编号 | 管径 | 通气管编号 | 管径 | |
| 干管 | 总立管 | | | | | | | |
| W/5 | — | 100 | -2.20 | WL-9D | 100 | 接TL-8 | 100 | 地上二层(4)~(5)与(D)轴交叉网格的办公室 |
| | — | | | WL-10D | 75 | | 75 | |
| | — | | | WL-11D | 100 | 接TL-9 | 100 | 地上二层2号男女厕所 |
| | — | | | WL-12D | 100 | | 100 | |
| W/6 | WL-Z3 | 150 | -2.00 | WL-16 | 100 | TL-8 | 100 | 地上3~9层(5)~(6)与(C)~(D)网格病房 |
| | | | | WL-17 | 100 | TL-8 | 100 | |
| | | | | WL-18 | 100 | TL-9 | 100 | 地上3~9层(5)~(6)与(D)~(E)网格病房 |
| | | | | WL-19 | 100 | TL-9 | 100 | |
| | | | | WL-26 | 100 | WL-26 | 100 | 地上3~10层(4)~(5)与(D)轴交叉网格处置室护士值班室等 |
| | | | | WL-27 | 75 | WL-27 | 75 | 地上3~12层(4)与(C)轴交叉网格治疗室、观察室等 |
| | | | | WL-20 | 100 | TL-10 | 100 | 地上3~10层(5)与(B/C)轴交叉网格病房等 |
| | | | | WL-Z3支 | 50 | — | — | 二层备餐室 |
| | — | | | WL-28 | 75 | WL-28 | 75 | 地上一、三至十层新风机房 |
| W/7 | — | 150 | -2.00 | WL-21 | 100 | TL-11 | 100 | 地上1~9层清洁室 |
| | — | | | WL-22 | 100 | TL-11 | 100 | |

3. 内排雨水管道系统:见表2.3.2-26。

新病房楼内排水管道系统　　　　　　　　　　表 2.3.2-26

| 雨水干管 | | | 连接雨水立管 | | 服务对象 |
|---|---|---|---|---|---|
| 编号 | 管径 | 标高 | 编号 | 管径 | |
| Y/1 | 150 | -1.40 | YL-1 | 100 | 接十二屋面一个雨水口排至屋面 |
| | | | YL-2 | 100 | 接十二屋面一个雨水口排至屋面 |
| | | | YL-7 | 150 | 接十一屋面两个雨水口 |
| Y/2 | 150 | -1.40 | YL-3 | 150 | 接五、六屋面雨水口 |

| 雨水干管 | | | 连接雨水立管 | | 服务对象 |
|---|---|---|---|---|---|
| 编号 | 管径 | 标高 | 编号 | 管径 | |
| Y/3 | 150 | −1.40 | YL−6 | 150 | 接二至十层阳台雨水口和十一层屋面三个雨水口 |
| Y/4 | 150 | −1.40 | YL−4 | 100 | 接(3)~(4)与(A)交叉网格内十屋面各一个雨水口 |
| | | | YL−5 | 100 | |

### 2.4.2 排水系统的材质和连接方法

1. 排水管道的材质和连接方法:无压排水管道的材质 $DN \geqslant 50$ 采用柔性连接铸铁管,接头采用不锈钢带卡箍连接,$DN < 50$ 采用热镀镀锌钢管,接头采用丝扣连接。有压排水管道的材质焊接钢管,接头采用焊接连接。有压排水管道的阀门采用公称压力 $P = 0.6MPa$ 的铜质阀门。

2. 雨水管道的材质和连接方法:雨水管道的采用热镀镀锌钢管,接头 $DN \leqslant 70$ 采用丝扣连接,$DN \geqslant 80$ 采用焊接连接,但是需拆卸处采用法兰连接。雨水斗采用 87 型钢制雨水斗。

3. 管道的防结露保温:敷设于吊顶内、管井内、管槽内或可能冻结的地方的排水管道采用 $\delta = 5mm$ 软聚氨酯泡沫塑料防结露保温。

4. 管道的防腐:热镀锌钢管丝扣外露处、损坏处、法兰连接焊接处和焊接钢管除锈后采用两道防锈漆打底,再刷银粉漆两道。

## 2.5 本工程的重点、难点及甲方、设计方应配合的问题

本工程除了洁净室的安装和自动控制外,其他暖卫、通风空调及标书中甲方准备外包的机房内设备安装工程项目,均为我公司专业分公司常见和安装过的一般项目。但是我公司有与净化厂家合作施工、安装高科技生物工程正压洁净试验室和负压洁净实验室、医用 100 级(新标准 5 级)洁净手术室的经验。因此只要贯彻我公司一贯坚持的"重质量、重信誉、创名牌和一切为了用户"的精神,选择好优秀的劳务队伍和合作过的洁净厂家,就能以优质工程成果呈献给建设方。

### 2.5.1 设计中交代不清的问题

主要是设计图纸中有较多的细部设计没有交代清楚和图纸之间相互矛盾,如医技楼地下室有压排水和人防给水未交代或交代不清。

### 2.5.2 设备选型

因不同厂家生产的设备其尺寸大小、进出管线接口位置均不相同,因此设备选型涉及

到已定机房面积能否合理安排、内部配管的优化组合和管道进出甩口与外接管线的衔接等大事,因此中标后第一件大事是审核这些机房内设备的选型及进出口位置与现外围进出管道甩口设计位置是否合适和有无调整的余地,及时解决这些矛盾,再进行设备定货、实施土建施工、管线及设备安装。

### 2.5.3 关于十一层洁净手术室的施工

1. 洁净手术室对土建、给排水、电气安装的关系

(1) 洁净手术室的平面布局:中标后应审查其平面布局是否符合相应洁净级别对平面布局的要求,特别是负压洁净室的缓冲带是否足够。门窗的选型开启方向是否有误,密封结点结构是否合理。

(2) 洁净手术室的材料选择:洁净手术室的材料选择是否符合难燃、不起尘、表面光滑、不积尘、不开裂、不吸水、耐擦洗、易清扫和抗酸碱腐蚀等要求。

(3) 设备附件、箱体的选择:设备附件、箱体的结构、接口是否密封、不渗漏防尘。

(4) 排水附件的设计与选择:如手术室(尤其是负压洁净室)内的地漏是否属于深密封型,水封高度能否满足负压度的要求。

(5) 关于洁净室内的气流组织:原设计洁净室的气流组织均为上送上回与洁净室的通用气流组织不甚相符,尤其对100级(新5级)洁净室更影响其洁净效果,因此在土建施工前更应与设计部门协商解决完善后方能施工。

(6) 关于自动控制和测试孔的选择:它涉及到的暖卫、通风空调能源供应,系统能否符合工艺要求、运行中参数检测、调整、报警等控制。因此必须关注三方面问题:

A. 自动化控制检测探头、信号变送、调节部件执行机构、检测口构造和暖通专业调节部件在各系统中的安装位置的合理性、可操作性;

B. 为了检测、调试、维护检修窗井、检修人员行走栈桥等设施的布局的可行性、合理性以及检查井对顶棚分割、灯具布局、送回风口布局、烟(温)感探头分布、喷淋头布局等安排引起调整的可行性、合理性、合法性;

C. 自动化控制系统的控制线路很多,因此在各机房内、管线较集中的顶棚、房间内,就成为建筑安全、施工质量的关键性问题。因此这些线路的走向、埋设位置(结构层、垫层、吊顶内的线槽内等)问题必须在楼地板、墙体施工前进行全面安排解决好,才能进行结构施工;在安排中应注意不要将多根穿管同时集中在结构层一个地方,以免影响结构的安全。也要注意控制线路对屏蔽性的要求,避免相互干扰,影响控制检测的准确性和可靠性。

2. 关于厂家和装配式材料的选择:厂家和装配式材料的选择一定要贯彻质量重于一切的原则,负责竣工后能否符合设计和工艺要求就难以保证。

3. 关于施工安装工艺流程:应依据洁净手术室的特点和设计、施工规范的要求,严格执行各工种间、工种内部工序搭接顺序的要求进行施工与安装,才能保证施工质量要求。

### 2.5.4 关于总包、分包及设计、施工、建设各方的协调

现场应组织由甲方牵头的总包、分包、设计、施工、监理、建设各方的协调小组,以协调

施工中出现的各种问题,以便加速工程进度。

# 3 施工部署

## 3.1 施工组织机构及施工组织管理措施

1. 建立由公司技术主管副经理、总工程师、公司设备专业技术主管、项目技术主管工程师、专业技术主管、材料供应组长组成的本工程专业施工安装项目领导班子,负责本工程专业施工的领导、技术管理、材料供应和进度协调工作。

2. 组织由项目主管工程师、设备安装分公司主任工程师、项目专业技术主管、暖卫技术负责工程师、通风空调技术负责工程师、电气专业技术负责工程师,暖卫专业施工工长、通风专业施工工长、电气专业施工工长,暖卫专业施工质量检查员、通风专业施工质量检查员、电气专业施工质量检查员、等技术人员组成的专业技术组,负责施工技术、施工计划、变更洽商和各工种技术资料的填写与管理工作;技术组内除了设专职质检员、等应负责质量监督与把关外,项目及专业技术主管工程师、专业技术负责人、施工工长也应对质量负责,尤其是主管工程师更应负全责。

3. 按专业、按项目、按工序、按系统及时进行预检、试验、隐检、冲洗、调试工作,并完成各种记录单的填写和整理工作。

## 3.2 施工流水作业安排

暖卫、通风安装流水作业均与土建三个流水段相同,以达到紧密配合,完成土建施工工期的要求。

## 3.3 施工力量总的部署

### 3.3.1 工程量的特点

依据本工程设备安装专业工程量分布的特点:

1. 在地下一层和屋顶间是设备安装的工程量比较集中,特别在水箱间和水泵房、空调机房、热交换间的各种配管在此汇集;

2. 通风专业、消防管道均集中各层的吊顶内(尤其是走道的吊顶内)、竖井内,管道相互交叉,矛盾较突出;

3. 各层安装的工程量比较均匀的特点作如下安排。

### 3.3.2　施工力量的安排

因工程量较大。因此各专业应安排投入较多的人力,并应随工程顺序渐进,及时完成各工序的施工、检测进度,并对施工质量、成品保护、技术资料整理的管理工作按时限、按质量完成。

1. 通风空调专业:依工程概算本工程共需通风工 22500 个工日和工程量分布的均匀性,计划投入通风工人 165 人(其中电焊工 10 人、通风工 60 人、机械安装工 8 人、管道安装工 87 人)。通风工程的安装工作必需在工程竣工前 20d 结束,留出较富裕时间进行修整和资料整理。

2. 暖卫专业:依据工程概算需 9300 个工日,考虑未预计到的因素拟增加 800 个工日,共计 11000 个工日,投入水暖工人 95 人(其中电焊工 7 人、机械安装工 6 人、水暖安装工 74 人、锅炉安装工人 8 人)。水暖每组抽调 5 人配合土建结构施工进行预埋件制作、预埋和预留孔洞预留工作。在土建各流水段的建筑粗装修后进行支、吊、托架、管道安装、试压、灌水试验、防腐、保温,土建粗装修后精装修前进行设备安装和散热器单组组装、试压、除锈、防腐及稳装工作。土建精装修后进行卫生器具及给水附件安装和灌水试验、系统水压试验、冲洗、通水、单机试运转试验和系统联合调试试验,以及清除污染和防腐(刷表面油漆)施工。一切工作必需在竣工前 20d 完成,留 20d 时间作为检修补遗和资料整理时间。暖气调试可能处在非供暖期,可以作为甩项处理,在冬季进行调试。

# 4　施工准备

## 4.1　技术准备

### 4.1.1　施工现场管理机构准备

实行双轨管理体制。

1. 建立公司一级的专项管理指导体系:建立以公司技术主管副总经理、总工程师、技术质量检查处处长、暖卫通风空调技术主管高级工程师、电气专业技术主管高级工程师、材料供应处长组成的施工现场管理指导组,负责重点解决施工现场的技术难点、施工工序科学搭接、施工进度及材料供应的合理安排;帮助现场与建设、监理、分包单位协调有关各项配合问题。

2. 建立施工现场管理指导体系:建立以项目经理、主任工程师、设备分公司主任工程师、设备分公司副主任工程师、各专业技术主管工程师、施工安全及环境卫生(防环境污染、职工健康)主管、材料采购供应组长、劳务队负责人等组成的现场施工进度、施工技术质量、施工工序搭接、施工安全、材料供应与管理、施工环境卫生等的管理协调班子。

### 4.1.2 建立暖卫通风空调工程施工管理网络图(图 2.3.4 – 1)

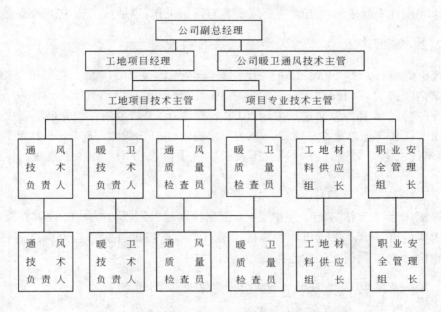

图 2.3.4 – 1 暖卫通风空调工程施工管理网络图

### 4.1.3 建立公司、现场两级图纸会审班子

实行背靠背对施工图纸进行审图和各工种之间图纸的全面会审制度,提出初步解决方案与建议。然后双方将会审结果进行汇总,以书面形式提请设计、建设各方解决,办理设计变更与洽商,将图纸中的问题解决在施工实施之前。

### 4.1.4 成立现场协调小组

建议由甲方牵头,组成由建设、设计、监理、总包、分包单位组成常驻现场协调小组,定期协调现场需要协调的问题。

### 4.1.5 编写通风空调参数测试、系统调试方案

此项工作应在中标后及时进行,具体安排略。

## 4.2 施工机械和设备准备

施工所有钢材、管材、设备由工地器材组统一管理,施工时依据任务书及领料单随用随领,其他材料、配件由器材组采购入库,班组凭任务单领料,依据工程施工材料加工,预制项目多,故在现场应利用工程配备办公室一间、工具房和库房一间供各班组存放施工工具、衣物。

## 4.2.1 加速完成通风加工厂更新引进设备的安装调试

加速完成日本制成套加工设备更新安装与调试工作,以适应工程建设的需要。

## 4.2.2 暖卫专业施工机具和测试仪表的配备

交流电焊机:10台　电锤:15把　电动套丝机:4台　倒链:8个　切割机:6台
台式钻床:4台　角面磨光机:4台　手动试压泵:6台　电动试压泵:4台
气焊(割)器:6套　弹簧式压力计:10台　刻度0.5℃带金属保护壳玻璃温度计:6支
管道泵:GB50－12型 $G = 12.5\text{m}^3/\text{h}$, $H = 12\text{mH}_2\text{O}$, $n = 2830\text{r/min}$, $N = 1.1\text{kW}$ 1台(用于冲洗)噪声仪:1台　转速计:1台　电压表:2台　手持式ST20型红外线温度测试仪:1台

## 4.2.3 通风专业施工机具的配备

电焊机:6台　台钻:4台　手电钻:10把　拉铆枪:15把　电锤:10把　卷圆机:1台
龙门剪板机:1台　手动电动倒角机:2台　联合咬口机:1台　折方机:1台
合缝机:1台　风道无法兰连接成型机:1套

## 4.2.4 通风空调工程施工调试测量仪表及附件的配备

1. 施工调试测量仪表:见表2.3.4－1。

施工调试测量仪表　　　　　表2.3.4－1

| 序号 | 仪表名称 | 型号规格 | 量程 | 精度 | 数量 | 备注 |
|---|---|---|---|---|---|---|
| 1 | 水银温度计 | 最小刻度0.1℃ | 0~50℃ | — | 5 | — |
| 2 | 水银温度计 | 最小刻度0.5℃ | 0~50℃ | — | 10 | — |
| 3 | 酒精温度计 | 最小刻度0.5℃ | 0~100℃ | — | 10 | — |
| 4 | 带金属保护壳水银温度计 | 最小刻度0.5℃ | 0~50℃ | — | 2 | — |
| 5 | 带金属保护壳水银温度计 | 最小刻度0.5℃ | 0~100℃ | — | 2 | — |
| 6 | 热球式温湿度表 | RHTH－1型 | －20~85℃<br>0~100% | — | 5 | — |
| 7 | 热球式风速风温表 | RHAT－301型 | 0~30m/s<br>－20~85℃ | <0.3m/s<br>±0.3℃ | 5 | — |
| 8 | 电触点压力式温度计 | — | 0~100℃ | 1.5级 | 2 | 毛细管长3m |
| 9 | 手持式红外线温度测试仪 | Raynger ST20型 | — | — | 1 | — |
| 10 | 干湿球温度计 | 最小分度0.1℃ | －26~51℃ | — | 5 | — |
| 11 | 压力计 | — | 0~1.0MPa | 1.0级 | 2 | — |
| 12 | 压力计 | — | 0~0.5MPa | 1.0级 | 2 | — |
| 13 | 转速计 | HG－1800 | 1.0~99999r/s | 50ppm | 1 | — |

| 序号 | 仪表名称 | 型号规格 | 量程 | 精度 | 数量 | 备注 |
|---|---|---|---|---|---|---|
| 14 | 噪声检测仪 | CENTER320 | 30～13dB | 1.5dB | 1 | — |
| 15 | 叶轮风速仪 | — | — | — | 2 | — |
| 16 | 标准型毕托管 | 外径 $\phi 10$ | — | — | 2 | — |
| 17 | 倾斜微压测定仪 | TH－130型 | 0～1500Pa | 1.5 Pa | 2 | — |
| 18 | U形微压计 | 刻度 1Pa | 0～1500Pa | — | 4 | — |
| 19 | 灯光检测装置 | 24V100W | — | — | 2 | 带安全罩 |
| 20 | 多孔整流栅 | 外径 = 100mm | — | — | 1 | — |
| 21 | 节流器 | 外径 = 100mm | — | — | 1 | — |
| 22 | 测压孔板 | 外径 $D_0 = 100$,孔径 $d = 0.0707m, \beta = 0.679$ | | | 2 | — |
| 23 | 测压孔板 | 外径 $D_0 = 100$,孔径 $d = 0.0316m, \beta = 0.603$ | | | 2 | — |
| 24 | 测压软管 | $\phi = 8mm, L = 2000mm$ | | | 6 | — |
| 25 | 电压计 | — | | | 1 | — |
| 26 | 电功率表 | — | | | 1 | — |
| 27 | 激光尘埃粒子计数仪 | BCJ－1型 | | | 1 | — |
| 28 | 空气稀释器 | XZ－1型 | | | 1 | |
| 29 | 浮游微生物采样器 | FSC－1型 | | | 1 | |

2. 测量辅助附件(表2.3.4－2)

**测量辅助附件**　　　　　　　　　　　　　　　　表2.3.4－2

| 序号 | 附件名称 | 规格 | 数量 | 图编号 |
|---|---|---|---|---|
| 1 | 加罩测定散流器风量 | — | 若干 | 图2.3.4－2 |
| 2 | 室内温度测定架 | 木制品 | 若干 | 悬挂温度计 |
| 3 | 风道检测口 | — | 若干 | — |

3. 灯光检漏测试装置(表2.3.4－3)

**灯光检漏测试装置**　　　　　　　　　　　　　　表2.3.4－3

| 序号 | 附件名称 | 规格 | 数量 | 附图编号 |
|---|---|---|---|---|
| 1 | 灯光检漏装置 | — | 1 | 图2.3.4－3 |
| 2 | 系统漏风量测试装置 | — | 1 | 图2.3.4－4 |

4.风道漏风量检测装置设备的配置(表2.3.4-4)

风道漏风量检测装置设备的配置 　　　　　　　　　　　　　　表2.3.4-4

| 序号 | 系统漏风量(m³/h) | 测试风机 | | 测试孔板 | | | 压差计 | 风道 | 软接头 |
|---|---|---|---|---|---|---|---|---|---|
| | | $Q$(m³/h) | $H$(Pa) | 直径(mm) | 孔板常数 | 个数 | | | |
| 1 | — | 1600 | 2400 | — | — | — | — | — | — |
| 2 | ≥130 | — | — | 0.0707 | 0.697 | 1 | — | — | — |
| | <130 | — | — | 0.0316 | 0.603 | 1 | — | — | — |
| 3 | — | 0~2000Pa | | | | | 2个 | — | — |
| 4 | — | 镀锌钢板风道φ100mm、$L$=1000mm | | | | | — | 3节 | — |
| 5 | — | 软接头φ100mm、$L$=250mm | | | | | — | — | 3个 |

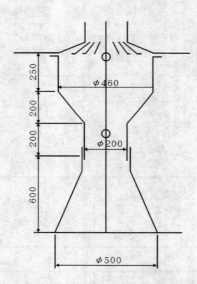

图2.3.4-2　加罩法测定散流器风量示意图

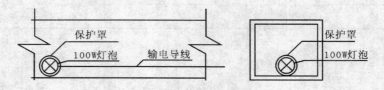

图2.3.4-3　灯光检漏测试示意图

5.风管漏风量测试装置示意图(图2.3.4-4)

6.风道漏风量系统的连接示意图(图2.3.4-5)

7.测试参数测点的布局要求

284

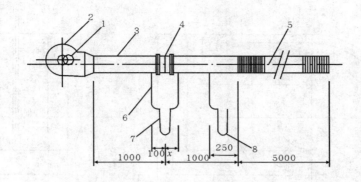

图 2.3.4-4  风管漏风试验装置示意图

孔板 1(D = 0.0707m);x = 45mm;孔板 2(D = 0.0316m);x = 71mm

1—逆风挡板;2—风机;3—钢风管 φ100;4—孔板;5—软管 φ100;6—软管 φ8;7、8—压差计

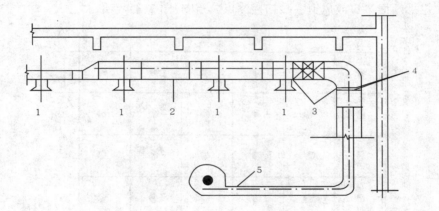

图 2.3.4-5  风道漏风试验系统连接示意图

1—风口;2—被试风管;3—盲板;4—胶带密封;5—试验装置

(1)风道内测点位置的要求(图 2.3.4-6)。

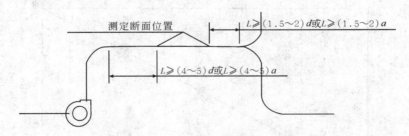

图 2.3.4-6  风道内测定断面位置示意图

a—矩形风道长边长度;d—圆形风道直径

(2)圆形断面风口或风道参数扫描测点分布图(图 2.3.4-7)。

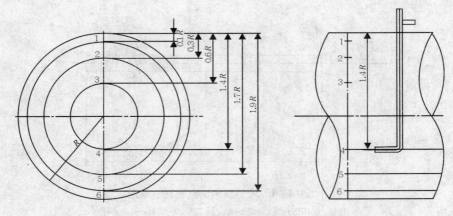

图 2.3.4-7　圆形断面风口或风道参数测点分布图

(3) 矩形断面风口或风道参数扫描测点分布图(图 2.3.4-8)。

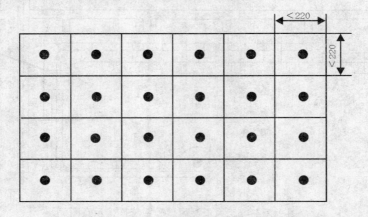

图 2.3.4-8　矩形断面风口或风道参数扫描测点分布图

(4) 室内温湿度、噪声、风速等五点参数测点分布图(图 2.3.4-9)。

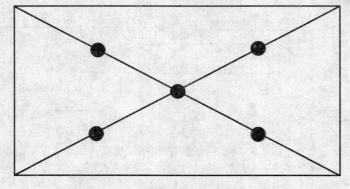

图 2.3.4-9　室内参数五点分布测试图

## 4.3 施工进度计划和材料进场计划

### 4.3.1 材料、设备采购定货及进场计划

中标后再编制详细计划书(略)。

### 4.3.2 施工进度计划

详细计划见土建施工组织设计统筹系统图。

# 5 工程质量目标和保证达到工程质量目标的技术措施

## 5.1 工程质量、工期、现场环境管理目标

### 5.1.1 工程质量目标和工期目标

1. 工程质量目标:工程质量等级达到省级优质工程。
2. 工期目标:(技术措施详见第7.1节)
(1) 我方承诺工期:366d。
(2) 开工与竣工日期:2002年07月10日开工,2003年07月10日竣工。

### 5.1.2 现场管理目标

实行军事化管理,文明施工,不影响医院正常工作和生活秩序,达到秦皇岛市文明安全样板工地。

### 5.1.3 三超一承诺

为了实现上述三项大目标,我们将实行"三超一承诺"的管理措施,即"超标准的质量等级要求、超规范的施工质量措施(如一般通风管道制作、安装按洁净空调规范要求实施)、超常规的管理手段",并承诺交工后五年的无偿保修服务。

## 5.2 保证达到工程质量目标的技术措施

### 5.2.1 组织措施(双轨管理体制)

1．建立施工现场双轨管理体制：即"建立公司一级的专项管理指导体系"详见4.1.1（1）款和"建立施工现场管理指导体系"详见4.1.1（2）款；

2．建立公司、现场两级图纸会审班子：即4.1.3款；

3．成立现场协调小组：建议由甲方牵头，组成由建设、设计、监理、总包、分包单位组成常驻现场协调小组，定期协调现场需要协调的问题。即4.1.4款。

### 5.2.2 加速新引进通风加工厂设备的安装与调试

加速由日本厂新引进整套通风加工厂设备的安装与调试。即4.2.1款。

### 5.2.3 制定和组织学习保证工程质量的技术管理规范、规程

1．组织学习新的GB 50242—2002《建筑给水排水及采暖工程施工质量验收规范》、GB 50243—2002《通风与空调工程施工质量验收规范》、GB 50073—2001《洁净厂房设计规范》、JGB 71—90《洁净室施工及验收规范》和YFB 001—1995《军队医院洁净手术部建筑技术规范》。

2．组织工程现场主要管理人员重新学习公司下发的四个技术管理文件的学习与贯彻：即（摘录略）

（1）建五技质［2001］159号《加强工程施工全过程各工种之间的协调，防止造成不应出现质量事故的规定》；

（2）建五技质［2001］159号附件《暖卫通风空调专业施工技术管理人员的工作职责》；

（3）建五技质［2001］169号《通风空调工程安装中若干问题的技术措施》；

（4）建五技质［2001］154号《"建筑安装工程资料管理规程"暖卫通风部分实施中提出问题的处理意见》。

通过以上文件的学习和现场观摩，提高现场工程管理和技术管理人员的责任感和防范施工质量问题的出现。

### 5.2.4 制定关键工序的质量保障控制程序

1．工程重要部位施工工序和质量控制程序（图2.3.5-1）
2．制定各工种施工工序搭接协调质量保障控制程序（图2.3.5-2）
3．管道竖井土建施工质量控制程序（图2.3.5-3）
4．竖井内管道安装质量控制程序（图2.3.5-4）
5．材料、设备、附件质量保证控制体系（图2.3.5-5）
6．暖卫管道安装质量控制程序（详见6.1节）
7．通风管道安装质量控制程序（详见6.2节）
8．严格执行洁净手术室的施工工序搭接顺序（图2.3.5-6）

### 5.2.5 编制通风空调工程设计参数检测、系统调试实施方案

通风空调系统参数的检测和系统的调试是检验施工质量、设计功能是否满足工艺的建筑质量和使用功能要求的必要和不可缺少的手段，也是分清工程质量事故归属（建设方、设计方、施工方）的有效论据；更是节约能源减轻环境污染的有效技术措施。

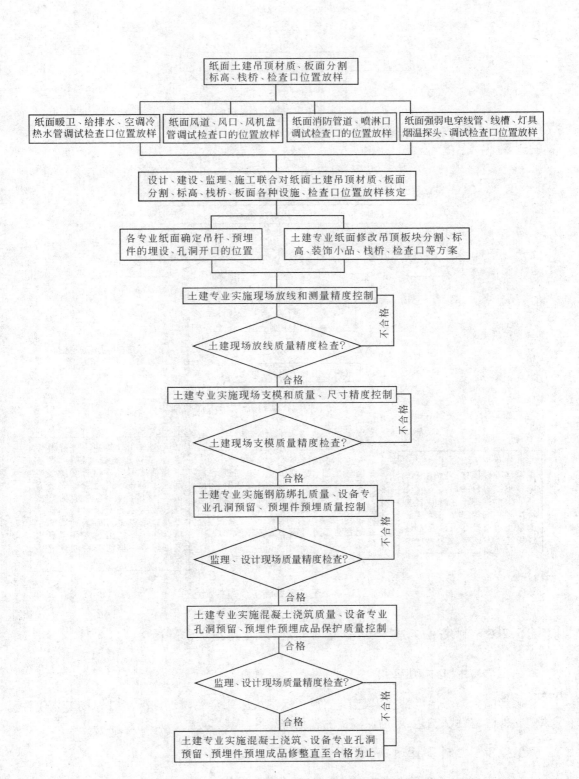

图 2.3.5 - 1　工程重要部位施工工序和质量控制程序

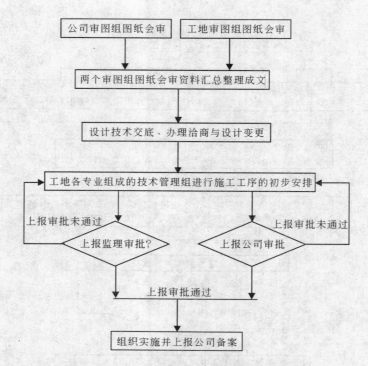

图 2.3.5-2　各工种施工工序搭接协调控制程序

| | | |
|---|---|---|
| 设备专业依据设计图纸、规范和安装操作、附件操作维修更换应有的最小空间尺寸要求,详细地在纸面上进行排列,确定竖井内座具备的最小净空尺寸,以及安装过程应预留安装操作孔洞尺寸 | 土建专业依据设备专业的要求,共同与设计、监理协商,办理设计变更或洽商,并依据设备专业对竖井最小净空尺寸和安装过程应预留操作孔洞尺寸的要求,进行竖井的放线(包括更换材料)施工,设备专业配合施工进行现场监督和预埋件预埋 | 土建专业对竖井内进行粗装修后(或边砌筑边勾缝),设备专业再按照竖井内管道安装控制程序的要求进行管道安装、试验、保温,经过办理交接检,填写中间记录单后,土建专业就可以进行后期的堵洞和精装修工序,但各方在自己的施工过程中均应特别注意成品保护工作 |

图 2.3.5-3　土建竖井施工质量控制程序

## 5.2.6　制定施工质量审核控制大纲(表 2.3.5-1 和表 2.3.5-2)

## 5.2.7　新技术的应用

碟形帽金属保温钉粘接固定工艺:风道保温板采用金属碟形帽保温钉焊接工艺代替原塑料保温钉粘贴工艺,增加保温板的粘接牢靠性。其焊接工艺如图 2.3.5-7 所示。

## 5.2.8　控制质量通病,提高施工质量

1. 防止管道干管分流后的倒流差错。

2. 管道走向的布局:应先放样,调整合理后才下料安装。特别要防止出现不合理的

管道走向(图 2.3.5-8 和图 2.3.5-9)。

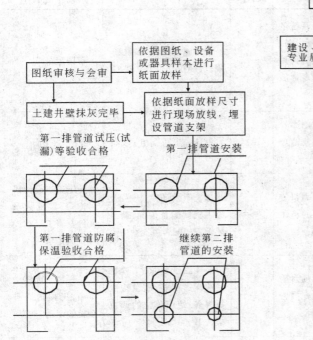

图 2.3.5-4 竖井内管道安装控制程序

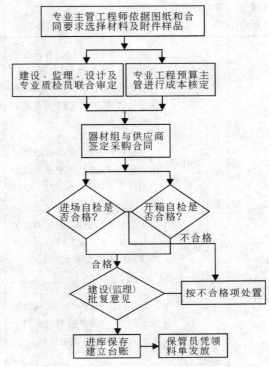

图 2.3.5-5 材料、设备、附件质量保证控制体系

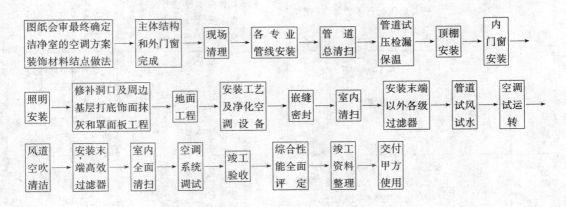

图 2.3.5-6 洁净手术部的施工搭接顺序控制程序

暖卫工程施工质量控制大纲　　表 2.3.5-1

| 施工阶段 | 序号 | 控制项目 | 主要控制点 | 控制点负责人 | 工作依据 | 工作见证 |
|---|---|---|---|---|---|---|
| 施工准备阶段 | 1 | 图纸会审阶段 | 着重了解设计概况，各系统的来龙去脉、服务对象，主要设备、材质要求，工程难点、重点，设计未交代清楚和与其他专业相矛盾的地方 | — | 设计施工图、标准图册、规范、规程及相关文件 | 审图记录 |
| | 2 | 设计技术交底 | 了解设计意图，弄清审图中提出的疑问，确定设计变更洽商项目纪要 | — | 设计施工图及相关文件 | 设计交底纪要及设计变更洽商记录 |
| | 3 | 施工组织设计 | 工程难点及重点，施工力量安排与部署，主要施工项目的施工方法及质量进度保证措施 | — | 施工图纸、规范、规程及施工机械配备情况，新工艺设备的配置可能性 | 施工组织设计研讨记录、审批记录文件及施工组织设计交底记录 |
| | 4 | 材料设备采购 | 设备、材料的型号规格，质量检测报告书、使用单位的调查报告书的真实性，施工概预算等 | — | 设计图纸要求，工程物质选样送审表，质量检测报告书，使用单位的调查报告书 | 工程物质选样送审表，工程物质进场检验记录 |
| | 5 | 施工组织设计交底 | 工程难点及重点，施工力量安排与部署，主要施工项目的施工方法及质量进度保证措施 | — | 施工组织设计审批件及相关规范、规程 | 施工组织设计交底记录 |
| | 6 | 劳务队伍选择 | 劳务队伍的技术力量、管理体制与素质 | — | 合格承包文书，技术力量素质，管理体制和组织机构 | 外包劳务队审批报告 |
| | 7 | 材料机具进场 | 满足施工进度计划 | — | 材料机具设备进场计划书 | 材料设备进场检验记录，施工领料记录单，可追溯性材料设备产品记录单 |
| 管道设备安装阶段 | 1 | 孔洞预留、管件预埋 | 孔洞尺寸、位置、标高及预埋件材质、加工质量和固定措施 | — | 施工图纸、规范、规程 | 预检、隐检记录单 |
| | 2 | 钢制给水、供暖管道安装 | 水平度、垂直度、坡度、支架间距、甩口位置、连接方式、耐压强度和严密性、防腐保温、固定支座位置和安装 | — | 施工图纸、规范、规程、标准图册要求和设备器具样本接口尺寸 | 预检、隐检、水压试验记录单 |

| 施工阶段 | 序号 | 控制项目 | 主要控制点 | 控制点负责人 | 工作依据 | 工作见证 |
|---|---|---|---|---|---|---|
| 管道设备安装阶段 | 3 | 塑料和铝塑复合管道安装 | 土建结构层标高、垫层厚度和管顶覆盖层厚度、管道的标高、位置、水平度、垂直度、坡度、支架间距、甩口位置、连接方式、埋设管道接口设置☆☆、耐压强度和严密性、防腐保温、固定支座位置和安装、伸缩器设置安装 | — | 施工图纸、规范、规程、标准图册要求和设备器具样本接口尺寸 | 预检、隐检、水压、通水试验记录单 |
| | 4 | 排水及雨水管道安装 | 管道规格、标高、位置、水平度、垂直度、坡度、支架间距、甩口位置、连接方式、塑料管道伸缩器设置、严密性、防结露保温 | — | 施工图纸、规范、规程、标准图册要求和设备器具样本接口尺寸 | 预检、隐检、灌水、通水、通球试验记录单 |
| | 5 | 卫生器具安装 | 型号规格、位置标高、平整度、接口连接 | — | 施工图纸、规范、规程、标准图册要求和设备器具样本 | 预检、灌水、通水试验记录单 |
| | 6 | 散热器安装 | 型号规格、位置、标高、平整度、接口连接、散热器固定 | — | 施工图纸、规范、规程、标准图册要求 | 预检、水压试验记录单 |
| | 7 | 设备安装 | 型号规格、位置、标高、平整度、接口、减振、严密性 | — | 施工图纸、规范、规程、标准图册、设备样本要求 | 进场检验、预检记录单 |
| 系统调试 | 1 | 系统试验冲洗 | 试验压力、冲洗流量与速度 | — | 施工图纸、规范、规程 | 系统水压和冲洗试验记录单 |
| | 2 | 单机试运转 | 水量、风压、转速、噪声、转动件外表温度、振动波幅 | — | 施工图纸、规范、规程、设备样本要求 | 单机试运转试验记录单 |
| | 3 | 分项工程调试 | 散热器表面温度和房间温度 | — | 施工图纸、规范、规程 | 系统调试试验记录单 |
| 施工资料整理 | 1 | 记录单内容 | 文字书写、内容准确性、时限性、相关性、签字完整性、文笔简练性 | — | DBJ 01—51—2000 | 施工记录单 |
| | 2 | 记录单组卷 | 格式、分类、数量、装订 | — | DBJ 01—51—2000 | 施工记录单组卷 |

注:埋地塑料和铝塑复合管道一般不允许有接头,仅热熔连接 PB 和 PP－R 供暖下分式双管系统在支管分叉处允许用相同材质的专用连接管件连接。

**通风空调工程施工质量控制大纲** 表 2.3.5-2

| 施工阶段 | 序号 | 控制项目 | 主要控制点 | 控制点负责人 | 工作依据 | 工作见证 |
| --- | --- | --- | --- | --- | --- | --- |
| 施工准备阶段 | 1 | 图纸会审阶段 | 着重了解设计概况，各系统的来龙去脉、服务对象，主要设备、材质要求，工程难点、重点，设计未交代清楚和与其他专业相矛盾的地方 | — | 设计施工图、标准图册、规范、规程及相关文件 | 审图记录 |
| | 2 | 设计技术交底 | 了解设计意图，弄清审图中提出的疑问，确定设计变更洽商项目纪要 | — | 设计施工图及相关文件 | 设计交底纪要及设计变更洽商记录 |
| | 3 | 施工组织设计 | 工程难点及重点，施工力量安排与部署，主要施工项目的施工方法及质量进度保证措施 | — | 施工图纸、规范、规程及施工机械配备情况，新工艺设备的配置可能性 | 施工组织设计研讨记录、审批记录文件及施工组织设计交底记录 |
| | 4 | 材料设备采购 | 设备、材料的型号规格，质量检测报告书、使用单位的调查报告书的真实性，施工概预算等 | — | 设计图纸要求，工程物质选样送审表，质量检测报告书，使用单位的调查报告书 | 工程物质选样送审表，工程物质进场检验记录 |
| | 5 | 施工组织设计交底 | 工程难点及重点，施工力量安排与部署，主要施工项目的施工方法及质量进度保证措施 | — | 施工组织设计审批件及相关规范、规程 | 施工组织设计交底记录 |
| | 6 | 劳务队伍选择 | 劳务队的技术力量、管理体制与素质 | — | 合格承包文书，技术力量素质，管理体制和组织机构 | 外包劳务队审批报告 |
| | 7 | 材料机具进场 | 满足施工进度计划 | — | 材料机具设备进场计划书 | 材料设备进场检验记录，施工领料记录单，可追溯性材料设备产品记录单 |
| | 8 | 编制通风空调工程调试方案 | 参数数量和精度、测试仪表型号规格与精度、测试方法及资料整理 | — | 施工图纸、规范、规程 | 测试调试数据记录、测试资料报告 |

| 施工阶段 | 序号 | 控制项目 | 主 要 控 制 点 | 控制点负责人 | 工作依据 | 工作见证 |
|---|---|---|---|---|---|---|
| 管道设备安装阶段 | 1 | 孔洞预留、管件预埋 | 孔洞尺寸、位置、标高及预埋件材质、加工质量和固定措施 | — | 施工图纸、规范、规程 | 预检、隐检记录单 |
| | 2 | 管件附件制作 | 材质、规格、咬口焊口、翻边、铆钉间距与铆接质量、外观尺寸与平整度、严密性 | — | 施工图纸、规范、规程 | 材料设备进场检验、预检、灯光检漏记录单 |
| | 3 | 通风管道吊装 | 水平度、垂直度、坡度、甩口位置、连接方式、严密性、支架间距和安装、防腐保温 | — | 施工图纸、规范、规程、标准图册要求和设备器具样本接口尺寸 | 预检、隐检、灯光检漏、漏风率检测试验记录单 |
| | 4 | 空调管道安装 | 水平度、垂直度、坡度、支架间距、甩口位置、连接方式、耐压强度和严密性、防腐保温、固定支座位置和安装 | — | 施工图纸、规范、规程、标准图册要求和设备器具样本接口尺寸 | 预检、隐检、水压、冲洗试验记录单 |
| | 5 | 风口附件安装 | 型号规格、位置、标高、接口严密性、平整度、阀件方向性、调节灵活性 | — | 施工图纸、规范、规程、标准图册要求和附件设备样本 | 预检、隐检、调试试验记录单 |
| | 6 | 各类机组安装 | 型号规格、位置、标高、平整度、接口、减振、严密性 | — | 施工图纸、规范、规程、标准图册、设备样本要求 | 进场检验、预检、水压试验、漏风率检测记录单 |
| 系统调试 | 1 | 单机试运转 | 风(水)量、风压、转速、噪声、转动件外表温度、振动波幅 | — | 施工图纸、规范、规程、设备样本要求 | 单机试运转试验记录单 |
| | 2 | 空调冷热媒和冷却系统试验冲洗 | 试验压力、冲洗流量与速度 | — | 施工图纸、规范、规程 | 系统水压和冲洗试验记录单 |
| | 3 | 送回风口风量和通风空调系统风量平衡 | 风口、支路风量、系统总风量 | — | 施工图纸、规范、规程 | 风口风量及系统调试试验记录单 |
| | 4 | 室内参数检测 | 房间温度和送风口流速、湿度、洁净度、噪声、静压等 | — | 施工图纸、规范、规程要求 | 室内参数检测记录单 |
| | 5 | 系统联合试运转 | 通风系统、冷热源系统、冷却水系统、自动控制系统和室内参数 | — | 施工图纸、规范、规程要求 | 系统联合试运转试验记录单 |

| 施工阶段 | 序号 | 控制项目 | 主要控制点 | 控制点负责人 | 工作依据 | 工作见证 |
|---|---|---|---|---|---|---|
| 施工资料整理 | 1 | 记录单内容 | 文字书写、内容准确性、时限性、相关性、签字完整性、文笔简练性 | — | DBJ 01—51—2000 | 施工记录单 |
| | 2 | 记录单组卷 | 格式、分类、数量、装订 | — | DBJ 01—51—2000 | 施工记录单组卷 |

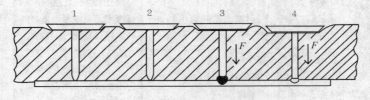

图 2.3.5 - 7　碟形帽金属保温钉焊接工艺

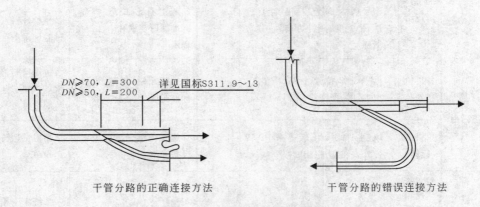

图 2.3.5 - 8　干管分路的连接方法

3. 严格执行 GB 50243—2002 第 5.3.9 条和建五技质〔2001〕169 号《通风空调工程安装中若干问题的技术措施》第 4.1 条～第 4.5 条的规定、禁止在通风安装工程中滥用软管和软接头的规定,减少空调病的发作,以确保用户的健康(具体应用的正确性见图2.3.5 - 10～图 2.3.5 - 13)。

(1) 柔性短管应选用防腐、防潮、不透气、不易霉变的柔性材料。用于空调系统的应采用防止结露的措施;用于净化空调系统的还应是内壁光滑、不易产生尘埃的材料。

(2) 柔性短管的长度一般为 150～250mm,其连接处应严密、牢固可靠。

(3) 柔性短管不宜作为找正、找平的异径连接管。

(4) 设于结构变形缝处的柔性连接管,其长度宜为变形缝的宽度加 100mm 及以上。

(5) 为了保障用户的健康和工程质量,在应用柔性短管时尚应严格执行我公司建五技质〔2001〕169 号《通风空调工程安装中若干问题的技术措施》第 4.1 条～第 4.5 条的规

定,禁止在通风安装工程中滥用软管和软接头的规定。即:

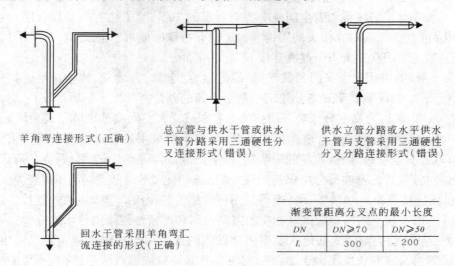

羊角弯连接形式(正确) 总立管与供水干管或供水 供水立管分路或水平供水
干管分路采用三通硬性分 干管与支管采用三通硬性
叉连接形式(错误) 分叉分路连接形式(错误)

回水干管采用羊角弯汇
流连接的形式(正确)

| 渐变管距离分叉点的最小长度 | | |
|---|---|---|
| DN | DN≥70 | DN≥50 |
| L | 300 | 200 |

图 2.3.5-9 总立管与供水干管的连接

注:本图适用于供暖和供水管道,→为流体流入或流出方向。

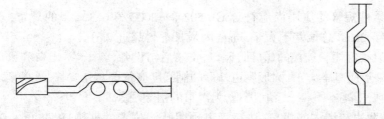

图 2.3.5-10 从上面跨越障碍物的软连接(正确) 图 2.3.5-11 垂直跨越障碍物的软连接(正确)

图 2.3.5-12 水平跨越障碍物的软连接 图 2.3.5-13 从下面跨越障碍
(俯视图、正确) 物的软连接(不正确)

第4.1条 风道软管和软接头因材质粗糙、质地柔软、严密性差、阻力大、寿命短、易
积尘,而粉尘又是各种微生物、细菌的寄存和繁殖的营养供给基地,在润湿的环境中易引
起军团菌等"空调病菌"的繁殖,引发空调病。因此除了洁净空调对风道软管和软接头的
应用有严格的规定外(其选材、制作、安装应符合 JGJ 71—90 第 3.2.7 条的规定),在一般
空调系统中也应慎重采用。

第4.2条 在通风安装工程中软管和软接头的应用范围应有一定的限制,严禁乱用
软管风道和软接头。除了在有震动设备前后为了防止震动的传播和降低噪声采用软接头
外,在下列场合原则上禁止采用软管作为风口的连接件和作为干管与支管的连接件。

（1）洁净工程、生物工程、微生物工程、放射性实验室工程、制药厂、食品工业加工厂和医疗工程等对工艺流程和卫生防疫有特殊要求的工程，除了在有震动设备前后可以安装软接头外（这些工程对软接头的用料和加工也有特殊的要求，详见 JGJ 71—90），其余场合原则上禁止采用软接头进行过渡连接。

（2）重要的、有历史意义的公共建筑、纪念馆、纪念堂、大会堂、博物馆等。如人民大会堂的观众厅、会议室或重要办公建筑中高级人物的办公室和出入场所。

（3）风口、风道为高空分布难以清扫的大容积或高大空间内的通风空调系统。

（4）凡是支管能用硬性管道连接的场合，一律不得采用软管连接。不得不采用软管连接时，软管只能从跨越管（跨越的障碍物）的上部绕过，不得从跨越管（跨越的障碍物）的下部绕过。且软管的弯曲部分应保持足够大的曲率半径，不得形成局部压扁现象。

（5）两连接点距离超过 2m 者，不得采用可伸缩性的金属或非金属软管连接。

第4.3条　在下列场合应做好相应的限制位移和严密性封闭的技术措施：

（1）当软管作为厕所或其他次要房间顶棚内的排风扇与土建式排风竖井连接时，除了应保证管道平直和长度不大于 2m 外，它与竖井的接口应通过法兰连接，不得未经任何处理而采用直接插入土建通风竖井内的方法，以免因其他原因而脱离。

（2）应特别注重风机盘管室内送风口处送风管、新风管与室内送风口（格栅）处连接的严密性、牢靠性。

第4.4条　柔性短管的应用尚应符合 GB 50243—2002 第6.3.3条的规定，水平直管的垂度每米不大于 3mm，总偏差不大于 6mm（因最长不得超过 2m）。

第4.5条　以柔性短管连接的送（回）风口，安装后与设备（或干管）出口和风口的连接应严密，不渗漏；外形应基本方正，圆形风道外形的椭圆度应符合 GBJ 304—88 的要求。从风口向里看，软管内壁应基本平整、光滑、美观，无严重的褶皱现象。

4．注重管道两边与墙体的距离：注意管道预留孔洞位置的准确性，防止安装后管道距离墙体表面距离超过规范的要求和影响外观质量。

5．预留孔洞或预埋件位置的控制：预留孔洞或预埋件及管道安装时应特别注意管道与墙面（两个方向均应照顾到）及管道与管道之间的距离。明装管道距离墙体表面等的距离应严格遵守设计和规范的要求。见图 2.3.5－14。

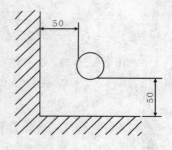

图 2.3.5－14　管道与墙面的距离

6．设备和材料的采购和进场验收：应执行材料、设备、附件质量保证控制体现。主要是规格的鉴别，特别是管材的壁厚；管道支架的规格和加工质量（按 91SB 详图控制），避免不合格品进场。提计划和定货时应特别注意无缝钢管及配件的外径、厚度应与水煤气管匹配、弯头外径应与管道外径一致（材料、设备、附件质量保证控制体系详见图 2.3.5－5）。

7．洁净室的施工程序：为保证洁净室最终测试能达到设计要求，洁净室各工种（包括土建、电气等专业）的施工程序一定得按照 JGJ 71—90《洁净室施工及验收规范》附录二"洁净室主要施工程序"规定安排施工（或详见 5.2.4－8 节）。本工程不仅内部工种之间的协调复杂，总包单位与分包单位之间工序的协调复杂；洁净室内工艺设备的进入时间和设备安装与建筑施工各工种的配合也直接影响洁净室的施工质量,因此施工前方方面面的协调工作不可忽略。

8. 吊顶预留人孔(检查孔)的安排:吊顶人孔(检查孔)的预留应事先做好安排,其位置、结点做法既要照顾便于调节、测试和检修的需要,更应考虑密闭性的质量要求。尤其洁净室的检查孔最好安排在走道或非洁净房间的吊顶上,不宜安排在洁净度要求较高的房间内。为了便于人员进入吊顶内调试和检修,应与设计、监理和土建专业人员共同协商,在吊顶内增设人行栈桥。

9. 管道甩口的控制:管道安装应执行管道安装控制程序(图2.3.6-1)应防止干管中支管(支路)接口甩口位置与支管安装位置的过大误差,解决的办法:

(1) 严格执行事先放线定位的施工程序和安装交底程序;

(2) 废除从起点至终点安装不分阶段"一竿子插到底"的不科学的施工陋习,应分段进行,并留有调整位置的最后下料直管段,待位置调整合适后再安装。

10. 土建竖井施工应控制内表面的光洁度:应监督土建专业在各种管道竖井的浇筑和砌筑时,及时进行风道内壁的抹光处理工序(图2.3.5-3)。

11. 竖井内风道法兰连接安装孔的预留:断面较大的通风管道,由于边长较长,风道又紧靠竖井侧壁,往往因风道与井壁间间距太小,手臂太短,因此两段风道间连接法兰的螺栓无法拧紧。因此应在竖井施工前预留安装孔洞,以便于风道的安装。

12. 竖井内管道安装应严格按控制程序进行(详见5.2.4-4节),以保证施工质量和避免返工。

13. 注意无缝钢管与焊接钢管外径和厚度尺寸的匹配:见表2.3.5-3。

无缝钢管及钢压制弯头匹配表 表2.3.5-3

| $DN$ (mm) | 相应英制 (in) | 相应无缝钢管外径×壁厚(mm) | 与焊接钢管配套弯头外径×壁厚(mm) | $DN$ (mm) | 相应英制 (in) | 相应无缝钢管外径×壁厚(mm) | 与焊接钢管配套弯头外径×壁厚(mm) |
|---|---|---|---|---|---|---|---|
| 15 | 1/2 | 22×3 | — | 150 | 6 | 159×4.5 | 168×4.5 |
| 20 | 3/4 | 25×3 | — | 200 | 8 | 219×6 | — |
| 25 | 1 | 32×3.5 | — | 250 | 10 | 273×8 | — |
| 32 | 1 1/4 | 38×3.5 | 42×3.5 | 300 | 12 | 325×8 | — |
| 40 | 1 1/2 | 45×3.5 | 50×3.5 | 350 | 14 | 377×9 | — |
| 50 | 2 | 57×3.5 | 60×3.5 | 400 | — | 426×9 | — |
| 65 | 2 1/2 | 76×4 | 76×4 | 450 | — | 480×10 | — |
| 80 | 3 | 89×4 | 89×4 | 500 | — | 530×10 | — |
| 100 | 4 | 108×4 | 114×4 | 600 | — | 630×10 | — |
| 125 | 5 | 133×4.5 | 140×4.5 | — | — | — | — |

14. 给水和空调冷热管道的排气和泄水:给水和空调冷热管道最高点或可能有空气

积聚处,应设排气装置,最低点或可能有水积存处应设泄水装置。

### 5.2.9 规范施工技术记录资料管理

1. 贯彻建五技质[2001]154号《"建筑安装工程资料管理规定"暖卫通风部分实施中提出问题的处理意见》,使现场技术管理人员明确该《规程》的本质在于强调资料的完整性、真实性、准确性、系统性、时限性和同一性,以及其与原418号规定的本质区别。

2. 强调工序技术交底的重要性,并提供某项工序技术交底的具体编制方法。

3. 提供比较难以填写记录单的填写示例,规范技术管理资料的样式。

### 5.2.10 成品、半成品保护措施

本工程高空作业面大、工种多、多专业交叉作业,故成品、半成品保护工作特别重要。为确保质量,拟采取下列措施。

1. 结构阶段:各专业施工人员不得撬钢筋、扭曲钢筋、拆除扎丝,应在钢筋上放走道护板,严禁割主筋。要派专人看护管盒、套管、预埋件,防止移位。

2. 装修阶段:搬运器具、钢管、机械注意不碰门框及抹灰腻子层,不得剔除面砖,不得上人站在安装的卫生设备器具上面,注意对电线、配电箱、消火栓箱的看护,以免损坏,在吊顶内施工不得扭曲龙骨。对油漆粉刷墙面、防护膜不得触摸。

3. 思想教育与奖惩制度:组织在施人员学习,加强教育,认真贯彻执行,确保成品、半成品保护工作,对成效突出的个人进行奖励,对破坏成品者严肃处理。

### 5.2.11 依据规范的要求,加强安装工程的各项测试与试验,确保设备安装工程的施工质量

1. 进场阀门强度和严密性试验。依据 GB 50242—2002 第 3.2.4 条、第 3.2.5 条和 GB 50243—2002 第 8.3.5 条、第 9.2.4 条规定。

(1) 各专业各系统主控阀门和设备前后阀门的水压试验

A. 试验数量及要求:100%逐个进行编号、试压、填写试验单,并按 ZXJ/ZB 0211—1998 进行标识存放,安装时对号入座。

B. 试压标准:强度试验为该阀门额定工作压力的 1.5 倍作为试验压力;严密性试验为该阀门额定工作压力的 1.1 倍作为试验压力。在观察时限内试验压力应保持不变,且壳体填料和阀瓣密封面不渗不漏为合格。

阀门强度试验和严密性试验的时限见表 2.3.5 - 4。

(2) 其他阀门的水压试验:其他阀门的水压试验标准同上,但试验数量按规范规定为:

A. 按不同进场日期、批号、不同厂家(牌号)、不同型号、规格进行分类。

B. 每类分别抽 10%,但不少于 1 个进行试压,合格后分类填写试压记录单。

C. 10%中有不合格的,再抽 20%(含第一次共计 30%)进行试压后,如果又出现不合格的,则应 100%进行试压。但本工程第二批(20%)中又出现不合格的,应全部退货。

D. 阀门应有北京市用水器具注册证书。

阀门强度试验和严密性试验的时限                                  表 2.3.5－4

| 公称直径 DN (mm) | 最短试验持续时间(s) | | | |
| | 严密性试验 | | | 强度试验 |
| | 金属密封 | 非金属密封 | 制冷剂管道 | |
| --- | --- | --- | --- | --- |
| ≤50 | 15 | 15 | 30 | 15 |
| 65～200 | 30 | 15 | — | 60 |
| 250～450 | 60 | 30 | — | 180 |
| ≥500 | 120 | 60 | — | — |

2．其余水暖附件的检验

（1）进场的管道配件(管卡、托架)应有出厂合格证书。

（2）应按 91SB3 图册附件的材料明细表中各型号的零件规格、厚度及加工尺寸相符，且外观美观，与卫生器具结合严密等要求进行验收。

3．卫生器具的进场检验

（1）卫生器具应有出厂合格证书。

（2）卫生器具的型号规格应符合设计要求。

（3）卫生器具外观质量应无碰伤、凹陷、外凸等质量事故。

（4）卫生器具的排水口应阻力小，泄水通畅，避免泄水太慢。

（5）坐式便桶盖上翻时停靠应稳，避免停靠不住而下翻。

（6）器具进场必须经过严格交接检，填写检验记录，没有合格证、检验记录，不能就位安装。

4．热交换器的水压试验：依据 GB 50242—2002 第 6.3.2 条规定，水—水热交换器和汽—水热交换器的水部分的试验压力为 1.5 倍的工作压力，时限 10min 内，压力不降、不渗不漏为合格。汽—水热交换器的蒸汽部分的试验压力应不低于蒸汽供汽压力加 0.3MPa(本工程为 0.7MPa)；热水部分应不低于 0.4MPa(本工程为 1.0MPa)，在试验压力下时限 10min 内，压力不降、不渗不漏为合格。

5．室内生活给水管道和消火栓供水管道的水压试验：

（1）试压分类：单项试压——分局部隐检部分和分各系统(或每根立管)进行试压，应分别填写试验记录单。系统综合试压——按系统分别进行。

（2）试压标准：

单项试压：单项试压的试验压力，当系统工作压力 $P \leqslant 1.0MPa$ 时，依据 GB 50242—2002 第 4.2.1 条规定，各种材质的给水系统的水压试验压力均为系统工作压力的 1.5 倍，但不小于 0.6MPa。本工程医技楼和新病房楼地区试验压力 $P = 0.6MPa$，工作压力 $P_0$ 取 0.4 MPa。新病房楼高区试验压力 $P = 1.2MPa$，工作压力 $P_0$ 取 0.8MPa。

A．金属和复合管道系统：将系统压力升至试验压力，在试验压力下观察 10min 内，压力降 $\Delta P \leqslant 0.02MPa$，检查不渗不漏后，再将压力降至工作压力进行外观检查，不渗不漏为合格；

B．塑料管道系统：将系统压力升至试验压力，在试验压力下稳压 1h，压力降 $\Delta P \leqslant$ 0.05MPa，检查不渗不漏后，再将压力降至工作压力的 1.15 倍，稳压 2h，压力降 $\Delta P \leqslant$ 0.03MPa，同时进行各连接处的外观检查，不渗不漏为合格。

综合试压：试验方法同压力同单项试压，其试压标准不变。

6．室内热水供应管道的水压试验：

(1) 试压分类：

单项试压——分局部隐检部分和分各系统(或每根立管)进行试压，应分别填写试验记录单。系统综合试压——按系统分别进行。

(2) 试压标准：

单项试压：单项试压的试验压力，当系统工作压力 $P \leqslant 1.0MPa$ 时，依据 GB 50242—2002 第 6.2.1 条规定，热水管道在保温前应进行水压试验。各种材质的热水供应系统的水压试验压力应符合两个条件。

A．热水供应系统的水压试验压力应为系统顶点的工作压力加 0.1MPa。

B．在热水供应系统顶点的水压试验压 $\geqslant 0.3MPa$。

(3) 本工程试验压力取 $P = 1.0MPa$，工作压力 $P_0$ 取 0.8MPa。

(4) 钢管或复合管道系统：将系统压力升至试验压力，在试验压力下观察 10min 内，压力降 $\Delta P \leqslant 0.02MPa$，检查不渗不漏后，再将压力降至工作压力进行外观检查，不渗不漏为合格。

(5) 塑料管道系统：将系统压力升至试验压力，在试验压力下稳压 1h，压力降 $\Delta P \leqslant$ 0.05MPa，检查不渗不漏后，再将压力降至工作压力的 1.15 倍，稳压 2h，压力降 $\Delta P \leqslant$ 0.03MPa，同时进行各连接处的外观检查，不渗不漏为合格。

综合试压：试验方法同压力同单项试压，其试压标准不变。

7．冷却水管道及空调冷热水循环管道的水压试验：依据 GB 50243—2002 第 9.2.3 条的规定。

(1) 系统水压试验压力：

A．当系统工作压力 $\leqslant 1.0MPa$ 时，系统试验压力为 1.5 倍工作压力，但不小于 0.6MPa；

B．当系统工作压力 $> 1.0MPa$ 时，系统试验压力为工作压力加 0.5MPa；

C．各类耐压塑料管道的强度的试验压力为 1.5 倍工作压力，严密性试验压力为 1.15 倍工作压力；

D．本工程按设计要求试验压力 $P = 1.0MPa$，工作压力 $P_0$ 取 0.7MPa。

(2) 试验要求：

A．大型或高层建筑垂直位差较大的冷热媒循环水系统、冷却水系统宜采用分区、分层试压和系统试压相结合的方法进行水压试验；

B．一般建筑可采用系统试压的方法。

(3) 试验标准：

A．分栋、分层试压：分栋、分层试压是对相对独立的局部区域的管道进行试压。试验时将系统压力升至试验压力,在试验压力下稳压 10min,压力不得下降,再将试验压力降至工作压力,在 60min 内,压力不得下降,外观检查,不渗不漏为合格;

B．系统试压:系统试压是在各分区管道与系统主、干管全部连通后,对整个系统的管道进行的试压。试验压力以最低点的压力为准,但最低点的压力不得超过管道与组成件的承受压力。当系统压力升至试验压力后稳压 10min,压力降 $\Delta P \leqslant 0.02\text{MPa}$,检查不渗不漏,再将系统压力降至工作压力进行外观检查,不渗不漏为合格。

8．空调凝结水管道的充水试验:依据 GB 50243—2002 第 9.2.3 条第 4 款的规定。空调凝结水管道采用冲水试验,不渗不漏为合格。

9．室内消火栓供水系统的试射试验:依据 GB 50242—2002 第 4.3.1 条的规定,室内消火栓系统安装完成后,应取屋顶层(或水箱间内)的试射消火栓和首层取两处消火栓进行实地试射试验,试验的水柱和射程应达到设计的要求为合格。

10．室内消防自动喷洒灭火系统管道的试压:依据 GB 50261—96 第 6.2.1 条、第 6.2.2 条、第 6.2.3 条、第 6.2.4 条的规定。

(1) 试压分类:单项试压——分隐检部分和系统局部进行试压,并分别填写试验记录单。综合试压——按系统分别进行。

(2) 试验环境与条件:

A．试验环境温度:水压试验的试验环境温度不宜低于 5℃,当低于 5℃时,水压试验应采取防冻措施;

B．试验条件:水压试验的压力表应不少于 2 只,精度不应低于 1.5 级,量程应为试验压力的 1.5 ~ 2 倍;

C．试验环境准备:系统冲洗方案已确定,不能参与试验的设备、仪表、阀门、附件应加以拆除或隔离。

(3) 试验压力的要求:

A．当系统设计工作压力 $\leqslant 1.0\text{MPa}$ 时,水压强度试验压力应为设计工作压力的 1.5 倍,但不低于 1.4MPa;

B．当系统设计工作压力 $> 1.0\text{MPa}$ 时,水压强度试验压力为该设计工作压力加 0.4MPa;

C．本工程按设计要求试验压力 $P$ 取 1.6MPa,工作压力 $P_0$ 取 1.0MPa;

D．水压强度试验的达标要求:系统或单项水压强度试验的测点应设在系统管网的最低点。对管网注水时应将管网中的空气排净,并缓慢升压,当系统压力达到试验压力时,稳压 30min,目测管网应无渗漏和无变形,且系统压力降 $\Delta P \leqslant 0.05\text{MPa}$ 为合格。

(4) 系统严密性试验:系统严密性试验(即综合试压或通水试验)。严密性试验应在水压强度试验和管网冲洗试验合格后进行。在工作压力下稳压 24h,进行全面检查,不渗不漏为合格。

(5) 自动喷水灭火系统的水源干管、进户管和埋地管道应在回填前单独进行或与系统一起进行水压强度试验和严密性试验。

11．室内干式喷水灭火系统和预作用喷洒灭火系统的气压试验:依据 GB 50261—96 第 6.1.1 条、第 6.3.1 条、第 6.3.2 条的规定,消防自动喷洒灭火系统应做水压试验和气压试验。

(1) 水压试验:同一般湿式消防自动喷洒灭火系统(详见 10 项)。

(2) 气压试验:

A. 气压试验的介质:气压试验的介质为空气或氮气;

B. 气压试验的标准:气压严密性试验的试验压力为 0.28MPa,且在试验压力下稳压 24h,压力降 $\Delta P \leqslant 0.01MPa$ 为合格。

12. 室内蒸汽、热水供暖系统管道的水压试验:

(1) 单项试验:包括局部隐蔽工程的单项水压试验及分支路或整个系统与设备和附件连接前的水压试验,应分别填写记录单。

(2) 综合试验:是系统全部安装完后的水压试验,应按系统分别进行试验,并填写记录单。

(3) 试验标准:依据 GB 50243—2002 第 8.1.1 条、第 8.6.1 条的规定,热媒温度 $\leqslant$ 130℃的热水和饱和蒸汽压力 $\leqslant$ 0.7MPa 的供暖系统安装完毕,保温和隐蔽之前应进行水压试验。

A. 一般蒸汽供热系统:蒸汽供热系统的试验压力应满足两个条件。

(A) 供热系统的试验压力应以系统顶点工作压力加 0.1MPa 作为试验压力;

(B) 供热系统顶点的试验压力还应 $\geqslant$ 0.4MPa;

(C) 本工程试验压力 $P = 0.5MPa$,工作压力 $P_0 = 0.4MPa$。

(4) 合格标准:

A. 钢管和复合管道的供暖系统:采用钢管和复合管道的供暖系统在系统试验压力下,稳压 10min 内压力降 $\Delta P \leqslant 0.02MPa$,外观检查不渗不漏后,再将系统压力降至工作压力,稳压进行外观检查不渗不漏为合格;

B. 塑料管道的供暖系统:采用塑料管道的供暖系统在系统试验压力下,稳压 1h 内压力降 $\Delta P \leqslant 0.05MPa$,外观检查不渗不漏后,再将系统压力降至 1.15 倍工作压力,稳压 2h 内压力降 $\Delta P \leqslant 0.03MPa$,同时进行外观检查不渗不漏为合格。

13. 密闭水箱(罐)的水压试验:依据 GB 50243—2002 第 4.4.3 条、第 6.3.5 条、第 8.3.2 条、第 13.3.4 条的规定,密闭水箱(罐)的水压试验必须符合设计和本规范的规定,试验压力为工作压力的 1.5 倍,但不得小于 0.4MPa,在试验压力下 10min 内压力不下降,不渗不漏为合格。

14. 灌水和满水试验:

(1) 室内排水管道的灌水试验:

A. 隐蔽或埋地的排水管道的灌水试验:依据 GB 50243—2002 第 5.2.1 条的规定,隐蔽或埋地的排水管道在隐蔽前必须进行灌水试验;

B. 灌水试验的标准:灌水试验应分立管、分层进行,并按每根立管分层填写记录单。试验的标准是灌水高度应不低于底层卫生器具的上边缘或底层地面的高度,灌满水 15min 水面下降后,再将下降水位灌满,持续 5min 后,若水位不再下降,管道及接口不渗漏为合格。

(2) 室排雨水管道的灌水试验:依据 GB 50243—2002 第 5.3.1 条的规定,安装在室内的雨水管道应做灌水试验,试验按每根立管进行,灌水高度应为屋顶雨水漏斗至立管根部排出口的高差,灌满 15min 后,再将下降水面灌满,保持 5min,若水面不再下降,且外观无渗漏为合格。

(3)卫生器具的满水和通水试验:依据 GB 50243—2002 第 7.7.2 条的规定,洗面盆、洗涤盆、浴盆等卫生器具交工前应做满水和通水试验,并按每单元进行试验和填表。灌水高度是将水灌至卫生器具的溢水口或灌满,各连接件不渗不漏为合格。卫生器具通水试验时给水、排水应畅通。

(4)各种贮水箱和高位水箱满水试验:依据 GB 50243—2002 第 4.4.3 条、第 6.3.5 条、第 8.3.2 条、第 13.3.4 条的规定,各类敞口水箱应单个进行满水试验,并填写记录单。试验标准同卫生器具,但静置观察时间为 24h,不渗不漏为合格。

15. 供热、冷系统伸缩器预拉伸试验:应按系统按个数 100% 进行试验,并按个数分别填写记录单。

16. 管道冲洗和消毒试验:

(1)管道冲洗试验应按专业、按系统分别进行,即室内供冷、供热系统、室内给水系统、室内消火栓供水、室内消防喷淋供水、室内热水供应系统,并分别填写记录单。

(2)管内冲水的流速和流量要求

A.(室内、室外)生活给水系统的冲洗和消毒试验:依据 GB 50243—2002 第 4.2.3 条、第 9.2.7 条的规定,生产给水管道在交付使用之前必须进行冲洗和消毒,并经过有关部门取样检验,水质符合国家《生活饮用水标准》方可使用,检测报告由检测部门提供:

(A)管道的冲洗:管道的冲洗流速 ≥1.5m/s,为了满足此流速要求,冲洗时可安装临时加压泵;

(B)管道的消毒:管道的消毒依据 GB 50268—97 第 10.4.4 条的规定,管道应采用含量不低于 20mg/L 氯离子浓度的清洁水浸泡 24h,再冲洗,直至水质管理部门取样化验合格为止。

B. 消火栓及消防喷洒供水管道的冲水试验:依据 GB 50243—2002 第 4.2.3 条、第 9.3.2 条的规定,消火栓供水管道管内冲洗流速 ≥1.5m/s,为了满足此流速要求,若管内流速达不到时,冲洗时可安装临时加压泵。消防喷洒系统供水管道管内冲洗流速 ≥3.0m/s;

C. 室内热水供应系统的冲洗:依据 GB 50243—2002 第 6.2.3 条的规定,热水供应系统竣工后应进行管道冲洗,管道的冲洗流速 ≥1.5m/s;

D. 供冷供热空调循环管道的冲水试验:依据 GB 50243—2002 第 8.6.2 条的规定,供暖系统管道试压合格后应进行冲洗和清扫过滤器和除污器,管道冲洗前应将流量孔板、滤网、温度计等暂时拆除,待冲洗完后再安上。冲洗流量和压力按设计最大流量和压力进行(若设计说明未标注,则按管道管内流速 ≥1.5m/s 进行);

E. 空调冷却水循环系统管道的冲水试验:同生活给水系统。

(3)达标标准:一直到各出水口排出水不含泥砂、铁屑等杂质,水色不浑浊,出水口水色和透明度、浊度与进水口侧一样为合格。

(4)蒸汽管道的吹洗:依据 GB 50235—97 第 8.4.1 条 ~ 第 8.4.6 条的规定,蒸汽管道的吹洗用蒸汽,蒸汽压力和流量与设计同,但流速应 ≥30m/s,管道吹洗前应慢慢升温,并及时排泄凝结水,待暖管温度恒温 1h 后,再次进行吹扫,应吹扫三次。

17. 输送洁净压缩空气、氧气管道及真空管道的吹洗试验:依据 JGJ 71—90 第 4.2.2 条、第 4.2.3 条规定系统管道安装完毕后,运行前必须进行清洗并符合设计要求。

输送氧气管道的清洗与脱脂试验的步骤是:

(1) 用清水将管内外的脏物、泥沙冲洗干净;

(2) 再用 5 %的 NaOH 水溶液将其浸泡 2h 后,用刷子刷洗干净,用清水冲至出水为中性;

(3) 然后用无油压缩空气吹干;

(4) 再用塑料布将洗净的管道两端包扎封口待用,防止再污染。

18. 输送氧气管道脱脂试验的脱脂工艺流程:输送氧气管道的脱脂工艺流程是:

吹扫──→四氯化碳脱脂──→温水冲洗──→洗涤剂洗净──→温水冲洗──→干燥──→封口──→保管。

具体实例:

吹扫:用 8 号铁丝中间扎白布在管腔来回拉动擦净;

脱脂:把管道搁在架子上,在管道两端头设一个槽子,用手摇泵将四氯化碳原液冲入管内,来回循环脱脂,以除净管内腔油渍;

温水洗:把脱脂过的管道浸泡在 40 ~ 50℃ 的温水槽内清洗,管道内腔用洗净机械在软轴头包扎一块白布,开动洗净机来回上下清洗洗净。洗涤剂溶液浓度在 2% ~ 3%之间,倒入槽中,把槽中溶液加温至 40 ~ 50℃,在槽内进行动态洗净,洗后用温水冲洗管子内腔,冲净为止;

干燥:用无油干燥的热压缩空气或用高压鼓风机吹干;

封闭:用塑料布加入松套法兰盘之间。

19. 紫铜热水供应管道的冲洗试验:紫铜热水供应管道系统在安装完毕交付使用前均应对系统管道进行冲洗。

(1) 管道冲洗前应将管道系统上安装的流量孔板、滤网、温度计等阻碍污物通过的设施临时拆除,待管道冲洗合格后再重新安装好。

(2) 紫铜热水供应管道的冲洗水源为清水(自来水、无杂质透明度清澈未消毒的天然地表水、地下水)。冲洗水压及冲洗要求同给水工程。

20. 通水试验:

(1) 试验范围:要求做通水试验的有室内冷热水供水系统、室内消火栓供水系统、卫生器具。

(2) 试验要求:

A. 室内冷热水供水系统:依据 GB 50243—2002 第 4.2.2 条的规定,应按设计要求同时开放最大数量的配水点,观察和开启阀门、水嘴等放水,是否全部达到额定流量。若条件限制,应对卫生器具进行 100%满水排泄试验检查通畅能力,无堵塞、无渗漏为合格;

B. 室内卫生器具满水和通水试验:依据 GB 50243—2002 第 7.2.2 条的规定,洗面盆、洗涤盆、浴盆等卫生器具应做满水和通水试验,按每单元进行试验和填表,满水高度是灌至溢水口或灌满后,各连接件不渗不漏;通水试验时给、排水畅通为合格。

21. 室内排水管道通球试验：依据 GB 50243—2002 第 5.2.5 条的规定，排水主立管及水平干管均应做通球试验

（1）通球试验：通球试验应按不同管径做横管和立管试验。立管试验后按立管编号分别填写记录单，横管试验后按每个单元分层填写记录单。

（2）试验球直径如下：通球球径应不小于排水管直径的 2/3，大小见表 2.3.5 - 5。

（3）合格标准：通球率必须达到 100%。

**通球试验的试验球直径**　　　　　　　　　　　表 2.3.5 - 5

| 管　　径(mm) | 150 | 100 | 75 | 50 |
|---|---|---|---|---|
| 胶球直径(mm) | 100 | 70 | 50 | 32 |

22. 通风风道、部件、系统、空调机组的检漏试验：

（1）通风风道的制作要求：依据 GB 50243—2002 第 4.2.5 条的规定，风道的制作必须通过工艺性的检测或验证，其强度和严密性要求应符合设计或下列规定，即：

A. 风道的强度应能满足在 1.5 倍工作压力下接缝处无开裂；

B. 矩形风道的允许漏风量应符合以下规定：

低压系统风道　　　　$Q_L \leq 0.1056 P^{0.65}$

中压系统风道　　　　$Q_M \leq 0.0352 P^{0.65}$

高压系统风道　　　　$Q_H \leq 0.0117 P^{0.65}$

式中　$Q_L$、$Q_M$、$Q_H$——在相应的工作压力下，单位面积(风道的展开面积)风道在单位时间内允许的漏风量($m^3/h \cdot m^2$)；

$P$——风道系统的工作压力(Pa)。

C. 低压、中压系统的圆形金属风道、复合材料风道及非法兰连接的非金属风道的允许漏风量为矩形风道的允许漏风量的 50%；

D. 砖、混凝土风道的允许漏风量不应大于矩形风道规定允许漏风量的 1.5 倍；

E. 排烟、除尘、低温送风系统风道的允许漏风量应符合中压系统风道的允许漏风量标准(低压中压系统均同)。1~5 级净化空调系统按高压系统风道的规定执行；

F. 检查数量及合格标准：

（A）检查数量：按风道系统类别和材质分别抽查，但不得少于 3 件及 $15m^2$。

（B）检查方法及合格标准：检查产品合格证明文件和测试报告书，或进行强度和漏风量检测。低压系统依据 GB 50243—2002 第 6.1.2 条的规定，在加工工艺得到保证的前提下可采用灯光检漏法检测。

（2）通风系统和空调机组的检漏试验：依据 GB 50243—2002 第 6.1.2 条的规定，风道系统安装后，必须进行严密性检验，合格后方能交付下一道工序施工。风道严密性检验以主、干管为主。

A. 通风系统管道安装的灯光检漏试验：依据 GB 50243—2002 第 6.1.2 条、第 6.2.8 条和 GB 50243—2002 附录 A 的规定，通风系统管段安装后应分段进行灯光检漏，并分别填写检测记录单。

(A) 测试装置:详见 4.2.4-3 节。

(B) 灯光检漏的标准:低压系统抽查率为 5%,合格标准为每 10m 接缝的漏光点不大于 2 处,且 100m 接缝的漏光点不大于 16 处为合格。

中压系统抽查率为 20%,合格标准为每 10m 接缝的漏光点不大于 1 处,且 100m 接缝的漏光点不大于 8 处为合格。

高压系统抽查率为 100%,应全数合格。

B. 通风系统漏风量的检测:

(A) 测试装置:通风管道安装时应分系统、分段进行漏风量检测,其检测装置如图 2.3.5-15 所示;

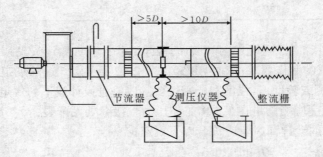

图 2.3.5-15 负压风管式漏风量测试装置

(B) 检测数量:依据 GB 50243—2002 第 6.2.8 条和 GB 50243—2002 附录 A 的规定。低压系统抽查率为 5%,中压系统抽查率为 20%,高压系统抽查率为 100%;

(C) 合格标准:详见本节第(1)款[即 5.2.11-22(1)]。

C. 通风与空调设备漏风量的检测:依据 GB 50243—2002 第 7.1.1 条、第 7.2.3 条和 GB 50243—2002 附录 A 的规定。

(A) 现场组装的组合式空调机组:其漏风量的检测必须符合现行国家标准 GB/T 14294《组合式空调机组》的规定;

测试装置:见图 2.3.5-16。

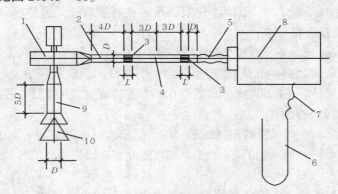

图 2.3.5-16 空调器漏风率检测装置

1—试验风机;2—出气风道;3—多孔整流器;4—测量孔;5—连接软管;
6—压差计;7—连接胶管;8—空调器;9—进气风道;10—节流器

检测数量:依据 GB 50243—2002 第 7.2.3 条的规定。一般空调机组抽查率为总数的 20%,但不少于 1 台。净化空调机组 1~5 级洁净空调系统抽查率为总数的 100%;6~9 级洁净空调系统抽查率为 50%。

合格标准:详见本节第(1)款[即 5.2.11 – 22(1)]。

（B）一般除尘器:依据 GB 50243—2002 第 7.2.4 条的规定。

a. 型号、规格、进出口方向必须符合设计要求;

b. 现场组装的除尘器壳体应做漏风量检测,在工作压力下允许的漏风量为 5%,其中离心式除尘器为 3%,布袋式除尘器、电除尘器抽查数量为 20%;

c. 布袋式除尘器、电除尘器的壳体和辅助设备接地应可靠,抽查数量 100%。

（C）高效过滤器:高效过滤器安装前需进行外观检查和仪器检漏。

a. 外观检查:目测不得有变形、脱落、断裂等破损现象;

b. 抽检数量:仪器检漏抽检数量为 5%,仪器检漏应符合产品质量文件要求。

23. 通风系统的重要设备的试验:通风系统的重要设备(部件)应按规范和说明书进行试验和填写试验记录单。

24. 风机性能的测试:大型风机应进行风机风量、风压、转速、功率、噪声、轴承温度、振动幅度等的测试,测试装置如图 2.3.5 – 17 所示。

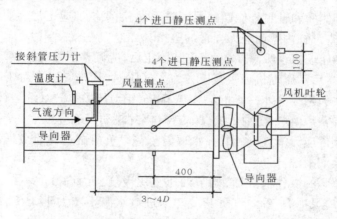

图 2.3.5 – 17　风机测试装置图

25. 水泵的单机试运转:依据 GB 50243—2002 第 9.2.7 条、第 11.2.1 条、第 11.2.2 条、第 13.3.1 条的规定。水泵等设备的单机试运转应在安装预检合格和配管安装后进行,每台设备应有独立的安装预检记录单和单机运转试验单。检查叶轮旋转方向正确,无异常振动和声响,紧固连接部位无松动,电机功率符合设备文件的规定,水泵连续运转 2h 后滑动轴承和机壳最高温度不超过 70℃,滚动轴承最高温度不超过 75℃。水泵型号、规格、技术参数(流量、扬程、转速、功率)、轴承和电机发热的温升、噪声应符合设计要求和产品性能指标。无特殊要求情况下,普通填料泄漏量不应大于 60mL/h,机械密封的泄漏量不应大于 5mL/h。试运转记录单中应有温升、噪声等参数的实测数据及运转情况记录。抽查数量 100%,每台运行时间不小于 2h。为了测流量,应在机组前后事先安装测试口,以便安装测试仪表。

26．通风机、空调机组中风机的单机试运转：依据 GB 50243—2002 第 9.2.7 条、第 11.2.2 条的规定。检查叶轮旋转方向正确、运转平稳、无异常振动和声响，电机功率符合设备文件的规定，在额定转速下连续运转 2h 后滑动轴承和机壳最高温度不超过 70℃，滚动轴承最高温度不超过 80℃。试运转记录单中应有温升、噪声等参数的实测数据及运转情况记录。抽查数量 100%，每台运行时间不小于 2h。

27．新风机组、风机盘管、制冷机组、单元式空调机组的单机试运转

依据 GB 50243—2002 第 9.2.7 条、第 11.2.2 条的规定，设备参数应符合设备文件和国家标准 GB 50274—98《制冷设备、空气分离设备安装工程施工及验收规范》的规定，并正常运转不小于 8h。依据 GB 50243—2002 第 13.3.1 条的规定风机盘管的三速温控开关动作应正确，抽查数量为 10%，但不少于 5 台。

（1）活塞式制冷压缩机和压缩机组：依据 GB 50274—98《制冷设备、空气分离设备安装工程施工及验收规范》第 2.2.6 条、第 2.2.7 条的规定，压缩机和压缩机组的空负荷和空气负荷试运转应符合下列要求。

A．应先拆去汽缸盖和吸、排气阀组并固定汽缸套。启动压缩机并运行 10min，停车后检查各部位的润滑和温升应无异常。而后应再继续运转 1h。运转应平稳，无异常声响和剧烈振动。

B．主轴承外侧面和轴封外侧面的温度应正常，油泵供油应正常。油封处不应有滴漏现象。停车后检查汽缸内壁面应无异常的磨损。

C．压缩机和压缩机组吸、排气阀组安装固定后，应调整活塞的止点间隙，并符合设备的技术文件规定。启动压缩机当吸气压力为大气压时，其排气压力对于有水冷却的应为 0.3MPa（绝对压力）；对于无水冷却的应为 0.2MPa（绝对压力），并继续运转且不得少于 1h。运转应平稳，无异常声响和剧烈振动。吸、排气阀片跳动声响应正常。各连接部位、轴封、填料、汽缸盖和阀件应无漏气、漏油、漏水现象。空气负荷试运转后应拆洗空气滤清器和油过滤器，并更换润滑油。

D．油压调节阀的操作应灵活，调节油压宜比吸气压力高 0.15～0.3MPa。同时能量调节装置的操作应灵活、正确。汽缸套冷却水进口水温不应大于 35℃，出口水温不应大于 45℃。压缩机各部位的允许温升应符合表 2.3.5－6。

压缩机各部位的允许温升

表 2.3.5－6

| 检查部位 | 有水冷却（℃） | 无水冷却（℃） |
| --- | --- | --- |
| 主轴外侧面 | ≤40 | ≤60 |
| 轴封外侧面 | | |
| 润滑油 | ≤40 | ≤50 |

E．依据 GB 50274—98《制冷设备、空气分离设备安装工程施工及验收规范》第 2.2.8 条的规定，压缩机和压缩机组应进行抽真空试运转。抽真空试运转应关闭吸、排气截止阀，并启动放气通孔，开动压缩机进行抽真空。曲轴箱压力应迅速抽至 0.015MPa（绝对压

力);油压不应低于 0.1MPa。

F. 压缩机和压缩机组的负荷试运转除了应符合 GB 50274—98 第 2.2.7 条相关部分的规定外,尚应符合第 2.2.9 条的规定。

(2) 螺杆式制冷机组:螺杆式制冷机组的试运转和负荷试运转应符合 GB 50274—98《制冷设备、空气分离设备安装工程施工及验收规范》第 2.3.3 条、第 2.3.4 条的规定。

(3) 离心式制冷机组:离心式制冷机组的试运转和负荷试运转应符合 GB 50274—98《制冷设备、空气分离设备安装工程施工及验收规范》第 2.4.3 条、第 2.4.4 条、第 2.4.6 条的规定。

28. 冷却塔的单机试运转:依据 GB 50243—2002 第 9.2.7 条、第 11.2.2 条的规定,冷却塔本体应稳固、无异常振动和声响,其噪声应符合设计要求和产品性能指标。抽查数量 100%,系统运行时间不小于 2h。风机试运转见 35 款。

29. 电控防火、防排烟风阀(口)的试运转:电控防火、防排烟风阀(口)的手动、电动操作应灵活、可靠,信号正确。抽查数量按上述第 26 款中按风机数量的 10%,但不得少于 1 个。第 25、27、28 款按系统中风阀数量的 20%抽查,但不得少于 1 个。

30. 新风系统、排风系统风量的检测与平衡调试

新风系统、排风系统安装后应进行系统各分路及各风口风量的调试和测量,并填写记录单。系统风量的平衡一般采用基准风口法进行测试。现以图 2.3.5 - 18 为例说明基准风口法的调试步骤。

(1) 风量调整前先将所有三通调节阀(图 2.3.5 - 19)的阀板置于中间位置,而系统总阀门处于某实际运行位置,系统其他阀门全部打开。然后启动风机,初测全部风口的风量,计算初测风量与设计风量的比值(百分比),并列于记录表格中。

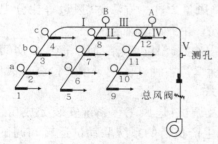

图 2.3.5 - 18　通风系统管网风量平衡调节示意图

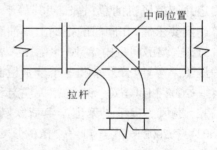

图 2.3.5 - 19　三通调节阀

(2) 在各支路中选择比值最小的风口作为基准风口,进行初调。

(3) 先调整各支路中最不利的支路,一般为系统中最远的支路。用两套测试仪器同时测定该支路基准风口(如风口 1)和另一风口的风量(如风口 2),调整另一个风口(风口 2)前的三通调节阀(如三通调节阀 a),使两个风口的风量比值近似相等;之后,基准风口的测试仪器不动,将另一套测试仪器移到另一风口(如风口 3),再调试另一风口前的三通调节阀(如三通调节阀 b),使两个风口的风量比值近似相等。如此进行下去,直至此支路各个风口的风量比值均与基准风口的风量比值近似相等为止。

(4) 同理调整其他支路,各支路的风口风量调整完后,再由远及近,调整两个支路(如

支路Ⅰ和支路Ⅱ)上的手动调节阀(如手动调节阀B),使两支路风量的比值近似相等。如此进行下去。

(5)各支路送风口的送风量和支路送风量调试完后,最后调节总送风道上的手动调节阀,使总送风量等于设计总送风量,则系统风量平衡调试工作基本完成。

(6)但总送风量和各风口的送风量能否达到设计风量,尚取决于送风机的出率是否与设计选择相符。若达不到设计要求就应寻找原因,进行其他方面的调整,具体详见"测试中发现问题的分析与改进办法"部分。调整达到要求后,在阀门的把柄上用油漆做好标记,并将阀位固定。

(7)为了自动控制调节能处于较好的工况下运行,各支路风道及系统总风道上的对开式电动比例调节阀在调试前,应将其开度调节在80%～85%的位置,以利于运行时自动控制的调节和系统处于较好的工况下运行。

(8)风量测定值的允许误差:风口风量测定值的误差为10%,系统风量的测定值应大于设计风量10%～20%,但不得超过20%。

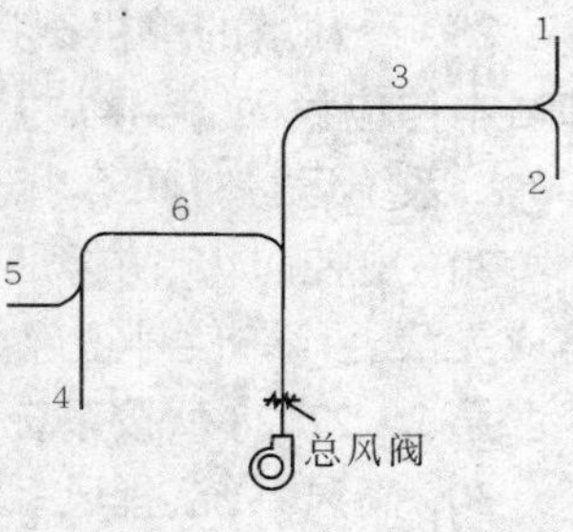

(9)流量等比分配法(也称动压等比分配法):此方法用于支路较少,且风口调整试验装置(如调节阀、可调的风口等)不完善的系统。系统风量的调整一般是从最不利的环路

图 2.3.5 - 20　流量等比分配法的管网风量调节示意图

开始,逐步调向风机出风段。如图 2.3.5 - 20 所示,先测出支管 1 和 2 的风量,并用支管上的阀门调整两支管的风量,使其风量的比值与设计风量的比值近似相等。然后测出并调整支路 4 和 5、支管 3 和 6 的风量,使其风量的比值与设计风量的比值都近似相等。最后测定并调整风机的总风量,使其等于设计的总风量。这一方法称"风量等比分配法"。调整达到要求后,在阀门的把柄上用油漆记上标记,并将阀位固定。

31. 空调房间室内参数的检测:空调房间室内参数(温湿度、洁净度、静压及房间之间的静压压差等)应分夏季和冬季分别检测,并分别填写各种试验记录单。检测参数见 GB 50243—2002 和 JGJ 70—90 的相关规定和设计要求。

32. 通风工程系统无生产负荷联动试运转及调试:通风工程系统安装完成后,应按 GB 50243—2002 规范第 11.3.2 条的规定进行无生产负荷的系统联动试运转和调试。其要求如下:

(1)系统联动试运转中,设备及主要部件的联动必须符合设计要求,动作协调、正确,无异常现象。

(2)系统经过平衡调整后各风口或吸气罩的风量与设计风量的允许偏差不应大于 15%。

(3)湿式除尘器的供水与排水系统运行应正常。

33. 空调工程系统无生产负荷联动试运转及调试:空调工程系统安装完成后,应按 GB 50243—2002 规范第 11.3.3 条的规定进行无生产负荷的系统联动试运转和调试。其要求如下。

(1)空调工程水系统应冲洗干净、不含杂物,并排除管道系统中的空气;系统连续运行应达到正常、平稳;水泵的压力和水泵电机的电流不应出现大幅度波动。系统平衡调整后,各空调机组的水流量应符合设计要求,允许偏差为 20%。

(2) 各种自动计量检测元件和执行机构的工作应正常,满足建筑设备自动化(BA、FA 等)系统对被测定参数进行检测和控制的要求。

(3) 多台冷却塔并联运行时,各冷却塔的进、出水量应达到均衡一致。空调室内噪声应符合设计要求。

(4) 有压差要求的房间、厅堂与其他相邻房间之间的压差应符合:

A. 舒适性空调的正压为 0~25Pa。

B. 工艺性空调应符合设计要求。

(5) 有环境噪声要求的场所,制冷、空调机组应按现行国家标准 GB 9068《采暖通风与空气调节设备噪声声功率级的测定——工程法》的规定进行测定。洁净室的噪声应符合设计的规定。

(6) 检查数量和检查方法:

检查数量:按系统数量抽查 10%,且不得少于一个系统或一间房间。

检查方法:观察、用仪表测量检查及查阅调试记录。

34. 通风与空调工程的控制和监控设备的调试:通风与空调工程的控制和监控设备应依据 GB 50243—2002 规范第 11.3.4 条的规定进行调试,调试结果通风与空调工程的控制和监控设备应能与系统的检测元件和执行机构正常沟通,系统的状态参数应能正确显示,设备连锁、自动调节、自动保护应能正确动作。

检查数量:按系统或监测系统总数抽查 30%,且不得少于一个系统。

检查方法:旁站观察,查阅调试记录。

35. 洁净手术室有关参数的测试

(1) 风道和风口断面风量 $L$、平均动压 $P_d$、平均风速 $v$ 的计算

A. 风道和风口断面风量、平均动压、平均风速的测量条件:风道和风口断面风量、平均动压、平均风速的测量一般随系统的平衡调试同时进行。

B. 风道和风口断面风量、平均动压、平均风速测量的仪表

(A) 风道断面风量、平均动压、平均风速测量的仪表,见表 2.3.5－7。

风道断面风量、平均动压、平均风速测量的仪表　　　　　表 2.3.5－7

| 序号 | 设备和仪表名称 | 型号 | 规格或量程 | 精度等级 | 数量 | 单位 | 备注 |
|---|---|---|---|---|---|---|---|
| 1 | 标准型毕托管 | — | 外径 ϕ10 | — | 1 | 台 | — |
| 2 | 倾斜微压测定仪 | TH－130 型 | 0~1500Pa | 1.5 Pa | 1 | 套 | — |

(B) 风口断面风量、平均风速测量的仪表,见表 2.3.5－8。

风口断面风量、平均风速测量的仪表　　　　　表 2.3.5－8

| 设备和仪表名称 | 型号 | 规格或量程 | 精度等级 | 数量 | 单位 | 备注 |
|---|---|---|---|---|---|---|
| 热球式风速风温表 | RHAT－301 型 | 0~30m/s<br>－20~85℃ | <0.3m/s<br>±0.3℃ | 2 | 台 | — |

或选表 2.3.5 – 7 的仪表进行测定。

C. 风道和风口断面测量扫描测点的确定:

(A) 圆形断面风道测点和风口扫描测点的确定:圆形断面风道测点和风口扫描测点的布局按图 2.3.4 – 7 确定,但测定内圆环数按表 2.3.5 – 9 选取。

圆形断面风道和风口扫描测点环数选取表　　　　　　　表 2.3.5 – 9

| 圆形断面直径(mm) | 200 以下 | 200 ~ 400 | 401 ~ 600 | 601 ~ 800 | 801 ~ 1000 | > 1001 |
|---|---|---|---|---|---|---|
| 圆环个数(个) | 3 | 4 | 5 | 6 | 8 | 10 |

(B) 矩形断面风道测点和风口扫描测点的确定:矩形断面风道测点和风口扫描测点的布局按图 2.3.4 – 8 确定,但依据 GB 50243—97 第 12.3.5 条规定,匀速扫描移动不应少于 3 次,测点个数不应少于 5 个。

D. 采用热球式风速风湿仪表测试时风道和风口断面风量 $L$、平均动压 $P_d$、平均风速 $v$ 的计算:

(A) 风道和风口断面平均动压 $P_d$ 的计算

$$P_d = [\sum (P_{dk})^{0.5}/n]^2$$

式中　　$P_d$——断面平均动压(Pa);

　　　　$P_{dk}$——断面测点动压(Pa);

　　　　$k$——1、2、3、4……$n$;

　　　　$n$——测点数。

(B) 平均风速 $v$ 的计算

$$v = (2P_{d/\gamma})^{0.5} = 1.29(P_d)^{0.5} \qquad\qquad m/s$$

(C) 风道断面风量 $L$

$$L = 1.29A(P_d)^{0.5} \qquad\qquad m^3/h$$

式中　　$A$——风道断面面积($m^2$)。

E. 采用热球式风速风温仪表测试时口风口断面风量 $L$、平均风速 $v$ 的计算:

(A) 平均风速 $v$ 的计算:

$$V_d = \sum V_{dk}/n$$

式中　　$V_d$——断面平均风速(m/s);

　　　　$V_{dk}$——断面测点风速(m/s);

　　　　$k$——1、2、3、4……$n$;

　　　　$n$——测点数。

(B) 风口风量 $L$ 的计算:

$$L = A \cdot V_d \qquad\qquad m^3/h$$

式中　　$A$——风道断面面积($m^2$);

(C) 风口、房间和系统风量测定的允许相对误差

a. 风口风量、房间和系统风量测定相对误差值 $\Delta$ 的计算

$$\Delta = \left[ \left( L_{实测值} - L_{设计值} \right) / L_{设计值} \right]\%$$

式中　　$L_{实测值}$——实测风量值($m^3/h$)；

　　　　$L_{设计值}$——设计风量值($m^3/h$)。

b. 允许相对误差值：依据 GB 50243—97 第 12.3.2 条第 2 款规定，$\Delta \leqslant 10\%$。

F. 风口、房间和系统风量采用记录单：风口、房间和系统风量采用记录单为表式 C6－6－3 或 C6－6－3A(见附录表集)。

(2) 室内温湿度及噪声的测量

A. 室内温湿度的测定(表 2.3.5－10)

室内温湿度测试仪表　　　　　　　表 2.3.5－10

| 序号 | 仪表名称 | 型号规格 | 量程 | 精度等级 | 数量 | 备注 |
|---|---|---|---|---|---|---|
| 1 | 水银温度计 | 最小刻度 0.1℃ | 0～50℃ | — | 5 | — |
| 2 | 水银温度计 | 最小刻度 0.5℃ | 0～50℃ | — | 10 | — |
| 3 | 酒精温度计 | 最小刻度 0.5℃ | 0～100℃ | — | 10 | — |
| 4 | 热球式温湿度表 | RHTH－1 型 | −20～85℃<br>0～100% | — | 5 | — |
| 5 | 热球式风速风温表 | RHAT－301 型 | 0～30m/s<br>−20～85℃ | <0.3m/s<br>±0.3℃ | 5 | — |
| 6 | 干湿球温度计 | 最小分度 0.1℃ | −26～51℃ | — | 5 | — |

(A) 测点布置和测试方法：室内测点布置为送风口、回风口、室内中心点、工作区测 3 个点。室中心和工作区的测点高度距地面 0.8m，距墙面 ≥0.5m，但测点之间的间距 ≤ 2.0m；房间面积 ≤50m² 的测点 5 个，每超过 20～50m² 增加 3～5 个。测定时间间隔为 30min。测试方法采用悬挂温度计、湿度计，定时考察测试，或采用便携式 RHTH－I 型温湿度测试仪表定时测试。

(B) 测定仪表选择：温度计、干湿球温度计或其他便携式 RHTH－I 型温湿度测试仪表。

(C) 测试条件：室内温湿度的测定应在系统风量平衡调试完毕后进行，也可与系统联合试运转同时进行。

B. 允许误差值和采用的记录单

(A) 测定值的允许误差：室温和相对湿度允许误差详见表 2.3.2－4。

(B) 室内温湿度测试记录单采用表式 C6－6－3B。

C. 室内噪声的测定：噪声测定采用五点布局(图 2.3.4－9)和普通噪声仪(如 CEN-TER320 型或其他型号的噪声测定仪)。测定时间间隔同温度测定。测点高度距离地面 1.1m，房间面积 ≤15m² 可仅测中间点，设计无要求的不测。测试记录单采用 C6－6－3C (见相关记录表集)。室内噪声的测定应在系统风量平衡调试完毕后，也可与系统联合试运转同时进行。

（3）室内风速的测定：依据设计和工艺的要求安排测点的分布并绘制出平面图，主要应重点测试工作区和对工艺影响较大的地方。（如控制通风柜操作口周围的风速，以免风速过大将通风柜内的污染空气搅乱溢出柜外或影响柜内的操作，通风柜入口测定风速应大于设计风速 $v$，但误差不应超过 20%）。采用仪表为 RHAT – 301 型热球式风速风温仪或 MODEL24/6111 型热线式风速仪。室内风速的测定应在系统平衡调试完毕后，也可与系统联合试运转同时进行。

（4）洁净室静压和静压差的测试：

A. 洁净室室内静压测试的前提（洁净度的测定条件）：

（A）土建精装修已完成和空调系统等设备已安装完毕；

（B）空调系统已进行风量平衡调试和单机试运转完毕；

（C）各种风口已安装就绪；

（D）系统联合试运转已进行、且测试合格后进行；

（E）测定前应按洁净室的要求进行彻底清洁工作，并且空调系统应提前运行 12h；

（F）进入洁净室的测试人员应穿白色的工作服，戴洁净帽，鞋应套洁净鞋套。进入人员应受控制，一般不超过 3 人。

B. 洁净室室内静压的测试方法：测定设备应用最小刻度等于 1.6Pa 的倾斜式微压计和胶管。测试时将门关闭，并将测定的胶管（最好口径在 5mm 以下）从墙壁上的孔洞伸入室内，测试口在离壁面不远处垂直气流方向设置，测试口周围应无阻挡和气流干扰最小。测得静压值与设计要求值的误差值不应超过设计允许的误差值或 ± 5Pa。

C. 需测试静压差的项目：需测试静压差的项目有室内与走廊静压差、高效过滤器和有要求设备前后的静压差等。相邻不同级别的洁净室之间和洁净室与非洁净室之间测得的静压差值应大于 5Pa；洁净室与室外测得的静压差值应大于 10Pa。

（5）洁净度的测定：

A. 测点数和测定状态的确定：洁净度的测试委托总公司技术部测定。

（A）洁净度的测定状态：依据 JGJ 71—90 规定测定状态为静态或空态。

（B）洁净度的测定点数：依据 JGJ 71—90 附表 3.5.2 – 11 规定每间房间测点数的确定，测点布局可按图 2.3.4 – 9 五点布局原则进行。当测点少于五点或多于五点时，其中一点应放在房间中央，且测点尽量接近工作区，但不得放在送风口下。测点距地面 0.8 ~ 1.0m。

（C）测定洁净度的最小采样量：依据 JGJ 71—90 附表 3.5.2 – 12 规定测定洁净度的最小采样量。

B. 采用测试仪器：洁净度的测试采用 BCJ – 1 激光粒子计数器（或其他型号的激光粒子计数器），测得含尘计数浓度应小于设计允许值（如 10 万级应≤3500 个/L）。

C. 室内洁净度测定值的计算

（A）室内平均含尘量 N 的计算

$$N = \frac{C_1 + C_2 + \cdots + C_3}{n}$$

最低限度采样点点数        表 2.3.5 – 11

| 房间面积(m²) | 室内洁净度级别 | | | |
|---|---|---|---|---|
| | 100 级及高于 100 级 | 1000 级 | 10000 级 | 100000 级 |
| < 10 | 2 ~ 3 | 2 | 2 | 2 |
| 10 | 4 | 3 | 2 | 2 |
| 20 | 8 | 6 | 2 | 2 |
| 40 | 16 | 13 | 4 | 2 |
| 100 | 40 | 32 | 10 | 3 |
| 200 | 80 | 63 | 20 | 6 |

注:每点采样次数不小于 3 次。

每次采样的最小采样量(L)        表 2.3.5 – 12

| 洁净度级别 | 粉 尘 粒 径 （µm) | | | | |
|---|---|---|---|---|---|
| | 0.1 | 0.2 | 0.3 | 0.5 | 5 |
| 1 | 17 | 85 | 198 | 566 | — |
| 10 | 2.83 | 8.5 | 19.8 | 56.6 | — |
| 100 | — | 2.83 | 2.83 | 5.66 | — |
| 1000 | — | — | — | 2.83 | 85 |
| 10000 | — | — | — | 2.83 | 8.5 |
| 100000 | — | — | — | 2.83 | 8.5 |

(B) 测点平均含尘浓度的标准误差 $\sigma_N$

$$\sigma_N = \sqrt{\frac{\sum\limits_{i=1}^{n}(C_i - N)^2}{n(n-1)}}$$

(C) 每个采点上的平均含尘浓度 $C_i$

$$C_i \leqslant 洁净级别上限$$

(D) 室内平均含尘浓度与置信度误差浓度之和(测试浓度的校核)

$$N + t\sigma \leqslant 洁净级别上限$$

式中    $n$——测点数量;

       $C_i$——每个采点上的平均含尘浓度;

       $t$——置信度上限为 95％时,单侧 t 分布的系数,其值见表 2.3.5 – 13。

     D. 洁净度测定合格标准:本工程洁净度为 100、10³、10⁴、10⁵ 级,测定值同时达到 $C_i$ ≤3.5、35、350、3500 个/L 和 $N + t\sigma$ ≤3.5、35、350、3500 个/L 为合格。

| 点数 | 2 | 3 | 4 | 5~6 | 7~9 | 10~16 | 17~29 | ≥20 |
|------|-----|-----|-----|-----|-----|-------|-------|------|
| $t$ | 6.3 | 2.9 | 2.4 | 2.1 | 1.9 | 1.8 | 1.7 | 1.65 |

E. 综合评定检测：

（A）综合评定工作的组织和对评定单位的要求：上述测试为竣工验收测试，竣工验收后，交付使用前，尚应由甲方委托建设部建筑科学研究院空调研究所测定，或其他具备国家认定检测资质的检测单位测定。但核定单位必须同时与甲方、乙方、设计三方没有任何关系的单位。

（B）综合评定检测的项目：依据 JGJ 71—90 第 5.3.2 条规定见表 2.3.5 - 14。

综合性能全面评定检测项目和顺序     表 2.3.5 - 14

| 序号 | 项 目 | 单向流洁净室 | | 乱流洁净室 |
|------|-------|------|------|------|
| | | 高于 100 级 | 100 级 | 1000 级及 1000 级以下 |
| 1 | 室内送风量、系统总新风量(必要时系统总送风量)，有排风时的室内排风量 | 检 测 | | |
| 2 | 静压差 | 检 测 | | |
| 3 | 房间截面平均风速 | 检 测 | | 不检测 |
| 4 | 房间截面风速不均匀度 | 检 测 | 必要时检测 | |
| 5 | 洁净度级别 | 检 测 | | |
| 6 | 浮游菌和沉降菌 | 必要时检测 | | |
| 7 | 室内温度和相对湿度 | 检 测 | | |
| 8 | 室温(或相对湿度)波动范围和区域温差 | 必要时检测 | | |
| 9 | 室内噪声级 | 检 测 | | |
| 10 | 室内倍频程声压级 | 必要时检测 | | |
| 11 | 室内照度和照度的均匀度 | 检 测 | | |
| 12 | 室内微振 | 必要时检测 | | |
| 13 | 表面导静电性能 | 必要时检测 | | |
| 14 | 室内气流流型 | 不 测 | | 必要时检测 |
| 15 | 流线平行性 | 检 测 | 必要时检测 | 不 测 |
| 16 | 自净时间 | 不 测 | 必要时检测 | 必要时检测 |

（C）测定结果由检测单位提供测试资料、评定结论和提出出现相关问题的责任方，综合评定的费用由甲方支付。

# 6 主要分项项目施工方法及技术措施

## 6.1 暖卫工程

暖卫工程的安装应严格按照"暖卫管道安装质量控制程序"进行(图2.3.6-1)。

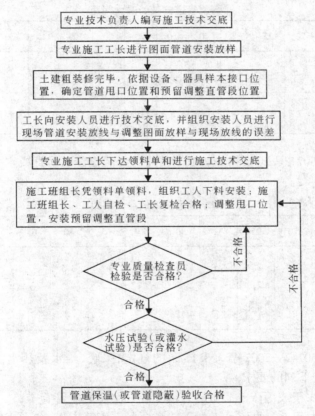

图2.3.6-1 暖卫管道安装质量控制程序

### 6.1.1 预留孔洞及预埋件施工

1．预留孔洞及预埋件施工在土建结构施工期间进行。

2．预留孔洞按设计要求施工,设计无要求时按DBJ 01—26—96(三)表1.4.3规定施工。预留孔洞及预埋件应特别注意:

(1)预留、预埋位置的准确性;

(2)预埋件加工的质量和尺寸的精确度。

3．具体技术措施：

（1）分阶段认真进行技术交底；

（2）控制好预留、预埋位置的准确性，措施可采用钢尺丈量和控制土建模板的移位变形；模具选用优良材质并改进预留空洞模具的刚度、表面光洁度；适当扩大模具的尺寸，留有尺寸调整余地；加强模具固定措施；做好成品保护，防止模具滑动。

4．托、吊卡架制作按 DBJ 01—26—96（三）第 1.4.5 条规定制作，管道托、吊架间距不应大于该规程和下列各表的规定。固定支座的制作与施工按设计详图施工。

（1）依据 GB 50242—2002 第 3.3.8 条的规定，钢制管道水平安装支吊架间距应不大于表 2.3.6－1。

钢制管道支架的最大间距　　　　　　　　　　　　　　表 2.3.6－1

| 公称直径 | | 15 | 20 | 25 | 32 | 40 | 50 | 70 | 80 | 100 | 125 | 150 | 200 | 250 | 300 |
|---|---|---|---|---|---|---|---|---|---|---|---|---|---|---|---|
| 支架最大间距（m） | 保温管道 | 2 | 2.5 | 2.5 | 2.5 | 3 | 3 | 4 | 4 | 4.5 | 6 | 7 | 7 | 8 | 8.5 |
| | 非保温管道 | 2.5 | 3 | 3.5 | 4 | 4.5 | 5 | 6 | 6 | 6.5 | 7 | 8 | 9.5 | 11 | 12 |

（2）依据 GB 50242—2002 第 3.3.10 条的规定，铜管管道垂直或水平安装支吊架间距应不大于表 2.3.6－2。

铜制管道支架的最大间距　　　　　　　　　　　　　　表 2.3.6－2

| 公称直径 | | 15 | 20 | 25 | 32 | 40 | 50 | 65 | 80 | 100 | 125 | 150 | 200 |
|---|---|---|---|---|---|---|---|---|---|---|---|---|---|
| 支架最大间距（m） | 垂直管道 | 1.8 | 2.4 | 2.4 | 3.0 | 3.0 | 3.0 | 3.5 | 3.5 | 3.5 | 3.5 | 4.0 | 4.0 |
| | 水平管道 | 1.2 | 1.8 | 1.8 | 2.4 | 2.4 | 2.4 | 3.0 | 3.0 | 3.0 | 3.0 | 3.5 | 3.5 |

（3）依据 GB 50242—2002 第 3.3.11 条的规定，采暖、给水及热水供应系统的金属立管管卡安装应符合下列的要求。

A．楼层高度少于或等于 5m，每层必须安装一个金属立管管卡；

B．楼层高度大于 5m，每层不得少于二个金属立管管卡；

C．管卡的安装高度距离地面应为 1.5～1.8m，2 个以上管卡应均匀安装，同一房间管卡应安装在同一高度上。

5．套管安装一般比管道规格大 2 号，内壁作防腐处理或按设计要求施工。

6．预留洞、预埋件位置、标高应符合设计要求，质量符合 GBJ 302—88 有关规定和设计要求。

### 6.1.2　管道安装

暖卫工程管道安装应严格按照质量控制程序（图 2.3.6－1"暖卫管道安装质量控制程

序")进行。

1. 镀锌钢管的安装:

(1) 镀锌钢管的安装:热镀镀锌钢管,$DN \geqslant 100$ 的管道采用卡箍式柔性管件连接,$DN \leqslant 80$ 的管道采用丝扣连接,安装时丝扣肥瘦应适中,外露丝扣不大于 3 扣,锌皮损坏处应采取可靠的防腐措施(涂防锈漆后再涂刷银粉漆)。$DN > 80$ 的镀锌钢管及由于消火栓供水立管至埋于墙内连接消火栓 $DN < 100$ 的支管,因转弯过急或受安装尺寸限制时也可采用对口焊接连接。做好防腐措施和冷水管穿墙应加 $\delta \geqslant 0.5mm$ 的镀锌套管,缝隙用油麻充填。还应符合穿楼板应预埋套管,套管直径比穿管大 2 号,高出地面 $\geqslant 20$,底部与楼板结构底面平等其他质量要求。

(2) 焊接质量要求:其焊接外观质量应焊缝表面无裂纹、气孔、弧坑、未熔合、未焊透和夹渣等缺陷。焊缝高度应不低于母材,焊缝与母材应圆滑过渡。焊接咬边深度不超过 0.5mm,两侧咬边的长度不超过管道周长的 20%,且不超过 40mm,并应遵守焊接质量控制程序,详见"表 2.3.6 - 3 等厚焊件坡口形式和尺寸"、"图 2.3.6 - 2 不等厚焊件坡口形式和尺寸"及 "表 2.3.6 - 4 焊接对接接头焊缝表面质量标准"。

等厚焊件坡口形式和尺寸 　　　　　　　　　表 2.3.6 - 3

| 序号 | 填口名称 | 坡口形式 | 手工焊接填口尺寸(mm) | | | |
|---|---|---|---|---|---|---|
| 1 | Ⅰ形坡口 | | 单面焊 | $s$ | > 1.5 ~ 2 | 2 ~ 3 |
| | | | | $c$ | 0 + 0.5 | 0 + 1.0 |
| | | | 双面焊 | $s$ | ≥3 ~ 2.5 | 3.5 ~ 6 |
| | | | | $c$ | 0 + 1.0 | 1 |
| 2 | V形坡口 | | | $s$ | ≥3 ~ 9 | > 9 ~ 25 |
| | | | | $\alpha$ | 70° ± 5° | 50° ± 5° |
| | | | | $c$ | 1 ± 1 | 2 ± 1.0 |
| | | | | $p$ | 1 ± 1 | 2 ± 1.0 |
| 3 | X形坡口 | | $s \geqslant 12 \sim 50$ $c = 2^{+1.0}_{-1.0}$ $p = 2^{+1.0}_{-2.0}$ $\alpha = 60° \pm 6°$ | | | |

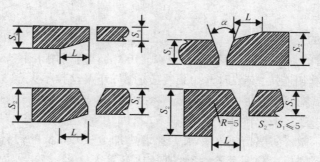

图 2.3.6－2　不等厚焊件焊接的对口形式和尺寸

注:1. $L \geqslant (S_2 - S_1)$;

2. 当薄件厚度小于或等于 10mm,厚度差大于 3mm 及薄件厚度大于 10mm,厚度差大于薄件厚度的 30% 或超过 5mm 时,按图中规定削薄厚件边缘。

焊接对接接头焊缝表面的质量标准　　　　　　　　表 2.3.6－4

| 序号 | 项　　目 | 质量标准 |
|---|---|---|
| 1 | 表面裂纹　　　表面气孔<br>表面夹渣　　　熔合性飞溅 | 不允许 |
| 2 | 咬边 | 深度:$e < 0.5$,长度小于等于该焊缝总长的 10% |
| 3 | 表面加强高度 | 深度:$e \leqslant 1 + 0.2b$,但最大为 5 |
| 4 | 表面凹陷 | 深度:$e \leqslant 0.5$,长度 ≤该焊缝总长的 10% |
| 5 | 接头坡口错位 | $e \leqslant 0.25s$,但最大为 5 |

| 钢管对口时错位允许偏差 | 壁厚<br>(mm) | 2.5～5 | 6～10 | 12～14 | ≥16 |
|---|---|---|---|---|---|
| | 允许偏差<br>值(m) | 0.5 | 1.0 | 1.5 | 2.0 |

322

（3）质量要求：

A．水平给水管道应有 2‰ ~ 5‰的坡度坡向泄水装置。汽、水同向流动的水平热水供暖管道和汽、水同向流动的蒸汽、凝结水管道应有 2‰ ~ 3‰的坡度。气、水同逆向流动的水平热水供暖管道和汽、水同逆向流动的蒸汽、凝结水管道应有大于 5‰的坡度。

B．给水引入管与排水排出管的水平净距离不得小于 1m。室内给水与排水管道平行敷设时，两管道间的最小净距离不得小于 0.5m，交叉敷设时垂直净距离不得小于 0.15m。给水管应敷设在排水管上面，若给水管敷设在排水管下面时，给水管应加套管，其长度不得小于排水管管径的 3 倍。

C．室内给水设备安装允许的偏差详见 GB 50242—2002 第 4.4.7 条表 4.4.7 的规定；供暖管道安装允许的偏差 GB 50242—2002 第 8.2.18 条表 8.2.18 的规定。

D．室外给水管道安装允许的偏差 GB 50242—2002 第 9.2.8 条表 9.2.8 的规定。

E．给水立管和装有 3 个或 3 个以上配水点的支管始端均应安装可拆卸的连接件。

2．焊接钢管和无缝钢管的安装：焊接钢管 $DN \leqslant 32$ 的采用丝扣连接，$DN \geqslant 40$ 的采用焊接；无缝钢管 $DN \geqslant 100$ 的管道采用沟槽式卡箍柔性管件连接，$DN \leqslant 80$ 的管道采用丝扣连接。丝扣连接接口、焊接连接接口的要求同上款。管道穿墙应预埋厚 $\delta \geqslant 1mm$，直径比管径大 1 号的套管、套管两端与墙面平，缝隙填充油麻密封；管道穿楼板的预埋套管同上。安装中应特别注意暖气片进出水管甩口的位置，以免影响支管坡度的要求；与散热器连接的灯叉弯应在现场实地煨弯，弯曲半径应与墙角相适应，保证安装后美观和上下整齐。

3．不锈钢管道的安装：不锈钢管道的安装与无缝钢管的安装类似，但应尽量采用氩弧焊进行连接，以免引起焊接处金属化学成分发生变化，而影响工程质量。

4．室内下水铸铁管道的安装：

（1）埋地下水铸铁管道的安装：埋地敷设时沟底应夯实，捻口处应挖掘工作坑；预制管段下管应徐徐放入沟内，封严总出水口，做好临时支撑，找好坡度及预留管口。立管、水平管的安装同上水管；接口为水泥捻口，水灰比为 1：9，施工方法与上水铸铁管类似，管材依据北京市(98)建材字第 480 号文件和质监总站要求应为离心浇铸的铸铁管。安装后应及时先封堵管口，作灌水试验。

（2）室内排水铸铁管道安装：在安装管道前应清扫管腔，将承口内侧、插口外侧端头的沥青除掉，承口朝来水方向，连接的对口间隙应不小于 3mm，找平找直后，将管子固定。管道拐弯和始端应支撑牢靠，防止捻口时轴向移动，所有管口应随时封堵好。立管应用线坠校验使其垂直，不出现偏心、歪斜，支管安装时先搭好架子，并按管道坡度准备埋设吊卡处吊杆长度，核准无误，将吊卡预埋就绪后，再安装管道。卡箍式柔性接口应按产品说明书的技术要求施工，吊架加工尺寸应严格按标准图册要求加工，外形应美观，规格、尺寸应准确，材质应可靠。支吊架埋设应牢靠，位置、高度应准确。排水系统安装后应按 GB 50242—2002 的规定作通球试验。

5．消防喷洒管道的安装：消防喷洒管道安装应与土建密切配合，结合吊顶分格布置喷淋头位置，使其位于分块中心位置，且分格均匀，横向、竖向、对角线方向均成一直线。镀锌钢管安装如前，但是管道安装中应注意其特殊要求。

（1）管道变径应采用异径接头，不宜采用补心，在弯道的弯头处不得采用补心。当需要采用补心时,三通上可以用一个,四通最多只能用两个。$DN > 50$ 的不得采用活接头。螺纹拧紧时不得将密封填料挤入管道内。

(2) 管道与维护结构的距离应符合 GB 50261—96 第 5.1.6 条的规定,见表 2.3.6 – 5。

**管道中心与梁、柱、楼板等的最小距离** 　　　　　　　　表 2.3.6 – 5

| 管道公称直径 | 25 | 32 | 40 | 50 | 70 | 80 | 100 | 125 | 150 | 200 |
|---|---|---|---|---|---|---|---|---|---|---|
| 距离(mm) | 40 | 40 | 50 | 60 | 70 | 80 | 100 | 125 | 150 | 200 |

(3) 管道支吊架和防晃动支架应符合下列要求(表 2.3.6 – 6):

管道支吊架的位置不应妨碍喷头喷水的效果,支吊架与喷头之间的距离不小于 300mm,与末端喷头的距离不小于 750mm。配水支管上每一直管段、相邻两喷头之间的管段不宜设置少于一个支架;当喷头之间距离少于 1.8m 时,可隔段设置吊架,但吊架之间的距离不宜大于 3.6m。当管道公称直径 $DN \geq 50$ 时,水平每段配水干管或配水管设置不少于一个防晃动支架,管道改变方向时应增设防晃动支架。竖直安装的配水干管应在始端和终端设防晃动支架或采用管卡固定,其位置距离地面为 1.5 ~ 1.8m。

**管道支吊架之间的间距** 　　　　　　　　表 2.3.6 – 6

| 管道公称直径 | 25 | 32 | 40 | 50 | 70 | 80 | 100 | 125 | 150 | 200 | 250 | 300 |
|---|---|---|---|---|---|---|---|---|---|---|---|---|
| 距离(mm) | 3.5 | 4.0 | 4.5 | 5.0 | 6.0 | 8.0 | 8.5 | 7.0 | 8.0 | 9.5 | 11.0 | 12.0 |

(4) 管道穿越建筑物的变形缝时,应设置柔性短管。横向管道坡度为 0.002 ~ 0.005,坡向排水管。当局部区域难以利用系统应设置的排水管排净时,应采取相应的排水措施,喷头数量少于或等于 5 只时,可在管道低点设排水堵头,喷头数量大于 5 只时应装带阀门的排水管。

(5) 喷头应在系统试压和冲洗合格后安装,喷头安装宜采用专用的弯头、三通。喷头安装应符合 GB 50261—96 第 5.2.3 条 ~ 第 5.2.10 条的规定。

(6) 报警阀组和其他组件的安装应符合 GB 50261—96 第 5.3.1 条 ~ 第 5.3.5 条和第 5.4.1 条 ~ 第 5.4.8 条的规定。

6. 内排雨水镀锌钢管安装:因出厂管长一般均比层高长,为减少管道接口和避免扩大楼板开洞尺寸切断钢筋,下管应由屋顶由上而下下管。接口注意事项详见镀锌钢管安装部分。

7. 铜管的安装:

(1) 铜管的材质要求:

A. 采用铜管和配件应有产品合格证书和材质试验报告书。铜管的管径、壁厚及材质的化学成分应符合设计和国标要求。其表面及内壁均应光洁,无疵孔、裂缝、结疤、尾裂或气孔。黄铜管不得有绿锈和严重脱锌。纵向划痕深度应不大于 0.03mm,局部凸出高度不大于 0.35mm。疤块、碰伤的凹坑深度不超过 0.03mm,且其表面积不超过管子表面积的 5‰。

B. 铜管的内外表面应干净无污染,安装时应清理管子内壁的污物,并用汽油或其他有机溶剂擦洗铜管的插入部分表面,以防止任何油脂、氧化物、污渍或灰尘影响钎料对母体的焊接性能,使焊接产生缺陷。

C. 铜管件(接头)若有污垢,应用铜丝或钢丝刷刷净,不得用不清洁的工具进行处理。

(2) 铜管的安装

A. 铜管的调直:弯曲的铜管应调直后再安装。铜管调直宜在管内充砂用调直器调直或采用木锤子或橡皮锤子,在铺木垫板的平台上进行,不得用铁锤敲打。调直后管内应清理干净,并放置平直,防止其表面被硬物划伤。

B. 铜管的切割:铜管切口表面应平整,不得有毛刺、凹凸等缺陷,切口平面允许倾斜,偏差为管子直径的 1%。

C. 铜管的连接方法有四种:即喇叭口翻边连接(亦称卡套连接,适用于 $\phi25$ 以下的管子)、焊接(主要采用钎焊,一般适用于 $\phi25$ 以下的管子,如银钎焊和铜钎焊)、连接件或法兰连接、螺纹连接。铜管连接应符合下列规定。

(A) 喇叭口翻边连接(亦称卡套连接):喇叭口翻边连接的管道应保持同轴,当公称直径小于或等于 50mm 时,其偏差不应大于 1mm;当公称直径大于 50mm 时,其偏差不应大于 2mm。制作喇叭口的管段应预先退火、锉平、管口毛刺刮光,再用专用工具制作。喇叭口外径应小于紧固螺母内径 0.3 ~ 0.5mm,以免紧固时喇叭口被螺母的内径卡死,扭坏接管,以至不能保证密封。同时翻边时也不得出现裂纹、分层豁口及褶皱等缺陷,并有良好的密封面。

(B) 螺纹连接:螺纹连接一般用于工业管道,且螺纹连接的管子应有一定的壁厚,套丝后管壁的净厚度应能承受管内流体的安全压力,管螺纹应完整,螺纹的断丝和缺丝的缺损不得大于螺纹全扣数 10%,螺纹的连接应牢固,螺纹根部应有外露螺纹,其螺纹部分应涂以石墨甘油。

(C) 焊接连接:铜管的焊接连接可采用对焊、承插式焊接及套管式焊接,其中承口的扩口深度不应小于管径,扩口方向应迎向介质流向。

a. 管道的钎焊:普通铜管的焊接连接主要采用钎焊(如银钎焊和铜钎焊)。普通管道钎焊一般采用搭接焊接或套接连接,管道采用搭接连接的搭接长度为管壁厚度的 6 ~ 8 倍;当管道的公称直径(指外径)小于 25mm 时,搭接长度为管道公称直径(外径)$\phi$ 的 1.2 ~ 1.5 倍。管道采用套接连接的套管长度为 $L = 2 ~ 2.5\phi$,$\phi$ 为管道外径,但承口的扩口长度不应小于管径。钎焊后的管件必须在 8 小时内进行清洗,可用湿布擦拭焊接部分(常用的方法是用煮沸的含 10% ~ 15% 的明矾水溶液涂刷接头处,然后用水冲洗擦干),以稳定焊接部分和除去残留的熔剂和熔渣,避免腐蚀。焊后的正常焊缝应无气孔、无裂纹和无未熔合等缺陷。

b. 铜管的对接焊连接:铜管的对接焊连接一般用于工业管道系统。工业管道紫铜设备和管道一般采用手工钨极氩弧焊的对接焊连接;黄铜设备和管道一般采用手工的氧乙炔焊的对接焊连接,其焊接工艺和质量应符合 GB 50236—98《现场设备、工业管道焊接工程施工及验收规范》第 8.2.1 条 ~ 第 8.3.6.3 条的规定。

c. 焊接采用氧—乙炔加热火焰时,火焰应呈中性或略带还原性,加热时焊炬应沿管子作环向转动,使之均匀加热,一般预热至呈暗红色为宜。

d. 焊接时应均匀加热被焊接的管件,并用加热的焊丝沾取适量钎料(焊剂、焊粉)均匀涂抹在焊缝上。当温度达到 650～750℃时,送入钎料(焊剂、焊粉),切勿将火焰直接加热钎料(焊剂、焊粉),以免因毛细管作用和润湿作用致使熔化后的液体钎料(焊剂、焊粉)在缝内渗透。当钎料(焊剂、焊粉)全部熔化时停止加热,否则钎料(焊剂、焊粉)会不断往里渗透,不能形成饱满的焊角。

(D) 连接件或法兰连接:铜管采用法兰连接时铜管与法兰的连接有焊接和翻边连接两种。铜管采用法兰连接时必须采用凹凸法兰,并在凹槽内填装密封垫片。密封垫片的材料——对于输送介质为氟利昂、水的管道采用胶质石棉垫或紫铜环;对于输送介质为氮气的管道采用胶质石棉垫或铅片。铜管与法兰采用翻边连接时管道的翻边宽度见表 2.3.6－7。

铜管与法兰翻边连接时的翻边宽度　　　　　　表 2.3.6－7

| 公称直径(mm) | 15 | 20 | 25 | 32～100 | 125～200 |
|---|---|---|---|---|---|
| 翻边宽度(mm) | 11 | 13 | 16 | 18 | 20 |

D. 气焊材料的选用:焊铜管时采用的焊丝其成分应力求与基层金属的化学成分基本一致。焊接时可采用下列的焊丝。

(A) 焊铜时的焊丝:当壁厚为 $\delta = 1～2mm$ 时,焊丝成分为纯铜(电解铜,含杂质 < 0.4%);当壁厚为 $\delta = 3～10mm$ 时,焊丝成分为铜 99.8%、磷 0.2%;当壁厚为 $\delta > 10mm$ 时,焊丝成分为磷 0.2%、硅 0.15%～0.35%、其余为铜。

(B) 焊黄铜时的焊丝:铜 62%、硅 0.45%～0.5%,其余为含锌量;或硅 0.2%～0.3%、磷 0.15%,其余为含铜量。

(C) 气焊用的熔剂(焊剂、焊粉):气焊用熔剂的性能——熔点约 650℃,呈酸性反应,应能有效地熔融氧化铜和氧化亚铜,焊接时生成液态熔渣覆盖于焊缝表面,防止金属氧化。常用铜焊及合金铜焊熔剂(焊剂、焊粉)见表 2.3.6－8。

常用铜焊及合金铜焊熔剂　　　　　　表 2.3.6－8

| 硼酸 $H_3BO_3$ | 硼砂 $Na_2BO_3$ | 磷酸氢钠 $Na_2HPO_4$ | 碳酸钾 $K_2CO_3$ | 氯化钠 NaCl |
|---|---|---|---|---|
| 100 | — | — | — | — |
| — | 100 | — | — | — |
| 50 | 50 | — | — | — |
| 25 | 75 | — | — | — |
| 35 | 50 | 15 | — | — |
| — | 56 | — | 32 | 22 |

E. 铜管的弯曲:铜管及铜合金管道的弯管可先将管内充填无杂质的干细砂,并用木锤敲实,再热弯或冷弯。热弯后管内不易清除的细砂可用浓度 15%～20% 的氢氟酸在管

内存留 3h 使其溶蚀,再用 10% ~ 15% 的碱溶液中和,然后以干净水冲洗,再在 120 ~ 150℃ 温度下经 3 ~ 4h 烘干。

冷弯一般用于紫铜管,冷弯前也应先将管内充填无杂质的干细砂,并用木锤敲实,再进行冷弯,冷弯前先将管道加热至 540℃时,立即取出管道,并将其加热部分浇水,待其冷却后再放到胎具上弯制。

热弯或冷弯后管道的椭圆率不应大于 8%,弯管的直边长度不应小于管径,且不小于 30mm。

F. 铜波纹膨胀节的安装:安装铜波纹膨胀节时,其前后的直管长度不得小于 100mm。

G. 铜管安装的支架:铜管水平管道最大支撑支架的间距按表 2.3.6 – 9 的设置。

铜管水平管道最大支撑支架的间距

表 2.3.6 – 9

| 公称外径 φ(mm) | 立管间距(mm) | 横管间距(mm) | 公称外径 φ(mm) | 立管间距(mm) | 横管间距(mm) |
|---|---|---|---|---|---|
| 8 | 500 | 400 | 45 | 1300 | 1000 |
| 10 | 600 | 400 | 55 | 1600 | 1200 |
| 15 | 700 | 500 | 70 | 1800 | 1400 |
| 18 | 800 | 500 | 80 | 2000 | 1600 |
| 22 | 900 | 600 | 85 | 2200 | 1800 |
| 28 | 1000 | 700 | 96 | 2500 | 2200 |
| 35 | 1100 | 800 | 100 | 3000 | 2500 |

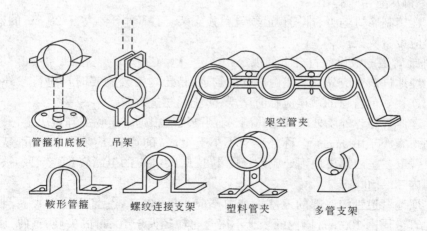

管箍和底板　吊架　　　　　　　　架空管夹

鞍形管箍　　螺纹连接支架　　塑料管夹　　多管支架

图 2.3.6 – 3　支、吊架形式示意图

H. 管道穿越无防水要求的墙体、梁、板的做法应符合下列规定:

(A) 应设置穿越墙体、梁、板的钢制套管,钢制套管的内径应比穿越管道的公称外径大 30 ~ 40mm。垂直穿梁、板的钢制套管底部应与梁、板底平齐,钢制套管上端高出地面 20 ~ 50mm;水平穿墙、梁的钢制套管的两端应与墙体、梁两侧表面平齐。

（B）管道靠近穿越孔洞的一端应设固定支撑件将管道固定。

（C）管道与钢制套管或孔洞之间的环形缝隙应用防水材料填塞密实。

I. 管道固定支撑件的设置：

（A）无伸缩补偿装置的直管段，固定支撑件的最大间距：冷水管道不宜大于6.0m，热水管道不宜大于3.0m，且应配置在管道配件附近。

（B）管道采用伸缩补偿器的直管段，固定支撑件的间距应经计算确定，管道伸缩补偿器应设在两个固定支撑件的中间部位。

（C）管道伸缩量 $\Delta L$ 的计算：

$$\Delta L = 16.8 \times 10^{-6}(T_1 - T_2)L$$

式中　　$\Delta L$——管道热伸长（冷压缩）量（mm）；

$T_1$——管内介质温度（℃）；

$T_2$——管道安装地点环境温度（℃），室内取 $-5℃$，室外取供暖室外计算温度；

$L$——计算管道的长度（m）；

$16.8 \times 10^{-6}$——铜材的线膨胀系数（mm/m·℃）。

（D）采用管道折角进行伸缩补偿时，悬臂长度不应大于3.0m，自由臂长度不应小于300 mm。

（E）固定支撑件的管卡与管道表面应为面接触，管卡的宽度宜为管道公称外径的1/2，收紧管卡时不得损坏管壁。

（F）滑动支撑件的管卡应卡住管道，可允许管道轴向滑动，但不允许管道产生横向位移，管道不得从管卡中弹出。

（G）连接制冷机的吸、排气管道须设单独支架。管径小于或等于20 mm的铜管道，在阀门等处应设置支架。

J. 埋地管道的敷设应符合下列规定：

（A）埋地进户管应先安装室内部分的管道，待土建室外施工时再进行室外部分管道的安装与连接。但管道的敞口应临时堵严，防止异物进入。

（B）进户管穿越外墙处应预留孔洞，孔洞高度应根据建筑物沉降量决定，一般管顶以上的净高不宜小于100mm。公称外径 $\phi$ 不小于40mm的管道，应采用水平折弯后进户。

（C）管道在室内穿出地坪处应设长度不小于100 mm的金属套管，套管的根部应插嵌入地坪层内30~50 mm。

（D）埋地管道管沟底部的地基承载力不应小于80kN/m²，且不得有尖硬凸出物。管沟回填时管道周围100 mm以内的填土不得含有粒径大于10mm的尖硬石（砖）块。

（E）室外埋地管道的管顶覆土深度除应不小于冰冻线深度外，非行车地面不宜小于300 mm；行车地面不宜小于600 mm。

（F）埋地敷设的管道及管件应做外防腐处理。

K. 制冷剂输送管道的安装应符合 GB 50243—2002《通风与空调工程施工质量验收规范》第8.3.4条的相关规定；制冷系统阀门的安装应符合第8.3.5条的相关规定。

L. 紫铜管和黄铜管管道安装的工程质量检验评定标准：依据 GB 50242—2002《建筑

给水排水及采暖工程施工质量验收规范》第 3.3.1 条、第 3.3.2 条、第 3.3.3 条、第 3.3.4 条、第 3.3.5 条、第 3.3.6 条、第 3.3.10 条、第 3.3.11 条及第 3.3.15 条、第 3.3.16 条、第 4.1.2 条、第 4.1.6 条、第 4.1.7 条、第 4.1.8 条、第 4.2.7 条、第 4.2.8 条、第 4.2.9 条、第 4.2.10 条、第 4.4.8 条、第 6.2.4 条、第 6.2.5 条、第 6.2.6 条、第 6.2.7 条、第 8.2.16 条、第 8.2.17 条、第 8.2.18 条和 GB 50243—2002《通风与空调工程质量验收规范》第 8.1.2 条、第 8.1.5 条、第 8.2.5 条、第 8.2.10 条、第 8.3.4 条、第 8.3.5 条、第 8.3.6 条、第 9.2.1 条、第 9.2.3 条、第 9.2.4 条、第 9.2.5 条、第 9.3.2 条,GB 50184—93《工业管道工程质量检验评定标准》第 3.1.1 条、第 3.1.2 条、第 3.4.1 条、第 3.4.2 条、第 4.2.6 条、第 6.2.6 条、第 6.6.2 条、第 6.6.3 条、第 6.6.4 条等条款的有关规定。室内冷、热水铜管给水管道、铜管道热水供暖系统和通风空调铜管制冷剂输送系统的安装质量应符合下列规定。

（A）铜管安装质量保证项目见表 2.3.6 – 10。

安装质量保证项目  表 2.3.6 – 10

| | 项 目 | 质量标准 | 检查方法 | 检查数量 |
|---|---|---|---|---|
| 1 | 管子、部件、焊接材料 | 型号、规格、质量必须符合设计要求和规范规定 | 检查合格证、进场验收记录和试验记录 | 按系统全部检查 |
| 2 | 阀门 | 型号、规格和强度、严密性试验及需作解体检验的阀门,必须符合设计要求和规范的规定 | 检查合格证和逐个试验记录 | — |
| 3 | 脱 脂① | 忌油的管道、部件、附件、垫片和填料等,脱脂后必须符合设计要求和规范规定 | 检查脱脂记录 | — |
| 4 | 焊缝表面 | 不得有裂纹、气孔和未熔合等缺陷;钎焊焊缝应光洁,不应有较大焊瘤及焊接边缘熔化等缺陷 | 观察和用放大镜检查 | 按系统内管道焊口全部检查 |
| 5 | 焊缝探伤检查（主要用于工业管道的安装）② | 黄铜气焊焊缝的射线探伤必须按设计或规范规定的数量检查。工作压力在 10MPa 以上者,必须 100% 检查;工作压力在 10MPa 以下者,固定焊口为 10%,转动焊口为 5% | 检查探伤记录,必要时可按规定检查的焊口数抽查 10% | 按系统内管道焊口全部检查 |
| 6 | 弯管表面 | 不得有裂纹、分层、凹坑和过烧等缺陷 | 观察检查 | 按系统抽查 10%,但不少于 3 件 |
| 7 | 管道试压 | 管道强度、严密性试验、抽真空试验、管道冲洗脱脂试验、通水试验必须符合设计要求和规范规定 | 按系统检查分段试验记录 | 按系统全部检查 |
| 8 | 清洗、吹除 | 管道系统必须按设计要求和规范规定进行清洗、吹除 | 检查清洗、吹除试样或记录 | — |

① 一般给水管道和热水供暖管道无此要求。
② 一般给水管道和热水供暖管道无此要求,它多发生于工业管道系统。

（B）安装质量的基本项目见表2.3.6－11。

安装质量的基本项目　　　　　　　表 2.3.6－11

| | 项　目 | 质量标准 | 检查方法 | 检查数量 |
|---|---|---|---|---|
| 1 | 支吊托架安装 | 位置正确、平正、牢固。支架同管道之间应用石棉板、软金属垫或木垫隔开,且接触紧密。活动支架的活动面与支撑面接触良好,移动灵活。吊架的吊杆应垂直,丝扣完整。锈蚀、污垢应清除干净,油漆均匀,无漏涂,附着良好 | 用手拉动和观察检查 | 按系统内支、吊托架的件数抽查10%,但不应少于3件 |
| 2 | 钎焊焊缝 | 表面光洁,不应有较大焊瘤及焊接边缘熔化等缺陷 | 观察检查 | 按系统内的管道焊口全部检查 |
| 3 | 法兰连接 | 对接应紧密、平行、同轴,与管道中心线垂直。螺栓受力应均匀,并露出螺母2～3扣,垫片安置正确。检查法兰管口翻边折弯处为圆角,表面无褶皱、裂纹和刮伤 | 用扳手拧试、观察和用尺检查 | 按系统内法兰类型各抽查10%,但不少于3处,有特殊要求的法兰应逐个检查 |
| 4 | 管道坡度 | 应符合设计要求和规范规定 | 检查测量记录或用水准仪(水平尺)检查 | 按系统每50m直线管段抽查2段,不足50m抽查1段 |
| 5 | 补偿器安装 | Π形补偿器的两臂应平直,不应扭曲,外圆弧均匀。水平管道安装时,坡向应与管道一致。波纹及填料式补偿器安装的方向应正确 | 观察和用水平尺检查 | 按系统全部检查 |
| 6 | 阀门安装 | 位置、方向应正确,连接牢固、紧密。操作机构灵活、准确。有特殊要求的阀门应符合有关规定 | 观察和做启闭检查或检查试验记录 | 按系统内阀门的类型各抽查10%,但不应少于2个。有特殊要求的应逐个检查 |

（C）安装质量允许偏差的项目见表2.3.6－12。

安装质量允许偏差的项目　　　　　　　表 2.3.6－12

| | 项　目 | | | 允许偏差 | 检查方法 | 检查数量 |
|---|---|---|---|---|---|---|
| 1 | 坐标及标高 | 室外 | 埋　地 | 25 mm | 检查测量记录或用经纬仪、水准仪(水平尺)、直尺拉线和用尺量检查 | 按系统检查管道起点、终点、分支点和变向点 |
| | | | 地沟、架空 | 15mm | | |
| | | 室内 | 架　空 | 10mm | | — |
| | | | 地　沟 | 15mm | | |

330

| 项 目 | | | 允许偏差 | 检查方法 | 检查数量 |
|---|---|---|---|---|---|
| 2 | 水平管道纵、横方向弯曲 | 每米 | $\phi \leqslant 100$ | 0.5 mm | 吊线和尺量 | 全长为25 m以上：按每50m抽2段，不足50 m不小于1段；有隔墙以隔墙分段抽查5%，但不小于5段 |
| | | | $\phi > 100$ | 1.0 mm | | |
| | | 全长 | $\phi \leqslant 100$ | 不大于13 mm | | — |
| | | | $\phi > 100$ | 不大于25 mm | | |
| 3 | 立管垂直度 | 每 米 | | 2 mm | 用吊线和尺量检查 | 一根为一段两层及以上按楼层分段，各抽查5%，但不小于10段 |
| | | 全长(5 m以上) | | 不大于10 mm | | — |
| 4 | 成排管段 | 在同一平面上 | | 5 mm | — | 按系统抽查10% |
| | | 间距 | | +5 mm | 用尺和拉线检查 | — |
| 5 | 交叉 | 管外壁和保温层间隙 | | +10mm | 用尺检查 | 管道交叉处按系统全部检查 |
| 6 | 弯管椭圆率 | 紫铜 | | 8% | 用尺和外卡钳检查 | 按系统抽查10%，但不小于3件 |
| | | 黄铜 | | 8% | | |
| 7 | 弯管弯曲角度 | $PN \leqslant 10\text{MPa}$ | 每米 | ±3 mm | 用样板和尺检查 | 按系统抽查10%，但不小于3件；一般用于大口径的工业管道 |
| | | | 最长 | ±10 mm | | |
| | | $PN > 10\text{MPa}$ | 每米 | ±1.5 mm | | — |
| 8 | 弯管褶皱不平度 | $PN < 10\text{MPa}$ | | 2 mm | 用尺和卡钳检查 | |
| 9 | Ⅱ形补偿器外形尺寸 | 悬臂长度 | | 10 mm | 用尺和拉线检查 | 按系统全部检查 |
| | | 平直度 | 每米 | ≤3 mm | | |
| | | | 全长 | ≤10 mm | | |
| 10 | 补偿器预拉(压)长度 | Ⅱ形补偿器 | | ±10 mm | 检查预拉(压)记录 | 按系统全部检查 |
| | | 波纹、填料式 | | ±5mm | | — |

| 项 目 | | 允许偏差 | 检查方法 | 检查数量 |
|---|---|---|---|---|
| 11 | 焊口平直度 · 管壁厚度 ≤10 | 管壁厚度的 1/10 | 用尺和样板检查 | 按系统内管道焊口全部检查 |
| | 管壁厚度 >10 | 1mm | | |
| 12 | 焊缝加强层 · 高度 | +1mm | 用焊接检验尺检查 | —— |
| | 焊缝加强层 · 宽度 | +1mm | | |
| 13 | 咬肉 · 深度 | <0.5 mm | 用尺和焊接检验尺检查 | |
| | 咬肉 · 长度 · 连续长度 | 10 mm | | |
| | 咬肉 · 长度 · 总长度(两侧) | 小于焊缝长度的 25% | | |

参考资料:1. 卢士勋主编 《制冷与空气调节技术》 上海科学普及出版社 1993.4

2. 强十勃 程协瑞主编《安装工程分项施工工艺手册(管道工程)》中国计划出版社 1996

3. CECS 105:2000《建筑给水铝塑复合管管道工程技术规程》 2000.6

4. 张英云等编写《最新常用五金手册》江西科学技术出版社 1995.8

8. 竖井内立管的安装:当竖井内有较多的管道时,其配管安装工作比一般竖井内管道的安装要复杂,安装前应认真做好纸面放样和实地放线排列工序,以确保安装工作的顺利进行。竖井内立管安装应在井口设型钢支架,上下统一吊线安装卡架,暗装支管应画线定位,并将预制好的支管敷设在预定位置,找正位置后用勾钉固定。竖井内管道安装应按相应的控制程序(详见第 3.2.5-4 款"竖井内管道安装质量控制程序")进行,以免影响质量、进度和造成不必要的返工与浪费。

9. 给水管道和空调冷热水循环管道测温孔的制作和安装:在进行系统水力平衡和试运转时要测量进出口水温,并进行调节,以便达到设计水量、供回水温度和温差的要求,因此在管道上应依据事先运转试验的安排,并按照 4.2.3-1-(1)测孔布置原则安装温度测孔,其构造如图 2.3.6-4。

### 6.1.3 卫生器具安装

1. 一般卫生器具的安装:

(1) 一般卫生器具安装除按图纸要求及 91SB 标准图册详图安装外,尚应严格执行 DBJ 01—26—96(三)的工艺标准,同时还应了解产品说明书,按产品的特殊要求进行安装。

(2) 卫生器具的安装应在土建做防水之前,给水、排水支管安装完毕,并且隐蔽排水支管灌水试验及给水管道强度试验合格后进行。

(3) 卫生器具安装器具固定件必须使用镀锌膨胀螺栓固定,且安装必须牢固平稳,外表干净美观,满水、通水试验合格。

(4) 卫生器具安装完毕做通水试验,水力条件不满足要求时,卫生器具要进行 100%满水试验。

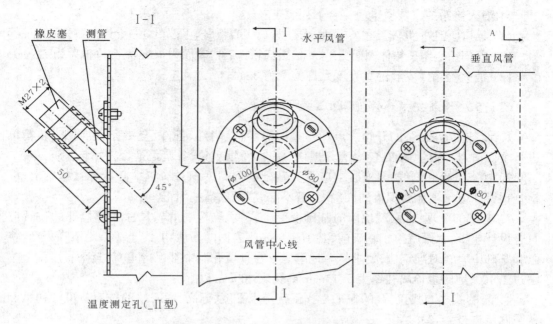

图 2.3.6－4　管道温度测孔构造示意图

（5）每根排水立管和横管安装完毕应 100% 做通球试验。

2．台式洗脸盆的安装：

（1）台式洗脸盆的安装应符合本节第 1 款的要求。

（2）台式洗脸盆中，单个脸盆安装于台子长度的中部。

（3）洗脸盆水龙头安装位置应符合"左热右冷"，不得装反，以免影响使用。

（4）台面开孔应在洗脸盆定货后，在土建工种或台面加工厂家的配合下进行。

（5）存水弯下节插入排水管口内部分应缠盘根绳，并用油灰将下水口塞严、抹平。

3．坐便器、浴缸安装

（1）坐便器、浴缸安装之前应清理排水口，取下临时管堵，检查管内有无杂物。

（2）将坐便器、浴缸排水口对准预留排水管口找平找正，在器具两侧螺栓孔处画标记。

（3）移开器具，在画标记处栽 $\phi10$ 膨胀螺栓，并检查固定螺栓与器具是否吻合。

（4）将器具排水口及排水管口抹上油灰，然后将器具找平找正固定。

（5）坐便器水箱配件的安装应参照其安装使用说明书进行。

4．卫生器具安装的允许偏差和卫生器具给水配件安装的允许偏差应符合 GB 50242—2002 第 7.2.3 条和第 7.3.2 条的规定的要求，满水、通水试验合格。

### 6.1.4　消火栓箱体安装

1．消火栓箱应在土建抹灰之后、精装修之前、管道安装、水压试验合格后安装。

2．消火栓箱与墙体固定不牢的，可用 CUP 发泡剂（单组份聚氨酯泡沫发泡剂）封堵作为弥补措施，安装时箱体标高应符合设计和规范要求，箱体应水平，箱面应与墙面平齐，为防止污染，应粘贴胶带保护。

3．消火栓箱的安装质量应符合下列要求：

（1）栓口应朝外，并安装在离门轴一侧。栓口中心距离地面为1.1m，允许偏差为±20mm。

（2）阀门中心距离箱体侧面为140mm，距离箱体后内表面为100mm，允许偏差为±5mm。

（3）消火栓箱体安装的垂直度允许偏差为3mm。

### 6.1.5　水泵安装和气压稳压装置安装

1．设备的验收：泵的开箱清点和检查应对零件、附件、备件、合格证、说明书、装箱单进行全面清点。数量是否齐全，有无损伤、缺件、锈蚀现象，各堵盖是否完好。

2．检查基础和划线：泵安装前应复测基础的标高、中心线，将中心线标在基础上，以检查预留孔或预埋地脚螺栓的准确度，若不准，应采取措施纠正。

3．基础的清理：水泵就位前的基础混凝土强度、坐标、标高、尺寸和螺栓孔的位置应符合设计要求，水泵就位于基础前，必须将泵底座表面的污浊物、泥土等杂物清除干净，将泵和基础中心线对准定位，要求每个地脚螺栓在预留孔洞中都保持垂直，其垂直度偏差不超过1/100；地脚螺栓离孔壁大于15mm，离孔底100mm以上。

4．泵的找平与找正：泵的找平与找正就是水平度、标高、中心线的校对。可分初平和精平两步进行。

5．固定螺栓的灌浆固定：上述工作完成后，将基础铲成麻面并清除污物，将碎石混凝土填满并捣实，浇水养护。

6．水泵的精平与清洗加油：当混凝土强度达到设计强度70%以上时，即可紧固螺栓进行精平。在精平过程中进一步找正泵的水平度、同轴度、平行度，使其完全达到设计要求后，就可以加油试运转。

7．立式水泵的减振装置不应采用弹簧减振器。

8．水泵安装允许的偏差：水泵安装允许的偏差应符合GB 50242—2002第4.4.7条的规定。

9．试运转前的检查：试运转应检查密封部位、阀门、接口、泵体等有无渗漏，测定压力、转速、电压、轴承温度、噪声等参数是否符合要求。

10．气压稳压装置安装详见说明书和有关规范。

### 6.1.6　水箱的安装

1．贮水箱和高位水箱的安装：应检查水箱的制造质量，做好安装前的设备检验验收工作；和水泵安装一样检查基础质量和有关尺寸；安装后检查安装坐标、接口尺寸、焊接质量、除锈防腐质量、清除污染；做好满水试验（有压水箱则做水压试验）；有保温或深度防腐的则做好保温防腐工作。

2．太阳能闭式水箱安装：

（1）水箱进场必须经过严格交接检，填写检验记录，没有合格证、检验记录，不能就位安装。器具固定件必须做好防腐处理，且安装必须牢固平稳，外表干净美观。水箱安装应在土建做防水之前，上水管安装完毕后进行。

（2）水箱的基座用原有的水箱基座，安装前要仔细检查基座的质量，若基座的质量不符合要求,会影响水箱的安装质量。基座表面应平整,并且清理干净。水箱就位前应根据图纸,复测基座的标高和中心线,并用标记明显地标注在确定的中心线位置上,然后画出各固定螺栓的位置。

(3) 水箱的开箱、清点和检查。水箱进场要进行检查,开箱前应检查水箱的名称、规格、型号。开箱时,施工质检人员应会同监理工程师进行检查,根据制造厂商提供的装箱单,对箱内的设备、附件逐一进行清点,检查水箱的零件、附件和备件是否齐全,有无缺件现象,检查设备有无缺损或损坏锈蚀等不合格现象。

(4) 水箱的找正找平。第一步,主要是初步找标高和中心线的相对位置;第二步,是在初平的基础上对泵进行精密的调整,直到完全达到符合要求的程度。水箱进水管应安装可靠的支架,不将管道的重量落在水箱上。

(5) 集热器上、下集管接往热水箱的循环管道应有 5‰ 的坡度。自然循环的热水箱底部与集热器上集管之间应有 0.3~1.0m 的距离。水箱及上、下集管等循环管道均应保温。

3. 供暖膨胀水箱的膨胀管及循环管上不允许安装阀门。

4. 水箱溢流管和排泄管应设置在排水点附近,但不得与排水管直接连接。

5. 水箱安装允许的偏差:水箱安装允许的偏差应符合 GB 50242—2002 第 4.4.7 条的规定。

### 6.1.7 汽—水片式热交换器的安装

1. 如同水泵安装应做好设备进场检验、设备基础检验、设备安装和安装后的验收和单机试运转试验,应特别注意其与配管的连接和接口质量。

2. 安装时应注意的具体事项:

(1) 安装时一次侧和二次侧与系统的连接可以自由调换,但安装管件时应注意液流应相互交叉流动。

(2) 为了防止液体中异物质堵塞板材内部,应在入口处安装 20 网眼以上的过滤网。

(3) 避免使用柱塞泵或在出入口处安装直动式开关。还应避免压力频繁变化。

(4) 安装时不要使出入口向上或向下(即水平安装)。

(5) 一次边和二次边的出入口处管件安装应组成相互交叉流动。使用在冷媒用途时,冷媒应流向一次边。

### 6.1.8 软化水装置(含电子软化水装置)的安装

其相关事项与水泵安装类同,但更应注意软水罐的水位视镜应布置便于观察的方向同时还应注意罐体接口与配管连接尺寸的准确性及接口的连接质量。

### 6.1.9 管道和设备的防腐与保温

1. 管道、设备及容器的清污除锈:铸铁管道清污除锈应先用刮刀、锉刀将管道表面的氧化皮、铸砂去掉,然后用钢刷反复除锈,直至露出金属本色为止。焊接钢管和无缝钢管的清污除锈用钢刷和砂纸反复除锈,直至露出金属本色为止。应在刷油漆前用棉纱再擦一遍浮尘。

2．管道、设备及容器的防腐：管道、设备及容器的防腐应按设计要求进行施工,在涂刷油漆前,必须清除管道及设备表面的灰尘、污垢、锈斑、焊渣等物。涂漆的厚度应均匀,不得脱皮、起泡、流淌和漏涂等缺陷。埋地的镀锌钢管或焊接钢管的防腐应符合 GB 50242—2002 第 9.2.6 条的规定。室内镀锌钢管刷银粉漆两道,锌皮被损坏的和外露螺丝部分刷防锈漆一道、银粉漆两道。

3．管道、设备及容器的保温：空调冷冻(热水)循环管道、膨胀管道采用 $\delta = 9 \sim 25mm$ 厚的难燃型高压聚氯乙烯泡沫橡胶管壳,对缝粘接后外缠密纹玻璃布,刷防火漆两道;分水器、集水器的保温采用 $\delta = 40mm$ 厚的难燃型高压聚氯乙烯泡沫橡胶管壳,冷冻机房内的各种管道和分水器、集水器保温层外加包 $\delta = 0.5mm$ 的镀锌钢板保护壳。空调冷冻水管的吊架、吊卡与管道之间应按设计装隔热垫。

膨胀水箱、软化水箱采用组合式镀锌钢板水箱,外表采用 $\delta = 50mm$ 的离心玻璃棉板保温,保温层外加包 $\delta = 0.5mm$ 的镀锌钢板保护壳。

给水和排水管道的防结露保温管道采用 $\delta = 6mm$ 厚的难燃型高压聚氯乙烯泡沫橡胶管壳,对缝粘接后外缠密纹玻璃布,刷防火漆两道。因此施工时应严格控制外径尺寸的误差,保温层缝隙的严密,以免产生冷桥,防止对环境和设备及其他专业安装工程的污染产生环境污染指标违标的问题。

4．管道和设备的保温质量：管道和设备的保温质量应符合 GB 50242—2002 第 4.4.8 条、第 6.2.7 条、第 8.2.18 条的规定。

### 6.1.10 伸缩器安装应注意事项

伸缩器的安装应符合 GB 50242—2002 第 8.2.5 条、第 8.2.6 条、第 8.2.15 条的规定。

1．伸缩器应水平且应与管道同心,固定支座埋设应牢靠。

2．伸缩器(套管式的除外)应安装在直管段中间,靠两端固定支座附近应加设导向支座。有关安装要求参见相关规范。

3．方形伸缩器可用两根或三根管道煨制焊接而成,但顶部必须采用一根整管煨制,焊口只能在垂直臂中部。四个弯曲角必须 90°,且在一个平面内。

4．波形伸缩器水压试验压力绝对不允许超过波形伸缩器的使用压力,且试压前应将伸缩器用固定架夹牢,以免过量拉伸。

5．安装后应进行拉伸试验。

# 6.2 通风工程

### 6.2.1 预留孔洞及预埋件

施工参照暖卫工程施工方法进行。

### 6.2.2 通风管道及附件制作

1．材料：通风送风系统为优质镀锌钢板,排烟风道和人防手摇电动两用送风机前的

风道采用 $\delta = 2.0\text{mm}$ 厚度的优质冷轧薄板。前者以折边咬口成型,后者以卷折焊接成型。法兰角钢用首钢优质产品。

2. 加工制作按常规进行,但应注意以下问题:

(1) 材料均应有合格证及检测报告;

(2) 防锈除尘必须彻底,不彻底的不得进入第二道工序。镀锌板可用中性洗涤剂清除油污,冷轧板、角钢应用钢刷彻底清除锈迹和浮尘,直至露出金属本色;

(3) 咬口不能有胀裂、半咬口现象,焊缝应整齐美观、无夹渣和漏焊、烧熔现象,翻边宽度为 6~9mm,不开裂;

(4) 制作应严格执行 GB 50243—2002、GBJ 304—88、GB 50073—2001、JGJ 71—90 及 DBJ 01—26—96(三)的有关规定和要求;

(5) 洁净空调的风道制作应严格执行 JGJ 71—90《洁净室施工及验收规范》的规定,加工后应进行灯光检漏,安装后应按设计要求进行漏风率检测;

(6) 风道规格的验收:风管以外径或外边长为准,风道以内径或内边长为准。

3. 金属风道的制作:

(1) 金属风道的厚度:金属风道的厚度应符合 GB 50243—2000 第 4.2.1 条的规定,检查数量为按材料与风道加工批数抽查 10%,但不少于 5 件;

(2) 防火风道的本体、框架与固定材料、密封垫料必须是不燃材料,其耐火等级应符合设计要求;

(3) 风道必须通过工艺性的检测或验证,其强度和严密性要求符合 GB 50243—2002 第 4.2.5 条的规定;

(4) 金属风道的连接应符合下列要求:

A. 风道板材拼接的咬口缝应错开,不得有十字型的拼接缝;

B. 金属风道法兰材料的规格不应小于表 2.3.6 – 13 和表 2.3.6 – 14 的规定。中低压系统风道法兰的螺栓及铆钉孔的间距不得大于 150mm,高压系统风道不得大于 100mm,矩形风道法兰的四角应设有螺栓孔。

采用加固方法提高了风道法兰部位强度时,其法兰材料规格相应的使用条件可以适当放宽。无法兰连接的薄钢板法兰高度应参照金属法兰风道的规格执行。

**金属圆形风道的法兰及螺栓规格** 表 2.3.6 – 13

| 风管直径 DN | 法兰材料规格(mm) | | 螺栓规格(mm) |
| --- | --- | --- | --- |
| | 扁 钢 | 角 钢 | |
| $D \leqslant 140$ | 20×4 | — | |
| $140 < D \leqslant 280$ | 25×4 | — | M6 |
| $280 < D \leqslant 630$ | — | 25×3 | |
| $630 < D \leqslant 1250$ | — | 30×4 | M8 |
| $1250 < D \leqslant 2000$ | — | 40×4 | |

金属矩形风道的法兰及螺栓规格　　　　　　表 2.3.6－14

| 风管直径 $b$ | 法兰材料规格(角钢)(mm) | 螺栓规格(mm) |
|---|---|---|
| $b \leqslant 630$ | $25 \times 3$ | M6 |
| $630 < b \leqslant 1500$ | $30 \times 3$ | M8 |
| $1500 < b \leqslant 2500$ | $40 \times 4$ | |
| $2500 < b \leqslant 4000$ | $50 \times 5$ | M10 |

抽查数量:按加工批数量抽查 5%,但不少于 5 件。

(5) 金属风道的加固应符合 GB 50243—2002 第 4.2.10 条的规定,即圆形风道(不包括螺旋风道)直径大于等于 800mm,且其管段长度大于 1250mm 或表面积大于 4m²,均应采取加固措施。矩形风道长边大于 630mm,保温风道长边大于 800mm,管段长度大于 1250mm 或低压风道单边平面积大于 1.2m²,中、高压风道单边平面积大于 1.0m²,均应采取加固措施。非规则椭圆形风道的加固,应参照矩形风道执行。

抽查数量:按加工批数量抽查 5%,但不少于 5 件。

(6) 矩形风道弯管的制作一般应采用曲率半径为一个平面边长的内外同心圆弧弯管。当采用其他形式的弯管时,平面边长大于 500mm 时,必须设置弯管导流片。抽查数量 20%,但不少于 2 件;

(7) 净化空调系统风道还应符合下列规定:矩形风道边长小于或等于 900mm 时,底板不应有拼接缝;大于 900mm 时,不应有横向拼接缝。风道所用的螺栓、螺母、垫圈和铆钉应采用与管材性能相匹配、不会产生电化学腐蚀的材料,或采用镀锌或其他防腐措施,并不得采用抽芯铆钉。不应在风道内设加固框及加固筋,无法兰风道的连接不得使用 S 形插条、直角形插条及立联合角形插条等形式;

(8) 空气洁净度等级为 1～5 级的净化空调系统风道不得采用按扣式咬口。风道清洗不得用对人体和材质有危害的清洁剂;

(9) 镀锌钢板风道不得有镀锌层严重损害的现象,如表层大面积白花、锌层粉化等。抽查数量按风道数量的 20%,但每个系统不得少于 5 件;

(10) 金属风道和法兰连接风道的制作应符合 GB 50243—2002 第 4.3.1 条、第 4.3.2 条的规定。金属风道的加固应符合 GB 50243—2002 第 4.3.4 条的规定;

(11) 无法兰连接风道的制作应符合 GB 50243—2002 第 4.3.3 条的规定。风道的无法兰连接可以节约大量的钢材,降低工程造价,但是要有相应的风道加工机械。常见的风道无法兰连接有如下几种:

抱箍式连接:(主要用于圆形和螺旋风道)在风道端部轧制凸棱(把每一管段的两端轧制出鼓筋,并使其一端缩为小口),安装时按气流方向把小口插入大口,并在外面扣以两块半圆形双凸棱钢制抱箍抱合,最后用螺栓穿入抱箍耳环中拧紧螺栓将抱箍固定(图2.3.6－5)。

插接式连接:(也称插入式连接,主要用于矩形和圆形风道)安装时先将预制带凸棱的内接短管插入风道内,然后用铆钉将其铆紧固定(图2.3.6－5)。

插条式连接:(主要用于矩形风道)安装时将风道的连接端轧制成平折咬口,将两段风道合拢,插入不同形式的插条,然后压实平折咬口即可。安装时应注意将有耳插条的折耳在风道转角处拍弯,插入相邻的插条中;当风道边长较长插条需对接时,也应将折耳插入相邻的另一根插条中(图2.3.6-5)。

单立咬口连接:(主要用于矩形和圆形风道)见图2.3.6-5。

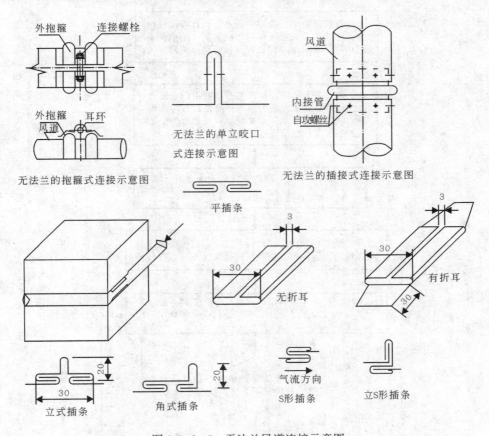

图2.3.6-5 无法兰风道连接示意图

4.风道部件的制作:风道部件的制作应符合 GB 50243—2002 第5章的有关规定和质量要求。

### 6.2.3 管道吊装

1.通风管道安装质量控制程序(图2.3.6-6)。

2.管道加工完后应临时封堵,防止灰尘污物进入管内;风道进场后应再次进行加工质量检查和修理,并用棉布擦拭内壁后再进行吊装。吊装还应随时擦净内壁的重复污染物,然后立即封堵敞口。安装过程还应按 GB 50243—2002 规定进行分段灯光检漏,和进行漏风率检测合格后才能后续安装。

3.安装时法兰接口处采用9501阻燃胶条作垫料,螺栓应首尾处于同一侧,拧紧对称进行;阀件安装位置应正确,启闭灵活,并有独立的支、吊架。

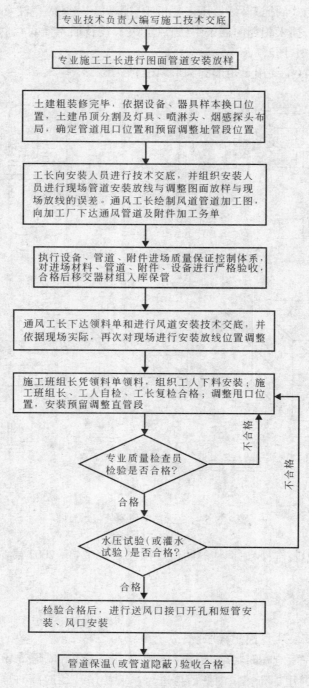

图 2.3.6-6　通风管道安装质量控制程序

4. 为保证支、吊架的安装质量,吊架安装前应先实地放线,确定吊杆长度、支架标高和吊杆宽度,以保证安装平直、吊架排列整齐美观。

5. 风道的吊装质量要求:风道的吊装质量应符合 GB 50243—2002 第 6.1.2 条、第 6.1.3 条、第 6.2.1 条、第 6.2.2 条、第 6.2.4 条、第 6.2.5 条、第 6.2.6 条、第 6.2.8 条、第 6.2.9 条、第 6.3.1 条、第 6.3.2 条、第 6.3.3 条、第 6.3.4 条、第 6.3.6 条、第 6.3.8 条、第 6.3.9 条、第 6.3.10 条的规定和要求。

(1) 风道接口的连接应严密、牢靠。法兰垫片材料应符合系统功能性要求(本工程应为不燃材料),厚度不应小于 3mm,垫片不应凸入管内,也不宜突出法兰外。风道系统安装后必须进行严密性检验,检验结果应符合第 4.2.5 条和第 6.2.8 条的要求,合格后方能交付下一道工序。风道系统严密性检验以主、干管为主。在加工工艺得到保证的前提下,低压风道系统可采用漏光法检测;

(2) 风道吊架采用膨胀螺栓等胀锚方法固定时,必须符合其相应技术文件的规定。风道支、吊架间距和安装要求见表 2.3.6 - 15;

风道支、吊架间距和安装要求 表 2.3.6 - 15

| 风道支、吊架间距(m) | | | | | | | 支吊架的质量要求 | |
| --- | --- | --- | --- | --- | --- | --- | --- | --- |
| 直径 *D* 或 长边 *L* | 水平风道 | | | | 垂直风道 | | 位 置 | 质 量 |
| | 一般 风道 | 螺旋 风道 | 薄钢板法 兰风道 | 复合材料 风道 | 一般 | 单根 直管 | | |
| ≤400 | ≤4m | ≤5m | ≤3m | 按产品标准 规定设置 | ≤4m | ≥2 个 | 应离开 风口、阀 门、检查 口、自控机 构处;距离 风口、插接 管≥200mm | 1. 抱箍支架折角应平直、紧贴箍 紧风道 |
| >400 | ≤3m | ≤3.75m | ≤3m | | | | | 2. 圆形风道应加托座和抱箍,它 们圆弧应均匀,且与外径相一致 |
| | | | | | | | | 3. 非金属风道应适当增加支吊 架与水平风道的接触面 |
| >2500 | 按设计要求设置 | | | | | | | 4. 吊架的螺孔应用机械加工,吊 杆应平直,螺纹应完整、光洁。受力 应均匀,无明显变形 |

(3) 风道穿过需要封闭的防火、防爆墙体或楼板时,应设预埋管或防护套管,其钢板厚度不应小于 1.6mm。风道与防护套管之间应用不燃且对人体无害的柔性材料封堵;

(4) 风道内严禁其他管线穿越;室外立管的固定拉索严禁拉在避雷针或避雷网上;安装在易燃、易爆环境内的风道系统应有良好的接地;输送易燃、易爆气体的风道系统应有良好的接地,当它通过生活区或其他辅助生产房间时必须严密,并不得设置接口;

(5) 风道安装前和安装后应检查和清除风道内、外的杂物,做好清洁和保护工作;连接法兰螺栓应均匀拧紧,其螺母应在同一侧,螺栓伸出螺母长度应不大于一个螺栓直径;

(6) 风道的连接应平直、不扭曲。明装水平风道的水平度的允许偏差为 3/1000,总偏差不应大于 20mm。暗装风道位置应正确、无明显偏差。柔性短管的安装应松紧适度,无明显扭曲。

(7) 风道附件的安装必须符合如下要求:

A. 各类风道部件、操作机构应能保证其正常的使用功能和便于操作;

B. 斜插板阀的阀板必须为向上拉启,水平安装时插板阀的阀板还应为顺气流方向插入;止回阀、自动排气阀门的安装应正确。风道附件的安装应符合 GB 50243—2002 第 5 章的有关规定和质量要求。

(8) 防火阀、排烟阀(口)的安装方向、位置应正确。防火分区隔墙两侧的防火阀距离墙面不应大于 200mm。调节阀、密闭阀安装后启闭应灵活,设备与周围围护结构应留足检修空间,详参阅 91SB6 的施工做法。防火阀、排烟阀(口)、调节阀、密闭阀的安装应符合 GB 50243—2002 第 5 章的有关规定和质量要求。

### 6.2.4 风口的安装

墙上风口的安装,应随土建装修进行,先做好埋设木框,木框应精刨细作。然后在风口和阀件上钻孔,再用木螺丝固定,安装时要注意找平,并用密封胶堵缝。与土建排风竖井的固定应预埋法兰,固定牢靠,周边缝隙应堵严。风口的安装质量应符合 GB 50243—2002 第 6.3.11 条的规定和要求。风口与风道的连接应严密、牢固,与装饰面相紧贴,表面平整、不变形,调节灵活、可靠。条形风口的安装接缝处应衔接自然,无明显缝隙。同一厅室内的相同风口的安装高度应一致,排列应整齐。明装无吊顶的风口安装位置和标高偏差不应大于 10mm。风口水平安装水平度偏差不应大于 3/1000,垂直安装的垂直度偏差不应大于 2/1000。检查数量 10%,但不少于一个系统或不少于 5 件和两个房间的风口。

### 6.2.5 净化空调系统风口的安装

净化空调系统风口的安装应符合 GB 50243—2002 第 6.3.12 条的规定和要求。高效过滤送风口安装前应对系统进行 8 ~ 12h 的吹扫干净后,才能运至现场进行拆封安装。安装时应使风口周围与边框与建筑顶棚或墙面紧密结合,其接缝处应加设密封垫料或密封胶封堵严密,避免污染,检查无漏风,然后封上保护罩。带高效过滤器的送风口,应采用可分别调节高度的吊杆。检查数量为 20%,但不少于一个系统或不少于 5 件和两个房间的风口。

### 6.2.6 风帽、吸排气罩的安装

风帽的安装必须牢固,连接风道与屋面或墙面的交接处不应有渗水。吸排气罩的安装位置应正确、排列应整齐,安装应牢固可靠。检查数量 10%,但不少于 5 个。

### 6.2.7 风道风量、风压测孔的安装

1. 风道风量、风压测孔的安装位置在安装前应依据设计和规范的要求,事先作好安排。

2. 风道风量、风压测孔的安装位置还应随管道周围情况而定,要便于测量的操作和

测量数据的读取。

3．风道风量、风压测孔的构造如图2.3.6－7所示。

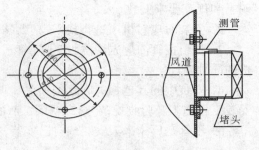

图2.3.6－7　风道风量、风压测孔的构造

### 6.2.8　柜式空调机组和分体式空调机的安装

由厂家安装，但应注意电源和孔洞、预埋件、室外基础的预留位置和浇筑质量的验收。

### 6.2.9　空调机房和空调机组的安装

1．安装前应详细审阅图纸，明确工艺流程和各设备的接口位置和尺寸，先在纸面上放大，再到实地检验调整，使各管道部件加工尺寸合适、连接顺利、外观整齐。

2．安装前应做好设备进场开箱检验，办理检验手续，研读使用安装说明书，充分了解其结构尺寸和性能，加速施工进度，提高安装质量。

3．安装前应和水泵安装一样检查设备基础，验收合格后再就位安装。安装后按 GB 50243—2002 相关条文要求进行单机试运转，并测试有关参数，填写试验记录单。

4．机房配管安装应严格按设计和规范要求进行，安装后应进行渗漏检查和隐检验收后，再进行保温。

### 6.2.10　消声器的安装

消声器消声弯头应有单独的吊架，不使风道承受其重量。支、吊架、托铁上穿吊杆的螺孔距离应比消声器宽 40～50mm，吊杆套丝为 50～60mm，安装方向要正确。

### 6.2.11　风机盘管的安装

风机盘管进场前应进行进场验收，做单机三速试运转及水压试验。试验压力为系统工作压力的 1.5 倍(0.6MPa)，不漏为合格；卧式机组应由支吊架固定，并应便于拆卸和维修；排水管坡度要符合设计要求，冷凝水应畅通地流到设计指定位置，供回水阀及水过滤器应靠近风机盘管机组安装。吊顶内风机盘管与条形风口的连接应注意如下问题。即风机盘管出口风道与风口法兰上下边不得用间断的铁皮拉接，应用整块铁皮拉铆搭接；风道两侧宽度比风口窄，风管盖不住的，应用铁皮覆盖，铁皮三个折边与风口法兰铆接，另一边反向折边与风管侧面铆接。板的四角应有铆钉，且铆钉间距应小于 100mm。接缝应用玻璃胶密封。风机盘管与管道的连接宜采用弹性接管或软接管(金属或非金属软管)连接，其耐压值应高于 1.5 倍的工作压力，软管连接应牢靠、不应有强扭或瘪管。

### 6.2.12　活塞式水冷制冷机组的安装

1．活塞式制冷机组进场时应做开箱验收记录，内容同水泵进场验收；同时还应对基础进行验收和修理，并核查与机组有关的相关尺寸。安装前应研读使用说明书，按使用说明书和规范要求安装。

2．安装时应对机座进行找平,其纵、横水平度偏差均应不大于 0.2/1000 为合格。

3．机组接管前应先清洗吸、排气管道,合格后方能连接。接管不得影响电机与压缩机的同轴度。

4．安装中的其他相关问题按产品说明书和 GB 50274—98《制冷设备、空气分离设备安装工程施工及验收规范》第二章第二节的相关条文规定进行。

5．不管是厂家来人安装或自己安装,安装后均应做单机试运转记录。

6.2.13　螺杆制冷机组的安装

1．螺杆式制冷机组进场时应做开箱验收记录,内容同水泵进场验收;同时还应对基础进行验收和修理,并核查与机组有关的相关尺寸。安装前应研读使用说明书,按使用说明书和规范要求安装。

2．安装时应对机座进行找平,其纵、横水平度偏差均应不大于 0.1/1000 为合格。

3．机组接管前应先清洗吸、排气管道,合格后方能连接。接管不得影响电机与压缩机的同轴度。

4．不管是厂家来人安装或自己安装,安装后均应作单机试运转记录。

5．螺杆式制冷机组安装中的其他相关问题按产品说明书和 GB 50274—98《制冷设备、空气分离设备安装工程施工及验收规范》第二章第三节的相关条文规定进行。

6.2.14　冷却塔及冷却水系统安装

1．和其他设备一样设备进场应作开箱检查验收,并对设备基础进行验收。基础标高允许误差为 ±20mm。安装完后应做单机试运转记录,并测试有关参数。

2．冷却塔安装应平稳,地脚螺栓与预埋件的连接或固定应牢靠,各连接件应采用热镀锌或不锈钢螺栓,其紧固力应一致、均匀。冷却塔安装应水平,单台冷却塔安装的水平度和垂直度允许偏差均为 2/1000。多台冷却塔的安装水平高度应一致,高差不应大于 30mm。

3．冷却塔的出水管口及喷嘴的方向和位置应正确,布水均匀。其转动部分应灵活,风机叶片端部与塔体四周的径向间隙应均匀,对可调整的叶片角度应一致。

4．玻璃钢和塑料是易燃品,应注意防火。冷却塔的安装必须按照 GB 50243—2002 第 9.2.6 条的要求严格执行施工防火的规定。

6.2.15　软化水装置(含电子软化水装置)的安装

详见 6.1.8 款。

6.2.16　风道及部件的保温

1．通风空调管道的保温:

(1)塑料粘胶保温钉的保温:空调送回风管道采用 $\delta = 40mm$ 带加筋铝箔贴面离心玻璃棉板保温。排烟风道采用 $\delta = 30mm$ 厚离心玻璃棉板保温,外缠玻璃丝布保护。保温板下料要准确,切割面要平齐。在下料时要使水平面、垂直面搭接处以短边顶在大面上,粘贴保温钉前管壁上的尘土、油污应擦净,将胶粘剂分别涂在保温钉和管壁上,稍后再粘接。保温钉分布为管道侧面 20 只/m²、下面 12 只/m²。保温钉粘接后,应等待 12～24h 后才可敷设保温板。或用碟形帽金属保温钉焊接固定连接,保温钉分布为管道侧面 10 只/m²、下面 6 只/m²。

(2) 碟形帽焊接保温钉的保温:保温钉的材质应和基层材质接近,两种金属受热熔化后能在熔坑中混合,使得加热区内材料性质变硬、变脆,因此金属保温钉的钢材含碳量应低于 0.20%。当风道钢板厚度 $\delta \geqslant 0.75mm$ 时,焊枪的焊接电流应控制在 3～4.5A 之间。焊钉个数控制在——侧面和顶面 6 个/m²;底面 10 个/m²。其质量要求见表 2.3.6-16。

2. 风道保温的质量要求:风道保温的质量要求必须符合 GB 50243—2002 第十章的规定。

保温钉的质量要求　　　　　　　　　　　表 2.3.6-16

| 序号 | 项　　目 | 质　　量　　要　　求 |
|---|---|---|
| 1 | 保温板板面 | 应平整,下凹或上凸不应超过 ±5mm |
| 2 | 保温板拼接缝 | 应饱满、密实无缝隙 |
| 3 | 保护面层质量 | 保温板面层应平整、基本光滑,无严重撕裂和损缺 |
| 4 | 保温钉焊接质量 | 用校核过的弹簧秤套棉绳垂直用力拉拔,读数 ≥5kg 未被拔掉为合格 |
| 5 | 保温钉直径 $\phi$ | $\phi \geqslant 3$ |

# 7　工期目标与保证实现工期目标的措施

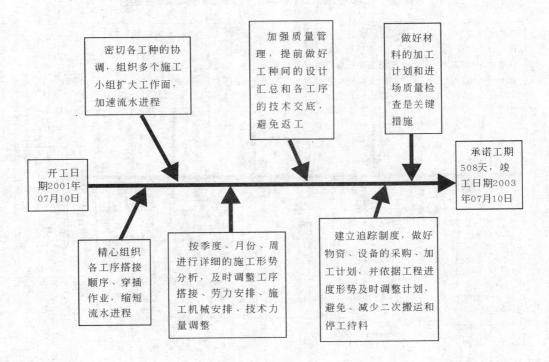

345

# 8 现场管理的各项目标和措施

## 8.1 降低成本目标及措施

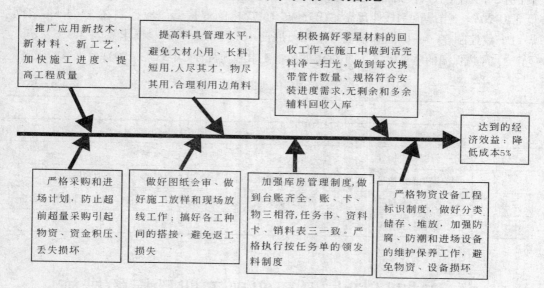

推广应用新技术、新材料、新工艺、加快施工进度、提高工程质量

提高料具管理水平,避免大材小用、长料短用,人尽其才,物尽其用,合理利用边角料

积极搞好零星材料的回收工作,在施工中做到活完料净一扫光。做到每次携带管件数量、规格符合安装进度需求,无剩余和多余辅料回收入库

达到的经济效益:降低成本5%

严格采购和进场计划,防止超前超量采购引起物资、资金积压、丢失损坏

做好图纸会审、做好施工放样和现场放线工作;搞好各工种间的搭接,避免返工损失

加强库房管理制度,做到台账齐全,账、卡、物三相符,任务书、资料卡、销料表三一致。严格执行按任务单的领发料制度

严格物资设备工程标识制度,做好分类储存、堆放,加强防腐、防潮和进场设备的维护保养工作,避免物资、设备损坏

## 8.2 文明施工现场管理目标及措施

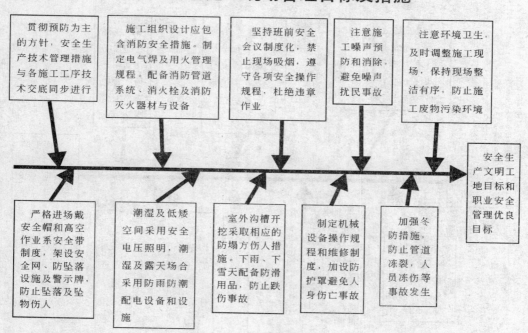

贯彻预防为主的方针,安全生产技术管理措施与各施工工序技术交底同步进行

施工组织设计应包含消防安全措施。制定电气焊及用火管理规程。配备消防管道系统、消火栓及消防灭火器材与设备

坚持班前安全会议制度化,禁止现场吸烟,遵守各项安全操作规程,杜绝违章作业

注意施工噪声预防和消除,避免噪声扰民事故

注意环境卫生,及时调整施工现场,保持现场整洁有序,防止施工废物污染环境

安全生产文明工地目标和职业安全管理优良目标

严格进场戴安全帽和高空作业系安全带制度,架设安全网、防坠落设施及警示牌,防止坠落及坠物伤人

潮湿及低矮空间采用安全电压照明,潮湿及露天场合采用防雨防潮配电设备和设施

室外沟槽开挖采取相应的防塌方伤人措施。下雨、下雪天配备防滑用品,防止跌伤事故

制定机械设备操作规程和维修制度,加设防护罩避免伤人身伤亡事故

加强冬防措施,防止管道冻裂,人员冻伤等事故发生

# 8.3 环境保护措施

## 8.3.1 隔声措施

1. 建筑四周的防护隔离网内侧增设一层防尘隔声板,以阻止粉尘和噪声往周围扩散。

2. 对发声量较大的施工工序尽量安排在白天施工。

## 8.3.2 降尘措施

1. 安装移动式喷水管道,利用喷头对准拆除墙面喷洒水珠降尘(见图2.3.8-1)。

2. 对室内发尘大的施工区域,适当安装自净器降尘措施。

3. 局部安装除尘装置:对装修工艺发尘量较大的采用移动式局部吸尘过滤装置,进行局部处理(见图2.3.8-3)。

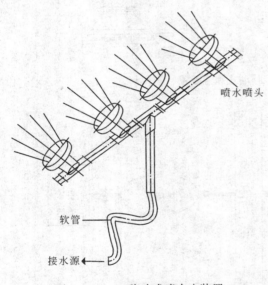

喷水喷头

软管

接水源 ←

图 3.8.3-1 移动式喷水尘装置

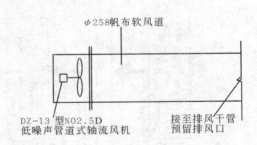

φ258帆布软风道

DZ-13 型NO2.5D
低噪声管道式轴流风机

接至排风干管
预留排风口

图 2.3.8-2 移动式电焊排烟装置

4. 电焊粉尘和有害气体的排除:利用移动排风设备,对电焊粉尘和有害气体进行排除,见图2.3.8-2。

## 8.3.3 施工污水的处理

对于施工阶段产生的施工污水,采取集中排放到沉淀池进行沉淀处理,经检测达标后再排入市政污水管网(处理流程如图2.3.8-4所示)。

## 8.3.4 加强协调确保环保措施的实现

定期召开协调会议,除了加强施工全过程各工种之间、总包和分包之间施工工序、技术矛盾、进度计划的协调,将所有矛盾解决在实施施工之前外。做到各专业之间(总包单位内部、总包单位与分包单位之间)按科学、文明的施工方法施工,避免各自为政无序施工,造成严重的施工环境污染事故。

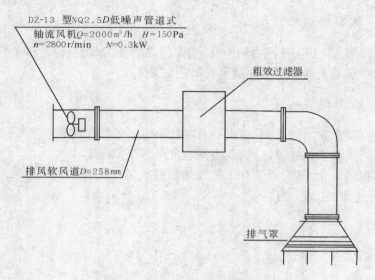

图 2.3.8-3　移动式除尘装置

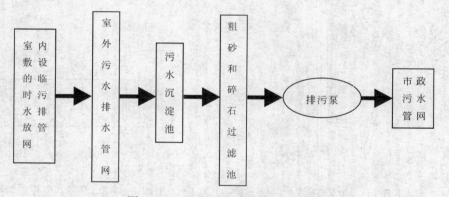

图 2.3.8-4　施工污水的处理流程图

# 9　现场施工用水设计

## 9.1　施工用水量计算

### 9.1.1　现场施工用水

按最不利施工阶段(初装修抹灰阶段)计算:

$$q_1 = 1.05 \times 100(\text{m}^3/\text{d}) \times 700\text{L}/\text{m}^3 \times 1.5(2\text{b}/\text{d} \times 8\text{h}/\text{b} \times 3600\text{s}/\text{h})^{-1} = 1.92\text{L}/\text{s}$$

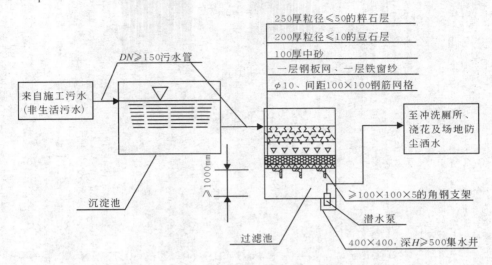

图 2.3.9 – 1    现场施工污水处理流程和结构示意图

### 9.1.2  施工机械用水

现场施工机械需用水的是运输车辆:

$$q_2 = 1.05 \times 10 \text{ 台} \times 50\text{L}/\text{台} \times 1.4(2\text{b} \times 8\text{h}/\text{b} \times 3600\text{s}/\text{h})^{-1} = 0.013\text{L}/\text{s}$$

### 9.1.3  施工现场饮水和生活用水

现场施工人员高峰期为 800 人/d,则:

$$q_3 = 800 \times 50 \times 1.4(2\text{b} \times 8\text{h}/\text{b} \times 3600\text{s}/\text{h})^{-1} = 0.972\text{L}/\text{s}$$

### 9.1.4  消防用水量

1. 施工现场面积小于 25hm²
2. 消防用水量 $q_4 = 10\text{L}/\text{s}$

### 9.1.5  施工总用水量 q

$$\because q_1 + q_2 + q_3 = 2.905\text{L}/\text{s} < q_4 = 10\text{L}/\text{s}$$
$$\therefore q = q_4 = 10\text{L}/\text{s} = 0.01\text{m}^3/\text{s} = 36\text{m}^3/\text{h}$$

## 9.2  贮水池计算

### 9.2.1  消防 10min 用水储水量

$$V_1 = 10 \times 10 \times 60/1000 = 6\text{m}^3$$

### 9.2.2 施工用水蓄水量

$$V_2 = 4m^3$$

### 9.2.3 贮水池体积 V

$$V = 10m^3$$

## 9.3 水泵选型

### 9.3.1 水泵流量

$$G \geqslant 36m^3/h$$

### 9.3.2 水泵扬程估算

$$H = \sum h + h_0 + h_s + h_1 = 4 + 3 + 10 + 60 = 77m = 0.77MPa$$

式中　　$H$——水泵扬程$(mH_2O)$；

　　　　$\sum h$——水管道总阻力$(mH_2O)$；

　　　　$h_0$——水泵吸入段的阻力$(mH_2O)$；

　　　　$h_s$——用水点平均资用压力$(mH_2O)$；

　　　　$h_1$——主楼用水最高点与水泵中心线高差静水压力$(h_1 = 60m)(mH_2O)$。

### 9.3.3 水泵选型

选用 DA1 – 100 × 4 型多级离心式水泵，$G = 36m^3/h$，$H = 77.6mH_2O$，$n = 2940r/min$，功率 $N = 13.2kW$，泵出口直径 $DN = 100$ 进口直径 $DN = 100$。

## 9.4 输水管道管径计算

$$D = [4G(\pi v)^{-1}]^{0.5} = [4 \times 0.013(2.5 \times \pi)^{-1}]^{0.5} = 0.0814m \approx 100mm$$

$$取\ DN = 100$$

式中　　$D$——计算管径$(m)$；

　　　　$DN$——公称直径$(mm)$；

　　　　$G$——流量$(m^3/s)$；

　　　　$v$——流速（按消防时管内流速考虑取 $v = 2.5m/s$）$(m/s)$。

## 9.5 施工现场供水管网平面布置图

详见附图或土建施工组织设计。

# 四、北京九州通达电子商务有限公司二期固体制剂厂房、综合楼、办公楼工程暖卫与通风空调施工组织设计

# 1 编制依据和采用标准、规程

## 1.1 编制依据

编制依据见表 2.4.1 - 1。

编制依据

表 2.4.1 - 1

| | |
|---|---|
| 1 | 北京九州通达电子商务有限公司二期固体制剂厂房、综合楼、办公楼工程招标书 |
| 2 | 核工业部第四研究设计院工程设计号 M700 - 1、2、3"固体制剂厂房、综合楼、办公楼"工程暖卫通风空调工程施工图设计图纸 |
| 3 | 总公司《综合管理手册》 |
| 4 | 总公司《施工组织设计管理程序》 |
| 5 | 工程设计技术交底、施工工程概算、现场场地概况 |
| 6 | 国家及北京市有关文件规定 |

## 1.2 采用标准和规程

采用标准和规程见表 2.4.1 - 2。

采用标准和规程 表 2.4.1 - 2

| 序  号 | 标准编号 | 标  准  名  称 |
|---|---|---|
| 1 | GB 50073—2001 | 洁净厂房设计规范 |
| 2 | GB 50242—2002 | 建筑给水排水与采暖工程施工质量验收规范 |
| 3 | GB 50243—2002 | 通风与空调工程施工质量验收规范(2002 年修订版) |
| 4 | GB 50231—98 | 机械设备安装工程施工及验收通用规范 |
| 5 | GB 50235—97 | 工业金属管道工程施工及验收规范 |
| 6 | GB 50236—98 | 现场设备、工业管道焊接工程施工及验收规范 |
| 7 | GB 50261—96 | 自动喷水灭火系统施工及验收规范 |
| 8 | GB 50274—98 | 制冷设备、空气分离设备安装工程施工及验收规范 |
| 9 | GB 50275—98 | 压缩机、风机、泵安装工程施工及验收规范 |

| 序　号 | 标准编号 | 标　准　名　称 |
|---|---|---|
| 10 | GB 6245—98 | 消防泵性能要求和试验方法 |
| 11 | CECS 125：2001 | 建筑给水钢塑复合管道工程技术规程 |
| 12 | CECS 126：2001 | 叠层橡胶支座隔震技术规程 |
| 13 | CJJ/T 29—98 | 建筑排水硬聚氯乙烯管道工程技术规程 |
| 14 | GBJ 16—87 | 建筑设计防火规范(1997 年版) |
| 15 | GB 50019—2003 | 采暖通风与空气调节设计规范 |
| 16 | GBJ 126—89 | 工业设备及管道绝热工程质量检验评定标准 |
| 17 | GBJ 140—90 | 工业设备及管道绝热工程施工及验收规范 |
| 18 | GB 50184—93 | 建筑灭火器配置设计规范(1997 版) |
| 19 | GB 50185—93 | 工业金属管道工程质量检验评定标准 |
| 20 | 劳动部(1990) | 压力容器安全技术监察规程 |
| 21 | 91SB 系列 | 华北地区标准图册 |
| 22 | 国家建筑标准设计图集 | 暖通空调设计选用手册　　上、下册 |
| 23 | 98T901 | 《管道及设备保温》　中国建筑标准设计研究所 |
| 24 | 99S201 | 《消防水泵结合器安装》　中国建筑标准设计研究所 |
| 25 | 99S202 | 《室内消火栓安装》　中国建筑标准设计研究所 |

# 2　工程概况

## 2.1　工程简介

### 2.1.1　建筑设计的主要元素(表 2.4.2－1)

建筑设计的主要元素　　　　　　　　　　　表 2.4.2－1

| 项　　目 | 内　　　　容 |
|---|---|
| 工程名称 | 北京九州通达电子商务有限公司二期固体制剂厂房、综合楼、办公楼工程 |
| 建设单位 | 北京九州通达电子商务有限公司 |

| 项　目 | 内　容 | | |
|---|---|---|---|
| 设计单位 | 核工业部第四研究设计院 | | |
| 地理位置 | 北京市丰台区丰台科学产业基地 10 - A 地块 | | |
| 建筑面积 | 24476(24056)m² | | |
| 子　项 | 固体制剂厂房 | 综合楼 | 办公楼 |
| 建筑面积 | 12286m² | 8135m² | 3635m² |
| 建筑层数 | 地下一层地上三层 局部四层 | 地上六层局部七层 | 地上五层、屋顶有无维护墙体的凉棚 |
| 檐口高度 | 19.00 m | 27.10 m | 19.40 m |
| 建筑总高度 | 20.30 m | 29.80 m | 23.30 m |
| 结构形式 | 现浇钢筋混凝土框剪结构 | 现浇钢筋混凝土框剪结构 | 现浇钢筋混凝土框剪结构 |
| 抗震烈度 | 抗震烈度 8 度 | 抗震烈度 8 度 | 抗震烈度 8 度 |
| 耐火等级 | 二级 | 二级 | 二级 |

## 2.1.2　建筑各层的主要用途(表2.4.2-2)

建筑各层的主要用途　　　　　　　　　　　　　表 2.4.2 - 2

| 层数 | 固体制剂厂房 | | 综合楼 | | 办公楼 | |
|---|---|---|---|---|---|---|
| | 层高(m) | 用　途 | 层高(m) | 用　途 | 层高(m) | 用　途 |
| -1 | -4.50 | 中药成品库、设备间等 | — | — | — | — |
| 1 | 5.00 | 头孢、中药类等原料储存、办公区、人员入口更衣区等 | 4.00 | 进门大厅、会议室、配电室、办公室、男女卫生间、楼电梯间 | 4.20 | 门厅、会议室、办公室、配电室、标准客房、公共卫生间 |
| 2 | 6.50 | 洁净厂房、空调机房、试验分析办公区、配电室、纯化水制备、空压机房等 | 3.70 | 活动厅、会议室、储藏室、办公室、男女卫生间、楼电梯间 | 3.60 | 单身宿舍、一居室、二居室、卫生间、男淋浴室、更衣室、盥洗室等 |
| 夹层 | 3.50 | 试验分析实验室 | — | — | — | — |
| 3 | 6.50 | 药品成型(胶囊、片剂)车间、外包车间等洁净生产区 | 3.70 | 活动厅、试验室、男女卫生间、楼电梯间 | 3.6 | 单身宿舍、一居室、二居室、卫生间、女淋浴室、女衣室、盥洗室等 |
| 4 | — | — | 3.70 | 活动厅、试验室、男女卫生间、楼电梯间 | 3.60 | 单身宿舍、一居室、二居室、男女卫生间等 |

| 层数 | 固体制剂厂房 | | 综合楼 | | 办公楼 | |
|---|---|---|---|---|---|---|
| | 层高(m) | 用　途 | 层高(m) | 用　途 | 层高(m) | 用　途 |
| 5 | — | — | 3.70 | 活动厅、试验室、男女卫生间、楼电梯间 | 3.60 | 单身宿舍、男女卫生间等 |
| 6 | — | — | 3.70 | 活动厅、试验室、男女卫生间、楼电梯间 | — | — |
| 屋顶间 | — | — | — | 水箱间、电梯机房 | — | 无维护墙体的凉棚 |

# 2.2　供暖工程

## 2.2.1　热源和设计参数

1. 热源:小区的热水供暖及蒸汽热力管网,热水供暖热媒参数 90℃/70℃热水,蒸汽压力 0.2MPa。
2. 室外计算参数(表 2.4.2-3)

室外计算参数　　　　　　　　　　　　　　　表 2.4.2-3

| 夏季室外计算参数 | | | | 冬季室外计算参数 | | | 室外温度年平均天数 | |
|---|---|---|---|---|---|---|---|---|
| 夏季空调室外计算干球温度(℃) | 夏季空调室外计算湿球温度(℃) | 夏季空调室外计算日平均温度(℃) | 夏季最热月平均室外计算相对湿度(%) | 冬季空调室外计算干球温度(℃) | 冬季采暖室外计算干球温度(℃) | 冬季最冷月平均室外计算相对湿度(%) | $t \leqslant 5℃$ | $t \leqslant 8℃$ |
| 33.2 | 26.4 | 29 | 78 | -12 | -9 | 45 | 129 | 149 |

3. 室内设计参数(表 2.4.2-4、表 2.4.2-5 和表 2.4.2-6)
(1) 固体制剂厂房

固体制剂厂房室内设计参数　　　　　　　　　表 2.4.2-4

| 房间名称 | 夏季室内温度(℃) | 夏季室内相对湿度(%) | 冬季室内温度(℃) | 冬季室内相对湿度(%) | 洁净级别 | |
|---|---|---|---|---|---|---|
| | | | | | 旧标准 | 新标准 |
| 洁净空调制药及用房 | 24±2 | 60±5 | 20±2 | 50±5 | 30 万 | 8.3 级 |
| 舒适性空调房间 | 26±2 | — | 20±2 | — | — | — |
| 一般用房 | — | — | 18 | — | — | — |

(2) 综合楼

综合楼室内设计参数

表 2.4.2-5

| 房间名称 | 采暖房间 | 活动室 | 厕 所 |
|---|---|---|---|
| 冬季室内温度(℃) | 18 | 16 | 16 |

(3) 办公楼(原设计未交代)

办公楼室内设计参数

表 2.4.2-6

| 房间名称 | 采暖房间 | 厕所卫生间 | 淋浴室、更衣室 |
|---|---|---|---|
| 冬季室内温度(℃) | 18 | 16 | 18 |

### 2.2.2 设计元数、热力入口位置、系统供回水干管的直径和标高及系统划分(表 2.4.2-7)

供暖设计元数

表 2.4.2-7

| 子项工程 | 固体制剂厂房 | | 综合楼 | | 办公楼 | |
|---|---|---|---|---|---|---|
| 热媒参数 | 90℃/70℃ | | 90℃/70℃ | | 95℃/70℃ | |
| 系统流量(kg/h) | 7270 | | 12240 | | 6840 | |
| 建筑总热负荷(kW) | 169.09 | | 284.7 | | 198.85 | |
| 试验压力(MPa) | 0.60 | | 0.60 | | 0.60 | |
| 入口位置 | (A)轴外墙,(1)轴北侧 | | (B)轴外墙,(1/6)轴西侧 | | (B)轴外墙,(5)轴西侧 | |
| 供水干管直径与标高 | $DN=70$、标高 $-1.30$m | | $DN=100$、标高 $-1.60$m | | $DN=70$、标高 $-1.50$m | |
| 回水干管直径与标高 | $DN=70$、标高 $-1.30$m | | $DN=100$、标高 $-1.10$m | | $DN=70$、标高 $-1.20$m | |
| 供暖分系统名称 | A | B | A | B | A | B |
| 供暖系统热负荷(kW) | 未提供 | 未提供 | 未提供 | 未提供 | 59.16 | 139.69 |
| 系统总阻力(kPa) | 13.00 | | 13.14 | | 11.231 | 12.249 |
| 供应立管编号 | L1~L21 | L22~L45 | L12~L24 | L1~L11 | L9~L13 | L1~L8 |
| 供暖系统配管形式 | 上供下回单管穿流式系统 | | 上供下回单管穿流式系统 | | 上供下回单管穿流式系统 | |
| 供回水干管敷设位置 | 供水干管敷设在三层顶,回水干管敷设在地下一层顶板下 | | 供水干管敷设在六层顶,回水干管返上敷设在地上一层顶板下 | | 供水干管敷设在五层顶,回水干管返上敷设在地上一层顶板下 | |
| 散热器材质与型号 | 铸铁四柱760 额定压力0.5MPa散热器,配电室为排管散热器 | | | | | |
| 采用管道的材质与连接方法 | 管道的材质为焊接钢室,连接方式 $DN \leqslant 32$ 为丝扣连接,$DN \geqslant 40$ 为焊接连接;配电室管道全部为焊接连接 | | | | | |

| 子项工程 | 固体制剂厂房 | 综合楼 | 办公楼 |
|---|---|---|---|
| 管道防腐 | 非保温管道和散热器除锈后,刷防锈漆两道,银粉漆两道。保温管道除锈后,刷防锈漆两道 | | |
| 管道保温材料 | 地沟和室内不采暖房间的管道采用 $\delta = 40\text{mm}$ 超细岩棉管壳保温 | | |
| 阀门材质 | 阀门 $DN \geqslant 70$ 采用双偏心钢制对夹蝶阀,聚四氟乙烯密封;$DN \leqslant 50$ 采用铜质闸阀 | | |

# 2.3 通风空调工程

## 2.3.1 一般送排风工程

1. 固体制剂厂房:共计有排风系统 51 个、除尘系统 18 个和排烟系统 5 个,见表 2.4.2 – 8。

固体制剂厂房排风系统

表 2.4.2 – 8

| 类型 | 系统编号 | 服务范围 | 设备名称 | 型号 | 规 格 | 数量 | 单位 |
|---|---|---|---|---|---|---|---|
| 排风系统 | P – 1 | 地下一层普通中药成品储存区 | 斜流风机 | GXF5.5A | $L = 7891\text{m}^3/\text{h}$、$H = 427\text{Pa}$、$N = 1.5\text{kW}$ | 1 | 台 |
| | | | 排风竖井 | 土建式 | $500 \times 1500$ | 1 | 个 |
| | | | 回风口 | FK – 20 | $100 \times 300$ | 1 | 个 |
| | | | 回风口 | FK – 20 | $300 \times 450$ | 5 | 个 |
| | P – 2 | 地下一层阴凉药品成品库区 | 斜流风机 | GXF6A | $L = 13488\text{m}^3/\text{h}$、$H = 298\text{Pa}$、$N = 2.2\text{kW}$ | 1 | 台 |
| | | | 排风竖井 | 土建式 | $500 \times 2000$ | 1 | 个 |
| | | | 回风口 | FK – 20 | $250 \times 400$ | 2 | 个 |
| | | | 回风口 | FK – 20 | $300 \times 500$ | 2 | 个 |
| | | | 回风口 | FK – 20 | $300 \times 550$ | 2 | 个 |
| | P – 3 | 地下一层制冷站、循环水设施机房 | 斜流风机 | GXF4.5A | $L = 4971\text{m}^3/\text{h}$、$H = 206\text{Pa}$、$N = 0.55\text{kW}$ | 1 | 台 |
| | | | 排风百叶窗 | 防水型 | $800 \times 700$ | 1 | 个 |
| | | | 回风口 | FK – 20 | $250 \times 400$ | 4 | 个 |
| | P – 15 | 地下一层阴凉药品成品库区 | 新风换气机组 | XHB – D26 型 | $L = 2600\text{m}^3/\text{h}$、$H = 170\text{Pa}$、$N = 0.83\text{kW}$ | 1 | 台 |
| | | | 进风竖井 | 土建式 | $300 \times 700$ | 1 | 个 |
| | | | 排风竖井 | 土建式 | $300 \times 800$ | 1 | 个 |
| | | | 送风口 | FK – 20 | $250 \times 250$ | 5 | 个 |
| | | | 回风口 | FK – 20 | $250 \times 250$ | 5 | 个 |

| 类型 | 系统编号 | 服务范围 | 设备名称 | 型号 | 规　　格 | 数量 | 单位 |
|---|---|---|---|---|---|---|---|
| 排风系统 | P－4 | 地上一层普通中药类辅料储存区 | 斜流风机 | GXF5.5A | $L=9111m^3/h$、$H=308Pa$、$N=1.5kW$ | 1 | 台 |
| | | | 排风百叶风口 | 自垂式 | $1200\times500$ | 1 | 个 |
| | | | 回风口 | FK－20 | $300\times500$ | 4 | 个 |
| | P－5 | 地下一层头孢原辅料储存区 | 斜流风机 | GXF7A | $L=15024m^3/h$、$H=300Pa$、$N=2.2kW$ | 1 | 台 |
| | | | 排风百叶风口 | 自垂式 | $1350\times500$ | 1 | 个 |
| | | | 回风口 | FK－20 | $250\times400$ | 2 | 个 |
| | | | 回风口 | FK－20 | $300\times400$ | 5 | 个 |
| | P－6 | 地上一层工作人员洗手、男女更衣、换鞋间 | 斜流风机 | STJ3.5Ⅰ | $L=1630m^3/h$、$H=286Pa$、$N=0.37kW$ | 1 | 台 |
| | | | 排风百叶风口 | 自垂式 | $400\times400$ | 1 | 个 |
| | | | 回风口 | FK－20 | $100\times200$ | 1 | 个 |
| | | | 回风口 | FK－20 | $100\times250$ | 1 | 个 |
| | | | 回风口 | FK－20 | $200\times200$ | 2 | 个 |
| | P－7 | 地上一层会议室 | 斜流风机 | STJ3.5Ⅰ | $L=1360m^3/h$、$H=286Pa$、$N=0.25kW$ | 1 | 台 |
| | | | 排风百叶风口 | 自垂式 | $750\times550$ | 1 | 个 |
| | | | 回风口 | FK－20 | $300\times250$ | 1 | 个 |
| | P－8 | 地上一层重金属、内外包材料储存区 | 斜流风机 | GXF4.5A | $L=3514m^3/h$、$H=278Pa$、$N=0.55kW$ | 1 | 台 |
| | | | 排风百叶风口 | 自垂式 | $750\times500$ | 1 | 个 |
| | | | 回风口 | FK－20 | $150\times300$ | 1 | 个 |
| | | | 回风口 | FK－20 | $200\times450$ | 1 | 个 |
| | | | 回风口 | FK－20 | $300\times500$ | 1 | 个 |
| | P－9 | 地上一层乙醇丙酮中转间 | 轴流风机 | BT35－11 No3.55 | $L=1680m^3/h$、$H=62Pa$、$N=0.04kW$ | 1 | 台 |
| | P－10 | 地上一层女卫生间 | 悬挂式离心风机 | PF－22LX | $L=460m^3/h$、$H=26Pa$、$N=0.22kW$ | 1 | 台 |
| | | | 排风百叶风口 | 自垂式 | $300\times300$ | 1 | 个 |
| | P－11 | 地上一层男卫生间 | 悬挂式离心风机 | PF－22LX | $L=460m^3/h$、$H=26Pa$、$N=0.22kW$ | 1 | 台 |
| | | | 排风百叶风口 | 自垂式 | $300\times300$ | 1 | 个 |

| 类型 | 系统编号 | 服务范围 | 设备名称 | 型号 | 规　格 | 数量 | 单位 |
|---|---|---|---|---|---|---|---|
| 排风系统 | P－12 | 地上一层女卫生间 | 悬挂式离心风机 | PF－22LX | $L = 460\text{m}^3/\text{h}$、$H = 26\text{Pa}$、$N = 0.22\text{kW}$ | 1 | 台 |
| | | | 排风百叶风口 | 自垂式 | $200 \times 200$ | 1 | 个 |
| | P－13 | 地上一层男卫生间 | 悬挂式离心风机 | PF－22LX | $L = 460\text{m}^3/\text{h}$、$H = 26\text{Pa}$、$N = 0.22\text{kW}$ | 1 | 台 |
| | | | 排风百叶风口 | 自垂式 | $200 \times 200$ | 1 | 个 |
| | P－16 | 地上二层（1）－（2）区间与（A）轴交叉处卫生间 | 卫生间通风器 | BLD－400 | $L = 400\text{m}^3/\text{h}$、$N = 0.06\text{kW}$ | 1 | 台 |
| | | | 排风百叶风口 | 自垂式 | $\phi 150$ | 1 | 个 |
| | P－17 | 地上夹层（1）－（2）区间与（A）轴交叉处卫生间 | 卫生间通风器 | BLD－400 | $L = 400\text{m}^3/\text{h}$、$N = 0.06\text{kW}$ | 1 | 台 |
| | | | 排风百叶风口 | 自垂式 | $\phi 150$ | 1 | 个 |
| | P－18 | 地上三层（1）－（2）区间与（A）轴交叉处卫生间 | 卫生间通风器 | BLD－400 | $L = 400\text{m}^3/\text{h}$、$N = 0.06\text{kW}$ | 1 | 台 |
| | | | 排风百叶风口 | 自垂式 | $\phi 150$ | 1 | 个 |
| | P－19 | 地上二层压片、胶囊填充抛光车间 | 玻璃钢离心风机 | 4－72－12 No4.5A | $L = 2860 \sim 5280\text{m}^3/\text{h}$、$H = 650 \sim 430\text{Pa}$、$N = 1.1\text{kW}$ | 1 | 台 |
| | | | 排风口 | FK－20 | $500 \times 320$ | 4 | 个 |
| | | | 排风口 | FK－20 | $320 \times 250$ | 1 | 个 |
| | P－20 | 地上二层前室、包衣及包衣液配制车间 | 玻璃钢离心风机 | 4－72－12 No4.0A | $L = 2010 \sim 3710\text{m}^3/\text{h}$、$H = 510 \sim 340\text{Pa}$、$N = 1.1\text{kW}$ | 1 | 台 |
| | | | 排风口 | FK－20 | $200 \times 200$ | 2 | 个 |
| | | | 排风口 | FK－20 | $320 \times 200$ | 1 | 个 |
| | | | 排风口 | FK－20 | $400 \times 200$ | 2 | 个 |
| | P－21 | 地上二层容器清洗、储存及标签管理车间 | 玻璃钢离心风机 | 4－72－12 No4.5A | $L = 2860 \sim 5280\text{m}^3/\text{h}$、$H = 650 \sim 430\text{Pa}$、$N = 1.1\text{kW}$ | 1 | 台 |
| | | | 排风口 | FK－20 | $400 \times 320$ | 6 | 个 |
| | P－22 | 地上二层胶囊、片剂铝塑泡罩包装车间 | 玻璃钢离心风机 | 4－72－12 No3.6A | $L = 1470 \sim 2710\text{m}^3/\text{h}$、$H = 410 \sim 280\text{Pa}$、$N = 1.1\text{kW}$ | 1 | 台 |
| | | | 排风口 | FK－20 | $320 \times 250$ | 4 | 个 |

| 类型 | 系统编号 | 服务范围 | 设备名称 | 型号 | 规　格 | 数量 | 单位 |
|---|---|---|---|---|---|---|---|
| 排风系统 | P-23 | 地上二层熬糖、糖衣、糖衣辅机室 | 玻璃钢离心风机 | 4-72-12 No4.5A | $L=2860\sim5280m^3/h$、$H=650\sim430Pa$、$N=1.1kW$ | 1 | 台 |
| | | | 排风口 | FK-20 | $200\times200$ | 1 | 个 |
| | | | 排风口 | FK-20 | $200\times250$ | 4 | 个 |
| | | | 排风口 | FK-20 | $320\times200$ | 5 | 个 |
| | | | 排风口 | FK-20 | $400\times250$ | 2 | 个 |
| | P-24 | 地上二层凉片车间 | 玻璃钢离心风机 | 4-72-12 No3.6A | $L=1470\sim2710m^3/h$、$H=410\sim280Pa$、$N=1.1kW$ | 1 | 台 |
| | | | 排风口 | FK-20 | $320\times200$ | 1 | 个 |
| | | | 排风口 | FK-20 | $400\times320$ | 2 | 个 |
| | P-25 | 地上二层总混车间 | 玻璃钢离心风机 | 4-72-12 No3.2A | $L=991\sim1910m^3/h$、$H=320\sim200Pa$、$N=1.1kW$ | 1 | 台 |
| | | | 排风口 | FK-20 | $400\times320$ | 2 | 个 |
| | P-26 | 地上二层制粒干燥整粒车间 | 玻璃钢离心风机 | 4-72-12 No4.5A | $L=2860\sim5280m^3/h$、$H=650\sim430Pa$、$N=1.1kW$ | 1 | 台 |
| | | | 排风口 | FK-20 | $400\times320$ | 6 | 个 |
| | | | 排风口 | FK-20 | $320\times250$ | 2 | 个 |
| | P-27 | 地上二层空压机房 | 斜流风机 | SJG5.0F | $L=1400m^3/h$、$H=1100Pa$、$N=3.0kW$ | 1 | 台 |
| | | | 百叶排风口 | 自垂式 | $800\times400$ | 1 | 个 |
| | P-27a | 地上二层洗衣、干衣、整衣车间 | 斜流风机 | SJG2.5F | $L=1840m^3/h$、$H=240Pa$、$N=0.18kW$ | 1 | 台 |
| | | | 排风口 | FK-20 | $200\times120$ | 4 | 个 |
| | P-28 | 地上三层压片车间 | 玻璃钢离心风机 | 4-72-12 No3.2A | $L=991\sim1910m^3/h$、$H=320\sim200Pa$、$N=1.1kW$ | 1 | 台 |
| | | | 排风口 | FK-20 | $200\times200$ | 4 | 个 |
| | P-29 | 地上三层包衣车间 | 玻璃钢离心风机 | 4-72-12 No3.2A | $L=991\sim1910m^3/h$、$H=320\sim200Pa$、$N=1.1kW$ | 1 | 台 |
| | | | 排风口 | FK-20 | $200\times200$ | 2 | 个 |
| | | | 排风口 | FK-20 | $200\times250$ | 1 | 个 |
| | P-30 | 地上三层凉片、熬糖车间 | 玻璃钢离心风机 | 4-72-12 No4.0A | $L=2010\sim3710m^3/h$、$H=510\sim340Pa$、$N=1.1kW$ | 1 | 台 |
| | | | 排风口 | FK-20 | $320\times200$ | 1 | 个 |
| | | | 排风口 | FK-20 | $400\times250$ | 2 | 个 |

| 类型 | 系统编号 | 服务范围 | 设备名称 | 型号 | 规　格 | 数量 | 单位 |
|---|---|---|---|---|---|---|---|
| 排风系统 | P－31 | 地上三层中药制剂装袋、容器清洗储存间 | 玻璃钢离心风机 | 4－72－12 No4.0A | $L = 2010 \sim 3710 \text{m}^3/\text{h}$、$H = 510 \sim 340 \text{Pa}$、$N = 1.1 \text{kW}$ | 1 | 台 |
| | | | 排风口 | FK－20 | $320 \times 200$ | 3 | 个 |
| | | | 排风口 | FK－20 | $320 \times 250$ | 2 | 个 |
| | | | 排风口 | FK－20 | $400 \times 250$ | 2 | 个 |
| | P－32 | 地上三层制粒干燥车间 | 防爆玻璃钢离心风机 | B4－72－12 No4.0A | $L = 2010 \sim 370 \text{m}^3/\text{h}$、$H = 510 \sim 340 \text{Pa}$、$N = 1.1 \text{kW}$ | 1 | 台 |
| | | | 排风口 | FK－20 | $320 \times 200$ | 2 | 个 |
| | P－33 | 地上三层熬糖、糖衣车间 | 玻璃钢离心风机 | 4－72－12 No4.0A | $L = 2010 \sim 3710 \text{m}^3/\text{h}$、$H = 510 \sim 340 \text{Pa}$、$N = 1.1 \text{kW}$ | 1 | 台 |
| | | | 排风口 | FK－20 | $320 \times 250$ | 2 | 个 |
| | P－33 | 地上三层熬糖、糖衣车间 | 排风口 | FK－20 | $400 \times 250$ | 2 | 个 |
| | P－34 | 地上三层包衣辅机、包衣液配制车间 | 防爆玻璃钢离心风机 | B4－72－12 No4.0A | $L = 2010 \sim 370 \text{m}^3/\text{h}$、$H = 510 \sim 340 \text{Pa}$、$N = 1.1 \text{kW}$ | 1 | 台 |
| | | | 排风口 | FK－20 | $200 \times 200$ | 2 | 个 |
| | | | 排风口 | FK－20 | $250 \times 200$ | 2 | 个 |
| | P－35 | 地上三层压片车间 | 过滤机组 | HDGJ33 | $L = 3300 \text{m}^3/\text{h}$、$H = 280 \text{Pa}$、$N = 0.45 \text{kW}$ | 1 | 台 |
| | | | 排风口 | FK－20 | $400 \times 320$ | 4 | 个 |
| | P－36 | 地上三层制粒干燥、整粒车间 | 玻璃钢离心风机 | 4－72－12 No4.5A | $L = 2860 \sim 5280 \text{m}^3/\text{h}$、$H = 650 \sim 480 \text{Pa}$、$N = 1.1 \text{kW}$ | 1 | 台 |
| | | | 排风口 | FK－20 | $500 \times 320$ | 4 | 个 |
| | P－37 | 地上三层总混车间 | 玻璃钢离心风机 | 4－72－12 No4.0A | $L = 2010 \sim 3710 \text{m}^3/\text{h}$、$H = 510 \sim 340 \text{Pa}$、$N = 1.1 \text{kW}$ | 1 | 台 |
| | | | 排风口 | FK－20 | $500 \times 320$ | 2 | 个 |
| | P－38 | 地上三层容器清洗储存、打浆车间 | 过滤机组 | HDGJ25 | $L = 2500 \text{m}^3/\text{h}$、$H = 180 \text{Pa}$、$N = 0.32 \text{kW}$ | 1 | 台 |
| | | | 排风口 | FK－20 | $500 \times 320$ | 4 | 个 |
| | P－39 | 地上三层颗粒剂包装、胶囊与片剂铝塑泡罩包装车间 | 玻璃钢离心风机 | 4－72－12 No4.5A | $L = 2860 \sim 5280 \text{m}^3/\text{h}$、$H = 650 \sim 480 \text{Pa}$、$N = 1.1 \text{kW}$ | 1 | 台 |
| | | | 排风口 | FK－20 | $400 \times 320$ | 7 | 个 |

| 类型 | 系统编号 | 服务范围 | 设备名称 | 型号 | 规 格 | 数量 | 单位 |
|---|---|---|---|---|---|---|---|
| 排风系统 | P－40 | 地上三层凉片、除尘车间 | 玻璃钢离心风机 | 4－72－12 No4.0A | $L=2010\sim3710m^3/h$、$H=510\sim340Pa$、$N=1.1kW$ | 1 | 台 |
| | | | 排风口 | FK－20 | $200\times200$ | 2 | 个 |
| | | | 排风口 | FK－20 | $500\times320$ | 2 | 个 |
| | P－41 | 地上三层收衣、洗衣、干衣、整衣间 | 过滤机组 | HDGJ25 | $L=2500m^3/h$、$H=180Pa$、$N=0.32kW$ | 1 | 台 |
| | | | 排风口 | FK－20 | $200\times120$ | 4 | 个 |
| | P－42 | 地上二层外包车间 | 轴流风机 | T35－11No4 | $L=3505m^3/h$、$N=0.18kW$ | 1 | 台 |
| | P－43 | 地上二层片剂瓶装生产线车间 | 轴流风机 | T35－11No4 | $L=3505m^3/h$、$N=0.18kW$ | 1 | 台 |
| | P－44 | 地上二层洁净走道 | 轴流风机 | T35－11No4 | $L=3505m^3/h$、$N=0.18kW$ | 1 | 台 |
| | P－45 | 地上二层辅助机房 | 轴流风机 | T35－11No4 | $L=3505m^3/h$、$N=0.18kW$ | 1 | 台 |
| | P－46 | 地上二层洁净走道 | 轴流风机 | T35－11No4 | $L=3505m^3/h$、$N=0.18kW$ | 1 | 台 |
| | P－47～51 | 地上三层外包车间 | 轴流风机 | T35－11No4 | $L=3505m^3/h$、$N=0.18kW$ | 1 | 台 |
| | PY－1～PY－5 | 地上二、三层内走道排烟系统 | 低噪声排烟风机 | GYF－LD No4.5Ⅰ | $L=7981m^3/h$、$H=508Pa$、$N=2.2kW$ | 1 | 台 |
| | | | 板式排风口 | 板式 | $630\times630$ 每层每个系统各一个 | 10 | 个 |
| 除尘系统 | CP－1 | 地上二层胶囊充填抛光车间 | 单机除尘机组 | TZDD－1600/A | $L=1600m^3/h$、$H=850Pa$、$N=2.2kW$、清灰电机 $N=0.18kW$ | 1 | 台 |
| | | | 排风罩 | — | 现场制作 | 2 | 个 |
| | | | 圆伞形风帽 | T609 | $\phi300$ | 1 | 个 |
| | CP－2 | 地上二层糖衣辅机间 | 单机除尘机组 | TZDD－1100/A | $L=1100m^3/h$、$H=850Pa$、$N=1.5kW$、清灰电机 $N=0.18kW$ | 1 | 台 |
| | | | 排风罩 | — | 现场制作 | 2 | 个 |
| | | | 圆伞形风帽 | T609 | $\phi250$ | 1 | 个 |

| 类型 | 系统编号 | 服务范围 | 设备名称 | 型号 | 规 格 | 数量 | 单位 |
|---|---|---|---|---|---|---|---|
| 除尘系统 | CP-3 | 地上二层糖衣辅机间 | 单机除尘机组 | TZDD-2200/A | $L=2200\mathrm{m}^3/\mathrm{h}$、$H=850\mathrm{Pa}$、$N=3.0\mathrm{kW}$、清灰电机 $N=0.18\mathrm{kW}$ | 1 | 台 |
| | | | 排风罩 | — | 现场制作 | 3 | 个 |
| | | | 圆伞形风帽 | T609 | $\phi320$ | 1 | 个 |
| | CP-4 | 地上二层称配间 | 单机除尘机组 | TZDD-1100/A | $L=1100\mathrm{m}^3/\mathrm{h}$、$H=850\mathrm{Pa}$、$N=1.5\mathrm{kW}$、清灰电机 $N=0.18\mathrm{kW}$ | 1 | 台 |
| | | | 排风罩 | — | 现场制作 | 2 | 个 |
| | | | 圆伞形风帽 | T609 | $\phi250$ | 1 | 个 |
| | CP-5 CP-6 | 地上二层过筛间 粉碎间 | 单机除尘机组 | TZDD-800/A | $L=800\mathrm{m}^3/\mathrm{h}$、$H=850\mathrm{Pa}$、$N=1.1\mathrm{kW}$、清灰电机 $N=0.18\mathrm{kW}$ | 2 | 台 |
| | | | 排风罩 | — | 现场制作 | 2 | 个 |
| | | | 圆伞形风帽 | T609 | $\phi300$ | 1 | 个 |
| | CP-7 | 地上三层总混整粒车间 | 单机除尘机组 | TZDD-1600/A | $L=1600\mathrm{m}^3/\mathrm{h}$、$H=850\mathrm{Pa}$、$N=2.2\mathrm{kW}$、清灰电机 $N=0.18\mathrm{kW}$ | 1 | 台 |
| | | | 排风罩 | — | 现场制作 | 2 | 个 |
| | | | 圆伞形风帽 | T609 | $\phi250$ | 1 | 个 |
| | CP-8 | 地上三层称配间 | 单机除尘机组 | TZDD-800/A | $L=800\mathrm{m}^3/\mathrm{h}$、$H=850\mathrm{Pa}$、$N=1.1\mathrm{kW}$、清灰电机 $N=0.18\mathrm{kW}$ | 1 | 台 |
| | | | 排风罩 | — | 现场制作 | 2 | 个 |
| | | | 圆伞形风帽 | T609 | $\phi200$ | 1 | 个 |
| | CP-9 CP-10 | 地上三层粉碎间 过筛间 | 单机除尘机组 | TZDD-800/A | $L=800\mathrm{m}^3/\mathrm{h}$、$H=850\mathrm{Pa}$、$N=1.1\mathrm{kW}$、清灰电机 $N=0.18\mathrm{kW}$ | 2 | 台 |
| | | | 排风罩 | — | 现场制作 | 2 | 个 |
| | | | 圆伞形风帽 | T609 | $\phi300$ | 1 | 个 |
| | CP-11 | 地上三层糖衣车间 | 单机除尘机组 | TZDD-3200/A | $L=3200\mathrm{m}^3/\mathrm{h}$、$H=1000\mathrm{Pa}$、$N=4.0\mathrm{kW}$、清灰电机 $N=0.18\mathrm{kW}$ | 1 | 台 |
| | | | 排风罩 | — | 现场制作 | 5 | 个 |
| | | | 圆伞形风帽 | T609 | $\phi400$ | 1 | 个 |
| | CP-12 | 地上三层过筛间 | 单机除尘机组 | TZDD-800/A | $L=800\mathrm{m}^3/\mathrm{h}$、$H=850\mathrm{Pa}$、$N=1.1\mathrm{kW}$、清灰电机 $N=0.18\mathrm{kW}$ | 1 | 台 |
| | | | 排风罩 | — | 现场制作 | 1 | 个 |
| | | | 圆伞形风帽 | T609 | $\phi200$ | 1 | 个 |

| 类型 | 系统编号 | 服务范围 | 设备名称 | 型号 | 规 格 | 数量 | 单位 |
|---|---|---|---|---|---|---|---|
| 除尘系统 | CP－13 | 地上三层称配间 | 单机除尘机组 | TZDD－1100/A | $L=1100\text{m}^3/\text{h}$、$H=850\text{Pa}$、$N=1.5\text{kW}$、清灰电机 $N=0.18\text{kW}$ | 1 | 台 |
| | | | 排风罩 | — | 现场制作 | 2 | 个 |
| | | | 圆伞形风帽 | T609 | $\phi200$ | 1 | 个 |
| | CP－14<br>CP－15 | 地上三层过筛间 | 单机除尘机组 | TZDD－800/A | $L=800\text{m}^3/\text{h}$、$H=850\text{Pa}$、$N=1.1\text{kW}$、清灰电机 $N=0.18\text{kW}$ | 1 | 台 |
| | | | 单机除尘机组 | TZDD－1600/A | $L=1600\text{m}^3/\text{h}$、$H=850\text{Pa}$、$N=2.2\text{kW}$、清灰电机 $N=0.18\text{kW}$ | 1 | 台 |
| | | | 排风罩 | — | 现场制作 | 3 | 个 |
| | | | 圆伞形风帽 | T609 | $\phi400$ | 1 | 个 |
| | CP－16<br>CP－17 | 地上三层胶囊填充抛光车间 | 单机除尘机组 | TZDD－800/A | $L=800\text{m}^3/\text{h}$、$H=850\text{Pa}$、$N=1.1\text{kW}$、清灰电机 $N=0.18\text{kW}$ | 2 | 台 |
| | | | 排风罩 | — | 现场制作 | 4 | 个 |
| | | | 圆伞形风帽 | T609 | $\phi300$ | 1 | 个 |
| | CP－18 | 地上三层糖衣间 | 单机除尘机组 | TZDD－1100/A | $L=1100\text{m}^3/\text{h}$、$H=850\text{Pa}$、$N=1.5\text{kW}$、清灰电机 $N=0.18\text{kW}$ | 1 | 台 |
| | | | 排风罩 | — | 现场制作 | 2 | 个 |
| | | | 圆伞形风帽 | T609 | $\phi300$ | 1 | 个 |

注：在排风和排烟系统中，凡从屋顶排出的系统均有伞形风帽。

2. 综合楼工程：无通风空调分项安装工程内容。

3. 办公楼：共计有排风系统 7 个，系统见表 2.4.2－9。

办公楼排风系统　　　　　　　　　　　　表 2.4.2－9

| 类型 | 系统编号 | 服务范围 | 设备名称 | 型号 | 规 格 | 数量 | 单位 |
|---|---|---|---|---|---|---|---|
| 排风系统 | P－1 | 地上一层招待用房卫生间 | 离心悬挂式排风扇 | PF－14LX | $L=160\text{m}^3/\text{h}$、$N=0.01\text{kW}$ | 7 | 台 |
| | | | 防水型百叶风口 | 自垂式 | $300\times250$ | 1 | 个 |
| | P－2 | 地上一层招待用房卫生间、公用卫生间 | 离心悬挂式排风扇 | PF－14LX | $L=160\text{m}^3/\text{h}$、$N=0.01\text{kW}$ | 6 | 台 |
| | | | 防水型百叶风口 | 自垂式 | $300\times250$ | 1 | 个 |

| 类型 | 系统编号 | 服务范围 | 设备名称 | 型号 | 规 格 | 数量 | 单位 |
|---|---|---|---|---|---|---|---|
| 排风系统 | P-3 | 地上二层招待用房卫生间 | 离心悬挂式排风扇 | PF-14LX | $L=160m^3/h$、$N=0.01kW$ | 5 | 台 |
| | | | 防水型百叶风口 | 自垂式 | $300\times200$ | 1 | 个 |
| | P-4 | 地上二层招待用房卫生间、公用卫生间 | 离心悬挂式排风扇 | PF-14LX | $L=160m^3/h$、$N=0.01kW$ | 5 | 台 |
| | | | 防水型百叶风口 | 自垂式 | $300\times200$ | 1 | 个 |
| | P-1 | 地上三层招待用房卫生间 | 离心悬挂式排风扇 | PF-14LX | $L=160m^3/h$、$N=0.01kW$ | 5 | 台 |
| | | | 防水型百叶风口 | 自垂式 | $300\times200$ | 1 | 个 |
| | P-2 | 地上三层招待用房卫生间、公用卫生间 | 离心悬挂式排风扇 | PF-14LX | $L=160m^3/h$、$N=0.01kW$ | 5 | 台 |
| | | | 防水型百叶风口 | 自垂式 | $300\times200$ | 1 | 个 |
| | P-7 | 地上四层招待用房卫生间 | 离心悬挂式排风扇 | PF-14LX | $L=160m^3/h$、$N=0.01kW$ | 9 | 台 |
| | | | 防水型百叶风口 | 自垂式 | $300\times250$ | 1 | 个 |

### 2.3.2 空调工程

1. 办公楼:共计有 KFR-120LN 型分体柜式空调机组四台,用于一层大会议室。KF-20GW/A型分体壁挂式空调机组 12 台,用于地上 2~3 层 2 户一居室和 3 户二居室。

2. 固体制剂厂房:共计一般空调系统 4 个,风机盘管空调系统 4 个,净化空调系统 4 个。

(1) 一般空调(舒适性空调)工程

A. 地下一层阴凉库和热力设备间的舒适性空调系统:共计 3 个系统 K-1、K-2、K-3,每个系统由一台型号规格为 $GL=73.8kW$、$GR=100kW$、$N=52.9kW$ 的风冷热泵型分体式洁净空调机组承担,机组的室内机组为 RFJ74 型、室外机组为 SW-15R 型,室外机组安装在屋面上。

B. 地上一层胶囊壳储存间的舒适性空调:系统 K-4,由一台型号规格为 $GL=18kW$、$GR=12kW$、$N=25.45kW$ 的风冷分体式恒温恒湿空调机组承担,机组的室内机组为 HDDF18N 型、室外机组为 FN30A 型。

C. 风机盘管空调系统:风机盘管空调系统 4 个,主要承担地上一层办公区和辅助用房、地上二层外包车间和办公实验区和夹层实验区的空调。系统划分见表 2.4.2－10。

**风机盘管空调系统**　　　　　　　　　　　　　　　　表 2.4.2－10

| 系统编号 | 服 务 对 象 | 设备安装位置 |
|---|---|---|
| FP－1 | 一层办公区的办公室 | 7－FP－5、6－FP－6.3 |
| FP－2 | 一层会议室、办公室、女更衣室等 | 5－FP－5、2－FP－10 |
| FP－3 | 二层(＋5.0m)办公室、仪器分析室、标准液配制室、天平间、理化实验室、准备室、机修间等和外包间 | 2－FP－3.5、4－FP－5、11－FP－6.3、1－FP－10 |
| FP－4 | 夹层(＋8.0m)办公室、阅览室、技术资料室、实验室等 | 11－FP－6.3 |

(2) 洁净空调系统:共计 4 个。系统划分见表 2.4.2－11。

**洁净空调系统**　　　　　　　　　　　　　　　　　　表 2.4.2－11

| 系统编号 | 系统设计负荷 | | | 组合洁净空调机组型号与规格 | | | | | | 服务对象 |
|---|---|---|---|---|---|---|---|---|---|---|
| | 7/12℃冷水(t/h) | 加热蒸汽用量(kg/h) | 加湿蒸汽用量(kg/h) | 型号 | 风量(m³/h) | 全压(Pa) | 制冷量(kW) | 加热量(kW) | 加湿量(kg/h) | |
| JK－1 | 46 | 434 | 300 | KKA－2.5 左 | 29000 | 1550 | 300 | 270 | 300 | 二层(E/F)－(H)区间 |
| JK－2 | 42 | 40 | 252 | KKA－3.5 右 | 32700 | | 267 | 240 | 250 | 二层(A)－(E/F)区间 |
| JK－3 | 76 | 716 | 480 | KKA－4.5 右 | 51500 | | 480 | 440 | 480 | 三层(D)－(J)区间 |
| JK－4 | 46 | 430 | 277 | KKA－3.5 右 | 33000 | | 290 | 260 | 277 | 三层(A)－(D)区间 |

四个系统的空调机房均设置在二层(1)－(2)与(D)~(H)交叉的网格内

(3) 风机盘管和洁净空调系统的冷热源

(4) 通风空调系统连锁控制关系

系统启动运行控制程序

洁净空调机组启动 → 排风系统启动

空调机组新风调节阀同时启动 →

系统关机停止运行控制程序

洁净空调机组关机 ← 排风系统关机

空调机组新风调节阀同时关闭 ←

### 2.3.3　通风空调系统的材质(表 2.4.2－12)

通风空调系统的材质
表 2.4.2 - 12

| 分项工程 | 风道材质 | 连接方法 | 空调管道保温材质 | 附件防腐 |
|---|---|---|---|---|
| 通风和空调风道 | 热镀镀锌钢板 | 无法兰连接折边咬口成型 | $\delta = 30mm$ 难燃聚乙烯板 | 防锈漆两道 面漆两道 |
| 冷冻水管道 | $DN \leqslant 32$ 焊接钢管 $DN > 32$ 无缝钢管 | $DN \leqslant 32$ 丝扣连接 $DN > 32$ 焊接连接 | $\delta = 60mm$ 难燃橡塑 保温管壳 | 防锈漆两道 |
| 凝结水管道 | $DN \leqslant 32$ 焊接钢管 $DN > 32$ 无缝钢管 | $DN \leqslant 32$ 丝扣连接 $DN > 32$ 焊接连接 | 吊顶内的凝结水管 $\delta = 20mm$ 难燃橡塑保温管壳 | 防锈漆两道 |
| 蒸汽管道 | $DN \leqslant 32$ 焊接钢管 $DN > 32$ 无缝钢管 | $DN \leqslant 32$ 丝扣连接 $DN > 32$ 焊接连接 | $\delta = 60mm$ 难燃橡塑 保温管壳 | 防锈漆两道 |
| 冷却水管道 | $DN \leqslant 32$ 焊接钢管 $DN > 32$ 无缝钢管 | $DN \leqslant 32$ 丝扣连接 $DN > 32$ 焊接连接 | 低温管道采用 $\delta = 60mm$ 难燃橡塑保温管壳, 高温管道不保温 | 高、低温管道防锈 漆两道, 高温明装 管道加面漆两道 |
| 其他事项 | 1.冷冻水管与支架间应加 $\delta = 60mm$ 防腐硬木垫; 2.洁净空调法兰间的垫片为 $\delta = 5mm$ 闭孔海绵橡胶板; 3.防火阀的法兰间采用石棉橡胶垫片; 4.洁净空调系统的软接头应为内面光滑无空隙的人造革 | | | |

# 2.4 给水工程

## 2.4.1 水源及设计参数

1. 水源:接自原厂区室外给水管网。

2. 设计参数:见表 2.4.2 - 13。

设计参数
表 2.4.2 - 13

| 子项工程 | 平均日用水量 ($m^3/d$) | 最大小时用水量 ($m^3/h$) | 室内消火栓给水量(L/s) | 喷淋用水量 (L/s) | 喷水强度 (L/min·m) | 热水供水温度(℃) |
|---|---|---|---|---|---|---|
| 固体制剂车间 | 30 | 20 | 10 | 100 | 16 | 65 ~ 70 |
| 综合楼 | 20.7 | 6.5 | 15 | — | — | — |
| 办公楼 | — | — | 10 | — | — | — |

## 2.4.2 生活、生产给水系统的划分

1. 固体制剂厂房

(1) 生活、生产给水系统(表 2.4.2 - 14)

| 引入干管 | | 编号 | J/1 | 位置 | (A)轴外墙距离(2)轴 3m | | 管径 | DN＝80 | 标高 | －1.2m |
|---|---|---|---|---|---|---|---|---|---|---|
| 立管编号 | 管径 | 服务对象 | | | | | | | | |
| | | 层数 | 服务地点 | | | | | | | |
| JL－1 | 80 | －1 | 热水供应加热系统 | | | | | | | |
| | | 1 | 男女卫生间、JL－2、JL－3、JL－4、JL－5 | | | | | | | |
| | | 2 | 办公区的卫生间、仪器分析室、标准配液室、天平间、理化实验室、换鞋更衣、准备间等的用水点 | | | | | | | |
| | | 夹层 | 卫生间、实验室用水点 | | | | | | | |
| | | 3 | 换鞋洗手间、打浆间、包衣间、熬糖间、胶囊充填抛光车间等用水点 | | | | | | | |
| JL－2 | 50 | 1 | 库房管理的用水点 | | | | | | | |
| | | 2 | 外包、容器清洗的用水点 | | | | | | | |
| | | 3 | 容器清洗、胶囊充填抛光、洁具间、质检、外包间的用水点 | | | | | | | |
| JL－3 | 40 | 2 | 总混间、制粒干燥整粒间前室、洁具间、打浆间、辅机室等的用水点 | | | | | | | |
| | | 3 | 外包装的用水点和至屋顶冷却塔补水 | | | | | | | |
| JL－4 | 70 | 2 | 空调机房、糖衣间、包衣间、包衣液配置间、熬糖间、换鞋洗手间、洁具间、收衣、洗衣干衣室等用水点 | | | | | | | |
| | | 3 | 包衣、包衣液配置间、容器清洗、制粒干燥整粒间、打浆间、换鞋洗手间、洁具间、休息室、洗衣房等的用水点 | | | | | | | |
| JL－5 | 50 | －1 | 至地下一层通风空调冷冻水管网软化水补水系统的软水器 | | | | | | | |

（2）热水供应系统

A. 热水供应水源流程图

固体制剂厂房热水供应系统热源流程图（图 2.4.2－1）

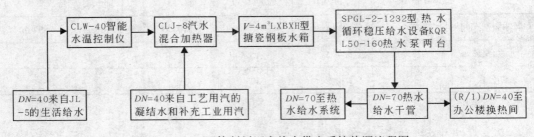

图 2.4.2－1 固体制剂厂房热水供应系统热源流程图

B. 热水供应系统划分（表 2.4.2－15）

| 立管编号 | 管径 | 服务对象 | |
|---|---|---|---|
| | | 层数 | 服务地点 |
| RL | 70 | - 1 | 至地上一层接 RL - 2 |
| RL - 2 | 70 | 2 | 容器清洗、包衣、包衣液配制、糖衣、凉片、RL - 3 立管、打浆、制粒干燥整粒间 |
| RL - 3 | 50 | 3 | 容器清洗、熬糖、容器清洗、包衣液配制、包衣、制粒干燥整粒间、打浆 |

(3) 空调冷却循环给水系统:其流程图详见空调系统部分。

2. 综合楼工程:生活给水系统的划分和流程图如图 2.4.2 - 2 所示,立管 JL - 1、JL - 2、JL - 3 在三层均安装有隔断阀门,可以实现两种给水方式。

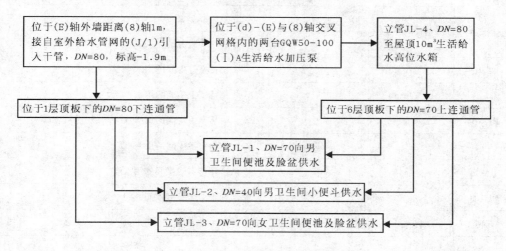

图 2.4.2 - 2    生活给水系统流程图

(1) 室外水压高时,打开三层的隔断阀门,由室外管网实现全楼供水。

(2) 室外水压低时,关闭三层的隔断阀门,由室外管网向全楼 1 ~ 3 层供水;由加压泵和高位水箱向全楼 4 ~ 6 层供水。

3. 办公楼生活、热水给水系统(表 2.4.2 - 16)

办公楼生活、热水给水系统        表 2.4.2 - 16

| 引入干管 | 编号 | 位置 | | 管径 | 标高 | |
|---|---|---|---|---|---|---|
| | J/1 | 位置 | (D)轴外墙距离(4)轴 0.4m | $DN = 70$ | 标高 | - 1.55m |
| | R/1 | | (D)轴外墙距离(3)轴 0.5m | $DN = 50$ | | - 1.55m |

| 立管编号 | 管径 | 服务对象 | |
|---|---|---|---|
| | | 层数 | 服务地点 |
| JL - 1 | 70 | 1 | 男卫生间 |
| RL - 1 | 50 | 2、3 | 男卫生间、男淋浴室、洗漱间 |

| 引入干管 | 编号 | J/1 | 位置 | (D)轴外墙距离(4)轴0.4m | 管径 | $DN=70$ | 标高 | −1.55m |
|---|---|---|---|---|---|---|---|---|
| | | R/1 | | (D)轴外墙距离(3)轴0.5m | | $DN=50$ | | −1.55m |

| 立管编号 | 管径 | 服务对象 | |
|---|---|---|---|
| | | 层数 | 服务地点 |
| JL−1 | 70 | 4 | 男卫生间及洗漱间、女卫生间及洗漱间 |
| RL−1 | 50 | 5 | 男卫生间及洗漱间、女卫生间及洗漱间 |

| 引入干管 | 编号 | J/2 | 位置 | (D)轴外墙距离(8)轴1.5m | 管径 | $DN=80$ | 标高 | −1.6m |
|---|---|---|---|---|---|---|---|---|
| | | R/2 | | (D)轴外墙距离(8)轴1.5m | | $DN=70$ | | −1.55m |

| 立管编号 | 管径 | 服务对象 | |
|---|---|---|---|
| | | 层数 | 服务地点 |
| JL−2 RL−2 | 20 | 1 | 招待室卫生间的用水点 |
| JL−3 | 40 | 1 | 招待室卫生间的用水点 |
| RL−3 | | 2、3、4 | 一居室卫生间的用水点 |
| JL−4 RL−4 | 25 | 1 | 招待室卫生间的用水点 |
| JL−5 | 50 | 1 | 两个招待室卫生间的用水点 |
| RL−5 | | 2、3、4 | 每层两个一居室卫生间的用水点 |
| JL−6 RL−6 | 32 | 1 | 招待室卫生间的用水点 |
| JL−7 RL−7 | 32 | 1 | 招待室卫生间的用水点 |
| JL−8 RL−8 | | | |
| JL−9 | 40 | 1 | 招待室卫生间的用水点 |
| RL−9 | | 2、3、4 | 二居室厨房、卫生间的用水点 |
| JL−10 RL−10 JL−11 RL−11 JL−12 RL−12 JL−13 RL−13 JL−14 RL−14 | 20 | 1 | 招待室卫生间的用水点 |
| | | 2、3、4 | 一居室卫生间的用水点 |

### 2.4.3 消火栓、消防喷淋给水系统和灭火器材的配置

1. 固体制剂厂房

（1）消火栓给水系统和灭火器材的配置（表2.4.2−17）

| 引入干管 | 编号 | X1/1 | 位置 | (1)轴外墙距离(G)轴 0.45m | 管径 | $DN=100$ | 标高 | －1.2m |
|---|---|---|---|---|---|---|---|---|
| | | X1/2 | | (8)轴外墙距离(G)轴 2.50m | | | | |
| 下连通管 | 管径 | 100 | 标高 | －1.4 | 上连通管 | 管径 | 100 | 标高 | 二层顶板下 +10.6m |

| 立管编号 | 管径 | 服务对象 | | |
|---|---|---|---|---|
| | | 层数 | 服务地点及灭火器的配置 | |
| XL－1 | 70 | －1 | | |
| | | 1 | | |
| XL－2 | 70 | －1 | | |
| XL－3 | 100/70 | 2 | | |
| | | 2 | | |
| XL－4 | 70 | －1 | | |
| XL－5 | 100/70 | －1 | | |
| | | 2 | | |
| XL－6 | 100/70 | 2 | | |
| XL－7 | 100 | 1 | 每层配置一个 $DN=70$ 消火栓箱 | 每个消火栓箱处配置两副 MFZL－3 手提式磷酸铵盐灭火器 |
| | | 2 | | |
| | | 2 | | |
| | | 3 | | |
| XL－8 | 70 | 1 | | |
| XL－9 | 100/70 | 1 | | |
| | | 2 | | |
| XL－11 | 100 | 1 | | |
| | | 2 | | |
| XL－14 | 70 | －1 | | |
| XL－16 | 70 | －1 | | |
| XL－17 | 70 | －1 | | |
| XL－18 | 100/70 | －1 | | |
| | | 2 | | |

| 引入干管 | 编号 | X1/1 | 位置 | (1)轴外墙距离(G)轴 0.45m | | 管径 | $DN=100$ | 标高 | $-1.2$m |
|---|---|---|---|---|---|---|---|---|---|
| | | X1/2 | | (8)轴外墙距离(G)轴 2.50m | | | | | |
| 下连通管 | 管径 | 100 | 标高 | $-1.4$ | 上连通管 | 管径 | 100 | 标高 | 二层顶板下 $+10.6$m |

| 立管编号 | 管径 | | 服务对象 | |
|---|---|---|---|---|
| | | 层数 | 服务地点及灭火器的配置 | |
| XL－19 | 100/70 | 3 | 每层配置一个 $DN=70$ 消火栓箱 | 每个消火栓箱处配置两副 MFZL－3 手提式磷酸铵盐灭火器 |
| | | 3 | | |
| XL－20 | 70 | －1 | | |
| XL－21 | 100/70 | －1 | | |
| | | 2 | | |
| XL－22 | 70 | 1 | | |
| XL－23 | 100/70 | －1 | | |
| | | 1 | | |
| | | 2 | | |
| XL－24 | 70 | 1 | | |
| XL－25 | 70 | －1 | | |
| XL－26 | 100/70 | 1 | | |
| | | 2 | | |
| XL－27 | 100/70 | 1 | | |
| | | 2 | | |
| XL－28 | 70 | 1 | | |
| XL－29 | 70 | －1 | | |
| XL－30 | 70 | 2 | | |
| XL－31 | 70 | 3 | | |
| XL－32 | 70 | 3 | | |
| XL－33 | 100/70 | 夹层 | | |
| | | 3 | | |
| XL－34 | 70 | 3 | | |

| 引入干管 | 编号 | X1/1 | 位置 | (1)轴外墙距离(G)轴 0.45m | 管径 | $DN=100$ | 标高 | $-1.2$m |
|---|---|---|---|---|---|---|---|---|
| | | X1/2 | | (8)轴外墙距离(G)轴 2.50m | | | | |
| 下连通管 | 管径 | 100 | 标高 | $-1.4$ | 上连通管 | 管径 | 100 | 标高 | 二层顶板下 $+10.6$m |

| 立管编号 | 管径 | | 服务对象 | |
|---|---|---|---|---|
| | | 层数 | 服务地点及灭火器的配置 | |
| XL-35 | 70 | 3 | | |
| XL-37 | 70 | 3 | | |
| XL-38 | 70 | 3 | | |
| XL-39 | 70 | 3 | | |
| XL-40 | 70 | 夹层 | | |
| XL-41 | 100/70 | 夹层 | | |
| | | 3 | | |
| XL-42 | 70 | 3 | | |
| XL-44 | 70 | 3 | | |
| XL-45 | 70 | 夹层 | | |
| XL-46 | 70 | 2 | 每层配置一个 $DN=70$ 消火栓箱 | 每个消火栓箱处配置两副 MFZL-3 手提式磷酸铵盐灭火器 |
| XL-47 | 70 | 3 | | |
| | | 3 | | |
| XL-48 | 70 | 3 | | |
| XL-49 | 70 | 2 | | |
| XL-50 | 70 | 3 | | |
| XL-51 | 100/70 | 夹层 | | |
| | | 3 | | |
| XL-53 | 100/70 | 夹层 | | |
| | | 3 | | |
| XL-63 | 70 | 2 | | |
| XL-65 | 70 | 2 | | |
| XL-66 | 70 | 2 | | |
| 其他地方 MFZL-3 手提式磷酸铵盐灭火器 | | | 其他地方适当配置两副 MFZL-3 手提式磷酸铵盐灭火器(详见图纸) | |
| 己醇丙酮中转站 | | | 配置型号为 MJPZ4A 型机械泡沫 SD-AB 灭火器一套,灭火剂重量 4kg | |

373

(2) 消防喷淋灭火系统：主要用于地下一层成品库房和设备间内的灭火。

A. 引入干管及室外地下式消防水泵结合器位置规格和标高(表 2.4.2－18)

地下式消防水泵结合器位置规格和标高          表 2.4.2－18

| 引入干管 | 编号 | X2/1 | 位置 | (1)轴外墙距离(G)轴 1.50m | 管径 | DN = 250 | 标高 | － 1.2m |
|---|---|---|---|---|---|---|---|---|
| 地下式消防水泵结合器 | 第 1～4 组 | | 位置 | (1)轴外墙(G)～(H)轴区间 | 管径 | DN = 100 | 标高 | － 1.2m |
| | 第 5 组 | | 位置 | (J)轴外墙距离(3)轴 2.70m | 管径 | DN = 100 | 标高 | － 1.4m |
| | 第 6 组 | | 位置 | (J)轴外墙距离(7)轴 3.00m | 管径 | DN = 100 | 标高 | － 1.4m |

B. 湿式报警阀安装位置、规格及各喷淋分路承担范围(表 2.4.2－19)

湿式报警阀安装位置、规格及各喷淋分路承担范围          表 2.4.2－19

| 湿式报警阀 | | 分路编号 | 服务对象 | | |
|---|---|---|---|---|---|
| 安装位置 | 规格 | | 管径(mm) | 水流指示器 | 服务区域 |
| (1)－(2)与(G)～(H)交叉的网格内 | 1 组 DN = 250 | 第 1 路 | 250 | DN = 250、1 组 | 第一防火区(1)－(2)与(D)－(E/F)交叉网格及(2)－(3)与(D)～(J)交叉网格内 |
| | | 第 2 路 | 250 | DN = 250、1 组 | 第二防火区(1)～(4/5)与(A)～(D)交叉网格内 |
| | | 第 3 路 | 250 | DN = 250、1 组 | 第三防火区(4/5)～(8)与(A)～(D)交叉网格内 |
| | | 第 4 路 | 250 | DN = 250、1 组 | 第四防火区(3)－(8)与(D)～(F/G)交叉网格内及物流部分通道 |
| | | 第 5 路 | 250 | DN = 250、1 组 | 第四防火区(3)－(8)与(F/G)～(J)交叉网格内及物流部分通道 |

2. 综合楼消火栓给水系统和灭火器材的配置(表 2.4.2－20)

综合楼消火栓给水系统和灭火器材的配置          表 2.4.2－20

| 引入干管 | 编号 | X/1 | 位置 | (D)轴外墙距离(2)轴 2m | | 管径 | DN = 125 | 标高 | － 1.5m |
|---|---|---|---|---|---|---|---|---|---|
| 下连通管 | 管径 | 100 | 标高 | 4.00 | 上连通管 | 管径 | 100 | 标高 | 四、六层走道吊顶内 |
| 室外消防水泵结合器 | 引出点 | 下连通管 | 管径 | 100 | 出外墙标高 | － 1.83 | 位置 | (B)轴外墙距离(7)轴 1m | |
| 立管编号 | 管径 | 服务对象 | | | | | | | |
| | | 层数 | 服务地点及灭火器的配置 | | | | | | |
| XL－1 | 100 | 1～4 | 每层配置一个 DN = 70 消火栓箱 | | | 每个消火栓箱处配置两副 MFZL－3 手提式磷酸铵盐灭火器 | | | |
| XL－2 | 100 | 1～6 | | | | | | | |
| XL－3 | 100 | 1～7 | | | | | | | |

| 引入干管 | 编号 | X/1 | 位置 | (D)轴外墙距离(2)轴 2m | 管径 | $DN=125$ | 标高 | $-1.5$m |
|---|---|---|---|---|---|---|---|---|
| 下连通管 | 管径 | 100 | 标高 | 4.00 | 上连通管 | 管径 | 100 | 四、六层走道吊顶内 |
| 室外消防水泵结合器 | 引出点 | 下连通管 | 管径 | 100 | 出外墙标高 | $-1.83$ | 位置 | (B)轴外墙距离(7)轴 1m |

| 立管编号 | 管径 | 服务对象 | |
|---|---|---|---|
| | | 层数 | 服务地点及灭火器的配置 |
| XL – 4 | 100 | 1~6 | |
| XL – 5 | 100 | 1~6 | 每层配置一个 $DN=70$ 消火栓箱 |
| XL – 6 | 100 | 1~4 | 每个消火栓箱处配置两副 MFZL – 3 手提式磷酸铵盐灭火器 |

### 3. 办公室消火栓给水系统和灭火器材的配置(表 2.4.2 – 21)

**办公室消火栓给水系统和灭火器材的配置** 表 2.4.2 – 21

| 引入干管 | 编号 | X/1 | 位置 | (B)轴外墙距离(3)轴 1m | 管径 | $DN=100$ | 标高 | $-1.6$m |
|---|---|---|---|---|---|---|---|---|
| | | X/2 | | (B)轴外墙距离(7)轴 1m | | | | |
| 下连通管 | 管径 | 100 | 标高 | $-0.40$ | 上连通管 | 管径 | 100 | 标高 五层走道吊顶内 |

| 立管编号 | 管径 | 服务对象 | |
|---|---|---|---|
| | | 层数 | 服务地点及灭火器的配置 |
| XL – 1 | 100 | 1~5 | |
| XL – 2 | 100 | 1~5 | 每层配置一个 $DN=70$ 消火栓箱 |
| XL – 3 | 100 | 1~5 | 每个消火栓箱处配置两副 MFZL – 3 手提式磷酸铵盐灭火器 |

## 2.4.4 给水的材质(表 2.4.2 – 22)

**给 水 材 质** 表 2.4.2 – 22

| 分项工程 | 管道材质 | 连接方法 | 管道保温材质 | 附件防腐 |
|---|---|---|---|---|
| 生活、生产给水及冷却循环水管 | PP – R 塑料管道 | 热熔连接 | $\delta=15$mm 难燃橡塑海绵防结露保温 | 防锈漆两道、面漆两道 |
| 消火栓给水管道 | 焊接钢管 | $DN\leqslant32$ 丝扣连接<br>$DN>32$ 焊接连接 | — | 防锈漆两道面漆两道 |
| 消防喷淋给水管道 | 热镀镀锌钢管 | $DN\leqslant80$ 丝扣连接<br>$DN\geqslant100$ 沟槽连接 | | 防锈漆两道面漆两道 |

| 分项工程 | 管道材质 | 连接方法 | 管道保温材质 | 附件防腐 |
|---|---|---|---|---|
| 蒸汽及凝结水管 | 焊接钢管 | $DN \leqslant 32$ 丝扣连接<br>$DN > 32$ 焊接连接 | 蒸汽管道 $\delta = 30mm$ 聚氨酯泡沫塑料现场发泡保温,凝结水管 $\delta = 15mm$ 难燃橡塑保温管壳防锈漆两道 | — |
| 热水供给管道 | PP – R 塑料管道 | 热熔连接 | $\delta = 30mm$ 聚氨酯泡沫塑料现场发泡保温 | 防锈漆两道、面漆两道、管道与支架间应按规定加衬垫 |

# 2.5 排水工程

## 2.5.1 固体制剂厂房有压管道排水系统

共有 5 个有压排污系统 P/9、P/10、P/11、P/12、P/13、P/14,主要承担地下一层废水排水。共同的设计原则是先将污水排入集水坑,然后用一台 WQ2130 – 203 型潜污泵排出室外,排出管为 $DN = 70$,标高 – 1.25m(其中 P/13 标高 – 1.15m)。有压污水管网排水系统的材质采用钢塑复合管、丝扣或沟槽连接。管道防腐除锈采用除锈后刷防锈漆两道、银粉漆两道。

## 2.5.2 无压污水管网排水系统(表 2.4.2 – 23)

无压污水管网排水系统 表 2.4.2 – 23

| 子项工程 | 干管 | | | 服务对象 | | | | 气管编号 |
|---|---|---|---|---|---|---|---|---|
| | 编号 | 直径 | 标高 | 立管编号 | 直径 | 层数 | 用水点 | |
| 固体制剂厂房 | P/1 | 100 | – 1.50 | PL – 1 | 100 | 1 | 男女卫生间、洗衣干衣间 | TL – 1 |
| | | | | | | 2 | 洁具间 | |
| | | | | | | 3 | 洁具间、休息室、换厂衣间、换鞋洗手间 | |
| | P/2 | 100 | – 1.50 | PL – 2 | 100 | 1 | 洗手间 | LT – 2 |
| | | | | | | 2 | 空调机房、糖衣辅机室、换鞋洗手间、糖衣、熬糖间 | |
| | | | | | | 3 | 制粒干燥整粒间、打浆间、过筛间 | |
| | P/3 | 100 | – 1.25 | PL – 3 | 100 | 2 | 空压机房、纯化水制备、模具间、胶囊充填抛光间、包衣、糖衣间 | LT – 3 |
| | | | | | | 3 | 包衣辅机室、包衣、包衣液配制、熬糖、容器储存、胶囊充填抛光、质检间、洁具间 | |

| 子项工程 | 干管 | | | 服务对象 | | | | 气管编号 |
|---|---|---|---|---|---|---|---|---|
| | 编号 | 直径 | 标高 | 立管编号 | 直径 | 层数 | 用水点 | |
| 固体制剂厂房 | P/4 | 100 | −1.35 | PL−4 | 100 | 1、2 | 男女卫生间 | LT−4 |
| | | | | | | 夹层 | 男女卫生间 | |
| | | | | | | 3 | 换鞋洗手间、换洁净衣间 | |
| | P/5 | 100 | −1.25 | PL−5 | 100 | 2 | 仪器分析、标准液配置、天平间、理化实验、试剂、换鞋更衣、准备间 | LT−5 |
| | | | | | | 夹层 | 各试验分析实验室 | |
| | | | | | | 3 | 打浆、制粒干燥间 | |
| | P/6 | 100 | −1.25 | PL−6 | 100 | 1 | 库房管理 | LT−6 |
| | | | | | | 2 | 标签管理、容器清洗、外包间 | |
| | | | | | | 3 | 外包间 | |
| | P/7 | 100 | −1.25 | PL−7 | 100 | 2 | 辅机室、洁具间、质检间、总混间、打浆间、制粒干燥整粒间 | TL−7 |
| | | | | | | 3 | 外包间 | |
| | P/8 | 100 | −1.40 | PL−8 | 100 | 2 | 收衣、洗衣干衣 | TL−8 |
| | | | | | | 3 | 容器储存、容器清洗、收衣、换鞋、换鞋洗手 | |
| 综合楼工程 | P/1 | 160 | −1.55 | PL−1 | 110 | 1～6 | 男卫生间便池和盥洗室洗脸盆的排水点 | TL−1 |
| | P/2 | 160 | −1.55 | PL−2 | 110 | 1～6 | 男卫生间小便斗和地漏的排水点 | TL−2 |
| | P/3 | 160 | −1.90 | PL−3 | 110 | 1～6 | 女卫生间便池和盥洗室洗脸盆的排水点 | TL−4 |
| 办公楼工程 | P/1 | 160 | −1.60 | PL−1 | 160 | 2～5 | 2、3层男卫淋浴间,4、5层女卫生间的排水点 | TL−1 |
| | P/2 | 160 | −1.60 | PL−2 | 160 | 2～5 | 2、3层男更衣间地漏,4、5层男卫生间的排水点 | TL−2 |
| | P/3 | 160 | −1.60 | PL−3 | 160 | 1～3 | 男女卫生间的排水点 | TL−3 |
| | P/4 | 110 | −1.60 | PL−4 | 110 | 1 | 招待室卫生间的排水点 | — |
| | P/5 | 110 | −1.60 | PL−5 | 110 | 1～4 | 1层招待室卫生间,2、3、4层单居室卫生间的排水点 | TL−5 |
| | P/6 | 110 | −1.60 | PL−3 | 110 | 1～4 | 1层招待室卫生间,2、3、4层一居室卫生间的排水点 | TL−6 |

| 子项工程 | 干管 | | | 服务对象 | | | | 气管编号 |
|---|---|---|---|---|---|---|---|---|
| | 编号 | 直径 | 标高 | 立管编号 | 直径 | 层数 | 用水点 | |
| 办公楼工程 | P/7 | 110 | −1.60 | PL−7 | 110 | 1 | 1层招待室卫生间的排水点 | — |
| | P/8 | 110 | −1.60 | PL−8 | 110 | 1 | 1层招待室卫生间的排水点 | — |
| | P/9 | 110 | −1.60 | PL−9 | 110 | 1~4 | 1层招待室卫生间,2、3、4层二居室厨房卫生间的排水点 | TL−9 |
| | P/10 | 110 | −1.60 | PL−10 | 110 | 1~4 | 1层招待室卫生间,2、3、4层单居室卫生间的排水点 | TL−10 |
| | P/11 | 110 | −1.60 | PL−11 | 110 | 1~4 | 1层招待室卫生间,2、3、4层单居室卫生间的排水点 | TL−11 |
| | P/12 | 110 | −1.60 | PL−12 | 110 | 1~4 | 1层招待室卫生间,2、3、4层单居室卫生间的排水点 | TL−12 |
| | P/13 | 110 | −1.60 | PL−13 | 110 | 1~4 | 1层招待室卫生间,2、3、4层单居室卫生间的排水点 | TL−13 |
| | P/14 | 110 | −1.60 | PL−14 | 110 | 1~4 | 1层招待室卫生间,2、3、4层单居室卫生间的排水点 | TL−14 |

注:表中的通气管均为排水立管出屋面的延续。

### 2.5.3 排水工程的材质(表2.4.2−24)

无压排水管道 表 2.4.2−24

| 子项工程 | 管道的材质 | 连接方法 | 防结露保温 | 管道及附件除锈防腐 |
|---|---|---|---|---|
| 固体制剂车间 | 承插离心铸铁 | 水泥接口连接 | $\delta = 15mm$ 橡塑海绵 | 防锈漆两道面漆两道 |
| 综合楼 | PVC−U 硬聚氯乙烯塑料排水管 | 胶粘连接 | $\delta = 15mm$ 橡塑海绵 | 防锈漆两道面漆两道 |
| 办公楼 | PVC−U 硬聚氯乙烯塑料排水管 | 胶粘连接 | $\delta = 15mm$ 橡塑海绵 | 防锈漆两道面漆两道 |

有压排水管道的材质:有压污水管网排水系统的材质采用钢塑复合管、丝扣或沟槽连接。管道防腐除锈采用除锈后刷防锈漆两道、银粉漆两道。

## 2.6 本工程的重点、难点及甲方、设计方应配合的问题

本工程除了自动控制外,其他暖卫、通风空调、制药厂的洁净空调及机房内设备安装

工程项目,均为我公司专业分公司常见和安装过的一般项目,只要贯彻我公司一贯坚持的"重质量、重信誉、创名牌和一切为了用户"的精神,与建设、设计协作,共同选择好净化设备产品的厂家、净化工程安装队伍和选择好优秀的劳务队伍,做好开工前的图纸会审和各工种施工工序的协调,就能以优质工程成果呈献给建设方。但是本工程有两个影响最终工程质量的关键性问题,应引以重视。

### 2.6.1 设备选型

不同厂家生产的设备其尺寸大小、进出管线接口位置均不相同,因此设备选型涉及到已定机房面积能否合理安排、内部配管的优化组合和管道进出甩口与外接已安排管线的衔接大事,因此中标后第一件大事是审核这些机房内设备的选型及进出口位置与现外围进出管道甩口设计位置是否合适和有无调整的余地,及时解决这些矛盾,再进行土建和设备安装。

### 2.6.2 洁净车间装配式洁净室的设计和设备专业管道附件的布局

洁净车间的装配式洁净室维护结构框架的材质、隔板材质与厚度、结点的密封设计涉及到设计洁净级别能否实现的大事,因此应事先与设计、洁净室安装厂家事先按照工艺生产流程和 GB 50073—2001《洁净厂房设计规范》、JGJ 71—90《洁净室施工及验收规范》的要求,进行认真研究与确定。并先纸面放样,实地放线调整无误后再下料安装。

另一方面应事先安排好管道的走向、标高、甩口位置,确定好装配式洁净室风口开口、洁净灯具开口、调节部件操作口的准确位置,以及暗装管线(强弱电埋管、需要暗装水管等)的位置,以免引起装配式维护板材的报废和因返工引起维护结构密封性能的破坏。

# 3 施工部署

## 3.1 施工组织机构及施工组织管理措施

1. 建立由公司技术主管副经理、总工程师、公司设备专业技术主管、项目技术主管工程师、专业技术主管、材料供应组长组成的本工程专业施工安装项目领导班子,负责本工程专业施工的领导、技术管理、材料供应和进度协调工作。

2. 组织由项目主管工程师、设备安装分公司主任工程师、项目专业技术主管、暖卫技术负责工程师、通风空调技术负责工程师、电气专业技术负责工程师、暖卫专业施工工长、通风专业施工工长、电气专业施工工长、暖卫专业施工质量检查员、通风专业施工质量检查员、电气专业施工质量检查员等技术人员组成的专业技术组,负责施工技术、施工计划、变更洽商和各工种技术资料的填写与管理工作;技术组内除了设专职质检员等应负责质量监督与把关外,项目及专业技术主管工程师、专业技术负责人、施工工长也应对质量负责,尤其是主管工程师更应负全责。

3. 按专业、按项目、按工序、按系统及时进行预检、试验、隐检、冲洗、调试工作,并完成各种记录单的填写和整理工作。

## 3.2 施工流水作业安排

依据土建专业大流水作业段的安排。暖卫、通风安装流水作业均与土建相同。

## 3.3 施工力量总的部署

### 3.3.1 暖卫、通风空调工程分布的特点(含冷冻水等管道安装)

依据本工程设备安装专业工程量分布的特点:
1. 本工程设备专业安装工程的重点和难点集中在固体制剂生产车间;
2. 暖通专业设备安装集中在地下一层和各层空调机房内;
3. 固体制剂生产车间的各层吊顶内集中了通风管道与风口、给排水消防的管道、电气专业的配管与灯箱,因此管道相互交叉,矛盾较突出;
4. 各专业的服务点与工艺设备安装和使用情况紧密衔接,相互关联;
5. 各专业的安装工序与装配式洁净室的安装工序相互关联的特点。

因此各专业安排投入的人力,应随工程顺序渐进,及时完成各工序的施工、检测进度,并对施工质量、成品保护、技术资料整理的管理工作按时限、按质量完成。

### 3.3.2 施工力量的安排

通风空调专业:依工程概算本工程共需通风工 12500 个工日和有效施工日期仅 6 个月左右,计划投入通风工人 85 人(其中电焊工 5 人、通风工 30 人、机械安装工 3 人、管道安装工 47 人)。通风工程的安装工作必需在工程竣工前 20d 结束,留出较富裕时间进行修整和资料整理。

暖卫专业:依据工程概算需 3300 个工日,考虑未预计到的因素拟增加 200 个工日,共计 3500 个工日,投入水暖工人 26 人(其中电焊工 4 人、机械安装工 2 人、水暖安装工 20 人)。水暖工中抽调 5 人配合土建结构施工进行预埋件制作、预埋和预留孔洞预留工作。在土建各流水段的建筑粗装修后进行支、吊、托架、管道安装、试压、灌水试验、防腐、保温,土建粗装修后精装修前进行设备安装和散热器单组组装、试压、除锈、防腐及稳装工作。土建精装修后进行卫生器具及给水附件安装和灌水试验、系统水压试验、冲洗、通水、单机试运转试验和系统联合调试试验,以及清除污染和防腐(刷表面油漆)施工。一切工作必需在竣工前 20d 完成,留 20d 时间作为检修补遗和资料整理时间。暖气调试可能处在非供暖期,可以作为甩项处理,在冬季进行调试。

# 4 施工准备

## 4.1 技术准备

### 4.1.1 建立施工现场管理机构准备

建立以项目经理、主任工程师、设备分公司主任工程师、设备分公司副主任工程师、各专业技术主管工程师、施工安全及环境卫生(防环境污染、职工健康)主管、材料采购供应组长、劳务队负责人等组成的现场施工进度、施工技术质量、施工工序搭接、施工安全、材料供应与管理、施工环境卫生等的管理协调班子。

### 4.1.2 建立暖卫通风空调工程施工管理网络图(图2.4.4-1)

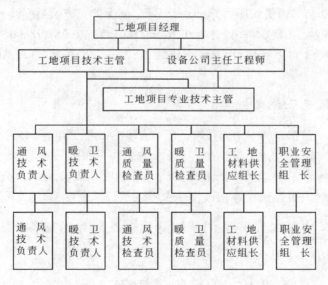

图2.4.4-1 暖卫通风空调工程施工管理网络图

### 4.1.3 建立现场施工图纸会审班子

建立工程施工图纸审图和各工种之间图纸的全面会审制度,提出初步解决方案与建议。然后由专业总技术负责人将会审结果进行汇总,并以书面形式提请设计、建设各方解决,办理设计变更与洽商,将图纸中的问题解决在施工实施之前。

### 4.1.4　成立现场协调小组

建议由甲方牵头,组成由建设、设计、监理、总包、分包单位组成常驻现场协调小组,定期协调现场需要协调的问题。

## 4.2　施工机械和设备准备

施工所有钢材、管材、设备由工地器材组统一管理,施工时依据任务书及专业施工工长出具的当天工程所须材料领料单随用随领,其他材料、配件由器材组采购入库,班组凭任务单领料。

依据工程施工材料加工,预制项目多,故在现场应配备办公室二间、工具房和库房一间(有的待地上一层结构拆模后解决),供各班组存放施工工具、衣物。

### 4.2.1　暖卫专业施工机具和测试仪表的配备

交流电焊机:5台　电锤:6把　电动套丝机:3台　倒链:4个　切割机:4台
台式钻床:2台　角面磨光机:2台　手动试压泵:3台　电动试压泵:2台
气焊(割)器:2套　弹簧式压力计:10台　带金属保护壳玻璃温度计:刻度0.5℃　6支
管道泵:GB 50－12型、$G = 12.5 \text{m}^3/\text{h}$、$H = 12 \text{mH}_2\text{O}$、$n = 2830 \text{r/min}$、$N = 1.1 \text{kW}$　1台(用于冲洗)噪声仪:1台　转速计:1台　电压表:2台　手持式ST20型红外线温度测试仪:1台

### 4.2.2　通风专业施工机具的配备

电焊机:3台　台钻:2台　手电钻:4把　拉铆枪:5把　电锤:4把　卷圆机:1台
加工厂内应配备
龙门剪板机:1台　手动电动倒角机:2台　联合咬口机:1台　折方机:1台
合缝机:1台　风道无法兰连接成型机:1套

### 4.2.3　通风空调工程施工调试测量仪表及附件的配备

1. 施工调试测量仪表(表2.4.4－1)

施工调试测量仪表　　　　　　　　　　　　表2.4.4－1

| 序号 | 仪表名称 | 型号规格 | 量程 | 精度等级 | 数量 | 备注 |
|------|----------|----------|------|----------|------|------|
| 1 | 水银温度计 | 最小刻度0.1℃ | 0~50℃ | — | 5 | — |
| 2 | 水银温度计 | 最小刻度0.5℃ | 0~50℃ | — | 10 | — |
| 3 | 酒精温度计 | 最小刻度0.5℃ | 0~100℃ | — | 10 | — |
| 4 | 带金属保护壳水银温度计 | 最小刻度0.5℃ | 0~50℃ | — | 2 | — |
| 5 | 带金属保护壳水银温度计 | 最小刻度0.5℃ | 0~100℃ | — | 2 | — |

| 序号 | 仪表名称 | 型号规格 | 量程 | 精度等级 | 数量 | 备注 |
|---|---|---|---|---|---|---|
| 6 | 热球式温湿度表 | RHTH－1 型 | －20～85℃<br>0～100% | — | 5 | — |
| 7 | 热球式风速风温表 | RHAT－301 型 | 0～30m/s<br>－20～85℃ | <0.3m/s<br>±0.3℃ | 5 | — |
| 8 | 电触点压力式温度计 | — | 0～100℃ | 1.5 | 2 | 毛细管长 3m |
| 9 | 手持式红外线温度测试仪 | Raynger ST20 型 | — | — | 1 | — |
| 10 | 干湿球温度计 | 最小分度 0.1℃ | －26～51℃ | — | 5 | — |
| 11 | 压力计 | — | 0～1.0MPa | 1.0 | 2 | — |
| 12 | 压力计 | — | 0～0.5MPa | 1.0 | 2 | — |
| 13 | 转速计 | HG－1800 | 1.0～99999rps | 50ppm | 1 | — |
| 14 | 激光粒子测试仪 | 五通道测试 | 0.3/0.5/1.0<br>/3.0/5.0$\mu$m | — | 1 | — |
| 15 | 噪声检测仪 | CENTER320 | 30～13dB | 1.5dB | 1 | — |
| 16 | 叶轮风速仪 | — | — | — | 2 | — |
| 17 | 标准型毕托管 | 外径 $\phi$10 | — | — | 2 | — |
| 18 | 倾斜微压测定仪 | TH－130 型 | 0～1500Pa | 1.5 Pa | — | — |
| 19 | U 形微压计 | 刻度 1Pa | 0～1500Pa | — | 4 | — |
| 20 | 灯光检测装置 | 24V100W | — | — | 2 | 戴安全罩 |
| 21 | 多孔整流栅 | 外径 $D_0$ = 100mm | — | — | 1 | — |
| 22 | 节流器 | 外径 $D_0$ = 100mm | — | — | 1 | — |
| 23 | 测压孔板 | 外径 $D_0$ = 100,孔径 $d$ = 0.0707m,$\beta$ = 0.679 | — | — | 2 | — |
| 24 | 测压孔板 | 外径 $D_0$ = 100,孔径 $d$ = 0.0316m,$\beta$ = 0.603 | — | — | 2 | — |
| 25 | 测压软管 | $\phi$ = 8,$L$ = 2000mm | — | — | 6 | — |
| 26 | 电压计 | — | — | — | 1 | — |

## 2. 测量辅助附件(表 2.4.4 - 2)

测量辅助附件　　　　　　　　　　　　　　　　表 2.4.4 - 2

| 序号 | 附件名称 | 规格 | 数量 | 图编号 |
|---|---|---|---|---|
| 1 | 加罩测定散流器风量 | — | 若干 | 图 2.4.4 - 2 |
| 2 | 室内温度测定架 | 木制品 | 若干 | 悬挂温度计 |

**3. 灯光检漏测试装置(表 2.4.4－3)**

灯光检漏测试装置
表 2.4.4－3

| 序号 | 附件名称 | 规格 | 数量 | 图编号 |
|------|---------|------|------|--------|
| 1 | 灯光检漏装置 | — | 1 | 图 2.4.4－3 |
| 2 | 系统漏风量测试装置 | — | 1 | 图 2.4.4－4 |

**4. 风道漏风量检测装置设备的配置(表 2.4.4－4)**

风道漏风量检测装置设备的配置
表 2.4.4－4

| 序号 | 系统漏风量(m³/h) | 测试风机 | | 测试孔板 | | | 压差计 | 风道 | 软接头 |
|------|------|----------|----------|----------|----------|------|--------|------|--------|
| | | $Q$ (m³/h) | $H$ (Pa) | 直径(mm) | 孔板常数 | 个数 | | | |
| 1 | — | 1600 | 2400 | — | — | — | — | — | — |
| 2 | ≥130 | — | — | 0.0707 | 0.697 | 1 | — | — | — |
| | <130 | — | — | 0.0316 | 0.603 | 1 | — | — | — |
| 3 | — | — | — | 0~2000Pa | | | 2个 | — | — |
| 4 | — | — | — | 镀锌钢板风道 $\phi100mm$、$L=1000mm$ | | | — | 3节 | — |
| 5 | — | — | — | 软接头 $\phi100$、$L=250$ | | | — | — | 3个 |

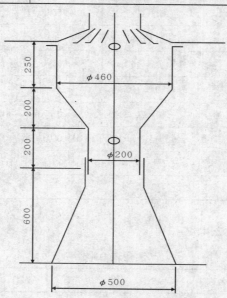

图 2.4.4－2  加罩法测定散流器风量示意图

图 2.4.4-3　灯光检漏测试示意图

5. 漏风量测试装置示意图(图 2.4.4-4)

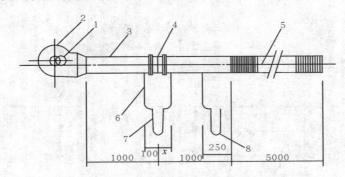

图 2.4.4-4　风管漏风试验装置

孔板 1($D=0.0707$m);$x=45$mm;孔板 2($D=0.0316$m);$x=71$mm

1—逆风挡板;2—风机;3—钢风管 $\phi100$;4—孔板;5—软管 $\phi100$;6—软管 $\phi8$;7、8—压差计

6. 漏风量系统的连接示意图(图 2.4.4-5)

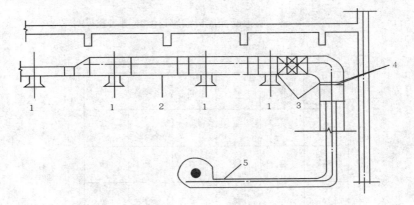

图 2.4.4-5　风道漏风试验系统连接示意图

1—风口;2—被试风管;3—盲板;4—胶带密封;5—试验装置

7. 测试参数测点的布局要求

(1) 风道内测点位置的要求(图 2.4.4-6)。

(2) 圆形断面风口或风道参数扫描测点分布图(图 2.4.4-7)。

(3) 矩形断面风口或风道参数扫描测点分布图(图 2.4.4-8)。

(4) 室内温湿度、噪声、风速等参数测点分布图(图2.4.4-9)。

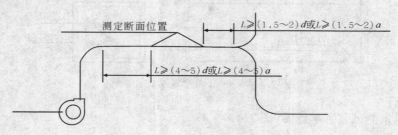

图2.4.4-6 测定断面位置示意图

$d$—圆形风道直径;$a$—矩形风道长边长度

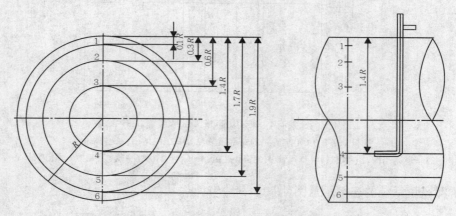

图2.4.4-7 圆形断面风口或风道参数测点分布图

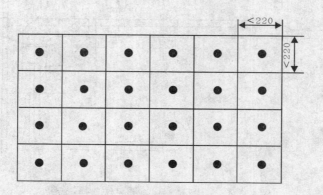

图2.4.4-8 矩形断面风口或风道参数扫描测点分布图

## 4.3 施工进度计划和材料进场计划

### 4.3.1 材料、设备采购定货及进场计划

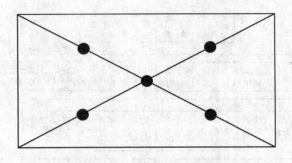

图 2.4.4 - 9　室内参数五点分布测试图

中标后再编制详细计划书(略)。

### 4.3.2　施工进度计划

详细计划见土建施工组织设计统筹系统图。

# 5　工程质量目标和保证达到工程
# 质量目标的技术措施

## 5.1　工程质量、工期、现场环境管理目标

### 5.1.1　工程质量目标

确保优质工程。

### 5.1.2　工期目标

1. 业主要求工期:194d。
2. 我方承诺工期:182d。
3. 2003 年 02 月 01 日开工,2003 年 08 月 18 日竣工。

### 5.1.3　现场管理目标

确保北京市文明安全样板工地,创建花园式施工现场。

## 5.2　保证达到工程质量目标的技术措施

### 5.2.1　组织措施

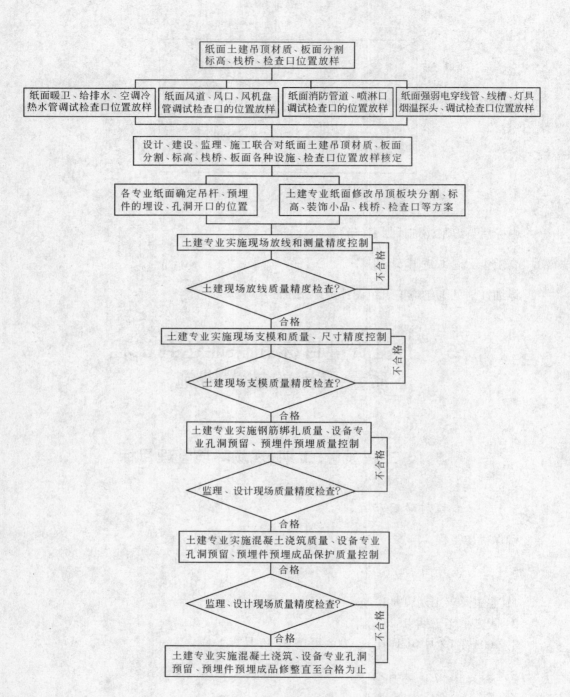

图 2.4.5-1　工程重要部位施工工序和质量控制程序

1. 建立施工现场管理机构：即"建立施工现场管理指导体系"详见 4.1.1 款。
2. 建立现场图纸会审班子：即 4.1.3 款。
3. 成立现场协调小组：建议由甲方牵头，组成由建设、设计、监理、总包、分包单位组成常驻现场协调小组,定期协调现场需要协调的问题,即4.1.4款。

## 5.2.2 制定关键工序的质量保障控制程序

1. 工程重要部位施工工序和质量控制程序。
2. 制定各工种施工工序搭接协调质量保障控制程序。
3. 管道竖井土建施工质量控制程序(图2.4.5-2)。

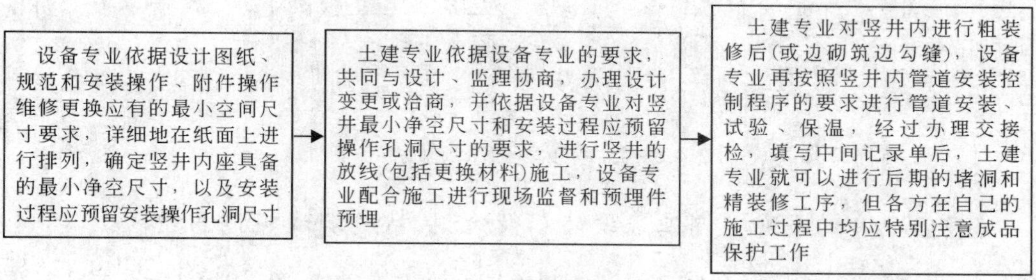

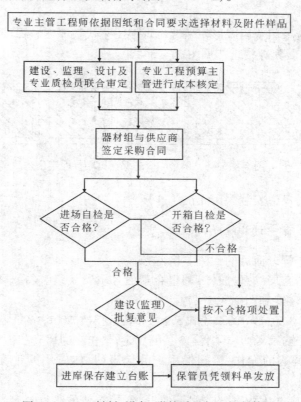

设备专业依据设计图纸、规范和安装操作、附件操作维修更换应有的最小空间尺寸要求,详细地在纸面上进行排列,确定竖井内座具备的最小净空尺寸,以及安装过程应预留安装操作孔洞尺寸 → 土建专业依据设备专业的要求,共同与设计、监理协商,办理设计变更或洽商,并依据设备专业对竖井最小净空尺寸和安装过程应预留操作孔洞尺寸的要求,进行竖井的放线(包括更换材料)施工,设备专业配合施工进行现场监督和预埋件预埋 → 土建专业对竖井内进行粗装修后(或边砌筑边勾缝),设备专业再按照竖井内管道安装控制程序的要求进行管道安装、试验、保温,经过办理交接检,填写中间记录单后,土建专业就可以进行后期的堵洞和精装修工序,但各方在自己的施工过程中均应特别注意成品保护工作

图2.4.5-2 土建竖井施工质量控制程序

4. 材料、设备、附件质量保证控制体系(图2.4.5-3)。

专业主管工程师依据图纸和合同要求选择材料及附件样品

建设、监理、设计及专业质检员联合审定 | 专业工程预算主管进行成本核定

器材组与供应商签定采购合同

进场自检是否合格? | 开箱自检是否合格?

不合格

合格

建设(监理)批复意见 → 按不合格项处置

进库保存建立台账 | 保管员凭领料单发放

图2.4.5-3 材料、设备、附件质量保证控制体系

5. 暖卫管道安装质量控制程序(详见 6.1 节)。

6. 通风管道安装质量控制程序(详见 6.2 节)。

7. 洁净室施工工艺流程控制程序(图 2.4.5-4)。

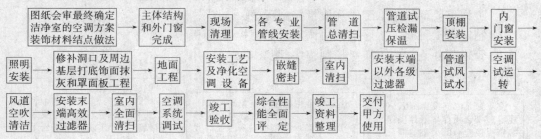

图 2.4.5-4　洁净室施工工艺流程控制程序

### 5.2.3　编制通风空调工程设计参数检测、系统调试实施方案

通风空调系统参数的检测和系统的调试是检验施工质量、设计功能是否满足工艺的建筑质量和使用功能要求的必要和不可缺少的手段,也是分清工程质量事故归属(建设方、设计方、施工方)的有效论据;更是节约能源减轻环境污染的有效技术措施。

### 5.2.4　新技术的应用

1. 风道保温板采用金属碟形帽保温钉焊接工艺代替原塑料保温钉粘贴工艺,增加保温板的粘接牢靠性。其焊接工艺见图 2.4.5-5。

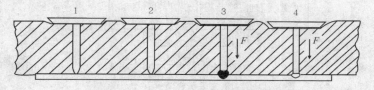

图 2.4.5-5　碟形帽金属保温钉粘接固定工艺

2. 引进新设备风道安装采用无法兰连接。

### 5.2.5　控制质量通病,提高施工质量

1. 防止管道干管分流后的倒流差错。

2. 管道走向的布局:应先放样,调整合理后才下料安装。特别要防止出现不合理的管道走向(图 2.4.5-6 和图 2.4.5-7)。

3. 严格执行 GB 50243—2002 第 5.3.9 条和建五技质[2001]169 号《通风空调工程安装中若干问题的技术措施》第 4.1 条～第 4.5 条的规定,禁止在通风安装工程中滥用软管和软接头的规定,减少空调病的发生,以确保用户的健康(具体应用的正确性见图 2.4.5-8～图 2.4.5-11)。

(1) 柔性短管应选用防腐、防潮、不透气、不易霉变的柔性材料。用于空调系统的应采用防止结露的措施;用于净化空调系统的还应是内壁光滑、不易产生尘埃的材料。

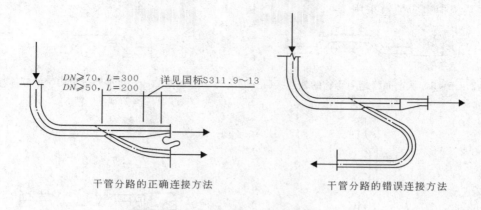

干管分路的正确连接方法         干管分路的错误连接方法

图 2.4.5－6 总立管与供水干管的连接图

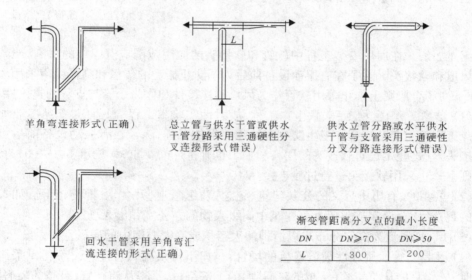

羊角弯连接形式(正确)

总立管与供水干管或供水
干管分路采用三通硬性分
叉连接形式(错误)

供水立管分路或水平供水
干管与支管采用三通硬性
分叉分路连接形式(错误)

回水干管采用羊角弯汇
流连接的形式(正确)

| 渐变管距离分叉点的最小长度 | | |
|---|---|---|
| DN | DN≥70 | DN≥50 |
| L | 300 | 200 |

图 2.4.5－7 总立管与供水干管的连接
注:本图适用于供暖和供水管道;→为流体流入或流出方向。

(2) 柔性短管的长度一般为 150～300mm,其连接处应严密、牢固可靠。

(3) 柔性短管不宜作为找正、找平的异径连接管。

(4) 设于结构变形缝处的柔性连接管,其长度宜为变形缝的宽度加 100mm 及以上。

(5) 为了保障用户的健康和工程质量,在应用柔性短管时尚应严格执行我公司建五技质[2001]169 号《通风空调工程安装中若干问题的技术措施》第 4.1 条～第 4.5 条的规定,禁止在通风安装工程中滥用软管和软接头的规定。即:

第 4.1 条 风道软管和软接头因材质粗糙、质地柔软、严密性差、阻力大、寿命短、易积尘,而粉尘又是各种微生物、细菌的寄存和繁殖的营养供给基地,在湿润的环境中易引起军团菌等"空调病菌"的繁殖,引发空调病。因此除了洁净空调对风道软管和软接头的应用有严格的规定外(其选材、制作、安装应符合 JGJ 71—90 第 3.2.7 条的规定),在一般空调系统中也应慎重采用。

图 2.4.5 - 8　从上面跨越障碍物的软连接(正确)

图 2.4.5 - 9　水平跨越障碍物的软连接
(俯视图、正确)

图 2.4.5 - 10　垂直跨越障碍物的软连接(正确)

图 2.4.5 - 11　从下面跨越障碍物
的软连接(不正确)

第4.2条　在通风安装工程中软管和软接头的应用范围应有一定的限制,严禁乱用软管风道和软接头。除了在有振动设备前后为了防止振动的传播和降低噪声采用软接头外,在下列场合原则上禁止采用软管作为风口的连接件和作为干管与支管的连接件。

(1) 洁净工程、生物工程、微生物工程、放射性实验室工程、制药厂、食品工业加工厂和医疗工程等对工艺流程和卫生防疫有特殊要求的工程,除了在有振动设备前后可以安装软接头外(这些工程对软接头的用料和加工也有特殊的要求,详见 JGJ 71—90),其余场合原则上禁止采用软接头进行过渡连接。

(2) 重要的、有历史意义的公共建筑、纪念馆、纪念堂、大会堂、博物馆等。如人民大会堂的观众厅、会议室或重要办公建筑中高级人物的办公室和出入场所。

(3) 风口、风道为高空分布难以清扫的大容积或高大空间内的通风空调系统。

(4) 凡是支管能用硬性管道连接的场合,一律不得采用软管连接。不得不采用软管连接时,软管只能从跨越管(跨越的障碍物)的上部绕过,不得从跨越管(跨越的障碍物)的下部绕过。且软管的弯曲部分应保持足够大的曲率半径,不得形成局部压扁现象。

(5) 两连接点距离超过 2m 者,不得采用可伸缩性的金属或非金属软管连接。

第4.3条　在下列场合应做好相应的限制位移和严密性封闭的技术措施:

(1) 当软管作为厕所或其他次要房间顶棚内的排风扇与土建式排风竖井连接时,除了应保证管道平直和长度不大于 2m 外,它与竖井的接口应通过法兰连接,不得未经任何处理而采用直接插入土建通风竖井内的方法,以免因其他原因而脱离。

(2) 应特别注重风机盘管室内送风口处送风管、新风管与室内送风口(格栅)处连接的严密性、牢靠性。

第4.4条　柔性短管的应用尚应符合 GB 50243—2002 第 6.3.3 条的规定,水平直管的垂度每米不大于 3mm,总偏差不大于 6mm(因最长不得超过 2m)。

第4.5条　以柔性短管连接的送(回)风口,安装后与设备(或干管)出口和风口的连接应严密,不渗漏;外形应基本方正,圆形风道外形的椭圆度应符合 GB 50243—2002 的要求。从风口向里看,软管内壁应基本平整、光滑、美观,无严重的褶皱现象。

4. 注重管道两边与墙体的距离:注意管道预留孔洞位置的准确性,防止安装后管道距离墙体表面距离超过规范的要求和影响外观质量(图2.4.5-12)。

5. 预留孔洞或预埋件位置的控制:预留孔洞或预埋件及管道安装时应特别注意管道与墙面(两个方向均应照顾到)及管道与管道之间的距离。明装管道距离墙体表面等的距离应严格遵守设计和规范的要求。即本条第4款图2.4.5-12要求。

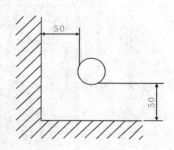

图 2.4.5-12  明装管道
与墙面的距离

6. 设备和材料的采购和进场验收:应执行材料、设备、附件质量保证控制程序。主要是规格的鉴别,特别是管材的壁厚;管道支架的规格和加工质量(按91SB详图控制),避免不合格品进场。提计划和定货时应特别注意无缝钢管及配件的外径、厚度应与水煤气管匹配,弯头外径应与管道外径一致(材料、设备、附件质量保证控制体系见图2.4.5-3)。

7. 洁净室的施工程序:为保证洁净室最终测试能达到设计要求,洁净室各工种(包括土建、电气等专业)的施工程序一定得按照 JGJ 71—90《洁净室施工及验收规范》附录二"洁净室主要施工程序"规定安排施工。本工程不仅内部工种之间的协调复杂,总包单位与分包单位之间工序的协调复杂;洁净室内工艺设备的进入时间和设备安装与建筑施工各工种的配合也直接影响洁净室的施工质量,因此施工前方方面面的协调工作不可忽略。

8. 吊顶预留人孔(检查孔)的安排:吊顶人孔(检查孔)的预留应事先做好安排,其位置、结点做法既要照顾便于调节、测试和检修的需要,更应考虑密闭性的质量要求。尤其洁净室的检查孔最好安排在走道或非洁净房间的吊顶上,不宜安排在洁净度要求较高的房间内。

为了便于人员进入吊顶内调试和检修,应与设计、监理和土建专业共同协商,在吊顶内增设人行栈桥。

9. 管道甩口的控制:管道安装应执行管道安装控制程序(图2.4.6-1)应防止干管中支管(支路)接口甩口位置与支管安装位置的过大误差。解决的办法:

(1) 严格执行事先放线定位的施工程序和安装交底程序;

(2) 废除从起点至终点安装不分阶段"一竿子插到底"的不科学的施工陋习,应分段进行,并留有调整位置的最后下料直管段,待位置调整合适后再安装。

10. 土建竖井施工应控制内表面的光洁度:应监督土建专业在各种管道竖井的浇筑和砌筑时,及时进行风道内壁的抹光处理工序(图2.4.5-2)。

11. 竖井内风道法兰连接安装孔的预留:断面较大的通风管道,由于边长较长,风道又紧靠竖井侧壁,往往因风道与井壁间间距太小,手臂太短,因此两段风道间连接法兰的螺栓无法拧紧。因此应在竖井施工前预留安装孔洞,以便于风道的安装。

12. 注意无缝钢管与焊接钢管外径和厚度尺寸的匹配:见表2.4.5-1。

13. 给水和供暖管道的排气和泄水:给水和供暖管道最高点或可能有空气积聚处,应设排气装置,最低点或可能有水积存处应设泄水装置。

| DN (mm) | 相应英制 (in) | 相应无缝钢管外径×壁厚(mm) | 与焊接钢管配套弯头外径×壁厚(mm) | DN (mm) | 相应英制 (in) | 相应无缝钢管外径×壁厚(mm) | 与焊接钢管配套弯头外径×壁厚(mm) |
|---|---|---|---|---|---|---|---|
| 15 | 1/2 | 22×3 | — | 150 | 6 | 159×4.5 | 168×4.5 |
| 20 | 3/4 | 25×3 | — | 200 | 8 | 219×6 | — |
| 25 | 1 | 32×3.5 | — | 250 | 10 | 273×8 | — |
| 32 | 1 1/4 | 38×3.5 | 42×3.5 | 300 | 12 | 325×8 | — |
| 40 | 1 1/2 | 45×3.5 | 50×3.5 | 350 | 14 | 377×9 | — |
| 50 | 2 | 57×3.5 | 60×3.5 | 400 | — | 426×9 | — |
| 65 | 2 1/2 | 76×4 | 76×4 | 450 | — | 480×10 | — |
| 80 | 3 | 89×4 | 89×4 | 500 | — | 530×10 | — |
| 100 | 4 | 108×4 | 114×4 | 600 | — | 630×10 | — |
| 125 | 5 | 133×4.5 | 140×4.5 | | | | |

### 5.2.6　成品、半成品保护措施

本工程高空作业面大、工种多、多专业交叉作业,故成品、半成品保护工作特别重要。为确保质量,拟采取下列措施。

1. 结构阶段:各专业施工人员不得撬钢筋、扭曲钢筋、拆除扎丝,应在钢筋上放走道护板,严禁割主筋。要派专人看护管盒、套管、预埋件,防止移位。

2. 装修阶段:搬运器具、钢管、机械注意不碰门框及抹灰腻子层,不得剔除面砖,不得上人站在安装的卫生设备器具上面,注意对电线、配电箱、消火栓箱的看护,以免损坏,在吊顶内施工不得扭曲龙骨。对油漆粉刷墙面、防护膜不得触摸。

3. 思想教育与奖惩制度:组织在施人员学习,加强教育,认真贯彻执行,确保成品、半成品保护工作,对成效突出的个人进行奖励,对破坏成品者严肃处理。

### 5.2.7　依据规范的要求,加强安装工程的各项测试与试验,确保设备安装工程的施工质量本工程涉及到的各种试验如下

1. 进场阀门强度和严密性试验。依据 GB 50242—2002 第3.2.4条、第3.2.5条和 GB 50243—2002 第8.3.5条、第9.2.4条规定。

(1) 各专业各系统主控阀门和设备前后阀门的水压试验

A. 试验数量及要求:100%逐个进行编号、试压、填写试验单,并进行标识存放,安装时对号入座。本项目包括减压阀、止回阀、调节阀、水泵结合器等。

B. 试压标准:强度试验为该阀门额定工作压力的1.5倍作为试验压力;严密性试验为该阀门额定工作压力的1.1倍作为试验压力。在观察时限内试验压力应保持不变,且壳体填料和阀瓣密封面不渗不漏为合格。

阀门强度试验和严密性试验的时限见表2.4.5-2。

| 公称直径 DN (mm) | 最短试验持续时间(s) | | | |
|---|---|---|---|---|
| | 严密性试验 | | | 强度试验 |
| | 金属密封 | 非金属密封 | 制冷剂管道 | |
| ≤50 | 15 | 15 | 30 | 15 |
| 65～200 | 30 | 15 | | 60 |
| 250～450 | 60 | 30 | — | 180 |
| ≥500 | 120 | 60 | — | — |

(2) 其他阀门的水压试验:其他阀门的水压试验标准同上,但试验数量按规范规定为:

A. 按不同进场日期、批号、不同厂家(牌号)、不同型号、规格进行分类。

B. 每类分别抽 10%,但不少于 1 个进行试压,合格后分类填写试压记录单。

C. 10% 中有不合格的,再抽 20%(含第一次共计 30%)进行试压后,如果又出现不合格的,则应 100% 进行试压。但本工程第二批(20%)中又出现不合格的,应全部退货。

D. 阀门应有北京市用水器具注册证书。

2. 水暖附件的检验

(1) 进场的管道配件(管卡、托架)应有出厂合格证书;

(2) 应按 91SB3 图册附件的材料明细表中各型号的零件规格、厚度及加工尺寸相符,且外观美观,与卫生器具结合严密等要求进行验收。

3. 卫生器具的进场检验

(1) 卫生器具应有出厂合格证书;

(2) 卫生器具的型号规格应符合设计要求;

(3) 卫生器具外观质量应无碰伤、凹陷、外凸等质量事故;

(4) 卫生器具的排水口应阻力小,泄水通畅,避免泄水太慢;

(5) 坐式便桶盖上翻时停靠平稳,避免停靠不住而下翻;

(6) 器具进场必须经过严格交接检,填写检验记录,没有合格证、检验记录,不能就位安装。

4. 热交换器的水压试验

依据 GB 50242—2002 第 6.3.2 条规定,水-水热交换器和汽-水热交换器的水部分的试验压力为 1.5 倍的工作压力,时限 10min 内,压力不降、不渗不漏为合格。汽-水热交换器的蒸汽部分的试验压力应不低于蒸汽供汽压力加 0.3MPa;热水部分应不低于 0.4MPa,在试验压力下时限 10min 内,压力不降、不渗不漏为合格。

5. 组装后散热器的水压试验

依据 GB 50242—2002 第 8.3.1 条规定,组对后或整组出厂的散热器,在安装前应做水压试验。试验数量及要求:要 100% 进行试验,试验压力为工作压力(设计工作压力)的 1.5 倍,但不小于 0.6MPa ,本工程试验压力为 0.6MPa。试验时间 2～3min 内,压力不降、不渗不漏为合格。试压后办理散热器组对预检记录和水压试验记录单(按系统分层填写)。

6. 室内生活给水管道和消火栓供水管道的水压试验

(1) 试压分类:

单项试压——分局部隐检部分和分各系统(或每根立管)进行试压,应分别填写试验记录单。

系统综合试压——按系统分别进行。

(2) 试压标准:

单项试压:单项试压的试验压力,当系统工作压力 $P \leqslant 1.0$MPa 时,依据 GB 50242—2002 第 4.2.1 条规定,各种材质的给水系统的水压试验压力均为系统工作压力的 1.5 倍,但不小于 0.6MPa。本工程试验压力为 0.6MPa。

系统试压过程:将系统压力升至试验压力,在试验压力下观察 10min 内,压力降 $\Delta P \leqslant$ 0.02MPa,检查不渗不漏后。然后再将压力降至工作压力进行外观检查,不渗不漏为合格。

综合试压:试验方法同压力、同单项试压,其试压标准不变。

7. 室内热水供应管道的水压试验

(1) 试压分类:

单项试压——分局部隐检部分和分各系统(或每根立管)进行试压,应分别填写试验记录单。

系统综合试压——按系统分别进行。

(2) 试压标准:

单项试压:单项试压的试验压力,当系统工作压力 $P \leqslant 1.0$MPa 时,依据 GB 50242—2002 第 6.2.1 条规定,热水管道在保温前应进行水压试验。各种材质的热水供应系统的水压试验压力应符合以下条件:

A. 热水供应系统的水压试验压力应为系统顶点的工作压力加 0.1MPa。

B. 在热水供应系统顶点的水压试验压力 $\geqslant 0.3$MPa。

C. 本工程试验压力为 0.6MPa。

D. 系统试压过程:将系统压力升至试验压力,在试验压力下观察 10min 内,压力降 $\Delta P \leqslant 0.02$MPa,检查不渗不漏后。然后再将压力降至工作压力进行外观检查,不渗不漏为合格。

综合试压:试验方法同压力、同单项试压,其试压标准不变。

8. 冷却水管道及空调冷热水循环管道的水压试验

依据 GB 50243—2002 第 9.2.3 条的规定。

(1) 系统水压试验压力:

A. 当系统工作压力 $\leqslant 1.0$MPa 时,系统试验压力为 1.5 倍工作压力,但不小于 0.6MPa。

B. 当系统工作压力 $> 1.0$MPa 时,系统试验压力为工作压力加 0.5MPa。

C. 本工程试验压力为 0.6MPa。

(2) 试验要求:

A. 大型或高层建筑垂直位差较大的冷热媒循环水系统、冷却水系统宜采用分区、分层试压和系统试压相结合的方法进行水压试验。

B. 一般建筑可采用系统试压的方法。

（3）试验标准：

A．分区、分层试压：分区、分层试压是对相对独立的局部区域的管道进行试压。试验时将系统压力升至试验压力，在试验压力下稳压 10min，压力不得下降，再将试验压力降至工作压力，在 60min 内，压力不得下降，外观检查，不渗不漏为合格。

B．系统试压：系统试压是在各分区管道与系统主、干管全部连通后，对整个系统的管道进行的试压。试验压力以最低点的压力为准，但最低点的压力不得超过管道与组成件的承受压力。当系统压力升至试验压力后稳压 10min，压力降 $\Delta P \leqslant 0.02MPa$，检查不渗不漏。然后再将系统压力降至工作压力进行外观检查，不渗不漏为合格。

9．空调凝结水管道的充水试验

依据 GB 50243—2002 第 9.2.3 条第 4 款的规定。空调凝结水管道采用冲水试验，不渗不漏为合格。

10．室内消火栓供水系统的试射试验

依据 GB 50242—2002 第 4.3.1 条的规定，室内消火栓系统安装完成后，应取屋顶层（或水箱间内）的试射消火栓和首层取两处消火栓进行实地试射试验，试验的水柱和射程应达到设计的要求为合格。

11．室内消防自动喷洒灭火系统管道的试压

依据 GB 50261—96 第 6.2.1 条、第 6.2.2 条、第 6.2.3 条、第 6.2.4 条的规定。

（1）试压分类：

单项试压——分隐检部分和系统局部进行试压，并分别填写试验记录单。

综合试压——按系统分别进行。

（2）试验环境与条件：

A．试验环境温度：水压试验的试验环境温度不宜低于 5℃，当低于 5℃时，水压试验应采取防冻措施。

B．试验条件：水压试验的压力表应不少于 2 只，精度不应低于 1.5 级，量程应为试验压力的 1.5～2 倍。

C．试验环境准备：系统冲洗方案已确定，不能参与试验的设备、仪表、阀门、附件应加以拆除或隔离。

（3）试验压力的要求：

A．当系统设计工作压力 $\leqslant 1.0MPa$ 时，水压强度试验压力应为设计工作压力的 1.5 倍，但不低于 1.4MPa。

B．本工程试验压力为 1.4MPa。

C．水压强度试验的达标要求：系统或单项水压强度试验的测点应设在系统管网的最低点。对管网注水时应将管网中的空气排净，并缓慢升压，当系统压力达到试验压力时，稳压 30min，目测管网应无渗漏和无变形，且系统压力降 $\Delta P \leqslant 0.05MPa$ 为合格。

（4）系统严密性试验：系统严密性试验（即综合试压或通水试验）。严密性试验应在水压强度试验和管网冲洗试验合格后进行。试验压力为在工作压力（本工程系统的工作压力按 0.6MPa 进行），在工作压力下稳压 24h，进行全面检查，不渗不漏为合格。

（5）自动喷水灭火系统的水源干管、进户管和埋地管道应在回填前单独进行或与系

统一起进行水压强度试验和严密性试验。

12. 室内干式喷水灭火系统和预作用喷洒灭火系统的气压试验

依据 GB 50261—96 第 6.1.1 条、第 6.3.1 条、第 6.3.2 条的规定,消防自动喷洒灭火系统应做水压试验和气压试验。

(1) 水压试验:同一般湿式消防自动喷洒灭火系统(详见 13 项)。

(2) 气压试验:

A. 气压试验的介质:气压试验的介质为空气或氮气。

B. 气压试验的标准:气压严密性试验的试验压力为 0.28MPa,且在试验压力下稳压 24h,压力降 $\Delta P \leqslant 0.01$MPa 为合格。

13. 室内热水供暖系统管道的水压试验

(1) 单项试验:包括局部隐蔽工程的单项水压试验及分支路或整个系统与设备和附件连接前的水压试验,应分别填写记录单。

(2) 综合试验:是系统全部安装完后的水压试验,应按系统分别进行试验,并填写记录单。

(3) 试验标准:依据 GB 50243—2002 第 8.1.1 条、第 8.6.1 条的规定,热媒温度≤130℃的热水和饱和蒸汽压力≤0.7MPa 的供暖系统安装完毕,保温和隐蔽之前应进行水压试验。

A. 一般蒸汽、热水供暖系统:蒸汽、热水供暖系统的试验压力应满足两个条件:

(A) 供暖系统的试验压力应以系统顶点工作压力加 0.1MPa 作为试验压力;

(B) 供暖系统顶点的试验压力还应≥0.3MPa。

B. 使用塑料或复合管道的热水供暖系统:使用塑料或复合管道的热水供暖系统的试验压力应满足两个条件。

(A) 供暖系统的试验压力应以系统顶点工作压力加 0.2MPa 作为试验压力;

(B) 供暖系统顶点的试验压力还应≥0.4MPa。

C. 本工程设计要求系统试验压力为 0.6MPa。

(4) 合格标准:供暖系统在系统试验压力下,稳压 10min 内压降 $\Delta P \leqslant 0.02$MPa,外观检查不渗不漏后,然后再将系统压力降至工作压力,稳压进行外观检查不渗不漏为合格。

14. 灌水和满水试验

(1) 室内排水管道的灌水试验:

A. 隐蔽或埋地的排水管道的灌水试验:依据 GB 50243—2002 第 5.2.1 条的规定,隐蔽或埋地的排水管道在隐蔽前必须进行灌水试验。

B. 灌水试验的标准:灌水试验应分立管、分层进行,并按每根立管分层填写记录单。试验的标准是灌水高度应不低于底层卫生器具的上边缘或底层地面的高度,灌满水 15min 水面下降后,再将下降水位灌满,持续 5min 后,若水位不再下降,管道及接口不渗漏为合格。

(2) 卫生器具的满水和通水试验:依据 GB 50243—2002 第 7.7.2 条的规定,洗面盆、洗涤盆、浴盆等卫生器具交工前应做满水和通水试验,并按每单元进行试验和填表。灌水高度是将水灌至卫生器具的溢水口或灌满,各连接件不渗不漏为合格。卫生器具通水试验时给、排水应畅通。

（3）各种贮水箱和高位水箱满水试验：依据 GB 50243—2002 第 4.4.3 条、第 6.3.5 条、第 8.3.2 条、第 13.3.4 条的规定，各类敞口水箱应单个进行满水试验，并填写记录单。试验标准同卫生器具，但静置观察时间为 24h，不渗不漏为合格。

15. 供暖系统伸缩器预拉伸试验

应按系统按个数 100% 进行试验，并按个数分别填写记录单。

16. 管道冲洗和消毒试验

（1）管道冲洗试验应按专业、按系统、分别进行，即室内供暖系统、室内给水系统、室内消火栓供水、室内热水供应系统，并分别填写记录单。

（2）管内冲水的流速和流量要求

A. （室内、室外）生活给水系统的冲洗和消毒试验：依据 GB 50243—2002 第 4.2.3 条、第 9.2.7 条的规定，生产给水管道在交付使用之前必须进行冲洗和消毒，并经过有关部门取样检验，水质符合国家《生活饮用水标准》方可使用，检测报告由检测部门提供。

（A）管道的冲洗：管道的冲洗流速 ≥1.5m/s，为了满足此流速要求，冲洗时可安装临时加压泵；

（B）管道的消毒：管道的消毒依据 GB 50268—97 第 10.4.4 条的规定，管道应采用含量不低于 20mg/L 氯离子浓度的清洁水浸泡 24h，再冲洗，直至水质管理部门取样化验合格为止。

B. 消火栓及消防喷洒供水管道的冲水试验：依据 GB 50243—2002 第 4.2.3 条、第 9.3.2 条的规定，消火栓供水管道管内冲洗流速 ≥1.5m/s，为了满足此流速要求，若管内流速达不到时，冲洗时可安装临时加压泵。消防喷洒系统供水管道管内冲洗流速 ≥3.0m/s。

C. 室内热水供应系统的冲洗：依据 GB 50243—2002 第 6.2.3 条的规定，热水供应系统竣工后应进行管道冲洗，管道的冲洗流速 ≥1.5m/s。

D. 供暖管道的冲水试验：依据 GB 50243—2002 第 8.6.2 条的规定，供暖系统管道试压合格后应进行冲洗和清扫过滤器和除污器，管道冲洗前应将流量孔板、滤网、温度计等暂时拆除，待冲洗完后再安上。冲洗流量和压力按设计最大流量和压力进行（若设计说明未标注，则按管道管内流速 ≥1.5m/s 进行）。

（3）达标标准：一直到各出水口排出水不含泥砂、铁屑等杂质，水色不浑浊，出水口水色和透明度、浊度与进水口侧一样为合格。

（4）蒸汽管道的吹洗：依据 GB 50235—97 第 8.4.1 条～第 8.4.6 条的规定，蒸汽管道的吹洗用蒸汽，蒸汽压力和流量与设计同，但流速应 ≥30m/s，管道吹洗前应慢慢升温，并及时排泄凝结水，待暖管温度恒温 1h 后，再次进行吹扫，应吹扫三次。

17. 通水试验

（1）试验范围：要求做通水试验的有室内冷热水供水系统、室内消火栓供水系统、卫生器具。

（2）试验要求：

A. 室内冷热水供水系统：依据 GB 50243—2002 第 4.2.2 条的规定，应按设计要求同时开放最大数量的配水点，观察和开启阀门、水嘴等放水，是否全部达到额定流量。若条件限制,应对卫生器具进行 100%满水排泄试验检查通畅能力,无堵塞、无渗漏为合格。

B. 室内卫生器具满水和通水试验:依据 GB 50243—2002 第 7.2.2 条的规定,洗面盆、洗涤盆、浴盆等卫生器具应做满水和通水试验,按每单元进行试验和填表,满水高度是灌至溢水口或灌满后,各连接件不渗不漏,通水试验时给、排水畅通为合格。

18. 室内排水管道通球试验

依据 GB 50243—2002 第 5.2.5 条的规定,排水主立管及水平干管均应做通球试验。

(1) 通球试验:通球试验应按不同管径做横管和立管试验。立管试验后按立管编号分别填写记录单,横管试验后按每个单元分层填写记录单。

(2) 试验球直径如下:通球球径应不小于排水管直径的 2/3,大小见表 2.4.5 – 3。

(3) 合格标准:通球率必须达到 100%。

通球试验的试验球直径       表 2.4.5 – 3

| 管　　径(mm) | 150 | 100 | 75 | 50 |
|---|---|---|---|---|
| 胶球直径(mm) | 100 | 70 | 50 | 32 |

19. 供暖系统的热工调试

依据 GB 50243—2002 第 8.6.3 条和(94)质监总站第 036 号第四部分第 20 条的规定,供暖系统冲洗完毕后,应进行充水、加热和运行、调试,观察、测量室内温度应满足设计要求,并按分系统填写记录单。

20. 通风风道、部件、系统、空调机组的检漏试验

(1) 通风风道的制作要求

依据 GB 50243—2002 第 4.2.5 条的规定,风道的制作必须通过工艺性的检测或验证,其强度和严密性要求应符合设计或下列规定。即

A. 风道的强度应能满足在 1.5 倍工作压力下接缝处无开裂。

B. 矩形风道的允许漏风量应符合以下规定:

低压系统风道 $\qquad\qquad Q_L \le 0.1056 P^{0.65}$

中压系统风道 $\qquad\qquad Q_M \le 0.0352 P^{0.65}$

高压系统风道 $\qquad\qquad Q_H \le 0.0117 P^{0.65}$

式中 $\quad Q_L$、$Q_M$、$Q_H$——在相应的工作压力下,单位面积(风道的展开面积)风道在单位时间内允许的漏风量($m^3/h \cdot m^2$);

$\qquad\qquad P$——风道系统的工作压力(Pa)。

C. 低压、中压系统的圆形金属风道、复合材料风道及非法兰连接的非金属风道的允许漏风量为矩形风道的允许漏风量的 50%。

D. 排烟、除尘、低温送风系统风道的允许漏风量应符合中压系统风道的允许漏风量标准(低压中压系统均同)。1~5 级净化空调系统按高压系统风道的规定执行。

E. 检查数量及合格标准:

(A) 检查数量:按风道系统类别和材质分别抽查,但不得少于 3 件及 15m²。

(B) 检查方法及合格标准:检查产品合格证明文件和测试报告书,或进行强度和漏风

量检测。低压系统依据 GB 50243—2002 第 6.1.2 条的规定,在加工工艺得到保证的前提下可采用灯光检漏法检测。

(2)通风系统和空调机组的检漏试验:依据 GB 50243—2002 第 6.1.2 条的规定,风道系统安装后,必须进行严密性检验,合格后方能交付下一道工序施工。风道严密性检验以主、干管为主。

A. 通风系统管道安装的灯光检漏试验:依据 GB 50243—2002 第 6.1.2 条、第 6.2.8 条和 GB 50243—2002 附录 A 的规定,通风系统管段安装后应分段进行灯光检漏,并分别填写检测记录单。

(A)测试装置:见图 2.4.5 – 13。

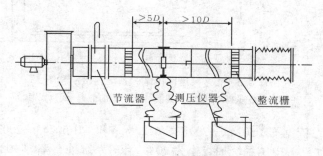

图 2.4.5 – 13 负压风管式风量测试装置

(B)灯光检漏的标准:低压系统抽查率为 5%,合格标准为每 10m 接缝的漏光点不大于 2 处,且 100m 接缝的漏光点不大于 16 处为合格。

中压系统抽查率为 20%,合格标准为每 10m 接缝的漏光点不大于 1 处,且 100m 接缝的漏光点不大于 8 处为合格。

高压系统抽查率为 100%,应全数合格。

B. 通风系统漏风量的检测:

(A)测试装置:通风管道安装时应分系统、分段进行漏风量检测,其检测装置如图 2.4.5 – 14所示,连接示意图见图 2.4.5 – 15。

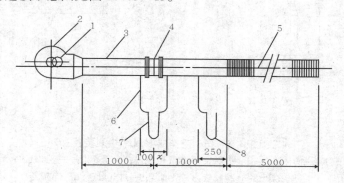

图 2.4.5 – 14 风道漏风量试验装置

孔板 1($D = 0.0707$m);$x = 45$mm;孔板 2($D = 0.0316$m);$x = 71$mm

1—逆风挡板;2—风机;3—钢风管 $\phi100$;4—孔板;5—软管 $\phi100$;6—软管 $\phi8$;7、8—压差计

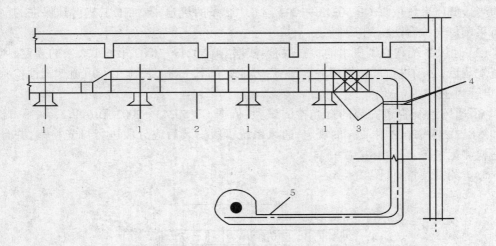

图 2.4.5－15　风道漏风试验系统连接示意图

1—风口;2—被试风管;3—盲板;4—胶带密封;5—试验装置

（B）检测数量:依据 GB 50243—2002 第 6.2.8 条和 GB 50243—2002 附录 A 的规定。低压系统抽查率为 5%,中压系统抽查率为 20%,高压系统抽查率为 100%。

（C）合格标准:详见本节第(1)款。

C. 通风与空调设备漏风量的检测:依据 GB 50243—2002 第 7.1.1 条、第 7.2.3 条和 GB 50243—2002 附录 A 的规定。

（A）现场组装的组合式空调机组:其漏风量的检测必须符合现行国家标准 GB/T 14294《组合式空调机组》的规定。

测试装置:见图 2.4.5－16。

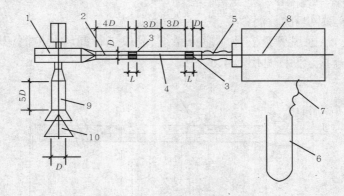

图 2.4.5－16　空调器漏风率检测装置

1—试验风机;2—出气风道;3—多孔整流器;4—测量孔;5—连接软道;
6—压差计;7—连接胶管;8—空调器;9—进气风道;10—节流器

检测数量:依据 GB 50243—2002 第 7.2.3 条的规定。一般空调机组抽查率为总数的 20%,但不少于 1 台。净化空调机组 1~5 级洁净空调系统抽查率为总数的 100%;6~9 级洁净空调系统抽查率为 50%。

合格标准:详见本节第(1)款。

(B)除尘器:依据 GB 50243—2002 第 7.2.4 条的规定。

a.型号、规格、进出口方向必须符合设计要求。

b.现场组装的除尘器壳体应做漏风量检测,在工作压力下允许的漏风量为 5%,其中离心式除尘器为 3%,布袋式除尘器、电除尘器抽查数量为 20%。

c.布袋式除尘器、电除尘器的壳体和辅助设备接地应可靠,抽查数量 100%。

(C)高效过滤器:高效过滤器安装前需进行外观检查和仪器检漏。

a.外观检查:目测不得有变形、脱落、断裂等破损现象。

b.抽检数量:仪器检漏抽检数量为 5%,仪器检漏应符合产品质量文件要求。

21.风机性能的测试

大型风机应进行风机风量、风压、转速、功率、噪声、轴承温度、振动幅度等的测试,测试装置如图 2.4.5 – 17 所示。

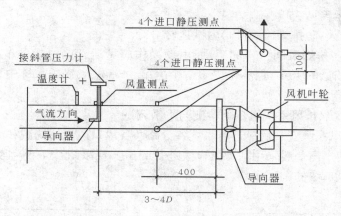

图 2.4.5 – 17　风机测试装置图

22.水泵的单机试运转

依据 GB 50243—2002 第 9.2.7 条、第 11.2.1 条、第 11.2.2 条、第 13.3.1 条的规定。水泵等设备的单机试运转应在安装预检合格和配管安装后进行,每台设备应有独立的安装预检记录单和单机运转试验单。检查叶轮旋转方向正确,无异常振动和声响,紧固连接部位无松动,电机功率符合设备文件的规定,水泵连续运转 2h 后滑动轴承和机壳最高温度不超过 70℃,滚动轴承最高温度不超过 75℃。水泵型号、规格、技术参数(流量、扬程、转速、功率)、轴承和电机发热的温升、噪声应符合设计要求和产品性能指标。无特殊要求情况下,普通填料泄漏量不应大于 60mL/h,机械密封的泄漏量不应大于 5mL/h。试运转记录单中应有温升、噪声等参数的实测数据及运转情况记录。抽查数量 100%,每台运行时间不小于 2h。为了测流量,应在机组前后事先安装测试口,以便安装测试仪表。

23.通风机、空调机组中风机的单机试运转

依据 GB 50243—2002 第 9.2.7 条、第 11.2.2 条的规定。检查叶轮旋转方向正确、运转平稳、无异常振动和声响,电机功率符合设备文件的规定,在额定转速下连续运转 2h 后

滑动轴承和机壳最高温度不超过 70℃,滚动轴承最高温度不超过 80℃。试运转记录单中应有温升、噪声等参数的实测数据及运转情况记录。抽查数量 100%,每台运行时间不小于 2h。

24. 新风机组、风机盘管、制冷机组、单元式空调机组的单机试运转

(1) 新风机组、风机盘管:依据 GB 50243—2002 第 9.2.7 条、第 11.2.2 条的规定,设备参数应符合设备文件和国家标准 GB 50274—98《制冷设备、空气分离设备安装工程施工及验收规范》的规定,并正常运转不小于 8h。依据 GB 50243—2002 第 13.3.1 条的规定风机盘管的三速温控开关动作应正确,抽查数量为 10%,但不少于 5 台。

(2) 螺杆式制冷机组:螺杆式制冷机组的试运转和负荷试运转应符合 GB 50274—98《制冷设备、空气分离设备安装工程施工及验收规范》第 2.3.3 条、第 2.3.4 条的规定。

25. 冷却塔的单机试运转

依据 GB 50243—2002 第 9.2.7 条、第 11.2.2 条的规定,冷却塔本体应稳固、无异常振动和声响,其噪声应符合设计要求和产品性能指标。抽查数量 100%,系统运行时间不小于 2h。风机试运转见 35 款。

26. 电控防火、防排烟风阀(口)的试运转

电控防火、防排烟风阀(口)的手动、电动操作应灵活、可靠,信号正确。抽查数量第 35 款中按风机数量的 10%,但不得少于 1 个。第 34、36、37 款按系统中风阀数量的 20% 抽查,但不得少于 1 个。

27. 新风系统、排风系统风量的检测与平衡调试

风系统、排风系统安装后应进行系统各分路及各风口风量的调试和测量,并填写记录单。系统风量的平衡一般采用基准风口法进行测试。现以图 2.4.5 – 18 和图 2.4.5 – 19 为例说明基准风口法的调试步骤。

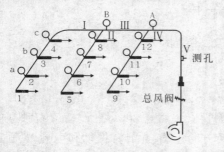
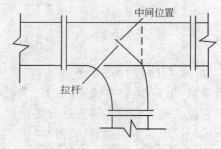

图 2.4.5 – 18　通风系统管网风量平衡调节示意图　　图 2.4.5 – 19　三通调节阀

(1) 风量调整前先将所有三通调节阀的阀板置于中间位置,而系统总阀门处于某实际运行位置,系统其他阀门全部打开。然后启动风机,初测全部风口的风量,计算初测风量与设计风量的比值(百分比),并列于记录表格中。然后启动风机,初测全部风口的风量,计算初测风量与设计风量的比值(百分比),并列于记录表格中。

(2) 在各支路中选择比值最小的风口作为基准风口,进行初调。

(3) 先调整各支路中最不利的支路,一般为系统中最远的支路。用两套测试仪器同时测定该支路基准风口(如风口 1)和另一风口的风量(如风口 2),调整另一个风口(风口

2)前的三通调节阀(如三通调节阀 a),使两个风口的风量比值近似相等;之后,基准风口的测试仪器不动,将另一套测试仪器移到另一风口(如风口 3),再调试另一风口前的三通调节阀(如三通调节阀 b),使两个风口的风量比值近似相等。如此进行下去,直至此支路各个风口的风量比值与基准风口的风量比值近似相等为止。

（4）同理调整其他支路,各支路的风口风量调整完后,再由远及近,调整两个支路(如支路Ⅰ和支路Ⅱ)上的手动调节阀(如手动调节阀 B),使两支路风量的比值近似相等。如此进行下去。

（5）各支路送风口的送风量和支路送风量调试完后,最后调节总送风道上的手动调节阀,使总送风量等于设计总送风量,则系统风量平衡调试工作基本完成。

（6）但总送风量和各风口的送风量能否达到设计风量,尚取决于送风机的出率是否与设计选择相符。若达不到设计要求就应寻找原因,进行其他方面的调整,具体详见"测试中发现问题的分析与改进办法"部分。调整达到要求后,在阀门的把柄上用油漆做好标记,并将阀位固定。

（7）为了自动控制调节能处于较好的工况下运行,各支路风道及系统总风道上的对开式电动比例调节阀在调试前,应将其开度调节在 80% ~ 85% 的位置,以利于运行时自动控制的调节和系统处于较好的工况下运行。

（8）风量测定值的允许误差:风口风量测定值的误差为 10 %,系统风量的测定值应大于设计风量 10% ~ 20%,但不得超过 20%。

（9）流量等比分配法(也称动压等比分配法):此方法用于支路较少,且风口调整试验装置(如调节阀、可调的风口等)不完善的系统。系统风量的调整一般是从最不利的环路开始,逐步转向风机出风段。如图 2.4.5 - 20,先测出支管 1 和 2 的风量,并用支管上的阀门调整两支管的风量,使其风量的比值与设计风量的比值近似相等。然后测出并调整支路 4 和 5、支管 3 和 6 的风量,使其风量的比值与设计风量的比值都近似相等。最后测定并调整风机的总风量,使其等于设计的总风量。这一方法称"风量等比分配法"。调整达到要求后,在阀门的把柄上用油漆记上标记,并将阀位固定。

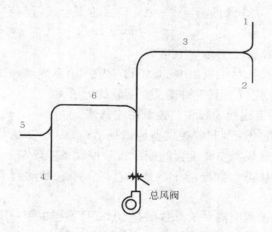

图 2.4.5 - 20　流量等比分配法的管网风量调节示意图

28．空调房间室内参数的检测

空调房间室内参数(温湿度、洁净度、静压及房间之间的静压压差等)应分夏季和冬季分别检测,并分别填写各种试验记录单。检测参数见 GB 50243—2002 和 JGJ 70—90 的相关规定和设计要求。

29．通风工程系统无生产负荷联动试运转及调试

通风工程系统安装完成后,应按 GB 50243—2002 规范第 11.3.2 条的规定进行无生产负荷的系统联动试运转和调试。其要求如下:

(1)系统联动试运转中,设备及主要部件的联动必须符合设计要求,动作协调、正确,无异常现象。

(2)系统经过平衡调整后各风口或吸气罩的风量与设计风量的允许偏差不应大于 15%。

(3)湿式除尘器的供水与排水系统运行应正常。

30．空调工程系统无生产负荷联动试运转及调试

空调工程系统安装完成后,应按 GB 50243—2002 规范第 11.3.3 条的规定进行无生产负荷的系统联动试运转和调试。其要求如下:

(1)空调工程水系统应冲洗干净、不含杂物,并排除管道系统中的空气;系统连续运行应达到正常、平稳;水泵的压力和水泵电机的电流不应出现大幅度波动。系统平衡调整后,各空调机组的水流量应符合设计要求,允许偏差为 20%。

(2)各种自动计量检测元件和执行机构的工作应正常,满足建筑设备自动化(BA、FA等)系统对被测定参数进行检测和控制的要求。

(3)多台冷却塔并联运行时,各冷却塔的进、出水量应达到均衡一致。空调室内噪声应符合设计要求。

(4)有压差要求的房间、厅堂与其他相邻房间之间的压差应符合:

A．舒适性空调的正压为 0～25Pa。

B．工艺性空调应符合设计要求。

(5)有环境噪声要求的场所,制冷、空调机组应按现行国家标准 GB 9068《采暖通风与空气调节设备噪声声功率级的测定——工程法》的规定进行测定。洁净室的噪声应符合设计的规定。

(6)检查数量和检查方法:

检查数量:按系统数量抽查 10%,且不得少于一个系统或一间房间。

检查方法:观察、用仪表测量检查及查阅调试记录。

31．通风与空调工程的控制和监控设备的调试

通风与空调工程的控制和监控设备应依据 GB 50243—2002 规范第 11.3.4 条的规定进行调试,调试结果通风与空调工程的控制和监控设备应能与系统的检测元件和执行机构正常沟通,系统的状态参数应能正确显示,设备连锁、自动调节、自动保护应能正确动作。

检查数量:按系统或监测系统总数抽查 30%,且不得少于一个系统。

检查方法:旁站观察,查阅调试记录。

32．洁净室有关参数的测试

(1) 风道和风口断面风量 $L$、平均动压 $P_d$、平均风速 $v$ 的计算

A. 风道和风口断面风量、平均动压、平均风速的测量条件：风道和风口断面风量、平均动压、平均风速的测量一般随系统的平衡调试同时进行。

B. 风道和风口断面风量、平均动压、平均风速测量的仪表。

（A）风道断面风量、平均动压、平均风速测量的仪表（表 2.4.5 – 4）：

风口断面风量、平均动压、平均风速测量　　　　　表 2.4.5 – 4

| 序号 | 设备和仪表名称 | 型号 | 规格或量程 | 精度等级 | 数量 | 单位 |
|---|---|---|---|---|---|---|
| 1 | 标准型毕托管 | — | 外径 $\phi10$ | — | 1 | 台 |
| 2 | 倾斜微压测定仪 | TH – 130 型 | 0 ~ 1500Pa | 1.5 Pa | 1 | 套 |

（B）风口断面风量、平均风速测量的仪表（表 2.4.5 – 5）：

风口断面风量、平均风速测量　　　　　表 2.4.5 – 5

| 设备和仪表名称 | 型号 | 规格或量程 | 精度等级 | 数量 | 单位 |
|---|---|---|---|---|---|
| 热球式风速风温表 | RHAT – 301 型 | 0 ~ 30m/s – 20 ~ 85℃ | < 0.3m/s ± 0.3℃ | 2 | 台 |

或选毕托管和微压计等仪表进行测定。

C. 风道和风口断面测量扫描测点的确定：

（A）圆形断面风道测点和风口扫描测点的确定：圆形断面风道测点和风口扫描测点的布局按图 2.4.4 – 7 确定，但测定内圆环数按表 2.4.5 – 6 选取。

圆形断面风道和风口扫描测点环数选取表　　　　　表 2.4.5 – 6

| 圆形断面直径(mm) | 200 以下 | 200 ~ 400 | 401 ~ 600 | 601 ~ 800 | 801 ~ 1000 | > 1001 |
|---|---|---|---|---|---|---|
| 圆环个数(个) | 3 | 4 | 5 | 6 | 8 | 10 |

（B）矩形断面风道测点和风口扫描测点的确定：矩形断面风道测点和风口扫描测点的布局按图 2.4.4 – 8 确定，但依据 GB 50243—2002 附录 B.1 第 B.1.2 条第 1 款规定，匀速扫描移动不应少于 3 次，测点个数不应少于 6 个。

D. 采用表 2.4.5 – 4 仪表测试时风道和风口断面风量 $L$、平均动压 $P_d$、平均风速 $v$ 的计算：

（A）风道和风口断面平均动压 $P_d$ 的计算

$$P_d = \left[ \sum (P_{dk})^{0.5} / n \right]^2$$

式中　　$P_d$——断面平均动压(Pa)；

　　　　$P_{dk}$——断面测点动压(Pa)；

　　　　$k$——1、2、3、4……$n$；

　　　　$n$——测点数。

(B) 平均风速 $v$ 的计算

$$v = (2P_d/\gamma)^{0.5} = 1.29(P_d)^{0.5} \qquad\qquad \text{m/s}$$

(C) 风道断面风量 $L$

$$L = 1.29A(P_d)^{0.5} \qquad\qquad \text{m}^3/\text{h}$$

式中 $A$——风道断面面积($\text{m}^2$)。

E. 采用表 2.4.5 – 5 仪表测试时风口断面风量 $L$、平均风速 $v$ 的计算:

(A) 平均风速 $v$ 的计算:

$$V_d = \sum V_{dk} / n$$

式中 $V_d$——断面平均风速($\text{m/s}$);

$V_{dk}$——断面测点风速($\text{m/s}$);

$k$——1、2、3、4.....$n$;

$n$——测点数。

(B) 风口风量 $L$ 的计算:

$$L = A \cdot V_d \qquad\qquad \text{m}^3/\text{h}$$

式中 $A$——风道断面面积($\text{m}^2$)。

(C) 风口、房间和系统风量测定的允许相对误差:

a. 风口风量、房间和系统风量测定相对误差值 $\Delta$ 的计算

$$\Delta = [(L_{实测值} - L_{设计值})/L_{设计值}]\%$$

式中 $L_{实测值}$——实测风量值($\text{m}^3/\text{h}$);

$L_{设计值}$——设计风量值($\text{m}^3/\text{h}$)。

b. 系统允许相对误差值:依据 GB 50243—2002 第 11.2.3 条第 1 款、第 11.2.5 条第 2 款规定,$\Delta \leqslant 10\%$。

c. 风口允许相对误差值:依据 GB 50243—2002 第 11.3.2 条第 2 款规定,$\Delta \leqslant 15\%$。

F. 非单向流洁净室的室内风量的测定:

(A) 风口法测定:可采用风口法,测定高效过滤送风口的平均风速与风口净截面积之积。

(B) 支管法测定:利用测定风口上支管的断面的平均风速与风管断面积之积。

G. 风口、房间和系统风量采用记录单:风口、房间和系统风量采用记录单为表式 C6 – 6 – 3或 C6 – 6 – 3A。

(2) 室内温湿度及噪声的测量

A. 室内温湿度的测定:

(A) 测点布置和测试方法:室内测点布置为送风口、回风口、室内中心点、工作区测三点。室中心和工作区的测点高度距地面 0.8m,距墙面 $\geqslant 0.5$m,但测点之间的间距 $\leqslant 2.0$m;房间面积 $\leqslant 50\text{m}^2$ 的测点 5 个,每超过 $20 \sim 50\text{m}^2$ 增加 $3 \sim 5$ 个。测定时间间隔为 30min。测试方法采用悬挂温度计、湿度计,定时考察测试。或采用便携式 RHTH – I 型温湿度测试仪表定时测试。

(B) 测定仪表选择:温度计、干湿球温度计或其他便携式 RHTH – I 型温湿度测试仪

表,见表 2.4.5 – 7。

**室内温湿度测试仪表**　　　　　　　　表 2.4.5 – 7

| 序号 | 仪表名称 | 型号规格 | 量程 | 精度等级 | 数量 |
|---|---|---|---|---|---|
| 1 | 水银温度计 | 最小刻度 0.1℃ | 0 ~ 50℃ | — | 5 |
| 2 | 水银温度计 | 最小刻度 0.5℃ | 0 ~ 50℃ | — | 10 |
| 3 | 酒精温度计 | 最小刻度 0.5℃ | 0 ~ 100℃ | — | 10 |
| 4 | 热球式温湿度表 | RHTH – 1 型 | – 20 ~ 85℃ 0 ~ 100% | — | 5 |
| 5 | 热球式风速风温表 | RHAT – 301 型 | 0 ~ 30m/s – 20 ~ 85℃ | < 0.3m/s、 ± 0.3℃ | 5 |
| 6 | 干湿球温度计 | 最小刻度 0.1℃ | – 26 ~ 51℃ | — | 5 |

（C）测试条件:室内温湿度的测定应在系统风量平衡调试完毕后进行,也可与系统联合试运转同时进行。

B. 允许误差值和采用的记录单

（A）测定值的允许误差:室温和相对湿度允许误差详见设计要求。

（B）测点数量要求:见表 2.4.5 – 8。

**温湿度测点数量**　　　　　　　　表 2.4.5 – 8

| 波动范围 | 洁净室面积 ≤ 50m² | 每增加 20 ~ 50m² |
|---|---|---|
| $\Delta t = \pm 0.5 \sim \pm 2℃$ | 5 个 | 增加 3 ~ 5 个 |
| $\Delta RH = \pm 5\% \sim \pm 10\%$ | | |
| $\Delta t = \pm 0.5℃$ | 点间距不应大于 2m,点数不应少于 5 个 | |
| $\Delta RH = \pm 5\%$ | | |

（C）室内温湿度测试记录单采用表式 C6 – 6 – 3B。

C. 室内噪声的测定:噪声测定采用五点布局(图 2.4.4 – 9)和普通噪声仪(如 CEN-TER320 型或其他型号的噪声测定仪)。测定时间间隔同温度测定。测点高度距离地面 1.1 ~ 1.5m,房间面积 ≤ 50m² 可仅测中间点,设计无要求的不测。测试记录单采用 C6 – 6 – 3C。室内噪声的测定应在系统风量平衡调试完毕后,也可与系统联合试运转同时进行。

（3）室内风速的测定:依据设计和工艺的要求安排测点的分布并绘制出平面图,主要应重点测试工作区和对工艺影响较大的地方。(如控制通风柜操作口周围的风速,以免风速过大将通风柜内的污染空气搅乱溢出柜外或影响柜内的操作,通风柜入口测定风速应

大于设计风速 $v$，但误差不应超过 20%）。采用仪表为 RHAT – 301 型热球式风速风温仪或 MODEL24/6111 型热线式风速仪。室内风速的测定应在系统平衡调试完毕后，也可与系统联合试运转同时进行。

（4）洁净室静压和静压差的测试：

A．洁净室室内静压测试的前提（洁净度的测定条件）：

（A）土建精装修已完成和空调系统等设备已安装完毕；

（B）空调系统已进行风量平衡调试和单机试运转完毕；

（C）各种风口已安装就绪；

（D）系统联合试运转已进行、且测试合格后进行；

（E）测定前应按洁净室的要求进行彻底清洁工作，并且空调系统应提前运行 12h；

（F）进入洁净室的测试人员应穿白色的工作服，戴洁净帽，鞋应套洁净鞋套，进入人员应受控制，一般不超过 3 人。

B．洁净室室内静压的测试方法：测定设备应用灵敏度不低于 2.0Pa 的微压计检测，一般采用最小刻度等于 1.6Pa 的倾斜式微压计和胶管。测试时将门关闭，并将测定的胶管（最好口径在 5mm 以下）从墙壁上的孔洞伸入室内，测试口在离壁面不远处垂直气流方向设置，测试口周围应无阻挡和气流干扰最小。洞口平均风速大于或等于 2.0m/s 时可采用热球风速仪。测得静压值与设计要求值的误差值不应超过设计允许的误差值或 ±5Pa。

C．需测试静压差的项目：需测试静压差的项目有室内与走廊静压差、高效过滤器和有要求设备前后的静压差等。相邻不同级别的洁净室之间和洁净室与非洁净室之间测得的静压差值应大于 5Pa；洁净室与室外测得的静压差值应大于 10Pa。

（5）洁净度的测定：

A．测点数和测定状态的确定：洁净度的测试委托总公司技术部测定。

（A）洁净度的测定状态：依据 GB 50243—2002 规定测定状态为静态或空态。

（B）洁净度的测定点数：依据 GB 50243—2002 附录 B.4 规定每间房间测点数的确定，见表 2.4.5 – 9，测点布局可按图 2.4.4 – 9 五点布局原则进行。当测点少于五点或多于五点时，其中一点应放在房间中央，且测点尽量接近工作区，但不得放在送风口下。测点距地面 0.8 ~ 1.0m。

最低限度采样点点数

表 2.4.5 – 9

| 测点数 $N_L$ | 2 | 3 | 4 | 5 | 6 | 7 | 8 | 9 | 10 |
|---|---|---|---|---|---|---|---|---|---|
| 洁净区面积 $A$(m²) | 2.1 ~ 6.0 | 6.1 ~ 12.0 | 12.1 ~ 20.0 | 20.1 ~ 30.0 | 30.1 ~ 42.0 | 42.1 ~ 56.0 | 56.1 ~ 72.0 | 72.1 ~ 90.0 | 90.1 ~ 110.0 |

注：1．在水平单向流时，面积 $A$ 为与气流方向呈垂直的流动空气截面的面积。

2．最低限度的采样点 $N_L$ 按公式 $N_L = A^{0.5}$ 计算（四舍五入取整数）。

3．每点采样最小采样时间为 1min，采样量至少 2L，每点采样次数不小于 3 次。

（C）测定洁净度的最小采样量：依据 GB 50243—2002 附录 B.4 规定测定洁净度的最小采样量见表 2.4.5 – 10。

每次采样的最小采样量(L) 表 2.4.5－10

| 洁净度级别 | | 粉 尘 粒 径 （μm） | | | | | | | | | | | |
|---|---|---|---|---|---|---|---|---|---|---|---|---|---|
| | | 0.1 | | 0.2 | | 0.3 | | 0.5 | | 1.0 | | 5.0 | |
| 新标准 | 旧标准 | 新标准 | 旧标准 | 新标准 | 旧标准 | 新标准 | 旧标准 | 新标准 | 旧标准 | 新标准 | 旧标准 | 新标准 | 旧标准 |
| 1 | — | 2000 | — | 8400 | — | — | — | — | — | — | — | — | — |
| 2 | — | 200 | — | 840 | — | 1960 | — | 5680 | — | — | — | — | — |
| 3 | 1 | 20 | 17 | 84 | 85 | 196 | 198 | 568 | 566 | 2400 | — | — | — |
| 4 | 10 | 2 | 2.83 | 8 | 8.5 | 20 | 19.8 | 57 | 56.6 | 240 | — | — | — |
| 5 | 100 | 2 | — | 2 | 2.83 | 2 | 2.83 | 6 | 5.66 | 24 | — | 680 | — |
| 6 | 1000 | 2 | — | 2 | — | 2 | — | 2 | 2.83 | 2 | — | 68 | 85 |
| 7 | 10000 | — | — | — | — | — | — | 2 | 2.83 | 2 | — | 7 | 8.5 |
| 8 | 100000 | — | — | — | — | — | — | 2 | 2.83 | 2 | — | 2 | 8.5 |
| 9 | — | — | — | — | — | — | — | 2 | — | 2 | — | 2 | — |

B. 采用测试仪器:洁净度的测试采用 BCJ－1 激光粒子计数器(或其他型号的激光粒子计数器),测得含尘计数浓度应小于设计允许值(如 8 级应≤3500 个/L)。

C. 室内洁净度测定值的计算

(A) 室内平均含尘量 $N$ 的计算

$$N = \frac{C_1 + C_2 + \cdots\cdots + C_i}{n}$$

(B) 测点平均含尘浓度的标准误差

$$\sigma_N = \sqrt{\frac{\sum\limits_{i-1}^{n}(C_i - N)^2}{n(n-1)}}$$

(C) 每个采点上的平均含尘浓度 $C_i$

$$C_i \leqslant 洁净级别上限$$

(D) 室内平均含尘浓度与置信度误差浓度之和(测试浓度的校核)

$$N + t\sigma \leqslant 洁净级别上限$$

式中 　$n$——测点数量;

　　　$C_i$——每个采点上的平均含尘浓度;

　　　$t$——置信度上限为 95% 时,单侧 $t$ 分布的系数,其值见表 2.4.5－11。

分布的系数 $t$ 表 2.4.5－11

| 点数 | 2 | 3 | 4 | 5 | 6 | 7～9 | 10～16 | 17～29 | ≥20 |
|---|---|---|---|---|---|---|---|---|---|
| $t$ | 6.3 | 2.9 | 2.4 | 2.1 | 2.0 | 1.9 | 1.8 | 1.7 | 1.65 |

D．洁净度测定合格标准：见表 2.4.5 – 12。

洁净室和洁净区洁净等级及悬浮粒子浓度限值　　　　表 2.4.5 – 12

| 洁净度级别 | | 粉　尘　粒　径　（μm） | | | | | | | | | | | |
|---|---|---|---|---|---|---|---|---|---|---|---|---|---|
| | | 0.1 | | 0.2 | | 0.3 | | 0.5 | | 1.0 | | 5.0 | |
| 新标准 | 旧标准 | 新标准 | 旧标准 | 新标准 | 旧标准 | 新标准 | 旧标准 | 新标准 | 旧标准 | 新标准 | 旧标准 | 新标准 | 旧标准 |
| 1 | — | 10 | — | 2 | — | — | — | — | — | — | — | — | — |
| 2 | — | 100 | — | 24 | — | 10 | — | 4 | — | — | — | — | — |
| 3 | 1 | 1000 | $1.25 \times 10^3$ | 237 | 270 | $10^2$ | 100 | 35 | 35 | 8 | — | — | — |
| 4 | 10 | $10^4$ | $1.25 \times 10^4$ | $2.37 \times 10^3$ | $2.7 \times 10^3$ | $1.02 \times 10^3$ | $10^3$ | 352 | 350 | 83 | — | — | — |
| 5 | 100 | $10^5$ | — | $2.37 \times 10^4$ | $2.7 \times 10^4$ | $1.02 \times 10^4$ | $10^4$ | $3.52 \times 10^3$ | $3.5 \times 10^3$ | 832 | — | 29 | — |
| 6 | 1000 | $10^6$ | — | $2.37 \times 10^5$ | — | $1.02 \times 10^5$ | — | $3.52 \times 10^4$ | $3.5 \times 10^4$ | $8.32 \times 10^3$ | — | 293 | 250 |
| 7 | 10000 | — | — | — | — | — | — | $3.52 \times 10^5$ | $3.5 \times 10^5$ | $8.32 \times 10^4$ | — | $2.93 \times 10^3$ | 2500 |
| 8 | 100000 | — | — | — | — | — | — | $3.52 \times 10^6$ | $3.5 \times 10^6$ | $8.32 \times 10^5$ | — | $2.93 \times 10^4$ | 25000 |
| 9 | — | — | — | — | — | — | — | $3.52 \times 10^7$ | | $8.32 \times 10^6$ | | $2.93 \times 10^5$ | — |

洁净室和洁净区各种粒径的粒子允许的最大浓度

$$C_n = 10^N \times (0.1/D)^{2.08}$$

式中　　$C_n$——大于或等于要求粒径的粒子最大允许浓度 pc/m³；

$N$——洁净级别，最大不超过 9。洁净度等级之间可以按 0.1 为最小允许值递增；

$D$——要求的粒子的粒径（μm）；

0.1——常数，量纲为（μm）。

洁净度等级定级的粒径范围为 0.1～5.0μm，用于定级的粒径数不应大于 3 个，且其顺序级差不应小于 1.5 倍。

（6）洁净室截面平均流速和速度不均匀度的检测

A．测点位置

（A）垂直单向流和非单向流洁净室：测点选择距离墙体或围护结构内表面大于 0.5m，离地面高度 0.5～1.5m 作为工作区。

（B）水平单向流洁净室：选择以送风墙或围护结构内表面 0.5m 处的纵断面高度作为第一工作面。

B．测定断面的测点数和测定仪器的要求：测点数和测定仪器的要求与室内温湿度的测点数表 2.4.5 – 8 同。

C．测定仪器操作要求：

（A）测定风速应采用测定架固定风速仪（图 2.4.5 – 21），以避免人体干扰。

（B）不得不用手持风速仪时，手臂应伸至最长位置，尽量使人体远离测头。

D. 风速不均匀度的计算:风速不均匀度 $\beta_0$ 按下式计算,一般值不应大于 0.25。

$$\beta_0 = s / v$$

式中　$s$——各测点风速的平均值;

　　　$v$——标准差。

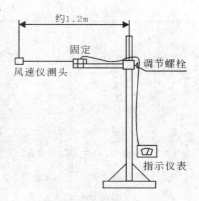

图 2.4.5 – 21　风速仪测定架

E. 洁净室内气流流形的测定:洁净室内气流流形的测定宜采用发烟(图 2.4.5 – 22)或悬挂丝线的方法进行观察测量与记录。然后标在记录的送风平面的气流流形图上。一般每台过滤器至少对应一个观察点。

(7) 综合评定检测

(A) 综合评定工作的组织和对评定单位的要求:上述测试为竣工验收测试,竣工验收后,交付使用前,尚应由甲方委托建设部建筑科学研究院空调研究所测定,或其他具备国家认定检测资质的检测单位测定。但核定单位必须与甲方、乙方、设计三方同时没有任何关系的单位。

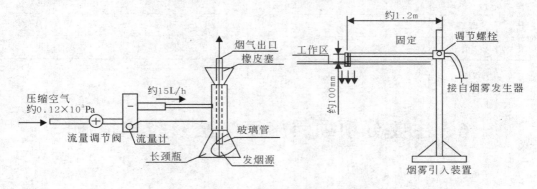

图 2.4.5 – 22　烟雾发生器及测试装置

(B) 综合评定检测的项目:依据 JGJ 71—90 第 5.3.2 条规定见表 2.4.5 – 13。

(C) 测定结果由检测单位提供测试资料、评定结论和提出出现相关问题的责任方,综合评定的费用由甲方支付。

综合性能全面评定检测项目和顺序　　　　表 2.4.5 – 13

| 序号 | 项　　　　目 | 单向流洁净室 | | 乱流洁净室 |
| --- | --- | --- | --- | --- |
| | | 高于 100 级 | 100 级 | 1000 级及 1000 级以下 |
| 1 | 室内送风量、系统总新风量(必要时系统总送风量),有排风时的室内排风量 | | 检　　测 | |
| 2 | 静压差 | | 检　　测 | |
| 3 | 房间截面平均风速 | 检　　测 | | 不检测 |
| 4 | 房间截面风速不均匀度 | 检　　测 | 必要时检测 | 不检测 |

| 序号 | 项　　　目 | 单向流洁净室 | | 乱流洁净室 |
|---|---|---|---|---|
| | | 高于100级 | 100级 | 1000级及1000级以下 |
| 5 | 洁净度级别 | 检　测 | | |
| 6 | 浮游菌和沉降菌 | 必要时检测 | | |
| 7 | 室内温度和相对湿度 | 检　测 | | |
| 8 | 室温(或相对湿度)波动范围和区域温差 | 必要时检测 | | |
| 9 | 室内噪声级 | 检　测 | | |
| 10 | 室内倍频程声压级 | 必要时检测 | | |
| 11 | 室内照度和照度的均匀度 | 检　测 | | |
| 12 | 室内微振 | 必要时检测 | | |
| 13 | 表面导静电性能 | 必要时检测 | | |
| 14 | 室内气流流型 | 不　测 | | 必要时检测 |
| 15 | 流线平行性 | 检　测 | 必要时检测 | 不　测 |
| 16 | 自净时间 | 不　测 | 必要时检测 | 必要时检测 |

# 6　主要分项项目施工方法及技术措施

## 6.1　暖卫工程

暖卫工程的安装应严格按照"暖卫管道安装质量控制程序"(图2.4.6－1)进行。

### 6.1.1　预留孔洞及预埋件施工

1．预留孔洞及预埋件施工在土建结构施工期间进行。

2．预留孔洞按设计要求施工,设计无要求时按 DBJ 01—26—96(三)表 1.4.3 规定施工。预留孔洞及预埋件应特别注意:

(1)预留、预埋位置的准确性;

(2)预埋件加工的质量和尺寸的精确度。

3．具体技术措施:

(1)分阶段认真进行技术交底;

(2)控制好预留、预埋位置的准确性,措施可采用钢尺丈量和控制土建模板的移位变形;模具选用优良材质并改进预留空洞模具的刚度、表面光洁度;适当扩大模具的尺寸,留有尺寸调整余地;加强模具固定措施;做好成品保护,防止模具滑动。

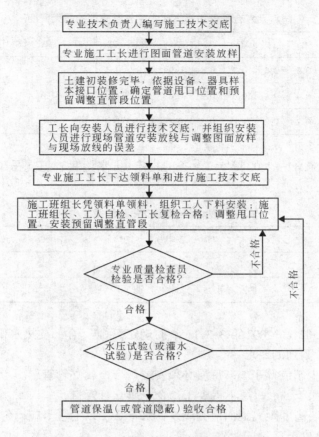

图 2.4.6-1　暖卫管道安装质量控制程序

4. 托、吊卡架制作按 DBJ 01—26—96(三)第 1.4.5 条规定制作,管道托、吊架间距不应大于该规程和下列各表的规定。固定支座的制作与施工按设计详图施工。

(1) 依据 GB 50242—2002 第 3.3.8 条的规定,钢制管道水平安装支吊架间距应不大于表 2.4.6-1 间距。

钢制管道支架的最大间距　　　　　　　表 2.4.6-1

| 公称直径 | | 15 | 20 | 25 | 32 | 40 | 50 | 70 | 80 | 100 | 125 | 150 | 200 | 250 | 300 |
|---|---|---|---|---|---|---|---|---|---|---|---|---|---|---|---|
| 支架的最大间距(m) | 保温管道 | 2 | 2.5 | 2.5 | 2.5 | 3 | 3 | 4 | 4 | 4.5 | 6 | 7 | 7 | 8 | 8.5 |
| | 非保温管道 | 2.5 | 3 | 3.5 | 4 | 4.5 | 5 | 6 | 6 | 6.5 | 7 | 8 | 9.5 | 11 | 12 |

(2) 依据 GB 50242—2002 第 3.3.9 条的规定,塑料及复合管管道垂直或水平安装支吊架间距应不大于表 2.4.6-2,采用金属制作的管道支架,应在管道与支架间加衬非金

415

属垫或套管。

塑料及复合管管道垂直或水平安装支架的最大间距 表 2.4.6－2

| 管径(mm) | | 12 | 14 | 16 | 18 | 20 | 25 | 32 | 40 | 50 | 63 | 75 | 90 | 110 |
|---|---|---|---|---|---|---|---|---|---|---|---|---|---|---|
| 支架最大间距(m) | 立管 | 0.5 | 0.6 | 0.7 | 0.8 | 0.9 | 1.0 | 1.1 | 1.3 | 1.6 | 1.8 | 2.0 | 2.2 | 2.4 |
| | 水平管 冷水管 | 0.4 | 0.4 | 0.5 | 0.5 | 0.6 | 0.7 | 0.8 | 0.9 | 1.0 | 1.1 | 1.2 | 1.35 | 1.55 |
| | 水平管 热水管 | 0.2 | 0.2 | 0.25 | 0.3 | 0.3 | 0.35 | 0.4 | 0.5 | 0.6 | 0.7 | 0.8 | — | — |

（3）依据 GB 50242—2002 第 5.2.9 条的规定，排水塑料管道支吊架间距应不大于表 2.4.6－3。

排水塑料管道支吊架间距 表 2.4.6－3

| 管径(mm) | 50 | 75 | 110 | 125 | 160 |
|---|---|---|---|---|---|
| 立管 | 1.2 | 1.5 | 2.0 | 2.0 | 2.0 |
| 横管 | 0.5 | 0.75 | 1.10 | 1.30 | 1.60 |

（4）依据 GB 50242—2002 第 3.3.11 条的规定，采暖、给水及热水供应系统的金属立管管卡安装应符合下列的要求：

A. 楼层高度少于或等于 5m，每层必须安装一个金属立管管卡。

B. 楼层高度大于 5m，每层不得少于二个金属立管管卡。

C. 管卡的安装高度距离地面应为 1.5～1.8m，2 个以上管卡应均匀安装，同一房间管卡应安装在同一高度上。

5. 套管安装一般比管道规格大 2 号，内壁作防腐处理或按设计要求施工。

6. 预留洞、预埋件位置、标高应符合设计要求，质量符合 GBJ 302—88 有关规定和设计要求。

### 6.1.2 管道安装

暖卫工程管道安装应严格按照质量控制程序图 2.4.6－1"暖卫管道安装质量控制程序"进行。

1. 镀锌钢管的安装

（1）镀锌钢管的安装：热镀镀锌钢管，$DN \geqslant 100$ 的管道采用卡箍式柔性管件连接，$DN \leqslant 80$ 的管道采用丝扣连接，安装时丝扣肥瘦应适中，外露丝扣不大于 3 扣，锌皮损坏处应采取可靠的防腐措施（涂防锈漆后再涂刷银粉漆）。$DN > 80$ 的镀锌钢管及由于消火栓供水立管至埋于墙内连接消火栓 $DN < 100$ 的支管，因转弯过急或受安装尺寸限制时也可采用对口焊接连接。做好防腐措施和冷水管穿墙应加 $\delta \geqslant 0.5mm$ 的镀锌套管，缝隙用油麻充填。穿楼板应预埋套管，套管直径比穿管大 2 号，高出地面 $\geqslant 20mm$，底部与楼板结构底面平等其他质量要求。

（2）焊接质量要求：其焊接外观质量焊缝表面应无裂纹、气孔、弧坑、未熔合、未焊透和夹渣等缺陷。焊缝高度应不低于母材，焊缝与母材应圆滑过渡。焊接咬边深度不超过0.5mm，两侧咬边的长度不超过管道周长的20%，且不超过40mm，并应遵守焊接质量控制程序，见表2.4.6－4、图2.4.6－2及表2.4.6－5。

等厚焊件坡口形式和尺寸 　　　　　　表 2.4.6－4

| 序号 | 填口名称 | 坡口形式 | 手工焊接填口尺寸(mm) | | | |
|---|---|---|---|---|---|---|
| 1 | Ⅰ形坡口 | | 单面焊 | $s$ | >1.5~2 | 2~3 |
| | | | | $c$ | 0+0.5 | 0+1.0 |
| | | | 双面焊 | $s$ | ≥3~2.5 | 3.5~6 |
| | | | | $c$ | 0+1.0 | $1^{+1.5}_{-1.0}$ |
| 2 | V形坡口 | | | $s$ | ≥3~9 | >9~25 |
| | | | | $\alpha$ | 70°±5° | 50°±5° |
| | | | | $c$ | 1±1 | 2±1.0 |
| | | | | $p$ | 1±1 | 2±1.0 |
| 3 | X形坡口 | | $s≥12~50$ $c=2^{+1.0}_{-1.0}$ $p=2^{+1.0}_{-2.0}$ $\alpha=60°±6°$ | | | |

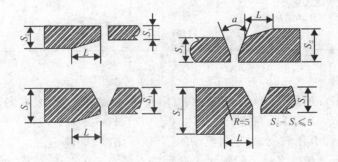

图 2.4.6－2　不等厚焊件焊接的对口形式和尺寸

注：1. $L≥4(S_2-S_1)$；

2. 当薄件厚度小于或等于10mm、厚度差大于3mm及薄件厚度大于10mm、厚度差大于薄件厚度的30%或超过5mm时，按图中规定削薄厚件边缘。

417

焊接对接接头焊缝表面的质量标准　　　　　　　　　　　　　表 2.4.6－5

| 序号 | 项　目 | 质量标准 |
|---|---|---|
| 1 | 表面裂纹　表面气孔　表面夹渣　熔合性飞溅 | 不允许 |
| 2 | 咬边 | 深度：$e < 0.5$，长度小于等于该焊缝总长的 10% |
| 3 | 表面加强高度 | 深度：$e \leqslant 1 + 0.2b$，但最大为 5 |
| 4 | 表面凹陷 | 深度：$e \leqslant 0.5$，长度 $\leqslant$ 该焊缝总长的 10% |
| 5 | 接头坡口错位 | $e \leqslant 0.25s$，但最大为 5 |

| 钢管对口时错位允许偏差 | 壁厚 mm | 2.5～5 | 6～10 | 12～14 | ≥16 |
|---|---|---|---|---|---|
| | 允许偏差值（m） | 0.5 | 1.0 | 1.5 | 2.0 |

（3）质量要求：

A. 水平给水管道应有 2‰～5‰ 的坡度坡向泄水装置。气、水同向流动的水平热水供暖管道和汽、水同向流动的蒸汽、凝结水管道应有 2‰～3‰ 的坡度。气、水同逆向流动的水平热水供暖管道和汽、水同逆向流动的蒸汽、凝结水管道应有大于 5‰ 的坡度。

B. 给水引入管与排水排出管的水平净距离不得小于 1m。室内给水与排水管道平行敷设时，两管道间的最小净距离不得小于 0.5m，交叉敷设时垂直净距离不得小于 0.15m。给水管应敷设在排水管上面，若给水管敷设在排水管下面时，给水管应加套管，其长度不得小于排水管管径的 3 倍。

C. 室内给水设备安装允许的偏差详见 GB 50242—2002 第 4.4.7 条表 4.4.7 的规定；供暖管道安装允许的偏差详见 GB 50242—2002 第 8.2.18 条表 8.2.18 的规定。

D. 室外给水管道安装允许的偏差详见 GB 50242—2002 第 9.2.8 条表 9.2.8 的规定。

E. 给水立管和装有 3 个或 3 个以上配水点的支管始端均应安装可拆卸的连接件。

2. 焊接钢管和无缝钢管的安装:焊接钢管 $DN \leqslant 32$ 的采用丝扣连接,$DN \geqslant 40$ 的采用焊接;无缝钢管 $DN \geqslant 100$ 的管道采用沟槽式卡箍柔性管件连接,$DN \leqslant 80$ 的管道采用丝扣连接。丝扣连接、焊接连接口的要求同上款。管道穿墙应预埋厚 $\delta \geqslant 1mm$,直径比管径大 1 号的套管、套管两端与墙面平,缝隙填充油麻密封;管道穿楼板的预埋套管同上。安装中应特别注意暖气片进出水管甩口的位置,以免影响支管坡度的要求;与散热器连接的灯叉弯应在现场实地煨弯,弯曲半径应与墙角相适应,保证安装后美观和上下整齐。

3. PPR 聚丙烯给水管道的安装图(略)。

(1) 明装敷设管线的安装:明装敷设管线的安装可参照 UPVC 管道安装的要求和质量标准进行。即:

A. 土建拆模后应对预留孔洞和预埋管件进行全面的检查与校验,不符合要求的应加以调整。

B. 依据纸面放样图和设备安装尺寸,并依据 CJJ/T 29—98 第 3.1.9 条、第 3.1.10 条、第 3.1.15 条、第 3.1.19 条、第 3.1.20 条的有关规定到现场实地放线校验无误后,测定各管段长度,然后进行配管和裁管。裁管可用木工锯或手锯切割,但切口应垂直均匀、无毛刺。

C. 选定支承件和固定形式,按 CJJ/T 29—98 第 4.1.8 条规定确定垂直管道和水平管道支承件间距,选定支承件的规格、数量和埋设位置。

D. 土建粗装修后开始按放线的实际尺寸下料,然后进行管道接口的热熔粘接安装管道。

E. 管道安装顺序应自下而上,分层进行,先安装立管,后安装横管,施工应连续。

F. 管道粘接后应迅速摆正位置,并进行垂直度、水平坡度校正。校正无误后,用木楔卡牢,用铁丝临时固定,待粘接固化后再紧固支承件,但卡箍不宜过紧,以免损坏管件。然后拆除临时固定设施、支模堵洞等。

(2) 明装敷设管道的质量标准:依设计和 GB 50242—2002《建筑给水排水及采暖工程施工质量验收规范》的要求,其支吊架、管道安装质量要求详见 6.1.1 及 6.1.2 – (3)款。

(3) 埋地敷设管道的固定和成品保护措施:埋地管道的安装应参照 5.2.5 – 6"低温地板辐射供暖预埋管道安装质量控制程序"要求执行。

A. 埋地敷设管道的固定:直埋管道的管槽应配合土建施工工序预留,管槽底部和槽壁应平整,无凸出的尖锐物。管槽宽度应比管道公称外径 $D_e$ 大 40 ~ 50mm,深度应比管道公称外径 $D_e$ 大 20 ~ 25mm。铺放管道后应用管卡(或鞍形卡片)将管道固定。管卡的固定和支架的间距应符合表 2.4.6 – 6 要求。水压试验合格后方可用 M7.5 水泥砂浆填塞管槽。热水管道的回填宜分两层填塞,第一层填高为槽深 3/4,水泥砂浆初凝后左右轻摇管道使管壁与水泥砂浆之间形成缝隙,再填充第二层水泥砂浆与地面平,水泥砂浆应密实饱满。但是在管道拐弯处在水泥砂浆填塞前沿转弯管外侧插嵌宽度等于外径,厚度为 5 ~ 10mm 的质松软板条,再进行上述操作。

4. PVC – U 等硬聚氯乙烯排水管道的安装

(1) PVC – U 等硬聚氯乙烯排水管道的材质要求

A. 硬聚氯乙烯管道的安装应符合 CJJ/T 29—98《建筑排水硬聚氯乙烯管道工程技术

规程》和设计的有关规定。

管道最大支撑间距（mm）　　　　　　　　表 2.4.6－6

| 公称外径 $D_e$ | 立管间距 | 横管间距 | 公称外径 $D_e$ | 立管间距 | 横管间距 |
|---|---|---|---|---|---|
| 12 | 500 | 400 | 32 | 1100 | 800 |
| 14 | 600 | 400 | 40 | 1300 | 1000 |
| 16 | 700 | 500 | 50 | 1600 | 1200 |
| 18 | 800 | 500 | 63 | 1800 | 1400 |
| 20 | 900 | 600 | 75 | 2000 | 1600 |
| 25 | 1000 | 700 | — | — | — |

B. 管材、管件、胶粘剂应有合格证、说明书、生产厂名、生产日期(胶粘剂尚应有使用有效日期)、执行标准、检验员代号。防火套管、阻火圈应有规格、耐火极限、生产厂名等标志。

C. 管材、管件的运输、装卸和搬运应轻放，不得抛、摔、拖。存放库房应有良好通风，室温不宜大于40℃，不得曝晒，距离热源不得小于1m。管材堆放应水平、有规则，支垫物宽度不得小于75mm，间距不得大于1m，外悬端部不宜超过500mm，叠放高度不得超过1.5m。

D. 胶粘剂等存放与运输应阴凉、干燥、安全可靠，且远离火源。胶内不得含有团块和不溶颗粒与杂质，并且不得呈胶凝状态和分层现象，未搅拌时不得有析出物，不同型号的胶粘剂不得混合使用。

E. 管道粘接时应将承口内侧和插口外侧擦拭干净，无尘砂、无水迹，有油污的应用清洁剂擦净。承插口内外侧胶粘剂的涂刷应先涂刷管件承口内侧，后涂刷插口外侧，胶粘剂的涂刷应迅速、均匀、适量、不得漏涂。管子插入方向应找正，插入后应将管道旋转90°，管道承插过程不得用锤子击打。插接好后应将插口处多余的胶粘剂清除干净。粘接环境温度低于－10℃时，应采取防寒、防冻措施。

(2) 楼层管道的敷设

A. 应按管道系统及卫生设备的设计位置，结合设备排水口的尺寸、排水管道管口施工的要求，配合土建结构施工进行孔洞的预留和套管等预埋件的预埋。

B. 土建拆模后应对预留孔洞和预埋管件进行全面的检查与校验，不符合要求的应加以调整。

C. 依据纸面放样图和设备安装尺寸，并依据CJJ/T 29—98 第 3.1.9 条、第 3.1.10 条、第 3.1.15 条、第 3.1.19 条、第 3.1.20 条的有关规定到现场实地放线校验无误后，测定各管段长度，然后进行配管和管道裁剪。管道裁剪可用木工锯或手锯切割，但切口应垂直均匀、无毛刺。

D. 选定支承件和固定形式，按 CJJ/T 29—98 第 4.1.8 条规定确定垂直管道和水平管道支承件间距，选定支承件的规格、数量和埋设位置。

E. 土建粗装修后开始按放线的计划，安装管道和伸缩器，在管道粘接之前，依据 CJJ/T 29—98 第 4.1.13 条、第 4.1.14 条的规定将需要安装防火套管或阻火圈的楼层，先将防火套管和阻火圈套在管道外,然后进行管道接口粘接。

F. 管道安装顺序应自下而上,分层进行,先安装立管,后安装横管,施工应连续。

G. 管道粘接后应迅速摆正位置,并进行垂直度、水平坡度校正。校正无误后,用木楔卡牢,用铁丝临时固定,待粘接剂固化后再紧固支承件,但卡箍不宜过紧,以免损坏管件。然后拆除临时固定设施、支模堵洞等。

5. 室内下水铸铁管道的安装

(1) 埋地下水铸铁管道的安装:埋地敷设时沟底应夯实,捻口处应挖掘工作坑;预制管段下管应徐徐放入沟内,封严总出水口,做好临时支撑,找好坡度及预留管口。立管、水平管的安装同上水管;接口为水泥捻口,水灰比为 1:9,施工方法与上水铸铁管类似,管材依据北京市(98)建材字第 480 号文件和质监总站要求应为离心浇铸的铸铁管。安装后应及时先封堵管口,作灌水试验。

(2) 室内排水铸铁管道安装:在安装管道前应清扫管腔,将承口内侧、插口外侧端头的沥青除掉,承口朝来水方向,连接的对口间隙应不小于 3mm,找平找直后,将管子固定。管道拐弯和始端应支撑牢靠,防止捻口时轴向移动,所有管口应随时封堵好。铸铁管道捻口应密实、平整、光滑,捻口四周缝隙应均匀,立管应用线坠校验使其垂直,不出现偏心、歪斜,支管安装时先搭好架子,并按管道坡度准备埋设吊卡处吊杆长度,核准无误后,将吊卡预埋就绪后,再安装管道。卡箍式柔性接口应按产品说明书的技术要求施工,吊架加工尺寸应严格按标准图册要求加工,外形应美观,规格、尺寸应准确,材质应可靠。支吊架埋设应牢靠,位置、高度应准确。排水系统安装后应按 GB 50242—2002 的规定作通球试验。

6. 消防喷洒管道的安装:消防喷洒管道安装应与土建密切配合,结合吊顶分格布置喷淋头位置,使其位于分块中心位置,且分格均匀,横向、竖向、对角线方向均成一直线。镀锌钢管安装如前,但是管道安装中应注意其特殊要求。

(1) 管道变径应采用异径接头,不宜采用补心,在弯道的弯头处不得采用补心。当需要采用补心时,三通上可以用一个,四通最多只能用两个。$DN > 50$ 的不得采用活接头。螺纹拧紧时不得将密封填料挤入管道内。

(2) 管道与维护结构的距离应符合 GB 50261—96 第 5.1.6 条的规定。

(3) 管道支吊架和防晃动支架应符合下列要求:

管道中心与梁、柱、楼板等的最小距离 表 2.4.6－7

| 管道公称直径 | 25 | 32 | 40 | 50 | 70 | 80 | 100 | 125 | 150 | 200 |
|---|---|---|---|---|---|---|---|---|---|---|
| 距离(mm) | 40 | 40 | 50 | 60 | 70 | 80 | 100 | 125 | 150 | 200 |

管道支吊架之间的间距 表 2.4.6－8

| 管道公称直径 | 25 | 32 | 40 | 50 | 70 | 80 | 100 | 125 | 150 | 200 | 250 | 300 |
|---|---|---|---|---|---|---|---|---|---|---|---|---|
| 距离(mm) | 3.5 | 4.0 | 4.5 | 5.0 | 6.0 | 8.0 | 8.5 | 7.0 | 8.0 | 9.5 | 11.0 | 12.0 |

管道支吊架的位置不应妨碍喷头喷水的效果,支吊架与喷头之间的距离不小于300mm,与末端喷头的距离不小于750mm。配水支管上每一直管段、相邻两喷头之间的管段不宜设置少于一个支架;当喷头之间距离少于1.8m时,可隔段设置吊架,但吊架之间的距离不宜大于3.6m。当管道公称直径$DN \geqslant 50$时,水平每段配水干管或配水管设置不少于一个防晃动支架,管道改变方向时应增设防晃动支架。竖直安装的配水干管应在始端和终端设防晃动支架或采用管卡固定,其位置距离地面为1.5~1.8m。

(4)管道穿越建筑物的变形缝时,应设置柔性短管。横向管道坡度为0.002~0.005,坡向排水管。当局部区域难以利用系统应设置的排水管排净时,应采取相应的排水措施,喷头数量少于或等于5只时,可在管道低点设排水堵头,喷头数量大于5只时应装带阀门的排水管。

(5)喷头应在系统试压和冲洗合格后安装,喷头安装宜采用专用的弯头、三通。喷头安装应符合GB 50261—96第5.2.3条~第5.2.10条的规定。

(6)报警阀组和其他组件的安装应符合GB 50261—96第5.3.1条~第5.3.5条和第5.4.1条~第5.4.8条的规定。ZSFU预作用报警装置的系统工作原理见图2.4.6-3。

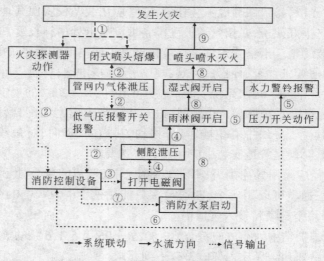

图2.4.6-3 ZSFU预作用系统工作原理

7. 竖井内立管的安装:当竖井内有较多的管道时,其配管安装工作比一般竖井内管道的安装要复杂,安装前应认真做好纸面放样和实地放线排列工序,以确保安装工作的顺利进行。竖井内立管安装应在井口设型钢支架,上下统一吊线安装卡架,暗装支管应画线定位,并将预制好的支管敷设在预定位置,找正位置后用勾钉固定。竖井内管道安装应按相应的控制程序(图2.4.6-4)进行,以免影响质量、进度和造成不必要的返工与浪费。

8. 给水管道和空调冷热水循环管道测温孔的制作和安装:在进行系统水力平衡和试运转时要测量进出口水温,并进行调节,以便达到设计水量、供回水温度和温差的要求,因此在管道上应依据事先运转试验的安排,并按照4.2.3-7-(1)测孔布置原则安装温度测孔,其构造如图2.4.6-5所示。

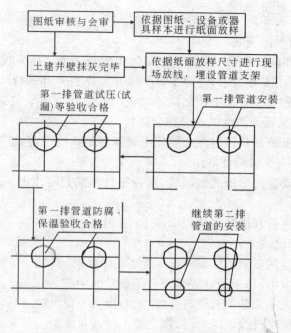

图 2.4.6-4 竖井内管道安装控制程序

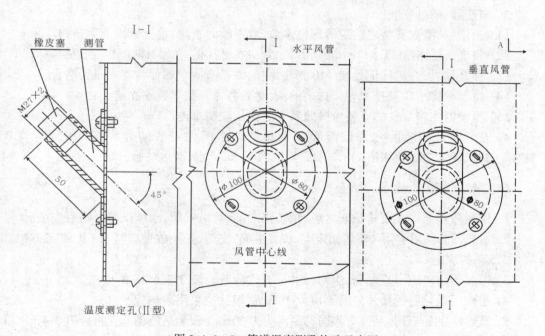

图 2.4.6-5 管道温度测孔构造示意图

### 6.1.3 卫生器具安装

1．一般卫生器具的安装

（1）一般卫生器具安装除按图纸要求及91SB标准图册详图安装外，尚应严格执行DBJ 01—26—96(三)的工艺标准，同时还应了解产品说明书，按产品的特殊要求进行安装。

（2）卫生器具的安装应在土建做防水之前，给水、排水支管安装完毕，并且隐蔽排水支管灌水试验及给水管道强度试验合格后进行。

（3）卫生器具安装器具固定件必须使用镀锌膨胀螺栓固定，且安装必须牢固平稳，外表干净美观，满水、通水试验合格。

（4）卫生器具安装完毕做通水试验，水力条件不满足要求时，卫生器具要进行100%满水试验。

（5）每根排水立管和横管安装完毕应100%做通球试验。

2．台式洗脸盆的安装：

（1）台式洗脸盆的安装除了应符合3.2.2款的要求。

（2）台式洗脸盆中，单个脸盆安装于台子长度的中部。

（3）洗脸盆水龙头安装位置应符合"左热右冷"，不得反装，以免影响使用。

（4）台面开孔应在洗脸盆定货后，在土建工种或台面加工厂家的配合下进行。

（5）存水弯下节插入排水管口内部分应缠盘根绳，并用油灰将下水口塞严、抹平。

3．坐便器、浴缸安装

（1）坐便器、浴缸安装之前应清理排水口，取下临时管堵，检查管内有无杂物。

（2）将坐便器、浴缸排水口对准预留排水管口找平找正，在器具两侧螺栓孔处画标记。

（3）移开器具，在画标记处栽 $\phi$10 膨胀螺栓，并检查固定螺栓与器具是否吻合。

（4）将器具排水口及排水管口抹上油灰，然后将器具找平找正固定。

（5）坐便器水箱配件的安装应参照其安装使用说明书进行。

4．卫生器具安装的允许偏差和卫生器具给水配件安装的允许偏差应符合 GB 50242—2002 第7.2.3条和第7.3.2条的规定的要求，满水、通水试验合格。

### 6.1.4 供暖散热器

1．供暖散热器应在土建抹灰之后，精装修之前、管道安装、水压试验合格后安装。

2．散热器必须用卡钩与墙体固定牢、位置准确，支架、托架数量应符合 GB 50242—2002 第8.3.5条的规定。

3．散热器组对应平直紧密，组对后的平直度应符合表2.4.6-9的要求。

4．组对后散热器的垫片外露不应大于1mm，填片应采用耐热橡胶。

5．散热器背面与墙体装修后表面的距离应为30mm。安装后的偏差应符合表2.4.6-10的要求。

### 6.1.5 消火栓箱体安装

1．消火栓箱应在土建抹灰之后，精装修之前，管道安装、水压试验合格后安装。

**组对后散热器平直度允许的偏差**　　　　　　表 2.4.6 - 9

| 项　次 | 散热器类型 | 片　数 | 允许偏差(mm) |
|---|---|---|---|
| 1 | 长翼型 | 2 ~ 4 | 4 |
|  |  | 5 ~ 7 | 6 |
| 2 | 铸铁片式 | 3 ~ 15 | 4 |
|  | 钢制片式 | 16 ~ 25 | 6 |

**散热器安装允许的偏差**　　　　　　表 2.4.6 - 10

| 项　次 | 项　　目 | 允许偏差(mm) | 检验方法 |
|---|---|---|---|
| 1 | 散热器背面与墙内表面距离 | 3 | 尺量 |
| 2 | 与窗中心线或设计定位尺寸 | 20 |  |
| 3 | 散热器垂直度 | 3 | 吊线和尺量 |
| 4 | 散热器支管坡度 | ≥1% | — |

2. 消火栓箱与墙体固定不牢的,可用 CUP 发泡剂(单组份聚氨酯泡沫发泡剂)封堵作为弥补措施,安装时箱体标高应符合设计和规范要求,箱体应水平,箱面应与墙面平齐,为防止污染,应贴粘胶带保护。

3. 消火栓箱的安装质量应符合下列要求:

(1) 栓口应朝外,并安装在离门轴一侧。栓口中心距离地面为 1.1m,允许偏差为 ± 20mm。

(2) 阀门中心距离箱体侧面为 140mm,距离箱体后内表面为 100mm,允许偏差为 ± 5mm。

(3) 消火栓箱体安装的垂直度允许偏差为 3mm。

## 6.1.6　水泵安装和气压稳压装置安装

1. 设备的验收:泵的开箱清点和检查应对零件、附件、备件、合格证、说明书、装箱单进行全面清点。数量是否齐全,有无损伤、缺件、锈蚀现象,各堵盖是否完好。

2. 检查基础和划线:泵安装前应复测基础的标高、中心线,将中心线标在基础上,以检查预留孔或预埋地脚螺栓的准确度,若不准,应采取措施纠正。

3. 基础的清理:水泵就位前的基础混凝土强度、坐标、标高、尺寸和螺栓孔的位置应符合设计要求,水泵就位于基础前,必须将泵底座表面的污浊物、泥土等杂物清除干净,将泵和基础中心线对准定位,要求每个地脚螺栓在预留孔洞中都保持垂直,其垂直度偏差不超过 1/100;地脚螺栓离孔壁大于 15mm,离孔底 100mm 以上。

4. 泵的找平与找正:泵的找平与找正就是水平度、标高、中心线的校对。可分初平和精平两步进行。

5. 固定螺栓的灌浆固定：上述工作完成后，将基础铲成麻面并清除污物，将碎石混凝土填满并捣实，浇水养护。

6. 水泵的精平与清洗加油：当混凝土强度达到设计强度70%以上时，即可紧固螺栓进行精平。在精平过程中进一步找正泵的水平度、同轴度、平行度，使其完全达到设计要求后，就可以加油试运转。

7. 立式水泵的减振装置不应采用弹簧减振器。

8. 水泵安装允许的偏差：水泵安装允许的偏差应符合GB 50242—2002第4.4.7条的规定。

9. 试运转前的检查：试运转应检查密封部位、阀门、接口、泵体等有无渗漏，测定压力、转速、电压、轴承温度、噪声等参数是否符合要求。

10. 气压稳压装置安装详说明书和有关规范。

### 6.1.7 水箱的安装

1. 贮水箱和高位水箱的安装：应检查水箱的制造质量，做好安装前的设备检验验收工作；和水泵安装一样检查基础质量和有关尺寸；安装后检查安装坐标、接口尺寸、焊接质量、除锈防腐质量、清除污染；做好满水试验（有压水箱则做水压试验）；有保温或深度防腐的则做好保温防腐工作。

2. 水箱溢流管和排泄管应设置在排水点附近，但不得与排水管直接连接。

3. 水箱安装允许的偏差：水箱安装允许的偏差应符合GB 50242—2002第4.4.7条的规定。

### 6.1.8 汽－水、水－水片式热交换器的安装

1. 如同水泵安装应做好设备进场检验、设备基础检验、设备安装和安装后的验收和单机试运转试验，应特别注意其与配管的连接和接口质量。

2. 安装时应注意的具体事项：

（1）安装时一次侧和二次侧与系统的连接可以自由调换，但安装管件时应注意液流应相互交叉流动。

（2）为了防止液体中异物质堵塞板材内部，应在入口处安装20网眼以上的过滤网。

（3）避免使用柱塞泵或在出入口处安装直动式开关。还应避免压力频繁变化。

（4）安装时不要使出入口向上或向下（即水平安装）。

（5）一次边和二次边的出入口处管件安装应组成相互交叉流动。使用在冷媒用途时，冷媒应流向一次边。

### 6.1.9 软化水装置（含电子软化水装置）的安装

其相关事项与水泵安装类同，但更应注意软水罐的水位视镜应布置便于观察的方向同时还应注意罐体接口与配管连接尺寸的准确性及接口的连接质量。

### 6.1.10 管道和设备的防腐与保温

1. 管道、设备及容器的清污除锈：铸铁管道清污除锈应先用刮刀、锉刀将管道表面的氧化皮、铸砂去掉，然后用钢刷反复除锈，直至露出金属本色为止。焊接钢管和无缝钢管的清污除锈用钢刷和砂纸反复除锈，直至露出金属本色为止。应在刷油漆前用棉纱再擦一遍浮尘。

2. 管道、设备及容器的防腐：管道、设备及容器的防腐应按设计要求进行施工，在涂刷油漆前，必须清除管道及设备表面的灰尘、污垢、锈斑、焊渣等物。涂漆的厚度应均匀，不得脱皮、起泡、流淌和漏涂等缺陷。埋地的镀锌钢管或焊接钢管的防腐应符合 GB 50242—2002 第 9.2.6 条的规定。室内镀锌钢管刷银粉漆两道，锌皮被损坏的和外露螺丝部分刷防锈漆一道、银粉漆两道。

3. 管道、设备及容器的保温：供暖管道的保温采用 $\delta = 40mm$ 的离心超细玻璃棉管壳保温；空调冷冻(热水)循环管道采用 $\delta = 60mm$ 的难燃橡塑管壳保温；空调冷冻水管的吊架、吊卡与管道之间应按设计采用 $\delta = 60mm$ 的硬木隔热垫。蒸汽和冷凝水管采用 $\delta = 30mm$ 的聚氨酯泡沫塑料现场发泡保温。生活给水和排水管道采用 $\delta = 15mm$ 的橡塑海绵防结露保温。施工时应严格控制外径尺寸的误差，保温层缝隙的严密，以免产生冷桥。防止对环境和设备及其他专业安装工程的污染。以免产生冷桥、外观质量和环境污染指标违标的问题。

软化水箱采用组合式镀锌钢板水箱，外表采用 $\delta = 30mm$ 的难燃聚乙烯板保温，保温层外加包 $\delta = 0.5mm$ 的镀锌钢板保护壳。

4. 管道和设备的保温质量：管道和设备的保温质量应符合 GB 50242—2002 第 4.4.8 条、第 6.2.7 条、第 8.2.18 条的规定。

### 6.1.11　伸缩器安装应注意事项

伸缩器的安装应符合 GB 50242—2002 第 8.2.5 条、第 8.2.6 条、第 8.2.15 条的规定。

1. 伸缩器应水平且应与管道同心，固定支座埋设应牢靠。

2. 伸缩器(套管式的除外)应安装在直管段中间，靠两端固定支座附近加设导向支座。有关安装要求参见相关规范。

3. 方形伸缩器可用两根或三根管道煨制焊接而成，但顶部必须采用一根整管煨制，焊口只能在垂直臂中部。四个弯曲角必须 90°，且在一个平面内。

4. 波形伸缩器水压试验压力绝对不允许超过波形伸缩器的使用压力，且试压前应将伸缩器用固定架夹牢，以免过量拉伸。

5. 安装后应进行拉伸试验。

# 6.2　通风工程

### 6.2.1　预留孔洞及预埋件

施工参照暖卫工程施工方法进行。

### 6.2.2 通风管道及附件制作

1. 材料：通风空调风系统为优质镀锌钢板,折边咬口成型。法兰角铁用首钢优质产品。

2. 加工制作按常规进行,但应注意以下问题:

(1) 材料均应有合格证及检测报告。

(2) 防锈除尘必须彻底,不彻底的不得进入第二道工序。镀锌板可用中性洗涤剂清除油污,冷轧板、角钢应用钢刷彻底清除锈迹和浮尘,直至露出金属本色。

(3) 咬口不能有胀裂、半咬口现象,焊缝应整齐美观、无夹渣和漏焊、烧熔现象,翻边宽度为 6~9mm,不开裂。

(4) 制作应严格执行 GB 50243—2002、GBJ 304—88 及 DBJ 01—26—96(三)的有关规定和要求。

(5) 洁净空调的风道制作应严格执行 JGJ 71—90《洁净室施工及验收规范》的规定,加工后应进行灯光检漏,安装后应按设计要求进行漏风率检测。

(6) 风道规格的验收:风管以外径或外边长为准,法兰以内径或内边长为准。

3. 金属风道的制作

(1) 金属风道的厚度:金属风道的厚度应符合 GB 50243—2000 第 4.2.1 条的规定,检查数量为按材料与风道加工批数抽查 10%,但不少于 5 件。

(2) 防火风道的本体、框架与固定材料、密封垫料必须是不燃材料,其耐火等级应符合设计要求。

(3) 风道必须通过工艺性的检测或验证,其强度和严密性要求符合 GB 50243—2002 第 4.2.5 条的规定。

(4) 金属风道的连接应符合下列要求:

A. 风道板材拼接的咬口缝应错开,不得有十字型的拼接缝。

B. 金属风道法兰材料的规格不应小于表 2.4.6-11 和表 2.4.6-12 的规定。中低压系统风道法兰的螺栓及铆钉孔的间距不得大于 150mm,高压系统和洁净空调系统的风道不得大于 100mm,矩形风道法兰的四角应设有螺栓孔。

金属圆形风道的法兰及螺栓规格(mm)

表 2.4.6-11

| 风管直径 D | 法兰材料规格 | | 螺栓规格 |
| --- | --- | --- | --- |
| | 扁　钢 | 角　钢 | |
| D ≤ 140 | 20×4 | — | M6 |
| 140 < D ≤ 280 | 25×4 | — | M6 |
| 280 < D ≤ 630 | — | 25×3 | M6 |
| 630 < D ≤ 1250 | — | 30×4 | M8 |
| 1250 < D ≤ 2000 | — | 40×4 | M8 |

金属矩形风道的法兰及螺栓规格(mm)　　　　　　　　　　　表 2.4.6-12

| 风管直径 b | 法兰材料规格(角钢) | 螺栓规格 |
|---|---|---|
| $b \leqslant 630$ | $25 \times 3$ | M6 |
| $630 < b \leqslant 1500$ | $30 \times 3$ | M8 |
| $1500 < b \leqslant 2500$ | $40 \times 4$ | |
| $2500 < b \leqslant 4000$ | $50 \times 5$ | M10 |

采用加固方法提高了风道法兰部位强度时,其法兰材料规格相应的使用条件可以适当放宽。无法兰连接的薄钢板法兰高度应参照金属法兰风道的规格执行。

抽查数量:按加工批数量抽查 5%,但不少于 5 件。

(5) 金属风道的加固应符合 GB 50243—2002 第 4.2.10 条的规定,即圆形风道(不包括螺旋风道)直径大于等于 800mm,且其管段长度大于 1250mm 或表面积大于 $4m^2$,均应采取加固措施。矩形风道长边大于 630mm、保温风道长边大于 800mm,管段长度大于 1250mm 或低压风道单边平面积大于 $1.2m^2$,中、高压风道单边平面积大于 $1.0m^2$,均应采取加固措施。非规则椭圆形风道的加固,应参照矩形风道执行。

抽查数量:按加工批数量抽查 5%,但不少于 5 件。

(6) 矩形风道弯管的制作一般应采用曲率半径为一个平面边长的内外同心圆弧弯管。当采用其他形式的弯管,平面边长大于 500mm 时,必须设置弯管导流片。抽查数量 20%,但不少于 2 件。

(7) 净化空调系统风道还应符合下列规定:矩形风道边长小于或等于 900mm 时,底板不应有拼接缝;大于 900mm 时,不应有横向拼接缝。风道所用的螺栓、螺母、垫圈和铆钉应采用与管材性能相匹配、不会产生电化学腐蚀的材料,或采用镀锌或其他防腐措施,并不得采用抽芯铆钉。不应在风道内设加固框及加固筋,无法兰风道的连接不得使用 S 形插条、直角形插条及立联合角形插条等形式。

(8) 空气洁净度等级为 1~5 级的净化空调系统风道不得采用按扣式咬口。风道清洗不得用对人体和材质有危害的清洁剂。

(9) 镀锌钢板风道不得有镀锌层严重损害的现象,如表层大面积白花、锌层粉化等。抽查数量按风道数量的 20%,但每个系统不得少于 5 件。

(10) 金属风道和法兰连接风道的制作应符合 GB 50243—2002 第 4.3.1 条、第 4.3.2条的规定。金属风道的加固应符合 GB 50243—2002 第 4.3.4 条的规定。

(11) 无法兰连接风道的制作应符合 GB 50243—2002 第 4.3.3 条的规定。风道的无法兰连接可以节约大量的钢材,降低工程造价,但是要有相应的风道加工机械。常见的风道无法兰连接有如下几种:

抱箍式连接:(主要用于圆形和螺旋风道)在风道端部轧制凸棱(把每一管段的两端轧制出鼓筋,并使其一端缩为小口),安装时按气流方向把小口插入大口,并在外面扣以两块半圆形双凸棱钢制抱箍抱合,最后用螺栓穿入抱箍耳环中拧紧螺栓将抱箍固定(图

2.4.6－7)。

插接式连接:(也称插入式连接,主要用于矩形和圆形风道)安装时先将预制带凸棱的内接短管插入风道内,然后用铆钉将其铆紧固定(图2.4.6－6)。

插条式连接:(主要用于矩形风道)安装时将风道的连接端轧制成平折咬口,将两段风道合拢,插入不同形式的插条,然后压实平折咬口即可。安装时应注意将有耳插条的折耳在风道转角处拍弯,插入相邻的插条中;当风道边长较长插条需对接时,也应将折耳插入相邻的另一根插条中(图2.4.6－6)。

单立咬口连接:(主要用于矩形和圆形风道)见图2.4.6－6。

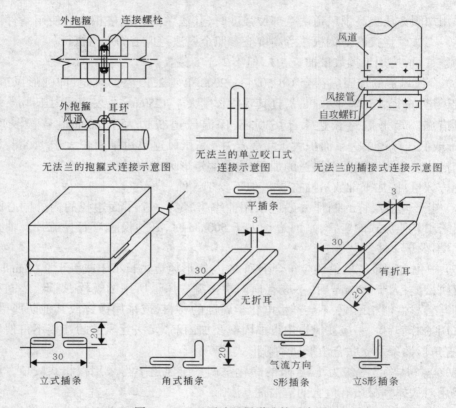

图2.4.6－6 无法兰风道连接示意图

4.风道部件的制作:风道部件的制作应符合 GB 50243—2002 第5章的有关规定和质量要求。

### 6.2.3 管道吊装

1.通风管道安装质量控制程序(图2.4.6－7)。

2.管道加工完后应临时封堵,防止灰尘污物进入管内;风道进场后应再次进行加工质量检查和修理,并用棉布擦拭内壁后再进行吊装。吊装还应随时擦净内壁的重复污染物,然后立即封堵敞口。安装过程还应按 GB 50243—2002 规定进行分段灯光检漏和进行漏风率检测合格后才能后续安装。

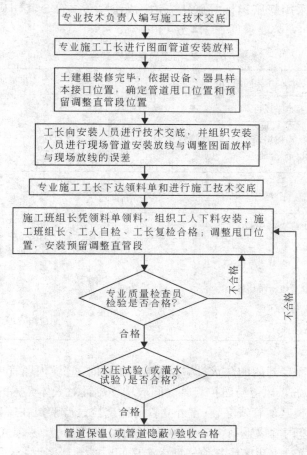

图 2.4.6-7 通风管道安装质量控制程序

3. 安装时法兰接口处采用 8501 阻燃胶条作垫料,净化空调系统应采用 $\delta = 5mm$ 厚的闭孔海绵橡胶垫,螺栓应首尾处于同一侧,拧紧对称进行,螺栓露出螺帽端部不应超过螺栓的直径;阀件安装位置应正确,启闭灵活,并有独立的支、吊架。

4. 为保证支、吊架的安装质量,吊架安装前应先实地放线,确定吊杆长度、支架标高和吊杆宽度,以保证安装平直、吊架排列整齐美观。

5. 风道的吊装质量要求:风道的吊装质量应符合 GB 50243—2002 第 6.1.2 条、第 6.1.3 条、第 6.2.1 条、第 6.2.2 条、第 6.2.4 条、第 6.2.5 条、第 6.2.6 条、第 6.2.8 条、第 6.2.9 条、第 6.3.1 条、第 6.3.2 条、第 6.3.3 条、第 6.3.4 条、第 6.3.6 条、第 6.3.8 条、第 6.3.9 条、第 6.3.10 条的规定和要求。

(1) 风道接口的连接应严密、牢靠。法兰垫片材料应符合系统功能性要求(本工程应为不燃材料),厚度不应小于 3mm,垫片不应凸入管内,也不宜突出法兰外。风道系统安装后必须进行严密性检验,检验结果应符合第 4.2.5 条和第 6.2.8 条的要求,合格后方能交付下一道工序。风道系统严密性检验以主、干管为主。在加工工艺得到保证的前提下,低压风道系统可采用漏光法检测。

（2）风道吊架采用膨胀螺栓等胀锚方法固定时，必须符合其相应技术文件的规定。风道支、吊架间距和安装要求见表 2.4.6 – 13。

风道支、吊架间距和安装要求　　　　　　　　　　　　　表 2.4.6 – 13

| 直径 D 或长边 L | 风道支、吊架间距（m） | | | | | | 支吊架的质量要求 | |
|---|---|---|---|---|---|---|---|---|
| | 水平风道 | | | | 垂直风道 | | 位　置 | 质　　量 |
| | 一般风道 | 螺旋风道 | 薄钢板法兰风道 | 复合材料风道 | 一般 | 单根直管 | | |
| ≤400 | ≤4m | ≤5m | ≤3m | 按产品标准规定设置 | ≤4m | ≥2 个 | 应离开风口、阀门、检查口、自控机构处；距离风口、插接管 ≥200mm | 1. 抱箍支架折角应平直、紧贴箍紧风道 2. 圆形风道应加托座和抱箍，它们圆弧应均匀，且与外径相一致 3. 非金属风道应适当增加支吊架与水平风道的接触面 4. 吊架的螺孔应用机械加工，吊杆应平直，螺纹应完整、光洁。受力应均匀，无明显变形 |
| >400 | ≤3m | ≤3.75m | ≤3m | — | — | — | | |
| >2500 | 按设计要求设置 | | | | | | | |

（3）风道穿过需要封闭的防火、防爆墙体或楼板时，应设预埋管或防护套管，其钢板厚度不应小于 1.6mm。风道与防护套管之间应用不燃且对人体无害的柔性材料封堵。

（4）风道内严禁其他管线穿越；室外立管的固定拉索严禁拉在避雷针或避雷网上；安装在易燃、易爆环境内的风道系统应有良好的接地；输送易燃、易爆气体的风道系统应有良好的接地，当它通过生活区或其他辅助生产房间时必须严密，并不得设置接口。

（5）风道安装前和安装后应检查和清除风道内、外的杂物，做好清洁和保护工作；连接法兰螺栓应均匀拧紧，其螺母应在同一侧，螺栓伸出螺母长度应不大于一个螺栓直径。

（6）风道的连接应平直、不扭曲。明装水平风道的水平度的允许偏差为 3/1000，总偏差不应大于 20mm。暗装风道位置应正确、无明显偏差。柔性短管的安装应松紧适度，无明显扭曲。

（7）风道附件的安装必须符合如下要求：

A. 各类风道部件、操作机构应能保证其正常的使用功能和便于操作；

B. 斜插板阀的阀板必须为向上拉启，水平安装时插板阀的阀板还应为顺气流方向插入；止回阀、自动排气活门的安装应正确。风道附件的安装应符合 GB 50243—2002 第 5 章的有关规定和质量要求。

（8）防火阀、排烟阀（口）的安装方向、位置应正确。防火分区隔墙两侧的防火阀距离墙面不应大于 200mm。调节阀、密闭阀安装后启闭应灵活，设备与周围围护结构应留足检修空间，详参阅 91SB6 的施工做法。防火阀、排烟阀（口）、调节阀、密闭阀的安装应符合 GB 50243—2002 第 5 章的有关规定和质量要求。

### 6.2.4 风口的安装

墙上风口的安装,应随土建装修进行,先做好埋设木框,木框应精刨细作。然后在风口和阀件上钻孔,再用木螺丝固定,安装时要注意找平,并用密封胶堵缝。与土建排风竖井的固定应预埋法兰,固定牢靠,周边缝隙应堵严。风口的安装质量应符合 GB 50243—2002 第 6.3.11 条的规定和要求。风口与风道的连接应严密、牢固,与装饰面相紧贴,表面平整、不变形,调节灵活、可靠。条形风口的安装接缝处衔接自然,无明显缝隙。同一厅室内的相同风口的安装高度应一致,排列应整齐。明装无吊顶的风口安装位置和标高偏差不应大于 10mm。风口水平安装水平度偏差不应大于 3/1000,垂直安装的垂直度偏差不应大于 2/1000。检查数量 10%,但不少于一个系统或不少于 5 件和两个房间的风口。

### 6.2.5 净化空调系统风口的安装

净化空调系统风口的安装应符合 GB 50243—2002 第 6.3.12 条的规定和要求。高效过滤送风口安装前应对系统进行 8~12h 的吹扫干净后,才能运至现场进行拆封安装。安装时应使风口周围与边框与建筑顶棚或墙面的紧密结合,其接缝处应加设密封垫料或密封胶封堵严密避免污染,检查无漏风,然后封上保护罩。带高效过滤器的送风口,应采用可分别调节高度的吊杆。检查数量为 20%,但不少于一个系统或不少于 5 件和两个房间的风口。

### 6.2.6 风帽、吸排气罩的安装

风帽的安装必须牢固,连接风道与屋面或墙面的交接处不应有渗水。吸排气罩的安装位置应正确、排列应整齐,安装应牢固可靠。检查数量 10%,但不少于 5 个。

### 6.2.7 风道风量、风压测孔的安装

1. 风道风量、风压测孔的安装位置在安装前应依据设计和规范的要求,事先做好安排。

2. 风道风量、风压测孔的安装位置还应随管道周围情况而定,要便于测量的操作和测量数据的读取。

3. 风道风量、风压测孔的构造如图 2.4.6 – 8 所示。

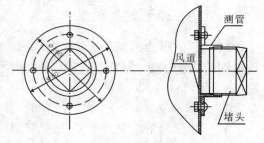

图 2.4.6 – 8 风量风压测定孔详图
(孔见国标、T615)

### 6.2.8 柜式空调机组和分体式空调机的安装

由厂家安装,但应注意电源和孔洞、预埋件、室外基础的预留位置和浇筑质量的验收。

### 6.2.9 新风机房和新风机组的安装

1. 安装前应详细审阅图纸,明确工艺流程和各设备的接口位置和尺寸,先在纸面上

放大,再到实地检验调整,使各管道部件加工尺寸合适、连接顺利、外观整齐。

2. 安装前应做好设备进场开箱检验,办理检验手续,研读使用安装说明书,充分了解其结构尺寸和性能,加速施工进度,提高安装质量。

3. 安装前应和水泵安装一样检查设备基础,验收合格后再就位安装。安装后按 GB 50243—2002 相关条文要求进行单机试运转,并测试有关参数,填写试验记录单。

4. 机房配管安装应严格按设计和规范要求进行,安装后应进行渗漏检查和隐检验收后,再进行保温。

### 6.2.10 消声器的安装

消声器消声弯头应有单独的吊架,不使风道承受其重量。支、吊架、托铁上穿吊杆的螺孔距离应比消声器宽 40~50mm,吊杆套丝为 50~60mm,安装方向要正确。

### 6.2.11 风机盘管的安装

风机盘管进场前应进行进场验收,做单机三速试运转及水压试验。试验压力为系统工作压力的 1.5 倍(0.6MPa),不漏为合格;卧式机组应由支吊架固定,并应便于拆卸和维修;排水管坡度要符合设计要求,冷凝水应畅通地流到设计指定位置,供回水阀及水过滤器应靠近风机盘管机组安装。吊顶内风机盘管与条形风口的连接应注意如下问题。即风机盘管出口风道与风口法兰上下边不得用间断的铁皮拉接,应用整块铁皮拉铆搭接;风道两侧宽度比风口窄,风管盖不住的,应用铁皮覆盖,铁皮三个折边与风口法兰铆接,另一边反向折边与风管侧面铆接。板的四角应有铆钉,且铆钉间距应小于 100mm。接缝应用玻璃胶密封。风机盘管与管道的连接宜采用弹性接管或软接管(金属或非金属软管)连接,其耐压值应高于 1.5 倍的工作压力,软管连接应牢靠、不应有强扭或瘪管。

### 6.2.12 螺杆制冷机组的安装

1. 螺杆式制冷机组进场时应做开箱验收记录,内容同水泵进场验收;同时还应对基础进行验收和修理,并核查与机组有关的相关尺寸。安装前应研读使用说明书,按使用说明书和规范要求安装。

2. 安装时应对机座进行找平,其纵、横水平度偏差均应不大于 0.1/1000 为合格。

3. 机组接管前应先清洗吸、排气管道,合格后方能连接。接管不得影响电机与压缩机的同轴度。

4. 不管是厂家来人安装或自己安装,安装后均应作单机试运转记录。

5. 螺杆式制冷机组安装中的其他相关问题按产品说明书和 GB 50274—98《制冷设备、空气分离设备安装工程施工及验收规范》第二章第三节的相关条文规定进行。

### 6.2.13 冷却塔及冷却水系统安装

1. 和其他设备一样设备进场应作开箱检查验收,并对设备基础进行验收。基础标高允许误差为 ±20mm。安装完后应作单机试运转记录,并测试有关参数。

2. 冷却塔安装应平稳,地脚螺栓与预埋件的连接或固定应牢靠,各连接件应采用热镀锌或不锈钢螺栓,其紧固力应一致、均匀。冷却塔安装应水平,单台冷却塔安装的水平度和垂直度允许偏差均为 2/1000。多台冷却塔的安装水平高度应一致,高差不应大于30mm。

3. 冷却塔的出水管口及喷嘴的方向和位置应正确,布水均匀。其转动部分应灵活,风机叶片端部与塔体四周的径向间隙应均匀,对可调整的叶片角度应一致。

4. 玻璃钢和塑料是易燃品,应注意防火。冷却塔的安装必须按照 GB 50243—2002 第9.2.6 条的要求严格执行施工防火的规定。

### 6.2.14 高效、中效过滤送风口的安装

1. 高效、中效过滤送风口进场后应进行外观检查,其外框和滤纸不得有损坏的迹象;过滤纸与框架的胶接不得有裂缝和错位现象。

2. 高效、中效过滤器的搬运不得摔落、碰撞及受重物压迫,更不得用其作为上人支撑架。

3. 高效、中效过滤送风口安装前,应在屋内精装修完成,门窗安装就绪,空调系统安装完毕,洁净室能进行密闭。

4. 高效、中效过滤送风口安装前,应对洁净室进行全面的清洁工作。清洁程序应符合 JGJ 70—91 的规定。

5. 高效、中效过滤送风口安装前,空调系统应进行 12h 以上的运行,并对系统进行吹扫。

### 6.2.15 软化水装置(含电子软化水装置)的安装

详见 6.1.10 款。

### 6.2.16 风道及部件的保温

屋顶露天安装的排风管道采用 $\delta = 2mm$ 钢板制作,外表面采用环氧煤沥青防腐。

1. 通风空调管道的保温

(1) 塑料粘胶保温钉的保温:空调送回风管道采用 $\delta = 30mm$ 难燃聚乙烯保温板保温,并外缠玻璃丝布保护。保温板下料要准确,切割面要平齐。在下料时要使水平面、垂直面搭接处以短边顶在大面上,粘贴保温钉前管壁上的尘土、油污应擦净,将胶粘剂分别涂在保温钉和管壁上,稍后再粘接。保温钉分布为管道侧面 20 只/m²、下面 12 只/m²。保温钉粘接后,应等待 12～24h 后才可敷设保温板。或用碟形帽金属保温钉焊接固定连接,保温钉分布为管道侧面 10 只/m²、下面 6 只/m²。

(2) 碟形帽焊接保温钉的保温:保温钉的材质应和基层材质接近,两种金属受热熔化后能在熔坑中混合,使得加热区内材料性质变硬、变脆,因此金属保温钉的钢材含碳量应低于 0.20%。当风道钢板厚度 $\delta \geq 0.75mm$ 时,焊枪的焊接电流应控制在 3～4.5A 之间。焊钉个数控制在——侧面和顶面 6 个/m²;底面 10 个/m²。其质量要求见表 2.4.6－14。

2. 风道保温的质量要求:风道保温的质量要求必须符合 GB 50243—2002 第十章的规定。

| 序号 | 项 目 | 质 量 要 求 |
|------|-------|-------------|
| 1 | 保温板板面 | 应平整,下凹或上凸不应超过 ± 5mm |
| 2 | 保温板拼接缝 | 应饱满、密实无缝隙 |
| 3 | 保护面层质量 | 保温板面层应平整、基本光滑,无严重撕裂和损缺 |
| 4 | 保温钉焊接质量 | 用校核过的弹簧秤套棉绳垂直用力拉拔,读数≥5kg 未被拔掉为合格 |
| 5 | 保温钉直径 $\phi$ | $\phi \geqslant 3$ |

# 7 工期目标与保证实现工期目标的措施

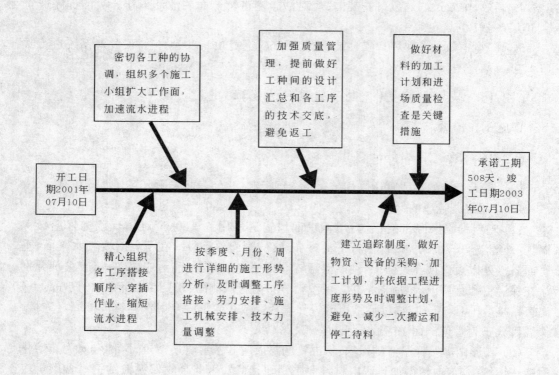

# 8 现场管理的各项目标和措施

## 8.1 降低成本目标及措施

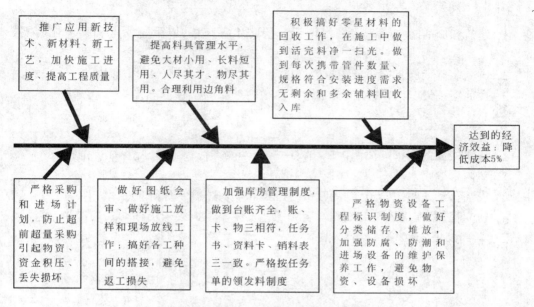

推广应用新技术、新材料、新工艺，加快施工进度、提高工程质量

提高料具管理水平，避免大材小用、长料短用、人尽其才、物尽其用。合理利用边角料

积极搞好零星材料的回收工作，在施工中做到活完料净一扫光。做到每次携带管件数量、规格符合安装进度需求无剩余和多余辅料回收入库

达到的经济效益：降低成本5%

严格采购和进场计划，防止超前超量采购引起物资、资金积压、丢失损坏

做好图纸会审、做好施工放样和现场放线工作；搞好各工种间的搭接，避免返工损失

加强库房管理制度，做到台账齐全、账、卡、物三相符，任务书、资料卡、销料表三一致。严格按任务单的领发料制度

严格物资设备工程标识制度，做好分类储存、堆放，加强防腐、防潮和进场设备的维护保养工作，避免物资、设备损坏

## 8.2 文明施工现场管理目标及措施

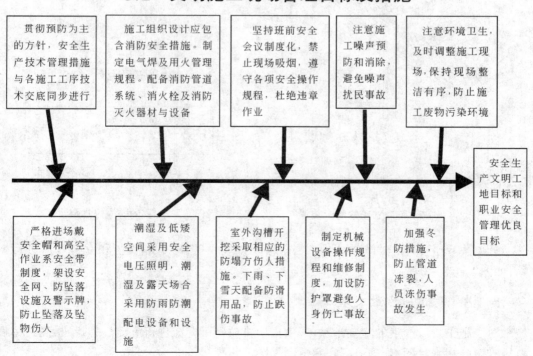

贯彻预防为主的方针，安全生产技术管理措施与各施工工序技术交底同步进行

施工组织设计应包含消防安全措施。制定电气焊及用火管理规程。配备消防管道系统、消火栓及消防灭火器材与设备

坚持班前安全会议制度化，禁止现场吸烟，遵守各项安全操作规程，杜绝违章作业

注意施工噪声预防和消除，避免噪声扰民事故

注意环境卫生，及时调整施工现场，保持现场整洁有序，防止施工废物污染环境

安全生产文明工地目标和职业安全管理优良目标

严格进场戴安全帽和高空作业系安全带制度，架设安全网、防坠落设施及警示牌，防止坠落及坠物伤人

潮湿及低矮空间采用安全电压照明，潮湿及露天场合采用防雨防潮配电设备和设施

室外沟槽开挖采取相应的防塌方防人措施。下雨、下雪天配备防滑用品，防止跌伤事故

制定机械设备操作规程和维修制度，加设防护罩避免人身伤亡事故

加强冬防措施，防止管道冻裂，人员冻伤事故发生

# 8.3 环境保护措施

## 8.3.1 隔声隔尘措施

1. 建筑四周的防护隔离网内侧增设一层防尘隔声板,以阻止粉尘和噪声往周围扩散。

2. 进入装修期施工中对发声量较大的施工工序尽量安排在白天施工。

3. 提前安装外围门窗,减少施工时室内噪声外溢。

## 8.3.2 降尘措施

1. 建筑四周的防护隔离网内侧增设一层防尘隔声板,以阻止噪声往周围扩散。

2. 室内采取喷水和安装自净器降尘措施。

3. 安装移动式喷水管道,利用喷头对准拆除墙面喷洒水珠降尘(图2.4.8-1)。

4. 粉尘控制:在进入装修期间对装修工艺发尘量较大的采用移动式局部吸尘过滤装置,进行局部处理(图2.4.8-3)。

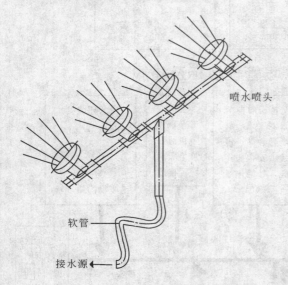

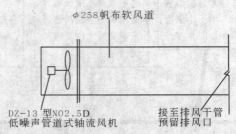

图2.4.8-1 移动式喷水降尘装置　　　　图2.4.8-2 移动式电焊排烟装置

5. 电焊粉尘和有害气体的排除:利用移动排风设备,对电焊粉尘和有害气体进行排除,如图2.4.8-2所示。

## 8.3.3 施工污水的处理

对于施工阶段产生的施工污水,采取集中排放到沉淀池进行沉淀处理,经检测达标后再排入市政污水管网(处理流程和示意图见图2.4.8-4)。

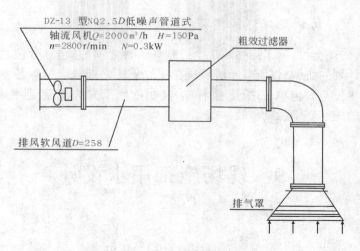

图 2.4.8-3　移动式除尘装置

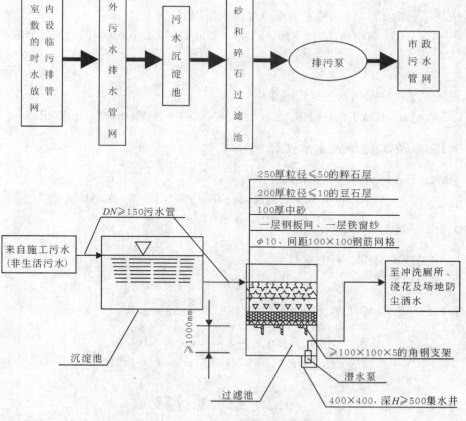

图 2.4.8-4　现场施工污水处理流程和结构示意图

### 8.3.4　加强协调确保环保措施的实现

定期召开协调会议,除了加强施工全过程各工种之间、总包和分包之间施工工序、技术矛盾、进度计划的协调,将所有矛盾解决在实施施工之前外。做到各专业之间(总包单位内部、总包单位与分包单位之间)按科学、文明的施工方法施工,避免各自为政无序施工,造成严重的施工环境污染事故。

# 9　现场施工用水设计

## 9.1　施工用水量计算

### 9.1.1　现场施工用水

按最不利施工阶段(结构施工现浇混凝土阶段)计算:

$$q_1 = 1.05 \times 200(\mathrm{m^3/d}) \times 700\mathrm{L/m^3} \times 1.5(3\mathrm{b/d} \times 8\mathrm{h/b} \times 3600\mathrm{s/h})^{-1} = 2.55\mathrm{L/s}$$

### 9.1.2　施工机械用水

现场施工机械需用水的是运输车辆:

$$q_2 = 1.05 \times 10\,台 \times 50\mathrm{L/台} \times 1.4(3\mathrm{b} \times 8\mathrm{h/b} \times 3600\mathrm{s/h})^{-1} = 0.0085\mathrm{L/s}$$

### 9.1.3　施工现场饮水和生活用水

现场施工人员高峰期为 800 人/d,则:

$$q_3 = 800 \times 50 \times 1.4(3\mathrm{b} \times 8\mathrm{h/b} \times 3600\mathrm{s/h})^{-1} = 0.65\mathrm{L/s}$$

### 9.1.4　消防用水量

1. 施工现场面积小于 25hm²
2. 消防用水量　　　　　$q_4 = 10\mathrm{L/s}$

### 9.1.5　施工总用水量 $q$

$$\because q_1 + q_2 + q_3 = 3.21\mathrm{L/s} < q_4 = 10\mathrm{L/s}$$
$$\therefore q = q_4 = 10\ \mathrm{L/s} = 0.01\mathrm{m^3/s} = 36\ \mathrm{m^3/h}$$

## 9.2　贮水池计算

### 9.2.1　消防 10min 用水量

$$V_1 = 10 \times 10 \times 60/1000 = 6\text{m}^3$$

## 9.2.2 施工用水蓄水量

$$V_2 = 3\text{m}^3$$

## 9.2.3 贮水池体积 $V$

$$V = 9\text{m}^3$$

# 9.3 水泵选型

## 9.3.1 水泵流量

$$G \geqslant 36\text{m}^3/\text{h}$$

## 9.3.2 水泵扬程估算

$$H = \sum h + h_0 + h_s + h_1 = 8 + 3 + 10 + 30 \approx 51\text{m} \approx 0.51\text{MPa}$$

式中    $H$——水泵扬程($\text{mH}_2\text{O}$);

     $\sum h$——水管道总阻力($\text{mH}_2\text{O}$);

     $h_0$——水泵吸入段的阻力($\text{mH}_2\text{O}$);

     $h_s$——用水点平均资用压力($\text{mH}_2\text{O}$);

     $h_1$——主楼用水最高点与水泵中心线高差静水压力($h_1 = 30\text{m}$)($\text{mH}_2\text{O}$)。

## 9.3.3 水泵选型

选用 DA1 $- 80 \times 6$, $G = 40 \text{ m}^3/\text{h}$、$H = 52.8\text{mH}_2\text{O}$,泵出口直径 $DN = 80$,功率 $N = 11\text{kW}$。

# 9.4 输水管道管径计算

$$D = [4G(\pi v)^{-1}]^{0.5} = [4 \times 0.01(2.5 \times \pi)^{-1}]^{0.5} = 0.0714 \text{ m}$$

取 $DN = 80$

式中    $D$——计算管径(m);

     $DN$——公称直径(mm);

     $G$——流量($\text{m}^3/\text{s}$);

     $v$——流速(按消防时管内流速考虑取 $v = 2.5\text{m/s}$)(m/s)。

# 9.5 施工现场供水管网布置图

详见附图或土建施工组织设计。

# 五、中国网通宽带网络研发中心一期工程暖卫、通风、空调施工组织设计

# 1 编制依据和采用标准、规程

## 1.1 编制依据

编制依据见表 2.5.1 - 1。

编制依据 表 2.5.1 - 1

| | |
|---|---|
| 1 | 工程招标文件、建学建筑与工程设计所 JG011 号工程暖卫通风空调设计图纸 |
| 2 | 总公司 ZXJ/ZB0100 - 20.ZXJ/ZB0202 - 20 质量体系和施工组织设计控制程序 |
| 3 | 工程设计技术交底、施工工程概算、现场场地概况 |
| 4 | 国家及北京市有关文件规定 |

## 1.2 采用标准和规程

采用标准和规程见表 2.5.1 - 2。

采用标准和规程 表 2.5.1 - 2

| 序 号 | 标准编号 | 标 准 名 称 |
|---|---|---|
| 1 | GBJ 242—82 | 采暖与卫生工程施工及验收规范 |
| 2 | GB 50166—92 | 火灾自动报警系统施工及验收规范 |
| 3 | GB 50231—98 | 机械设备安装工程施工及验收通用规范 |
| 4 | GB 50235—97 | 工业金属管道工程施工及验收规范 |
| 5 | GB 50236—98 | 现场设备、工业管道焊接工程施工及验收规范 |
| 6 | GB 50243—97 | 通风与空调工程施工及验收规范 |
| 7 | GB 50261—96 | 自动喷水灭火系统施工及验收规范 |
| 8 | GB 50263—97 | 气体灭火系统施工及验收规范 |
| 9 | GB 50268—97 | 给水排水管道工程施工及验收规范 |
| 10 | GB 50273—98 | 工业锅炉安装工程施工及验收规范 |

| 序　号 | 标准编号 | 标　　准　　名　　称 |
|---|---|---|
| 11 | GB 50274—98 | 制冷设备、空气分离设备安装工程施工及验收规范 |
| 12 | GB 50275—98 | 压缩机、风机、泵安装工程施工及验收规范 |
| 13 | GB 6245—98 | 消防泵性能要求和试验方法 |
| 14 | GB 50281—98 | 泡沫灭火系统施工及验收规范 |
| 15 | CJJ 63—95 | 聚氯乙烯管道工程技术规程 |
| 16 | CECS 94：97 | 建筑排水用硬聚氯乙烯螺旋管管道工程设计、施工及验收规范 |
| 17 | CECS 105：2000 | 建筑给水铝塑复合管道工程技术规程 |
| 18 | CJJ/T 29—98 | 建筑排水硬聚氯乙烯管道工程技术规程 |
| 19 | GBJ 14—87 | 室外排水设计规范(1997 年版) |
| 20 | GBJ 15—88 | 建筑给水排水设计规范(1997 年版) |
| 21 | GB 50019—2003 | 采暖通风与空气调节设计规范 |
| 22 | GBJ 93—86 | 工业自动化仪表工程施工及验收规范 |
| 23 | GBJ 114—88 | 采暖通风与空气调节制图标准 |
| 24 | GBJ 126—89 | 工业设备及管道绝热工程施工及验收规范 |
| 25 | JGJ 46—88 | 施工现场临时用电安全技术规范 |
| 26 | GBJ 300—88 | 建筑安装工程质量检验评定标准 |
| 27 | GBJ 302—88 | 建筑采暖卫生与煤气工程质量检验评定标准 |
| 28 | GBJ 304—88 | 通风与空调工程质量检验评定标准 |
| 29 | GB 50184—93 | 工业金属管道工程质量检验评定标准 |
| 30 | GB 50185—93 | 工业设备及管道绝热工程质量检验评定标准 |
| 31 | TGJ 305—75 | 建筑安装工程质量检验评定标准(通风机械设备安装工程) |
| 32 | DBJ 01—26—96 | (三)北京市建筑安装分项工程施工工艺规程(第三分册) |
| 33 | 劳动部(1997) | 热水锅炉安全技术监察规程 |
| 34 | (94)质监总站<br>第 036 号文件 | 北京市建筑工程暖卫设备安装质量若干规定 |
| 35 | | 通风管道配件图表(全国通用)中国建筑工业出版社　1997.10 出版 |
| 36 | 91SB 系列 | 华北地区标准图册 |
| 37 | 国家建筑标准设计 | 给水排水标准图集合订本 S1 上、下，S2 上、下，S3 上、下 |

# 2 工程概况

本工程位于大兴区大羊坊附近北京市经济技术开发区亦庄处,南为北环东路,西为荣华北路,北、东为该小区规划的小区道路。本工程主体建筑位于小区东侧,其东为本小区地下一层、地上四层二期网络研发中心大厦,北与小区道路相邻。本大厦主入口朝西,为地下一层、地上四层的现浇钢筋混凝土框架结构,抗震烈度8级,总建筑面积36473.58m²,建筑总高度20.2m。地下一层层高5.30m,北部设有厨房、餐厅、浴室、工程部办公室、宿舍、休息室等。中部为电梯、楼梯间,发电机房、变配电室、维修间和维修部办公室、新风机房、男女厕所等。南部为冷冻机配电室、冷冻机房、发电机房、水泵间、预留冷冻机房、锅炉房、地下蓄水池等。地上一层层高4.80m,北部为门卫、北部入口电梯楼梯间、IDC机房、通信室等。中部为主楼电梯间、消防钢瓶间、管道井等。南部为通信室、IDC机房、消防通道、第二垂直交通楼电梯间、钢瓶间和南入口楼消防楼梯间等。2～4层层高4.80m,北部除了北端部消防电梯楼梯间外,均为IDC机房。中部房间布局同一层。南部为IDC机房、第二垂直交通楼电梯间、钢瓶间和南端部消防楼梯间等。局部五层为屋顶电梯机房、排风机房、热供应水箱间和生活给水和消防给水高位蓄水箱间等。本工程设备安装有热水供暖工程、风机盘管供暖降温系统、排风系统、排烟系统、组合式空调机全空气空调系统、热泵式分体式空调系统、柴油储油供油系统、室内给水系统、室内排水系统、室内热水供应系统、雨水排放系统、室外给水系统、室外排水系统、消火栓供水系统、消防喷水灭火系统、泡沫灭火系统、气体灭火系统等。其消火栓供水系统、预作用消防喷水灭火系统、泡沫灭火系统、气体灭火系统等为甲方指定的分包工程,不在承包范围之内。附属建筑有二层的10kV配电站地上两层,建筑面积1610m²。地下油库、油泵站等。

## 2.1 小区供热热源

由设在地下一层(A) – (C)与(25) – (26)轴网格内的自备锅炉房提供,锅炉房由锅炉间、水泵房、水箱间组成。锅炉房内安装有两台 $Q = 1000 \times 10^4 \text{kcal/h}(1163\text{kW})$ 燃气供暖热水锅炉和一台 $Q = 175 \times 10^4 \text{kcal/h}(203\text{kW})$,水泵房内安装有两台 $G = 90\text{m}^3/\text{h}$、$H = 28\text{m}$(一用一备)供暖一次水循环泵、两台 $G = 8.4\text{m}^3/\text{h}$、$H = 21\text{m}$ 生活热水循环泵、两台 $G = 180$ $\text{m}^3/\text{h}$、$H = 30\text{m}$(一用一备)供暖二次水循环泵、一个分水器、一个集水器、一台 LCRF200 板式供暖水—水热交换器、一台 LCRF20 板式热水供应水—水热交换器,水箱间内安装有一台 1m³ 膨胀水箱、两套膨胀水量750L定压膨胀水罐、一个 8m³ 补水箱。供暖系统流程图如 2.5.2 – 1 所示。

生活热水供应流程图如图 2.5.2 – 2 所示。

锅炉房管道的材质、连接方法和保温、油漆防腐:详见(2.2)供暖系统。

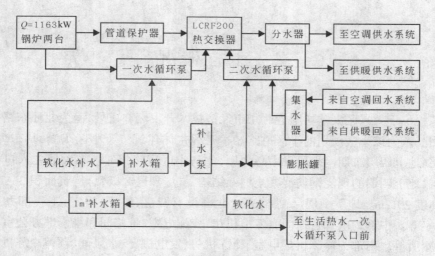

图 2.5.2-1　供暖系统流程图

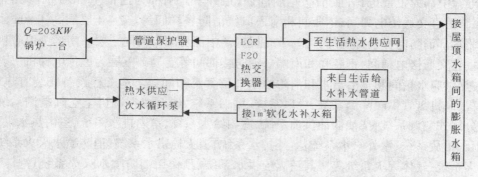

图 2.5.2-2　生活热水供应流程图

## 2.2　供暖系统

1. 热源:供暖热媒温度为 65℃/50℃,总负荷 $Q=200$kW。热水由地下一层锅炉房两台 $Q=100\times10^4$kcal/h 燃气锅炉提供,热水供暖二次循环热水供、回水总干管管径 $DN=80$,接自锅炉房的分水器和集水器。

2. 系统划分:共分三大系统。

(1) 热源为热水的双管制风机盘管热风供暖系统:全系统共有 9 根立管。供暖范围为地下一层的办公、宿舍、餐厅以及办公区和 ICD 机房区的走廊、测试间等。供回水干管沿地下一层车(走)道顶板下敷设,送至北部的办公、宿舍、餐厅和南部的冷冻机房、发电间、水泵房等的风机盘管空调系统。

(2) 65℃/50℃热水供暖系统:供暖范围为地上各层的卫生间、空调机房、水泵房、冷冻站等。

A. 地下一层南部冷冻机房配电室、水泵房为上供上回供暖系统:供暖管系的供回水干管直接由锅炉房的二次循环管接出,为上供上回的供暖系统。

B. (20)~(21)轴间的一层、四层新风机房及屋顶的电梯机房供暖系统:供暖系统为下供下回双管系统,供暖干管由地下一层双管制风机盘管热水供回水干管接出的供暖立管(1)供应。

C. (1)~(2)轴间的一层、二层、二层夹层、三层夹层、四层夹层新风机房、卫生间供暖系统:为下供下回双管系统,供暖干管由地下一层双管制风机盘管热水供回水干管接出的供暖立管(3)、(4)供应。

D. (8)~(14)轴间的一层、二层、三层、四层新风机房和屋顶电梯机房、水箱间的供暖系统:为下供下回双管系统,供暖干管由地下一层双管制风机盘管热水供回水干管接出的供暖立管(2)供应。

E. (29)~(30)轴间的一层、二层、三层、四层卫生间供暖系统:为下供下回双管系统,供暖干管由地下一层双管制风机盘管热水供回水干管接出的供暖立管(7)、(8)、(9)供应。

(3) 立式分体式热泵型冷热空调机组供暖系统:主要用于中心配电室的供暖。

3. 供暖系统的材质及管道连接方式:管材 $DN < 50$ 采用热镀镀锌焊接钢管,$50 \leqslant DN \leqslant 350$ 为热镀镀锌无缝钢管,$DN > 350$ 为热镀镀锌螺旋焊接钢管。$DN \leqslant 100$ 采用丝扣连接,$DN > 100$ 采用沟槽式管道头连接(原设计 $DN \leqslant 32$ 采用丝扣连接,$DN \geqslant 40$ 采用焊接连接,考虑焊接处防腐问题,建议按一般工程做法施工,但应征得设计同意)。阀门 $DN \geqslant 50$ 采用优质对夹式蝶阀,$DN \leqslant 50$ 采用铜质柱塞式截止阀。供暖散热器的型号规格为四柱813,保温材料为橡胶闭式发泡材料,厚度见表 2.5.2-1。

表 2.5.2-1

**保温材料的厚度**

| $DN$(mm) | 20 | 25~80 | ≥100 |
|---|---|---|---|
| $\delta$(mm) | 19 | 25 | 32 |

# 2.3 通风空调与排烟工程

## 2.3.1 通风排烟工程

1. 地下一层西北部浴室、宿舍消防排风排烟系统:机房设在二层,由一台 SWFG-1-4.5 型高效低噪声混流风机和一台 HTFG-1-8 型消防高温排烟风机并联和风道、防火阀、风口组成的排风排烟共用系统。

2. 地下一层西北部浴室、宿舍消防排风排烟新风补给系统:由一台 SWFG-1-7 型高效低噪声混流风机、风道、防火阀、风口组成,风口设在走道内。新风口设在(C)轴地下一层外墙上,由窗井直接进风。

3. 运维办公区消防排烟系统:由一台 HTFG-1-5.5 型消防高温排烟风机、风道、防火阀、风口组成,排风口设在(D)轴地下一层外墙上,由窗井直接排风。

4. 地下一层主体中部发电机房、变配电室、新风机房等走道消防排烟系统:由一台

HTFG–1–5.5型消防高温排烟风机、风道、防火阀、风口组成,排风口设在(D)轴地下一层外墙上,由窗井直接排风。

5. 地下一层主体中部主电梯前室、库房排风系统:由一台 T35–11–3.15 型轴流风机、风道、防火阀、风口组成,排风管直接接到电梯井西侧面的排风竖井内。

6. 地下一层主体中部男女卫生间排风系统:由一台 T35–11–2.8 型轴流风机、风道、防火阀、风口组成,排风管直接接到电梯井东侧面的排风竖井内。

7. 地下一层南部冷冻机机房间走(车)道消防排烟系统:由一台 HTFG–1–5.5 型消防高温排烟风机、风道、防火阀、风口组成,排风口设在地下一层南部第二垂直交通电梯间前室(D)轴外墙上,由窗井直接排风。

8. 地下一层南部发电机房和预留冷冻机房间走道消防排烟系统:由一台 HTFG–1–5.5 型消防高温排烟风机、风道、防火阀、风口组成,排风口设在地下一层南部第二垂直交通电梯间前室(D)轴外墙上,由窗井直接排风。

9. 锅炉房防爆送排风系统:由两个排风系统和一个送风系统组成。两个防爆排风系统分别由一台 BT15–3.15(或 BT15–4.5)型防爆轴流排风机、防火阀、短风道组成,安装在锅炉房的西墙上,将排风排入南部地下室入口通(车)道内。一个防爆送风系统由一台 BT15–4.5 型防爆轴流送风机、防火阀、短风道组成,安装在锅炉房的东墙上,新风直接由走道抽入。

10. 局部排风、排烟机安装:

(1)地下一层变配电室排风机安装:由两台 T35–11–3.15 型轴流风机组成,安装在变配电室南墙上,直接排入内走道内。

(2)运维办公室和维修间排风机安装:运维办公室排风由安装在(1/B)轴上的两台 ASB30–6 排风扇组成,维修间排风由安装在(1/B)轴上的一台 ASB30–6 排风扇组成。

(3)地下一层南部管理室排风机安装:由安装在(1/A)轴上的一台 ASB30–6 排风扇组成。

(4)地下一层冷冻机房配电室排烟风机的安装:由安装在(D)轴外墙上的三台 SWFG–1–4 型高效低噪声混流风机组成,烟气直接排入室外窗井中。

(5)冷冻机房排烟风机的安装:由安装在(D)轴外墙上的两台 SWFG–1–5 型高效低噪声混流风机组成,烟气直接排入室外窗井中。

(6)车道和机房预留区排烟风机的安装:由安装在水泵房(26)轴墙上的一台 SWFG–1–4.5 型高效低噪声混流风机承担,烟气直接排入水泵房内。

(7)地上 1~4 层办公区卫生间排风系统:卫生间分布在主电梯间两侧,每个卫生间与电梯间之间均设置有排风竖井直通屋顶。

A. 地上 1~3 层办公区卫生间排风系统:每个卫生间安装两台吸顶排风扇,通过吊顶内的排风管道与排风竖井连接。

B. 地上 4 层办公区卫生间排风系统:每个卫生间安装一台吸顶排风扇,通过吊顶内的排风管道与排风竖井连接。

C. 地上 1 层办公区保安中心旁边附属房间排风系统:由安装在吊顶内的四台排风扇和排风管道组成,排风通过防雨百叶排风口直接排到走道内。

(8) ICD 机房气体灭火系统启动后排风口的设置:地上 1～4 层按气体灭火系统分区,各区均设置一个排风口与空调系统的新风干关连接,在排风口处安装电动密闭排风阀(或常闭防火阀)一个,平时关闭,当气体灭火后,则电动密闭排风阀(或常闭防火阀)开启排气(详见 ICD 机房空调的新风补给系统)。

(9) 屋顶机房排风系统:

A. 主电梯机房排风系统:由一台 T35－11 NO4.0 轴流风机和 1000mm×250mm 排风道组成,接至弧形外墙上的室外排风口。

B. (10)－(11)和(20)－(21)轴间两个辅助电梯机房排风系统:分别由安装在外墙上的一台 DZ－1 NO3.0 轴流风机承担。

## 2.3.2 空调工程

空调工程由全空气组合式空调机组空调系统、风机盘管降温系统和局部热泵型分体式冷暖空调机组系统组成。

1. 空调系统的冷热源

(1) 冷源:由地下室冷冻机房的 5 台制冷量 800USRT 水冷式离心制冷机组(四用一备)提供,机房内设置有空调用 $Q = 445～758m^3/h$、$H = 42～32m$ 的双吸泵两组,每组 5 台(四用一备)和 $2.45m^3$ 落地式膨胀罐两个,$12m^3$ 补水箱一个,$Q = 10～20m^3/h$、$H = 21～19m$ 的补水泵两台,冷冻水软化装置一套,分水器和集水器各一个,冷却水加药装置一套。5 套 $720m^3/h$ 直交流式冷却塔(四用一备)安装在屋顶上。

(2) 热源——由地下室锅炉房内的两台 1163kW 燃气热水锅炉供应[详见(2.1)热源]。

2. 地下室北部餐厅、浴室、工程部办公室和地下室中部运维办公室、维修间、电梯前室、管理室、冷冻机房配电室空调系统:

(1) 新风补给系统:由一层中部南侧新风机房内的新风机组提供,通过新风竖井送至地下一层沿车道、走道敷设的新风送风干管,送到各个房间内的 FC－4×D 吸顶安装风机盘管、FC－3×D 暗装的风机盘管、$X_0$－1 吊式空调机组和散流器送风口,向空调房间提供新风。

(2) 冷冻机房配电室空调系统:由三台 FC－7 低噪声吊装式风机盘管组成。

(3) 空调冷冻(热)水供应系统:由地下一层冷冻机房的 L1R1 和 L2R2 回路提供,该空调冷冻(热)水管道敷设在地下一层顶板下的吊顶内。送至各用冷(热)设备。同时分一回路由主电梯西侧管井送至地上办公区各用冷(热)设备。

(4) 空调凝结水排放系统:各风机盘管的凝结水通过敷设在吊顶内的凝结水管集中排入轴(A)与(3)轴、(4)轴、(5)轴、(8)轴交汇处的地漏,然后排至排水管网。

3. ICD 机房的空调系统:

(1) 地上一层 ICD 机房的空调系统:

A. 新风补给及消防排风系统:

a. (1)～(11)轴间的新风补给系统 $X_1$－1:新风机房设在(10)－(11)与(C)－(1/C)之间的网格内,新风管道安装在吊顶内沿(C)轴外墙敷设,送至(C)轴与(3)、(4)、(5)、(6)、(7)、(9)、(10)轴交汇的柱边送风竖井内,再将新风送入架空的抗静电地板下,作为机房空调系统的新风补给。另外在新风干管拐弯处，引一支路接至右侧消防钢瓶间的排烟竖井，支路上安装一个常闭防火阀，当气体灭火系统灭火后开启，将烟气排入右侧消防钢瓶间的排烟竖井内，由屋顶排风机房内的 DTⅡ18 型柜式通风机排出室外。

b. (11)～(19)轴间的新风补给系统 $X_1$-2：新风机房设在(11)-(12)与(C)-(1/C)之间的网格内，新风管道安装在吊顶内沿(C)轴外墙敷设，送至(C)轴与(12)、(13)、(15)、(16)、(17)、(18)轴交汇的柱边送风竖井内，再将新风送入架空的抗静电地板下，作为机房空调系统的新风补给。另外在新风干管拐弯处，引一支路接至左侧消防钢瓶间的排烟竖井，支路上安装一个常闭防火阀，当气体灭火系统灭火后开启，将烟气排入左侧消防钢瓶间的排烟竖井内，由屋顶排风机房内的 DTⅡ18 型柜式通风机排出室外。

c. (20)～(29)轴间的新风补给系统 $X_1$-3：新风机房设在(21)-(22)与(C)-(1/C)之间的网格内，新风管道安装在吊顶内沿(C)轴外墙敷设，送至(C)轴与(21)、(22)、(24)、(25)、(26)、(27)、(28)轴交汇的柱边送风竖井内，再将新风送入架空的抗静电地板下，作为机房空调系统的新风补给。另外在新风干管引一支路接至新风机房北侧右边的排烟竖井，支路上安装一个电动密闭阀，当气体灭火系统灭火后开启，将烟气排入排烟竖井内，由屋顶排风机房内的 DTⅡ18 型柜式通风机排出室外。

B. ICD 机组的空调系统：ICD 机组的空调由专用的冷冻型机房专用恒温恒湿空调机组承担，每台 ICD 机组配备一台空调机组，气流组织是下送上回，经过空调机组热湿处理过的空气送入高架的抗静电地板下，空调机组热湿处理过的空气与新风系统送来的新风混合后，由 ICD 机组下高架的抗静电地板上的送风口送入 ICD 机组内，再由 ICD 机组上部排风口排入空调机组上部的回(排)风道循环使用，多余的排风由回(排)道上的排风口排入室内，再由门窗缝隙排出。冷冻型机房专用恒温恒湿空调机组是沿(A)轴排列安置的，机组下设有围堰，将空调机组的凝结水收集后，通过敷设在高架的抗静电地板内的冷凝结水管排放系统排出。冷冻型机房专用恒温恒湿空调机组的加湿补水管、冷冻(热)水供回水管均由地下一层冷冻机房分(集)水器等引出(入)，(1)～(11)轴间、(11)～(19)轴间系统的供回水管道，通过(C)轴与(10)～(12)轴交叉处的管道竖井与两个系统敷设在地下一层走道顶板下或机房内高架的抗静电地板内的管网连接；而(20)～(29)轴间系统的供回水管道，通过(C)-(1/C)轴与(20)～(21)轴交叉处的管道竖井与该系统敷设在地下一层走道顶板下或机房内高架的抗静电地板内的管网连接。

C. 风机盘管加新风空调系统：新风补给系统已在(1)中交代，不再赘述。风机盘管冷暖空调系统由安装在($A_0$)-(A)轴间宽 3200mm 通道的吊顶内的 FC-4×D 吸顶安装风机盘管或 FC-2×D 暗装风机盘管、冷冻(热)水管道系统和冷凝结水排放管道系统组成。

D. 冷冻(热)水管道系统和冷凝结水排放管道系统：冷冻(热)源均来自地下的冷冻机房和锅炉房，冷冻(热)水管道供回干管由冷冻机房分(集)水器引出(入)，(1)～(11)轴间、(11)～(19)轴间系统的供回水管道，通过(C)轴与(10)-(11)、(11)-(12)轴交叉处的管道竖井与两个系统敷设在吊顶内的管网连接；而(20)～(29)轴间系统的供回水管道，则通过(C)-(1/C)轴与(20)-(21)轴交叉处的管道竖井与两个系统敷设在吊顶内的管网连接。

E. (1)～(11)轴间、(11)～(19)轴间、(20)～(29)轴间配电室空调系统：每个区段设配电间，每个配电间安装 5 台 8HP 分体式柜式空调机组，凝结水管汇集排至外廊室外机安装处。

（2）地上2~4层机房的空调系统：

A．新风补给及消防排风系统：

a．（1）~（11）轴间的新风补给系统$X_1$–1：新风机房设在（10）–（11）与（C）–（1/C）之间的网格内，新风管道安装在吊顶内沿（C）轴外墙敷设，送至（C）轴与（3）、（4）、（5）、（6）、（7）、（9）、（10）轴交汇的柱边送风竖井内，再将新风送入架空的抗静电地板下，作为机房空调系统的新风补给。另外在新风干管拐弯处，引一支路接至右侧消防钢瓶间的排烟竖井，支路上安装一个常闭防火阀，当气体灭火系统灭火后开启，将烟气排入右侧消防钢瓶间的排烟竖井内，由屋顶排风机房内的DTⅡ18型柜式通风机排出室外。

b．（11）~（20）轴间的新风补给系统$X_1$–2：新风机房设在（11）–（12）与（C）–（1/C）之间的网格内，新风管道安装在吊顶内沿（C）轴外墙敷设，送至（C）轴与（12）、（13）、（15）、（16）、（17）、（18）、（19）轴交汇的柱边送风竖井内，再将新风送入架空的抗静电地板下，作为机房空调系统的新风补给。另外在新风干管拐弯处，引一支路接至左侧消防钢瓶间的排烟竖井，支路上安装一个常闭防火阀，当气体灭火系统灭火后开启，将烟气排入左侧消防钢瓶间的排烟竖井内，由屋顶排风机房内的DTⅡ18型柜式通风机排出室外。

c．（20）~（29）轴间的新风补给系统$X_1$–3：新风机房设在（21）–（22）与（C）–（1/C）之间的网格内，新风管道安装在吊顶内沿（C）轴外墙敷设，送至（C）轴与（21）、（22）、（24）、（25）、（26）、（27）、（28）轴交汇的柱边送风竖井内，再将新风送入架空的抗静电地板下，作为机房空调系统的新风补给。另外在新风干管引一支路接至新风机房北侧右边的排烟竖井，支路上安装一个电动密闭阀，当气体灭火系统灭火后开启，将烟气排入排烟竖井内，由屋顶排风机房内的DTⅡ18型柜式通风机排出室外。

B．ICD机组的空调系统：ICD机组的空调由专用的冷冻型机房专用恒温恒湿空调机组承担，每台ICD机组配备一台空调机组，气流组织是下送上回，经过空调机组热湿处理过的空气送入高架的抗静电地板下，空调机组热湿处理过的空气与新风系统送来的新风混合后，由ICD机组下高架的抗静电地板上的送风口送入ICD机组内，再由ICD机组上部排风口排入空调机组上部的回（排）风道循环使用，多余的排风由回（排）风道上的排风口排入室内，再由门窗缝隙排出。冷冻型机房专用恒温恒湿空调机组是沿（A）轴排列安置的，机组下设有围堰，将空调机组的凝结水收集后，通过敷设在高架的抗静电地板内的冷凝结水管排放系统排出。冷冻型机房专用恒温恒湿空调机组的加湿补水管、冷冻（热）水供回水管均由地下一层冷冻机房分（集）水器等引出（入），（1）~（11）轴间、（11）~（20）轴间系统的供回水管道，通过（C）轴与（10）–（12）轴交叉处的管道竖井与两个系统敷设在各层的下一层走道顶板下或机房内高架的抗静电地板内的管网连接；而（20）~（29）轴间系统的供回水管道，通过（C）–（1/C）轴与（20）–（21）轴交叉处的管道竖井与该系统敷设在各层的下一层走道顶板下或机房内高架的抗静电地板内的管网连接。

C．风机盘管加新风空调系统：新风补给系统已在（1）中交代，不再赘述。风机盘管冷暖空调系统由安装在（$A_0$）–（A）轴间宽3200mm通道吊顶内的FC–4×D吸顶安装风机盘管或FC–2×D暗装风机盘管、冷冻（热）水管道系统和冷凝结水排放管道系统组成。

D．冷冻（热）水管道系统和冷凝结水排放管道系统：冷冻（热）源均来自地下的冷冻机房和锅炉房,冷冻(热)水管道供回干管由冷冻机房分(集)水器引出(入),(1)~(11)轴间、(11)~(20)轴间系统的供回水管道,通过(C)轴与(10)-(11)、(11)-(12)轴交叉处的管道竖井与两个系统敷设在吊顶内的管网连接;而(20)~(29)轴间系统的供回水管道,则通过(C)-(1/C)轴与(20)-(21)轴交叉处的管道竖井与两个系统敷设在吊顶内的管网连接。

E.(1)~(11)轴间、(11)~(19)轴间、(20)~(29)轴间配电室空调系统:每个区段设配电间,每个配电间安装 5 台 8HP 分体式柜式空调机组,凝结水管汇集后排至外廊室外机安装处。

4.办公区的空调系统:办公区位于整栋主体建筑中部西侧的(5)~(17)轴的扇形区内。

(1)一层办公区空调系统:一层包括主电楼梯间、电楼梯前室、网管中心、展示区、消防保安中心、空调机房、卫生间、钢瓶间、通道等。其中:

A.网管中心空调系统 K-1:包括二层网管中心上空,平面布局呈扇形布局。为五组远程喷嘴组成的射流全空气空调系统,空调机、送风消声静压箱和消声弯头等均安装在空调机房内。网管中心大厅的送风管道安装在吊顶内,送风管由空调机出风口接至送风消声静压箱,再分两路。一路接至扇形左侧两组远程喷嘴组送风口和扇形中央的远程喷嘴组送风口;另一路沿前一路送风管的左侧敷设,向扇形右侧两组远程喷嘴组送风口和向沿途扇形网管中心大厅边缘地带的 8 个方形散流器送风口送风。回风口安装在空调机房靠扇形网管中心大厅的内墙上,新风补给进风口安装在空调机房靠钢瓶间一侧的外墙上,进风口为 800mm×400mm 防雨百叶新风口。新风管道和回风管道汇合后接至空调机的进风口。

B.展示区与消防保安中心空调系统:展示区与消防保安中心空调系统由一个新风补给系统和九个小型暗装的风机盘管系统组成。

a.新风补给系统:由安装在吊顶内的一台新风机组、风道、5 个方形散流器送风口和安装在与室外走道相邻外墙上的 1800mm×300mm 防雨百叶新风口组成。分别向展示区与消防保安中心各房间送新风。

b.展示区暗装的风机盘管系统:共有 4 个小系统,每个系统由一台 FC-6 暗装风机盘管、一个 1800mm×400mm 百叶回风口、一个防火阀、三个方形散流器送风口和安装在吊顶内的风道组成。其中两个靠近展示区弧形内墙的系统,又分出一根支管接至墙上的送风口,向封闭的外走道送风。

c.消防保安中心空调系统:共有 6 个小系统,其中两个小系统由一台 FC-3 暗装风机盘管、一个 1200mm×180mm 百叶回风口、一节 1210mm×130mm 短管组成,负担消防保安中心的空调。另外四个小系统由一台 FC-1 暗装风机盘管、一个 900mm×130mm 双层百叶送风口、一个 900mm×180mm 单层百叶回风口、一节 910mm×180mm 短管组成,负担消防保安中心其他房间的空调。

d.楼电梯前室的空调系统:共有 3 个小系统,每个系统由一台 FC-3 暗装风机盘管、一个 900mm×180mm 双层百叶回风口、一个 900mm×180mm 双层百叶送风口和一节 910mm×130mm 短管组成。

e.空调机房及其隔壁配电小室的空调系统:空调机房由一台明装 FC-3B 风机盘管承担机房的降温空调。而隔壁配电小室由一台壁挂式 4000W 热泵型分体式空调机组承担。室外机安装在钢瓶间内的外墙上。

C. 网管中心排风系统:机房和排风干管安装在二层,详见二层办公区空调系统。三根 630mm × 400mm 排风立管分别沿网管中心扇形边缘外墙的扶壁柱下敷至一层标高 0.25m 处接 500mm × 500mm 单层百叶排风口。

D. 一层办公区空调的冷(热)水供应及凝结水排放系统:冷(热)水供回水管分别接自主电梯间左侧管井内的由地下一层冷冻机房来的供、回水总立管,支路敷设在吊顶内,分别接至各个系统的风机盘管和空调机房内的空调机组。凝结水管在吊顶内汇集后分两路接至主电梯间两侧的卫生间内。

(2) 二层办公区空调系统:包括主电楼梯间、电楼梯前室、网管中心上空、新风机房、配电室、会议室、报告大厅、办公室、卫生间、通道等。

A. 新风补给系统 X2-4:新风机组设在空调机房内,新风机房的位置与一层空调机房的位置相对应。新风进风口设在机房靠室外通道外墙上,进风口为 1480mm × 560mm 防雨百叶风口。送风管敷设在吊顶内,分三路。一路沿网管中心上空扇形内边缘敷设,给沿网管中心上空扇形内边缘的三个会议室和三个办公室送风,送风口为 180mm × 180mm 方形散流器。第二路沿扇形弧形外边缘布置,一直延伸到办公室弧形外墙的终端,向办公室补给新风,送风口为 5 个 180mm × 180mm 方形散流器;同时在办公室起端(即网管中心弧形边缘的终点)和办公室弧形边缘的中端各引出一根支管分别向报告大厅补送新风。第三路沿网架坡面敷设接至三层。

B. 风机盘管空调系统:

a. 大办公区风机盘管空调系统:共 12 小个系统,每个小系统由一台 FC-2A 暗装的风机盘管、一个 900mm × 180mm 单层百叶回风口、一个 900mm × 130mm 双层百叶送风口和一节 910 × 130 短管组成。

b. 报告大厅风机盘管空调系统:由 8 台 FC-3 暗装风机盘管和每台风机盘管配一个 1200 × 180 单层百叶回风口、一个 1200mm × 130mm 或 1600mm × 130mm 双层百叶送风口(各 4 个)。

c. 扇形右边两个会议室风机盘管空调系统:每个会议室由两台 FC-2 暗装风机盘管组成,每台风机盘管配一个 900mm × 180mm 单层百叶回风口、一个 900mm × 130mm 双层百叶送风口。

d. 扇形根部三个办公室风机盘管空调系统:共安装 4 台 FC-1 暗装风机盘管,其中中间较大办公室两台。每台风机盘管配一个 680mm × 180mm 单层百叶回风口、一个 680mm × 130mm 双层百叶送风口。

e. 扇形左边缘会议室风机盘管空调系统:安装两台 FC-3 暗装风机盘管,每台风机盘管配一个 1200mm × 180mm 单层百叶回风口、一个 1200mm × 130mm 双层百叶送风口、一节 1200mm × 130mm 短管。

f. 空调机房风机盘管空调系统:安装一台 FC-3B 明装风机盘管。

g. 楼电梯前室风机盘管空调系统:共有 3 个小系统,每个小系统由一台 FC-2 暗装风机盘管、一个 900mm × 180mm 单层百叶回风口、一个 900mm × 130mm 双层百叶送风口和一节 910mm × 130mm 短管组成。

h. 办公区大通道风机盘管空调系统:安装一台 FC-2 暗装风机盘管和一个 900mm ×

180mm 单层百叶回风口、一个 900mm×130mm 双层百叶送风口、一节 910mm×130mm 短管组成。

C. 配电室空调系统:由一台 3000W 壁挂分体式空调机组承担。

D. 空调系统的冷冻(热)水供应和凝结水排放系统:冷(热)水供回水管分别接自主电梯间左侧管井内的由地下一层冷冻机房来的供、回水总立管,支路敷设在吊顶内分别接至各个系统的风机盘管和空调机房内的空调机组。凝结水管在吊顶内汇集后分两路接至主电梯间两侧的卫生间内。

(3) 三层办公区空调系统:包括主电楼梯间、电楼梯前室、杂物间、会议室、放映室、卫生间、通道等。

A. 新风补给系统:新风由二层新风机房接来,风道沿办公区小扇形的弧形外墙敷设,向四个会议室和放映室送风,送风口为 180mm×180mm 方形散流器。

B. 风机盘管空调系统:

a. 四个会议室和放映室风机盘管空调系统:每个房间安装一台 FC-2 暗装风机盘管,每台配 900mm×180mm 单层百叶送、回风口各一个。

b. 楼电梯前室风机盘管空调系统:共有 3 个小系统,每个小系统由一台 FC-2 暗装风机盘管、一个 900mm×180mm 单层百叶回风口、一个 900mm×130mm 双层百叶送风口和一节 910mm×130mm 短管组成。

C. 空调系统的冷冻(热)水供应和凝结水排放系统:冷(热)水供回水管分别接自主电梯间左侧管井内的由地下一层冷冻机房来的供、回水总立管,支路敷设在吊顶内分别接至各个系统的风机盘管。凝结水管在吊顶内汇集后分两路接至主电梯间两侧的卫生间内。

(4) 四层电楼梯前室空调系统:由一台 FC-7 暗装风机盘管、4 个 400mm×400mm 方形散流器和敷设在吊顶内风道组成。冷冻(热)水的供应和凝结水排放与 1~3 层类同。

(5) 屋顶间空调系统:有主电梯机房、排风机房和消防电梯机房、水箱间等。

A. 主电梯机房、排风机房和消防电梯机房的排风系统:详见通风排风工程 10-(9) 和空调工程 3-(1)、(2)新风补给系统部分。

B. 新风补给系统:用于电梯机房、排风机房和消防电梯机房以外的大厅内的送风,共两个系统,各安装在与主电梯机房中轴线约成 60°角的对称位置。每个系统由 800mm×250mm 防雨百叶新风口、电动调节阀、FC-5 暗装风机盘管、风道、三个 320mm×320mm 方形散流器组成。

C. 风机盘管空调系统:安装在电梯机房、排风机房和消防电梯机房以外的大厅吊顶内共 8 个系统,安装在与主电梯机房中轴线成对称布置的位置上。每个系统由 1400mm×400mm 百叶回风口、FC-5 暗装风机盘管、风道、3~5 个 320mm×320mm 方形散流器组成。

D. 冷冻(热)水供应和凝结水排放系统:冷冻(热)水的供回管道由靠近排风机房处的管道井接出,分两路与敷设在吊顶内的干管连接,向各台风机盘管供水。凝结水管分别接至主电梯间左、右两侧的管井内,然后排至四层卫生间内。

5. 空调冷却水循环系统:由安装在(24)~(29)轴间屋面上的 5 台循环流量 702m³/h 直交流式冷却塔(四用一备)和安装在地下一层冷冻机房内的 5 台 $Q=445\sim758$ m³/h、$H=42\sim32$ m 双吸冷却水泵、一套 1.1 m³ 冷却水自动加药装置及循环管线组成。

6. 10kV 变配电站的通风空调系统:该变配电站采暖通风空调采用分体式空调机组和轴流排风机来实现。

（1）一层开关站、杂物间:开关站(1 号 ~ 4 号)共安装 4 台 KF – 120LW/B 立式变频柜式空调机组来控制室内温湿度,室外机安装在屋顶上。通风采用一台 T35 – 11 NO2.8 轴流风机和排风道排气。杂物间采用一台 KFD – 45GW/E 冷暖壁挂分体式空调机组,室外机安装在外墙上。

（2）二层控制室、通讯室、值班室:控制室(5 号 ~ 6 号)共安装 2 台 KFD – 120LW/B 立式变频冷暖柜式空调机组,通讯室(7 号)采用一台 KFD – 120LW/B 立式变频冷暖柜式空调机组,室外机安装在屋顶上。值班室采用一台 KFD – 45GW/E 冷暖壁挂分体式空调机组,室外机安装在外墙上。

（3）四个主变压器间上空的排风系统:由安装在(3)轴外墙上 15 台和(1)轴外墙(D) – (E)段上 2 台 T35 – 11 NO7.1 轴流风机和 17 个排风象鼻管组成。

### 2.3.3 通风、空调工程的材质

1. 风道的材质与连接:风道均采用镀锌钢板,其厚度见表 2.5.2 – 2:

风道的厚度 表 2.5.2 – 2

| 风道长边边长(mm) | ≤320 * | ≤500 | 630 ~ 1200 | ≥1300 * |
| --- | --- | --- | --- | --- |
| 钢板厚度 $\delta$(mm) | 0.5 | 0.75 | 1.0 | 1.2 |

注:因总说明书与材料表有差异,故参照 GB 50243—97 的规定增加有 * 的规格两款。

风道为折边成型咬口拼接,风道与风道、风道与设备、风道与部件之间为法兰连接。

2. 风道的保温防腐:风道保温采用橡胶闭式发泡材料(NBR),厚度 $\delta = 13mm$。风道的支吊架应认真除锈后再刷防锈漆两道、面漆两道。

3. 空调冷冻(热)水管道和凝结水管道的防腐与保温:管材 $DN < 50$ 采用热镀镀锌焊接钢管,$50 \leqslant DN \leqslant 350$ 为热镀镀锌无缝钢管,$DN > 350$ 为热镀镀锌螺旋焊接钢管。$DN \leqslant 100$ 采用丝扣连接,$DN > 100$ 采用沟槽式管接头连接(原设计 $DN \leqslant 32$ 采用丝扣连接,$DN \geqslant 40$ 采用焊接连接,考虑焊接处防腐问题,建议按北京市 036 号文件规定和一般工程做法施工,但应征得设计同意)。阀门 $DN \geqslant 50$ 采用优质对夹式蝶阀,$DN \leqslant 50$ 采用铜质柱塞式截止阀。空调冷冻(热)水管道保温材料为橡胶闭式发泡材料(NBR),厚度见表 2.5.2 – 3:

空调冷冻(热)水管道保温材料厚度 表 2.5.2 – 3

| $DN$(mm) | 20 | 25 ~ 80 | ≥100 |
| --- | --- | --- | --- |
| $\delta$(mm) | 19 | 25 | 32 |

吊顶内的空调冷冻(热)水补水、和冷却水管道采用 $\delta = 9mm$ 橡胶闭式发泡材料(NBR)防结露保温。

4. 管道支吊托架:管道支吊托架必须设置保温层外,并在支吊托架处垫以与保温层

厚度相同浸泡沥青的木块。管道支吊托架的最大跨度应不大于见表 2.5.2－4。

管道支吊托架的最大跨度　　　　　　　　　　　表 2.5.2－4

| DN(mm) | 15 ~ 25 | 32 ~ 50 | 65 ~ 80 | 100 | 125 | ≥150 |
|--------|---------|---------|---------|-----|-----|------|
| L（m） | 2 | 3 | 4 | 4.5 | 5 | 6 |

# 2.4　室外给水、排水、压缩空气管网工程

本工程给水排水工程包括室外给水、室外雨水、室外排水工程和压缩空气管网等工程。

1. 室外给水工程：市政水源在主体建筑南端，管经为 $DN=150$，先接入室外总水表井，再由主体建筑南端东南处进入地下一层储水池，水源经变频泵加压后分两路。一路给水干管 $DN=200$ 沿主楼地下一层（$A_0$）轴外墙内侧布置向主体工程室内的用水点供水。另一路给水干管 $DN=100$ 由主楼南半部（$A_0$）轴西外墙（28）－（29）轴中间处接出室外先向西延伸，再向北拐。同时在拐弯处留一叉口，以便接绿化给水管道。而主管道又向北延伸至主楼西北角后，给水干管在主楼北端向东引一根 $DN=25$ 支路接至变电所，同时在拐弯处又向西引一支管，以便接绿化给水管道。管道材质为热镀镀锌钢管，$DN≤70$ 为丝扣连接，$DN>70$ 为法兰连接或沟槽式管接头连接。管道埋深应 ≥800，管底必须是老土，基底不得有硬石块、木块、砖块等。遇到松软填土必须夯实，其密实度应不低于 0.95。遇到岩石或半岩石地基，管底应敷设 200mm 中砂或粗砂垫层。管道试验压力为 0.5MPa。全部埋地管道均采用三油两布防腐处理（设计中未提及，此处参照室外消防管道的防腐设计处理）。

2. 室外消防给水和压缩空气供应系统：（外包工程）

（1）消防给水水源和气源：室外消火栓设计用水量为 25L/s，火灾延续时间 2h，室外消火栓 $DN=200$，并由主体工程的屋顶高位水箱提供 10 min 的消防用水。消防给水水源来自主体建筑地下一层变频泵房。压缩空气的气源由安装在主体建筑地下一层变频泵房内的两台 $Q=5m/min$、$P=0.3MPa$ 的空气压缩机（一用一备）提供。

（2）消防给水管网和压缩空气管网的布局：消防给水水源变频泵房设在主体建筑地下一层水泵房内，消防给水加压水泵共四台，分为两组，其中一组为两台 XBD40－50－HY 消火栓给水加压变频泵组（一用一备）；另一组为两台 XBD40－70－HY 喷淋消防灭火给水加压变频泵组（一用一备）。它们将储水箱内的储水吸入加压后给水干管（消火栓供水干管管径 $DN=200$，喷淋消防灭火供水干管管径 $DN=150$）由建筑（30）轴南外墙靠近（A）轴出口引至室外消防给水管网。与此同时安装在泵房内的两台 $Q=5m/min$、$P=0.3MPa$ 的空气压缩机（一用一备）送出的压缩空气管道 $\phi57×3.5$ 也随同消防给水干管一起引出与室外的压缩空气管网连接。然后室外管网（消火栓供水、喷淋消防灭火供水、压缩空气管道）拐向东至主体建筑东南角约 17m（距墙角东向）和 12m（距墙角南向）处，再拐向北平行主体南半部东外墙向北延伸至小区地下油罐西侧。

另一路沿主体建筑的西外墙敷设，又绕主体建筑北半部外墙一周，在距离室内消火栓给水引入管分叉口约 1.2 处与南北走向的给水主管管网汇合。

A．室外消火栓和水泵结合器的分布：室外消火栓共七套、SQX150、$P = 1.0MPa$ 水泵结合器六套。位置见设计图纸 XSS－02。阀门井内采用 $DN = 150$ 的 PVC－U 管道排水。

B．主体建筑消防给水管道引入口：消火栓供水引入干管管径 $DN = 125$、喷淋灭火供水引入干管管径 $DN = 150$、压缩空气引入干管管径 $\phi 57 \times 3.5$。位置在外墙（A）的（20）－（21）轴之间。

（3）消防给水管网和压缩空气管网的材质与防腐：消防给水管网的管材为热镀镀锌钢管，$DN \leqslant 100$ 为丝扣连接，$DN > 100$ 为焊接或沟槽式管接头连接。压缩空气管网的管道材质为无缝钢管，管道的连接采用焊接连接。全部埋地管道均采用三油两布防腐处理。

3．室外排水和雨水排放工程：室外排水有生活污水、一般污水和内排雨水排水三类。

（1）污水排水工程：主体工程的化粪池两座，分别设在该主体建筑的北侧和南侧，室外污水管径 $DN = 300$。室外生活污水排水干管排入深井化粪池 HC－2，经生化处理后，清水与主楼排出的一般污水（清水）汇合（管径 $DN = 300$），经污水泵提升后，沿主楼东侧向东延伸（$DN = 300$），再与变配电室来的 $DN = 300$ 污水管道汇合（汇合后管径 $DN = 500$），再沿南方向延伸至主体建筑东南角，与一般污水室外排水管网和主体建筑南侧的化粪池 HC－1 排来的污水（清水）汇合，最后排出小区排入市政北环东路的污水管网。室外排水管道的管材为钢筋混凝土管道，管基应做混凝土基础（详见国标图集 S222），管道的连接为管顶平接，接口应按国家标准图集要求做水泥砂浆抹带。

（2）室外雨水排水工程：室外雨水排水干管主要沿主体工程西侧和主体工程东侧，变电所东、西、南侧的道路布置，排至北环东路后分两路接入市政雨水排水管网。雨水排水管道的材质与室外排水管道同，敷设时管槽开挖后应采取适当措施防止管基土扰动。管道两侧胸膛回填土密实度应达到 95% 以上，再做混凝土基础。管道敷设后应做 120° 混凝土管基保护。道路两侧应按设计要求做雨水口，雨水口处应安设铸铁雨篦子，并接 $DN = 200$ 的排水支管。雨水管道的材质、接口做法同室外排水管道，其管径详见设计施工图纸。

## 2.5  室内给水工程

本工程给水排水工程包括室内生活冷、热水给水系统。

1．水源和热水热源：

（1）生活给水水源：由市政管网引入的室外的 $DN = 150$ 给水干管经总水表井后，从主体南侧车道入口引入，分四个进水管（编号 TG－2、$DN = 100$）接至地下 $1200m^3$ 的储水池，在进水管处同时安装四个 $DN = 15$ 小浮球导管。在变频加压泵的 $DN = 300$ 总吸水连通管两端，接两根钻有 $\phi 30$ 的吸入花管（编号 TG－6）。然后总吸入连通管分四路，其中三路 $DN = 100$ 与三台 65DL32－15×3 给水加压泵连接（两用一备）；另一路与一台 32LG1.5－15×3 稳压泵和稳压罐连接。四路出水管道并连后，由 $DN = 200$ 的总给水管沿（$A_0$）轴外墙内侧敷设，向整栋主体建筑内的用水点供水。另一路 $DN = 100$ 接向室外给水管网。在储水池处还设置有 $DN = 200$ 的溢流管、$DN = 150$ 泄水管、消防水泵取水母水管、生活生产水泵取水母水管。

（2）水源与热源：详本节第（一）部分。

2．室内给水系统的划分：变频水泵加压后的 $DN=200$ 给水管至（$A_0$）轴内墙，由 $-5.0m$ 抬高到 $-2.00m$ 后分出一路 $DN=100$ 至室外供室外绿地浇灌用水。另一路继续抬高到 $-1.50m$ 处沿（$A_0$）轴内墙敷设到（26）轴拐向东，到（A）轴再拐向北至（25）轴再拐向东到（B）轴，在（B）轴处分为三路。一路 $DN=50$ 进入锅炉房供锅炉房用水；一路 $DN=100$ 朝东至（C）轴接供水立管 JL-5 至标高 $+4.5m$ 接至冷却塔补水系统；第三路主给水管路 $DN=150$ 继续朝北沿轴（C）西墙延伸，到（21）轴分一支路 $DN=100$ 至冷冻机房供给通风空调制冷机系统用水。主管路 $DN=80$ 继续往北延伸至（12）轴后，再拐向西接入主电梯间南侧管道井内的 $DN=80$ 总给水立管 ZJL。主立管 ZJL 升至标高 $+17.60m$ 后，沿四层顶板下顺着（12）轴拐向东至（D）轴，接入（11）-（12）与（D）轴交叉处新风机房右侧的管道井内，编号由 ZJL 改成为 ZJL 上总立管，接至屋顶水箱间内的 $4000mm×5000mm×1500mm$ 组合式玻璃钢高位给水水箱（水箱底部标高为 $22.60m$、顶部标高为 $24.10m$，其中给水容量为 $20m^3$、消防储水容量为 $12\ m^3$）。

从水箱引出两根管道，一根 $DN=125$、管内底标高为 $22.60m$，接消防给水管道供水系统。另一根 $DN=100$、管道标高为 $22.40m$ 为生活出水管，接至原 ZJL 上所在的管井内，与 ZJL 下总给水立管连接。ZJL 下总给水立管沿着原 ZJL 上及 ZJL 路线敷设至（12）轴和（A）轴的交汇处，在标高 $+17.90m$ 处的四层吊顶内分三路。一路 $DN=80$ 沿四层顶板下敷设向北至（10）轴处，主路 $DN=80$、标高 $+17.60m$ 拐向西与主电梯间北侧管道井内的立管 JL-3 连接，向 1～4 层主电梯间北侧的卫生间供水，同时 $DN=70$ 的 JL-3 还继续下降至地下一层顶板下向北敷设，向地下一层的宿舍、厨房、餐厅等用水点供水；此路的另一支路 $DN=25$、标高 $+17.90m$ 继续沿（A）轴内墙敷设至建筑北端消防辅助楼梯间北墙，接立管 JL-4 供与此楼梯相邻的四、三层卫生间用水点用水。第二路沿四层顶板下敷设向南至建筑南端辅助楼梯间北墙，接立管 JL-1 供与此楼梯相邻的四、三、二层卫生间用水点用水。第三路 $DN=40$、标高 $+17.90m$ 向西与主电梯间南侧管道井内的立管 JL-2 连接，以便向一至四层主电梯间南侧的卫生间供水。

3．生活热水供水系统：

系统划分：供水点和管道的走向均与生活给水供水管的走向同，不同的是热水供应的总管来自地下一层锅炉房水泵间内的热水水-水热交换器二次供水管［详见本节第（2.1）部分］，管道的管径、标高不同，热水箱安装的标高不同。生活热水供应热水箱底部的标高为 $+19.70m$、顶部标高为 $+21.00m$。但水箱容量、材质、设计未交代，且与生活高位给水箱安装位置间的关系也未表达清楚。

4．室内给水工程的材质和连接方法：

（1）生活冷、热水供应系统：给水管道的材质 $DN<150$ 采用热镀镀锌钢管，丝扣连接或沟槽式管接头连接。管道的敷设一般采用暗装敷设，钩钉或支架固定。立管卡架当层高 ≤4m 时设一个管卡，当层高大于 4m 时应设两个卡架。最下面的卡架高 1.5～1.8m，立管管端弯头处应设 C10 混凝土支墩。

（2）管道、设备的保温与防腐：镀锌钢管表面损伤处应刷防锈漆两道、面漆两道。管道支吊托架应刷防锈漆两道。埋地给水管道应做加强防腐，刷冷底子油两道、热沥青两道,且总厚度不小于 3mm。

管道和设备的保温：

A．热水管道除了接入卫生设备的横支管外，均应做保温。

B．埋地管道采用成品珍珠岩管壳保温，其他管道和水箱的保温采用聚氯乙烯高发泡（PEF）保温材料，做法详见国标 S159。阀门的材质同通风空调的冷冻（热）水输送管道的阀件。暗装和吊顶内的冷水管道是否做防结露保温，设计未说明。

# 2.6 室内消防给水、室内预作喷淋灭火消防给水、室内湿式喷淋灭火和室内低流量泡沫喷淋灭火、室内气体灭火工程(外包工程)

本工程消防给水工程包括室内消火栓消防给水、室内预作喷淋灭火消防给水系统、室内湿式喷淋灭火系统、室内泡沫灭火系统、室内气体灭火系统和附属建筑总变配电站室内气体灭火系统、油泵房室内泡沫灭火系统。

1. 室内消火栓给水管道的工程：

（1）水源：室内消火栓设计用水量为 15L/s(远期为 15L/s)，火灾延续时间 2h。水源来自室外消火栓给水管网。

（2）室内消火栓给水管道的系统划分：消火栓系统的入口有两个，一个由主体(A)轴东外墙的(20)－(21)轴间靠(21)轴的柱边引入，引入管管径为 $DN = 125$，标高未提供，但设计要求管道紧贴大梁底皮敷设。干管引入前先分出一支管接一个 $DN = 150$ 的 SQX150、$P = 1.0$MPa 水泵结合器。另一入口在主体中部(D)轴外墙的(11)－(12)轴间靠(12)轴的柱边引入，引入管管径为 $DN = 125$，标高未提供，但设计要求管道紧贴大梁底皮敷设。干管引入前先分出一支管接一个 $DN = 150$ 的 SQX150、$P = 1.0$MPa 水泵结合器。室内消火栓给水立管共 20 根。

A．主消火栓给水立管系统：主消火栓给水立管有 XL－1 ~ XL－17。其中 XL－1 ~ XL－8、YL－15 上下贯通地下一层到地上四层，其相应的地下一层立管的编号改为 XL－1′ ~ XL－8′、YL－15′(其他立管也相同)。XL－9 ~ XL－14、XL－16、XL－17 则上下贯通地上 1 ~ 4 层。以上各立管(YL－5、YL－6 除外)分别在地下一层和地上四层顶板下沿(A)轴柱边和大梁底皮下敷设 $DN = 125$ 的水平连通管，构成上下双环环路供水系统。而上水平连通管引出两根水平支管与 XL－5 和 XL－6 立管上端部分别连接，并入给水上环路供水系统。同时在地下一层和地上四层的顶板下用两根 $DN = 125$ 的水平连通管将 XL－5 和 XL－6 两立管的上下端部连通，构成上下两小环路供水系统，并在此小环路的上连通管引出一 $DN = 125$ 的支立管与屋顶试验消火栓和屋顶间的消防高位水箱连接；

B．次要消火栓给水立管系统：次要消火栓给水立管有 XL－18 ~ XL－20 和 XL－11′ ~ XL－13′、XL－6′、XL－9′、XL－10′。其中：

a．XL－18 ~ XL－20 立管是从地下一层的下连通管接出，向其设在一、二层的消火栓箱供水。XL－17、XL－18 ~ XL－20 四根立管是位于办公区的消火栓防火区。

b．在主体(A)轴东外墙靠(21)轴南侧的柱边引入干管的水平管与(C)轴交叉处，又引

出一根管径为 $DN = 65$ 的支管,供给地下一层的 XL－11′～XL－13′的消火栓箱用水。

c. 在主体中部(D)轴外墙靠(12)轴南侧的柱边引入干管的水平管与(C)轴交叉处,引出一支管径为 $DN = 100$、$DN = 80$、$DN = 65$ 支管,供给地下一层的 XL－6′、XL－9′、XL－10′的消火栓箱用水。

(3) 消防高位水箱、室内消火栓箱及管材材质:在屋顶水箱间内设置有生活给水和消防给水共用的 $20m^3$ 高位水箱[详见(五)－2],其中消防储备用水 12 $m^3$。水箱间内还安装两台 $Q = 0 \sim 10m^3/h$,$H = 10m$ 的稳压泵(一用一备,仅在说明中找到,施工图未发现)。室内消火栓的规格为 $DN = 65$,消火栓箱为半暗装安装,埋入墙体内180mm,栓口最大压力不得超过 0.5MPa。消火栓给水系统的管材为热镀镀锌钢管,$DN \leqslant 100$ 为丝扣连接,$DN > 100$为焊接连接或沟槽式管接头连接。

2. 预作用喷淋灭火系统和湿式喷淋灭火系统:

(1) 水源、压缩空气气源及分区:室内预作用喷淋灭火系统设计用水量为 26L/s,火灾延续时间 1h。并以(20)轴为分界划分为南北两区(地下一层仅一区,属于南区系统)。水源和压缩空气的气源详见本节第(四)条。

(2) 系统水源和气源引入口:系统水源和气源来自室外喷淋给水管网和压缩空气管网。给水和压缩空气入口有两个。

A. 主体南半部(A)轴外墙靠(21)轴南侧处:给水引入管管径 $DN = 150$、压缩空气管道管径 $\phi57 \times 3.5$,两引入干管与(20)－(21)和(B)－(1/B)网格内的管道井中的消防给水和压缩空气立管 YP－1 连接,向建筑内(20)轴以南的喷淋消防灭火区供水。引入干管在进入室内之前,引出一支管连接一个 $DN = 150$ 的 SQX150、$P = 1.0MPa$ 消防水泵结合器。

B. 主体南半部(D)轴外墙靠(10)轴北侧处:给水引入管管径 $DN = 150$、压缩空气管道管径 $\phi57 \times 3.5$,两引入干管与(10)－(11)和(B)～(D)网格消防钢瓶间内管道井中的消防给水和压缩空气立管 YP－2 连接,向建筑内(20)轴以北的喷淋消防灭火区供水。引入干管在进入室内之前,引出一支管连接两个 $DN = 150$ 的 SQX150、$P = 1.0MPa$ 消防水泵结合器。

(3) 预作用喷淋灭火系统的划分:全楼共分两大系统、13 个分区。立管 YP－2 系统顶端立管延伸至屋顶水箱间与消防高位水箱的消防出水管相连,同时在四层顶板下有水平连通管 $DN = 150$ 与 YP－1 的顶端连接构成上环路供水系统。

A. 总立管 YP－1 系统:承担地上 1～4 层(20)～(29)与(A)～(C)网格内 ICD 机房消防区和第二垂直交通电梯间西侧备用间等四个消防区的预作用喷淋消防灭火。各区的供水干管从管道井的总立管 YP－1 接出后,在各层吊顶内沿南伸至(21)轴处,分两路。一路 $DN = 50$ 向东至备用间,另一路 $DN = 150$ 向西至外走道(A)轴后拐向南,直至(28)轴,向 ICD 机房内各支路供水。

B. 总立管 YP－2 系统:承担地下一层(15)～(25)与(A₀)－(B)网格内 ICD 机房消防区、地上 1～4 层(2)～(10)与(A)～(C)网格和(12)～(20)与(A)～(C)网格内 9 个消防分区的预作用喷淋灭火。地下一层供水干管从管道井的总立管 YP－2 接出后,沿两钢瓶间靠弱电管井隔墙[即沿(B)轴]的吊顶内敷设至(25)轴,向(15)～(25)与(A₀)－(B)网格内 ICD 机房消防区的喷淋支管供水。地上 1～4 层供水干管从管道井的总立管 YP－2 接出后,一路沿两钢瓶间靠弱电管井隔墙的吊顶内敷设至(12)轴,拐向西,靠(12)轴走道墙的吊顶内敷设至(A)轴,拐向南靠(A)轴沿(A$_0$)-(A)轴间外走道吊顶内敷设至(20)轴,向各层(12)~(20)与(A)~(C)网格内 ICD 机房消防区的喷淋支路供水。地上 1~4 层另一路供水干管从管道井的总立管 YP-2 接出后向北至(10)轴拐向西,在走道的吊顶内靠(10)轴敷设至(A)轴,再拐向北靠(A)轴,在(A$_0$)-(A)走道的吊顶内敷设至(4)轴,向各层(2)~(10)与(A)~(C)网格内 ICD 机房消防区的喷淋支路供水。

C. 预作用喷淋灭火系统的材质:管材采用热镀镀锌钢管,$DN \leqslant 100$ 为丝扣连接,$DN > 100$ 为焊接或沟槽式管接头连接。喷头采用 68℃ 玻璃球下喷喷头(无吊顶区采用 68℃ 玻璃球上喷喷头)。

(4) 湿式喷淋灭火系统:主要承担地下一层北半部厨房、餐厅、工程部办公区、走道,中部车道、走道、维修间、电梯前室等辅助区,南半部车道管理室等非 ICD 机房。地上 1~4 层主体走道和办公区的消防喷淋灭火。系统引入管管径 $DN = 150$ 从主体南半部(D)轴外墙靠(10)轴北侧处引入后,分两路,一路 $DN = 150$ 连接上述的 YP-2,另一路 $DN = 150$ 连接湿式喷淋给水总立管 SP-1。SP-1 与 YP-2 和压缩空气总立管均安装在(10)-(11)和(B)~(D)网格消防钢瓶间内的管道井中。其管道的材质连接方法和喷头规格与预作用喷淋灭火系统同。

3. 低流量泡沫喷淋灭火系统:主要承担主楼地下一层发电机房、锅炉房及油泵房消防灭火。

(1) 主楼地下一层发电机房、锅炉房低流量泡沫喷淋灭火系统:共四个系统,即(8)~(10)与(C)-(D)网格、(11)-(1/13)与(C)-(D)网格、(21)~(23)与(C)-(D)网格内的发电机房、(25)-(26)与(1/A)-(C)网格内的锅炉房四个泡沫喷淋灭火系统,泡沫设备安装在(25)-(26)与(1/A$_0$)-(A)网格内。水源接自消防泵房内的喷淋加压泵,管径 $DN = 150$。泡沫罐为立式 VB-200 V 型一套,泡沫输送管道 $DN = 150$ 沿车道(C)轴墙顶板下敷设,向四个系统输送灭火泡沫剂。管材材质:喷头为 68℃ 玻璃球上喷喷头,管材为热镀镀锌钢管,连接方式同预作用喷淋灭火系统。

(2) 附属油库油泵房低流量泡沫喷淋灭火系统:油泵房地处小区东北角地下储油库西侧,水源和气源接自西侧室外喷淋管网($DN = 50$)。气体泡沫罐为立式 VB-200 V 型一套安装在泵房内地上一层,输送管道 $DN = 50$,分两个支路一路供地下油泵房,一路供地上作业用房,每个支路安装两个 68℃ 玻璃球上喷喷头。管材为热镀镀锌钢管,连接方式同预作用喷淋灭火系统。

4. FM200 气体灭火系统:主要承担主体工程地上 1~4 层 ICD 机房、配电间、管网中心背投区和变配电室的气体灭火。

(1) 主体工程 FM200 气体灭火系统:共有编号 11 个气瓶间。主要承担地上 1~4 层 ICD 机房、配电间、管网中心背投区的气体灭火。

A. 气体灭火系统划分:

(A) 一层管网中心背投区气瓶间系统:气瓶间设在一层弱电井西侧的钢瓶间内,主要承担一层(9)-(10)与(A)~(C)网格内 ICD 机房的气体灭火。

(B) 1 号、6 号气瓶间系统:气瓶间设在二层和四层(1/4)-(1/5)与(C)~(1/C)网格的钢瓶间内,主要承担一、二层和三、四层(2)~(9)与(A)~(C)网格内 ICD 机房的气体灭火。

（C）2 号、7 号气瓶间系统：气瓶间设在二层和四层（1/15）－（1/16）与（C）～（1/C）网格的钢瓶间内，主要承担一、二层和三、四层（13）－（20）与（A）～（C）网格内 ICD 机房的气体灭火。

（D）3 号、8 号气瓶间系统：气瓶间设在二层和四层（1/25）－（1/26）与（C）～（1/C）网格的钢瓶间内，主要承担一、二层和三、四层（22）－（29）与（A）～（C）网格内 ICD 机房的气体灭火。

（E）4 号、9 号气瓶间系统：气瓶间设在二层和四层弱电井西侧的钢瓶间内，主要承担一、二层和三、四层（8）～（10）与（C）－（D）和（12）～（14）与（C）－（D）网格内两配电间及（9）－（10）与（A）～（C）网格内 ICD 机房的气体灭火。

（F）5 号、10 号气瓶间系统：气瓶间设在二层和四层（20）－（21）与（1/B）－（1/C）网格内的钢瓶间内，主要承担一、二层和三、四层（21）～（23）与（C）－（D）网格内配电间及（21）－（22）与（A）～（C）网格内 ICD 机房的气体灭火。

B．设备和管道材质：90－100601－001 型 600 磅气瓶×××个（因变配电室无图纸）、FM200 灭火剂 16154 磅、管材为热镀镀锌高压无缝钢管 $\phi \leqslant 89 \times 4$ 为丝扣连接，$\phi > 89 \times 4$（原设计标注为 80mm）为法兰连接或沟槽式管接头连接。喷头：地板上为 360°喷头，地板下为 180°喷头。

（2）总变配电室气体灭火系统：（缺图纸）。

# 2.7　室内排水工程

1．生活（粪便）污水排水系统：共 4 个系统。

（1）PL1 系统：该立管承担主体建筑南端与辅助楼梯间相邻的二、三、四层卫生间的排水，管径 $DN = 100$、排出干管标高为－1.80m，污水排入 HC－1 化粪池内。通气管直径为 $DN = 100$ 直通屋顶。

（2）PL2 系统：该立管承担主体建筑主电梯间南侧的地下一层到地上四层卫生间污水的排放，立管安装在管道井内，管径 $DN = 100$。排出干管标高为－5.65m，经与 PL3 汇合后总排水干管直径为 $DN = 150$ 排入室外污水检查井 W1－J2，然后再排入深井化粪池 HC－2。通气管直径为 $DN = 100$ 直通屋顶。

（3）PL3 系统：该立管承担主体建筑主电梯间北侧的地下一层到地上四层卫生间污水的排放，立管安装在管道井内，管径 $DN = 100$。排出干管标高为－5.65m，经与 PL3 汇合后总排水干管直径为 $DN = 150$ 排入污水检查井 W1－J2，然后再排入深井化粪池 HC－2。通气管直径为 $DN = 100$ 直通屋顶。

（4）PL4 系统：该立管承担主体建筑北端与辅助楼梯间相邻的三、四层卫生间的排水，管径 $DN = 100$、排出干管标高为－1.80m，污水排入 HC－2 化粪池。通气管直径为 $DN = 100$ 直通屋顶。

2．机房一般污水排放系统：共 13 个系统。

（1）WL1 系统：该立管 $DN = 100$，位于（2）和（C）轴交叉处，承担地上 1～4 层机房污水排放，排出干管从地下一层地面以下－5.15m 排出室外。

（2）WL3 系统：该立管 $DN=100$，位于（6）和（C）轴交叉处，承担地上 1～4 层机房污水排放，排出干管从地下一层地面以下 -5.15m 排出室外。

（3）WL4 系统：该立管 $DN=100$，位于（15）和（C）轴交叉处，承担地上 2～4 层机房污水排放，立管下降到 -0.50m 后拐向地下一层（D）轴外墙，排出干管再降至 -1.80m 从地下一层排到室外雨水井（Y1-7）。

（4）WL5 系统：该立管 $DN=100$，位于（19）和（C）轴交叉处，承担地上 2～4 层机房污水排放，立管下降到 -0.30m 后拐向地下一层（D）轴外墙，排出立管再降至 -1.80m 干管从地下一层排到室外雨水井（Y1-8）。

（5）WL6 系统：该立管 $DN=100$，位于（24）和（C）轴交叉处，承担地上 2～4 层机房污水排放，立管下降到 +3.30m 后拐向地下一层（D）轴外墙，排出立管再降至 -1.80m 干管从地下一层排到室外雨水井（Y1-9）。

（6）WL7 系统：该立管 $DN=100$，位于（28）和（C）轴交叉处，承担地上 2～4 层机房污水排放，立管下降到 +3.30m 后拐向地下一层（D）轴外墙，排出立管再降至 -1.80m 干管从地下一层排到室外雨水井（Y1-10）。

（7）WL8 系统：该立管 $DN=100$，位于（29）和（A）轴交叉处，承担地上 1～4 层机房污水和空调凝结水排放，立管下降到 -1.50m 后拐向地下一层（$A_0$）轴外墙，排出干管再降至 -1.80m 从地下一层排到室外雨水井（Y1-20）。

（8）WL10 系统：该立管 $DN=100$，位于（25）和（A）轴交叉处，承担地上 1～4 层机房污水和空调凝结水排放，立管下降到 -1.50m 后拐向地下一层（$A_0$）轴外墙，排出干管再降至 -1.80m 从地下一层排到室外雨水井（Y1-19）。

（9）WL11 系统：该立管 $DN=100$，位于（22）和（A）轴交叉处，承担地上 1～4 层机房污水和空调凝结水排放，立管下降到 -1.50m 后拐向地下一层（$A_0$）轴外墙，排出干管再降至 -1.80m 从地下一层排到室外雨水井（Y1-19）。

（10）WL13 系统：该立管 $DN=100$，位于（18）和（A）轴交叉处，承担地上 1～4 层机房污水和空调凝结水排放，立管下降到 -1.50m 后拐向地下一层（$A_0$）轴外墙边再降至 -1.80m，排出干管与 WL14 的排水干管汇合后，从地下一层排到室外雨水井（Y1-18）。

（11）WL14 系统：该立管 $DN=100$，位于（16）和（A）轴交叉处，承担地上 1～4 层机房污水和空调凝结水排放，立管下降到 -1.50m 后拐向地下一层（$A_0$）轴外墙边再降至 -1.80m，排出干管与 WL14 的排水干管汇合后，从地下一层排到室外雨水井（Y1-18）。

（12）WL17 系统：该立管 $DN=100$，位于（6）和（A）轴交叉处，承担地上 1～4 层机房污水和空调凝结水排放，立管下降到 -1.50m 后拐向地下一层（$A_0$）轴外墙边，排出干管再降至 -1.80m 从地下一层排到室外雨水井（Y1-15）。

（13）WL18 系统：该立管 $DN=100$，位于（2）和（A）轴交叉处，承担地上 1～4 层机房污水和空调凝结水排放，立管下降到 -1.50m 后拐向地下一层（$A_0$）轴外墙边，排出干管再降至 -1.80m 从地下一层排到室外雨水井（Y1-20）。

3. 地下一层北部厨房、浴室、宿舍卫生间的污水排放系统：共有 14 个系统。

（1）P-1、P-3、P-4 系统：是排放公用淋浴间的淋浴污水，它们直接排入室外污水检查井。

(2) P－2 系统:是排放公用淋浴间附设卫生间的粪便生活污水,它们直接排入室外污水检查井,再排至化粪池 HC－2 经生化处理后,清水排入市政污水管网。

(3) P－5、P－6、P－7、P－8、P－9、P－10 P－11、P－12 系统:是排放地下一层宿舍附设卫生间的粪便生活污水,它们直接排入室外污水检查井,再排至化粪池 HC－2 经生化处理后,清水排入市政污水管网。

(4) P－13 系统:是排放公用淋浴间附设洗脸间污水,直接排入淋浴间的排水明沟内。

(5) P－14 系统:是排放厨房间各用水点排放的污水,污水集中后经隔油池处理再排入(C)－(1/C)与(1)－(2)网格内的集水井,然后用 WQG100－10－5.5 的潜污泵提升排入北环东路市政污水管网。

4. 地下一层压力提升排水系统:共有 6 个系统。主要排放地下一层各集水井的污水,污水集中于集水井后再用潜污泵提升排至室外。

(1) 地下一层北部厨房 P－14 系统:详见上款。

(2) 1 号、2 号潜污泵站:集水井设在(25)－(26)与(C)－(1/C)网格的储水池边,承担车道、水泵站、锅炉房等明沟及储水池排放来的污水。泵站内安装一台 WQG100－10－5.5 的潜污泵(1 号泵站、排污管 $DN=100$)和一台 WQG10－10－1.0 的潜污泵(2 号泵站、排污管 $DN=40$),经潜污泵提升后排入室外污水管网就近检查井内。

(3) 3 号潜污泵站:集水井设在(19)－(20)轴间的网格与(D)轴相交的墙边,承担冷冻机房明沟排放来的污水。泵站内安装一台 WQG10－10－1.0 的潜污泵(排污管 $DN=40$),经潜污泵提升后排入室外污水管网就近检查井内。

(4) 4 号潜污泵站:集水井设在(20)－(21)轴间的网格与(A)轴相交的墙边(楼梯间内),承担两侧 ICD 机房明沟排放来的污水。泵站内安装一台 WQG10－10－1.0 的潜污泵(排污管 $DN=40$),经潜污泵提升后排入室外污水管网就近检查井内。

(5) 5 号潜污泵站:集水井设在(12)－(13)轴间的网格与(A)轴相交的外墙边(主电梯间南侧卫生间外),承担主电梯间电梯井及管井内污水的排放。泵站内安装一台 WQG10－10－1.0 的潜污泵(排污管 $DN=40$),经潜污泵提升后排入室外污水管网就近检查井内。

5. 内排雨水排放系统:共 40 个系统。

(1) 地下一层餐厅、休息区、工程部办公室东墙外通道内雨水排放系统:通道的雨水通过带盖板的雨水排水明沟排入沉砂井,再排入(C)－(1/C)与(1)－(2)网格内的集水井与 P－14 系统的污水汇合,然后用 WQG100－10－5.5 的潜污泵提升排入室外北环东路市政污水管网。

(2) YL2～YL4 雨水立管:承担排放主体北段(1/1)～(7)轴与(A)～(C)轴网格内屋面西半部雨水的排放,雨水口靠近(C)轴布置,管径为 $DN=100$,三根雨水排放干管(干管管径为 $DN=150$)在标高－0.60m 处汇合,然后排入室外雨水检查井 Y1－22。

(3) YL5、YL6 和 YL8、YL9 雨水立管:承担排放主体中段(8)～(11)轴和(11)～(14)轴与(C)－(D)轴两网格内屋面西半部雨水的排放,雨水口靠近(D)轴布置,管径为 $DN=100$,四根雨水立管在 1、2、3 层的吊顶内接一支管,排放 1、2、3 层窗顶遮阳板上标高分别为＋4.30m、＋9.10m 和＋13.90m 的雨水口的雨水。在一层标高约＋0.90m 处各立管分别接一支管与室外窗台板上标高为＋1.20m 的雨水口连接。立管降到－1.80m 后,排放干管分别排入室外雨水检查井 Y1－6(YL5、YL6 立管)、Y1－7(YL8、YL9 立管),其中 YL8 的干管先与 YL7 的干管汇合后再排入室外雨水检查井 Y1－7。由于在标高约＋0.90m 处各分别接一支管,因此原设计在标高＋1.00m 安装三通管堵就与支管叉口位置相矛盾。

(4) YL7 雨水立管:承担排放主体中段(8)～(11)轴和(11)～(14)轴与(C)－(D)轴两网格内屋面西半部雨水的排放,其安设位置从系统图推测应在(11)轴与(D)轴的交汇处,但是平面图中未找到标注的位置。立管管径 $DN=100$ 降到－1.80m 后,干管先与 YL8 的干管汇合后再排入室外雨水检查井 Y1－7。

(5) YL10、YL11、YL12 雨水立管:承担排放主体南段(15)～(20)轴与($A_0$)－(C)轴网格内屋面西半部雨水的排放,雨水口靠近(C)轴布置,管径为 $DN=100$,三根雨水立管下降到＋0.30m 分别再向东拐向(D)外墙,并在水平管段上接一支管,排放窗台上标高为＋1.20m 的雨水口(地漏)的雨水,立管再次沿(D)外墙下降到标高－1.80m 处,引出的排放干管排入室外雨水检查井 Y1－7(YL10)和室外雨水检查井 Y1－8(YL11、YL12)。

(6) YL13、YL14 雨水立管:承担排放主体南段(20)～(23)轴与($A_0$)－(D)轴网格内屋面西半部雨水的排放,雨水口靠近(D)轴布置,管径为 $DN=100$,两根雨水立管在 1、2、3 层的吊顶内接一支管,排放 1、2、3 层窗顶遮阳板上标高分别为＋4.30m、＋9.10m 和＋13.90m 雨水口的雨水。在一层标高约＋0.90m 处各分别接一支管与室外窗台板上标高为＋1.20m 雨水口的雨水。立管降到－1.80m 后,排放干管分别排入室外雨水检查井 Y1－8(YL13 立管)、Y1－9(YL14 立管)。由于在标高约＋0.90m 处各分别接一支管,因此原设计在标高＋1.00m 安装三通管堵就与支管叉口位置相矛盾。

(7) YL15～YL17 雨水立管:承担排放主体南段(24)～(30)轴与($A_0$)－(C)轴网格内屋面西半部雨水的排放,雨水口靠近(C)轴布置,管径为 $DN=100$,三根雨水立管下降到＋3.30m 分别再向东拐向(D)外墙,并在水平管段上接一支管,排放窗台上标高为＋4.30m 的雨水口(地漏)的雨水,立管再次沿(D)外墙下降到标高－1.80m 处,引出的排放干管排入室外雨水检查井 Y1－9(YL15、YL16)和室外雨水检查井 Y1－10(YL17)。

(8) YL18～YL25、YL26 雨水立管:承担排放主体南段(15)～(30)轴与($A_0$)－(C)或(D)轴网格内屋面东半部雨水的排放(YL26 是排放三层屋面南侧主楼梯间屋面的雨水),雨水口靠近($A_0$)轴布置,管径为 $DN=100$,八根雨水立管下降到－1.50m 分别再向西拐至(A)外墙,再沿(A)轴外墙下降到－1.80m 处。其中 YL18、YL19 排放引出干管排入室外雨水检查井 Y1－20,而 YL20、YL21 排放引出干管排入室外雨水检查井 Y1－19。YL22～YL25、YL26 并连于 $DN=150$ 的排放引出干管排后,再排入室外雨水检查井 Y1－18。系统图与平面图不一致,现按平面图编制。

(9) YL41、YL27～YL31 雨水立管:承担排放主体北段(1)～(9)轴与($A_0$)－(C)或(D)轴网格内屋面东半部雨水的排放(YL41 是排放三层屋面北侧主楼梯间屋面的雨水),雨水口靠近($A_0$)轴布置,管径为 $DN=100$,五根雨水立管下降到－1.50m 分别再向西拐至(A)外墙,再沿(A)轴外墙下降到－1.80m 处。其中 YL41、YL27～YL29 排放引出干管并连于 $DN=150$ 的排放引出干管排后,再排入室外雨水检查井 Y1－23。而 YL30、YL31 排放引出干管并连于 $DN=150$ 的排放引出干管排后,再排入室外雨水检查井 Y1－22。系统图与平面图不一致,现按平面图编制。

（10）YL32～YL39 办公区屋面雨水的排放系统：承担排放主体建筑办公区扇形屋顶雨水的排放。雨水排水口沿扇形弧形边外缘分布，雨水口为 $DN$150、雨水立管管径 $DN$ = 150。雨水立管沿弧形外墙下降到 -1.00m，排放引出干管分别排入室外雨水检查井 Y1-15～Y1-18。该设计系统图中雨水立管管径 $DN$ = 100 与雨水口规格不一致，是否有误。

6. 室内排水系统管道的材质与连接方法：

（1）室内生活污水和一般污水系统：其材质为 PVC-U 建筑硬聚氯乙烯塑料管，管道的连接为承插粘胶连接。管件应采用斜三通和斜四通，排水立管转弯时或最末端转弯处应用两个 45°的弯管与水平管段相连，立管末端的弯头处应做 C10 混凝土管墩。排水横管与支管、立管的连接应采用 45°或 90°的斜三通。管道支承件的间距，立管 $DN \leqslant 50$ 不得大于 1.2m，$DN \geqslant 75$ 不得大于 2.0m。有压排水管道的材质采用热镀镀锌钢管，连接方式和埋地管道的防腐同给水管道和消防管道（原设计未注明）。

（2）雨水排放系统：采用热镀镀锌钢管，连接方法和埋地管道的防腐详见给水和消防给水工程。

（3）暗装和吊顶内的排水管道是否做防结露保温，设计未说明。

# 2.8 柴油供油工程

该工程由地下油库站的两个 100m³ 的柴油储油罐、两台 TCB-10/0.6 滑片式输油泵、一套 1m³ 膨胀油箱、三套 2m³ 日用油箱、氮气瓶及日用油箱控制系统、三套加油软管及采样器、$\phi73 \times 4.0$ 不锈钢管（过马路设 $\phi159 \times 4.5$ 套管）室外输油管线和本工程主楼输油管入口组成。室外输油管线沿室外给水管网主干线方向埋设，中途至二期网络研发中心大厦西北角，向东预留一个 $\phi73 \times 4.0$ 不锈钢管（过马路设 $\phi159 \times 4.5$ 套管）甩口，以备将来接入二期网络研发中心大厦。本工程主体工程输油管入口两个，其中一个设在（D）轴与（12）轴交叉南侧，另一入口设在（D）轴与（21）轴交叉南侧，管径均为 $\phi57 \times 3.5$。

输油管线材质为 1Cr18Ni9T 不锈钢管，规格为 $\phi108 \times 4.0$、$\phi73 \times 4.0$、$\phi57 \times 3.5$、$\phi20 \times 3.0$、$\phi15 \times 2.5$。管道与管道、管道与设备连接为套丝或法兰连接，不同管径管道采用插入焊接，插入长度应不大于 5mm。管道和设备的单项试验压力为 $P$ = 1.60MPa。室外系统的综合试验压力 $P$ = 0.80MPa（室内系统 $P$ = 0.60MPa），10min 内压力不下降为合格。系统的严密性抽真空试验为抽真空度为 700mmH₂O，保持 24h 压力回升小于 35 mmH₂O 为合格。管道支架间距见表 2.5.2-5：

管道支架间距         表 2.5.2-5

| 管径 $\phi$(mm) | 100 | 65 | 20 | 15 |
|---|---|---|---|---|
| 支架间距 $L$(m) | 6.0 | 5.0 | 3.0 | 2.5 |

管道的油漆与系统标识：供油管底色为黄色，色环为 50mm 宽的红色，阀门为红色。回油管底色为黄色，无色环，阀门为黄色。废油管底色为黄色，色环为 50mm 宽的黑色，阀门为黑色。氮气管道及阀门为天蓝色。

# 2.9 着重注意的问题

本工程从施工难度看均为一般安装工艺,没有特殊的工艺要求。但因专业设备安装分项项目众多,管道纵横交错,因此在施工中应特别注意如下事项:

1. 应认真做好设计技术交底及本专业、各专业间图纸的会审工作:由于设计图纸各种管线标高的标注不够细致,且各种管线类别繁多,现设计施工图纸中已发现图纸之间存在相互矛盾的问题。因此施工前一定要搞好设计技术交底工作,加强审图和图纸会审工作,将图纸中的矛盾解决好。同时严格执行各项安装尺寸应事先在现场实地放线校核无误后才允许安装的技术管理制度。

2. 因分包项目多,建议成立以甲方、设计、监理、施工、分包方(或厂家)组成协调小组,解决施工中出现的问题,以免产生质量事故和影响工程进度。同时应严格执行中间验收制度,把好各工序的质量关,保证施工技术资料编制的完整性。

3. 安装前应弄清各项设计参数:如室内温湿度、送风口风量,否则无法实现设计的准确调测精度要求(设计没有提供这方面的设计参数,却要求施工单位要达到调试精度要求)。

4. 孔洞预留和预埋件预埋位置的控制:预留孔洞与预埋件预埋位置的准确性涉及到安装质量的控制。因此分项施工技术交底和现场放线均应有实施可行的技术措施和严格控制的管理检查核验制度。

5. 管道走向的布局:应先编制各项安装工艺的施工技术交底记录,在安装前应先纸面放样,并到现场放样调整无误后才下料安装。特别要防止如图2.5.2－3、图2.5.2－4和图2.5.2－5中不合理的管道走向的产生。

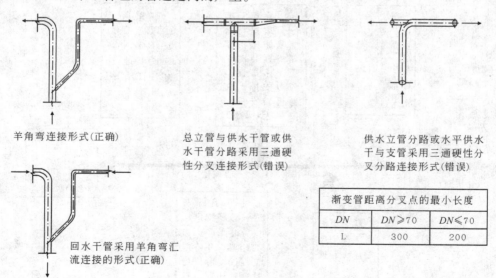

羊角弯连接形式(正确)

总立管与供水干管或供水干管分路采用三通硬性分叉连接形式(错误)

供水立管分路或水平供水干与支管采用三通硬性分叉分路连接形式(错误)

回水干管采用羊角弯汇流连接的形式(正确)

| 渐变管距离分叉点的最小长度 | | |
|---|---|---|
| DN | DN≥70 | DN≤70 |
| L | 300 | 200 |

图2.5.2－3 总立管与供水干管的连接

注:本图适用于供暖和供水管道——本图例为流体流入或流出方向

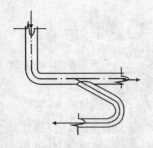

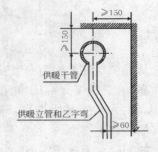

图2.5.2-4 分路过急倒流的错误连接　　　图2.5.2-5 供暖干管与立管的连结

6．保证管内介质流线的顺畅阻力最小,因此应防止管道分叉支路如下急剧倒流现象。

7．注重管道伸缩器的安装和固定支座的埋设:应特别注重按设计要求控制固定支座制作和安装的质量,同时严格把好固定支座安装位置的选择。

8．通风设计未提供各风口及系统的设计风量,因此将给竣工系统的平衡与调试无据可依。在技术交底时应与设计单位协商,安排好通风工程检测孔安装位置和了解各风口的送风量,以便安排调试检测事宜,请设计院解决。

9．应监督土建专业在风道井的浇筑和砌筑时,风道内壁的抹光处理工序的质量。

# 3　质量目标和质量管理措施

## 3.1　工期目标与保证实现工期目标的措施

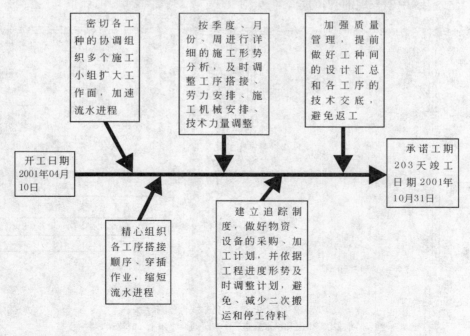

# 3.2 质量目标及保证质量的主要管理措施

认真进行审阅图纸和专业间的图纸会审，掌握国家标准规范和新材料、新工艺安装技术，研究对策，将问题解决在施工之前，避免返工

做好现场加工场区，物资设备堆放标识工作。对控制调节阀门和系统主控阀门、规范及设计单位要求试压的阀门，应认真与图纸对应编号，逐个试压，并做好工程标识，专人负责保管，安装时对号入座

工程竣工交付使用时达到国家鲁班奖工程
1.合同范围内全部工程的所有功能符合设计要求
2.分项、分部单位工程质量全部达到国家有关质量检验评定标准和国家现行施工及验收规范要求
3.分部工程质量全部合格，优良率达到75%以上
4.观感质量的评定优良率达到90%以上
5.工程资料齐全、符合北京市DBJ01-51-2000《建筑安装工程资料管理规定》的要求

严格班组"三检制度"（自检、互检、交接检），实行四定（定量、定点、定人、定时）的施工管理，质量要求落实到人，把质量优劣与经济挂钩，实行优奖劣罚制度

对下列项目进行重点检查
1.孔洞预留、预埋件制作与埋设备的精度、暗埋配管等安装的质量和固定保护措施
2.箱、盒与地面的关系及地漏标高、位置与地面坡度坡向的关系
3.设备、管道支吊架安装位置、外观质量、埋设的牢靠性的检查
4.管理接口质量、镀锌钢管防腐措施的检查

管道交叉复杂地点的安装工作，进行认真研究，找出合理可行的施工方案和技术措施，安排详细的施工工序搭接质量保证措施与交接验收管理制度，编制工序施工技术交底资料，使施工人员对该工序的技术重点、难点、保质技术措施了如指掌，确保设计要求及国家技术规定得以如实贯彻，做到一次成活。技术交底要做好记录，在实施过程中各负其责，做到质量责任、进度计划层层落实到人。每台设备安装前要编写安装方案，制定管理规程和参加安装人员责任书

严格进场检验制度，质量有问题的材料、设备不许进场，测试为不合格品的不能在工程中使用

严格计量器具的管理、校验与进行定期维护和保养，确保各种计量仪器检测设备的合格率，为施工质量的提高创造条件

技术资料定期送上级主管单位检查、验收，符合市建委418号文件要求

469

# 4  施工部署

## 4.1  施工组织机构及施工组织管理措施

总的施工组织机构详见土建专业施工组织设计。安装工程将由项目经理部组织参加过有影响的大型优质工程施工的技术人员和技术工人参加施工,在技术上确保达到优质目标。具体施工组织管理措施如下:

1. 建立由项目经理、项目技术主管工程师、专业技术主管、材料供应组长组成的本工程专业施工安装项目领导班子,负责本工程专业施工的领导、技术管理、材料供应和进度协调工作。

2. 组织由项目主管工程师、专业设备主任工程师、项目各专业技术负责工程师、专业施工工长、专业施工质量检查员等技术人员组成的专业施工管理技术组,负责施工技术、施工计划、变更洽商和各工种技术资料的填写与管理工作;技术组内除了设专职质检员应负责质量监督与把关外,项目及专业技术主管工程师、专业技术负责人、施工工长也应对安装质量负责,尤其是项目主管工程师更应负全责。

3. 按专业、按项目、按工序、按系统及时进行预检、试验、隐检、冲洗、调试工作,并完成各种记录单的填写和整理工作。

4. 由专业施工工程公司与项目经理部签订施工质量、产值和工期承包合同,层层把关负责合同履行。

5. 暖卫通风空调输油工程施工管理网络图(图 2.5.4-1):

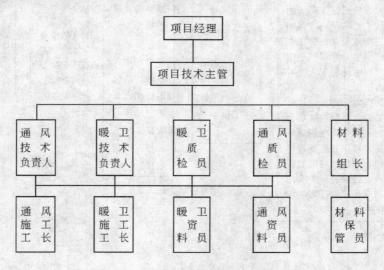

图 2.5.4-1  暖卫通风空调工程施工管理网络图

470

## 4.2 施工流水作业安排

大流水作业段按土建大流水作业段安排,小流水作业段每层分三段,即以(7)轴和(14)轴为分界线,(1)~(7)轴为北段,(7)~(14)轴和办公区(地上1~4层)为中段,(15)轴和(30)轴为南段。每一流水作业段中暖卫、通风、锅炉设备的安装作业均应精心组织,以达到与土建施工进度紧密配合,满足土建施工工期的要求。

## 4.3 施工力量总的部署

依据本工程设备安装专业工程量分布的特点:

(1)在地下一层各专业设备安装大量集中,设备间(水泵站、锅炉房、厨房、制冷机房、特别淋浴间、发电机房、配电室等)在此分布各种管道在此汇集。

(2)通风专业的制冷设备、供暖、供热大口径管道的安装工程量也大部分集中于地下一层。

(3)各种管道和管线在各层的吊顶内交错敷设。

(4)大部分管道在管井内安装工作面狭窄,工程量集中。

(5)供暖、给水、排水、消防、空调、喷洒、新风系统的工程量在地上各层的分布比较均匀的特点做如下安排:

A.通风空调工程:其地下室制冷设备安装工程量较大,工程初期应争取设备、材料早到货,以便地下室具备管道和设备安装条件后立即安装,以加速工程进度。通风专业人力安排应前期投入机械设备安装工种较多的人力,以后用工就比较均衡。而在工程施工中,应注意各专业各工种之间的协调、成品半成品保护及调试测试工作。成品、半成品的保护和技术资料整理工作非常重要,此工作搞得不好,不仅后期工作被动,且会转化为创优质量的主要矛盾。现场领导和管理人员切不可掉以轻心,而放松对施工质量、测试调节、成品保护、技术资料整理的管理工作。

施工力量的安排:依工程概算本工程共需通风工22050个工日,计划投入通风工人100人(其中电焊工10人、机械安装工5人、制冷管道安装工85人),具体安排如下:

地下一层混凝土浇筑阶段,拟先安排工人10人(其中电焊工4人)配合土建进行预埋件制作、预埋和预留孔洞预留工作。其余人员主要是进行技术准备和材料设备、人员进场准备,地下一层设备安装和机房配管连接的应先纸面放样,能在加工厂加工的管材、附件应先加工成半成品,再到现场组装。地下一层拆模和渣土清理完后,再派人员进入现场,对预埋件和预留孔洞进行核对、清理、修整,并进行支、吊、托架、设备支架的制作。地下一层土建粗装修后,另选派15~30人(其中电焊工2人、机械安装工5人)进场进行支、吊、托架和设备基础浇筑安装和现场配管安装放线及调整工作,另外10人在加工厂进行管道和管件制作、除锈防腐。与此同时,结合土建工程的施工进度逐渐增加进场人员,进行各层的安装工作。待土建粗装修后期,土建精装修前再陆续增加人员进入现场进行管道和设备安装、防腐、保温工作。并随各部土建精装修的完成,再进行较精密设备、仪表安装,清除交叉污染和进行单机试运转测试和设备参数的调试和测定。土建装修已具备封闭房间时,进行系统联合试运转测试工作。并加强成品保护和资料整理工作,为交工作准备。通风工程的安装调试工作必需在 2001 年 12 月 10 日前结束,留出修整和资料整理时间。

B. 供暖工程、给水排水、消防喷洒、消火栓、内排雨水和室外管道安装工程:本工程整个施工过程中工程量的分配除了生活给排水地上各层相应集中在卫生间工作面较狭窄外,其余分项工程工程量分配与通风工程类似比较均匀。各层容纳人员较多,因此可以采用大作业组流水集中作业加速安装进度。但工作面大,给技术质量管理工作带来一定困难。因此应依据工程进展及时调配相应技术管理力量,才能保证优质工程目标的实现。

暖卫工程施工力量的安排:依据工程概算需 19800 个工日,考虑未预计到的因素拟增加 900 个工日,共计 20700 个工日,投入水暖工人 100 人(其中电焊工 12 人、机械安装工 4 人、锅炉安装工 8 人)。具体安排如下:

给排水工程安装组 50 人(其中电焊工 6 人、机械安装工 2 人),暖气安装组 15 人(其中电焊工 2 人),锅炉和水泵、油库等设备安装组 35 人(其中电焊工 4 人、机械安装工 2 人、锅炉安装工 8 人)。每组抽调 5 人配合土建结构施工进行预埋件制作、预埋和预留孔洞预留工作。在土建各流水段的建筑粗装修后进行支、吊、托架、管道安装、试压、灌水试验、防腐、保温。土建粗装修后,精装修前进行设备安装和散热器单组组装、试压、除锈、防腐及稳装工作。土建精装修后进行卫生器具及给水附件、仪表安装和灌水试验、系统水压试验、冲洗、通水、单机试运转试验和系统联合调试试验,以及清除污染和防腐(刷表面油漆)施工。一切工作必需在竣工前 20d 完成,留 20d 时间作为检修补遗和资料整理时间。暖气调试若在非供暖期,可以作为甩项处理,但必需与甲方办理甩项协议书,并归入竣工资料中。

C. 室外和室内消防工程,除了气体灭火系统外,应争取不分包,由我公司安装,这样有利于施工管理和工程质量和进度的控制。劳动力的安排在第 2 项中已考虑。

D. 气体灭火工程:该项工程由甲方直接包给燃气公司,不属本项目经理部安排范围。但作为总包单位应控制其进场时间、施工进度、施工技术和管理资料的整理,同时应联合建筑、设计、监理、质检部门对其安装项目进行中间验收。

## 4.4 施工准备

1. 技术准备

(1) 组织图纸会审人员认真阅图,熟悉设计图纸内容,明确设计意图,通过会审记录明确各专业之间的相互关联,记录图纸中存在问题和疑问整理成文,为参加建设单位组织的设计技术交底做好书面准备。

(2) 参加建设单位召集的设计技术交底,并由各组资料员和技术负责人负责交底中的记录工作。

(3) 拟定施工机械、器具和人员进场计划(另报)。

2. 机械器具准备

施工所有钢材、管材、设备由工地器材组统一管理,施工时依据任务书及领料单随用随领,其他材料、配件由器材组采购入库,班组凭任务单领料,依据工程施工材料加工、预制项目多,故在现场应配备一定的临时设施以作仓库、加工场所和供各班组存放施工工具、衣物。

暖卫专业施工机具配备:

交流电焊机:12 台　电锤:15 把　电动套丝机:4 台　倒链:8 个

台式钻床:4 台　切割机:8 台　角面磨光机:4 台　手动试压泵:4 台

气焊(割)器:4 套　电动试压泵:4 台

通风专业施工机具配备:

龙门剪板机:1 台　手动电动倒角机:2 台　联合咬口机:1 台　折方机:2 台

合缝机:3 台　卷圆机:1 台　电焊机:6 台

台钻:2 台　手电钻:8 把　拉铆枪:8 把

暖卫通风工程施工调试测量仪表:

电压表:8 台　弹簧式压力计:8 台　刻度 0.5℃玻璃温度计:20 支

转速计:2 台　热球风速仪:4 台　噪声仪:1 台

管道泵:GB50 – 12 型 $G = 12.5$ m³/h、$H = 12$ m H₂O、$n = 2830$r/min、$N = 1.1$kW　1 台 (用于冲洗)　微压测压计(含毕托管):2 台　刻度 0.1℃玻璃温度计:10 支

翼轮风速仪:1 台　涡街流量计(或差压流量计):1 台(测量水泵流量)

36V 低压带保护罩 60~100W 通风检漏灯:4 盏

# 5　主要分项项目施工方法及技术措施

## 5.1　暖卫供油压缩空气安装工程

1. 预留孔洞及预埋件施工

(1) 预留孔洞及预埋件施工在土建结构施工期间进行。

(2) 预留孔洞按设计要求施工,设计无要求时按 DBJ 01—26—96(三)表 1.4.3 规定施工。预留孔洞及预埋件应特别注意(A)预留、预埋位置的准确性;(B)预埋件加工的质量和尺寸的精确度。

(3) 托、吊卡架制作按 DBJ 01—26—96(三)第 1.4.5 条规定制作,管道托、吊架间距不应大于该规程的表 1.4.5 规定。固定支座的制作与施工按设计详图施工。

(4) 为了在楼板浇筑后,能准确地标出暗埋管道的区域,安装暗埋管道后,应预埋标志物,以便楼板浇筑混凝土后能准确地找出安装暗埋管道的位置。

(5) 套管安装一般比管道规格大 1~2 号,内壁做防腐处理或按设计要求施工。

(6) 预留洞、预埋件位置、标高应符合设计要求,质量符合 GBJ 302—88 有关规定和设计要求。

2. 管道安装

（1）镀锌钢管和镀锌无缝钢管的安装：$DN \leqslant 100$ 采用丝接，安装时丝扣肥瘦应适中，外露丝扣不大于 3 扣，锌皮损坏处应采取可靠的防腐措施（涂防锈漆后再涂刷银粉漆）。$DN > 100$ 的镀锌钢管采用沟槽式管接头连接。由于消火栓供水立管至埋于墙内连接消火栓 $DN < 100$ 的支管，因转弯过急或受安装尺寸限制时也可采用焊接连接，但是应注意焊口质量和做好防腐措施。

管道采用对口焊接，其外观质量要求焊缝表面无裂纹、气孔、弧坑和夹渣，焊接咬边深度不超过 0.5mm，两侧咬边的长度不超过管道周长的 20%，且不超过 40mm。冷水管穿墙应加 $\delta \geqslant 0.5$mm 的镀锌套管，缝隙用油麻充填。

穿楼板应预埋套管，套管直径比穿管大 1~2 号，高出地面 $\geqslant 20$mm，底部与楼板结构底面平。管道穿墙应预埋厚 $\delta \geqslant 1$mm，直径比管径大 1 号的套管，套管两端与墙面平，缝隙填充油麻密封；管道穿楼板的预埋套管同上。安装中应特别注意暖气片进出水管甩口的位置，以免影响支管坡度的要求；与散热器连接的灯叉弯应在现场实地煨弯，弯曲半径应与墙角相适应，保证安装后美观和上下整齐。

室外给水、输油、压缩空气管道的辐射应注意：管道埋深应 $\geqslant 800$mm，管底必须是老土，基底不得有硬石块、木块、砖块等。遇到松软填土必须夯实，其密实度应不低于 0.95。遇到岩石或半岩石地基，管底应敷设 200mm 中砂或粗砂垫层。管道试验压力为 0.5MPa。全部埋地管道均采用三油两布防腐处理

（2）输油不锈钢管和钢筋混凝土排水管道的安装：详见工程概况相关部分。

（3）PVC－U 等硬聚氯乙烯排水管道的安装。

A. 硬聚氯乙烯管道的安装应符合 CJJ/T 29—98《建筑排水硬聚氯乙烯管道工程技术规程》和设计的有关规定。

B. 管材、管件、胶粘剂应有合格证、说明书、生产厂名、生产日期（胶粘剂尚应有使用有效日期）、执行标准、检验员代号。防火套管、阻火圈应有规格、耐火极限、生产厂名等标志。

C. 管材、管件的运输、装卸和搬运应轻放，不得抛、摔、拖。存放库房应有良好通风，室温不宜大于 40℃，不得曝晒，距离热源不得小于 1m。管材堆放应水平、有规则，支垫物宽度不得小于 75mm，间距不得大于 1m，外悬端部不宜超过 500mm，叠放高度不得超过 1.5m。

D. 胶粘剂等存放与运输应阴凉、干燥、安全可靠，且远距火源。胶内不得含有团块和不溶颗粒与杂质，并且不得呈胶凝状态和分层现象，未搅拌时不得有析出物，不同型号的胶粘剂不得混合使用。

E. 管道粘接时应将承口内侧和插口外侧擦拭干净，无尘砂、无水迹，有油污的应用清洁剂擦净。承插口内外侧胶粘剂的涂刷应先涂刷管件承口内侧，后涂刷插口外侧，胶粘剂的涂刷应迅速、均匀、适量、不得漏涂。管子插入方向应找正，插入后应将管道旋转 90°，管道承插过程不得用锤子击打。插接好后应将插口处多余的胶粘剂清除干净。粘接环境温度低于 －10℃时，应采取防寒、防冻措施。

F. 管道的敷设：

（A）埋地管道的安装

a. 埋地管道安装顺序应先安装室内 ±0.00 以下埋地管部分，并伸出外墙 250mm，待土建施工结束后再从外墙边敷设至检查井；

　　b. 埋地管道的沟底应平整、无突出的硬物。一般还应敷设厚度 100～150 mm 的砂垫层，垫层宽度不应小于管道外径的 2.5 倍，坡度应与管道设计坡度相同。埋地管道灌水试验合格后才能回填，回填时管顶 200mm 以下应用细土回填，待压实后再分层回填至设计标高。每一层回填土高度为 300mm 夯至 150mm；

　　c. 穿越地下室外墙时应采用刚性防水套管等措施，套管应事先预埋，套管与管道外壁间的缝隙中部应用防水胶泥充填，两端靠墙面部分用水泥砂浆填实。

　　(B) 楼层管道的安装

　　a. 应按管道系统及卫生设备的设计位置，结合设备排水口的尺寸、排水管道管口施工的要求，配合土建结构施工进行孔洞的预留和套管等预埋件的预埋；

　　b. 土建拆模后应对预留孔洞和预埋管件进行全面的检查与校验，不符合要求的应加以调整；

　　c. 依据纸面放样图和设备安装尺寸，并依据 CJJ/T 29—98 第 3.1.9 条、第 3.1.10 条、第 3.1.15 条、第 3.1.19 条、第 3.1.20 条的有关规定到现场实地放线校验无误后，测定各管段长度，然后进行配管和裁管。裁管可用木工锯或手锯切割，但切口应垂直均匀、无毛刺；

　　d. 选定支承件和固定形式，按 CJJ/T 29—98 第 4.1.8 条规定确定垂直管道和水平管道支承件间距，选定支承件的规格、数量和埋设位置；

　　e. 土建粗装修后开始按放线的计划，安装管道和伸缩器，在管道粘接之前，依据 CJJ/T 29—98 第 4.1.13 条、第 4.1.14 条的规定将需要安装防火套管或阻火圈的楼层，先将防火套管和阻火圈套在管道外，然后进行管道接口粘接；

　　f. 管道安装顺序应自下而上，分层进行，先安装立管，后安装横管，施工应连续；

　　g. 管道粘接后应迅速摆正位置，并进行垂直度、水平坡度校正。校正无误后，用木楔卡牢，用铁丝临时固定，待胶粘剂固化后再紧固支承件，但卡箍不宜过紧，以免损坏管件。然后拆除临时固定设施、支模堵洞等。

　　(4) 竖井内立管的安装。本工程管道在竖井内安装的数量较多，而且有的竖井是现浇钢筋混凝土结构，且管道配管在竖井内的配置、安装均较复杂。因此土建施工前应安排好检查门、固定支架埋设位置的计划，安装前应认真做好纸面放样和实地放线排列工序，以避免甩口位置不当或造成管线剧烈倒转弯。竖井内立管安装应在井口设型钢支架，上下统一吊线安装卡架，暗装支管应画线定位，并将预制好的支管敷设在预定位置，找正位置后用勾钉固定。

　　(5) 内排雨水镀锌钢管安装。因出厂管长一般均比层高长，为减少管道接口和避免扩大楼板开洞尺寸切断钢筋，下管应由屋顶由上而下下管。接口注意事项详见镀锌钢管安装部分。

　　(6) 消防喷洒管道的安装：应与土建密切配合，结合吊顶分格布置喷淋头位置，使其位于分块中心位置，且分格均匀，横向、竖向、对角线方向均成一直线。镀锌钢管安装如前所述。

3. 卫生洁具、消火栓箱、散热器的安装

（1）卫生洁具的安装

a. 卫生洁具安装除按图纸要求及 91SB2 标准图册详图安装外，尚应严格执行 DBJ 01—26—96（三）的工艺标准。安装时除按常规工艺进行外，因本工程采用的卫生器具特殊，故尚应研读产品说明书，按其产品的特殊要求进行安装；

b. 器具进场必须进行严格交接检，没有合格证、检验记录，不能就位安装。器具固定件必须使用镀锌膨胀螺栓固定，且安装必须牢固平稳，外表干净美观，通水试验合格；

c. 卫生洁具应在土建做防水之前，卫生器具排水支管、给水支管安装完，排水支管灌水试验合格、给水支管水压试验合格，土建粗修完成后安装。

（2）供暖散热器及消火栓箱体安装

a. 供暖散热器及消火栓箱应在土建抹灰之后，精装修之前，管道安装、水压试验合格后安装；

b. 散热器必须用卡钩与墙体固定牢；消火栓箱与墙体固定不牢的，可用 CUP 发泡剂（单组份聚氨酯泡沫发泡剂）封堵作为弥补措施，安装时箱体标高应符合设计和规范要求，箱体应水平，箱面应与墙面平齐，为防止污染，应贴粘胶带保护。

4. 水泵安装和气压稳压装置安装

（1）泵的开箱清点和检查应对零件、附件、备件、合格证、说明书、装箱单进行全面清点。数量是否齐全，有无损伤、缺件、锈蚀现象，各堵盖是否完好。

（2）检查基础和划线。泵安装前应复测基础的标高、中心线，将中心线标在基础上，以检查预留孔或预埋地脚螺栓的准确度，若不准，应采取措施纠正。

（3）泵就位于基础前，必须将泵底座表面的污浊物、泥土等杂物清除干净，将泵和基础中心线对准定位，要求每个地脚螺栓在预留孔洞中都保持垂直，其垂直度偏差不超过 1/100；地脚螺栓离孔壁大于 15mm，离孔底 100mm 以上。

（4）泵的找平与找正。泵的找平与找正就是水平度、标高、中心线的校对。可分初平和精平两步进行。

（5）灌浆固定。上述工作完成后，将基础铲成麻面并清除污物，将碎石混凝土填满并捣实，浇水养护。

（6）精平与清洗加油。当混凝土强度达到设计强度 70% 以上时，即可紧固螺栓进行精平。在精平过程中进一步找正泵的水平度、同轴度、平行度，使其完全达到设计要求后，就可以加油试运转。

（7）试运转应检查密封部位、阀门、接口、泵体等有无渗漏，测定压力、转速、电压、轴承温度、噪声等参数是否符合要求。

（8）气压稳压装置安装详见说明书和有关规范。

5. 贮水箱（膨胀水箱、凝结水箱、软化水箱、贮水箱等）的安装：应检查水箱的制造质量，做好安装前的设备检验验收工作；和水泵安装一样检查基础质量和有关尺寸；安装后检查安装坐标、接口尺寸、焊接质量、除锈防腐质量、清除污染；做好满水试验（有压水箱则做水压试验）；有保温或深度防腐的则做好保温防腐工作。

6. 水—水片式热交换器的安装：如同水泵安装应做好设备进场检验、设备基础检验、设备安装和安装后的验收和单机试运转试验,应特别注意其与配管的连接和接口质量。具体安装事项参考设备使用说明书和相关规范。

7．软化水装置(含电子软化水装置)的安装:其相关事项与水泵安装类同,但更应注意其与配管连接尺寸的准确性和接口的质量。

8．管道和设备的防腐与保温

(1)管道、设备及容器的清污除锈。清污除锈应用钢刷反复除锈,直至露出金属本色为止。在刷油漆前用棉纱再擦一遍浮尘。

(2)管道、设备及容器的防腐应按设计要求进行施工,镀锌钢管表面损伤处应刷防锈漆两道、面漆两道。管道支吊托架应刷防锈漆两道。埋地给水管道应做加强防腐,刷冷底子油两道、热沥青两道,且总厚度不小于 3mm。

(3)管道和设备的保温:热水管道除了接入卫生设备的横支管外,均应做保温。埋地管道采用成品珍珠岩管壳保温,其他管道和水箱的保温采用聚氯乙烯高发泡(PEF)保温材料,做法详见国标 S159。管道保温因成品珍珠岩管壳生产工艺低,外径尺寸误差较大,在施工前应进行挑选,同一规格的外径尺寸尽量一致,保温层缝隙应用碎块填充密实,以免产生冷桥和外观质量问题。

9．锅炉设备的安装:锅炉设备安装和验收按相关安装规范和产品说明书进行。是否进行煮炉试验应视产品本身要求。

10．伸缩器安装应注意事项:

(1)伸缩器应水平且应与管道同心,固定支座埋设应牢靠。

(2)伸缩器(套管式的除外)应安装在直管段中间,靠两端固定支座附近应加设导向支座。有关安装要求参见相关规范。

(3)方形伸缩器可用两根或三根管道煨制焊接而成,但顶部必须采用一根整管煨制,焊口只能在垂直臂中部。四个弯曲角必须 90°,且在一个平面内。

(4)波形伸缩器水压试验压力绝对不允许超过波形伸缩器的使用压力,且试压前应将伸缩器用固定架夹牢,以免过量拉伸。

(5)安装后应进行拉伸试验。

## 5.2　通风工程

1．预留孔洞及预埋件施工参照暖卫工程施工方法进行。

2．通风管道及附件制作:

(1)材料:通风送风系统为优质镀锌钢板,锅炉送风和引风风道应用 1.5mm 以上厚度的优质冷轧薄板或不锈钢板。前者以折边咬口成型,后者以卷折焊接成型。不锈钢板应用氩弧焊接工艺焊接。法兰角铁用首钢优质产品。

(2)加工制作按常规进行,但应注意以下问题:

A．材料均应有合格证及检测报告;

B．防锈除尘必须彻底,不彻底的不得进入第二道工序。镀锌板可用中性洗涤剂清除油污,冷轧板、角钢应用钢刷彻底清除锈迹和浮尘,直至露出金属本色;

C. 咬口不能有胀裂、半咬口现象，焊缝应整齐美观、无夹渣和漏焊、烧熔现象，翻边宽度为 6 ~ 9mm，不开裂；

D. 制作应严格执行 GB 50243—97、GBJ 304—88 及 DBJ 01—26—96(三)的有关规定和要求。

(3) 风道加工后应按 GB 50243—97 要求进行灯光检漏。

3. 管道吊装：

(1) 管道加工完后应临时封堵，防止灰尘污物进入管内；风道进场后应再次进行加工质量检查和修理，并用棉布擦拭内壁后再进行吊装。吊装还应随时擦净内壁的重复污染物，然后立即封堵敞口。安装过程还应按 GB 50243—97 规定进行分段灯光检漏，合格后才能后续安装。

(2) 安装时法兰接口处采用 9501 阻燃胶条作垫料，螺栓应首尾处于同一侧，拧紧对称进行；阀件安装位置应正确，启闭灵活，并有独立的支、吊架。

(3) 为保证支、吊架的安装质量，吊架安装前应先实地放线，确定吊杆长度、支架标高和吊杆宽度，以保证安装平直、吊架排列整齐美观。

4. 新风机房和新风机组的安装：

(1) 安装前应详细审阅图纸，明确工艺流程和各设备的接口位置和尺寸，先在纸面上放大，再到实地检验调整，使各管道部件加工尺寸合适、连接顺利、外观整齐。

(2) 安装前应做好设备进场开箱检验，办理检验手续，研读使用安装说明书，充分了解其结构尺寸和性能，加速施工进度，提高安装质量。

(3) 安装前应和水泵安装一样检查设备基础，验收合格后再就位安装。安装后按 GB 50243—97 相关条文要求进行单机试运转，并测试有关参数，填写试验记录单。

(4) 机房配管安装应严格按设计和规范要求进行，安装后应进行渗漏检查和隐检验收后，再进行保温。

5. 防火阀、调节阀、密闭阀的安装：安装后启闭应灵活，设备与周围围护结构应留足检修空间，详参阅 91SB6 的施工做法。

6. 墙上风口的安装：应随土建装修进行，先做好埋设木框，木框应精刨细作。然后在风口和阀件上钻孔，再用木螺丝固定，安装时要注意找平，并用密封胶堵缝。

7. 消声器、消声静压箱、消声弯头的安装

消声器、消声器消声弯头应有单独的吊架，不使风道承受其重量。支、吊架、托铁上穿吊杆的螺孔距离应比消声器宽 40 ~ 50mm，吊杆套丝为 50 ~ 60mm，安装方向要正确。

8. 风机盘管的安装：风机盘管进场前应进行进场验收，做单机三速试运转及水压试验。试验压力为系统工作压力的 1.5 倍(0.6MPa)，不漏为合格；卧式机组应由支吊架固定，并应便于拆卸和维修；排水管坡度要符合设计要求，冷凝水应畅通地流到设计指定位置，供回水阀及水过滤器应靠近风机盘管机组安装。吊顶内风机盘管与条形风口的连接应注意如下问题：即风机盘管出口风道与风口法兰上下边不得用间断的铁皮拉接，应用整块铁皮拉铆搭接；风道两侧宽度比风口窄，风管盖不住的，应用铁皮覆盖，铁皮三个折边与风口法兰铆接，另一边反向折边与风管侧面铆接。板的四角应有铆钉，且铆钉间距应小于 100mm。接缝应用玻璃胶密封。

9. 制冷冷水机组的安装:

(1) 制冷冷水机组进场时应做开箱验收记录,内容同水泵进场验收;同时还应对基础进行验收和修理,并核查与机组有关的相关尺寸。安装前应研读使用说明书,按使用说明书和规范要求安装。

(2) 安装时应对机座进行找平,其纵、横水平度偏差均应不大于 0.1/1000 为合格。

(3) 机组接管前应先清洗吸、排气管道,合格后方能连接。接管不得影响电机与压缩机的同轴度。

(4) 不管是厂家来人安装或自己安装,安装后均应做单机试运转记录。

10. 柜式空调机组和分体式空调机的安装:由厂家安装,但应注意电源和孔洞、预埋件、室外基础的预留位置和浇筑质量的验收。

11. 冷却塔及冷却水系统安装:

(1) 和其他设备一样设备进场应作开箱检查验收,并对设备基础进行验收。安装完后应做单机试运转记录,并测试有关参数。

(2) 冷却塔安装应平稳,地脚螺栓固定应牢靠。

(3) 冷却塔的出水管口及喷嘴的方向和位置应正确,布水均匀。玻璃钢和塑料是易燃品,应注意防火。

(4) 管道及电子水处理器安装同前。

12. 风道及部件的保温:保温板下料要准确,切割面要平齐。在下料时要使水平面、垂直面搭接处以短边顶在大面上,粘贴保温钉前管壁上的尘土、油污应擦净,将粘接剂分别涂在保温钉和管壁上,稍后再粘接。保温钉分布为管道侧面 20 只/m、下面 12 只/m。保温钉粘接后,应等待 12～24h 后才可敷设保温板。或用碟性帽金属保温钉焊接固定连接,保温钉分布为管道侧面 10 只/m、下面 6 只/m。

# 5.3 施工试验与调试

本工程涉及到的试验与调试如下。

1. 进场阀门强度和严密性试验

依据 GBJ 242—82 第 2.0.14 条规定:

(1) 各专业各系统主控阀门和设备前后阀门的水压试验

A. 试验数量及要求:100% 逐个进行编号、试压、填写试验单,并按 HGZ/ZB 0211—1998 进行标识存放,安装时对号入座。

B. 试压标准:为该阀门额定工作压力的 1.2～1.5 倍(供暖 1.2 倍、其他 1.5 倍)作为试验压力。观察时限及压降,供暖为 5min、$\Delta P \leqslant 0.02$MPa,其他为 10min、$\Delta P \leqslant 0.05$MPa,不渗不漏为合格。

(2) 其他阀门的水压试验试验标准同上,但试验数量按规范规定为:

A. 按不同进场日期、批号、不同厂家(牌号)、不同型号、规格进行分类。

B. 每类分别抽 10%,但不少于 1 个进行试压,合格后分类填写试压记录单。

C. 10% 中有不合格的,再抽 20%(含第一次共计 30%)进行试压后,如果又出现不合格的,则应 100%进行试压。但本工程第二批(20%)中又出现不合格的,应全部退货。

2.组装后散热器的水压试验

试验数量及要求:要 100%进行试验,试验压力为 0.7MPa,5min 内无渗漏为合格。试压后办理散热器组对预检记录和水压试验记录单(按系统分层填写)。

3.室内生活供水、热水供应、消防喷淋给水管道试压

(1)试压分类:

单项试压——分局部隐检部分和各系统(或每根立管)进行试压,应分别填写试验记录单。

系统综合试压——本工程按高区和低区分别进行(消防喷淋给水管道的综合实验即为通水试验,标准是在工作压力 $P$ 下稳压 24h,不渗不漏为合格)。

(2)试压标准:

单项试压的试验压力 0.6MPa,且 10min 内压降 $\Delta P \leqslant 0.05MPa$,检查不渗不漏后,再将压力降至工作压力 0.4MPa,进行外观检查,不渗不漏为合格。

综合试压:试验压力同单项试压压力,但稳压时限由 10min 改为 1h,其他不变。

4.消火栓供水系统的试压:除局部属隐蔽工程的隐检试压并单独填写试验单外,其余均在系统安装完后做静水压力试验,试验压力为 1.4MPa,维持 2h 后,外观检查不渗不漏为合格(试验时应包括先前局部试压部分)。

5.供暖系统和凝结水管道的水压试验:

(1)单项试验:包括局部隐蔽工程的单项水压试验及分支路或整个系统与设备和附件连接前的水压试验,应分别填写记录单。

(2)综合试验:是系统全部安装完后的水压试验,分高区、低区两个系统分别试验,并填写记录单。

(3)试验标准:试验压力为 0.7MPa,5min 内压降 $\Delta P \leqslant 0.02MPa$,外观检查不渗不漏后,再将压力降至工作压力 $P=0.4MPa$,稳压 10min 后,进行外观检查不渗不漏为合格。

6.输油管道的水压和抽真空试验

管道和设备的单项试验压力为 $P=1.60MPa$。室外系统的综合试验压力 $P=0.80MPa$(室内系统 $P=0.60MPa$),10min 内压力不下降为合格。系统的严密性抽真空试验为抽真空度为 $700mmH_2O$,保持 24h 压力回升小于 $35mmH_2O$ 为合格。

7.灌水试验

(1)室内排水管道的灌水试验:分立管、分层进行,每根立管分层填写记录单。试验标准的灌水高度为楼层高度,灌满后 15min,再将下降水位灌满,持续 5min 后,若水位不再下降为合格。

(2)卫生器具的灌水试验:洗面盆、洗涤盆、浴盆等,按每单元进行试验和填表,灌水高度是灌至溢水口或灌满,其他同管道灌水试验。

(3)各种贮水箱灌水试验:应按单个进行试验,并填写记录单,试验标准同卫生器具。

(4)内排雨水管道灌水试验:每根立管灌水高度应由屋顶雨水漏斗至立管根部排出口的高差,灌满 15min 后,再将下降水面灌满,保持 5min,若水面不再下降,且外观无渗漏为合格。

(5) 室外排水管道的闭水试验:按 GB 50268—97 第 10.3.4 条和附录 B 要求进行。

8. 供暖系统伸缩器预拉伸试验

应按系统按个数 100% 进行试验,并按个数分别填写记录单。

9. 管道冲洗试验

(1) 管道冲洗试验应按专业、按系统分别进行,即室内供暖系统、室内给水系统、室内消火栓供水、消防喷洒供水、室内热水供应系统,并分别填写记录单。

(2) 管内冲水流速和流量要求

A. 给水和消火栓供水管道管内流速 ≥ 1.5m/s,为了满足此流速要求,冲洗时可安装临时加压泵(详见试验仪器准备)。

B. 供暖管道冲洗前应将流量孔板、滤网、温度计等暂时拆除,待冲洗完后再安上。冲洗流量和压力按设计最大流量和压力进行(详见暖施总说明)。

C. 室外给水管道的冲洗流速 ≥ 1.0m/s,为了满足此流速要求,冲洗时可安装临时加压泵(详见试验仪器准备)。

(3) 达标标准——直到各出水口水色和透明度、浊度与进水口一侧水质一样为合格。

(4) 压缩空气管道的吹洗用压缩空气,压缩空气压力和流量与设计同,但流速应 ≥ 20m/s,当目测排气无烟尘时,在排气口设置粘白布或涂白漆的木制靶板检验,5min 内靶板上无铁锈、尘土、水分及其他杂物为合格。

10. 通水试验

(1) 要求做通水试验的有室内供水系统、室内消火栓供水系统、室内排水系统、卫生器具。

(2) 试验要求:

A. 室内供水系统:应按设计要求同时开放最大数量的配水点,观察是否全部达到额定流量,若条件限制,应对卫生器具进行 100% 满水排泄试验检查通畅能力,无堵塞、无渗漏为合格。

B. 室内排水系统:应按系统 1/3 配水点同时开放进行试验。

C. 室内消火栓供水系统:应检查能否满足组数的最大消防能力。

D. 消防喷淋给水系统:消防喷淋给水管道的综合实验即为通水试验,标准是在工作压力 $P$ 下稳压 24h,不渗不漏为合格。

11. 供暖系统的热工调试:按(94)质监总站第 036 号第四部分第 20 条规定进行调试,按高区、低区分系统填写记录单。

12. 通风风道、部件、系统空调机组的检漏试验

详见 GB 50243—97 第 3.1.13、3.1.14、7.1.5、8.5.3 条。

(1) 通风管道制作部件灯光检漏试验:按不同规格抽 10%,但不少于 1 件,并分别填写记录单。记录单可采用 JGJ 71—90 附表 5 – 6。

(2) 通风系统管段安装后应分段进行灯光检漏,试验数量为系统的 100% 并分别填写。

(3) 组装空调机组按 GB 50243—97 第 8.5.3 条要求进行。

13. 通风系统的重要设备(部件)应按规范和说明书进行试验和填写试验记录单。

14．水泵、风机、新风机组、风机盘管、制冷冷水机组、热交换器等的单机试运转：为了测流量，应在机组前后事先安装测试口，以便安装测试仪表。水泵等设备的单机试运转应在安装预检合格和配管安装后进行，每台设备应有独立的安装预检记录单和单机运转试验单。试运转记录单中应有流量、扬程、转速、功率、轴承和电机发热的温升、噪声的实测数据及运转情况记录。

15．新风系统风量的调试和测量：新风系统安装后应进行系统各分路及各风口风量的调试和测量，并填写记录单。

16．新风系统和风机盘管系统、冷却水系统无负荷和全负荷的系统联合试运转：新风系统和风机盘管系统、冷却水系统安装完成后，应按 GB 50243—97 规范第 12.3.1、12.2.2、12.2.3、13.2.3、13.2.4 条规定进行无负荷和全负荷的系统联合试运转，试运转时间和记录的参数及其他内容详见规范规定。软化水系统应进行联合运行试运转。

17．空调房间室内参数的检测：空调房间室内参数应分夏季和冬季分别检测，并分别填写各种试验记录单。检测参数见 GB 50243—97 相关规定和设计要求。

18．气体灭火系统的各项试验：该安装工程因由甲方直接外包，其施工技术管理资料及试验工作由甲方监督执行，但是甲方应向我方出具证明书，并将证明书归入施工资料中。

# 6  降低成本与成品保护

1．本工程各专业要达到的经济效益是降低工程成本 5%。

2．实现上述指标的技术措施和管理措施如下：

（1）建立信息员制度，经常与外界联系获取新技术信息，大力推广新技术、新材料、新工艺的使用，加快工程施工进度，提高工程质量。

（2）材料节约措施

A．增强对材料节约的认识，提高料具管理水平，做到人尽其材、物尽其用、合理用料，不大材小用、长料短用，合理利用边角料，做到活完料尽，不得丢失、损坏，各种成品、设备必须有计划进场，随用随进。材料按施工平面图堆放整齐有序，管材码放搭好架子，黑铁管进场及时除锈刷漆，预防生锈。

B．加强库房管理，完善各项制度。库房台帐齐全，库内干净整洁。做到帐、卡、物三相符，任务书、资料卡、销料表三一致。

C．严格定购计划，加强材料计划管理，防止超前超量采购，避免材料积压，资金使用不合理。

D．严格执行材料定额，按任务书限额领料，控制超计划用料。领料必须有工长或技术负责人开具的领料单，材料保管员按规格、数量严格发放，无任务书和领料单不得发料。

E．积极搞好零星材料的回收工作，在施工中做到活完料净一扫光。管件、管材做到用多少带多少，不用的材料及余料及时交回仓库。

F. 设备材料必须做好进场验收、入库保管、经常检查制度,仓库防雨、防潮措施一定落实。

(3) 成品、半成品保护措施

本工程高空作业面大、工种多、多专业交叉作业,故成品、半成品保护工作特别重要。为确保质量,拟采取下列措施:

A. 结构阶段:各专业施工人员不得撬钢筋、扭曲钢筋、拆除扎丝,应在钢筋上放走道护板,严禁割主筋。要派专人看护管盒、套管、预埋件,防止移位。

B. 装修阶段:搬运器具、钢管、机械注意不碰门框及抹灰腻子层,不得剔除面砖,不得上人站在安装的卫生设备器具上面,注意对电线、配电箱、消火栓箱的看护,以免损坏,在吊顶内施工不得扭曲龙骨,对油漆粉刷墙面、防护膜不得触摸。

C. 组织在施人员学习,加强教育,认真贯彻执行,确保成品、半成品保护工作,对成效突出的个人进行奖励,对破坏成品者严肃处理。

# 7 安全生产及现场达标措施

1. 配合土建专业建立共同的安全生产管理网络(详见土建施工组织设计)。

2. 依本工程的具体情况,拟定如下安全生产及现场达标措施:

(1) 贯彻预防为主,安全生产的方针。安全生产的注意事项、技术措施与各工序的施工技术交底同时进行。各专业必须按照各自的施工特点,认真编写安全交底内容,并落实于现场施工中。

(2) 坚持班前安全会制度,遵守各项安全操作规程,杜绝违章作业。

(3) 贯彻安全消防部门制定的施工组织设计的安全措施,电气焊器材及现场布置必须符合消防要求,动用电气焊时对周围易燃物质进行清除,避免火星引燃易燃物而失火。动用电气焊和用火时必须有用火证和设专人看火,并布置好消防器材,然后施工。进入现场严禁吸烟。

(4) 进入现场必须戴安全帽,操作高度超过 2m 的作业必须系安全带,并防止坠落及坠物伤人。

(5) 潮湿地带使用电气设备要有防触电措施,照明采用 36V 以下安全电源电压。

(6) 各种机械设备要定期检修,并有安全操作规程,不得违章操作。机械设备要有防护措施,并由专人操作。

(7) 管道竖井要有封闭防护措施,并悬挂警示牌,防止坠落及坠物伤人。

(8) 配电箱和用电设备在雨期及下雪时应有防雨罩,电焊机两线必须良好,防止漏电伤人或短路失火。

(9) 室外沟道开挖应按土质要求放坡,放坡未达到要求的,要有可靠的支撑体系,防止塌方伤人;尤其雨期应加强防范;雨天、下雪天室外作业应穿防滑鞋,防止跌伤事故。

(10) 进入冬期前要做好充水管道及设备的泄空和防冻裂措施,定期进行检查,确保安全可靠。

（11）存放易燃物资处应配备消防器材，如灭火器和消防箱等。

（12）落实施工人员的消防教育工作，建立例会制度每季度进行一次消防演习。

3．文明施工措施

（1）划分责任区，由专人负责四板一图齐全。

（2）注意专业施工中的噪声处理，把噪声大的工种安排在白天施工。

（3）做好油漆洒漏的预防工作，防止油漆污染。

（4）增强法制观念，建立良好施工秩序，抓施工队的素质培养，保持施工现场、宿舍、食堂的整洁卫生。

（5）施工现场不得随地大小便，违者重罚。

（6）依据施工进度，及时调整施工现场，保持施工现场有序整洁。

# 8　施工进度计划和材料进场计划

详细计划见土建施工组织设计。

| 施　工项　目 | 施　工　阶　段 | | | | |
|---|---|---|---|---|---|
| | 结构施工阶段 | 粗装修阶段 | 精装修阶段 | 精装修后 10d | 竣工前 10d |
| 预留、预埋工序 | | | | | |
| 管道制作安装阶段 | | | | | |
| 设备洁具安装阶段 | | | | | |
| 系统试验测试阶段 | | | | | |
| 施工技术资料整理 | | | | | |

# 9 现场施工用水设计

## 9.1 施工用水量计算

### 9.1.1 现场施工用水

按最不利施工阶段(结构施工现浇混凝土阶段)计算:

$$q_1 = 1.05 \times 300 (m^3/d) \times 1000 L/m^3 \times 1.5 (3b/d \times 8h/b \times 3600s/h)^{-1} = 5.47 L/s$$

### 9.1.2 施工机械用水

现场施工机械需用水的是运输车辆

$$q_2 = 1.05 \times 15\,台 \times 50 L/台 \times 1.4 (3b \times 8h/b \times 3600s/h)^{-1} = 0.01275 L/s$$

### 9.1.3 施工现场饮水和生活用水

现场施工人员高峰期为 1500 人/d,则

$$q_3 = 1500 \times 50 \times 1.4 (3b \times 8h/b \times 3600s/h)^{-1} = 1.215 L/s$$

### 9.1.4 消防用水量

(1) 施工现场面积小于 $25 hm^2$
(2) 消防用水量

$$q_4 = 15\ L/s$$

### 9.1.5 施工总用水量 $q$

$$\because q_1 + q_2 + q_3 = 6.70 L/s < q_4 = 10 L/s$$
$$\therefore q = q_4 = 15\ L/s = 0.015 m^3/s = 54 m^3/h$$

## 9.2 贮水池计算

### 9.2.1 消防 10min 用水量

$$V_1 = 10 \times 15 \times 60/1000 = 9 m^3$$

### 9.2.2 施工用水蓄水量

$$V_2 = 3 m^3$$

### 9.2.3 贮水池体积 $V$

$$V = 12\text{m}^3$$

## 9.3 水泵选型

### 9.3.1 水泵流量

$$G \geqslant 54\text{m}^3/\text{h}$$

### 9.3.2 水泵扬程估算

$$H = \sum h + h_0 + h_s + h_1 = 8 + 3 + 10 + 25 = 46 \text{ m} \approx 0.5 \text{ MPa}$$

式中　　$H$——水泵扬程(mH$_2$O)；

　　　　$\sum h$——供水管道总阻力(mH$_2$O)；

　　　　$h_0$——水泵吸入段的阻力(mH$_2$O)；

　　　　$h_s$——用水点平均资用压力(mH$_2$O)；

　　　　$h_1$——主楼用水最高点与水泵中心线高差静水压力($h_1 = 25$m)(mH$_2$O)。

### 9.3.3 水泵选型

选用 WPSB – 11/Ⅲ(90/48)型变频泵组，$G = 54 - 90 - 105 \text{ m}^3/\text{h}$、$H = 55.5 - 48 - 43.5$ mH$_2$O，泵出口直径 $DN = 80$，泵型号为 65DL80 × 3 两台，每台泵功率 $N = 7.5\text{kW}$。

## 9.4 输水管道管径计算

$$D = \left[4G(\pi v)^{-1}\right]^{0.5} = \left[4 \times 0.015(2.5 \times \pi)^{-1}\right]^{0.5} = 0.0874 \text{ m}$$

取 $DN = 100$

式中　　$D$——计算管径(m)

　　　　$DN$——公称直径(mm)；

　　　　$G$——流量(m$^3$/s)；

　　　　$v$——流速(按消防时管内流速考虑取 $v = 2.5$m/s)(m/s)。

## 9.5 施工现场供水管网平面布置图(略)

# 六、某万寿路活动中心暖卫通风空调工程施工组织设计

# 1 编制依据和采用标准、规程

## 1.1 编制依据

编制依据见表 2.6.1 - 1。

编制依据 表 2.6.1 - 1

| | |
|---|---|
| 1 | 万寿路活动中心工程招标文件 |
| 2 | 中国建筑设计研究院三所工程设计号 636 - 001"万寿路活动中心(一)"工程暖卫通风空调工程施工图设计图纸 |
| 3 | 总公司 ZXJ/ZB0100 - 1999《质量手册》 |
| 4 | 总公司 ZXJ/ZB0102 - 1999《施工组织设计控制程序》 |
| 5 | 总公司 ZXJ/AW0213 - 2001《施工方案管理程序》 |
| 6 | 工程设计技术交底、施工工程概算、现场场地概况 |
| 7 | 国家及北京市有关文件规定 |

## 1.2 采用标准和规程

采用标准和规程见表 2.6.1 - 2。

采用标准和规程 表 2.6.1 - 2

| 序号 | 标准编号 | 标 准 名 称 |
|---|---|---|
| 1 | GB 50242—2002 | 建筑给水排水及采暖工程施工质量验收规范 |
| 2 | GB 50084—2001 | 自动喷水灭火系统设计规范 |
| 3 | GB 50038—94 | 人民防空地下室设计规范(2001 年修订版) |
| 4 | GB 50098—98 | 人防工程设计防火规范 |
| 5 | GB 50166—92 | 火灾自动报警系统施工及验收规范 |
| 6 | GB 50219—95 | 水喷雾灭火系统设计规范 |
| 7 | GB 50231—98 | 机械设备安装工程施工及验收通用规范 |
| 8 | GB 50235—97 | 工业金属管道工程施工及验收规范 |

| 序号 | 标准编号 | 标　准　名　称 |
|---|---|---|
| 9 | GB 50236—98 | 现场设备、工业管道焊接工程施工及验收规范 |
| 10 | GB 50243—2002 | 通风与空调工程施工质量验收规范 |
| 11 | GB 50261—96 | 自动喷水灭火系统施工及验收规范 |
| 12 | GB 50264—97 | 工业设备及管道绝热工程设计规范 |
| 13 | GB 50268—97 | 给水排水管道工程施工及验收规范 |
| 14 | GB 50273—98 | 工业锅炉安装工程施工及验收规范 |
| 15 | GB 50274—98 | 制冷设备、空气分离设备安装工程施工及验收规范 |
| 16 | GB 50275—98 | 压缩机、风机、泵安装工程施工及验收规范 |
| 17 | GB 6245—98 | 消防泵性能要求和试验方法 |
| 18 | JGJ 46—88 | 施工现场临时用电安全技术规范 |
| 19 | GBJ 15—88 | 建筑给水排水设计规范(1997 年版) |
| 20 | GBJ 16—87 | 建筑设计防火规范(2001 年修订版) |
| 21 | GB 50019—2003 | 采暖通风与空气调节设计规范(2001 年修订版) |
| 22 | GBJ 67—84 | 汽车库设计防火规范 |
| 23 | GBJ 93—86 | 工业自动化仪表工程施工及验收规范 |
| 24 | GBJ 126—89 | 工业设备及管道绝热工程施工及验收规范 |
| 25 | GBJ 131—90 | 自动化仪表安装工程质量检验评定标准 |
| 26 | GBJ 134—90 | 人防工程施工及验收规范 |
| 27 | GBJ 140—90 | 建筑灭火器配置设计规范(1997 版) |
| 28 | GBJ 300—88 | 建筑安装工程质量检验评定标准 |
| 29 | GBJ 302—88 | 建筑采暖卫生与煤气工程质量检验评定标准 |
| 30 | GBJ 304—88 | 通风与空调工程质量检验评定标准 |
| 31 | TGJ 305—75 | 建筑安装工程质量检验评定标准(通风机械设备安装工程) |
| 32 | GB 50184—93 | 工业金属管道工程质量检验评定标准 |
| 33 | GB 50185—93 | 工业设备及管道绝热工程质量检验评定标准 |
| 34 | DBJ 01—26—96 | 北京市建筑安装分项工程施工工艺规程(第三分册) |
| 35 | DBJ/T 01—49—2000 | 低温热水地板辐射供暖应用技术规程 |
| 36 | CECS 14∶89 | 游泳池给水排水设计规范 |

| 序号 | 标准编号 | 标 准 名 称 |
|------|----------|------------|
| 37 | CECS 118：2000 | 冷却塔验收测试规程 |
| 38 | CECS 126：2001 | 叠层橡胶支座隔震技术规程 |
| 39 | (94)质监总站<br>第 036 号文件 | 北京市建筑工程暖卫设备安装质量若干规定 |
| 40 | 劳动部(1990) | 压力容器安全技术监察规程 |
| 41 | 劳动部(1996)276 号 | 蒸汽锅炉安全技术监察规程 |
| 42 | 劳动部(1997) | 热水锅炉安全技术监察规程 |
| 43 | GB/T 3091—1993 | 低压流体输送用镀锌焊接钢管 |
| 44 | GB/T 3092—1993 | 低压流体输送用焊接钢管 |
| 45 | — | FT 防空地下室通用图(通风部分) |
| 46 | 91SB 系列 | 华北地区标准图册 |
| 47 | 国家建筑标准设计图集 | 暖通空调设计选用手册　上、下册 |
| 48 | 中国建筑工业出版社 | 通风管道配件图表(全国通用)　1979.10 出版 |
| 49 | 国家建筑标准设计 | 给水排水标准图集　合订本 S1 上、下，S2 上、下，S3 上、下 |

# 2　工程概况

## 2.1　工程简介

### 2.1.1　建筑设计的主要元素(表 2.6.2-1)

建筑设计的主要元素　　　　　　　　　　　表 2.6.2-1

| 项　　目 | 内　　　　　容 |
|----------|---------------|
| 工程名称 | 万寿路活动中心 |
| 建设单位 | 万寿路活动中心筹建办公室 |
| 监理单位 | 北京华诚建设监理公司 |

| 项 目 | 内 容 |
|---|---|
| 设计单位 | 中国建筑设计研究院三所 |
| 地理位置 | 北京市海淀区万寿路 15 号院 |
| 建筑面积 | 27200m² |
| 建筑层数 | 地下一层 局部二层 地上三层 局部四层 |
| 檐口高度 | 22.85m |
| 建筑总高度 | 26.85m |
| 结构形式 | 现浇钢筋混凝土框架剪力墙结构 |
| 人防等级 | 人防六级 |
| 抗震烈度 | 抗震烈度 8 度 |
| 耐久等级 | 一级(100 年) |
| 耐火等级 | 一级 |

## 2.1.2 建筑各层的主要用途(表 2.6.2－2)

建筑各层的主要用途                          表 2.6.2－2

| 层数 | 层高(m) | 用 途 |
|---|---|---|
| －1 | 8.00 | 机房、变配电室、保龄球、多功能厅和汽车车库兼六级人防(地面标高 －8.000 ~ －8.020m) |
| 局部夹层 | 3.0、4.0 | 职工餐厅、库房等(地面标高 －3.000 ~ －3.030m) |
| 1 | 4.80 | (L)轴以南为主入口大厅、电影报告厅、游泳池及其附属用房,(L)轴以北为办公入口、厨房、中餐厅、医疗保健室、消防控制室和少量招待客房等。(地面标高 ±0.00m,局部 －0.45m) |
| 2 | 4.80 | (L)轴以南为电影报告厅、游泳池上空和棋艺室、文体教室等,(L)轴以北为办公室、台球室和部分招待客房等。(地面标高 4.80m) |
| 3 | 12.00 3.50 | (14)轴以西为综合运动馆、活动室、淋浴间等,(14)轴以东为网球馆和为其配套的招待客房等。(地面标高 9.00m) |
| 4 | 3.50 | 即 12.50m 标高层为综合运动馆、活动室、台球室、计算机房、电视机房、空调机房(地面标高 13.88 ~ 14.80m)和部分招待客房[(Q)－(R)轴之间,地面标高 12.50m]。 |
| 机房 | 3.80 | 电梯机房(地面标高 17.20m)、水箱间(地面标高 16.10m) |

# 2.2 供暖工程

## 2.2.1 热源和设计参数

1. 热源:由城市热力管网提供,经设于本建筑地下一层的热交换间交换后,提供热水供暖热媒参数 80℃/60℃热水,地板辐射供暖热媒温度 50℃/45℃热水。

2. 室内设计参数(表 2.6.2-3)

室内设计参数　　　　　　　　　　　　　　　　　　表 2.6.2-3

| 房间名称 | 夏季室内温度(℃) | 夏季室内相对湿度(%) | 冬季室内温度(℃) | 冬季室内相对湿度(%) | 新风补给量(m³/h) | 排风换气次数(次/h) | 噪声dB(A) |
|---|---|---|---|---|---|---|---|
| 招待用房 | 24 | <50 | 20 | >35 | 50/床 | — | 35 |
| 保龄球场 | 24 | <50 | 22 | >35 | 40/人 | 按发热量计算 | — |
| 网球场 | 24 | <50 | 22 | >35 | 40/人 | — | — |
| 健身房 | 24 | <50 | 22 | >35 | 35/人 | — | 45 |
| 游泳场 | 30 | ≤70 | 30 | ≤70 | 按补风计 | 按发湿量计算 | 45 |
| 多功能厅 | 24 | <50 | 20 | >35 | 35/人 | — | 40 |
| 电影报告厅 | 24 | <50 | 20 | >35 | 35/人 | — | 40 |
| 餐　厅 | 24 | <50 | 20 | >35 | 40/人 | — | 45 |
| 更衣、淋浴室 | 25 | <50 | 25 | >35 | 按补风计 | 10 | 40 |
| 美容院 | 24 | <50 | 20 | >35 | 按补风计 | 10 | 40 |
| 办公室 | 24 | <50 | 20 | >35 | 35/人 | — | 40 |
| 会议室 | 24 | <50 | 20 | >35 | 35/人 | — | 40 |
| 台球室 | 24 | <50 | 20 | >35 | 35/人 | — | 45 |
| 乒乓球室 | 24 | <50 | 20 | >35 | 35/人 | — | 45 |
| 单间客房 | 24 | <50 | 20 | >35 | 100/人 | — | 35 |
| 综合馆 | 24 | <50 | 22 | >35 | 40/人 | — | 45 |
| 地下车库 | — | — | — | — | 5 | — | — |
| 水泵房 | — | — | — | — | 4 | — | — |
| 公共厕所 | — | — | — | — | 10 | — | — |
| 冷冻机房 | — | — | — | — | 7 | — | — |
| 中餐厨房 | — | — | — | 0.8倍排风量 | 50 | — | — |
| 招待用房卫生间 | — | — | — | — | 10 | — | — |

### 3. 供暖设计元数表(表2.6.2－4)

供暖设计元数　　　　　　　　　　　表2.6.2－4

| 建筑总热负荷(kW) | 670 | |
|---|---|---|
| 供暖分系统名称 | 散热器供暖系统 | 地板辐射供暖系统 |
| 热媒(热水)参数 | 80℃/60℃ | 50℃/40℃ |
| 供暖系统热负荷(kW) | $Q_1 = 430$ | $Q_2 = 240$ |
| 要求系统总阻力(kPa) | ≥50 | ≥50 |
| 供暖系统的定压值(kPa) | 0.3 | 0.3 |
| 供暖系统配管形式 | 下供下回双管同程式系统 | — |
| 供暖范围 | 地上有维护结构的房间 | 游泳池及附属房间、淋浴室 |
| 设计系统工作压力(MPa) | 0.6 | 0.6 |
| 设计系统试验压力(MPa) | 0.8 | 1.0 |
| 系统个数 | 5 | 2 |
| 散热器型号及要求 | 铜铝复合散热器中心距离600mm,承压为1.0MPa,在 $\Delta t = 64.5$℃时,每片散热器的散热量 $q \geq 135W$。 | PPR 塑料管道 |
| 管道材质与连接方法 | 热镀镀锌钢管,丝扣连接 | 分集水器前为热镀镀锌钢管,丝扣连接,分集水器后为PPR管热熔连接 |
| 附件 | 采暖系统主分支路安设动态平衡阀,定压及补水系统采用隔膜式气压罐 | |
| 管道保温 | 采用橡塑海绵管壳 $DN < 50, \delta = 20mm$; $DN \geq 50, \delta = 30mm$ | |

## 2.2.2 系统划分

### 1. 热器供暖系统(表2.6.2－5)

散热器供暖系统　　　　　　　　　　表2.6.2－5

| 系统编号 | 主干管直径 DN | 系统形式 | 支路编号 | 主管径 DN | 供应范围 | 立管编号 |
|---|---|---|---|---|---|---|
| 1 | 70 | 下供下回双管同程 | 1 | 50 | 供应地下夹层至地上三层供暖房间 | 立管1~18 |
| | | | 19 | 32/25 | 地上二层至地上三层供暖房间 | 19系统 |
| 2 | 50 | 下供下回双管同程 | 20 | 25 | 三层3号网球场北侧 | 六组散热器 |
| | | | 21 | | 三层3号网球场南侧 | 九组散热器 |
| | | | 22 | | 三层2号网球场北侧 | 十组散热器 |
| | | | 23 | | 三层2号网球场南侧 | 九组散热器 |

| 系统编号 | 主干管直径 DN | 系统形式 | 支路编号 | 主管径 DN | 供应范围 | 立管编号 |
|---|---|---|---|---|---|---|
| 3 | 40 | 下供下回双管同程 | 24 | 25 | 三层1号网球场北侧 | 八组散热器 |
| | | | 25 | 32 | 三层1号网球场南侧 | 十组散热器 |
| 4 | 50 | 下供下回双管同程 | 26 | 25 | 一层警卫、消防报警、消防控制值班、二层办公室 | 共九组散热器 |
| | | | 27 | 40 | 二、三、四层招待用房 | 十九组散热器 |
| 5 | 40 | 下供下回双管同程 | 28 | 32 | 二、三、四层招待用房 | 十二组散热器 |
| | 改为32 | | 29 | 25 | 一层餐厅、二层电梯前室 | 二组散热器 |
| | | | 30 | 25 | 一层餐厅 | 二组散热器 |
| | | | 31 | 25 | 二层大台球厅 | 二组散热器 |
| | | | 32 | 25 | 一层中餐厅、客厅 | 二组散热器 |
| | | | 33 | 25 | 一层服务台、走道 | 二组散热器 |
| | | | 34 | 25 | 一层招待用房 | 一组散热器 |

2. 低温地板辐射供暖系统(表2.6.2-6)

低温地板辐射供暖系统        表2.6.2-6

| 系统编号 | 主干管直径 DN | 系统形式 | 支路编号 | 主管径 DN | 供应范围 | 立管编号 |
|---|---|---|---|---|---|---|
| 1 | 70 | 单管水平异成程式 | 1 | 50 | 一层大厅 | 2套 |
| | | | 2 | — | 一层1/H轴以北游泳池淋浴和更衣室 | 1套 |
| | | | 3 | 40/32 | 一层1/H轴以南游泳池淋浴和更衣室及J轴以北游泳池内 | 2套 |
| 2 | 40 | | 4 | 40 | 一层1/H轴以南游泳池内 | 1套 |

3. 车道电热加温溶冰系统:一层主入口车道和地下一层进出车道采用 TKXP-180m 加热电缆溶冰系统,详见电气设计图纸。

# 2.3 通风空调工程

## 2.3.1 通风系统

主要服务对象为地下一层车库、各设备安装机房、洗衣房、保龄球设备间,一层厨房、游泳馆及所有卫生间、公共厕所等。人防通风为一个平战结合的六级防护单元,平时为汽车库,战时为物资保存库。

1. 通风(排风)系统的划分:共 25 个排风(有的有相应的补风)系统,其服务对象和设备情况见表 2.6.2 - 7。

通风(排风)系统的划分 　　　　　　表 2.6.2 - 7

| 系统编号 | 设备风量、风压与功率 | | | | 服务对象 | 设备安装位置 | 备注 |
|---|---|---|---|---|---|---|---|
| | 型号 | 风量(m³/h) | 风压(Pa) | 功率(kW) | | | |
| PB1 - 1 | FAS800T | 21000 | 550 | 5.5 | 地下一层车库 | 地下一层(1/16) ~ (18)与(A)-(B)网格内 | — |
| PB1 - 2 | FAS800T | 21000 | 550 | 5.5 | | | |
| PB1 - 3 | TDA - L355/8 - 8/30/2H | 3660 | 311 | 0.75 | 地下一层保龄球机房 | 地下夹层排烟机房 | — |
| PB1 - 4 | TDA - L800/9 - 9/30/4Z | 12200 | 462 | 4.0 | 地下一层冷冻机房 | 地下一层(17) - (18)与(Q) - (R)网格内 | — |
| PB1 - 5 | TDA - L450/5 - 10/35/2H | 6180 | 424 | 1.5 | 地下一层水泵机房 | | 平面图为2.2kW |
| PB1 - 6 | TDA - L450/5 - 10/35/2H | 6180 | 424 | 1.5 | 地下一层游泳池水处理机房 | | |
| PB1 - 7 | TDA - L500/6 - 6/25/3H | 7150 | 365 | 1.5 | 一层游泳池更衣室、淋浴 | 地下夹层排烟机房 | 平面图为3.0kW |
| PB1 - 8 | TDA - L500/6 - 6/25/3H | 7150 | 365 | 1.5 | 地下一层洗衣房 | 地下夹层(11) ~ (14)与(Q) - (R)网格内 | |
| PB1 - 9 | BSA1000U | 27000 | 650 | 11 | 地上一层厨房 | 地下一层(17) - (18)与(Q) - (R)网格内 | — |
| PB1 - 10 | | 27000 | 650 | 11 | | | — |
| PB1 - 11 | TDA - L355/6 - 6/30/3H | 3150 | 372 | 0.75 | 地上一层餐厅 | 地下一层(11) ~ (14)与(Q) - (R)网格内 | 平面图为1.1kW |
| PB1 - 12 | TDA - L355/6 - 6/30/3H | 3150 | 372 | 0.75 | | | |
| PB1 - 13 | TDA - L355/6 - 6/30/2H | 1610 | 203 | 0.37 | 地下夹层职工餐厅 | | |
| P1 - 1 | TDA - L355/3 - 6/25/2H | 1000 | 200 | 0.37 | 一层美容美发厅 | 该屋吊顶内 | — |
| P1 - 2 | TDA - L355/3 - 6/25/2H | 1000 | 200 | 0.37 | 一层卫生间 | 一层(17) - (18)与(Q) - (R)网格内 | — |
| P1 - 3 | TDA - L355/3 - 6/25/2H | 1000 | 200 | 0.37 | 一层煤气表间 | 该屋吊顶内 | 防爆风机 |
| P2 - 1 | TDA - L355/3 - 6/25/2H | 1520 | 206 | 0.37 | 二层棋牌室 | 开水间吊顶内 | — |
| P3 - 1 | FAS100U | 2600 | 300 | 5.5 | 游泳池排风 | 三层2号网球场北排风机房内 | 平面图为7.5kW |
| P3 - 2 | | 2600 | 300 | 5.5 | | 三层2号网球场南排风机房内 | |

| 系统编号 | 设备风量、风压与功率 | | | | 服务对象 | 设备安装位置 | 备注 |
|---|---|---|---|---|---|---|---|
| | 型号 | 风量(m³/h) | 风压(Pa) | 功率(kW) | | | |
| P3-3 | TDA-L355/3-6/25/2H | 1000 | 200 | 0.37 | 三层2号网球场北客房卫生间排风机房内 | 三层2号网球场北排风机房内 | 平面图为1.1kW |
| P3-4 | TDA-L355/3-6/25/2H | 1000 | 200 | 0.37 | 三层2号网球场南客房卫生间排风机房内 | 三层2号网球场南排风机房内 | |
| PWD-1 | TDA-L560/5-5/30/5Z | 7410 | 212 | 1.1 | 公共厕所 | | 3.0kw |
| PWD-2 | TDA-L355/6-6/30/3H | 3000 | 200 | 0.75 | 招待用房卫生间 | | 平面图为1.1kW |
| PWD-3 | TDA-L355/8-8/30/2H | 3510 | 322 | 0.75 | 二层台球、办公室 | 屋顶上 | |
| PWD-4 | TDA-L355/6-6/30/3H | 3050 | 372 | 0.75 | 二层乒乓球健身房 | | |
| PWD-5 | TDA-L355/6-6/30/3H | 4000 | 200 | 0.75 | 三层活动休息室 | | |
| SB1-1 | TDA-L630/9-9/25/4Z | 10100 | 203 | 1.1 | 地下一层冷冻机房等 | 地下夹层冷冻机房内 | — |
| SB1-2 | TDA-L630/9-9/25/4Z | 10100 | 203 | 1.1 | 地下一层水泵房热交换间等 | 地下夹层游泳机房内 | — |

注:安装位置中吊装在地下夹层机房内的设备,由于有的机房无夹层,因此吊装在夹层上空内的实际情况就是在地下一层内。

2. SRF 人防送风系统:战时非染毒时按 2 次/h 送风量设计,染毒时停止运行。

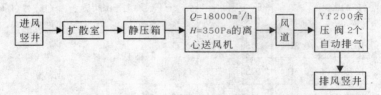

图 2.6.2-1 人防通风系统流程

3. 卫生间排风系统(表 2.6.2-8)

卫生间排风系统 表 2.6.2-8

| 楼层 | 系统编号 | 设备风量、风压与噪声 | | | | 服务对象 | 排入位置 | 数量 |
|---|---|---|---|---|---|---|---|---|
| | | 型号 | 风量(m³/h) | 风压(Pa) | 噪声db(A) | | | |
| 地下一层 | PQS-1 | BPT18-44A | 400 | 50 | 40 | 1号卫生间 | 竖井及PWD-1 | 1 |
| | PQS-2 | BPT12-02A | 90 | 30 | 32 | 3号卫生间 | 竖井 | 1 |
| | PQS-2 | BPT12-02A | 90 | 30 | 32 | 4号卫生间 | PB1-8 | 1 |

| 楼层 | 系统编号 | 设备风量、风压与噪声 | | | | 服务对象 | 排入位置 | 数量 |
|---|---|---|---|---|---|---|---|---|
| | | 型号 | 风量<br>(m³/h) | 风压<br>(Pa) | 噪声<br>db(A) | | | |
| 夹层 | PQS－2 | BPT12－02A | 90 | 30 | 32 | 4号卫生间 | PB1－8 | 1 |
| 地上一层 | PQS－1 | BPT18－44A | 400 | 50 | 40 | 2号卫生间 | 竖井及PWD－1 | 1 |
| | PQS－2 | BPT12－02A | 90 | 30 | 32 | | | 1 |
| 地上一层 | PQS－2 | BPT12－02A | 90 | 30 | 32 | 6号卫生间 | PB1－7 | 1 |
| | PQS－2 | BPT12－02A | 90 | 30 | 32 | 7号卫生间 | 直排室外 | 1 |
| | PQS－2 | BPT12－02A | 90 | 30 | 32 | 8号卫生间 | PB1－7 | 1 |
| | PQS－1 | BPT18－44A | 400 | 50 | 40 | 9号卫生间 | P1－2 | 1 |
| | PQS－2 | BPT12－02A | 90 | 30 | 32 | 13号卫生间 | PB1－7 | 1 |
| | PQS－2 | BPT12－02A | 90 | 30 | 32 | 三号门厅卫生间 | P1－2 | 1 |
| 地上二层 | PQS－1 | BPT18－44A | 400 | 50 | 40 | 2号卫生间 | 竖井及PWD－1 | 1 |
| | PQS－2 | BPT12－02A | 90 | 30 | 32 | | | 1 |
| | PQS－1 | BPT18－44A | 400 | 50 | 40 | 11号卫生间 | 直排室外 | 1 |
| | PQS－2 | BPT12－02A | 90 | 30 | 32 | 12号卫生间 | 直排室外 | 1 |
| | PQS－2 | BPT12－02A | 90 | 30 | 32 | 招待用房卫生间 | 卫生间竖井 | 6 |
| 地上三层 | PQS－1 | BPT18－44A | 400 | 50 | 40 | 2号卫生间 | 竖井及PWD－1 | 1 |
| | PQS－2 | BPT12－02A | 90 | 30 | 32 | 网球单间卫生间 | 室外屋面或休息平台 | 5 |
| | PQS－2 | BPT12－02A | 90 | 30 | 32 | 招待用房卫生间 | 卫生间竖井 | 4 |
| | PQS－2 | BPT12－02A | 90 | 30 | 32 | 走道卫生间 | 接至二层风道 | 1 |
| 四层 | PQS－2 | BPT12－02A | 90 | 30 | 32 | 招待用房卫生间 | 卫生间竖井 | 4 |
| | PQS－2 | BPT12－02A | 90 | 30 | 32 | 招待用房卫生间 | PWD－2 | 1 |

注:数量为系统数量,不是排风扇的数量。

### 2.3.2 消防送风排烟系统

本工程的主要服务范围有地下一层车库,地上一层分四个防火区分别设置四套排烟系统、并配置相应的补风系统,一层电影报告厅和二层健身房等也设置机械排烟,中庭独立设置机械排烟系统。

1. 消防对通风空调系统的要求:

(1)防火阀的安装要求:

A．通风空调管道在进出机房、穿越防火墙、楼电梯前室隔墙处管道必须安装熔断温度 $t=70℃$，并有二次电信号输出的防火阀；垂直风道与水平风道连接处均应安装熔断温度 $t=70℃$ 的防火阀；

B．排风补风系统进出排风机房及防火墙处，均应安装熔断温度 $t=280℃$ 并有两路二次电信号输出的防火阀。

（2）对自动控制的要求：

A．通风空调管道在进出机房处的防火阀火灾时防火阀的动作应与相应的风机连锁。

B．排风口可手动及自动打开时，排烟风机和排烟补风系统风机应同时连锁启动；当排烟风机前排烟空气温度达到 $t=280℃$ 时，排烟风机连锁停止运行。

C．排烟补风系统风机所承担的排烟口防火阀熔断片均熔断关闭后，排烟补风系统风机连锁停止运行。

2．消防送风排烟系统的划分（表2.6.2－9）

消防送风排烟系统划分 表2.6.2－9

| 系统编号 | 设备风量、风压与功率 | | | | 服务对象 | 设备安装位置 | 备注 |
|---|---|---|---|---|---|---|---|
| | 型号 | 风量(m³/h) | 风压(Pa) | 功率(kW) | | | |
| PB1－1 | FAS800T | 21000 | 550 | 5.5 | 地下车库 | — | 自然补风 |
| PB1－2 | FAS800T | 21000 | 550 | 5.5 | | — | |
| PY－1 | TDF－L1120/12－12/32.5/AL/5Z | 45600 | 617 | 15 | 地下多功能厅 | 吊顶内 | 11kW |
| PY－2 | TDF－L1120/12－12/37.5/AL/5Z | 60800 | 669 | 18.5 | 地下保龄球活动室等 | 地下夹层排烟机房 | — |
| JY－1 | TDA－L800/9－9/37.5/5Z | 23000 | 500 | 5.5 | 地下多功能厅 | 休息室上空 | — |
| JY－2 | TDA－L1000/9－9/30/5Z | 32200 | 375 | 5.5 | 地下保龄球活动室等 | 空调机房上空 | — |
| PY－3 | TDF－L800/16－16/30/AL/4Z | 14200 | 617 | 5.5 | 一层电影报告厅 | 东北设备间上空 | — |
| PY－4 | TDF－L800/16－16/30/AL/4Z | 14200 | 617 | 5.5 | | 西北设备间上空 | — |
| PY－5 | TDF－L900/12－12/35/AL/4Z | 26000 | 604 | 7.5 | （16）以东一、二层内区房间 | 安装在屋顶 | — |
| PY－6 | TDF－L900/16－16/25/AL/4Z | 16200 | 616 | 5.5 | 中庭休息厅 | 风口安装在三层 | — |
| PY－7 | TDF－L900/16－16/25/AL/4Z | 16200 | 616 | 5.5 | | 风机安装在屋顶 | — |
| PY－8 | TDF－L800/16－16/30/AL/4Z | 14200 | 617 | 5.5 | 地下走道水泵房等 | 地下（M）与（11）轴交叉处排烟机房 | 出口在一层 |
| PY－9 | TDF－L800/16－16/30/AL/4Z | 14200 | 617 | 5.5 | 地下夹层职工餐厅 | 风机在夹层东北角空调机房上空 | 出口在一层 |

| 系统编号 | 设备风量、风压与功率 | | | | 服务对象 | 设备安装位置 | 备注 |
|---|---|---|---|---|---|---|---|
| | 型号 | 风量 (m³/h) | 风压 (Pa) | 功率 (kW) | | | |
| JY–3 | TDA–L710/9–9/37.5/5Z | 9700 | 485 | 4.0 | 地下夹层职工餐厅 | 风机在夹层东北角空调机房上空 | 由空调机进风 2.2kW |
| JY–4 | TDA–L1000/9–9/35/5Z | 32900 | 528 | 7.5 | 地下夹层活动室 | 风机在空调机房上空,由屋顶进风 | 平面图为5.5kW |

注:防火阀和排烟口见设施–4。

### 2.3.3 空调系统

本工程空调系统主要有三类,即低速全空气系统、风机盘管加新风系统和 VAV 空调系统。

1. 空调系统的冷热源、加湿汽源和设计负荷

(1) 设计负荷:本工程设计冷负荷 $Q_L = 3820kW$,热负荷 $Q_r = 2850kW$,集中空调面积 $F = 24000m^2$。

(2) 冷热媒参数:夏季空调冷冻水供回水温度为 7℃/12℃;空调冷冻水的水压定压装置采用隔膜式气压罐,定压压力 $P = 0.3MPa$。

冬季空调热水的供回水温度为 60℃/50℃,供回水的压力差 $\Delta P \geqslant 200kPa$;空调热水的水压定压装置采用隔膜式气压罐,定压压力 $P = 0.3MPa$。

空调系统加湿湿源采用蒸汽加湿,蒸汽由地下一层电热蒸汽锅炉提供。

(3) 空调系统的冷热源和汽源:

冷源:由安装于地下一层冷冻机房内的三台电制冷多机头螺杆式冷水机组提供,其规格为 $q_L = 1500kW$、$N \leqslant 300kW$、供回水温度为 7℃/12℃、冷却供回水水温度为 32℃/37℃。

热源:由安装于地下一层热交换间提供,一次热水由市政热力网供应,二次热水温度为 60℃/50℃。

冷却水系统:由安装于四层招待用房屋顶的三台 KFT–300–6C 冷却塔和其附属设备组成。

汽源:由安装于地下一层锅炉房内的三台蒸汽出率 $G = 500kg/h$、$P = 0.3MPa$、$N = 300kW$ 蒸汽锅炉提供空调加湿用汽,空调的总加湿用汽量 $G = 1152kg/h$,蒸汽压力 $P = 0.2 \sim 0.4MPa$;另外厨房内安装一台蒸汽出率 $G = 310kg/h$、$P = 0.2MPa$、$N = 200kW$ 蒸汽锅炉提供厨房的蒸煮用汽,洗衣房安装一台蒸汽出率 $G = 45kg/h$、$P = 0.8MPa$、$N = 30kW$ 蒸汽锅炉提供洗衣房的加热、消毒用汽。

2. 低速全空气空调系统:主要用于地下多功能厅、一层电影报告厅、游泳馆、三层网球馆、综合运动馆等,其系统划分见表 2.6.2–10。

低速全空气空调系统划分

表 2.6.2-10

| 系统编号 | 系统设计参数 | | | | | | 服务对象 | 设备安装位置 |
|---|---|---|---|---|---|---|---|---|
| | 风量 (m³/h) | 余压 (Pa) | $Q_L$ (kcal/h) | $Q_R$ (kcal/h) | 加湿量 (kg/h) | 功率 (kW) | | |
| KB1-1 | 35000 | 450 | 268800 | 302400 | 126 | 18.5 | 地下一层多功能厅 | 地下一层(5)-(1/7)与(A)轴交叉网格的空调机房内 |
| KB1-7 | 20000 | 500 | 108000 | 172800 | 72 | 11 | 三层综合运动馆 | |
| KB1-8 | 20000 | 500 | 108000 | 172800 | 72 | 11 | | |
| KB1-2 | 21000 | 500 | 128520 | 181440 | 90 | 11 | 一层电影报告厅 | 地下一层空调机房 |
| KB1-3 | 15000 | 500 | 48600 | 60750 | 56 | 7.5 | 地下一层保龄球室 | 地下一层(1/D)-(F)与(15)~(17)轴交叉网格内空调机房 |
| KB1-4 | 20000 | 500 | 168000 | 一次加热 252000 | | 11 | 一层游泳馆 | |
| KB1-5 | | | | 二次加热 79200 | | 11 | | |
| KB1-6 | 15000 | 390 | 74820 | — | — | — | 地下一层变配电室 | ★变配电室内 |

注:★在图中未找到该设备的位置。

3. 风机盘管加新风空调系统:主要用于餐厅、更衣室、台球室、棋牌室、活动室、健身房、办公室等,其新风送风机组的划分见表 2.6.2-11 和表 2.6.2-12。

空调新风送风系统划分

表 2.6.2-11

| 系统编号 | 系统设计参数 | | | | | | | 服务对象 | 设备安装位置 |
|---|---|---|---|---|---|---|---|---|---|
| | 风量 (m³/h) | 余压 (Pa) | $Q_L$ (kcal/h) | $Q_R$ (kcal/h) | 加湿量 (kg/h0) | 功率 (kW) | 机组数量 | | |
| XB1-1 | 7200 | 300 | 65664 | 70502 | 53 | 4.0 | | 一层展厅二层棋牌室 | (4)与(A)轴交叉的空调机房 |
| XB1-2 | 6000 | 300 | 57600 | 58752 | 44 | 4.0 | 1 | 地下一层保龄球 | 同 KB1-3~KB1-5 |
| XB1-3 | 6000 | 300 | 57600 | 58752 | 44 | 4.0 | 1 | 一层更衣室等 | |
| XB1-4 | 4000 | 300 | 36480 | 39168 | 28.8 | 3.0 | 1 | 地下夹层职工餐厅 | 地下一层(11)~(14)与(Q)-(R)网格内 |
| XB1-5 | 5000 | 300 | 45600 | 48960 | 36 | 3.0 | 2 | 地下一层洗衣房 | |
| XB1-6 | 6500 | 300 | 59280 | 63648 | 46.8 | 4.0 | 1 | 地上一层餐厅 | 地下一层(17)~(21)与(Q)-(R)网格内 |
| XB1-7 | 21000 | 300 | 191520 | 205632 | — | 11.0 | 1 | 一层厨房 | |
| XB1-8 | 21000 | 300 | 191520 | 205632 | — | 11.0 | 1 | | |
| XB1-9 | 5000 | 300 | 45600 | 48960 | 36 | 3.0 | 1 | 二层台球厅、办公室等 | 地下夹层(18)~(21)与(Q)-(R)网格内 |
| XB1-10 | 3000 | 300 | 28800 | 29376 | 22 | 2.2 | 1 | 二、三、四层招待客房 | |

| 系统编号 | 系统设计参数 | | | | | | | 服务对象 | 设备安装位置 |
|---|---|---|---|---|---|---|---|---|---|
| | 风量 (m³/h) | 余压 (Pa) | $Q_L$ (kcal/h) | $Q_R$ (kcal/h) | 加湿量 (kg/h0) | 功率 (kW) | 机组数量 | | |
| X3-1 | 3000 | 300 | 28800 | 29376 | 22 | 2.2 | 1 | 三层单间活动室 | 安装在（K）-（L）与（21）交叉机房内 |
| XWD-1 | 6000 | 300 | 57600 | 58752 | 44 | 4.0 | 1 | 二层办公、服务、乒乓球室、书画展览与创作室等 | 安装在（10）~（12）与（D）交叉网格屋顶间机房内 |
| XWD-2 | 4000 | 300 | 36480 | 39168 | 28.8 | 3.0 | 1 | 三层男女更衣室、活动室 | |
| KWD-1 | 24000 | 500 | 135360 | 207360 | 103 | 11 | 1 | 三层1号网球馆 | 安装在（16）~（19）与（K）-（M）交叉网格屋顶间机房内 |
| KWD-2 | 24000 | 500 | 135360 | 207360 | 103 | 11 | 1 | | |
| KWD-3 | 24000 | 500 | 135360 | 207360 | 103 | 11 | 1 | 三层2号网球馆 | |
| KWD-4 | 24000 | 500 | 135360 | 207360 | 103 | 11 | 1 | | |
| KWD-5 | 24000 | 500 | 135360 | 207360 | 103 | 11 | 1 | 三层3号网球馆 | 安装在（16）~（18）与（F）-（G）交叉网格屋顶间机房内 |
| KWD-6 | 24000 | 500 | 135360 | 207360 | 103 | 11 | 1 | | |

**风机盘管加新风系统划分**      表 2.6.2-12

| 系统编号 | 室外机 | | 服务范围 | 室内机(注：风量中分数为高/低风速的风量值) | | | | | |
|---|---|---|---|---|---|---|---|---|---|
| | 型号规格 | 功率 (kW) | | 型号规格 | 制冷量 (kcal/h) | 制冷量 (kcal/h) | 风量 (m³/min) | 功率 (kW) | 数量 |
| 系统-1 | RHXY280K | 11.8 | 一层门厅（一） | FXYD50K | 5000 | 5400 | 15/13 | 0.131 | 2 |
| | | | 一层医疗保健 | FXYD40K | 4000 | 4300 | 13/11 | 0.131 | 1 |
| | | | 一层门厅（三） | FXYD63K | 6300 | 6900 | 18/15 | 0.12 | 2 |
| 系统-2 | RHXY280K | 11.8 | 二层招待用房 | FXYD25K | 2500 | 2800 | 12/11 | 0.078 | 10 |
| 系统-3 | RHXY280K | 11.8 | 三层招待用房 | FXYD25K | 2500 | 2800 | 12/11 | 0.078 | 8 |
| | | | 三层西侧两间 | FXYD40K | 4000 | 4300 | 13/11 | 0.131 | 2 |
| 系统-4 | RHXY280K | 11.8 | 四层招待用房 | FXYD25K | 2500 | 2800 | 12/11 | 0.078 | 8 |
| | | | 四层西侧两间 | FXYD40K | 4000 | 4300 | 13/11 | 0.131 | 2 |
| 注解 | 室外机的型号规格 | | 型 号 RHXY280K | 标准制冷量 25000 kcal/h | | 标准制热量 27000 kcal/h | | 功率 11.8kw | 数量 4台 |

注：1. 室外机在屋顶的安装位置设计图纸未提供。

    2. 表中的制冷量和制热量均为标准制冷量和标准制热量。

4．VAV空调系统：VAV空调系统主要用于招待用房、接待室和消防控制室。VAV空调系统由甲方向厂家直接定货和厂家安装与调试，但我方作为总包单位应与厂家做好图纸会审，并严密注视安装质量和施工技术资料的交接工作。

### 2.3.4　空调冷热水供应系统和风机盘管空调系统

1．空调冷热水供应、冷却水循环系统流程（图2.6.2-2、图2.6.2-3、图2.6.2-4）

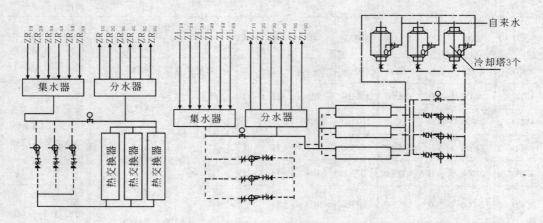

图2.6.2-2　空调循环热水　图2.6.2-3　空调循环冷冻水　图2.6.2-4　空调循环冷却
　　　流程图　　　　　　　　　　流程图　　　　　　　　　水流程图

2．空调冷冻水供应循环系统的划分（表2.6.2-13）：

空调冷冻水、热水循环系统和蒸汽供应系统的划分　　　　表2.6.2-13

| 系统编号 | 主管代号 | 管径 DN | 供应系统 |
|---|---|---|---|
| 系统-4 | $ZL_{4G}$-AHU、$ZL_{4H}$-AHU | 219×6.0 | 地下一层 XB1-4、XB1-5、XB1-6、XB1-7、XB1-8、XB1-9、XB1-10、KB1-6 |
| | $ZR_{4G}$-AHU、$ZR_{4H}$-AHU | 133×4.0 | |
| | AHUZ（加湿蒸汽） | 45×3.5 | |
| 系统-5 | $ZL_{5G}$-AHU、$ZL_{5H}$-AHU | 273×6.0 | 地下一层 XB1-1、XB1-2、XB1-3、KB1-1、KB1-3、KB1-4、KB1-5、KB1-7、KB1-8,屋顶间空调机房 XWD-1、XWD-2 |
| | $ZR_{5G}$-AHU、$ZR_{5H}$-AHU | 159×4.5 | |
| | AHUZ（加湿蒸汽） | 76×4.0 | |
| 系统-6 | $ZL_{6G}$-AHU、$ZL_{6H}$-AHU | 219×6.0 | 三层 X3-1、屋顶间网球场两个空调机房内 KWD-1、KWD-2、KWD-3、KWD-4、KWD-5、KWD-6空调机 |
| | $ZR_{6G}$-AHU、$ZR_{6H}$-AHU | 219×6.0 | |
| | AHUZ（加湿蒸汽） | 76×4.0 | |
| 系统-1 | ZL1G-FCU、ZL1H-FCU | 70 | — |
| | ZR1G-FCU、ZR1H-FCU | 50 | |

| 系统编号 | 主管代号 | 管径 DN | 供应系统 |
|---|---|---|---|
| 系统 – 2 | ZL2G – FCU、ZL2H – FCU | 159 × 4.5 | 地下一层灯光控制风机盘管 1 组、电话交换间风机盘管 1 组，一层(16)轴以西司机休息室、放映室、大厅、阅览室、美容、服务、控制室等风机盘管 36 组，二层开水间、棋牌室、文体、休息室等风机盘管 39 组，三层排风机房、男女更衣、活动室、休息室、开水间等风机盘管 23 组、屋顶间计算机房、电视机房等风机盘管 2 组 |
| | ZR2G – FCU、ZR2H – FCU | 133 × 4.0 | |
| | N(凝结水管) | 32 | 排至地下机房 |
| 系统 – 3 | ZL3G – FCU、ZL3H – FCU | 159 × 4.5 | 地下一层控制室风机盘管 1 组，夹层职工餐厅风机盘管 4 组，一层(16)轴以东游泳池附属房间、餐厅、过厅、电梯厅、消防控制、医疗保健等风机盘管 53 组，二层办公室、会议室、台球室、健身房、书画等风机盘管 59 组，三层单间和休息厅风机盘管 22 组；凝结水管回机房后排至地下一层空调机房 |
| | ZR3G – FCU、ZR3H – FCU | 133 × 4.0 | |
| | N(凝结水管) | 50 | |

### 2.3.5 游泳池的加热和电热锅炉的设计

设计无图纸，不在招标范围内。游泳池系统二次的设计热负荷 $Q_y = 203$kW，供回水压差 $\Delta P = 150$kPa，供回水温度 60℃/50℃，定压值 0.3MPa。

### 2.3.6 通风、空调及冷热水、冷却水的材质

它们的材质见表 2.6.2 – 14。

通风、空调及冷热水、冷却水的材质　　　　　　　　表 2.6.2 – 14

| 系统名称 | 采用材质连接方法 | | 保温材料和保温层厚度 δ | |
|---|---|---|---|---|
| 通风空调系统风道 | 镀锌钢板 | 折边咬口型钢法兰连接 | 阻燃型橡塑海绵板粘接 | 20mm 防火阀前 2m 采用非燃型超细玻璃棉外复合铝箔布 |
| 冷冻水热水管 | $DN < 100$ | 焊接钢管焊接连接 | 阻燃型橡塑海绵管壳 | 保温范围包括吊顶内、竖井内保温层厚度 $DN < 50$、$\delta = 20$mm |
| 冷热共用水管 | $DN \geqslant 100$ | 无缝钢管焊接连接 | | $DN \geqslant 50$、$\delta = 30$mm |
| 空气凝结水管 | $DN < 100$ | 热镀镀锌钢管丝扣连接 | | 异形管件采用异形管壳保温 |
| 加湿蒸汽管道 | $DN < 100$ | 焊接钢管焊接连接 | | |
| VAV 空调系统 | 铜管 | 氮气保护银焊连接 | 橡塑泡沫保温套 | $\delta = 9$mm |
| 消声静压箱 | — | | 箱内衬 50mm 超细玻璃棉板，外包玻璃布再用铝网压平加固 | |
| 压力表 | Y 型测量量程 0 ~ 1.0MPa；精度等级 1.5 级 | | | |
| 温度计 | WT2 – 208 压力表型，直接连接。精度等级 1.5 级；温度表测量量程：空调冷冻水 0 ~ 50℃；空调热水 0 ~ 100℃ | | | |

## 2.3.7 空调冷冻水、热水、加湿蒸汽、冷却水和 VAV 系统管道的试验压力

设计要求试验压力 $P = 0.8\text{MPa}$。VAV 系统管道铜管充氮试压压力 2.8MPa,试验时间 24h 不渗不漏为合格,冷凝结水管充水试验不渗不漏为合格。

## 2.3.8 空调、通风系统自动控制(DDC)系统(表 2.6.2-15)

表 2.6.2-15

空调、通风系统自动控制(DDC)系统

| 项　目 | 概　况　与　组　成 | 功　　　能 |
|---|---|---|
| DDC 系统的设计概况 | 空调、通风系统、冷源、热源直接数字控制 | 对建筑物内的空调设备、测试参数点、进行监测、控制、故障诊断、报警、打印记录 |
| 控制系统的组成 | 微机控制中心、分布式直接数字控制器、通讯网络、传感器及执行器、控制软件 | 设备状态、测点温湿度、供电故障汉化显示、编程、打印和密码保护 |
| 主要软件功能要求 | 密码系统、控制系统动态彩色图、各单项专业控制、自适应控制、外界条件重设定、夜间净化循环设定、最佳启停控制设定、设定值可调整、焓值控制等软件 | 控制点报警、控制点历史记录、平时及假日运行启停时间记录、运行动态记录、设备运行时间累计记录、焓值控制记录等 |
| 对操作系统的主要设备的要求 | 启停有关设备和装置、调整设定点装置、增加取消修改时间控制程序、执行或停止电脑运行的各项程序、停止或接收有关监控点报警状态设备、执行或停止有关监控点运行时间累计记录装置、执行或停止有关监控点动态记录装置、加入或更改模拟量输入点的报警上下限数值装置、加入或更改模拟量输入点的危险提示上下限数值装置、设定假期表软件,记录及摘要软件、修改系统内日期时间软件等 ||
| 动态彩色图显示要求 | 系统提供包括楼层平面图、机电设备三维动态显示图,各设定点和监测点的参数应在图中实时动态显示,操作人员不必进行程序操作。同时工作站应同时显示多幅工作人员增加修改或取消的显示图 ||
| 图形化的编程要求 | 用户可以使用图形化编写程序语言编写机电设备的联动控制程序和各种逻辑性控制程序 ||
| 风机盘管温度的控制 | 利用室内三速风机开关按钮和温控器控制风机盘管进出水管的电动二通阀进行控制 ||

# 2.4　给水与蒸汽供应工程

主要有室内生活给水、生活热水、消火栓给水、自动喷水灭火系统和游泳池给水系统等。蒸汽由三个系统构成,分别供应空调加湿,厨房洗衣房。

## 2.4.1 给水水源及设计参数(表 2.6.2-16)

表 2.6.2-16

给水水源及设计参数

| 给水类别 | 生活给水 | 生活热水供应 | 游泳池给水 | 消火栓给水 | 自动喷水灭火 |
|---|---|---|---|---|---|
| 水　源 | 市政管网 | 市政热力管网经热交换器的二次热水 | 市政水源补水,循环过滤系统处理 | 市政水源补水,216m³ 蓄水池供水高位水箱 18m³ | 市政水源补水,216m³ 蓄水池供水高位水箱 18m³ |

| 给水类别 | 生活给水 | 生活热水供应 | 游泳池给水 | 消火栓给水 | 自动喷水灭火 |
|---|---|---|---|---|---|
| 给水压力(MPa) | 0.3 | 循环泵输送 | 循环泵输送 | 加压泵供水 | 加压泵供水 0.6 |
| 循环周期 | — | — | — | 6 h/次 | — |
| 日最高用水量 | 595m³/d | — | — | | |
| 最大小时流量 | 87 m³/h | — | — | 30L/s;单枪流量 $q = 15L/s$ | 30L/s;火灾延续时间 1h |
| 供水温度℃ | — | ≥65 | 28.5~29 | | |
| 回水温度℃ | — | <50 | — | | |
| 热负荷(kW) | — | 1320 | 不清 | | |
| 试验压力(MPa) | 1.0 | 1.0 | 1.0 | 1.4 | 1.0 |
| 循环或稳压泵 | 启动 | 50℃ | — | — | 0.53 MPa |
| 循环或稳压泵 | 停止 | 55℃ | — | — | 0.60 MPa |
| 消防泵启动 | — | — | — | — | 0.48 MPa |

### 2.4.2　给水系统的划分

给水管道总入口(J/1)在(R)轴外墙(18)轴以西,(J/1)在(A)轴外墙(14)轴左右, $DN = 150$ 标高 $-1.60$m(图 2.6.2 – 5)。

### 2.4.3　蒸汽供应系统的划分

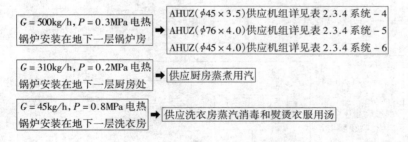

### 2.4.4　给水系统的材质与连接方法(表 2.6.2 – 17)

### 2.4.5　消防灭火器材的配置

变配电室配置 C2O 手推车式灭火器两部,电话机房配置 C2O 手推车式灭火器一部;手提贮压式磷酸铵干式灭火器 184 个。

### 2.4.6　电开水器的配置

电开水器的规格为 $V = 105L$、$N = 12$kW,共计 12 台,分别配置在各层开水间内。

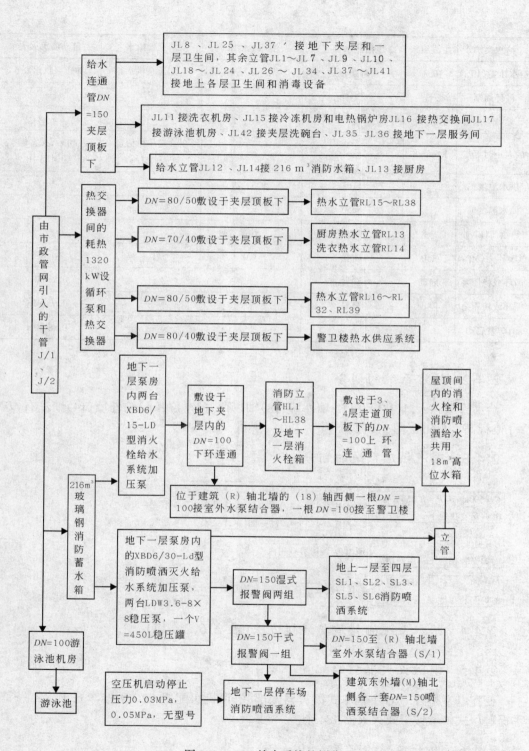

图 2.6.2 - 5 给水系统的划分

| 系统名称 | 采用材质与连接方法 | | 保温材料和保温层厚度 δ | 试验压力 | 附件材质 | |
|---|---|---|---|---|---|---|
| | 管径 | 材质和连接方法 | | | 管径 | 连接方法 |
| 生活给水系统 | $DN \leqslant 70$ | 热镀镀锌钢管丝扣连接 | 防结露保温橡塑泡棉 $\delta = 20mm$；阀门处复合硅酸盐涂料 | 1.0 MPa | $DN \leqslant 50$ | 铜芯截止阀 |
| | $DN \geqslant 80$ | 热镀镀锌钢管沟槽连接 | | | $DN > 50$ | 铜质闸阀或蝶阀 |
| | $DN \geqslant 50$ | 机房内法兰连接 | | | | |
| 生活热水系统 | 同上 | 同上 | 同上，但 $DN \leqslant 50$、$\delta = 30mm$，$DN > 50$、$\delta = 40mm$ | 1.0 MPa | 同上 | 铜质截止阀或球阀 |
| 消火栓给水系统 | | 焊接钢管,焊接连接 | — | 1.4 MPa | — | 蝶阀或明杆闸阀 |
| | $DN \geqslant 50$ | 机房内法兰连接 | — | | | |
| | 阀门或拆卸处 | 法兰连接 | — | | | |
| 自动消防喷洒灭火给水系统 | $DN \leqslant 80$ | 热镀镀锌钢管丝扣连接 | — | 1.4 MPa | | 蝶阀或明杆闸阀 |
| | $DN \geqslant 100$ | 热镀镀锌钢管沟槽连接 | — | | | |
| | 管道与喷头 | 锥形螺纹连接 | — | | | |
| 蒸汽管道 | — | 焊接钢管,焊接连接 | 同生活热水系统 | 1.4 MPa | | 铜质或钢质截止阀 |
| 屋顶水箱 | | $\delta = 20mm$ 聚苯板外包镀锌钢板 | | | | |
| 喷淋头 | | 汽车库 | 72℃易熔合金喷头 | — | | — |
| | | 洗衣机房厨房 | 98℃易熔合金喷头 | — | | — |
| | | 无吊顶走道及其他场合 | 68℃玻璃球喷头 | | | |
| 管道、设备和支架的防腐 | | 系统 | 明装非保温管道 | 保温管道 | | 颜色 |
| | | 给水和热水系统 | 银粉漆两道 | | | 银白色 |
| | | 消火栓给水系统 | 防锈漆两道调合漆两道 | 防锈漆两道 | | 红色 |
| | | 消防喷洒系统 | 调合漆两道 | 调合漆两道 | | 红色 |
| | | 蒸汽管道 | 防锈漆两道调合漆两道 | 防锈漆两道 | | 黄色 |
| | | 水泵等设备 | 防锈漆两道调合漆两道 | — | | 灰色 |
| | | 管道支架 | 防锈漆两道调合漆两道 | — | | 与管道同 |
| 消火栓箱 | | 自救式消防卷盘带灭火喉单出口69套 | | 自救式消防卷盘带灭火喉双出口22套 | | |

# 2.5 排水工程

主要有室内生活污水、设备排放的废水、空调系统的凝结水、雨水四种,其中又分有压和无压排水两类。

## 2.5.1 排水系统的划分(表2.6.2-18)

生活污水排水系统的划分                                          表 2.6.2-18

| 系统编号 | | 污水泵 | | 管材 | | 服务立管和对象 |
|---|---|---|---|---|---|---|
| | | 型号规格 | 台数 | 管径(mm) | 材质与连接方法 | |
| 有压生活污水 | 1号 | MP3068HT210<br>$Q=14m^3/h$、$H=20m$ | 2 | 100/75 | 有压管为热镀锌管无压为柔性排水铸铁管 | 地下一层4号卫生间 WL-7 |
| | 2号 | MP3085LT250 耐温80℃带冲洗阀<br>$Q=30m^3/h$、$H=20m$ | 2 | 100/100 | 有压管为热镀锌管无压为柔性排水铸铁管 | 地下一层洗衣房 WL-8 |
| | 3号 | MP3068HT210<br>$Q=14m^3/h$、$H=20m$ | 2 | 100/100 | 有压管为热镀锌管无压为柔性排水铸铁管 | 地下一层3号卫生间 WL-16 |
| | 4号 | MP3068HT210<br>$Q=14m^3/h$、$H=20m$ | 2 | 100/100 | 有压管为热镀锌管无压为柔性排水铸铁管 | 地下一层1号、卫生间 WL-19 |

| | 干管 | | | 立管编号 | 通气管编号 |
|---|---|---|---|---|---|
| 编号 | | 直径(mm) | 标高(m) | | |
| 无压生活污水 | W/1 | 75 | -1.45 | 接地上一层服务 | — |
| | W/2 | 100 | -1.45 | WL-1、WL-2 | — |
| | W/3 | 100 | -1.45 | WL-7(1号有压系统) | TL-1 |
| | W/4 | 100 | -1.45 | WL-6 | TL-2 |
| | W/5 | 100 | -1.45 | 接地上一层9号卫生间 | — |
| | W/6 | 100 | -1.45 | WL-3、WL-4 WL-5、一层开水间 | — |
| | W/7 | 200 | -1.60 | WL-9 | TL-3 |
| | W/8 | 100 | -1.50 | 一层 WL-10、WL-11;二层以上 WL-12 | TL-4 |
| | W/9 | 100 | -1.50 | WL-17 | TL-5 |
| | W/10 | 150 | -1.50 | 一层男宾卫生间和男宾淋浴间 | TL-5 |
| | W/11 | 100 | -1.50 | 一层服务间卫生间 | TL-8 |
| | W/12 | 100 | -1.50 | WL-18 | TL-8 |
| | W/13 | 100 | -1.45 | WL-20 | TL-6 |
| | W/14 | 2-100 | -1.45 | 一根接 WL-21;一根接 WL-22 | — |
| | W/15 | 100 | -1.45 | 一层5号卫生间 | TL-7 |

508

| | 干管 | | 立管编号 | 通气管编号 |
|---|---|---|---|---|
| 编号 | 直径<br>（mm） | 标高<br>（m） | | |
| 无压生活污水 | W/16 | 100 | －1.45 | WL－23 | － |
| | W/17 | 100 | －1.50 | 一层男宾卫生间和男宾淋浴间、WL－15 | TL－4 |
| | W/18 | 2－100 | －1.50 | WL－13、WL－14 等 | TL－4 |

<h3 style="text-align:center">设备废水和雨水排水系统的划分      表 2.6.2－19</h3>

| 系统编号 | 污水泵 | | | 管材 | | 服务立管和对象 |
|---|---|---|---|---|---|---|
| | 型号规格 | 台数 | 管径<br>（mm） | 材质与连接方法 | | |
| 有压设备废水排放系统 | 1 号 | CP3185LT250＝<br>$Q3.6\sim20m^3/h$、$H=20m$ | 2 | 50/50 | 有压管为热镀锌管无压为柔性排水铸铁管 | 地下一层空调机房 FL－7、8 |
| | 2 号 | CP3185LT250＝<br>$Q3.6\sim20m^3/h$、$H=20m$ | 2 | 50/50 | 有压管为热镀锌管无压为柔性排水铸铁管 | 地下一层空调机房 FL－9 |
| | 3 号 | CP33102LT252<br>$Q=30m^3/h$、$H=20m$ | 2 | 100 | 有压管为热镀锌管 | 地下一层洗衣房 FL－10 |
| | 4 号 | CP33102LT252 耐温 80℃<br>$Q=30m^3/h$、$H=20m$ | 2 | 100/50 | 有压管为热镀锌管无压为柔性排水铸铁管 | 地下一层热交换间 FL－11 |
| | 5 号 | CP33102LT252<br>$Q=30m^3/h$、$H=20m$ | 2 | 100 | 有压管为热镀锌管 | 地下一层游泳池机房 FL－12 |
| | 6 号 | CP3185LT250＝<br>$Q3.6\sim20m^3/h$、$H=20m$ | 1 | 50 | 有压管为热镀锌管 | 地下一层人防扩散室（F/11） |
| | 7 号 | CP3185LT250＝<br>$Q3.6\sim20m^3/h$、$H=20m$ | 2 | 50 | 有压管为热镀锌管 | 地下一层空调机房（F/14） |
| | 8 号 | CP3185LT250＝<br>$Q3.6\sim20m^3/h$、$H=20m$ | 1 | 50 | 有压管为热镀锌管 | 地下一层人防扩散室（F/12） |
| | 9 号 | CP3185LT250＝<br>$Q3.6\sim20m^3/h$、$H=20m$ | 2 | 80/50 | 有压管为热镀锌管无压为柔性排水铸铁管 | 地下一层车库 FL－14 |
| | 10 号 | CP3185LT250＝<br>$Q3.6\sim20m^3/h$、$H=20m$ | 2 | 80/50 | 有压管为热镀锌管无压为柔性排水铸铁管 | 地下一层服务间 FL－15 |
| | 11 号 | CP3185LT250＝<br>$Q3.6\sim20m^3/h$、$H=20m$ | 2 | 80/50 | 有压管为热镀锌管无压为柔性排水铸铁管 | 地下一层服务间 FL－16 |
| | 12 号 | CP3185LT250＝<br>$Q3.6\sim20m^3/h$、$H=20m$ | 2 | 50/50 | 有压管为热镀锌管无压为柔性排水铸铁管 | 地下一层空调机房 FL－17 |
| | 13 号 | CP3185LT250＝<br>$Q3.6\sim20m^3/h$、$H=20m$ | 2 | 50/50 | 有压管为热镀锌管无压为柔性排水铸铁管 | 地下一层空调机房 FL－18 |

| | 干管 | | | 立管编号 | 通气管编号 |
|---|---|---|---|---|---|
| | 编号 | 直径（mm） | 标高（m） | | |
| 无压设备废水排放系统 | F/1 | 50 | -1.45 | FL-7、FL-8 | 见1号有压系统 |
| | F/2 | 50 | -1.45 | FL-9 | 见2号有压系统 |
| | F/3 | 100 | -1.50 | FL-1 | — |
| | F/4 | 100 | -1.50 | FL-10 | 见3号有压系统 |
| | F/5 | 100 | -1.45 | 接一层报警阀室地漏 | — |
| | F/6 | 100/250 | -1.50 | FL-12/接游泳池机房地漏 | 见5号有压系统 |
| | F/7 | 100 | -1.50 | FL-2 | — |
| | F/8 | 200 | -2.40 | 游泳池池内泄水 | — |
| | F/9 | 100 | -1.45 | 游泳池池边地面泄水 | — |
| | F/10 | 100 | -1.45 | 游泳池池边地面泄水 | — |
| | F/11 | 50 | -1.45 | 地下一层人防扩散室 | 见6号有压系统 |
| | F/12 | 50 | -1.45 | 地下一层人防扩散室 | 见8号有压系统 |
| | F/13 | 80 | -1.45 | FL-14 | 见9号有压系统 |
| 无压设备废水排放系统 | F/14 | 100/50 | -1.50 | 接消毒池地漏/FL-13地下一层空调机房 | 见7号有压系统 |
| | F/15 | 100 | -1.50 | FL-16 | — |
| | F/16 | 80 | -1.50 | FL-15 | 见10号有压系统 |
| | F/17 | 80 | -1.45 | FL-16 | 见11号有压系统 |
| | F/18 | 50 | -1.45 | FL-18 | 见13号有压系统 |
| | F/19 | 50 | -1.45 | FL-17 | 见12号有压系统 |
| | F/20 | 2-100 | -1.50 | 接消毒池地漏和FL-3、FL-4 | — |
| | F/21 | 100 | -1.50 | FL-11 | 见4号有压系统 |
| 无压雨水排放系统 | Y/1 | 2-100 | -1.45 | YL-1、YL-7 | — |
| | | | | YL-2、YL-4、YL-9、YL-10均直接至散水 | |
| | Y/2 | 100 | -1.45 | YL-3 | |
| | Y/3 | 100 | -1.45 | YL-5 | |

| | 干管 | | 立管编号 | 通气管编号 |
|---|---|---|---|---|
| 编号 | 直径<br>（mm） | 标高<br>（m） | | |
| Y/4 | 100 | − 1.45 | YL − 6 | — |
| Y/5 | 100 | − 1.50 | YL − 8 | — |
| Y/6 | 100 | − 1.50 | YL − 11 | — |
| Y/7 | 100 | − 1.50 | YL − 13 | — |
| Y/8 | 100 | − 1.50 | YL − 14 | — |
| Y/9 | 100 | − 1.50 | YL − 17 | — |
| Y/10 | 100 | − 1.50 | YL − 18 | — |
| Y/11 | 100 | − 1.50 | YL − 19 | — |
| Y/12 | 100 | − 1.50 | YL − 23 | — |
| Y/13 | 100 | − 1.50 | YL − 25 | — |
| Y/4 | 100 | − 1.50 | YL − 27 | — |
| Y/15 | 100 | − 1.50 | YL − 28 | — |
| Y/16 | 100 | − 1.50 | YL − 29 | — |
| Y/17 | 100 | − 1.50/<br>1.55 | YL − 30/FL − 5、YL − 24、YL − 26 | — |
| Y/18 | 100 | − 1.50 | YL − 31 | — |
| Y/19 | 100 | − 1.45 | YL − 32 | — |
| Y/20 | 100 | − 1.45 | YL − 36 | — |
| Y/21 | 100 | − 1.45 | YL − 37 | — |
| Y/22 | 100 | − 1.45 | YL − 38 | — |
| Y/23 | 100 | − 1.45 | YL − 39 | — |
| Y/24 | 100 | − 1.45 | YL − 35 | — |
| Y/25 | 100 | − 1.45 | YL − 34 | — |
| Y/26 | 100 | − 1.45 | YL − 33 | — |
| Y/27 | 3 − 100 | − 1.45 | YL − 20、YL − 21、YL − 22 | — |
| Y/28 | 100 | − 1.50 | YL − 16 | — |
| Y/29 | 100 | − 1.50 | YL − 12、YL − 15 | — |

无压设备废水排放系统

511

## 2.5.2　排水系统的材质和连接方法（表2.6.2-20）

排水系统的材质和连接方法　　　　　　　表2.6.2-20

| 连接方法 | 采用材质与连接方法 | | 保温材料和保温层厚度 $\delta$ | 试验压力 | 附件材质 | |
|---|---|---|---|---|---|---|
| | 管径 | 材质和连接方法 | | | 管径 | — |
| 污水、废水、通气排水管 | $DN \geq 70$ | 机制柔性排水铸铁管橡胶圈密封不锈钢卡箍卡紧 | 防结露保温橡塑泡棉 $\delta = 20$mm | 有压管道2倍水泵扬程 | $DN \leq 50$ | 铜芯截止阀 |
| | $DN \leq 50$ | 热镀镀锌钢管丝扣连接 | | | | |
| | 有压管 | 焊接钢管焊接连接，拆卸处用法兰连接 | | | $DN > 50$ | 铜质闸阀或蝶阀 |
| 雨水管 | — | 热镀镀锌钢管沟槽连接或焊接，但焊口表面作防腐处理 | — | | — | — |
| 管道防腐 | 排水、雨水、通气管 | 按装修要求刷调合漆或银粉漆两道 | — | | — | — |
| | 铸铁管 | 内外刷防锈漆和调合漆各两道 | | | | |

# 2.6　本工程的重点、难点及甲方、设计方应配合的问题

主要是未提供设备间的设计图纸，因此有的系统来去方向没有交代清楚。但本工程除了自动控制外，其他暖卫、通风空调及标书中甲方准备外包的机房内设备安装工程项目，均为我公司专业分公司常见和安装过的一般项目，只要贯彻我公司一贯坚持的"重质量、重信誉、创名牌和一切为了用户"的精神，选择好优秀的劳务队伍，就能以优质工程成果呈献给建设方。但是本工程有两个影响最终工程质量的关键性问题，应引起重视。

## 2.6.1　设备选型

标书中由建设方外包的项目（游泳池水处理机房、制冷机房、热交换间、电锅炉房等设备及配管的安装等，直接涉及到整体工程的施工质量。不同厂家生产的设备其尺寸大小、进出管线接口位置均不相同，因此设备选型涉及到已定机房面积能否合理安排、内部配管的优化组合和管道进出甩口与外接已安排管线的衔接大事，因此中标后第一件大事是审核这些机房内设备的选型及进出口位置与现外围进出管道甩口设计位置是否合适和有无调整的余地，及时解决这些矛盾，再进行土建和设备安装。

## 2.6.2　关于楼宇自动化控制

本工程全部设备设施（包括电话通信、安全防护、消防系统、通风空调及各机房内设备运行、参数检测与调整等）均实行计算机楼宇自动化控制运行。这是当前比较新的项目。它涉及到的暖卫、通风空调能源供应，系统运行中参数检测、调整、报警等控制。而本工程暖卫、通风空调系统众多、分布面较广而分散，因此必须关注三方面问题。

1. 楼宇自动化控制检测探头、信号变送、调节部件执行机构、检测口构造和暖通专业调节部件在各系统中的安装位置的合理性、可操作性；

2. 为了检测、调试、维护检修窗井、检修人员行走栈桥等设施的布局的可行性、合理性以及检查井对顶棚分割、灯具布局、送回风口布局、烟(温)感探头分布、喷淋头布局等安排引起调整的可行性、合理性、合法性；

3. 楼宇自动化控制系统的控制线路非常之多,因此在各机房内、管线较集中的顶棚、房间内,就成为建筑安全、施工质量的关键性问题。因此这些线路的走向、埋设位置(结构层、垫层、吊顶内的线槽内等)问题必须在楼地板、墙体施工前进行全面安排解决好,才能进行结构施工;在安排中应注意不要将多根穿管同时集中在结构层一个地方,以免影响结构的安全。也要注意控制线路对屏蔽性的要求,避免相互干扰,影响控制检测的准确性和可靠性。

# 3 施工部署

## 3.1 施工组织机构及施工组织管理措施

在技术上确保达到优质目标,具体施工组织管理措施如下。

3.1.1 建立由公司技术主管副经理、项目经理、公司设备专业技术主管、项目技术主管工程师、专业技术主管、材料供应组长组成的本工程专业施工安装项目领导班子,负责本工程专业施工的领导、技术管理、材料供应和进度协调工作。

3.1.2 组织由项目主管工程师、公司设备专业技术主管、项目专业技术主管、暖卫技术负责工程师、通风空调技术负责工程师、锅炉设备技术负责工程师、电气专业技术负责工程师,暖卫专业施工工长、通风专业施工工长、锅炉专业施工工长、电气专业施工工长、暖卫专业施工质量检查员、通风专业施工质量检查员、锅炉专业施工质量检查员、电气专业施工质量检查员、等技术人员组成的专业技术组,负责施工技术、施工计划、变更洽商和各工种技术资料的填写与管理工作;技术组内除了设专职质检员等应负责质量监督与把关外,项目及专业技术主管工程师、专业技术负责人、施工工长也应对质量负责,尤其是主管工程师更应负全责。

3.1.3 按专业、按项目、按工序、按系统及时进行预检、试验、隐检、冲洗、调试工作,并完成各种记录单的填写和整理工作。

## 3.2 施工流水作业安排

依据土建专业大流水作业段的安排。暖卫、通风专业安装流水作业均紧密配合土建专业进行,以便完成土建施工工期的要求。

## 3.3　施工力量总的部署

依据本工程设备安装专业工程量分布的特点：

1. 在地下一层暖通专业设备安装的工程量比较集中，特别在水箱间和水泵房、空调机房、冷冻机房、热交换间的各种配管在此汇集；

2. 通风专业、消防管道均集中各层的吊顶内，管道相互交叉，矛盾较突出；

3. 各层安装的工程量比较均匀的特点。

### 3.3.1　暖卫、通风空调工程(含冷冻水等管道安装)

工程量较大。因此各专业安排投入较多的人力，应随工程顺序渐进，及时完成各工序的施工、检测进度，并对施工质量、成品保护、技术资料整理的管理工作按时限、按质量完成。

### 3.3.2　施工力量的安排

通风空调专业：依工程概算本工程共需通风工 32500 个工日和考虑到工程量分布不均匀性，计划投入通风人 165 人(其中电焊工 10 人、通风工 60 人、机械安装工 8 人、管道安装工 87 人)。通风工程的安装工作必需在工程竣工前 20d 结束，留出较富裕时间进行修整和资料整理。

暖卫专业：依据工程概算需 9300 个工日，考虑未预计到的因素拟增加 800 个工日，共计 11000 个工日，投入水暖工人 95 人(其中电焊工 7 人、机械安装工 6 人、水暖安装工 74 人、锅炉安装工 8 人)。水暖每组抽调 5 人配合土建结构施工进行预埋件制作、预埋和预留孔洞预留工作。在土建各流水段的建筑粗装修后进行支、吊、托架、管道安装、试压、灌水试验、防腐、保温，土建粗装修后精装修前进行设备安装和散热器单组组装、试压、除锈、防腐及稳装工作。土建精装修后进行卫生器具及给水附件安装和灌水试验、系统水压试验、冲洗、通水、单机试运转试验和系统联合调试试验，以及清除污染和防腐(刷表面油漆)施工。一切工作必需在竣工前 20d 完成，留 20d 时间作为检修补遗和资料整理时间。暖气调试可能处在非供暖期，可以作为甩项处理，在冬季进行调试。

# 4　施工准备

## 4.1　技术准备

### 4.1.1　施工现场管理机构准备(实行双轨管理体制)

1. 建立公司一级的专项管理指导体系：建立以公司技术主管副总经理、总工程师、技术质量检查处处长、暖卫通风空调技术主管高级工程师、电气专业技术主管高级工程师、材料供应处长组成的施工现场管理指导组，负责重点解决施工现场的技术难点、施工工序科学搭接、施工进度及材料供应的合理安排；帮助现场与建设、监理、分包单位协调有关各项配合问题。

2. 建立施工现场管理指导体系：建立以项目经理、主任工程师、设备分公司主任工程师、设备分公司副主任工程师、各专业技术主管工程师、施工安全及环境卫生（防环境污染、职工健康）主管、材料采购供应组长、劳务队负责人等组成的现场施工进度、施工技术质量、施工工序搭接、施工安全、材料供应与管理、施工环境卫生等的管理协调班子。

### 4.1.2　建立公司、现场两级图纸会审班子

实行背靠背对施工图纸进行审图和各工种之间图纸的全面会审制度，提出初步解决方案与建议。然后双方将会审结果进行汇总，以书面形式提请设计、建设各方解决，办理设计变更与洽商，将图纸中的问题解决在施工实施之前。

### 4.1.3　成立现场协调小组

建议由甲方牵头，组成由建设、设计、监理、总包、分包单位组成常驻现场协调小组，定期协调现场需要协调的问题。

### 4.1.4　暖卫通风空调工程施工管理网络图（图 2.6.4－1）：

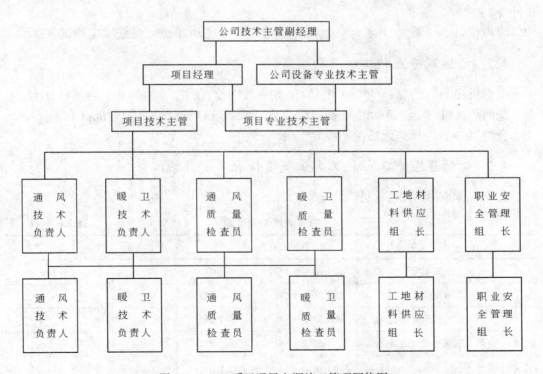

图 2.6.4－1　暖卫通风空调施工管理网络图

### 4.1.5 编写通风空调参数测试、系统调试方案

此项工作应在中标后及时进行,具体安排略。

## 4.2 施工机械和设备准备

施工所有钢材、管材、设备由工地器材组统一管理,施工时依据任务书及领料单随用随领,其他材料、配件由器材组采购入库,班组凭任务单领料,依据工程施工材料加工,预制项目多,故在现场应配备办公室二间、工具房和库房一间,供各班组存放施工工具、衣物。

### 4.2.1 加速更新通风加工厂的设备

尽速达成与日商谈判,完成整套加工设备更新。

### 4.2.2 暖卫专业施工机具和测试仪表的配备

交流电焊机:10台　电锤:15把　电动套丝机:4台　倒链:8个　切割机:6台
台式钻床:4台　角面磨光机:4台　手动试压泵:6台　电动试压泵:4台
气焊(割)器:6套　弹簧式压力计:10台　刻度0.5℃带金属保护壳玻璃温度计:6支
管道泵:GB50－12型 $G = 12.5$ m³/h、$H = 12$ m H₂O、$n = 2830$r/min $N = 1.1$kW 1台(用于冲洗)
噪声仪:1台　转速计:1台　电压表:2台　手持式ST20型红外线温度测试仪:1台

### 4.2.3 通风专业施工机具的配备

电焊机:6台　台钻:4台　手电钻:10把　拉铆枪:15把　电锤:10　卷圆机:1台
龙门剪板机:1台　手动电动倒角机:2台　联合咬口机:1台　折方机:1台
合缝机:1台　风道无法兰连接成型机:一套

### 4.2.4 通风空调工程施工调试测量仪表及附件的配备

1. 施工调试测量仪表,见表2.6.4－1

施工调试测量仪表　　　　　　　　　　　表2.6.4－1

| 序号 | 仪表名称 | 型号规格 | 量程 | 精度等级 | 数量 | 备注 |
|---|---|---|---|---|---|---|
| 1 | 水银温度计 | 最小刻度0.1℃ | 0~50℃ | — | 5 | — |
| 2 | 水银温度计 | 最小刻度0.5℃ | 0~50℃ | — | 10 | — |
| 3 | 酒精温度计 | 最小刻度0.5℃ | 0~100℃ | — | 10 | — |
| 4 | 带金属保护壳水银温度计 | 最小刻度0.5℃ | 0~50℃ | — | 2 | — |
| 5 | 带金属保护壳水银温度计 | 最小刻度0.5℃ | 0~100℃ | — | 2 | — |

| 序号 | 仪表名称 | 型号规格 | 量程 | 精度等级 | 数量 | 备注 |
|---|---|---|---|---|---|---|
| 6 | 热球式温湿度表 | RHTH－1型 | －20～85℃<br>－0～100% | — | 5 | — |
| 7 | 热球式风速风温表 | RHAT－301型 | 0～30m/s<br>－20～85℃ | <0.3m/s<br>±0.3℃ | 5 | — |
| 8 | 电触点压力式温度计 | — | 0～100℃ | 1.5 | 2 | 毛细管长3m |
| 9 | 手持非接触式红外线温度测试仪 | Raynger ST20型 | — | — | 1 | — |
| 10 | 干湿球温度计 | 最小分度0.1℃ | －26～51℃ | — | 5 | — |
| 11 | 压力计 | — | 0～1.0MPa | 1.0 | 2 | — |
| 12 | 压力计 | — | 0～0.5MPa | 1.0 | 2 | — |
| 13 | 转速计 | HG－1800 | 1.0～99999rps | 50ppm | 1 | — |
| 14 | 噪声检测仪 | CENTER320 | 30～13dB | 1.5dB | 1 | — |
| 15 | 叶轮风速仪 | — | — | — | 2 | — |
| 16 | 标准型毕托管 | 外径 $\phi10$ | — | — | 2 | — |
| 17 | 倾斜微压测定仪 | TH－130型 | 0～1500Pa | 1.5 Pa | 2 | — |
| 18 | U形微压计 | 刻度1Pa | 0～1500Pa | — | 4 | — |
| 19 | 灯光检测装置 | 24V100W | — | — | 2 | 带安全罩 |
| 20 | 多孔整流栅 | 外径＝100mm | — | — | 1 | — |
| 21 | 节流器 | 外径＝100mm | — | — | 1 | — |
| 22 | 测压孔板 | 外径 $D_0=100$,孔径 $d=0.0707$m,$\beta=0.679$ | | | 2 | — |
| 23 | 测压孔板 | 外径 $D_0=100$,孔径 $d=0.0316$m,$\beta=0.603$ | | | 2 | — |
| 24 | 测压软管 | $\phi=8,L=2000$mm | | | 6 | — |
| 25 | 电压计 | — | | | 1 | — |
| 26 | 电率表 | — | | | 1 | — |

## 2. 测量辅助附件(表2.6.4－2)

测量辅助附件　　　　　　　　　　　　　　　　表2.6.4－2

| 序号 | 附件名称 | 规格 | 数量 | 附图编号 |
|---|---|---|---|---|
| 1 | 加罩测定散流器风量 | — | 若干 | 图2.6.4－2 |
| 2 | 室内温度测定架 | 木制品 | 若干 | 悬挂温度计 |

3. 检漏测试装置(表2.6.4-3)

检漏测试装置                    表2.6.4-3

| 序号 | 附件名称 | 规格 | 数量 | 附图编号 |
|------|---------|------|------|---------|
| 1 | 灯光检漏装置 | — | 1 | 图2.6.4-3 |
| 2 | 系统漏风量测试装置 | — | 1 | 图2.6.4-4 |

4. 风道漏风量检测装置设备的配置(表2.6.4-4)

风道漏风量检测装置设备配置表        表2.6.4-4

| 序号 | 系统漏风量(m³/h) | 测试风机 | | 测试孔板 | | | 压差计 | 风道 | 软接头 |
|------|----------------|---------|---------|---------|---------|------|-------|------|-------|
| | | $Q$(m³/h) | $H$(Pa) | 直径(mm) | 孔板常数 | 个数 | | | |
| 1 | — | 1600 | 2400 | — | — | — | — | — | — |
| 2 | ≥130 | — | — | 0.0707 | 0.697 | 1 | — | — | — |
| | <130 | — | — | 0.0316 | 0.603 | 1 | — | — | — |
| 3 | — | — | 0~2000Pa | | | | 2个 | — | — |
| 4 | — | — | 镀锌钢板风道 $\phi100$、$L=1000$mm | | | | — | 3节 | — |
| 5 | — | — | 软接头 $\phi100$、$L=250$mm | | | | — | — | 3个 |

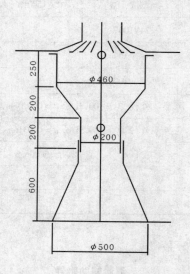

图2.6.4-2  加罩法测定散流器风量示意图

5. 漏风量测试装置与测试系统的连接示意图(图2.6.4-4、图2.6.4-5和图2.6.4-6)。

6. 测试参数测点的布局要求

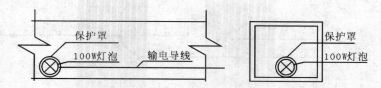

图 2.6.4－3　灯光漏测试示意图

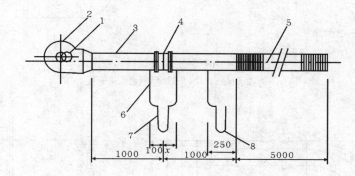

图 2.6.4－4　风管漏风试验装置

孔板 1:($D=0.0707$m);$x=45$mm;孔板 2:($D=0.0316$m);$x=71$mm;

1—逆风挡板;2—风机;3—钢风管 $\phi$;4—孔板;5—软管 $\phi100$;6—软管 $\phi8$;7、8—压差计

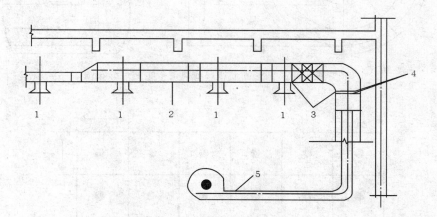

图 2.6.4－5　风管漏风试验系统连接示意图

1—风口;2—被试风管;3—盲板;4—胶带密封;5—试验装置

（1）风道内测点位置的要求

（2）圆形断面风口或风道参数扫描测点分布图(图 2.6.4－7)

（3）矩形断面风口或风道参数扫描测点分布图(图 2.6.4－8)

（4）室内温湿度、噪声、风速等参数测点分布图(图 2.6.4－9)

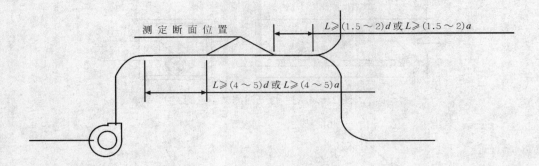

图 2.6.4-6　测定断面位置示意图

$a$—圆形风道直径；$b$—矩形风道长边长度

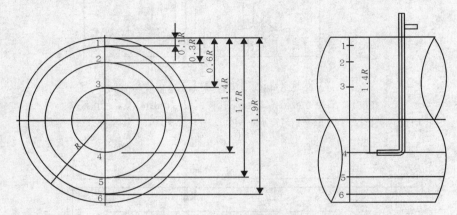

图 2.6.4-7　圆形断面风口或风道参数测点分布图

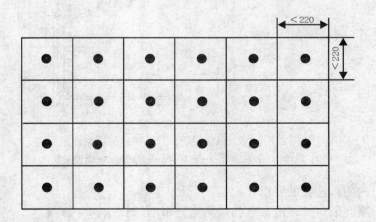

图 2.6.4-8　矩形断面风口或风道参数扫描测点分布图

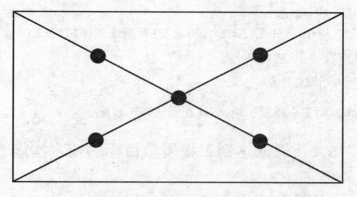

图 2.6.4-9　室内参数五点分布测试图

## 4.3　施工进度计划和材料进场计划

### 4.3.1　材料、设备采购定货及进场计划

中标后再编制详细计划书(略)。

### 4.3.2　施工进度计划

详细计划见土建施工组织设计统筹系统图。

# 5　工程质量目标和保证达到工程质量目标的技术措施

## 5.1　工程质量、工期、现场环境管理目标

### 5.1.1　工程质量目标

工程质量等级达到优良,并做到两个确保

1. 确保结构"长城杯";

2. 确保中国建筑工程"鲁班奖"(国家优质工程)。

### 5.1.2　工期目标

(技术措施详见第 7.1 节)

1. 定额工期:620d,业主要求工期:530d。

2.我方承诺工期:488d。

3. 2002 年 05 月 01 日开工,2002 年 09 月 20 日完成主体结构;2003 年 08 月 20 日内、外装修完成,2003 年 8 月 31 日竣工。

### 5.1.3 现场管理目标

确保北京市文明安全样板工地,创建花园式施工现场。

## 5.2 保证达到工程质量目标的技术措施

### 5.2.1 组织措施

1. 建立施工现场双轨管理体制:即"建立公司一级的专项管理指导体系"详见 4.1.1 (1)款和"建立施工现场管理指导体系"详见 4.1.1(2)款;

2. 建立公司、现场两级图纸会审班子:即 4.1.2 款;

3. 成立现场协调小组:建议由甲方牵头,组成由建设、设计、监理、总包、分包单位组成常驻现场协调小组,定期协调现场需要协调的问题。即 4.1.3 款。

### 5.2.2 更新通风加工厂的设备

加速与日本厂家谈判,尽速达成整套通风加工厂加工设备的更新,即 4.2.1 款。

### 5.2.3 制定和组织学习保证工程质量的技术管理规程

组织工程现场主要管理人员重新学习公司下发的三个技术管理文件的学习与贯彻:即摘录见附录。

1. 建五技质[2001]159 号《加强工程施工全过程各工种之间的协调,防止造成不应出现质量事故的规定》;

2. 建五技质[2001]159 号附件《暖卫通风空调专业施工技术管理人员的工作职责》;

3. 建五技质[2001]159 号《通风空调工程安装中若干问题的技术措施》;

4. 建五技质[2001]154 号《"建筑安装工程资料管理规程"暖卫通风部分实施中提出问题的处理意见》。

通过以上文件的学习和现场观摩,提高现场工程管理和技术管理人员的责任感和防范施工质量的出现。

### 5.2.4 编制通风空调工程设计参数检测、系统调试实施方案

通风空调系统参数的检测和系统的调试是检验施工质量、设计功能是否满足工艺的建筑质量和使用功能要求的必要和不可缺少的手段,也是分清工程质量事故归属(建设方、设计方、施工方)的有效论据;更是节约能源减轻环境污染的有效技术措施。

### 5.2.5 制定关键工序的质量保障控制程序

1. 制定施工工序进程质量保障控制程序(图 2.6.5-1)。

公司审图组图纸会审
工地审图组图纸会审
两个审图组图纸会审资料汇总整理成文
设计技术交底、办理洽商与设计变更
工地各专业组成的技术管理组进行施工工序的初步安排
上报审批未通过
上报监理审批?
上报审批未通过
上报公司审批?
上报审批通过
组织实施并上报公司备案

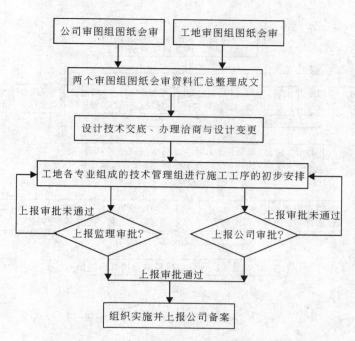

图 2.6.5－1　各工种施工工序进程质量保障控制程序

2. 管道竖井土建施工质量控制程序(图 2.6.5－2)。

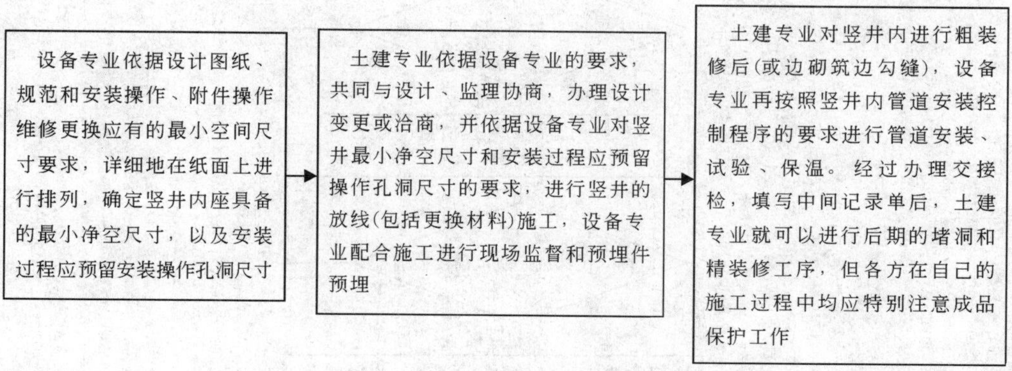

设备专业依据设计图纸、规范和安装操作、附件操作维修更换应有的最小空间尺寸要求，详细地在纸面上进行排列，确定竖井内座具备的最小净空尺寸，以及安装过程应预留安装操作孔洞尺寸
土建专业依据设备专业的要求，共同与设计、监理协商，办理设计变更或洽商，并依据设备专业对竖井最小净空尺寸和安装过程应预留操作孔洞尺寸的要求，进行竖井的放线(包括更换材料)施工，设备专业配合施工进行现场监督和预埋件预埋
土建专业对竖井内进行粗装修后(或边砌筑边勾缝)，设备专业再按照竖井内管道安装控制程序的要求进行管道安装、试验、保温。经过办理交接检，填写中间记录单后，土建专业就可以进行后期的堵洞和精装修工序，但各方在自己的施工过程中均应特别注意成品保护工作

图 2.6.5－2　竖井施工质量控制程序

3. 建筑重要部位施工工序和质量控制程序(图 2.6.5－3)。
4. 竖井内管道安装质量控制程序(图 2.6.5－4)。
5. 材料、设备、附件质量保证控制体系(图 2.6.5－5)。
6. 暖卫管道安装质量控制程序(图 2.6.5－6)。
7. 通风管道安装质量控制程序(图 2.6.5－7)。
8. 低温地板辐射供暖预埋管道安装质量控制步骤(图 2.6.5－8)。
9. 低温地板辐射供暖地板构造图(图 2.6.5－9 和图 2.6.5－10)。

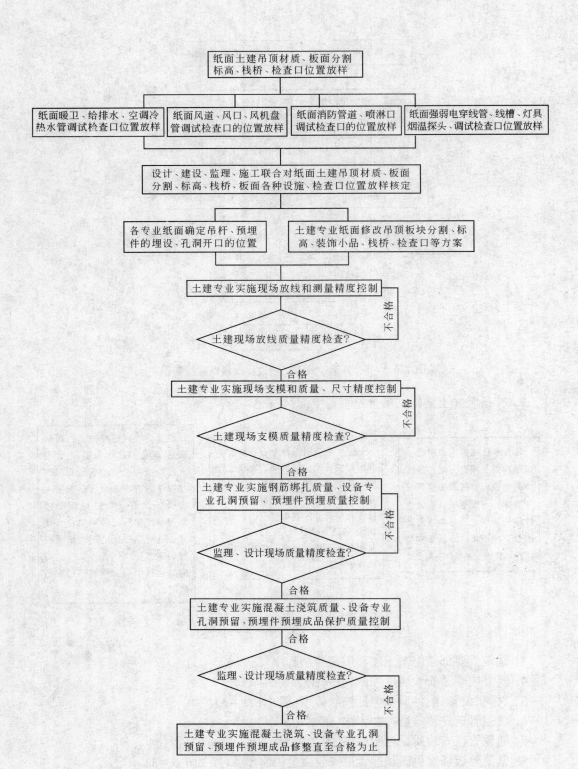

图 2.6.5-3　工程重要部位施工序和质量控制程序

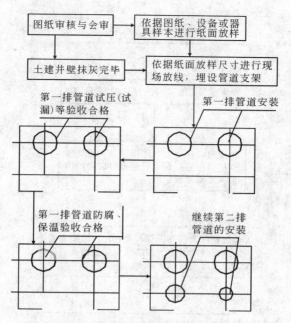

图 2.6.5-4　竖井内管道安装控制程序

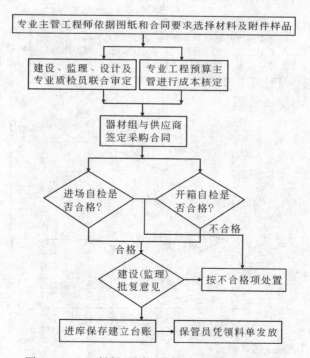

图 2.6.5-5　材料、设备、附件质量保证控制体系

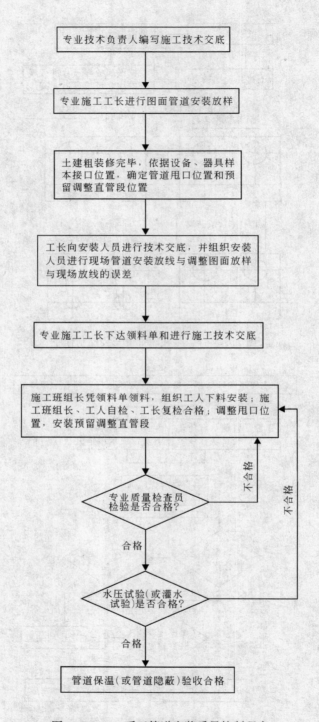

图 2.6.5-6 暖卫管道安装质量控制程序

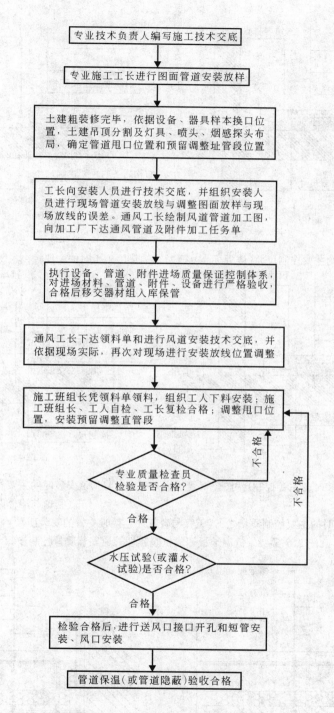

専業技术负责人编写施工技术交底

↓

専业施工工长进行图面管道安装放样

↓

土建粗装修完毕,依据设备、器具样本换口位置,土建吊顶分割及灯具、喷头、烟感探头布局,确定管道甩口位置和预留调整址管段位置

↓

工长向安装人员进行技术交底,并组织安装人员进行现场管道安装放线与调整图面放样与现场放线的误差。通风工长绘制风道管道加工图,向加工厂下达通风管道及附件加工任务单

↓

执行设备、管道、附件进场质量保证控制体系,对进场材料、管道、附件、设备进行严格验收,合格后移交器材组入库保管

↓

通风工长下达领料单和进行风道安装技术交底,并依据现场实际,再次对现场进行安装放线位置调整

↓

施工班组长凭领料单领料,组织工人下料安装;施工班组长、工人自检、工长复检合格;调整甩口位置,安装预留调整直管段

↓

专业质量检查员检验是否合格? —— 不合格

↓ 合格

水压试验(或灌水试验)是否合格? —— 不合格

↓ 合格

检验合格后,进行送风口接口开孔和短管安装、风口安装

↓

管道保温(或管道隐蔽)验收合格

图 2.6.5 – 7  通风管道安装质量控制程序

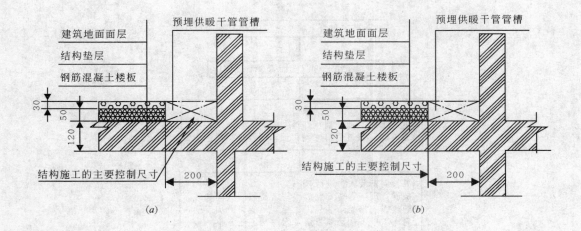

(1)结构施工时的主要控制尺寸(楼板标高)　(2)结构垫层施工时的主要控制尺寸(预埋管槽宽度)

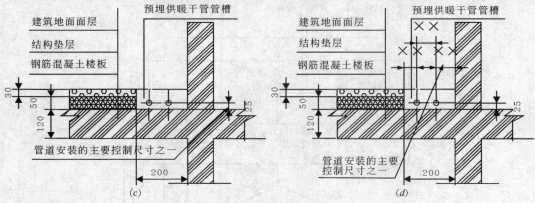

(3)管道安装时的主要控制尺寸之一(管道标高)　(4)管道安装时的主要控制尺寸之二
(管道与墙体距离)

(5)管道安装时的主要控制质量之三(干管与暖气片连接时支管的安装质量)

图 2.6.5-8　低温地板辐射供暖预埋管道安装质量控制步骤

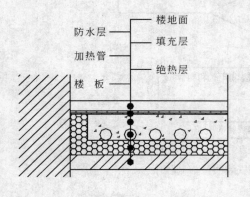

图 2.6.5-9　楼层辐射供暖地板构造图

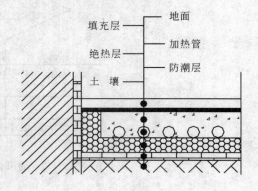

图 2.6.5-10　底层辐射供暖地板构造图

10. 焊接对接接头焊缝表面质量标准(表2.6.5-1)。

11. 等厚焊件焊接坡口形式和尺寸(表2.6.5-2)。

**焊接对接接头焊缝表面的质量标准**　　　　　　　　　　表2.6.5-1

| 序号 | 项　　目 | 质量标准 |
|---|---|---|
| 1 | 表面裂纹　表面气孔　表面夹渣　熔合性飞溅 | 不允许 |
| 2 | 咬边 | 深度:$e < 0.5$,长度小于等于该焊缝总长的10% |
| 3 | 表面加强高度 | 深度:$e \leqslant 1 + 0.2b$,但最大为5 |
| 4 | 表面凹陷 | 深度:$e \leqslant 0.5$,长度$\leqslant$该焊缝总长的10% |
| 5 | 接头坡口错位 | $e \leqslant 0.25s$,但最大为5 |

| 钢管对口时错位允许偏差 | 壁厚(mm) | 2.5~5 | 6~10 | 12~14 | ≥16 |
|---|---|---|---|---|---|
| | 允许偏差值(m) | 0.5 | 1.0 | 1.5 | 2.0 |

**等厚焊件坡口形式和尺寸**　　　　　　　　　　表2.6.5-2

| 序号 | 填口名称 | 坡口形式 | 手工焊接填口尺寸(mm) | | |
|---|---|---|---|---|---|
| 1 | Ⅰ形坡口 | | 单面焊　$s$<br>$c$ | >1.5~2<br>0+0.5 | 2~3<br>0+1.0 |
| | | | 双面焊　$s$<br>$c$ | ≥3~2.5<br>0+1.0 | 3.5~6<br>$1^{+1.5}_{-1.0}$ |
| 2 | V形坡口 | | $s$<br>$\alpha$<br>$c$<br>$p$ | ≥3~9<br>70°±5°<br>1±1<br>1±1 | >9~25<br>50°±5°<br>$2^{+1.0}_{-1.0}$<br>$2^{+1.0}_{-2.0}$ |
| 3 | X形坡口 | | $s \geqslant 12 \sim 50$<br>$c = 2^{+1.0}_{-1.0}$<br>$p = 2^{+1.0}_{-2.0}$<br>$a = 60° \pm 6°$ | | |

## 5.2.6 制定施工质量审核控制大纲(表2.6.5-3和表2.6.5-4)

暖卫工程施工质量控制大纲　　　　　　　　　　　表2.6.5-3

| 施工阶段 | 序号 | 控制项目 | 主要控制点 | 控制点负责人 | 工作依据 | 工作见证 |
|---|---|---|---|---|---|---|
| 施工准备阶段 | 1 | 图纸会审阶段 | 着重了解设计概况,各系统的来龙去脉、服务对象,主要设备、材质要求,工程难点、重点,设计未交代清楚和与其他专业相矛盾的地方。 | — | 设计施工图、标准图册、规范、规程及相关文件 | 审图记录 |
| | 2 | 设计技术交底 | 了解设计意图,弄清审图中提出的疑问,确定设计变更洽商项目纪要 | — | 设计施工图及相关文件 | 设计交底纪要及设计变更洽商记录 |
| | 3 | 施工组织设计 | 工程难点及重点,施工力量安排与部署,主要施工项目的施工方法及质量进度保证措施 | — | 施工图纸、规范、规程及施工机械配备情况,新工艺设备的配置可能性。 | 施工组织设计研讨记录、审批记录文件及施工组织设计交底记录 |
| | 4 | 材料设备采购 | 设备、材料的型号规格,质量检测报告书、使用单位的调查报告书的真实性,施工预概算等 | — | 设计图纸要求,工程物质选样送审表,质量检测报告书,使用单位的调查报告书 | 工程物质选样送审表,工程物质进场检验记录 |
| | 5 | 施工组织设计交底 | 工程难点及重点,施工力量安排与部署,主要施工项目的施工方法及质量进度保证措施 | — | 施工组织设计审批件及相关规范、规程 | 施工组织设计交底记录 |
| | 6 | 劳务队伍选择 | 劳务队的技术力量、管理体制与素质 | — | 合格承包文书,技术力量素质,管理体制和组织机构 | 外包劳务队审批报告。 |
| | 7 | 材料机具进场 | 满足施工进度计划 | — | 材料机具设备进场计划书 | 材料设备进场检验记录,施工领料记录单,可追溯性材料设备产品记录单 |
| 管道设备安装阶段 | 1 | 孔洞预留、管件预埋 | 孔洞尺寸、位置、标高及预埋件材质、加工质量和固定措施 | — | 施工图纸、规范、规程 | 预检、隐检记录单 |
| | 2 | 钢制给水、供暖管道安装 | 水平度、垂直度、坡度、支架间距、甩口位置、连接方式、耐压强度和严密性、防腐保温、固定支座位置和安装 | — | 施工图纸、规范、规程、标准图册要求和设备器具样本接口尺寸 | 预检、隐检、水压试验记录单 |

| 施工阶段 | 序号 | 控制项目 | 主 要 控 制 点 | 控制点负责人 | 工作依据 | 工作见证 |
|---|---|---|---|---|---|---|
| 管道设备安装阶段 | 3 | 塑料和铝塑复合管道安装 | 土建结构层标高、垫层厚度和管顶覆盖层厚度、管道的标高、位置、水平度、垂直度、坡度、支架间距、甩口位置、连接方式、埋设管道接口设置☆☆、耐压强度和严密性、防腐保温、固定支座位置和安装、伸缩器设置安装 | — | 施工图纸、规范、规程、标准图册要求和设备器具样本接口尺寸 | 预检、隐检、水压、通水试验记录单 |
| | 4 | 排水及雨水管道安装 | 管道规格、标高、位置、水平度、垂直度、坡度、支架间距、甩口位置、连接方式、塑料管道伸缩器设置、严密性、防结露保温 | — | 施工图纸、规范、规程、标准图册要求和设备器具样本接口尺寸 | 预检、隐检、灌水、通水、通球试验记录单 |
| | 5 | 卫生器具安装 | 型号规格、位置标高、平整度、接口连接 | — | 施工图纸、规范、规程、标准图册要求和设备器具样本 | 预检、灌水、通水试验记录单 |
| | 6 | 散热器安装 | 型号规格、位置、标高、平整度、接口连接、散热器固定 | — | 施工图纸、规范、规程、标准图册要求 | 预检、水压试验记录单 |
| | 7 | 设备安装 | 型号规格、位置、标高、平整度、接口、减震、严密性 | — | 施工图纸、规范、规程、标准图册、设备样本要求 | 进场检验、预检记录单 |
| 系统调试 | 1 | 系统试验冲洗 | 试验压力、冲洗流量与速度 | — | 施工图纸、规范、规程 | 系统水压和冲洗试验记录单 |
| | 2 | 单机试运转 | 水量、风压、转速、噪声、转动件外表温度、振动波幅 | — | 施工图纸、规范、规程、设备样本要求 | 单机试运转试验记录单 |
| | 3 | 分项工程调试 | 散热器表面温度和房间温度 | — | 施工图纸、规范、规程 | 系统调试试验记录单 |
| 施工资料整理 | 1 | 记录单内容 | 文字书写、内容准确性、时限性、相关性、签字完整性、文笔简练性 | — | DBJ 01—51—2000 | 施工记录单 |
| | 2 | 记录单组卷 | 格式、分类、数量、装订 | — | DBJ 01—51—2000 | 施工记录单组卷 |

注:埋地塑料和铝塑复合管道一般不允许有接头,仅热熔连接 PB 和 PP－R 供暖下分式双管系统在支管分叉处允许用相同材质的专用连接管件连接。

**通风空调工程施工质量控制大纲**　　　　表 2.6.5－4

| 施工阶段 | 序号 | 控制项目 | 主 要 控 制 点 | 控制点负责人 | 工作依据 | 工作见证 |
|---|---|---|---|---|---|---|
| 施工准备阶段 | 1 | 图纸会审阶段 | 着重了解设计概况,各系统的来龙去脉、服务对象,主要设备、材质要求,工程难点、重点,设计未交代清楚和与其他专业相矛盾的地方 | — | 设计施工图、标准图册、规范、规程及相关文件 | 审图记录 |

| 施工阶段 | 序号 | 控制项目 | 主要控制点 | 控制点负责人 | 工作依据 | 工作见证 |
|---|---|---|---|---|---|---|
| 施工准备阶段 | 2 | 设计技术交底 | 了解设计意图,弄清审图中提出的疑问,确定设计变更洽商项目纪要 | — | 设计施工图及相关文件 | 设计交底纪要及设计变更洽商记录 |
| | 3 | 施工组织设计 | 工程难点及重点,施工力量安排与部署,主要施工项目的施工方法及质量进度保证措施 | — | 施工图纸、规范、规程及施工机械配备情况,新工艺设备的配置可能性 | 施工组织设计研讨记录、审批记录文件及施工组织设计交底记录 |
| | 4 | 材料设备采购 | 设备、材料的型号规格,质量检测报告书、使用单位的调查报告书的真实性,施工预概算等 | — | 设计图纸要求,工程物质选样送审表,质量检测报告书,使用单位的调查报告书 | 工程物质选样送审表,工程物质进场检验记录 |
| | 5 | 施工组织设计交底 | 工程难点及重点,施工力量安排与部署,主要施工项目的施工方法及质量进度保证措施 | — | 施工组织设计审批件及相关规范、规程 | 施工组织设计交底记录 |
| | 6 | 劳务队伍选择 | 劳务队的技术力量、管理体制与素质 | — | 合格承包文书,技术力量素质,管理体制和组织机构 | 外包劳务队审批报告 |
| | 7 | 材料机具进场 | 满足施工进度计划 | — | 材料机具设备进场计划书 | 材料设备进场检验记录,施工领料记录单,可追溯性材料设备产品记录单 |
| | 8 | 编制通风空调工程调试方案 | 参数数量和精度、测试仪表型号规格与精度、测试方法及资料整理 | — | 施工图纸、规范、规程 | 测试调试数据记录、测试资料报告 |
| 管道设备安装阶段 | 1 | 孔洞预留、管件预埋 | 孔洞尺寸、位置、标高及预埋件材质、加工质量和固定措施 | — | 施工图纸、规范、规程 | 预检、隐检记录单 |
| | 2 | 管件附件制作 | 材质、规格、咬口焊口、翻边、铆钉间距与铆接质量、外观尺寸与平整度、严密性 | — | 施工图纸、规范、规程 | 材料设备进场检验、预检、灯光检漏记录单 |
| | 3 | 通风管道吊装 | 水平度、垂直度、坡度、甩口位置、连接方式、严密性、支座间距和安装、防腐保温 | — | 施工图纸、规范、规程、标准图册要求和设备器具样本接口尺寸 | 预检、隐检、灯光检漏、漏风率检测试验记录单 |
| | 4 | 空调管道安装 | 水平度、垂直度、坡度、支架间距、甩口位置、连接方式、耐压强度和严密性、防腐保温、固定支座位置和安装 | — | 施工图纸、规范、规程、标准图册要求和设备器具样本接口尺寸 | 预检、隐检、水压、冲洗试验记录单 |

| 施工阶段 | 序号 | 控制项目 | 主 要 控 制 点 | 控制点负责人 | 工作依据 | 工作见证 |
|---|---|---|---|---|---|---|
| 管道设备安装阶段 | 5 | 风口附件安装 | 型号规格、位置、标高、接口严密性、平整度、阀件方向性、调节灵活性 | — | 施工图纸、规范、规程、标准图册要求和附件设备样本 | 预检、隐检、调试试验记录单 |
| | 6 | 各类机组安装 | 型号规格、位置、标高、平整度、接口、减振、严密性 | — | 施工图纸、规范、规程、标准图册、设备样本要求 | 进场检验、预检、水压试验、漏风率检测记录单 |
| 系统调试 | 1 | 单机试运转 | 风(水)量、风压、转速、噪声、转动件外表温度、震动波幅 | — | 施工图纸、规范、规程、设备样本要求 | 单机试运转试验记录单 |
| | 2 | 空调冷热媒和冷却系统试验冲洗 | 试验压力、冲洗流量与速度 | — | 施工图纸、规范、规程 | 系统水压和冲洗试验记录单 |
| | 3 | 送回风口风量和通风空调系统风量平衡 | 风口、支路风量、系统总风量 | — | 施工图纸、规范、规程 | 风口风量及系统调试试验记录单 |
| | 4 | 室内参数检测 | 房间温度和送风口流速、湿度、洁净度、噪音、静压等 | — | 施工图纸、规范、规程要求 | 室内参数检测记录单 |
| | 5 | 系统联合试运转 | 通风系统、冷热源系统、冷却水系统、自动控制系统和室内参数 | — | 施工图纸、规范、规程要求 | 系统联合试运转试验记录单 |
| 施工资料整理 | 1 | 记录单内容 | 文字书写、内容准确性、时限性、相关性、签字完整性、文笔简练性 | — | DBJ 01—51—2000 | 施工记录单 |
| | 2 | 记录单组卷 | 格式、分类、数量、装订 | — | DBJ 01—51—2000 | 施工记录单组卷 |

### 5.2.7 新技术的应用

1. 引进新设备风道安装采用无法兰连接(图 2.6.5－11)。

2. 风道保温板采用金属碟形帽保温钉焊接工艺代替原塑料保温钉粘贴工艺,增加保温板的粘接牢靠性。其焊接工艺如图 2.6.5－12 所示。

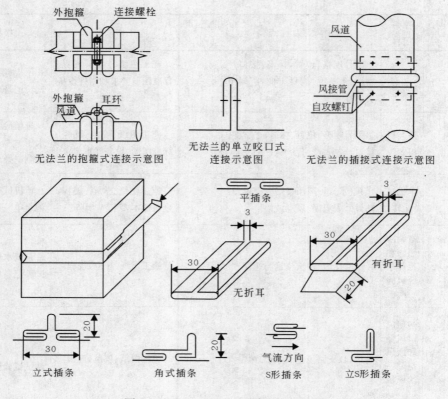

图 2.6.5 - 11　无法兰风道连接示意图

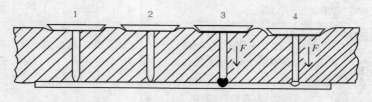

图 2.6.5 - 12　碟形帽金属保温钉焊接固定工艺

## 5.2.8　控制质量通病,提高施工质量

1. 防止管道干管分流后的倒流差错。

2. 严格执行建五技质[2001]169 号《通风空调工程安装中若干问题的技术措施》第 4.1 条~第 4.5 条的规定,禁止在通风安装工程中滥用软管和软接头的规定,减少空调病的发作,以确保用户的健康(具体应用的正确性见图 2.6.5 - 13~图 2.6.5 - 16)。

图 2.6.5 - 13　从上面跨越障碍物的软连接(正确)

图 2.6.5 - 14　水平跨越障碍物的软连接 (俯视图、正确)

图 2.6.5－15　垂直跨越障碍物的软连接（正确）　　　图 2.6.5－16　从下面跨越障碍物的软
　　　　　　　　　　　　　　　　　　　　　　　　　　　　　　　连接（不正确）

3. 管道走向的布局：应先放样，调整合理后才下料安装。特别要防止出现不合理的管道走向（图 2.6.5－17）。

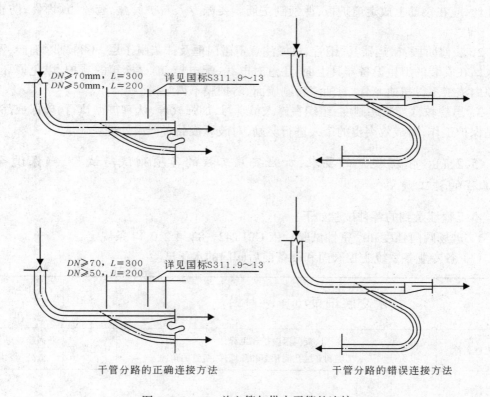

图 2.6.5－17　总立管与供水干管的连接

4. 注重管道两边与墙体的距离：注意管道预留孔洞位置的准确性，防止安装后管道距离墙体表面距离超过规范的要求和影响外观质量（图 2.6.5－18）。

### 5.2.9　规范施工技术记录资料管理

1. 贯彻建五技质［2001］154 号《"建筑安装工程资料管理规定"暖卫通风部分实施中提出问题的处理意见》，使现场技术管理人员明确该《规程》的本质在于强调资料的完整性、真实性、准确性、系统性、时限性和同一性,以及其与原418号规定的本质区别。

2．强调工序技术交底的重要性,并提供某项工序技术交底的具体编制方法(详见示例)。

3．提供比较难以填写记录单的填写示例,规范技术管理资料的样式(详见示例)。

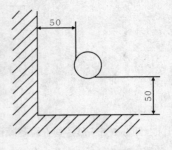

图 2.6.5 – 18　注重管道与墙面的距离

### 5.2.10　成品、半成品保护措施

本工程高空作业面大、工种多、多专业交叉作业,故成品、半成品保护工作特别重要。为确保质量,拟采取下列措施。

1．结构阶段:各专业施工人员不得撬钢筋、扭曲钢筋、拆除扎丝,应在钢筋上放走道护板,严禁割主筋。要派专人看护管盒、套管、预埋件,防止移位。

2．装修阶段:搬运器具、钢管、机械注意不碰门框及抹灰腻子层,不得剔除面砖,不得上人站在安装的卫生设备器具上面,注意对电线、配电箱、消火栓箱的看护,以免损坏,在吊顶内施工不得扭曲龙骨,对油漆粉刷墙面、防护膜不得触摸。

3．思想教育与奖惩制度:组织在施人员学习,加强教育,认真贯彻执行,确保成品、半成品保护工作,对成效突出的个人进行奖励,对破坏成品者严肃处理。

### 5.2.11　依据规范的要求,加强安装工程的各项测试与试验,确保设备安装工程的施工质量

本工程涉及到的各种试验如下:

1．进场阀门强度和严密性试验。依 GBJ 242—82 第 2.0.14 条规定:

(1) 各专业各系统主控阀门和设备前后阀门的水压试验

| 技术交底记录(表式 C2 – 2 – 1) | | 编号 | J4 – 3 |
|---|---|---|---|
| | | | 001 |
| 工程名称 | 广安门医院扩建工程<br>地下一、二层和夹层孔洞预留和预埋件、短管的预埋 | 施工单位 | 新兴建设总公司<br>五公司六项 |

交底提要:

　　本交底包括地下一层夹层和地下二层通风管道预留孔洞预留和预埋件预埋部分,共计墙体上预留孔洞 3 个、楼板上预留孔洞 2 个;预埋件 58 件,其中楼板上 30 件、墙体上 10 件、柱子上 18 件;短管 1 件。预埋件主要用于固定风道的支、吊、托架。安装难点是位置、标高的准确性,控制预留和埋设位置准确性的技术措施是:

　　(1) 以墙柱中心线为度量尺寸的基准线;

　　(2) 采用钢尺和水准尺丈量;

　　(3) 丈量尺寸由两人操作。

　　施工班组为王小明班共计 5 人。工程完成日期为 2001、11、25 ~ 2002、1、13。交底时间 2001、11、20。交底人童杰。接受交底人有通风工长、质量检查员及施工人员王小明班五人共计七人。

| 技术交底记录(表式 C2-2-1) | | 编号 | J4-3 |
|---|---|---|---|
| | | | 001 |
| 工程名称 | 广安门医院扩建工程<br>地下一、二层和夹层孔洞预留和预埋件、短管的预埋 | 施工单位 | 新兴建设总公司<br>五公司六项 |

主要材料:

1. 预埋件采用 $\delta = 6mm$ 的 Q235 冷轧钢板和 $\phi10$ 钢筋制作详见图 2.6.5-19 图-1;预埋短管采用 $\delta = 3mm$ 的 Q235 冷轧钢板制作,钢板表面应光滑、无严重锈蚀,无污染,短管的内表面刷防锈漆两道图 2.6.5-19 图-2;预留孔洞的模具圆形孔洞用 $\delta = 10mm$ 木板制作成内模,外包 $\delta = 0.7mm$ 镀锌钢扳,内衬 $30 \times 30mm$ 木枋支撑;方形孔洞木模用 $\delta = 10mm$ 木板制作成模,相互连接的两块模板采用榫接头连接,模板外侧应用刨刀刨光。模板内侧四角采用 $30 \times 30mm$ 木枋倾斜支撑,倾斜角度为 45°详见图 2.6.5-19 图 3a 和 3b。

2. 预埋件和预留孔洞的数量、规格尺寸和埋设位置如下表:尺寸依据 GB 50243—97 第 3.2.3 条表 3.2.3-1 和表 3.2.3-2 的规定制作。

| 序号 | 名称 | 规格 | 模(埋)板尺寸 | 板材尺寸 | 斜撑或埋筋尺寸 | 数量 | 标高 | 平面位置 |
|---|---|---|---|---|---|---|---|---|
| 1 | 预埋铁件 | | $120 \times 120 \times 6$ | $120 \times 120 \times 6$ | $2 - \phi10$ $L = 280$ | 58 | | 详见设施 05、06 |
| 2 | 圆形木模 | $\phi350$ | $\phi450$ | $10 \times 200 \times 450$ | $30 \times 30 \times 390$ | 2 | | 详设施 05、06、07 |
| 3 | 方形模板 | $800 \times 320$ | $900 \times 450$ | $10 \times 250 \times 450$<br>$10 \times 250 \times 900$ | $30 \times 30 \times 200$ | 2 | | 详见设施 05、06、07 |
| 4 | 方形模板 | $1200 \times 500$ | $1300 \times 600$ | $10 \times 300 \times 600$<br>$10 \times 300 \times 1300$ | $30 \times 30 \times 250$ | 1 | | 详见设施 05、06、07 |
| 5 | 预埋短管 | $1200 \times 500$ | $1200 \times 500$ | $\delta = 2mm$ | | 1 | | 详见设施 05 |

3. 质量标准要求:

(1) 位置和标高应准确,其误差应在 $\pm 5mm$ 以内。

(2) 圆形风道模板外径的误差应小于 $\pm 2mm$,椭圆度用丈量互相垂直 90°两外径相差不应大于 2mm。

(3) 矩形风道模板外边长度误差应小于 $\pm 2mm$,模板相互之间的垂直度为两对角线丈量相差不应大于 3mm。

(4) 孔洞内表面应光滑平整,不起毛或无蜂窝、狗洞现象。

(5) 预埋件的脚筋与铁板的焊接质量应焊缝均匀,无气泡、气孔、夹渣和烧熔、熔坑现象,焊渣应清除干净,脚筋应垂直钢板,且尺寸应符合图示要求。

4. 施工前提(施工条件):预留孔洞和预埋件预埋应在土建专业钢筋绑扎就绪、合模之前进行安装固定就位。同时应在再次校核施工图纸和与其他专业会审无误后施工。

5. 预埋件和预留孔洞模板固定措施:

(1) 预埋件的固定只许用退火钢丝绑扎固定,不允许用焊接固定,若土建钢筋与固定位置要求不一致,可增设辅助钢筋,将预埋件脚筋焊接在辅助钢筋上,然后再将辅助钢筋绑扎在土建的钢筋网上。辅助钢筋的直径采用 $\phi12$。短管用四根焊接于短管侧面(互成井字形)的 $L = 边长 + 2 \times 250$、$\phi16$ 八根锚固。

(2) 孔洞模板的固定,可用 2 英寸的铁钉钉于楼板或墙板上的木模板上,然后增设加固钢筋。其中圆形孔洞模板用四根 $\phi16$、$L = 800mm$ 的井字形加固钢筋绑扎固定在土建的钢筋网片上,矩形孔洞模板可用 8 根或 16 根 $\phi12mm$、长度分别为 $L = 边长 + 800mm$(井字筋,共 8 根)和 $L = 600mm$(8 根与井字筋成 45°的加固筋,仅长边 $L = 1300mm$ 的孔洞模板才有)固定筋绑扎于土建的钢筋网片上。

(3) 土建专业浇筑混凝土时应派工人在现场进行成品保护和校正埋设位置移动的误差。

| 技术交底记录（表式 C2－2－1） | | 编号 | J4－3 |
| --- | --- | --- | --- |
| | | | 001 |
| 工程名称 | 广安门医院扩建工程<br>地下一、二层和夹层孔洞预留和预埋件、短管的预埋 | 施工单位 | 新兴建设总公司<br>五公司六项 |

（4）在此工序的实施过程中，应特别关注埋设位置的准确性，措施如前所述。

6．安全措施：

（1）施工人员应戴安全帽进行作业。

（2）施工人员应穿硬底和防滑鞋进入现场，防止铁钉扎脚伤人。

（3）安装前应检查焊接设备是否符合安全使用要求，电源、接线有无破皮、漏电等不安全因素，严禁未检查就启用焊接设备进行焊接工作。

（4）高空作业施工人员应系好安全带。

7．施工过程检查合格后，预留孔洞应填写《预检工程检查记录表》C5－1－2，预埋件和预埋短管的预埋应填写《隐蔽工程检查记录表》C5－1－1。不合格项应填写《不合格项处置记录表》C1－5。

8．插图详见附页。

| 技术负责人 | 童　杰 | 交底人 | 童　杰 | 接受交底人 | 杨学峰、王延岭、王小明等 |
| --- | --- | --- | --- | --- | --- |

本表由施工单位填报，交底单位与接受交底单位各保存一份。

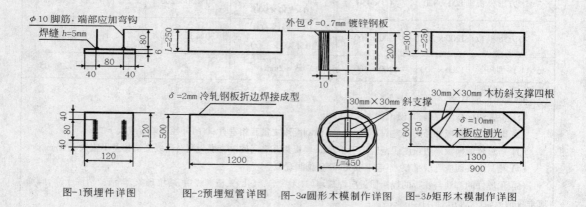

图-1预埋件详图　　图-2预埋短管详图　　图-3a圆形木模制作详图　　图-3b矩形木模制作详图

图 2.6.5－19　1－1001预留孔洞预留和预埋件埋设技术交底插图

A．试验数量及要求：100％逐个进行编号、试压、填写试验单，并按 ZXJ/ZB0211－1998 进行标识存放，安装时对号入座。

B．试压标准：为该阀门额定工作压力的 1.2～1.5 倍（供暖 1.2 倍、其他 1.5 倍）作为试验压力。观察时限及压降，供暖为 5min、$\Delta P \leqslant 0.02MPa$，其他为 10min、$\Delta P \leqslant 0.05MPa$，不渗不漏为合格。

（2）其他阀门的水压试验：其他阀门的水压试验标准同上，但试验数量按规范规定为：

| 管道强度严密性试验记录(表式 C6－5－2) | | 编　号 | J2－1 |
|---|---|---|---|
| | | | 1－002 |
| 工程名称 | ×××图书馆工程 | 试验日期 | 年　月　日 |
| 试验部位 | 给水系统 GL1 | 材质及规格 | 热镀镀锌钢管 DN40 |

试验要求：

　　1. 试压泵安装在地上一层,系统工作压力为 0.6MPa,试验压力为 0.9MPa;压力表的精度为 1.5 级,量程为 1.0MPa;

　　2. 试验要求是:试验压力升至工作压力后,稳压进行检查,未发现问题,继续升压。当压力升至试验压力后,稳压 10min,检查系统压力降 $\Delta P$ 应≤试验允许的压力降 0.05MPa,检查无渗漏;

　　3. 然后将压力降至工作压力 0.6MPa 后,稳压进行检查,不渗不漏为合格

试验情况记录：

　　1. 自 08 时 30 分开始升压,至 09 时 25 分达到工作压力 0.6MPa,稳压检查,发现八层主控制阀门前的可拆卸法兰垫料渗水问题;经卸压进行检修处理后,10 时 05 分修理完毕。10 时 15 分又开始升压,至 11 时 02 分达到工作压力 0.6MPa,稳压检查,未发现异常现象。

　　2. 自 11 时 20 分开始升压作超压试验,至 11 时 55 分升压达到试验压力 0.9MPa,维持 10min 后,压力降为 0.01MPa。

　　3. 压力降 $\Delta P$ 为 0.01MPa≤允许压力降 0.05MPa,维持 10min,经检查未发现渗漏等现象

试验结论：　　　　　　　　　　符合设计和规范要求

| 参加人员签字 | 建设(监理)单位 | 施工单位 | | |
|---|---|---|---|---|
| | | 技术负责人 | 质检员 | 工　长 |
| | | | | |

本表由施工单位填写,城建档案馆、建设单位、施工单位各保存一份。

　　A. 按不同进场日期、批号、不同厂家(牌号)、不同型号、规格进行分类。

　　B. 每类分别抽 10%,但不少于 1 个进行试压,合格后分类填写试压记录单。

　　C. 10% 中有不合格的,再抽 20%(含第一次共计 30%)进行试压后,如果又出现不合格的,则应 100% 进行试压。但本工程第二批(20%)中又出现不合格的,应全部退货。

　　D. 阀门应有北京市用水器具注册证书。

　　2. 其余水暖附件的检验

　　(1) 进场的管道配件(管卡、托架)应有出厂合格证书;

　　(2) 应按 91SB3 图册附件的材料明细表中各型号的零件规格、厚度及加工尺寸相符,且外观美观,与卫生器具结合严密等要求进行验收。

　　3. 卫生器具的进场检验

（1）卫生器具应有出厂合格证书；

（2）卫生器具的型号规格应符合设计要求；

（3）卫生器具外观质量应无碰伤、凹陷、外凸等质量事故；

（4）卫生器具的排水口应阻力小，泄水通畅，避免泄水太慢；

（5）坐式便桶盖上翻时停靠应稳，避免停靠不住而下翻；

（6）器具进场必须经过严格交接检，填写检验记录，没有合格证、检验记录，不能就位安装。

4．组装后散热器的水压试验

试验数量及要求：要 100% 进行试验，试验压力为 0.8MPa（设计工作压力 0.6MPa），5min 内无渗漏为合格。试压后办理散热器组对预检记录和水压试验记录单（按系统分层填写）。

5．室内生活给水、热水供应及冷却水管道的试压

（1）试压分类：

单项试压——分局部隐检部分和分各系统（或每根立管）进行试压，应分别填写试验记录单。

系统综合试压——按系统分别进行。

（2）试压标准：

单项试压的试验压力为 1.0MPa，且 10min 内压降 $\Delta P \leqslant 0.05$MPa，检查不渗不漏后，再将压力降至工作压力 0.6MPa 进行外观检查，不渗不漏为合格。

综合试压：试验压力同单项试压压力，但稳压时限由 10min 改为 1h，其他不变。

6．消火栓供水系统的试压：除局部属隐蔽的工程进行隐检试压，并单独填写试验单外，其余均在系统安装完后做静水压力试验，试验压力为 1.4MPa，维持 2h 后，外观检查不渗不漏为合格（试验时应包括先前局部试压部分）。

7．消防自动喷洒灭火系统管道的试压：

（1）试压分类：

单项试压——分局部隐检部分和各系统进行试压，应分别填写试验记录单。

系统综合试压——本工程按系统分别进行。

（2）试压标准：

单项试压的试验压力为 1.0MPa 且 10min 内压降 $\Delta P \leqslant 0.05$MPa，检查不渗不漏后，再将压力降至工作压力 0.6MPa 进行外观检查，不渗不漏为合格。

综合试压（即通水试验）：在工作压力 0.6MPa 下，稳压 24h，进行全面检查，不渗不漏为合格。

8．供暖系统管道及空调冷冻（热）水系统的水压试验：

（1）单项试验：包括局部隐蔽工程的单项水压试验及分支路或整个系统与设备和附件连接前的水压试验，应分别填写记录单。

（2）综合试验：是系统全部安装完后的水压试验，分两个系统分别试验，并填写记录单。

（3）试验标准：试验压力为 1.0MPa，5min 内压降 $\Delta P \leqslant 0.02$MPa，外观检查不渗不漏后，再将压力降至工作压力 $P = 0.8$MPa，稳压 10min 后，进行外观检查不渗不漏为合格。

9. 供热蒸汽管道、凝结水管道的水压试验:

(1) 单项试验:包括局部隐蔽工程的单项水压试验及分支路或整个系统与设备和附件连接前的水压试验,应分别填写记录单。

(2) 综合试验:是系统全部安装完后的水压试验,应按系统分别试验,并填写记录单。

(3) 试验标准:试验压力为 1.4MPa,5min 内压降 $\Delta P \leqslant 0.02MPa$,外观检查不渗不漏后,再将压力降至工作压力 $P = 1.0MPa$,稳压 10min 后,进行外观检查不渗不漏为合格。

10. 灌水试验:

(1) 室内排水管道的灌水试验:分立管、分层进行,每根立管分层填写记录单。试验标准的灌水高度为楼层高度,灌满后 15min,再将下降水位灌满,持续 5min 后,若水位不再下降为合格。

(2) 卫生器具的灌水试验:洗面盆、洗涤盆、浴盆等,按每单元进行试验和填表,灌水高度是灌至溢水口或灌满,其他同管道灌水试验。

(3) 各种贮水箱和高位水箱灌水试验:应按单个进行试验,并填写记录单,试验标准同卫生器具,但观察时间为 12~48h。

(4) 雨水排水管道灌水试验:每根立管灌水高度应由屋顶雨水漏斗至立管根部排出口的高差,灌满 15min 后,再将下降水面灌满,保持 5min,若水面不再下降,且外观无渗漏为合格。

11. 供暖系统补偿器预拉伸试验:应按系统按个数 100% 进行试验,并按个数分别填写记录单。

12. 管道冲洗试验

(1) 管道冲洗试验应按专业、按系统分别进行,即室内供暖系统、空调冷冻水循环系统、冷却水系统、室内给水系统、室内消火栓供水、消防喷洒供水、室内热水供应系统,并分别填写记录单。

(2) 管内冲水流速和流量要求

A. 生活给水和消火栓供水管道的冲水试验:生活给水和消火栓供水管道管内流速 ≥1.5m/s,为了满足此流速要求,冲洗时可安装临时加压泵(详见试验仪器准备)。

B. 供暖管道的冲水试验:供暖管道冲洗前应将流量孔板、滤网、温度计等暂时拆除,待冲洗完后再安上。冲洗流量和压力按设计最大流量和压力进行(暖施总说明未标注,故按管道管内流速 ≥1.5m/s 进行)。

(3) 达标标准:一直到各出水口水色和透明度、浊度与进水口一侧水质一样为合格。

(4) 蒸汽管道的吹洗:蒸汽管道的吹洗用蒸汽,蒸汽压力和流量与设计同,但流速应 ≥30m/s,吹洗前应慢慢升温,待暖管恒温 1h 后,再吹扫,应吹扫三次。

13. 通水试验

(1) 试验范围:要求做通水试验的有室内冷热水供水系统、室内消火栓供水系统、室内排水系统、卫生器具。

(2) 试验要求:

A. 室内冷热水供水系统:应按设计要求同时开放最大数量的配水点,观察是否全部达到额定流量,若条件限制,应对卫生器具进行 100% 满水排泄试验检查通畅能力,无堵塞、无渗漏为合格。

B．室内排水系统：应按系统 1/3 配水点同时开放进行试验。

C．室内消火栓供水系统：应检查能否满足组数的最大消防能力。

D．室内消防喷洒灭火系统：详见室内消防喷洒灭火系统综合水压试验。

14．供暖系统的热工调试：按(94)质监总站第 036 号第四部分第 20 条规定进行调试，按高区、低区分系统填写记录单。

15．通风风道、部件、系统空调机组的检漏试验：详 GB 50243—97 第 3.1.13、3.1.14、7.1.5、8.5.3 条。

（1）通风系统管段安装的灯光检漏试验：通风系统管段安装后应分段进行灯光检漏，试验数量为系统的 100％并分别填写。

（2）组装空调机组的灯光检漏试验：组装空调机组按 GB 50243—97 第 8.5.3 条要求进行见图 2.6.5－20 和图 2.6.5－21。

图 2.6.5－20　灯光检漏测试示意图

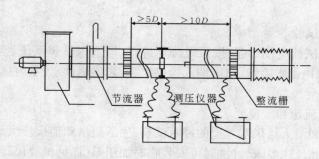

图 2.6.5－21　负压风管式漏风量测试装置

16．通风系统的重要设备(部件)的试验：通风系统的重要设备(部件)应按规范和说明书进行试验和填写试验记录单。

17．通风系统漏风量的检测：通风管道安装时应分系统、分段进行漏风量检测，其检测装置见图 2.6.5－22，连接示意图如图 2.6.5－23 所示。

18．风机性能的测试：大型风机应进行风机风量、风压、转速、功率、噪声、轴承温度、振动幅度等的测试，测试装置如图 2.6.5－24 所示。

19．水泵、风机、新风机组、风机盘管、活塞式冷水机组、热交换器等的单机试运转：为了测流量，应在机组前后事先安装测试口，以便安装测试仪表。水泵等设备的单机试运转应在安装预检合格和配管安装后进行，每台设备应有独立的安装预检记录单和单机运转试验单。试运转记录单中应有流量、扬程、转速、功率、轴承和电机发热的温升、噪声的实测数据及运转情况记录。

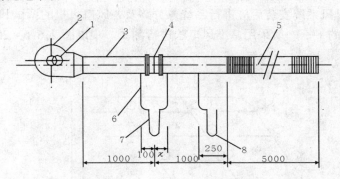

图 2.6.5 - 22　风管漏风试验装置

孔板 1：$x = 45mm$；孔板 2：$x = 71mm$；

1—逆风挡板；2—风机；3—钢风管 $\phi$；4—孔板；5—软管 $\phi100$；6—软管 $\phi8$；7、8—压差计

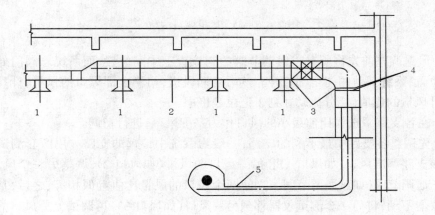

图 2.6.5 - 23　风管漏风试验系统连接示意图

1—风口；2—被试风管；3—盲板；4—胶带密封；5—试验装置

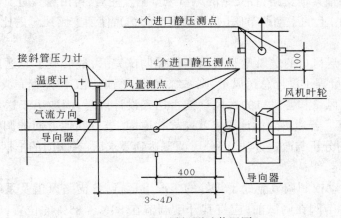

图 2.6.5 - 24　风机测试装置图

20. 新风系统、排风系统风量的检测与平衡调试:

新风系统、排风系统安装后应进行系统各分路及各风口风量的调试和测量,并填写记录单。系统风量的平衡一般采用基准风口法进行测试。现以图 2.6.5-25 为例说明基准风口法的调试步骤。

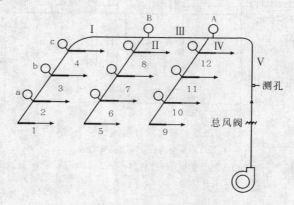

图 2.6.5-25　风量调整示意图

(1) 风量调整前先将所有三通调节阀的阀板置于中间位置,而系统总阀门处于某实际运行位置,系统其他阀门全部打开。然后启动风机,初测全部风口的风量,计算初测风量与设计风量的比值(百分比),并列于记录表格中。

(2) 在各支路中选择比值最小的风口作为基准风口,进行初调。

(3) 先调整各支路中最不利的支路,一般为系统中最远的支路。用两套测试仪器同时测定该支路基准风口(如风口 1)和另一风口的风量(如风口 2),调整另一个风口(风口 2)前的三通调节阀(如三通调节阀 a),使两个风口的风量比值近似相等;之后,基准风口的测试仪器不动,将另一套测试仪器移到另一风口(如风口 3),再调试另一风口前的三通调节阀(如三通调节阀 b),使两个风口的风量比值近似相等。如此进行下去,直至此支路各个风口的风量比值均与基准风口的风量比值近似相等为止。

(4) 同理调整其他支路,各支路的风口风量调整完后,再由远及近,调整两个支路(如支路Ⅰ和支路Ⅱ)上的手动调节阀(如手动调节阀 B),使两支路风量的比值近似相等。如此进行下去。

(5) 各支路送风口的送风量和支路送风量调试完后,最后调节总送风道上的手动调节阀,使总送风量等于设计总送风量,则系统风量平衡调试工作基本完成。

(6) 但总送风量和各风口的送风量能否达到设计风量,尚取决于送风机的出率是否与设计选择相符。若达不到设计要求就应寻找原因,进行其他方面的调整,具体详见"测试中发现问题的分析与改进办法"部分。调整达到要求后,在阀门的把柄上用油漆做好标记,并将阀位固定。

(7) 为了自动控制调节能处于较好的工况下运行,各支路风道及系统总风道上的对开式电动比例调节阀在调试前,应将其开度调节在 80% ~ 85% 的位置,以利于运行时自动控制的调节和系统处于较好的工况下运行。

（8）风量测定值的允许误差：风口风量测定值的误差为 10%，系统风量的测定值应大于设计风量 10%～20%，但不得超过 20%。

21．空调房间室内参数的检测：空调房间室内参数（温湿度、洁净度、静压及房间之间的静压压差等）应分夏季和冬季分别检测，并分别填写各种试验记录单。检测参数见 GB 50243—97 和 JGJ 70—90 的相关规定和设计要求。

22．空调系统的联合试运转：新风系统、排风系统、洁净空调系统和风机盘管系统、冷却水系统安装完成后，应按 GB 50243—97 规范第 12.3.1、12.2.2、12.2.3、13.2.3、13.2.4 条规定进行进行无负荷和全负荷的系统联合试运转，试运转的时间和记录的参数及其他内容详见规范规定。软化水系统应进行联合运行试运转。

# 6　主要分项项目施工方法及技术措施

## 6.1　暖卫工程

### 6.1.1　预留孔洞及预埋件施工

1．预留孔洞及预埋件施工在土建结构施工期间进行。

2．预留孔洞按设计要求施工，设计无要求时按 DBJ 01—26—96（三）表 1.4.3 规定施工。预留孔洞及预埋件应特别注意：

A．预留、预埋位置的准确性；

B．预埋件加工的质量和尺寸的精确度。

具体技术措施：

A．分阶段认真进行技术交底；

B．控制好预留、预埋位置的准确性，措施可采用钢尺丈量和控制土建模板的移位变形；模具选用优良材质并改进预留空洞模具的刚度、表面光洁度；适当扩大模具的尺寸，留有尺寸调整余地；加强模具固定措施；做好成品保护，防止模具滑动。

3．托、吊卡架制作按 DBJ 01—26—96（三）第 1.4.5 条规定制作，管道托、吊架间距不应大于该规程的表 1.4.5 规定。固定支座的制作与施工按设计详图施工。

4．套管安装一般比管道规格大 2 号，内壁做防腐处理或按设计要求施工。

5．预留洞、预埋件位置、标高应符合设计要求，质量符合 GBJ 302—88 有关规定和设计要求。

### 6.1.2　管道安装

暖卫工程管道安装应严格按照质量控制程序（详见 5.2.5－6 节）进行。

1．镀锌钢管的安装：热镀镀锌钢管，$DN \geqslant 100$ 的管道采用卡箍式柔性管件连接；$DN$

≤80 的管道采用丝扣连接。安装时丝扣肥瘦应适中,外露丝扣不大于 3 扣,锌皮损坏处应采取可靠的防腐措施(涂防锈漆后再涂刷银粉漆)。$DN>80$ 的镀锌钢管及由于消火栓供水立管至埋于墙内连接消火栓 $DN<100$ 的支管,因转弯过急或受安装尺寸限制时也可采用对口焊接连接,其外观质量要求焊缝表面无裂纹、气孔、弧坑和夹渣,焊接咬边深度不超过 0.5mm,两侧咬边的长度不超过管道周长的 20%,且不超过 40mm,并应遵守焊接质量控制程序。做好防腐措施和冷水管穿墙应加 $\delta \geqslant 0.5mm$ 的镀锌套管,缝隙用油麻充填。穿楼板应预埋套管,套管直径比穿管大 2 号,高出地面 ≥20mm,底部与楼板结构底面平行其他质量要求。

2.焊接钢管的安装:焊接钢管 $DN\leqslant 32$ 的采用丝扣连接,$DN\geqslant 40$ 的采用焊接,丝接、焊接接口要求同上。管道穿墙应预埋厚 $\delta\geqslant 1mm$、直径比管径大 2 号的套管,套管两端与墙面平,缝隙填充油麻密封;管道穿楼板的预埋套管同上。安装中应特别注意暖气片进出水管甩口的位置,以免影响支管坡度的要求;与散热器连接的灯叉弯应在现场实地煨弯,弯曲半径应与墙角相适应,保证安装后美观和上下整齐。

3.无缝钢管的安装:$DN\geqslant 100$ 的管道采用沟槽式卡箍柔性管件连接;$DN\leqslant 80$ 的管道采用焊接或丝扣连接。

4.PPR 聚丙烯给水管道的安装:依设计、CECS 41:92《建筑给水硬聚氯乙烯管道设计与施工验收规范》的要求并参照 CJJ/T 29—98《建筑排水硬聚氯乙烯管道工程技术规程》管道安装有关规定和设计的要求进行。

(1)预埋管道的安装:管道安装应严格贯彻 5.2.5 - 8 低温地板辐射供暖预埋管道安装质量控制程序。

A.埋地管道的底板应平整、无突出的硬物。一般垫层厚度不小于 70mm 的砂垫层,垫层宽度不应小于管道外径的 2.5 倍,坡度应与管道设计坡度相同。埋地管道灌水试验合格后才能浇筑垫层。

B.穿越地下室外墙时应采用刚性防水套管等措施,套管应事先预埋,套管与管道外壁间的缝隙中部应用防水胶泥充填,两端靠墙面部分用水泥砂浆填实。

C.埋地管道的固定可参照图 2.6.6 - 1 进行。

D.暗埋管道区域的标志线:为了能按规程和设计要求,在楼板浇筑后,能准确地标出暗埋管道的区域,以防止以后室内装修时避免凿(或钻)坏管道,安装暗埋管道后,浇筑垫层混凝土前,应预埋标志物(图 2.6.6 - 2),以便楼板浇筑垫层混凝土后能准确地画出安装暗埋管道区域的标志线。

(2)楼层内明装管道的安装

A.应按管道系统及卫生设备的设计位置,结合设备排水口的尺寸、排水管道管口施工的要求,配合土建结构施工进行孔洞的预留和套管等预埋件的预埋。

B.土建拆模后应对预留孔洞和预埋管件进行全面的检查与校验,不符合要求的应加以调整。

C.依据纸面放样图和设备安装尺寸,并依据 CJJ/T 29—98 第 3.1.9 条、第 3.1.10 条、第 3.1.15 条、第 3.1.19 条、第 3.1.20 条的有关规定到现场实地放线校验无误后,测定各管段长度,然后进行配管和裁管。裁管可用木工锯或手锯切割,但切口应垂直均匀、无毛刺。

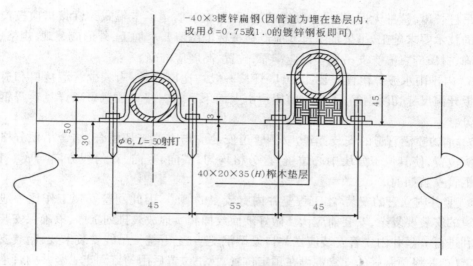

图 2.6.6-1  垫层内冷热铝塑复合管道的固定

D. 选定支承件和固定形式,按 CJJ/T 29—98 第 4.1.8 条规定确定垂直管道和水平管道支承件间距,选定支承件的规格、数量和埋设位置。

E. 土建粗装修后开始按放线的计划,安装管道和伸缩器,在管道粘接之前,依据 CJJ/T 29—98 第 4.1.13 条、第 4.1.14 条的规定将需要安装防火套管或阻火圈的楼层,先将防火套管和阻火圈套在管道外,然后进行管道接口粘接。

F. 管道安装顺序应自下而上,分层进行,先安装立管,后安装横管,施工应连续。

G. 管道粘接后应迅速摆正位置,并进行垂直度、水平坡度校正。校正无误后,用木楔卡牢,用铁丝临时固定,待胶粘剂固化后再紧固支承件,但卡箍不宜过紧,以免损坏管件。然后拆除临时固定设施、支模堵洞等。

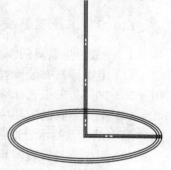

图 2.6.6-2  预埋区域
显示预埋件

(3) 材料质量要求:管材、管件、胶粘剂应有合格证、说明书、生产厂名、生产日期(胶粘剂尚应有使用有效日期)、执行标准、检验员代号等标志。

(4) 材料的运输与保管:管材、管件的运输、装卸和搬运应轻放,不得抛、摔、拖。存放库房应有良好通风,室温不宜大于 40℃,不得曝晒,距离热源不得小于 1m。管道为线材的,堆放应水平、有规则,支垫物宽度不得小于 75mm,间距不得大于 1m,外悬端部不宜超过 500mm,叠放高度不得超过 1.5m。

5. 室内排水铸铁管道安装:在安装管道前应清扫管腔,将承口内侧、插口外侧端头的沥青除掉,承口朝来水方向,连接的对口间隙应不小于 3mm,找平找直后,将管子固定。管道拐弯和始端应支撑牢靠,防止接口时轴向移动,所有管口应随时封堵好。铸铁立管应用线坠校验使其垂直,不出现偏心、歪斜,支管安装时先搭好架子,并按管道坡度准备埋设吊卡处吊杆长度,核准无误,将吊卡预埋就绪后,再安装管道。卡箍式柔性接口应按产品说明书的技术要求施工,吊架加工尺寸应严格按标准图册要求加工,外形应美观,规格、尺寸应准确,材质应可靠。支吊架埋设应牢靠,位置、高度应准确。

6. 内排雨水镀锌钢管安装:因出厂管长一般均比层高长,为减少管道接口和避免扩大楼板开洞尺寸切断钢筋,下管应由屋顶由上而下下管。接口注意事项详见镀锌钢管安装部分。

7. 消防喷洒管道的安装:消防喷洒管道安装应与土建密切配合,结合吊顶分格布置喷淋头位置,使其位于分块中心位置,且分格均匀,横向、竖向、对角线方向均成一直线。镀锌钢管安装如前。

8. 竖井内立管的安装:本工程竖井内有较多的管道,因此配管安装工作比一般竖井内管道的安装要复杂,安装前应认真做好纸面放样和实地放线排列工序,以确保安装工作的顺利进行。竖井内立管安装应在井口设型钢支架,上下统一吊线安装卡架,暗装支管应画线定位,并将预制好的支管敷设在预定位置,找正位置后用勾钉固定。竖井内管道安装应按相应的控制程序(详见第 5.2.5-3、5.2.5-4 节)进行,以免影响质量、进度和造成不必要的返工与浪费。

### 6.1.3 卫生器具安装

1. 一般卫生器具的安装

(1) 卫生器具安装除按图纸要求及 91SB 标准图册详图安装外,尚应严格执行 DBJ 01—26—96(三)的工艺标准,同时还应了解产品说明书,按产品的特殊要求进行安装。

(2) 卫生器具的安装应在土建做防水之前,给水、排水支管安装完毕,并且隐蔽排水支管灌水试验及给水管道强度试验合格后进行。

(3) 卫生器具安装器具固定件必须使用镀锌膨胀螺栓固定,且安装必须牢固平稳,外表干净美观,通水试验合格。

(4) 卫生器具安装完毕做通水试验,水力条件不满足要求时,卫生器具要进行 100% 满水试验。

2. 台式洗脸盆的安装

(1) 台式洗脸盆的安装除了应符合 3.2.2 款的要求。

(2) 台式洗脸盆中,单个脸盆安装于台子长度的中部。

(3) 洗脸盆水龙头安装位置应符合"左热右冷",不得反装,以免影响使用。

(4) 台面开孔应在洗脸盆定货后,在土建工种或台面加工厂家的配合下进行。

(5) 存水弯下节插入排水管口内部分应缠盘根绳,并用油灰将下水口塞严、抹平。

3. 坐便器、浴缸安装

(1) 坐便器、浴缸安装之前应清理排水口,取下临时管堵,检查管内有无杂物。

(2) 将坐便器、浴缸排水口对准预留排水管口找平找正,在器具两侧螺栓孔处画标记。

(3) 移开器具,在画标记处栽 ϕ10 膨胀螺栓,并检查固定螺栓与器具是否吻合。

(4) 将器具排水口及排水管口抹上油灰,然后将器具找平找正固定。

(5) 坐便器水箱配件的安装应参照其安装使用说明书进行。

### 6.1.4 供暖散热器及消火栓箱体安装

1. 供暖散热器及消火栓箱应在土建抹灰之后,精装修之前,管道安装、水压试验合格后安装。

2. 散热器必须用卡钩与墙体固定牢;消火栓箱与墙体固定不牢的,可用 CUP 发泡剂(单组份聚氨酯泡沫发泡剂)封堵作为弥补措施,安装时箱体标高应符合设计和规范要求,箱体应水平,箱面应与墙面平齐,为防止污染,应贴粘胶带保护。

### 6.1.5 水泵安装和气压稳压装置安装

1. 设备的验收:泵的开箱清点和检查应对零件、附件、备件、合格证、说明书、装箱单进行全面清点。数量是否齐全,有无损伤、缺件、锈蚀现象,各堵盖是否完好。

2. 检查基础和划线:泵安装前应复测基础的标高、中心线,将中心线标在基础上,以检查预留孔或预埋地脚螺栓的准确度,若不准,应采取措施纠正。

3. 基础的清理:泵就位于基础前,必须将泵底座表面的污浊物、泥土等杂物清除干净,将泵和基础中心线对准定位,要求每个地脚螺栓在预留孔洞中都保持垂直,其垂直度偏差不超过 1/100;地脚螺栓离孔壁大于 15mm,离孔底 100mm 以上。

4. 泵的找平与找正:泵的找平与找正就是水平度、标高、中心线的校对。可分初平和精平两步进行。

5. 固定螺栓的灌浆固定:上述工作完成后,将基础铲成麻面并清除污物,将碎石混凝土填满并捣实,浇水养护。

6. 水泵的精平与清洗加油:当混凝土强度达到设计强度 70% 以上时,即可紧固螺栓进行精平。在精平过程中进一步找正泵的水平度、同轴度、平行度,使其完全达到设计要求后,就可以加油试运转。

7. 试运转前的检查:试运转应检查密封部位、阀门、接口、泵体等有无渗漏,测定压力、转速、电压、轴承温度、噪声等参数是否符合要求。

8. 气压稳压装置安装详见说明书和有关规范。

### 6.1.6 水箱的安装

贮水箱和高位水箱的安装:应检查水箱的制造质量,做好安装前的设备检验验收工作;和水泵安装一样检查基础质量和有关尺寸;安装后检查安装坐标、接口尺寸、焊接质量、除锈防腐质量、清除污染;做好满水试验(有压水箱则做水压试验);有保温或深度防腐的则做好保温防腐工作。具体安装步骤如下:

(1) 水箱进场必须经过严格交接检,填写检验记录,没有合格证、检验记录,不能就位安装。器具固定件必须做好防腐处理,且安装必须牢固平稳,外表干净美观。水箱安装应在土建做防水之前,上水管安装完毕后进行。

(2) 水箱的基座用原有的水箱基座,安装前要仔细检查基座的质量,若基座的质量不符合要求,会影响水箱的安装质量。基座表面应平整,并且清理干净。水箱就位前应根据图纸,复测基座的标高和中心线,并用标记明显地标注在确定的中心线位置上,然后画出各固定螺栓的位置。

(3) 水箱的开箱、清点和检查。水箱进场要进行检查,开箱前应检查水箱的名称、规格、型号。开箱时,施工质检人员应会同监理工程师进行检查,根据制造厂商提供的装箱单,对箱内的设备、附件逐一进行清点,检查水箱的零件、附件和备件是否齐全,有无缺件现象,检查设备有无缺损或损坏锈蚀等不合格现象。

(4) 水箱的找正找平。第一步,主要是初步找标高和中心线的相对位置;第二步,是在初平的基础上对泵进行精密的调整,直到完全达到符合要求的程度。水箱进水管应安装可靠的支架,不将管道的重量落在水箱上。

### 6.1.7 汽—水、水—水片式热交换器的安装

如同水泵安装应做好设备进场检验、设备基础检验、设备安装和安装后的验收和单机试运转试验,应特别注意其与配管的连接和接口质量。具体安装事项参考设备使用说明书和相关规范。

### 6.1.8 软化水装置(含电子软化水装置)的安装

其相关事项与水泵安装类同,但更应注意其与配管连接尺寸的准确性和接口的质量。

### 6.1.9 管道和设备的防腐与保温

1. 管道、设备及容器的清污除锈:铸铁管道清污除锈应先用刮刀、锉刀将管道表面的氧化皮、铸砂去掉,然后用钢刷反复除锈,直至露出金属本色为止。焊接钢管和无缝钢管的清污除锈用钢刷和砂纸反复除锈,直至露出金属本色为止。应在刷油漆前用棉纱再擦一遍浮尘。

2. 管道、设备及容器的防腐:管道、设备及容器的防腐应按设计要求进行施工,室内镀锌钢管刷银粉漆两道,锌皮被损坏的和外露螺丝部分刷防锈漆一道、银粉漆两道。

3. 管道、设备及容器的保温:供暖管道的保温采用阻燃型橡塑海绵保温管壳,$DN < 50$、$\delta = 20mm$,$DN \geqslant 50$、$\delta = 30mm$。分水器、集水器的保温采用 $\delta = 50mm$ 带加筋铝箔贴面的离心玻璃棉管壳保温,外表加包 $\delta = 0.5mm$ 的镀锌钢板保护壳。

消防蓄水池(水箱)、高位水箱、膨胀水箱、软化水箱的保温采用 $\delta = 20mm$ 聚苯板,外表加包 $\delta = 0.5mm$ 的镀锌钢板保护壳。

给水和排水管道的防结露保温管道采用橡塑泡沫棉 $\delta = 20mm$,阀门处采用复合硅酸盐涂料 $\delta = 20mm$。生活热水管道保温采用橡塑泡沫棉 $DN \leqslant 50$、$\delta = 30mm$、$DN > 50$、$\delta = 40mm$,阀门处采用复合硅酸盐涂料厚度同管道保温厚度。

### 6.1.10 伸缩器安装应注意事项

1. 伸缩器应水平且应与管道同心,固定支座埋设应牢靠。

2. 伸缩器(套管式的除外)应安装在直管段中间,靠两端固定支座,附近应加设导向支座。有关安装要求参见相关规范。

3．方形伸缩器可用两根或三根管道煨制焊接而成，但顶部必须采用一根整管煨制，焊口只能在垂直臂中部。四个弯曲角必须90°，且在一个平面内。

4．波形伸缩器水压试验压力绝对不允许超过波形伸缩器的使用压力，且试压前应将伸缩器用固定架夹牢，以免过量拉伸。

5．安装后应进行拉伸试验。

# 6.2　通风工程

## 6.2.1　预留孔洞及预埋件

施工参照暖卫工程施工方法进行。

## 6.2.2　通风管道及附件制作

1．材料：通风送风系统为优质镀锌钢板，折边咬口成型。法兰角钢用首钢优质产品。注：建议排烟风道和人防手摇电动两用送风机前的风道采用 $\delta=2.0$ mm 厚度的优质冷轧薄板，以卷折焊接成型。

2．加工制作按常规进行，但应注意以下问题：

（1）材料均应有合格证及检测报告。

（2）防锈除尘必须彻底，不彻底的不得进入第二道工序。镀锌板可用中性洗涤剂清除油污，冷轧板、角钢应用钢刷彻底清除锈迹和浮尘，直至露出金属本色。

（3）咬口不能有胀裂、半咬口现象，焊缝应整齐美观、无夹渣和漏焊、烧熔现象，翻边宽度为 6～9mm，不开裂。

（4）制作应严格执行 GB 50243—97、GBJ 304—88 及 DBJ 01—26—96(三)的有关规定和要求。

## 6.2.3　管道吊装

1．通风管道安装质量控制程序（详见 5.2.5 – 7 节）。

2．管道加工完后应临时封堵，防止灰尘污物进入管内；风道进场后应再次进行加工质量检查和修理，并用棉布擦拭内壁后再进行吊装。吊装还应随时擦净内壁的重复污染物，然后立即封堵敞口。安装过程还应按 GB 50243—97 规定进行分段灯光检漏，并按设计要求进行漏风率检测合格后才能后续安装。

3．安装时法兰接口处采用 9501 阻燃胶条作垫料，螺栓应首尾处于同一侧，拧紧对称进行；阀件安装位置应正确，启闭灵活，并有独立的支、吊架。

4．为保证支、吊架的安装质量，吊架安装前应先实地放线，确定吊杆长度、支架标高和吊杆宽度，以保证安装平直、吊架排列整齐美观。

5．风道的无法兰连接：风道的无法兰连接可以节约大量的钢材，降低工程造价，但是要有相应的风道加工机械。常见的风道无法兰连接有如下几种详见 5.2.7 – 1 节：

抱箍式连接：（主要用于圆形和螺旋风道）在风道端部轧制凸棱（把每一管段的两端轧

制出鼓筋,并使其一端缩为小口),安装时按气流方向把小口插入大口,并在外面扣以两块半圆形双凸棱钢制抱箍抱合,最后用螺栓穿入抱箍耳环中拧紧螺栓将抱箍固定。

插接式连接:(也称插入式连接,主要用于矩形和圆形风道)安装时先将预制带凸棱的短管插入风道内,然后用铆钉将其铆紧固定。

插条式连接:(主要用于矩形风道)安装时将风道的连接端轧制成平折咬口,将两段风道合拢,插入不同形式的插条,然后压实平折咬口即可。安装时应注意将有耳插条的折耳在风道转角处拍弯,插入相邻的插条中;当风道边长较长插条需对接时,也应将折耳插入相邻的另一根插条中。

单立咬口连接:(主要用于矩形和圆形风道)详见5.2.7-1节。

### 6.2.4 风口的安装

墙上风口的安装,应随土建装修进行,先做好埋设木框,木框应精刨细作。然后在风口和阀件上钻孔,再用木螺丝固定,安装时要注意找平,并用密封胶堵缝。与土建排风竖井的固定应预埋法兰,固定牢靠,周边缝隙应堵严。

### 6.2.5 柜式空调机组和分体式空调机的安装

由厂家安装,但应注意电源和孔洞、预埋件、室外基础的预留位置和浇筑质量的验收。

### 6.2.6 空调机房(含新风机房)和组合式空调机组(含新风机组)的安装

1. 应按设计要求定货时要求厂家出厂前进行机组内部清洁工作,并提供严密性试验测试报告书等资料(含风机的测试报告书、电机的测试报告书——额定风量、额定风压、转速、噪声、电机表面和转动轴承温升等)。

2. 运往在现场组装的机组,厂家应重新对机组的密闭性(漏风量)进行测定。

3. 由厂家现场组装调试的机组,厂家应按DBJ 01—51—2000《建筑安装工程资料管理规程》的要求,提供一切必须的安装技术资料。并按规定办理《中间验收记录单》。

4. 本工程机房面积、空间已定,且机房内部本专业设备、管道众多,地上座装、空中吊装。还有电源线路、自控线路、冷冻(热水)水管、给水管道、消防管道等等,因此在定货时一定要注意机组外形尺寸、接口位置应与原设计基本相符,否则将给后续施工带来不可估量的困难,给整体外观质量造成严重事故。给运行管理带来极大后患。

5. 以上四点应向建设方事先交代清楚,以免误事。

6. 安装前应做好设备进场开箱检验,办理检验手续,研读使用安装说明书,充分了解其结构尺寸和性能,加速施工进度,提高安装质量。

7. 安装前应详细审阅图纸,明确工艺流程和各设备的接口位置和尺寸,先在纸面上放大,再到实地检验调整,使各管道部件加工尺寸合适、连接顺利、外观整齐。

8. 安装前应和水泵安装一样检查设备基础,验收合格后再就位安装。安装后按GB 50243—97相关条文要求进行单机试运转,并测试有关参数,填写试验记录单。

9. 机房配管安装应严格按设计和规范要求进行,安装后应进行渗漏检查和隐检验收,再进行保温。

### 6.2.7　防火阀、调节阀、密闭阀安装

防火阀、调节阀、密闭阀的安装必须注意设备与周围围护结构应留足检修空间,安装时还应注意安装空间对将来调试、维护、替换的可能性和熔断片温度、安装方向的正确性。安装后启闭应灵活,详参阅91SB6的施工做法。

### 6.2.8　消声器的安装

消声器消声弯头应有单独的吊架,不使风道承受其重量。支、吊架、托铁上穿吊杆的螺孔距离应比消声器宽40~50mm,吊杆套丝为50~60mm,安装方向要正确。

### 6.2.9　风机盘管的安装

风机盘管进场前应进行进场验收,做单机三速试运转及水压试验。试验压力为系统工作压力的1.5倍(0.6MPa),不漏为合格;卧式机组应由支吊架固定,并应便于拆卸和维修;排水管坡度要符合设计要求,冷凝水应畅通地流到设计指定位置,供回水阀及水过滤器应靠近风机盘管机组安装。吊顶内风机盘管与条形风口的连接应注意如下问题:即风机盘管出口风道与风口法兰上下边不得用间断的铁皮拉接,应用整块铁皮拉铆搭接;风道两侧宽度比风口窄,风管盖不住的,应用铁皮覆盖(如图),铁皮三个折边与风口法兰铆接,另一边反向折边与风管侧面铆接。板的四角应有铆钉,且铆钉间距应小于100mm。接缝应用玻璃胶密封。风机盘管送回风管与送风口的连接应注意严密性,最好采用静压箱连接,无条件的也可采用软接头连接,但应注意连接的密闭性和外观的质量,可以采用图2.6.6-3和图2.6.6-4的技术措施。

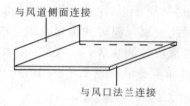

图2.6.6-3　风机盘管送风口封板示意图

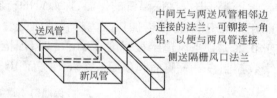

图2.6.6-4　两送风管相邻边与风口法兰无连接处

### 6.2.10　螺杆制冷机组的安装

1.螺杆式制冷机组进场时应做开箱验收记录,内容同水泵进场验收;同时还应对基础进行验收和修理,并核查与机组有关的相关尺寸。安装前应研读使用说明书,按使用说明书和规范要求安装。

2.安装时应对机座进行找平,其纵、横水平度偏差均应不大于0.1/1000为合格。

3.机组接管前应先清洗吸、排气管道,合格后方能连接。接管不得影响电机与压缩机的同轴度。

4.不管是厂家来人安装或自己安装,安装后均应作单机试运转记录。

5.定货和安装时的注意事项同第2.6条。

### 6.2.11 冷却塔及冷却水系统安装

1．和其他设备一样设备进场应作开箱检查验收，并对设备基础进行验收。安装完后应作单机试运转记录，并测试有关参数。

2．冷却塔安装应平稳，地脚螺栓固定应牢靠。

3．冷却塔的出水管口及喷嘴的方向和位置应正确，布水均匀。玻璃钢和塑料是易燃品，应注意防火。

### 6.2.12 软化水装置（含电子软化水装置）的安装

详见1.8款。

### 6.2.13 空调冷冻水（热水）管道的安装

同1.2条。

### 6.2.14 风道及部件、冷冻水（热水）管道的保温

1．通风空调管道的保温

（1）塑料粘胶保温钉的保温：空调送回风管道采用 $\delta = 20mm$ 阻燃型橡塑海绵保温板粘接。保温板下料要准确，切割面要平齐。在下料时要使水平面、垂直面搭接处以短边顶在大面板上，粘贴保温钉前管壁上的尘土、油污应擦净，将胶粘剂分别涂在保温钉和管壁上，稍后再粘接。保温钉分布为管道侧面 20 只/m、下面 12 只/m。保温钉粘接后，应等待 12～24h 后才可敷设保温板。

（2）碟形帽焊接保温钉的保温：保温钉的材质应和基层材质接近，两种金属受热熔化后能在熔坑中混合，使得加热区内材料性质变硬、变脆，因此金属保温钉的钢材含碳量应低于 0.20%。当风道钢板厚度 $\delta \geqslant 0.75$ 时，焊枪的焊接电流应控制在 3～4.5A 之间。焊钉个数控制在——侧面和顶面 6 个/m²；底面 10 个/m²。其质量要求见表 2.6.6－1。

保温钉质量要求　　　　　　　　　　　　表 2.6.6－1

| 序号 | 项　目 | 质　量　要　求 |
|:---:|:---:|:---:|
| 1 | — | 保温板板面应平整，下凹或上凸不应超过 ±5mm |
| 2 | 保温板拼接缝 | 应饱满、密实无缝隙 |
| 3 | 保护面层质量 | 保温板面层应平整、基本光滑，无严重撕裂和损缺 |
| 4 | 保温钉焊接质量 | 用校核过的弹簧秤套棉绳垂直用力拉拔，读数 ≥5kg 未被拔掉为合格 |
| 5 | 保温钉直径 $\phi$ | $\phi \geqslant 3$ |

2．防火阀前的保温：防火阀前 2m 采用非燃型超细玻璃棉外复合铝箔布保温。

3．冷冻水（热水）、蒸汽管道的保温：采用阻燃型橡塑海绵保温管壳，$DN < 50$、$\delta = 20mm$，$DN \geqslant 50$、$\delta = 30mm$。机房内各种管道外表加包 $\delta = 0.5mm$ 的镀锌钢板保护壳。

4. VAV冷冻剂循环管道:采用橡塑泡沫保温套,$\delta = 9mm$。

5. 空调风道和冷冻循环水管道、制冷剂循环管道保温中应注意的问题:施工时应严格控制外径尺寸的误差和保温层缝隙的严密,以免产生冷桥。防止对环境和设备及其他专业安装工程的污染,以免产生冷桥、外观质量和环境污染指标违标的问题。

6. 冷冻机房内的分水器、集水器保温采用$\delta = 50mm$带加筋铝箔贴面的离心玻璃棉管壳保温,保温层外加包$\delta = 0.5mm$的镀锌钢板保护壳。空调冷冻水管的吊架、吊卡与管道之间应按设计隔热垫。

# 6.3 锅炉房锅炉设备和管道的安装与调试

锅炉安装前必须提前向锅炉监察机关办理锅炉报批手续和压力容器的报批手续,一切手续完成后方可进行安装。

## 6.3.1 锅炉本体安装的准备

1. 锅炉进场路线的选择:经与建设、运输、环保、公安部门共同研究,确定锅炉运至本院锅炉房安装场地的运输路线。本工程依据建筑设计特点,可采用牵引机、滑轮组、滚杠由进入地下一层车库的车道入口用滚杠滑动进入地下一层锅炉房。但必须事先安排好进入路线的预留孔洞和与其它工序的搭接顺序。

2. 设备的清点与验收:由建设组织设备供方、运输、施工安装、监理、设计等单位进行设备进场验收。

(1) 验收步骤:通过开箱单对设备部件、元件逐项进行数量清点、外观质量验收。对损坏轻微而不影响使用的,可以按合格品验收;损坏较严重的经适当修理可以使用而不影响质量的,经修理后再办理补充验收手续;损坏严重不能使用的应逐项登记造册进行更换;必须进行现场手动、电动或水压试验的应当场压力试验,并办理设备验收和压力试验验收单的填写等工作。

(2) 成品保护与工程标识:验收后零部件安装前必须进行覆盖、封堵、包装等相应的成品保护措施,并做好工程标识,编号、登记造册。

3. 锅炉设备基础的放线与验收:

(1) 验收前的准备:依据设计图纸和锅炉技术资料提供的相关参数配合土建专业进行基础浇筑前的放线工作与验收。

(2) 设备基础的验收:设备基础拆模后,与土建专业办理设备基础验收手续。主要有混凝土(或钢筋混凝土)的强度、基础相应尺寸、预留孔洞位置及尺寸、预埋件的位置和大小等。设备基础尺寸和位置允许偏差值见表 2.6.6-2。

(3) 设备基础检验单的填写:验收合格后办理设备基础检验单的填写工作。

4. 锅炉安装基准线的放线与标记:依据锅炉房的平面图和锅炉基础图进行下列基准线的放样与设置。

(1) 锅炉纵向中心基准线或锅炉支架纵向中心基准线。

(2) 锅炉前面板基准线。

| 序号 | 项　目 | 允许偏差(mm) | 备　注 |
|---|---|---|---|
| 1 | 基础坐标位置(纵横轴线) | ±20 | — |
| 2 | 基础各不同高度平面的标高 | +0,-20 | — |
| 3 | 基础外形表面平整度误差<br>　表面上凸尺寸误差<br>　表面凹穴尺寸误差 | ±20<br>+0,-20<br>+20,-0 | — |
| 4 | 基础表面水平度的误差 | 每米≤5、全长≤10 | — |
| 5 | 竖向偏差(即垂直度偏差) | 每米≤5、全长≤10 | — |
| 6 | 预埋地脚螺栓标高<br>预埋地脚螺栓中心距(从根部和顶部两处测量) | ±20<br>+20,-0 | — |
| 7 | 预埋地脚螺栓孔中心位置<br>预埋地脚螺栓孔深度<br>预埋地脚螺栓孔壁的垂直度 | ±20<br>+20<br>-0,+10 | — |

(3) 锅炉基础标高基准线。在锅炉基础上或四周选择有关的若干点分别做出标记，各标记的相对偏移不超过1mm。

(4) 当检查所有尺寸均符合设计图纸和施工规范要求后，办理有关基础放线记录单。

### 6.3.2 锅炉的就位

1. 锅炉的就位必须在锅炉基础验收合格、设备进户的预留洞预留完成和就位方案确定后进行。

2. 锅炉就位方案采用滚杠牵引就位方案：因设计未提供锅炉的型号规格外形尺寸重量等参数，若锅炉本体重量较轻，可采用从吊装孔吊运；但若锅炉的型号规格外形尺寸较大、重量较重，不能从吊装孔吊运，就得采用滚扛方法运输就位。故施工组织方案中准备了此预备方案。

3. 锅炉牵引路线的准备：本工程因锅炉基础比室外地平线高差较大，因此应从室外至锅炉房的运输路线敷设一条比锅炉本体宽的敷设枕木、保护原建筑地面的碎石路线，作为锅炉就位牵引的移动通道；在通道上敷设双排 160×200××××mm 的枕木作为下滚道(通道与枕木长度依锅炉宽度而定)，在枕木上敷设 φ89×11 的无缝钢管作为滚杠，锅炉底座作为滚动平面供锅炉就位时用。

4. 滚杠数量和牵引力的计算，以及牵引钢丝绳和滑轮组的选择：

(1) 滚杠数量的计算

A. 每根滚杠能承担的荷载为

$$P = 220B = 220 \times 8.9(20 \times 2) = 78.32\text{kN}$$

式中　$P$——每根滚杠承受的荷载(kN);

　　　　$B$——滚杠与轨道接触的长度 $= 20 \times 2$(20 是枕木的宽度,2 是两排)(cm);

　　　　$d$——滚杠的直径($d = 8.9$cm)。

B. 所需的滚杠数量 $n$

$$n = 9.8Q/P$$ 根

式中　$Q$——锅炉的重量(N);

　　　　$P$——每根滚杠能承担的荷载(N)。

然后依据锅炉结构长度(m),最后确定滚杠的根。为了预防滚杠的损坏,故应多准备 $\times \times$ 根倒用。

(2)滚运拖动启动牵引力的计算(详见《机械设备安装手册》):

$$F = \frac{9.8Qk(f_1 + f_2)}{D} = \times \times . \times \times \text{kN}$$

式中　$k$——拖动启动时阻力增加系数 $k = 2.5$;

　　　　$Q$——设备(锅炉)的重量(N);

　　　　$f_1$——拖动启动时滚杠与枕木间的滚动摩擦系数($f_1 = 0.10$);

　　　　$f_2$——拖动启动时滚杠与锅炉底板间的滚动摩擦系数($f_2 = 0.05$);

　　　　$D$——滚杠的直径 $D = 8.9 \approx 9.0$(cm)。

(3)滑轮组钢丝绳(跑绳)的拉力计算:选用"二二起四"滑轮组(即跑绳是从定滑轮绕出的动、定、导向滑轮数为 $2 + 1 + 1 = 4$ 个的滑轮总数的滑轮组),金属滑轮阻力系数 $\mu = 1.04$,工作绳索根数 $n = 5$,滑轮总数 $m = 4$(其中含导向滑轮 1 个即 $m = 3$、$j = 1$)。则牵引钢丝绳的拉力为 $S$

查该参考书表 2 – 40 得 $\alpha = 0.276$,则滑轮组牵引绳(即跑绳)的牵引力 $S_0$

$$S_0 = \frac{\mu - 1}{\mu_1^n} \mu^m \mu^j F = \frac{\mu - 1}{\mu_1^5} \mu^4 F = \sigma \times F$$

$$S_0 = \alpha F = 0.276 \times F = \times . \times \quad \text{kN} \qquad (滑道是水平时)$$

因其中有一段滑道有 $\beta = \times \times °$的坡度故滑轮组牵引绳(即跑绳)的牵引力 $S$ 应为

$$S = S_0 + Q_{tg}\beta = \times . \times \times \quad \text{kN}$$

(4)牵引设备的选择:依据钢丝绳的拉力 $S = \times . \times \times \text{kN}$ 选用 JJK – $\times$ 型电动卷扬机。

(5)钢丝绳型号的选择:依据钢丝绳的拉力 $S = \times . \times \times \text{kN}$ 可选用抗拉强度为 $\times \times \times$ N/mm2、$\times * \times \times$ 型钢丝绳。钢丝绳直径为 $\times \times$ mm 时的破坏拉断拉力为 $\times \times \times . \times \times$ kN、安全系数 $k = 5$,则允许拉力为 $\times \times \times . \times /5 = \times \times . \times \times \text{kN} > $钢丝绳的拉力($\times . \times \times$kN)。故选用 $d = \times \times . \times$ mm、$\times * \times \times$ 型钢丝绳是合理的。

(6)滑轮的选择:依据钢丝绳的拉力选用起重重量为 $\times \times$t、滑轮个数 $\times$ 个(不含导向滑轮)、直径为 $D = \times \times \times$ mm 的 H 系列滑轮组。

(7)牵引柱的受力计算:牵引柱即锅炉牵引时用于固定和支撑牵引滑轮组的立柱,为了避免牵引柱表面被钢绳损害,在牵引柱与钢丝绳之间用 4mm 厚的钢板作垫块。锅炉自重×× t。并假设牵引时拉绳与地面平行。

A．牵引柱受到的拉力 $F$：

$$F = \times . \times \times \text{kN}$$

B．牵引柱内力的计算：牵引柱为锅炉房侧墙(B)轴抗风柱，其计算图见图 2.6.6 – 5。

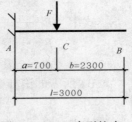

图 2.6.6 – 5　牵引柱内力计算图

（A）弯矩计算

$$M_{MAX} = M_C = \frac{Fba^2}{2L^2}\left(3 - \frac{a}{L}\right) = \times . \times \text{kN} - m$$

（B）剪力计算 $V_A$

$$R_A = V_A = \frac{Fb}{2L}\left(3 - \frac{b^2}{L^2}\right) = \times . \times \text{kN}$$

（C）弯矩剪力图（图 2.6.6 – 6）

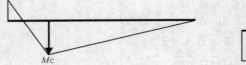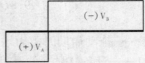

图 2.6.6 – 6　弯矩剪力图

C．钢筋混凝土柱强度核算（例）：该柱断面为 $400 \times 400$，保护层厚度 $h = 25\text{mm}$，混凝土为 C25，$h_0 = 575\text{mm}$ 的配筋图。

（A）弯矩验算：查表得

$$f_Y = 310 \qquad A_S = 1256 \qquad h_0 = 575 - 25 = 550\text{mm}$$

$$\therefore MU = 310 \times 1256 \times 550 = 214\text{kNm} > 2.26 \text{ kNm}$$

（B）剪力验算：取 $\lambda = 1.4$ 　　$f_c = 12.5$

$$V = 0.2 \times 12.5 \times 400 \times 575 \div (1.4 + 1.5) + 1.25 \times 210 \times 3 \times 78.5 \times 575 \div 200$$

$$= 376\text{kN} > 12.086 \text{ kN}$$

综上所述，该柱能承受锅炉安装的牵引力。

### 6.3.3　锅炉就位应注意的事项

1．锅炉就位前应依据锅炉进场的具体包装情况，采用帆布包装保护，防止拖动过程中其外表被划伤。

2．锅炉在水平运输时，为确保基础不受损害，必须使道木高于锅炉基础表面。

3．当锅炉运至基础位置后，不撤出滚杠进行校正，并要达到如下要求：

（1）锅炉前轴中心线应与基础前轴中心基准线吻合，允许偏差为 2mm。

（2）锅炉纵向中心线应与基础纵向中心线相吻合或锅炉支架纵向中心线与基础前轴中心基准线吻合，允许偏差为 10mm。

4．锅炉就位过程中可能出现的位移应用千斤顶校正至允许偏差范围内。

5．锅炉安装应留有 3‰ 的坡度，以利排污。

6. 当锅炉横向不平时,应用千斤顶将锅炉低侧连同支架一起顶起,再在支架之下垫以适当厚度的垫铁,垫铁的间距为 500～1000mm。

7. 锅炉就位找平、找正后,应用干硬性的高强度等级水泥砂浆将锅炉支架底板与基础之间的缝隙堵严,并在支架的内侧与基础之间用水泥砂浆抹成斜坡。

8. 锅炉安装完成后应做好如下两项工作。

(1)设备找平、找正后,用比基础混凝土强度高的干硬性的豆石混凝土将地脚螺栓孔浇筑满,浇筑时应边灌边捣实,并应防止地脚螺栓歪斜。待混凝土强度达到 75％ 以上时再拧紧螺帽将底座固定在基础上,在拧紧时应交替进行,并用水平仪进行复核。

(2)将预留的孔洞砌筑封堵并用水泥砂浆抹平。

### 6.3.4　锅炉的水压试验

1. 水压试验前应将连接在上面的安全阀、仪表拆除,安全阀、仪表等的阀座可用盲板法兰封闭,待水压试验完毕后再安装。主气阀、出水阀、排污阀、给水阀、给水止回阀应一起进行水压试验。

2. 水压试验前应将锅炉、集箱内的污物清理干净,然后封闭人孔、手孔,并再次检查锅炉本体、连接管道、阀门安装是否妥当。各拆卸下来的阀件阀座的盲板是否封堵严密,盲板上的放水放气管安装质量和长度是否合适,并引至安全地点进行排放。

3. 依据 GB 50273—98 第 5.0.3 条、第 5.0.4 条、第 5.0.5 条的规定,试验压力为 $1.25P$ $= 1.59MPa$,压力表数量为两只、精度为 2.5 级、表盘量程为 2.5 MPa(1.5～3.0 倍)。

4. 升压前应排净锅炉内的空气。试验过程为当工作压力升至 0.3～0.4MPa 时应检查一次,必要时再拧紧手孔、人孔、法兰等的螺栓。当压力升至工作压力时,应再次检查,无异常现象后,关闭就地水位计,再继续升压至试验压力(1.59MPa),稳压 5min,其压降应不超过 0.05MPa。然后将压力降至工作压力(1.27 MPa)进行检查,检查时用 1.5kg 重小锤的圆头在距离焊缝 15～20mm 处沿焊缝方向轻敲,检查期间压力应保持不变。且受压元件金属壁和焊缝上,应无水珠和水雾,胀口不应滴水珠,水压试验后未发现剩余变形存在。

### 6.3.5　锅炉附件的安装

1. 安全阀的安装:

(1)安全阀安装前必须逐个进行严密性试验,并应送锅炉检测中心检验其始启压力、起座压力、回座压力,在整定压力下安全阀应无渗漏和冲击现象。经调整合格的安全阀应铅封和做好标志。

(2)依据 GB 50273—98《工业锅炉安装工程施工及验收规范》第 6.1.2 条的规定,锅筒上必须安装两个安全阀,其中一个的启动压力应比另一个的启动压力高,而其他设备为一个。他们的启动压力见表 2.6.6－3。

(3)安全阀应垂直安装,并装设排泄放气(水)管,排泄放气(水)管的直径应严格按设计规格安装,不得随意改变大小,也不得小于安全阀的出口截面积。

(4)安全阀与连接设备之间不得接有任何分叉的取汽或取水管道,也不得安装阀门。

(5)安全阀的排泄放气(水)管应通至室外安全地点,坡度应坡向室外。排泄放气

(水)管上不得安装阀门。

安全阀启动压力表　　　　　　表 2.6.6 - 3

| 设备编号 | 蒸汽锅炉 | | 热水锅炉 | | 蒸汽锅炉 分汽缸、热交换器、分水器、集水器 | 热水锅炉 分汽缸、热交换器、分水器、集水器 | 备注 |
|---|---|---|---|---|---|---|---|
| | 1 | 2 | 1 | 2 | | | |
| 起始压力（MPa） | $1.04P=$ 1.32MPa | $1.06P=$ 1.35MPa | $1.12P=$ 1.43MPa $\geqslant P+0.07$ | $1.14P=$ 1.45MPa $\geqslant P+0.10$ | $1.04P=$ 1.32MPa | 1.43MPa | $P$ 为安装地点的工作压力 |

(6) 安全阀的排泄放气(水)管的设置应一个阀门一根,不得几根并联排放。

(7) 设备水压试验时应将安全阀卸下,安全阀的阀座可用盲板法兰封闭,待水压试验完毕后再安装。

2. 水位计的安装:

(1) 依据 GB 50273—98《工业锅炉安装工程施工及验收规范》第10.3.6条及劳动人事部《蒸汽锅炉安全技术监察规程》的有关规定,本工程每台锅炉应安装两副水位计(额定蒸发量≤0.2t/h 的锅炉可以只安一副)。水位计应按设计和规范要求安装在易观察的地方(当安装地点距离操作地面高于6m时应加装低位水位计,低位水位计的连接管应单独接到锅筒上,其连接管的内径应≥18mm,并有防冻措施。锅炉水位监视的低位水位计在控制室内应有两个可靠的低位水位表),水位表的安装应符合规范的有关规定。

(2) 水位计安装前应检查旋塞的转动是否灵活,填料是否符合要求,不符合要求的应更换填料。玻璃管或玻璃板应干净透明。

(3) 安装时应使水位计的两个表口保持垂直和同心,玻璃管不得损坏,填料要均匀,接头要严密。

(4) 水位计的泄水管应接至安全处。当锅炉安装有水位报警器时,其泄水管可与水位计的泄水管接在一起,但报警器的泄水管上应单独安装一个截止阀,不允许只在合用管段上安装一个阀门。

(5) 水位计安装后应划出最高、最低水位的明显标志,最低安全水位比可见边缘水位至少应高 25mm;最高安全水位应比可见边缘水位至少应低 25mm。

(6) 当采用玻璃水位计时应安装防护罩,防止损坏伤人。

3. 温度计的安装:

(1) 本工程锅炉及热力管道上安装的温度计均为压力式温度计。

(2) 安装时温度计的丝接部分应涂白色铅油,密封垫应涂机油石墨。温度计的温感器应装在管道的中心。温度计的毛细管应有规则地固定好,多余的部分应卷曲好固定在安全处,防止硬拉硬扯将毛细管扯断。

(3) 温度计的表盘应安装在便于观察的地方。安装完毕应在表盘上画出高运行温度的标志。

4．减压阀的安装：

（1）安装前应检查减压阀的进场验收记录单，审查其使用介质、介质温度、减压等级、弹簧的压力等级（如公称压力为 $P=1.568MPa$ 的减压阀，配备有压力段为 $0\sim0.3MPa$、$0.2\sim0.8MPa$、$0.7\sim1.1MPa$ 三种减压段的弹簧，在本工程应配置 $0.7\sim1.1MPa$ 减压段的弹簧）等参数是否符合设计和规范的要求。

（2）安装前应将减压阀送到有检测资格的检测单位进行检测与校定，并出具检测报告试验单，方可进行就位安装。

（3）减压阀的进出口压力差应 $\geqslant0.15MPa$。

5．排污阀的安装：

（1）依据锅炉安全技术监察规程规定，排污阀安装前应送到相关检测单位进行检测与校验，并出具检测记录单。

（2）排污阀应为专用的快速排放的球阀或旋塞，不得采用螺旋升降的截止阀或闸板阀。

（3）排污管应尽量减少弯头，所有的弯头或弯曲管道均应采用煨制制造，其弯曲半径 $R\geqslant1.5D$（$D$ 为管道外径）。排污管应按设计要求接到室外安全的排放地方。明管部分应加固定支架。其坡度应坡向室外。

（4）为了操作方便，排污阀的手柄应朝向外侧。

### 6.3.6 锅炉的煮炉试验

应按厂家要求，确定是否进行煮炉试验。有的厂家出厂时已对炉内进行清洁处理，为避免炉体化学损伤厂家不同意进行煮炉试验。

### 6.3.7 锅炉联合试运行试验

锅炉机组及其附属系统的单机试运行与联合试运行同期进行。

1．锅炉启动的准备：启动前应检查炉内及系统内有无遗留物品，各相关阀门和检测仪表是否处于启动的开启或关闭状态。

2．炉水是否注满或注到应有的水位，循环泵、给水泵的运转是否正常，安全阀、水位计、电控及电源系统等设备的调试是否达到运行条件，给水水质是否符合要求。

3．调整安全阀的启动压力，锅炉带负荷运行 $24\sim48h$，运行正常为合格。

4．运行过程应检查锅炉设备及附属设备的热工性能和机械性能；测试给水、炉水水质是否符合国家规定的排放标准（此项应事先委托环保部门测试）。同时测试锅炉的出率（即发热量或蒸发量）、压力、温度等参数；与此同时测试给水泵、引（鼓）风机的相关参数。

### 6.3.8 锅炉安装工程的验收

在试运转的末期，应请建设、监理、设计、劳动部门、环保部门到场，共同对锅炉设备及其附属设备、管道系统安装、控制系统进行验收，并办理验收手续。

# 7 保证实现工期目标、现场管理的各项目标和措施

## 7.1 工期目标与保证实现工期目标的措施

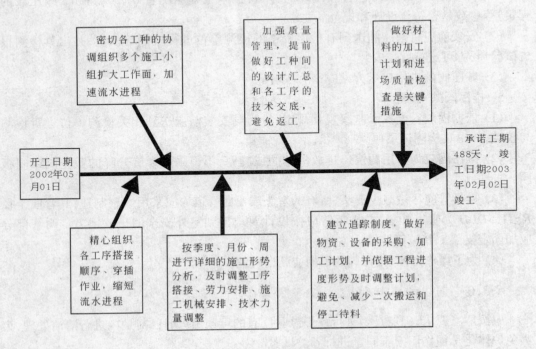

## 7.2 降低成本目标及措施

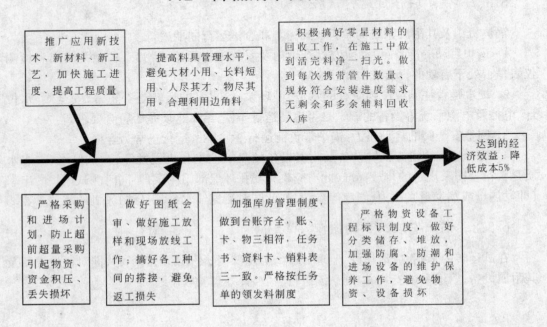

## 7.3 文明施工现场管理目标及措施

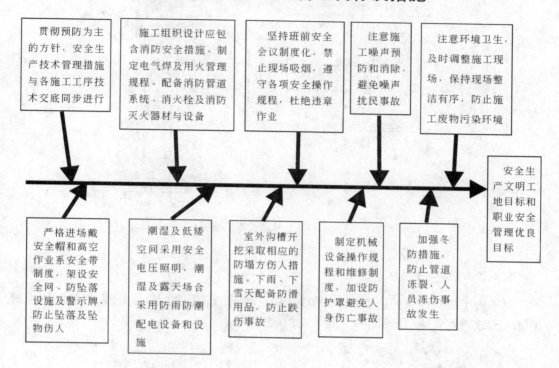

# 8 环境保护措施

## 8.1 施工中的环境保护措施

### 8.1.1 噪声控制

1. 建筑四周的防护隔离网内侧增设一层防尘隔声板,以阻止粉尘和噪声往周围扩散。

2. 入装修期施工中的噪声控制,除了维持前期施工阶段整栋建筑外围防护网内加衬隔声层,防止噪声外溢,污染周围环境外,对发声量较大的施工工序尽量安排在白天施工。

### 8.1.2 粉尘控制

1. 在进入装修期间对装修工艺发尘量较大的采用移动式局部吸尘过滤装置,进行局部处理。

2. 安装移动式喷水管道,利用喷头对准拆除墙面喷洒水珠降尘(图2.6.8-1)。

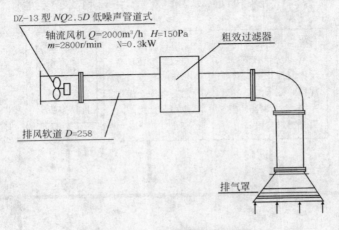

图2.6.8-1 移动式除尘装置

### 8.1.3 施工污水的处理

对于施工阶段产生的施工污水,采取集中排放到沉淀池进行沉淀处理,经检测达标后再排入市政污水管网(处理流程见图2.6.8-2)。

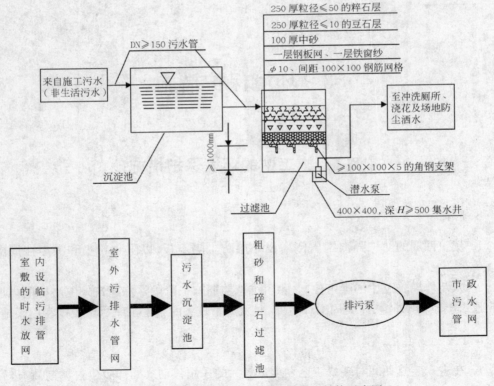

图2.6.8-2 现场施工污水处理流程和结构示意图

### 8.1.4 排除电焊有害气体装置

电焊比较集中的地方会有大量有害气体产生,它不仅对施工人员造成严重的健康损害,也对周围环境造成较严重的污染,因此必须采用专用的排风设备(图2.6.8-3和图2.6.8-4)进行排除。

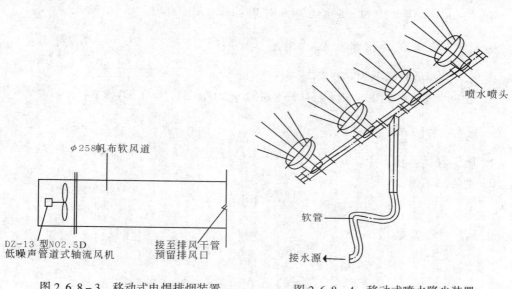

图2.6.8-3 移动式电焊排烟装置　　　图2.6.8-4 移动式喷水降尘装置

## 8.2 加强协调确保环保措施的实现

定期召开协调会议,除了加强施工全过程各工种之间、总包和分包之间施工工序、技术矛盾、进度计划的协调,将所有矛盾解决在实施施工之前外,做到各专业之间(总包单位内部、总包单位与分包单位之间)按科学、文明的施工方法施工,避免各自为政无序施工,造成严重的施工环境污染事故。

# 9　现场施工用水设计

详见土建施工组织设计,现场施工给水布置图见附页。

## 9.1 施工用水量计算

### 9.1.1 现场施工用水

按最不利施工阶段(初装修抹灰阶段并考虑混凝土浇水养护)计算。

$$q_1 = 1.05 \times 120m^3/d \times 750L/m^3 \times 1.5(2b/d \times 8h/b \times 3600s/h)^{-1} = 2.49L/s$$

### 9.1.2 施工机械用水

现场施工机械需用水的是运输车辆：

$$q_2 = 1.05 \times 10 台 \times 50L/台 \times 1.4(3b \times 8h/b \times 3600s/h)^{-1} = 0.085L/s$$

### 9.1.3 施工现场饮水和生活用水

现场施工人员高峰期为 700 人/d,则：

$$q_3 = 700 \times 50 \times 1.4(2b \times 8h/b \times 3600s/h)^{-1} = 0.57L/s$$

### 9.1.4 消防用水量

1. 施工现场面积小于 25hm$^2$
2. 消防用水量

$$q_4 = 10L/s$$

### 9.1.5 施工总用水量 $q$

$$\because q_1 + q_2 + q_3 = 3.08L/s < q_4 = 10 \ L/s$$
$$\therefore q = q_4 = 10L/s = 0.01m^3/s = 36m^3/h$$

## 9.2 贮水池计算

### 9.2.1 消防 10min 用水储水量

$$V_1 = 10 \times 10 \times 60/1000 = 6m^3$$

### 9.2.2 施工用水蓄水量

$$V_2 = 2m^3$$

### 9.2.3 贮水池体积 $V$

$$V = 8m^3$$

## 9.3 水泵选型

### 9.3.1 水泵流量

$$G \geqslant 36 \ m^3/h$$

### 9.3.2 水泵扬程估算

$$H = \sum h + h_0 + h_s + h_1 = 4 + 3 + 10 + 30.0 = 47 \text{ m} \approx 0.5\text{MPa}$$

式中　　$H$——水泵扬程($\text{mH}_2\text{O}$)；

　　　$\sum h$——供水管道总阻力($\text{mH}_2\text{O}$)；

　　　$h_0$——水泵吸入段的阻力($\text{mH}_2\text{O}$)；

　　　$h_s$——用水点平均资用压力($\text{mH}_2\text{O}$)；

　　　$h_1$——主楼用水最高点与水泵中心线高差静水压力($h1 = 30.0\text{m}$)($\text{mH}_2\text{O}$)。

### 9.3.3 水泵选型

选用 IS80 - 50 - 250 型单级离心式水泵，$G = 39.6 \text{ m}^3/\text{h}$、$H = 50.2\text{mH}_2\text{O}$、$n = 2900\text{r/min}$ 功率 $N = 15.0\text{kW}$、泵出口直径 $DN = 80$、进口直径 $DN = 80$。

## 9.4　输水主干管道管径计算

$$D = [4G(\pi v)^{-1}]^{0.5} = [4 \times 0.010(2.5 \times \pi)^{-1}]^{0.5} = 0.0714\text{m} \approx 80\text{mm}$$

为了安全最后取 $DN = 100$

式中　　$D$——计算管径(m)；

　　　$DN$——公称直径(mm)；

　　　$G$——流量($\text{m}^3/\text{s}$)；

　　　$v$——流速(按消防时管内流速考虑 $v = 2.5\text{m/s}$)(m/s)。

## 9.5　施工现场供水管网平面布置图

详见附图或土建施工组织设计。

# 10　附　　录

附录一　建五技质[2001]159 号《加强工程施工全过程各工种之间 的协调，防止造成不应出现质量事故的规定》(摘录)

………

一、凡专业工种较复杂的工程，现场技术总负责人、工地项目经理在进行施工组织设计、施工方案设计、施工工序安排和编制施工技术交底中都应统筹考虑各工种施工工序的搭接顺序和技术矛盾解决措施问题，做到先协调后施工。

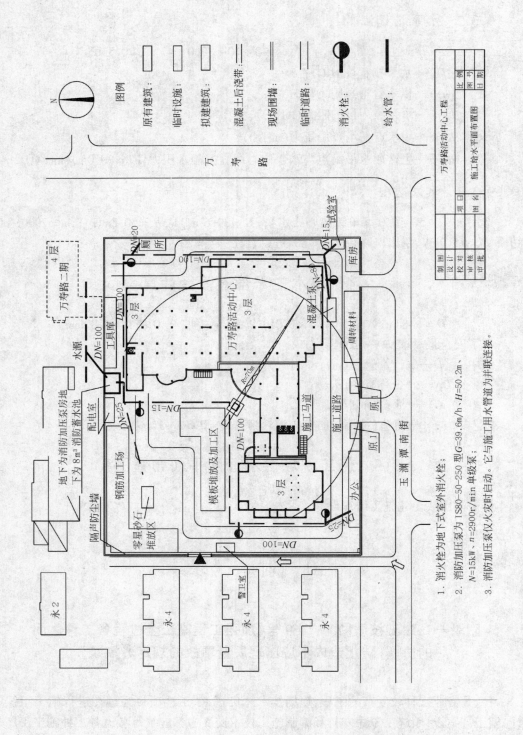

1. 消火栓为地下式室外消火栓；

2. 消防加压泵为 1S80-50-250 型 $G$=39.6m³/h、$H$=50.2m、$N$=15kW、$n$=2900r/min 单级泵；

3. 消防加压泵仅火灾时启动。它与施工用水管道为并联连接。

二、涉及到吊顶内专业管道较多的房间,应先统一协调,确定吊顶用材、吊顶板分割、风口位置、灯具位置、喷头位置、烟温感探头位置,一切矛盾解决后,再预埋管道吊杆和吊顶吊杆,然后进行管道安装、试压、防腐保温和吊顶的安装。

三、………

四、土建工程施工(安装)过程中,土建专业应与设备专业事先安排好调节阀件、测试孔口(检查井)的位置,以保证将来调节、调试和检修的进行。

五、土建墙体、隔断、门窗开口的移位,应考虑到引起设备专业管路、风口、灯具、喷淋头、烟温感报警感应探头原布局的变化,以及对原房间使用功能的影响,未经协调就绪,任何一方不得擅自更改。

六、………

七、………

八、………

九、土建专业技术总负责人在结构工程实施前应协同设备专业技术负责人解决竖向管井内有足够的安装空间,确保管道安装后能进行维护、调试与维修。尤其是竖向管井内安装有暖卫工程的阀门和通风专业的防火阀、调节阀时更应特别注意。

十、………(内容见附录二)

十一、工程项目技术总负责人应亲自督促或委托专人监督和定期检查暖卫通风专业技术负责人严格执行通风管道及附件的进场检验制度,凡不符合规范要求的零配件一律退回加工厂返修,杜绝不合格品的零配件进入施工现场。

十二、严格执行各专业、各级技术管理人员的工作职责,做到现场管理有序和科学化。

十三、………

### 附录二　建五技质[2001]169号《通风空调工程安装中若干问题的技术措施》(摘录)

………

4. 风道软管和软接头的应用

第4.1条　风道软管和软接头因材质粗糙,质地柔软、严密性差、阻力大、寿命短、易积尘,而粉尘又是各种微生物、细菌的寄存和繁殖的营养供给基地,在润湿的环境中易引起军团菌等"空调病菌"的繁殖,引发空调病。因此除了洁净空调对风道软管和软接头的应用有严格的规定外(其选材、制作、安装应符合JGJ 71—90第3.2.7条的规定),在一般空调系统中也应慎重采用。

第4.2条　在通风安装工程中软管和软接头的应用范围应有一定的限制,严禁乱用软管风道和软接头。除了在有振动设备前后为了防止振动的传播和降低噪声采用软接头外,在下列场合原则上禁止采用软管作为风口的连接件和作为干管与支管的连接件。

(1)洁净工程、生物工程、微生物工程、放射性实验室工程、制药厂、食品工业加工厂和医疗工程等对工艺流程和卫生防疫有特殊要求的工程,除了在有振动设备前后可以安装软接头外(这些工程对软接头的用料和加工也有特殊的要求,详见JGJ 71—90),其余场合原则上禁止采用软接头进行过渡连接。

（2）重要的、有历史意义的公共建筑、纪念馆、纪念堂、大会堂、博物馆等。如人民大会堂的观众厅、会议室或重要办公建筑中高级人物的办公室和出入场所。

（3）风口、风道为高空分布难以清扫的大容积或高大空间内的通风空调系统。

（4）凡是支管能用硬性管道连接的场合，一律不得采用软管连接。不得不采用软管连接时，软管只能从跨越管（跨越的障碍物）的上部绕过，不得从跨越管（跨越的障碍物）的下部绕过。且软管的弯曲部分应保持足够大的曲率半径，不得形成局部压扁现象。

（5）两连接点距离超过 GB 50243—97 第 7.2.9 条规定 2m 者，不得采用可伸缩性的金属或非金属软管连接。

第 4.3 条　在下列场合应做好相应的限制位移和严密性封闭的技术措施：

（1）当软管作为厕所或其他次要房间顶棚内的排风扇与土建式排风竖井连接时，除了应保证管道平直和长度不大于 2m 外，它与竖井的接口应通过法兰连接，不得未经任何处理而采用直接插入土建通风竖井内的方法，以免因其他原因而脱离。

（2）应特别注重风机盘管室内送风口处送风管、新风管与室内送风口（格栅）处连接的严密性、牢靠性。

第 4.4 条　柔性短管的应用尚应符合 GB 50243—97 第 7.2.8 条、第 7.2.9 条的规定，直管的垂度应符合 GB 50243—97 第 7.2.5 条的规定，每米不大于 3mm，总偏差不大于 6mm（因最长不得超过 2m）。

第 4.5 条　以柔性短管连接的送（回）风口，安装后与设备（或干管）出口和风口的连接应严密，不渗漏；外形应基本方正，圆形风道外形的椭圆度应符合 GBJ 304—88 的要求。从风口向里看，软管内壁应基本平整、光滑、美观，无严重的褶皱现象。

5．其他

第 5.1 条～第 5.8 条（略）

### 附录三　建五技质[2001]159 号 附录《暖卫通风专业施工技术管理人员工作职责》（摘录）

（一）工程项目经理部技术负责人和设备专业项目总负责人的职责

（1）项目技术负责人和设备专业项目总负责人必须具备大学专科以上学历。

（2）对工程中设备专业施工质量、进度、安全负有全面责任。

（3）负责组织设计图纸审图和会审工作，整理、审定会审中提出的书面问题，填写图纸会审记录单。

（4）协助建设单位组织设计技术交底，做好设计技术交底记录，督促各专业技术主管办理设计技术时出现的有关设计变更和洽商手续。

（5）负责组织暖卫通风专业施工组织设计（或施工方案）编写方案讨论，填写施工组织设计方案讨论记录单。

（6）负责编制或组织编写暖卫通风专业施工组织设计（或施工方案）及定稿、打印、校审、报批工作。

（7）负责组织暖卫通风专业施工组织设计（或施工方案）的交底工作，并填写交底记录单。

（8）负责暖卫通风专业施工组织设计（或施工方案）的实施、调整、修改工作，并向公司办理暖卫通风专业施工组织设计（或施工方案）大的调整、修改内容的报批手续。

（9）负责协调施工中各工种之间的矛盾，保证工程质量达标和完成进度计划。

（10）负责编制施工中材料、设备的进场计划，督促检查材料、设备进场检验工作的实施，并参加重要的材料、设备进场的检验工作。

（11）负责制定保证施工质量、进度、安全的技术措施和协助工程负责人（工地项目经理）制定各种保证施工质量、进度、安全的行政管理措施。

（12）督促暖卫、通风专业技术负责人（或工长）按工程进度的施工工序编写各工序的施工技术交底资料和贯彻落实工作。

（13）配合项目经理定期组织各专业施工技术管理人员进行现场施工质量、施工进度、施工安全巡检，分析发展趋势，提出办法，并建立台账（施工过程检查记录单、不合格品记录单、纠正和预防记录单等）和定期向上级主管部门上报。

（14）负责各专业施工技术资料（规范、规程等）的配置情况的检查、配套、管理及申报购领工作。组织相关人员参观地方政府组织的暖卫通风空调设备展览会和报告会。介绍和推广本专业的新技术、新材料、新工艺的应用。

（15）督促各专业对测试调节仪表准备、校验和测试调节方案的编制（包括委托单位测试调节项目协议书的签订）与实施。

（16）审定各专业各工序的施工管理技术资料（检验记录单）的填写工作，对检验记录单的填写质量有直接责任。

（17）负责竣工施工技术管理资料和竣工图纸的整理、编制、审核、上报工作。

（二）暖卫通风专业技术负责人的职责

（1）暖卫通风专业技术负责人应具备大学专科以上学历。

（2）暖卫通风专业技术负责人应对本专业安装工程的质量、进度、安全全面负责。

（3）暖卫通风技术负责人应组织本专业技术人员对设计图纸进行审图，并参与图纸会审和设计技术交底工作，做好各工作阶段的记录，办理好本专业的设计变更和洽商，填写本专业应完成的各种记录单。

（4）参加（或组织）本专业工程施工组织设计（或施工方案）方案的讨论、编写、交底工作，承担本专业施工组织设计（或施工方案）有关内容的起草、审定、校核工作，完成自己应完成贯标过程中各种记录单的填写。

（5）按照施工进度计划编制本专业材料进场计划，各工序施工技术交底资料，组织本专业施工工长、质量检查员、班组长进行各工序施工技术交底、材料设备进场检验及各工序的三检、试验工作，填写各种检验记录单和贯标过程中各种的记录单。

（6）组织本专业施工工长、质量检查员、资料员、施工班组长学习规范、规程、规定，介绍本专业的新技术、新材料、新工艺和推广应用并向上级上报"三新"推广应用情况和相关技术资料；提高施工人员技术素质，确保按质、按量、按期完成施工任务。

（7）组织本专业施工工长共同绘制各施工工序的施工放样图，并带领工长、班组长到现场实地考察放线，并进行复核、调整。

（8）定期分析本专业施工工程质量、进度、安全形势，加强施工工人教育，扭转不良倾向和杜绝各种事故发生的苗头。

（9）填写本专业各施工工序检验记录单，编制试验、测试调节仪表准备计划和实施方案，并组织落实和填写测试记录单。组织质量检查员、工长、班组长进行各施工工序质量及试验测试调节效果验收工作。

（10）负责组织实施施工技术资料、竣工图纸的整理、编制、上报工作，对施工技术资料的质量负有直接责任。

（三）暖卫通风专业施工工长的职责

（1）暖卫通风专业施工工长应具备有本专业职业高中或中专的学历，且有工长证书。

（2）参与（或受上级委托负责）施工大样图的放样绘制、组织材料设备进场验收，按工程进度、质量和设计要求组织现场实地放线工作，指挥施工各工序的具体实施，对现场施工安全和施工质量负有直接责任。

（3）按工程施工进度、施工工序、施工工程量安排好现场施工力量和施工力量的调配，安排材料领取、余料回收及现场施工安全等具体工作。

（4）填写材料领取单，并分期对现场用料消耗量进行评估，防止浪费和超支。

（5）负责现场施工机具、试验设备的安排、准备、校验、维修、保管工作。

（6）组织各工序的实施、试验、测试调节，并参与验收工作。

（7）负责施工试验资料的记录。施工技术资料的填写、校对工作和施工质量报表的填写工作。

（8）负责施工现场本专业的设备、材料、机具等的工程标识工作。

（9）受上级委托负责工程施工组织设计（或施工方案）的编制、报审和贯标工作。

（四）暖卫通风专业质量检查员的职责

（1）暖卫通风专业质量检查员应具备有本专业大专以上学历或具有丰富的施工实践经验，并持有上岗证书。

（2）暖卫通风专业质量检查员应参与该工程施工图纸的会审、设计技术交底、施工组织设计方案编制讨论、施工组织设计（或施工方案）交底、各施工工序技术交底、材料设备进场验收等有关施工质量管理工作。

（3）暖卫通风专业质量检查员的工作是工程施工质量达标的重要部份，从技术角度出发它应对工程质量负极重要的责任，因此对工程项目经理部的项目经理、项目技术负责人、项目设备专业总负责人、本专业技术负责人等若有违反质量的决定均应予以抵制，抵制不了的应及时向上级有关部门反映，并做好记录以备查对。

（4）暖卫通风专业质量检查员不但要检查施工质量，还应按 GBJ 300—88、GBJ 302—88、GBJ 303—88、TJ 305—75、CJJ/T 29—98 中各施工工序检测手段、检测工具配置要求，检查施工队配备是否齐全和按规范规定的检查数量、步骤进行检测。配备不齐、不按规范规定进行检测、检验的应予以警告，责令限期改正，对屡教不改的，应建议项目经理部予以辞退或给予经济处罚和责令限期改正。

（5）暖卫通风专业质量检查员应按规范要求严格把关，将检查结果按 418 号文件培训教材要求较详细地、工整地填写在检验记录单中，杜绝套话和空洞无物的检验结论记录，例如："符合设计和规范要求"。

（6）暖卫通风专业质量检查员应按贯标规定，每次检查后应填写过程检查记录单、不合格品记录单、预防和纠正措施记录单。

（7）暖卫通风专业质量检查员要努力学习钻研规范、规程和有关技术资料，提高自己的业务水平和处理问题的能力，做到有理、有据，令人信服，为把好工程质量关作贡献。

（8）暖卫通风专业质量检查员应定期和不定期的向工程项目经理部的项目经理、项目技术负责人、项目设备专业总负责人、本专业技术负责人等提供本工程暖卫通风专业施工质量检查情况汇报资料及纠正、预防建议；并定期和不定期的向本专业施工班组长讲解工程质量标准、质量检查情况、通病和预防措施。

（五）暖卫通风专业资料员的职责

（1）暖卫通风专业资料员应具备高中以上（最好是职业高中）的学历，并持证上岗。

（2）暖卫通风专业资料员应努力研究 418 号文件及相关资料，搞好暖卫通风专业资料管理工作。

（3）暖卫通风专业资料员在暖卫通风专业技术负责人、施工工长领导下工作，是把好施工技术资料质量的第一道关口；是完成暖卫通风专业施工技术资料、施工质量报表等工作的直接责任者；是施工现场暖卫通风专业施工技术资料、施工质量评定资料的收集者。

（4）暖卫通风专业资料员应按期将施工技术资料整理就绪，并定期和不定期的送上级有关部门审阅；督促暖卫通风专业施工工长按期上报施工质量报表。向暖卫通风专业技术负责人索取上报的新技术、新材料、新工艺推广应用的情况和相关技术资料，并将材料及时上报。

（5）暖卫通风专业资料员有权对施工现场提供有问题的暖卫通风专业施工资料（包括字迹不清）退回要求当事人修改或重新填写的权利。

（6）暖卫通风专业资料员应努力自学有关规范、规程、施工工艺，提高自身的业务水平；并完成施工技术资料的抄写整理工作。

## 附录四　对设计中两个问题的疑问

1. 关于在深层地下室安装有压蒸汽锅炉安全问题的疑问

本工程在地下室的锅炉房内设计安装有 DZ－1～DZ－3 计 3 台 $G=500kg/h$、其额定工作压力 $P=0.3MPa$、$N=300kW$ 的空调蒸汽加湿用汽的蒸汽锅炉；在厨房内设计安装有 1 台 $G=310kg/h$、其额定工作压力 $P=0.2MPa$、$N=200kW$ 的厨房蒸煮用汽的蒸汽锅炉；在洗衣房内设计安装有 1 台 $G=45kg/h$、其额定工作压力 $P=0.8MPa$、$N=30kW$ 的洗衣房加热、消毒用汽的蒸汽锅炉。这些锅炉的工作压力在民用锅炉的分类中已属于"高压锅炉"的范畴。依据锅炉房设计规范的安全要求，锅炉主机房的维护结构必须有一旦锅炉发生意外爆炸时，得有至少的设计一面薄弱的维护结构（如屋盖）或较大面积薄弱的维护体（如门、窗、天窗），以便一旦锅炉发生意外爆炸时，这些维护结构能立即破坏卸压，减轻或避免造成大的伤亡和破坏。但在建筑、结构、空调、给排水图中均看不到有此类安全措施。

2. 关于"高温高压蒸汽"输送管道的伸缩补偿和固定支座设置的疑问

从供暖、空调冷热循环水、给水图中，对伸缩补偿器的设置、类型、规格均没有交代。

对固定支座的类型、做法也没有特别的交代。依据我公司的实践，蒸汽管道的伸缩补偿仅靠自然转弯补偿，而不设置伸缩补偿器，发生拉断管线和阀门的教训曾经出现过；况且按照91SB图集安装的固定支座，经核算其抵抗管道伸缩推力，不安全的事例也屡见不鲜。

以上意见仅供参考。

# 七、广泉小区地下车库工程给水、排水、通风施工组织设计

# 1  编制依据和采用标准、规程

## 1.1  编制依据

编制依据见表 2.7.1 – 1。

编制依据 表 2.7.1 – 1

| | |
|---|---|
| 1 | 广泉小区地下车库工程招标文件 |
| 2 | 清华大学建筑设计研究院工程设计号 00 – 14 – A"广泉小区地下车库"工程暖卫通风工程施工图设计图纸 |
| 3 | 总公司 ZXJ/ZB0100 – 1999《质量手册》 |
| 4 | 总公司 ZXJ/ZB0102 – 1999《施工组织设计控制程序》 |
| 5 | 总公司 ZXJ/AW0213 – 2001《施工方案管理程序》 |
| 6 | 工程设计技术交底、施工工程概算、现场场地概况 |
| 7 | 国家及北京市有关文件规定 |

## 1.2  采用标准和规程

采用标准和规程见表 2.7.1 – 2。

采用标准和规程 表 2.7.1 – 2

| 序号 | 标准编号 | 标 准 名 称 |
|---|---|---|
| 1 | GB 50242—2002 | 建筑给水排水与采暖工程施工质量验收规范 |
| 2 | GB 50038—94 | 人民防空地下室设计规范 |
| 3 | GB 50098—98 | 人防工程设计防火规范(2001 年修订版) |
| 4 | GB 50166—92 | 火灾自动报警系统施工及验收规范 |
| 5 | GB 50219—95 | 水喷雾灭火系统设计规范 |
| 6 | GB 50231—98 | 机械设备安装工程施工及验收通用规范 |
| 7 | GB 50235—97 | 工业金属管道工程施工及验收规范 |
| 8 | GB 50236—98 | 现场设备、工业管道焊接工程施工及验收规范 |
| 9 | GB 50243—2002 | 通风与空调工程施工质量验收规范(2002 年修订版) |
| 10 | GB 50261—96 | 自动喷水灭火系统施工及验收规范 |

| 序号 | 标准编号 | 标 准 名 称 |
|------|----------|-------------|
| 11 | GB 50264—97 | 工业设备及管道绝热工程设计规范 |
| 12 | GB 50268—97 | 给水排水管道工程施工及验收规范 |
| 13 | GB 50275—98 | 压缩机、风机、泵安装工程施工及验收规范 |
| 14 | GB 6245—98 | 消防泵性能要求和试验方法 |
| 15 | CECS 126∶2001 | 叠层橡胶支座隔震技术规程 |
| 16 | JGJ 46—88 | 施工现场临时用电安全技术规范 |
| 17 | JGJ 100—98 | 汽车库建筑设计规范 |
| 18 | GBJ 16—87 | 建筑设计防火规范(1997年版) |
| 19 | GB 50019—2003 | 采暖通风与空气调节设计规范 |
| 20 | GBJ 67—84 | 汽车库设计防标火规范 |
| 21 | GBJ 84—85 | 自动喷水灭火系统设计规范 |
| 22 | GBJ 126—89 | 工业设备及管道绝热工程施工及验收规范 |
| 23 | GBJ 134—90 | 人防工程施工及验收规范 |
| 24 | GBJ 140—90 | 建筑灭火器配置设计规范(1997版) |
| 25 | GB 50300—2001 | 建筑工程施工质量验收统一标准 |
| 26 | GBJ 302—88 | 建筑采暖卫生与煤气工程质量检验评定标准 |
| 27 | GBJ 304—88 | 通风与空调工程质量检验评定标准 |
| 28 | TGJ 305—75 | 建筑安装工程质量检验评定标准(通风机械设备安装工程) |
| 29 | GB 50184—93 | 工业金属管道工程质量检验评定标准 |
| 30 | GB 50185—93 | 工业设备及管道绝热工程质量检验评定标准 |
| 31 | DBJ 01—26—96 | 北京市建筑安装分项工程施工工艺规程(第三分册) |
| 32 | (94)质监总站第036号文件 | 北京市建筑工程暖卫设备安装质量若干规定 |
| 33 | 国家建筑标准设计图集 | 暖通空调设计选用手册 上、下册 |
| 34 | 中国建筑工业出版社 | 通风管道配件图表(全国通用) 1979.10出版 |
| 35 | | FT防空地下室通用图(通风部分) |
| 36 | 91SB系列 | 华北地区标准图册 |
| 37 | 国家建筑标准设计 | 给水排水标准图集 合订本 S1上、下,S2上、下,S3上、下 |

# 2  工程概况

## 2.1  工程简介

### 2.1.1  建筑设计的主要元素(表 2.7.2-1)

建筑设计的主要元素　　　　　　　　表 2.7.2-1

| 项　　目 | 内　　　容 |
|---|---|
| 工程名称 | 广泉小区地下车库工程 |
| 建设单位 | 国务院机关事务管理局房地产管理司 |
| 设计单位 | 清华大学建筑设计研究院 |
| 地理位置 | 北京市朝阳区广渠门外甲 28 号 |
| 建筑面积 | 41902.88m$^2$ |
| 建筑层数 | 地下三层地上一层 |
| 檐口高度 | 3.81m |
| 建筑总高度 | 4.683m |
| 结构形式 | 现浇钢筋混凝土框剪密肋梁外墙结构 |
| 人防等级 | 人防 6 级 |
| 抗震烈度 | 抗震烈度 8 度 |
| 安全等级 | 一级 |
| 耐火等级 | 一级 |

### 2.1.2  建筑各层的主要用途(表 2.7.2-2)

建筑各层的主要用途　　　　　　　　表 2.7.2-2

| 层数 | 层高 (m) | 用　　　　　　途 | |
|---|---|---|---|
| | | (A)~(G)轴 | (G)~(L)轴 |
| -3 | 3.55 | 六级人防兼汽车车库、送排风机房、生活蓄水池、消防蓄水池、水泵房、污水泵间、厕所、电梯机房等 | |
| -2 | 2.55 | 汽车车库、送排风机房、消防水设备间、监控室、工具间、值班室、厕所等 | |
| -1 | 3.70 | 汽车车库、送排风机房、消防控制室、小区热交换间、净化水间、值班室、配电间、厕所等 | |
| 1 | 3.90 | 一、三号人员出口,层高约 3.89~4.89m | |

578

# 2.2 通风工程

## 2.2.1 设计参数(表2.7.2-3和表2.7.2-4)

**防火区的划分**                                    表2.7.2-3

| 地下一层 | | 地下二层 | | 地下三层 | |
|---|---|---|---|---|---|
| 防火区划分 | 防火区面积(m²) | 防火区划分 | 防火区面积(m²) | 防火区划分 | 防火区面积(m²) |
| A区 | 1200.90 | A区 | 1200.90 | A区 | 1200.90 |
| B区 | 2861.20 | B区 | 3379.70 | B区 | 2958.00 |
| C区 | 2200.21 | C区 | 3883.30 | C区 | 3883.30 |
| D区 | 3249.45 | D区 | 3860.30 | D区 | 3860.30 |

**室内换气次数(次/h)**                              表2.7.2-4

| 车库 | | 水泵房 | | 热交换站 | | 变配电室 | |
|---|---|---|---|---|---|---|---|
| 送风 | 排风 | 送风 | 排风 | 送风 | 排风 | 送风 | 排风 |
| 5 | 6 | 4 | 4 | 4 | 4 | 6 | 6 |

## 2.2.2 通风系统的划分

### 1. 送风兼消防补风系统的划分(表2.7.2-5)

**送风兼消防补风系统的划分**                         表2.7.2-5

| 系统编号 | 服务范围 | 设备名称 | 型号 | 规格 | 数量 | 单位 |
|---|---|---|---|---|---|---|
| S1-1 | 地下一层A段送风兼消防补风系统 | 送风机 | GXF7-B | $L = 14500m^3/h$、$H = 540Pa$、$N = 4.0kW$ | 1 | 台 |
| | | 防火阀 | 280℃ | 1250×500 常开 | 1 | 套 |
| | | 防火阀 | 280℃ | 1000×250 常开 | 1 | 套 |
| | | 消声静压箱 | — | 风机进出口各一台,规格不详 | 2 | 台 |
| S1-2 | 地下一层B段送风兼消防补风系统 | 送风机 | GXF10-S | $L = 31000/48500m^3/h$、$H = 620/1090Pa$、$N = 10/20kW$ | 1 | 台 |
| | | 射流风机 | DA-1 | N=210W | 7 | 台 |
| | | 防火阀 | 280℃ | 3200×600 常开 | 1 | 套 |
| | | 防火阀 | 280℃ | 1250×320 常开 | 1 | 套 |
| | | 消声静压箱 | — | 风机进出口各一台,规格不详 | 2 | 台 |

| 系统编号 | 服务范围 | 设备名称 | 型号 | 规格 | 数量 | 单位 |
|---|---|---|---|---|---|---|
| S1-3 | 地下一层C段送风兼消防补风系统 | 送风机 | GXF8-S | $L=25000/38000\text{m}^3/\text{h}$、$H=480/1090\text{Pa}$、$N=5.5/17\text{kW}$ | 1 | 台 |
| | | 射流风机 | DA-1 | $N=210\text{W}$ | 8 | 台 |
| | | 防火阀 | 280℃ | $2800\times550$ 常开 | 1 | 套 |
| | | 消声静压箱 | — | 风机进出口各一台,规格不详 | 2 | 台 |
| S1-4 | 地下一层D段送风兼消防补风系统 | 送风机 | GXF9-S | $L=26500/40000\text{m}^3/\text{h}$、$H=690/1380\text{Pa}$、$N=8/24\text{kW}$ | 1 | 台 |
| | | 射流风机 | DA-1 | $N=210\text{W}$ | 9 | 台 |
| | | 防火阀 | 280℃ | $1650\times500$ 常开 | 2 | 套 |
| | | 消声静压箱 | — | 风机进出口各一台,规格不详 | 2 | 台 |
| S2-1 | 地下二层A段送风兼消防补风系统 | 送风机 | GXF7-S | $L=14000/22000\text{m}^3/\text{h}$、$H=540/1230\text{Pa}$、$N=4.0/12\text{kW}$ | 1 | 台 |
| | | 防火阀 | 280℃ | $1800\times500$ 常开 | 1 | 套 |
| | | 消声静压箱 | — | 风机进出口各一台,规格不详 | 2 | 台 |
| S2-2 | 地下二层B段送风兼消防补风系统 | 送风机 | GXF10-S | $L=31000/48500\text{m}^3/\text{h}$、$H=620/1090\text{Pa}$、$N=10/20\text{kW}$ | 1 | 台 |
| | | 射流风机 | DA-1 | $N=210\text{W}$ | 12 | 台 |
| | | 防火阀 | 280℃ | $3500\times550$ 常开 | 1 | 套 |
| | | 消声静压箱 | — | 风机进出口各一台,规格不详 | 2 | 台 |
| S2-3 | 地下二层C段送风兼消防补风系统 | 送风机 | GXF11-S | $L=36000/55000\text{m}^3/\text{h}$、$H=700/1100\text{Pa}$、$N=10/20\text{kW}$ | 1 | 台 |
| | | 射流风机 | DA-1 | $N=210\text{W}$ | 9 | 台 |
| | | 防火阀 | 280℃ | $3400\times650$ 常开 | 1 | 套 |
| | | 消声静压箱 | — | 风机进出口各一台,规格不详 | 2 | 台 |
| S2-4 | 地下二层D段送风兼消防补风系统 | 送风机 | GXF11-S | $L=36000/55000\text{m}^3/\text{h}$、$H=700/1100\text{Pa}$、$N=10/20\text{kW}$ | 1 | 台 |
| | | 射流风机 | DA-1 | $N=210\text{W}$ | 6 | 台 |
| | | 防火阀 | 280℃ | $3200\times550$ 常开 | 1 | 套 |
| | | 防火阀 | 280℃ | $1250\times400$ 常开 | 1 | 套 |
| | | 消声静压箱 | — | 风机进出口各一台,规格不详 | 2 | 台 |

| 系统编号 | 服务范围 | 设备名称 | 型号 | 规格 | 数量 | 单位 |
|---|---|---|---|---|---|---|
| S3-1 | 地下三层 A 段送风兼消防补风系统 | 送风机 | GXF7-S | $L=14000/22000\mathrm{m^3/h}$、$H=540/1230\mathrm{Pa}$、$N=4.0/12\mathrm{kW}$ | 1 | 台 |
| | | 防火阀 | 280℃ | 1800×550 常开 | 1 | 套 |
| | | 消声静压箱 | — | 风机进出口各一台,规格不详 | 2 | 台 |
| S3-2 | 地下三层 B 段送风兼消防补风系统 | 送风机 | GXF9-S | $L=26500/40000\mathrm{m^3/h}$、$H=690/1380\mathrm{Pa}$、$N=8/24\mathrm{kW}$ | 1 | 台 |
| | | 射流风机 | DA-1 | $N=210\mathrm{W}$ | 12 | 台 |
| | | 防火阀 | 280℃ | 3500×500 常开 | 1 | 套 |
| | | 消声静压箱 | — | 风机进出口各一台,规格不详 | 2 | 台 |
| S3-3 | 地下三层 C 段送风兼消防补风系统 | 送风机 | GXF11-S | $L=36000/55000\mathrm{m^3/h}$、$H=700/1100\mathrm{Pa}$、$N=10/20\mathrm{kW}$ | 1 | 台 |
| | | 射流风机 | DA-1 | $N=210\mathrm{W}$ | 9 | 台 |
| | | 防火阀 | 280℃ | 3400×650 常开 | 1 | 套 |
| | | 消声静压箱 | — | 风机进出口各一台,规格不详 | 2 | 台 |
| S3-4 | 地下三层 D 段送风兼消防补风系统 | 送风机 | GXF11-S | $L=36000/55000\mathrm{m^3/h}$、$H=700/1100\mathrm{Pa}$、$N=10/20\mathrm{kW}$ | 1 | 台 |
| | | 射流风机 | DA-1 | $N=210\mathrm{W}$ | 6 | 台 |
| | | 防火阀 | 280℃ | 3200×550 常开 | 1 | 套 |
| | | 防火阀 | 280℃ | 1250×400 常开 | 1 | 套 |
| | | 消声静压箱 | — | 风机进出口各一台,规格不详 | 2 | 台 |

2. 排风和排烟系统的划分(表 2.7.2-6)

排风和排烟系统的划分　　　　　　　　　　　表 2.7.2-6

| 系统编号 | 服务范围 | 设备名称 | 型号 | 规格 | 数量 | 单位 |
|---|---|---|---|---|---|---|
| P1-1<br>P$_\mathrm{Y}$1-1 | 地下一层 A 段排风排烟系统 | 排风排烟风机 | HTF5.5-Ⅲ | $L=16500\mathrm{m^3/h}$、$H=900\mathrm{Pa}$、$N=7.5\mathrm{kW}$ | 1 | 台 |
| | | 防火阀 | 280℃ | 1250×400 常开 | 2 | 套 |
| | | 防火阀 | 280℃ | 1250×320 常开 | 1 | 套 |
| | | 消声静压箱 | — | 风机进出口各一台,规格不详 | 2 | 台 |

| 系统编号 | 服务范围 | 设备名称 | 型号 | 规格 | 数量 | 单位 |
|---|---|---|---|---|---|---|
| P1-2<br>P$_Y$1-2 | 地下一层 B 段排风排烟系统 | 排风排烟风机 | HTF10-Ⅳ | $L=30000/56500\text{m}^3/\text{h}$、<br>$H=560/720\text{Pa}$、$N=10/20\text{kW}$ | 1 | 台 |
| | | 防火阀 | 280℃ | 1250×320 常开 | 2 | 套 |
| | | 防火阀 | 280℃ | 1500×400 常闭 | 1 | 套 |
| | | 防火阀 | 280℃ | 1250×320 常闭 | 1 | 套 |
| | | 防火阀 | 70℃ | 2600×600 | 1 | 套 |
| | | 防火阀 | 70℃ | 1250×400 | 1 | 套 |
| | | 消声静压箱 | — | 风机进出口各一台,规格不详 | 2 | 台 |
| P1-3<br>P$_Y$1-3 | 地下一层 C 段排风排烟系统 | 排风排烟风机 | HTF9-Ⅳ | $L=25000/44000\text{m}^3/\text{h}$、<br>$H=450/950\text{Pa}$、$N=8/24\text{kW}$ | 1 | 台 |
| | | 防火阀 | 280℃ | 2800×550 常开 | 1 | 套 |
| | | 防火阀 | 280℃ | 2000×400 常闭 | 1 | 套 |
| | | 防火阀 | 70℃ | 3200×550 | 1 | 套 |
| | | 消声静压箱 | — | 风机进出口各一台,规格不详 | 2 | 台 |
| P1-4<br>P$_Y$1-4 | 地下一层 D 段排风排烟系统 | 排风排烟风机 | HTF10-Ⅳ | $L=31000/48000\text{m}^3/\text{h}$、<br>$H=560/800\text{Pa}$、$N=10/20\text{kW}$ | 1 | 台 |
| | | 防火阀 | 280℃ | 2000×500 常闭 | 1 | 套 |
| | | 防火阀 | 280℃ | 1250×400 常闭 | 2 | 套 |
| | | 防火阀 | 70℃ | 3200×600 | 1 | 套 |
| | | 消声静压箱 | — | 风机进出口各一台,规格不详 | 2 | 台 |
| P2-1<br>P$_Y$2-1 | 地下二层 A 段排风排烟系统 | 排风排烟风机 | HTF7-Ⅳ | $L=14000/22000\text{m}^3/\text{h}$、<br>$H=460/920\text{Pa}$、$N=4/12\text{kW}$ | 1 | 台 |
| | | 防火阀 | 280℃ | 1850×500 常开 | 1 | 套 |
| | | 消声静压箱 | — | 风机进出口各一台,规格不详 | 2 | 台 |
| P2-2<br>P$_Y$2-2 | 地下二层 B 段排风排烟系统 | 排风排烟风机 | HTF10-Ⅳ | $L=29000/57000\text{m}^3/\text{h}$、<br>$H=560/720\text{Pa}$、$N=10/20\text{kW}$ | 1 | 台 |
| | | 防火阀 | 280℃ | 1600×400 常闭 | 2 | 套 |
| | | 防火阀 | 280℃ | 2200×500 常闭 | 1 | 套 |
| | | 防火阀 | 70℃ | 3600×600 | 1 | 套 |
| | | 消声静压箱 | — | 风机进出口各一台,规格不详 | 2 | 台 |

| 系统编号 | 服务范围 | 设备名称 | 型号 | 规格 | 数量 | 单位 |
|---|---|---|---|---|---|---|
| P2－3<br>P$_Y$2－3 | 地下二层 C<br>段排风排烟系统 | 排风排烟风机 | HTF12－Ⅳ | $L = 40000/66000\text{m}^3/\text{h}$、<br>$H = 460/800\text{Pa}$、$N = 15/30\text{kW}$ | 1 | 台 |
| | | 防火阀 | 280℃ | 1600×400 常闭 | 2 | 套 |
| | | 防火阀 | 280℃ | 2600×500 常闭 | 1 | 套 |
| | | 防火阀 | 70℃ | 4100×600 | 1 | 套 |
| | | 消声静压箱 | — | 风机进出口各一台,规格不详 | 2 | 台 |
| P2－4<br>P$_Y$2－4 | 地下二层 D<br>段排风排烟系统 | 排风排烟风机 | HTF12－Ⅳ | $L = 40000/66000\text{m}^3/\text{h}$、<br>$H = 460/800\text{Pa}$、$N = 15/30\text{kW}$ | 1 | 台 |
| | | 防火阀 | 280℃ | 1250×320 常闭 | 2 | 套 |
| | | 防火阀 | 280℃ | 1250×400 常闭 | 2 | 套 |
| | | 防火阀 | 280℃ | 2500×500 常闭 | 1 | 套 |
| | | 防火阀 | 70℃ | 3200×550 | 1 | 台 |
| | | 防火阀 | 70℃ | 2000×550 | 1 | 台 |
| | | 消声静压箱 | — | 风机进出口各一台,规格不详 | 2 | 台 |
| P3－1<br>P$_Y$3－1 | 地下三层 A<br>段排风排烟系统 | 排风排烟风机 | HTF7－Ⅳ | $L = 14000/22000\text{m}^3/\text{h}$、<br>$H = 460/920\text{Pa}$、$N = 4/12\text{kW}$ | 1 | 台 |
| | | 防火阀 | 280℃ | 1850×500 常开 | 1 | 套 |
| | | 消声静压箱 | — | 风机进出口各一台,规格不详 | 2 | 台 |
| P3－2<br>P$_Y$3－2 | 地下三层 B<br>段排风排烟系统 | 排风排烟风机 | HTF10－Ⅳ | $L = 30000/50000\text{m}^3/\text{h}$、<br>$H = 560/800\text{Pa}$、$N = 10/20\text{kW}$ | 1 | 台 |
| | | 防火阀 | 280℃ | 1600×400 常闭 | 2 | 套 |
| | | 防火阀 | 280℃ | 2200×500 常闭 | 1 | 套 |
| | | 防火阀 | 70℃ | 3600×550 | 1 | 套 |
| | | 防火阀 | 70℃ | 630×200 | 2 | 套 |
| | | 消声静压箱 | — | 风机进出口各一台,规格不详 | 2 | 台 |
| P3－3<br>P$_Y$3－3 | 地下三层 C<br>段排风排烟系统 | 排风排烟风机 | HTF12－Ⅳ | $L = 40000/66000\text{m}^3/\text{h}$、<br>$H = 460/800\text{Pa}$、$N = 15/30\text{kW}$ | 1 | 台 |
| | | 防火阀 | 280℃ | 1600×400 常闭 | 2 | 套 |
| | | 防火阀 | 280℃ | 2600×500 常闭 | 1 | 套 |
| | | 防火阀 | 70℃ | 4100×600 | 1 | 套 |
| | | 消声静压箱 | — | 风机进出口各一台,规格不详 | 2 | 台 |

| 系统编号 | 服务范围 | 设备名称 | 型号 | 规格 | 数量 | 单位 |
|---|---|---|---|---|---|---|
| P3－4<br>P$_Y$3－4 | 地下二层 D 段排风排烟系统 | 排风排烟风机 | HTF12－Ⅳ | $L=40000/66000\text{m}^3/\text{h}$、<br>$H=460/800\text{Pa}$、$N=15/30\text{kW}$ | 1 | 台 |
| | | 防火阀 | 280℃ | 1250×320 常闭 | 2 | 套 |
| | | 防火阀 | 280℃ | 1250×400 常闭 | 2 | 套 |
| | | 防火阀 | 280℃ | 2500×500 常闭 | 1 | 套 |
| | | 防火阀 | 70℃ | 3200×550 | 1 | 台 |
| | | 防火阀 | 70℃ | 2000×550 | 1 | 台 |
| | | 消声静压箱 | — | 风机进出口各一台,规格不详 | 2 | 台 |

3．通风系统和排风、排烟系统的运行

(1)平时系统的运行:平时系统是处于正常的进行排烟和排风运行状态,此时熔断片熔断温度为 70℃的防火阀和 280℃的常开防火阀处于开启状态,而 280℃的常闭防火阀处于关闭状态。

(2)火灾时系统的运行:火灾时系统是处于进行排烟、排风和对该消防防火分区进行补风的运行状态,此时系统的熔断片熔断温度为 70℃的防火阀和 280℃的常开防火阀处于开启状态,并打开系统的熔断片熔断温度为 280℃的常闭防火阀,使其处于开启状态。

(3)系统运行处于关闭状态:当火灾烟气温度超过 280℃时,关闭系统的排烟、排风和补风机,系统完全处于停止运行状态。

(4)人防隔绝通风:战时关闭所有排烟、排风系统和地下一层、地下二层的送风系统,仅运行地下三层的送风系统,运行时将系统的室外进风管上的插板阀关闭、将室内循环的回风管上的插板阀打开,进行内部的隔绝式循环通风。

(5)平时送风系统的运行:当存车数量较少时,双速风机处于低速运行状态;当存车数量较多时,双速风机处于高速运行状态。

4．通风系统的材质和连接方式

(1)送风、排风、排烟系统:机房内系统风道的配管采用冷轧薄钢板风道外,其余风道均采用优质复合改性菱镁无机玻璃钢风道,其厚度(含附件)见表 2.7.2－7。复合改性菱镁无机玻璃钢风道采用 1:1 经纬线的玻璃纤维布增强,树脂的重量含量应为 50%~60%。玻璃钢法兰规格见表 2.7.2－7;钢板风道法兰采用优质型钢(角钢)。

风道及附件厚度　　　　　　　　表 2.7.2－7

| 层数 | 系统编号 | 风道和附件材质 | 风道长边或直径尺寸(mm) | 厚度 δ(mm) | 弯头半径 R 和弯头内导流片的参数 |
|---|---|---|---|---|---|
| －1 | S1－1~4、P$_Y$1－1~4、P1－1~4 | 复合改性菱镁无机玻璃钢 | 630≥L | 5.5 | 片数≥2、厚度 Δ=2δ、片间距≥60、弯头半径 R=D |
| －2 | S2－1~4、P$_Y$2－1~4、P2－1~4 | | 1000≤L≤1500 | 6.5 | |
| －3 | S3－1~4、PY3－1~4、P3－1~4 | | 1600≤L≤2000 | 7.5 | |
| | | | L＞2000 | 8.5 | |

| 层数 | 系统编号 | 风道和附件材质 | 风道长边或直径尺寸(mm) | 厚度 δ (mm) | 弯头半径 R 和弯头内导流片的参数 |
|---|---|---|---|---|---|
| | 机房内的配管风道 | 冷轧薄钢板 | | δ≥3mm | — |
| | 消声静压箱 | δ=1.5mm 镀锌钢板内贴 δ=50mm 海绵 | | | — |
| | 穿楼板或墙风道 | 风道与结构物之间间隙采用岩棉充填 | | | — |

**玻璃钢法兰的规格**　　　　　　　　　表 2.7.2－8

| 矩形风道长边边长或圆形风道直径的尺寸 | 法兰规格(宽×厚) | 螺栓规格 | 法兰处的密封垫片 | |
|---|---|---|---|---|
| | | | 一般风道 | 排烟风道 |
| ≤400 | 30×4 | M8×25 | | |
| 420~1000 | 40×6 | M8×30 | 9501 胶带 | 石棉橡胶垫 |
| 1060~2000 | 50×8 | M10×35 | | |

（2）机房内风机的减振：吊装风机采用减振吊架、安装在地面机座上的风机和射流风机的减振采用弹簧减振器。

# 2.3　给水工程

## 2.3.1　水源与生活给水系统流程图（图 2.7.2－1）

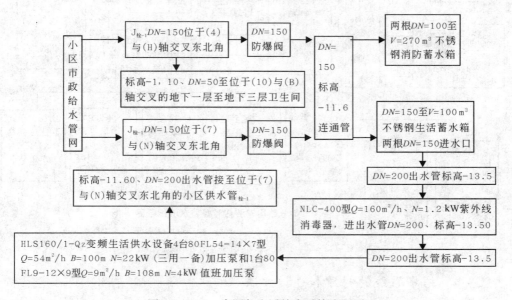

图 2.7.2－1　水源与生活给水系统流程图

### 2.3.2 消火栓给水系统流程图(图 2.7.2-2)

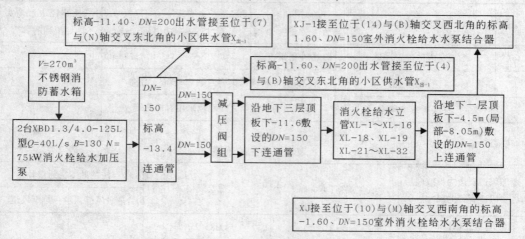

图 2.7.2-2 消火栓给水系统流程图

### 2.3.3 消防自动喷洒给水系统流程图(图 2.7.2-3)

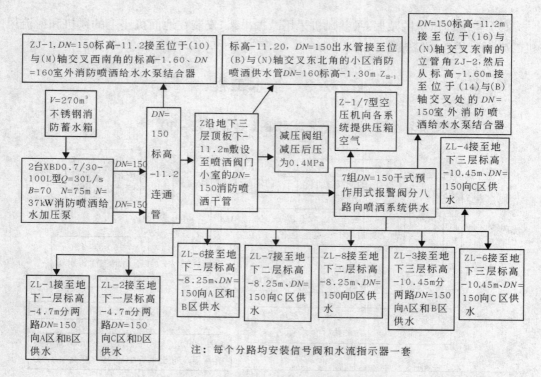

注：每个分路均安装信号阀和水流指示器一套

图 2.7.2-3 消防自动喷洒给水系统流程图

### 2.3.4 给水系统的材质和连接方法

1. 管道、附件及保温材质和连接方法(表 2.7.2-9)

管道、附件及保温材质和连接方法　　　　　　　　　　表 2.7.2－9

| 分项工程名称 | 管材材质 | 连接方法 | | 阀门材质 | | 管道防冻保温 | |
|---|---|---|---|---|---|---|---|
| | | 管径 | 连接方法 | 泵房外 | 泵前后 | 材质 | 范围 |
| 水源和生活给水 | 热镀镀锌钢管 | $DN \leqslant 80$ | 丝扣连接 | 铜质闸阀或截止阀 | | 内缠 ALDES 电阻丝,外包 $\delta = 40mm$ 橡塑管壳 | 全部 |
| 消火栓给水系统 | | $DN \geqslant 100$ | 沟槽配管连接 | 铜质蝶阀 | 铜质闸阀或截止阀 | | |
| 消防喷洒给水系统 | | | | | | | 报警阀前 |

2. 其他事项:

(1) 水压试验压力:给水 $P = 0.5MPa$;消火栓给水和消防喷洒系统 $P = 1.8MPa$,30min 内压力降 $\Delta P \leqslant 0.05MPa$(建议采用规范标准试验压力 $P = 1.4 + 0.4MPa$)。

(2) 其他:

A. 消火栓箱:采用 $800 \times 650 \times 240$ 钢制明装消火栓箱,内配 SN65 型单口单阀消火栓、$\phi 19$ 水枪、25m 长的衬胶水龙带。

B. 报警阀及喷头:报警阀为湿式 ZSS150 型(依据系统设计应采用干式报警阀)。喷头为 ZSTP15 型直立式自动喷洒头,火灾时的融化温度 $t = 68℃$。

C. 水流指示器和水泵结合器:水流指示器为 ZSJZ150 型,水泵结合器为 SQX－100 型和 SQX－150 型。

D. 管道外表颜色:给水管——白色保护漆;消火栓系统——红色保护漆;消防喷洒系统——橙红色保护漆;污水管——黑色保护漆。

# 2.4 排水工程

## 2.4.1 污水和生活污水排水系统

1. 系统划分和采用材质(表 2.7.2－10)

系统划分和采用材质　　　　　　　　　　表 2.7.2－10

| 系统编号 | 排出有压管 | | 服务对象编号及材质 | | | 污水泵 | |
|---|---|---|---|---|---|---|---|
| | 编号 | 材质 | 污水管 | 通气管 | 材质 | 型号规格 | 台数 |
| K－1 | PL－1 | 焊接钢管焊接连接外刷黑色保护漆 | WL－3XP－4 | | 离心铸铁排水管、柔性卡箍连接、外刷黑色保护漆 | JPWQ50－15－20－2.2型、$Q = 10m^3/h$、$H = 20MH_2O$、$N = 2.2kW$ | 2 |
| K－2 | PL－2 | | WL－1WL－4XP－1 | | | | 2 |
| K－3 | PL－3 | | WL－2WL－5XP－2 | | | | 2 |
| K－4 | PL－4 | | WL－6XP－3 | TL－1 | | | 2 |
| K－5 | PL－5 | | WL－8WL－9 | | | | 2 |
| K－6 | PL－6 | | WL－11 | | | | 2 |
| K－7 | PL－7 | | | | | | 2 |

**2．有压排水管道的试验压力**

与生活给水管道同,试验压力 $P = 0.5MPa$,稳压 10min 后,压力降应不大于 0.05MPa,经检查不渗不漏,再将试验压力降至工作压力 0.3MPa,经检查不渗不漏为合格。

### 2.4.2　雨水排放系统

仅在三个车道入口的雨水截流沟终端(每个入口两条)各埋设一根 $DN = 150$、标高 $-1.5m$ 的铸铁排水雨水干管,将雨水排入小区雨水管网。

## 2.5　施工中应着重注意的问题

1．本工程结构楼板较薄,电气专业的管道难于埋设在结构层内,因此各层顶板下的管道种类繁多,且通风管道断面很大。因此,施工前各个专业图纸的大会审相当重要,必须严格贯彻各工种施工工序搭接协调控制程序,将存在问题、各工种管道走向和工序安排好再开工。

2．工程重要部位施工工序和施工质量应按照工程重要部位施工工序和施工质量控制程序进行施工(图 2.7.2－4 和图 2.7.2－5)。

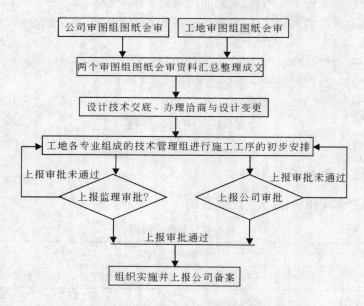

图 2.7.2－4　各工种施工工序搭接协调控制程序

3．本工程的给排水泵房、水箱间和通风机房内设备安装工程项目,均为我公司专业分公司常见和安装过的一般项目,只要贯彻我公司一贯坚持的"重质量、重信誉、创名牌和一切为了用户"的精神,选择好优秀的劳务队伍,就能以优质工程成果呈献给建设方。但是本工程的设备选型有影响最终工程质量的可能性存在,因此应引以重视,因为泵房、热交换间、水箱间、通风机房设备及配管的安装等,直接涉及到整体工程的施工质量。不同厂家生产的设备其尺寸大小、进出管线接口位置均不相同,因此设备选型涉及到已定机房面积能否合理安排、内部配管的优化组合和管道进出甩口与外接已安排管线的衔接大事,因此中标后第一件大事是审核这些机房内设备的选型及进出口位置与现外围进出管道甩口设计位置是否合适和有无调整的余地,及时解决这些矛盾,再进行土建和设备安装。

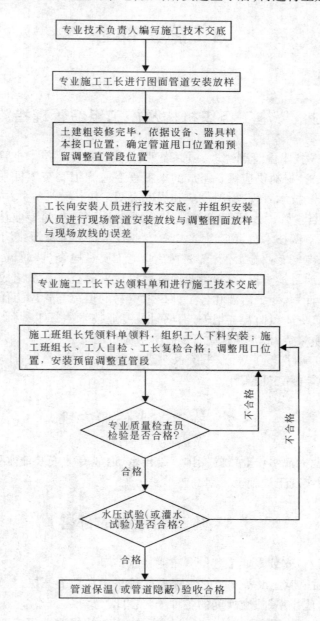

图 2.7.2 − 5　工程重要部位施工工序和质量控制程序

4. 复合改性菱镁无机玻璃钢风道生产厂家的选择:本工程通风管道绝大部分为复合

改性菱镁无机玻璃钢风道，因此其产品的质量、厂家安装技术力量和技术素质、设计参数检测和系统调试的能力，直接涉及到通风工程的安装质量，因此慎重选择生产厂家也是保证工程质量的关键之一。

# 3 施工部署

## 3.1 施工组织机构及施工组织管理措施

1. 建立由公司技术主管副经理、项目经理、公司设备专业技术主管、项目技术主管工程师、专业技术主管、材料供应组长组成的本工程专业施工安装项目领导班子，负责本工程专业施工的领导、技术管理、材料供应和进度协调工作。

2. 组织由项目主管工程师、设备专业分公司技术主管、项目专业技术主管、暖卫技术负责工程师、通风空调技术负责工程师、电气专业技术负责工程师、暖卫专业施工工长、通风专业施工工长、电气专业施工工长、暖卫专业施工质量检查员、通风专业施工质量检查员、电气专业施工质量检查员、设备专业预概算负责人等技术人员组成的专业技术组，负责施工技术、施工计划、变更洽商和各工种技术资料的填写与管理工作；技术组内除了设专职质检员等应负责质量监督与把关外，项目及专业技术主管工程师、专业技术负责人、施工工长也应对质量负责，尤其是主管工程师更应负全责。

3. 按专业、按项目、按工序、按系统及时进行预检、试验、隐检、冲洗、调试工作，并完成各种记录单的填写和整理工作。

## 3.2 施工流水作业安排

依据土建专业大流水作业段的安排。给排水、通风专业安装流水作业均紧密配合土建专业进行，以便实现工程施工工期的要求。

## 3.3 施工力量总的部署

依据本工程设备安装专业工程量分布的特点：

1. 给排水、通风专业设备安装的工程量比较集中在地下三层，特别在水箱间和水泵房、喷洒系统报警阀小室、热交换间的各种配管在此汇集；

2. 通风专业、消防管道、强弱电专业的管线、消防的烟温感探头、灯具、喷淋头、送回风口等均集中各层的顶板下，管道相互交叉，烟温感探头、灯具、喷淋头、送回风口等的分布矛盾较突出；

3. 各层安装的工程量比较均匀的特点做如下安排。

### 3.3.1 给排水、通风工程

给排水、通风工程的工程量较大。因此各专业安排投入较多的人力,应随工程顺序渐进,及时完成各工序的施工、检测进度,并对施工质量、成品保护、技术资料整理的管理工作按时限、按质量完成。

### 3.3.2 施工力量的安排

通风专业:依工程概算本工程共需通风工8500个工日和工程量分布比较均匀,计划投入通风工人55人(其中电焊工5人、通风工46人、机械安装工4人)。通风工程的安装工作必需在工程竣工前20天结束,留出较富裕时间进行修整和资料整理。

给排水专业:依据工程概算需11200个工日,考虑未预计到的因素拟增加800个工日,共计12000个工日,投入水暖工人75人(其中电焊工7人、机械安装工6人、水暖安装工62人)。水暖每组抽调5人配合土建结构施工进行预埋件制作、预埋和预留孔洞预留工作。在土建各流水段的建筑粗装修后进行支、吊、托架、管道安装、试压、灌水试验、防腐、保温,土建粗装修后精装修前进行设备安装、系统试压、除锈、防腐工作。土建精装修后进行卫生器具及给水附件安装和灌水试验、系统水压试验、冲洗、通水、单机试运转试验和系统联合调试试验,以及清除污染和防腐(刷表面油漆)施工。一切工作必需在竣工前20d完成,留20d时间作为检修补遗和资料整理时间。

# 4 施工准备

## 4.1 技术准备

### 4.1.1 施工现场管理机构准备

实行双轨管理体制。

1. 建立公司一级的专项管理指导体系:建立以公司技术主管副总经理、总工程师、技术质量检查处处长、暖卫通风空调技术主管高级工程师、电气专业技术主管高级工程师、材料供应处长组成的施工现场管理指导组,负责重点解决施工现场的技术难点、施工工序科学搭接、施工进度及材料供应的合理安排;帮助现场与建设、监理、分包单位协调有关各项配合问题。

2. 建立施工现场管理指导体系:建立以项目经理、主任工程师、设备分公司(暖卫通风)主任工程师、设备分公司(电气)副主任工程师、各专业技术主管工程师、施工安全及环境卫生(防环境污染、职工健康)主管、材料采购供应组长、劳务队负责人等组成的现场施工进度、施工技术质量、施工工序搭接、施工安全、材料供应与管理、施工环境卫生等的管理协调班子。

### 4.1.2　建立公司、现场两级图纸会审班子

实行背靠背的施工图纸进行审图和各工种之间图纸的全面会审制度,提出初步解决方案与建议。然后双方将会审结果进行汇总,以书面形式提请设计、建设各方解决,办理设计变更与洽商,将图纸中的问题解决在施工实施之前。

### 4.1.3　成立现场协调小组

建议由监理牵头,组成由设计、监理、总包、分包单位组成常驻现场协调小组,定期协调现场需要协调的问题。

### 4.1.4　暖卫通风工程施工管理网络图(图 2.7.4-1)

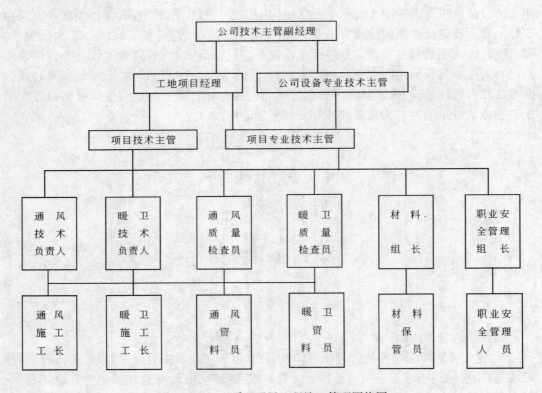

图 2.7.4-1　暖卫通风工程施工管理网络图

### 4.1.5　编写通风工程参数测试、系统调试方案

此项工作应在中标后及时进行,具体安排略。

## 4.2 施工机械和设备准备

施工所有钢材、管材、设备由工地器材组统一管理,施工时依据任务书及领料单随用随领,其他材料、配件由器材组采购入库,班组凭任务单领料,依据工程施工材料加工、预制项目多,故在现场应配备办公室二间、工具房和库房一间,供各班组存放施工工具、衣物。

### 4.2.1 健全现场材料设备供应管理小组

由材料供应组长、工程预算工程师、材料采购员、库房管理人员组成现场材料设备供应管理小组,建立材料进出工地仓库的管理条例和协同暖卫通风技术管理人员严密核验进出材料设备的质量验收制度。

### 4.2.2 暖卫专业施工机具和测试仪表的配备

交流电焊机:10 台  电锤:15 把  电动套丝机:4 台  倒链:8 个  切割机:6 台
台式钻床:4 台  角面磨光机:4 台  手动试压泵:6 台  电动试压泵:4 台
气焊(割)器:6 套  弹簧式压力计:10 台  刻度 0.5℃带金属保护壳玻璃温度计:6 支
噪声仪:1 台  转速计:1 台  电压表:2 台  手持式 ST20 型红外线温度测试仪:1 台

### 4.2.3 通风专业施工机具的配备

交流电焊机:3 台  台钻:2 台  手电钻:6 把  拉铆枪:5 把  电锤:5 把  卷圆机:1 台
龙门剪板机:1 台  手动电动倒角机:1 台  联合咬口机:1 台  折方机:1 台

### 4.2.4 通风工程施工调试测量仪表及附件的配备

1. 施工调试测量仪表(表 2.7.4－1)

施工调试测量仪表                                         表 2.7.4－1

| 序号 | 仪表名称 | 型号规格 | 量程 | 精度等级 | 数量 | 备注 |
|------|---------|---------|------|---------|------|------|
| 1 | 水银温度计 | 最小刻度 0.1℃ | 0～50℃ | — | 5 | — |
| 2 | 水银温度计 | 最小刻度 0.5℃ | 0～50℃ | — | 10 | — |
| 3 | 酒精温度计 | 最小刻度 0.5℃ | 0～100℃ | — | 10 | — |
| 4 | 带金属保护壳水银温度计 | 最小刻度 0.5℃ | 0～50℃ | — | 2 | — |
| 5 | 带金属保护壳水银温度计 | 最小刻度 0.5℃ | 0～100℃ | — | 2 | — |
| 6 | 热球式温湿度表 | RHTH－1 型 | －20～85℃<br>－0～100% | — | 5 | — |

| 序号 | 仪表名称 | 型号规格 | 量程 | 精度等级 | 数量 | 备注 |
|---|---|---|---|---|---|---|
| 7 | 热球式风速风温表 | RHAT－301型 | $0 \sim 30\text{m/s}$<br>$-20 \sim 85℃$ | $< 0.3\text{m/s}$<br>$\pm 0.3℃$ | 5 | — |
| 8 | 电触点压力式温度计 | — | $0 \sim 100℃$ | 1.5 | 2 | 毛细管长3m |
| 9 | 手持非接触式红外线温度测试仪 | Raynger ST20型 | — | — | 1 | — |
| 10 | 干湿球温度计 | 最小分度0.1℃ | $-26 \sim 51℃$ | — | 5 | — |
| 11 | 压力计 | — | $0 \sim 1.0\text{MPa}$ | 1.0 | 2 | — |
| 12 | 压力计 | — | $0 \sim 0.5\text{MPa}$ | 1.0 | 2 | — |
| 13 | 转速计 | HG－1800 | $1.0 \sim 99999\text{rps}$ | 50ppm | 1 | — |
| 14 | 噪声检测仪 | CENTER320 | $30 \sim 13\text{dB}$ | 1.5dB | 1 | — |
| 15 | 叶轮风速仪 | — | — | — | 2 | — |
| 16 | 标准型毕托管 | 外径$\phi 10$ | — | — | 2 | — |
| 17 | 倾斜微压测定仪 | TH－130型 | $0 \sim 1500\text{Pa}$ | 1.5 Pa | 2 | — |
| 18 | U形微压计 | 刻度1Pa | $0 \sim 1500\text{Pa}$ | — | 4 | — |
| 19 | 灯光检测装置 | 24V100W | — | — | 2 | 带安全罩 |
| 20 | 多孔整流栅 | 外径=100mm | — | — | 1 | — |
| 21 | 节流器 | 外径=100mm | — | — | 1 | — |
| 22 | 测压孔板 | 外径$D_0=100$,孔径$d=0.0707\text{m}$,$\beta=0.679$ | | | 2 | — |
| 23 | 测压孔板 | 外径$D_0=100$,孔径$d=0.0316\text{m}$,$\beta=0.603$ | | | 2 | — |
| 24 | 测压软管 | $\phi=8$,$L=2000\text{mm}$ | | | 6 | — |
| 25 | 电压计 | — | — | — | 1 | — |
| 26 | 电率表 | — | — | — | 1 | — |

## 2．灯光检漏测试装置(表2.7.4－2)

灯光检漏测试装置　　　　　　　　　　　　表2.7.4－2

| 序号 | 附件名称 | 规格 | 数量 | 附图编号 |
|---|---|---|---|---|
| 1 | 灯光检漏装置 | — | 1 | 图2.7.4－2 |
| 2 | 系统漏风量测试装置 | — | 1 | 图2.7.4－3 |

设备配置见表 2.7.4 – 3。

设备配置

设备配置 表 2.7.4 – 3

| 序号 | 系统漏风量($m^3/h$) | 测试风机 | | 测试孔板 | | | 压差计 | 风道 | 软接头 |
|---|---|---|---|---|---|---|---|---|---|
| | | $Q(m^3/h)$ | $H(Pa)$ | 直径(mm) | 孔板常数 | 个数 | | | |
| 1 | — | 1600 | 2400 | — | — | — | — | — | — |
| 2 | ≥130 | — | — | 0.0707 | 0.697 | 1 | — | — | — |
| | <130 | — | — | 0.0316 | 0.603 | 1 | — | — | — |
| 3 | 0 ~ 2000Pa | | | | | | 2 个 | — | — |
| 4 | 镀锌钢板风道 $\phi100$、$L = 1000mm$ | | | | | | — | 3 节 | — |
| 5 | — | — | 软接头 $\phi100$、$L = 250mm$ | | | | — | — | 3 个 |

3. 风道漏风量检测装置设备的配置:具体装置见图 2.7.4 – 2。

图 2.7.4 – 2  灯光检漏测试示意图

4. 风道漏风量测试装置示意图:具体装置见风道漏风量检测装置示意图 2.7.4 – 3。

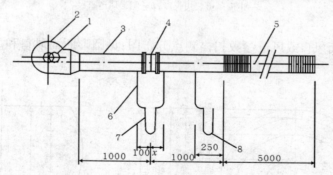

图 2.7.4 – 3  风道漏风量试验装置

孔板 1;($D = 0.0707$); $x = 45mm$;孔板 2;($D = 0.0316$); $x = 71mm$;

1—进风挡板;2—风机;3—钢风管 $\phi100$;4—孔板;5—软管 $\phi100$;6—软管 $\phi8$;7、8—压差计

5. 风道漏风量测试装置系统连接示意图:具体装置见风道漏风量测试装置系统连接示意图 2.7.4 – 4。

6. 测试参数测点的布局要求

(1) 风道内测点位置的要求:详见测定断面位置示意图 2.7.4 – 5。

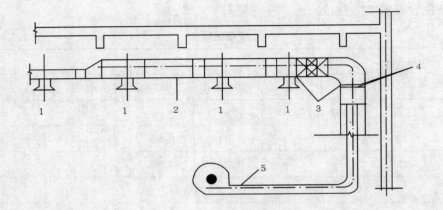

图 2.7.4－4　风道漏风试验系统连接示意图

1—风口;2—被试风管;3—盲板;4—胶带密封;5—试验装置

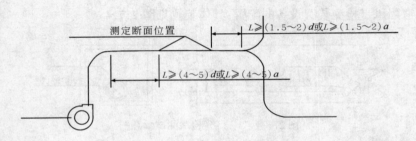

图 2.7.4－5　测定断面位置示意图

a—矩形风道长边长度;b—圆形风道直径

（2）圆形断面风口或风道参数扫描测点分布图:见圆形断面风口和风道参数测点分布图 2.7.4－6。

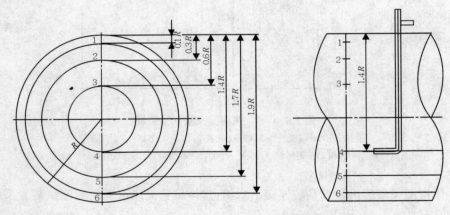

图 2.7.4－6　圆形断面风口或风道参数测点分布图

（3）矩形断面风口或风道参数扫描测点分布图：见矩形断面风口和风道参数测点分布图2.7.4-7。

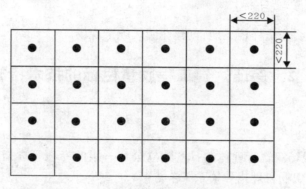

图2.7.4-7　矩形断面风口或风道参数扫描测点分布图

## 4.3　施工进度计划和材料进场计划

### 4.3.1　材料、设备采购定货及进场计划

中标后再编制详细计划书(略)。

### 4.3.2　施工进度计划

详细计划见土建施工组织设计统筹系统图。

# 5　工程质量目标和保证达到工程质量目标的技术措施

## 5.1　工程质量、工期、现场环境管理目标

### 5.1.1　工程质量目标

工程质量等级达到优良。

### 5.1.2　工期目标

(技术措施详见第7.1节)

1. 定额工期:335d,业主要求工期:335d。我方承诺工期230d。

2．2002 年 06 月 05 日开工，2003 年 01 月 20 日竣工。

### 5.1.3　现场管理目标

确保北京市文明安全样板工地，创建花园式施工现场。

## 5.2　保证达到工程质量目标的技术措施

### 5.2.1　组织措施

1．建立施工现场双轨管理体制：即"建立公司一级的专项管理指导体系"详见 4.1.1 (1)款和"建立施工现场管理指导体系"详见 4.1.1(2)款。

2．建立公司、现场两级图纸会审班子：即 4.1.2 款。

3．成立现场协调小组：建议由监理牵头，组成由建设、设计、监理、总包、分包单位组成常驻现场协调小组，定期协调现场需要协调的问题。即 4.1.3 款。

### 5.2.2　制定和组织学习保证工程质量的技术管理规范、规程

1．组织学习新的 GB 50242—2002《建筑给水排水及采暖工程施工质量验收规范》和 GB 50243—2002《通风与空调工程施工质量验收规范》。

2．组织工程现场主要管理人员重新学习公司下发的三个技术管理文件的学习与贯彻：即（摘录略）

（1）建五技质［2001］159 号《加强工程施工全过程各工种之间的协调，防止造成不应出现质量事故的规定》；

（2）建五技质［2001］159 号附件《暖卫通风空调专业施工技术管理人员的工作职责》；

（3）建五技质［2001］159 号《通风空调工程安装中若干问题的技术措施》；

（4）建五技质［2001］154 号《"建筑安装工程资料管理规程"暖卫通风部分实施中提出问题的处理意见》。

通过以上文件的学习和现场观摩，提高现场工程管理和技术管理人员的责任感和防范施工质量的出现。

### 5.2.3　编制通风空调工程设计参数检测、系统调试实施方案

通风空调系统参数的检测和系统的调试是检验施工质量、设计功能是否满足工艺的建筑质量和使用功能要求的必要和不可缺少的手段，也是分清工程质量事故归属（建设方、设计方、施工方）的有效论据；更是节约能源减轻环境污染的有效技术措施。

### 5.2.4　制定关键工序的质量保障控制程序

1．建筑重要部位施工工序和质量控制程序详见 2.5 节。

2．制定施工工序进程质量保障控制程序详见 2.5 节。

3．管道竖井土建施工质量控制程序：见图 2.7.5－1 管道竖井土建施工质量控制程序。

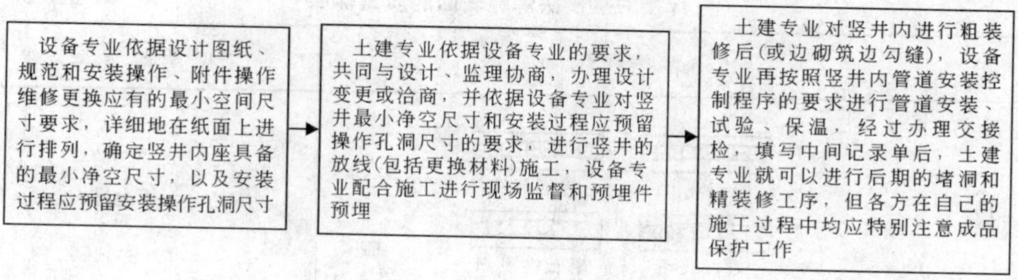

设备专业依据设计图纸、规范和安装操作、附件操作维修更换应有的最小空间尺寸要求，详细地在纸面上进行排列，确定竖井内座具备的最小净空尺寸，以及安装过程应预留安装操作孔洞尺寸
土建专业依据设备专业的要求，共同与设计、监理协商，办理设计变更或洽商，并依据设备专业对竖井最小净空尺寸和安装过程应预留操作孔洞尺寸的要求，进行竖井的放线(包括更换材料)施工，设备专业配合施工进行现场监督和预埋件预埋
土建专业对竖井内进行粗装修后(或边砌筑边勾缝)，设备专业再按照竖井内管道安装控制程序的要求进行管道安装、试验、保温，经过办理交接检，填写中间记录单后，土建专业就可以进行后期的堵洞和精装修工序，但各方在自己的施工过程中均应特别注意成品保护工作

图 2.7.5－1　土建竖井施工质量控制程序

4．材料、设备、附件质量保证控制体系：见图 2.7.5－2。

专业主管工程师依据图纸和合同要求选择材料及附件样品
建设、监理、设计及专业质检员联合审定
专业工程预算主管进行成本核定
器材组与供应商签定采购合同
进场自检是否合格?
开箱自检是否合格?
不合格
合格
建设(监理)批复意见
按不合格项处置
进库保存建立台账
保管员凭领料单发放

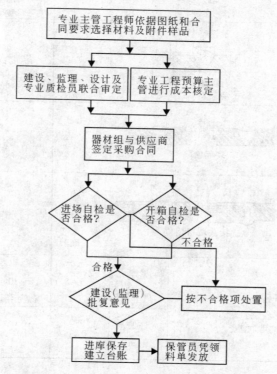

图 2.7.5－2　材料、设备、附件质量保证制体系

5．暖卫管道安装质量控制程序：见图 2.7.5－3。

6．通风管道安装质量控制程序：见图 2.7.5－4。

7．焊接对接接头焊缝表面质量控制程序：见表 2.7.5－1 焊接对接接头焊缝表面的质量标准。

8．等厚焊件焊接坡口形式和尺寸：见表 2.7.5－2 等厚焊件焊接坡口形式和尺寸。

**焊接对接接头焊缝表面的质量标准**　　　　　表 2.7.5－1

| 序号 | 项　目 | 质 量 标 准 |
|---|---|---|
| 1 | 表面裂纹　　表面气孔<br>表面夹渣　　熔合性飞溅 | 不允许 |
| 2 | 咬边 | 深度：$e<0.5$，长度小于等于该<br>焊缝总长的 10% |
| 3 | 表面加强高度 | 深度：$e\leqslant 1+0.2b$，但最大为 5 |
| 4 | 表面凹陷 | 深度：$e\leqslant 0.5$，长度<br>≤该焊缝总长的 10% |
| 5 | 接头坡口错位 | $e\leqslant 0.25s$，但最大为 5 |

| 钢管对口时错位允许偏差 | 壁厚<br>（mm） | 2.5～5 | 6～10 | 12～14 | ≥16 |
|---|---|---|---|---|---|
| | 允许偏差<br>值(m) | 0.5 | 1.0 | 1.5 | 2.0 |

**等厚焊件坡口形式和尺寸**　　　　　　　表 2.7.5－2

| 序号 | 填口名称 | 坡口形式 | 手工焊接填口尺寸(mm) | | | |
|---|---|---|---|---|---|---|
| 1 | Ⅰ形坡口 | | 单<br>面<br>焊 | $s$<br>$c$ | >1.5～2<br>0＋0.5 | 2～3<br>0＋1.0 |
| | | | 双<br>面<br>焊 | $s$<br>$c$ | ≥3～2.5<br>0＋1.0 | 3.5～6<br>$1^{+1.5}_{-1.0}$ |

| 序号 | 填口名称 | 坡口形式 | 手工焊接填口尺寸(mm) | | |
|---|---|---|---|---|---|
| 2 | V形坡口 | 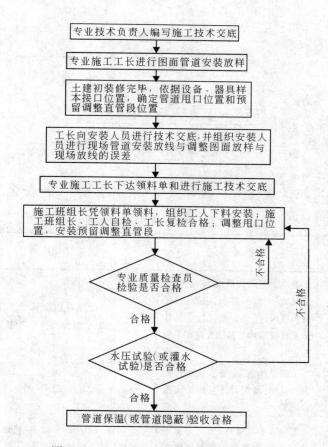 | $s$<br>$\alpha$<br>$c$<br>$p$ | ≥3～9<br>70°±5°<br>1±1<br>1±1 | >9～25<br>50°±5°<br>2±1.0<br>2±1.0 |
| 3 | X形坡口 | | $s \geqslant 12 \sim 50$<br>$c = 2^{+1.0}_{-1.0}$<br>$p = 2^{+1.0}_{-2.0}$<br>$\alpha = 60° \pm 6°$ | | |

专业技术负责人编写施工技术交底

专业施工工长进行图面管道安装放样

土建初装修完毕，依据设备、器具样本接口位置，确定管道甩口位置和预留调整直管段位置

工长向安装人员进行技术交底，并组织安装人员进行现场管道安装放线与调整图面放样与现场放线的误差

专业施工工长下达领料单和进行施工技术交底

施工班组长凭领料单领料，组织工人下料安装；施工班组长、工人自检、工长复检合格；调整甩口位置，安装预留调整直管段

专业质量检查员检验是否合格　　不合格

合格

水压试验(或灌水试验)是否合格　　不合格

合格

管道保温(或管道隐蔽)验收合格

图 2.7.5-3　暖卫管道安装质量控制程序

601

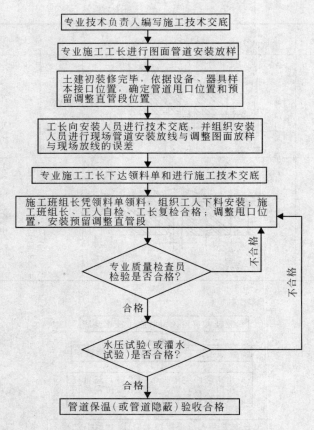

图 2.7.5 - 4　通风管道安装质量控制程序

## 5.2.5　制定施工质量审核控制大纲(表 2.7.5 - 3 和表 2.7.5 - 4)

暖卫工程施工质量控制大纲　　　　　　表 2.7.5 - 3

| 施工阶段 | 序号 | 控制项目 | 主 要 控 制 点 | 控制点负责人 | 工作依据 | 工作见证 |
|---|---|---|---|---|---|---|
| 施工准备阶段 | 1 | 图纸会审阶段 | 着重了解设计概况,各系统的来龙去脉、服务对象,主要设备、材质要求,工程难点、重点,设计未交代清楚和与其他专业相矛盾的地方 | — | 设计施工图、标准图册、规范、规程及相关文件 | 审图记录 |
| | 2 | 设计技术交底 | 了解设计意图,弄清审图中提出的疑问,确定设计变更洽商项目纪要 | — | 设计施工图及相关文件 | 设计交底纪要及设计变更洽商记录 |
| | 3 | 施工组织设计 | 工程难点及重点,施工力量安排与部署,主要施工项目的施工方法及质量进度保证措施 | — | 施工图纸、规范、规程及施工机械配备情况,新工艺设备的配置可能性 | 施工组织设计研讨记录、审批记录文件及施工组织设计交底记录 |

| 施工阶段 | 序号 | 控制项目 | 主要控制点 | 控制点负责人 | 工作依据 | 工作见证 |
|---|---|---|---|---|---|---|
| 施工准备阶段 | 4 | 材料设备采购 | 设备、材料的型号规格,质量检测报告书、使用单位的调查报告书的真实性,施工预概算等 | — | 设计图纸要求,工程物质选样送审表,质量检测报告书,使用单位的调查报告书 | 工程物质选样送审表,工程物质进场检验记录 |
| | 5 | 施工组织设计交底 | 工程难点及重点,施工力量安排与部署,主要施工项目的施工方法及质量进度保证措施 | — | 施工组织设计审批件及相关规范、规程 | 施工组织设计交底记录 |
| | 6 | 劳务队伍选择 | 劳务队的技术力量、管理体制与素质 | — | 合格承包文书,技术力量素质,管理体制和组织机构 | 外包劳务队审批报告 |
| | 7 | 材料机具进场 | 满足施工进度计划 | — | 材料机具设备进场计划书 | 材料设备进场检验记录,施工领料记录单,可追溯性材料设备产品记录单 |
| 管道设备安装阶段 | 1 | 孔洞预留、管件预埋 | 孔洞尺寸、位置、标高及预埋件材质、加工质量和固定措施 | — | 施工图纸、规范、规程 | 预检、隐检记录单 |
| | 2 | 钢制给水、供暖管道安装 | 水平度、垂直度、坡度、支架间距、甩口位置、连接方式、耐压强度和严密性、防腐保温、固定支座位置和安装 | — | 施工图纸、规范、规程、标准图册要求和设备器具样本接口尺寸 | 预检、隐检、水压试验记录单 |
| | 3 | 塑料和铝塑复合管道安装 | 土建结构层标高、垫层厚度和管顶覆盖层厚度、管道的标高、位置、水平度、垂直度、坡度、支架间距、甩口位置、连接方式、埋设管道接口设置☆☆、耐压强度和严密性、防腐保温、固定支座位置和安装、伸缩器设置安装 | — | 施工图纸、规范、规程、标准图册要求和设备器具样本接口尺寸 | 预检、隐检、水压、通水试验记录单 |
| | 4 | 排水及雨水管道安装 | 管道规格、标高、位置、水平度、垂直度、坡度、支架间距、甩口位置、连接方式、塑料管道伸缩器设置、严密性、防结露保温 | — | 施工图纸、规范、规程、标准图册要求和设备器具样本接口尺寸 | 预检、隐检、灌水、通水、通球试验记录单 |
| | 5 | 卫生器具安装 | 型号规格、位置标高、平整度、接口连接 | — | 施工图纸、规范、规程、标准图册要求和设备器具样本 | 预检、灌水、通水试验记录单 |

| 施工阶段 | 序号 | 控制项目 | 主 要 控 制 点 | 控制点负责人 | 工作依据 | 工作见证 |
|---|---|---|---|---|---|---|
| 管道设备安装阶段 | 6 | 散热器安装 | 型号规格、位置、标高、平整度、接口连接、散热器固定 | — | 施工图纸、规范、规程、标准图册要求 | 预检、水压试验记录单 |
| | 7 | 设备安装 | 型号规格、位置、标高、平整度、接口、减震、严密性 | — | 施工图纸、规范、规程、标准图册、设备样本要求 | 进场检验、预检记录单 |
| 系统调试 | 1 | 系统试验冲洗 | 试验压力、冲洗流量与速度 | — | 施工图纸、规范、规程 | 系统水压和冲洗试验记录单 |
| | 2 | 单机试运转 | 水量、风压、转速、噪声、转动件外表温度、振动波幅 | — | 施工图纸、规范、规程、设备样本要求 | 单机试运转试验记录单 |
| | 3 | 分项工程调试 | 散热器表面温度和房间温度 | — | 施工图纸、规范、规程 | 系统调试试验记录单 |
| 施工资料整理 | 1 | 记录单内容 | 文字书写、内容准确性、时限性、相关性、签字完整性、文笔简练性 | — | DBJ 01—51—2000 | 施工记录单 |
| | 2 | 记录单组卷 | 格式、分类、数量、装订 | — | DBJ 01—51—2000 | 施工记录单组卷 |

注:埋地塑料和铝塑复合管道一般不允许有接头,仅热熔连接 PB 和 PP－R 供暖下分式双管系统在支管分叉处允许用相同材质的专用连接管件连接。

**通风空调工程施工质量控制大纲** 表 2.7.5－4

| 施工阶段 | 序号 | 控制项目 | 主 要 控 制 点 | 控制点负责人 | 工作依据 | 工作见证 |
|---|---|---|---|---|---|---|
| 施工准备阶段 | 1 | 图纸会审阶段 | 着重了解设计概况,各系统的来龙去脉、服务对象、主要设备、材质要求,工程难点、重点,设计未交代清楚和与其他专业相矛盾的地方 | — | 设计施工图、标准图册、规范、规程及相关文件 | 审图记录 |
| | 2 | 设计技术交底 | 了解设计意图,弄清审图中提出的疑问,确定设计变更洽商项目纪要 | — | 设计施工图及相关文件 | 设计交底纪要及设计变更洽商记录 |
| | 3 | 施工组织设计 | 工程难点及重点,施工力量安排与部署,主要施工项目的施工方法及质量进度保证措施 | — | 施工图纸、规范、规程及施工机械配备情况,新工艺设备的配置可能性 | 施工组织设计研讨记录、审批记录文件及施工组织设计交底记录 |

| 施工阶段 | 序号 | 控制项目 | 主 要 控 制 点 | 控制点负责人 | 工作依据 | 工作见证 |
|---|---|---|---|---|---|---|
| 施工准备阶段 | 4 | 材料设备采购 | 设备、材料的型号规格,质量检测报告书、使用单位的调查报告书的真实性,施工预概算等 | — | 设计图纸要求,工程物质选样送审表,质量检测报告书,使用单位的调查报告书 | 工程物质选样送审表,工程物质进场检验记录 |
| | 5 | 施工组织设计交底 | 工程难点及重点,施工力量安排与部署,主要施工项目的施工方法及质量进度保证措施 | — | 施工组织设计审批件及相关规范、规程 | 施工组织设计交底记录 |
| | 6 | 劳务队伍选择 | 劳务对的技术力量、管理体制与素质 | — | 合格承包文书,技术力量素质,管理体制和组织机构 | 外包劳务队审批报告 |
| | 7 | 材料机具进场 | 满足施工进度计划 | — | 材料机具设备进场计划书 | 材料设备进场检验记录,施工领料记录单,可追溯性材料设备产品记录单 |
| | 8 | 编制通风空调工程调试方案 | 参数数量和精度、测试仪表型号规格与精度、测试方法及资料整理 | — | 施工图纸、规范、规程 | 测试调试数据记录、测试资料报告 |
| 管道设备安装阶段 | 1 | 孔洞预留、管件预埋 | 孔洞尺寸、位置、标高及预埋件材质、加工质量和固定措施 | — | 施工图纸、规范、规程 | 预检、隐检记录单 |
| | 2 | 管件附件制作 | 材质、规格、咬口焊口、翻边、铆钉间距与铆接质量、外观尺寸与平整度、严密性 | — | 施工图纸、规范、规程 | 材料设备进场检验、预检、灯光检漏记录单 |
| | 3 | 通风管道吊装 | 水平度、垂直度、坡度、甩口位置、连接方式、严密性、支座间距和安装、防腐保温 | — | 施工图纸、规范、规程标准图册要求和设备器具样本接口尺寸 | 预检、隐检、灯光检漏、漏风率检测试验记录单 |
| | 4 | 空调管道安装 | 水平度、垂直度、坡度、支架间距、甩口位置、连接方式、耐压强度和严密性、防腐保温、固定支座位置和安装 | — | 施工图纸、规范、规程、标准图册要求和设备器具样本接口尺寸 | 预检、隐检、水压、冲洗试验记录单 |
| | 5 | 风口附件安装 | 型号规格、位置、标高、接口严密性、平整度、阀件方向性、调节灵活性 | — | 施工图纸、规范、规程、标准图册要求和附件设备样本 | 预检、隐检、调试试验记录单 |
| | 6 | 各类机组安装 | 型号规格、位置、标高、平整度、接口、减振、严密性 | — | 施工图纸、规范、规程、标准图册、设备样本要求 | 进场检验、预检、水压试验、漏风率检测记录单 |

| 施工阶段 | 序号 | 控制项目 | 主 要 控 制 点 | 控制点负责人 | 工作依据 | 工作见证 |
|---|---|---|---|---|---|---|
| 系统调试 | 1 | 单机试运转 | 风(水)量、风压、转速、噪声、转动件外表温度、振动波幅 | — | 施工图纸、规范、规程、设备样本要求 | 单机试运转试验记录单 |
| | 2 | 空调冷热媒和冷却系统试验冲洗 | 试验压力、冲洗流量与速度 | — | 施工图纸、规范、规程 | 系统水压和冲洗试验记录单 |
| | 3 | 送回风口风量和通风空调系统风量平衡 | 风口、支路风量、系统总风量 | — | 施工图纸、规范、规程 | 风口风量及系统调试试验记录单 |
| | 4 | 室内参数检测 | 房间温度和送风口流速、湿度、洁净度、噪声、静压等 | — | 施工图纸、规范、规程要求 | 室内参数检测记录单 |
| | 5 | 系统联合试运转 | 通风系统、冷热源系统、冷却水系统、自动控制系统和室内参数 | — | 施工图纸、规范、规程要求 | 系统联合试运转试验记录单 |
| 施工资料整理 | 1 | 记录单内容 | 文字书写、内容准确性、时限性、相关性、签字完整性、文笔简练性 | — | DBJ 01—51—2000 | 施工记录单 |
| | 2 | 记录单组卷 | 格式、分类、数量、装订 | — | DBJ 01—51—2000 | 施工记录单组卷 |

### 5.2.6 控制质量通病,提高施工质量

1. 防止管道干管分流后的倒流差错:见图 2.7.5－5。

2. 管道走向的布局:应先放样,调整合理后才下料安装。特别要防止出现不合理的管道走向(见总立管与供水干管的连接图 2.7.5－6、图 2.7.5－7 和图 2.7.5－8)。

3. 注重管道两边与墙体的距离:注意管道预留孔洞位置的准确性,防止安装后管道距离墙体表面距离超过规范的要求和影响外观质量。

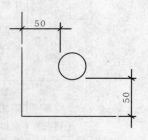

图 2.7.5－5　注重管道与墙面的距离

### 5.2.7 规范施工技术记录资料管理

1. 贯彻建五技质[2001]154 号《"建筑安装工程资料管理规定"暖卫通风部分实施中提出问题的处理意见》,使现场技术管理人员明确该《规程》的本质在于强调资料的完整性、真实性、准确性、系统性、时限性和同一性,以及其与原418 号规定的本质区别。

2．强调工序技术交底的重要性，并提供某项工序技术交底的具体编制方法（详见示例）。

3．提供比较难以填写记录单的填写示例，规范技术管理资料的样式（详见示例）。

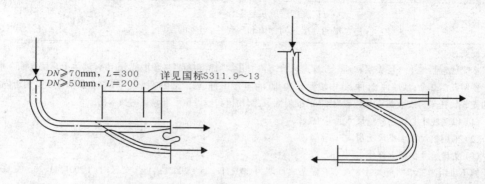

图 2.7.5－6　干管分路的正确连接方法　　　图 2.7.5－7　干管分路的错误连接方法

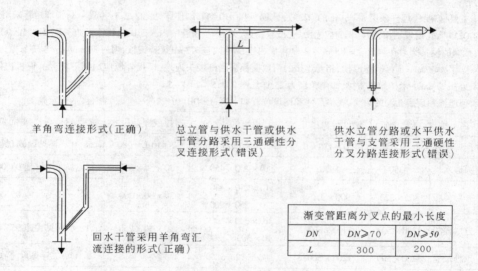

羊角弯连接形式（正确）

总立管与供水干管或供水干管分路采用三通硬性分叉连接形式（错误）

供水立管分路或水平供水干管与支管采用三通硬性分叉分路连接形式（错误）

回水干管采用羊角弯汇流连接的形式（正确）

| 渐变管距离分叉点的最小长度 | | |
| --- | --- | --- |
| DN | DN≥70 | DN≥50 |
| L | 300 | 200 |

图 2.7.5－8　总立管与供水干管的连接

### 5.2.8　成品、半成品保护措施

本工程高空作业面大、工种多、多专业交叉作业，故成品、半成品保护工作特别重要。为确保质量，拟采取下列措施。

1．结构阶段：各专业施工人员不得撬钢筋、扭曲钢筋、拆除扎丝，应在钢筋上放走道护板，严禁割主筋。要派专人看护管盒、套管、预埋件，防止移位。

2．装修阶段：搬运器具、钢管、机械注意不碰门框及抹灰腻子层，不得剔除面砖，不得上人站在安装的卫生设备器具上面，注意对电线、配电箱、消火栓箱的看护，以免损坏，在吊顶内施工不得扭曲龙骨。对油漆粉刷墙面、防护膜不得触摸。

| 技术交底记录(表式 C2－2－1) | 编号 | J4－3 |
|---|---|---|
| | | 001 |

| 工程名称 | 广安门医院扩建工程<br>地下一、二层和夹层孔洞预留和预埋件、短管的预埋 | 施工单位 | 新兴建设总公司<br>五公司六项 |
|---|---|---|---|

交底提要:

　　本交底包括地下一层夹层和地下二层通风管道预留孔洞预留和预埋件预埋部分,共计墙体上预留孔洞 3 个、楼板上预留孔洞 2 个;预埋件 58 件,其中楼板上 30 件、墙体上 10 件、柱子上 18 件;短管 1 件。预埋件主要用于固定风道的支、吊、托架。安装难点是位置、标高的准确性,控制预留和埋设位置准确性的技术措施是:

　　(1) 以墙柱中心线为度量尺寸的基准线。

　　(2) 采用钢尺和水准尺丈量。

　　(3) 丈量尺寸由两人操作。

　　施工班组为王小明班共计 5 人。工程完成日期为 2001、11、25 ~ 2002、1、13。交底时间 2001、11、20。交底人童杰。接受交底人有通风工长、质量检查员及施工人员王小明班 5 人共计 7 人。

交底内容:

　　1. 主要材料:预埋件采用 $\delta = 6mm$ 的 Q235 冷轧钢板和 $\phi10$ 钢筋制作详见图 2.7.5－9 图－1;预埋短管采用 $\delta = 3mm$ 的 Q235 冷轧钢板制作,钢板表面应光滑、无严重锈蚀,无污染,短管的内表面刷防锈漆两道见图 2.7.5－9 图－2;预留孔洞的模具圆形孔洞用 $\delta = 10mm$ 木板制作成内模,外包 $\delta = 0.7mm$ 镀锌钢扳,内衬 $30 \times 30mm$ 木枋支撑;方形孔洞木模用 $\delta = 10mm$ 木板制作成模,相互连接的两块模板采用榫接头连接,模板外侧应用刨刀刨光。模板内侧四角采用 $30mm \times 30mm$ 木枋倾斜支撑,倾斜角度为 45°详见图 2.7.5－9 图－3a 和 3b。

　　2. 预埋件和预留孔洞的数量、规格尺寸和埋设位置如下表:按 DBJ 01—26—96(三)表 1.4.3 规定施工。

| 序号 | 名　称 | 规　格 | 模(埋)板尺寸 | 板材尺寸 | 斜撑或埋筋尺寸 | 数量 | 标高 | 平面位置 |
|---|---|---|---|---|---|---|---|---|
| 1 | 预埋铁件 | | $120 \times 120 \times 6$ | $120 \times 120 \times 6$ | $2-\phi10\ L = 280$ | 58 | | 详见设施 05、06 |
| 2 | 圆形木模 | $\phi350$ | $\phi450$ | $10 \times 200 \times 450$ | $30 \times 30 \times 390$ | 2 | | 详见设施 05、06、07 |
| 3 | 方形模板 | $800 \times 320$ | $900 \times 450$ | $10 \times 250 \times 450$<br>$10 \times 250 \times 900$ | $30 \times 30 \times 200$ | 2 | | 详见设施 05、06、07 |
| 4 | 方形模板 | $1200 \times 500$ | $1300 \times 600$ | $10 \times 300 \times 600$<br>$10 \times 300 \times 1300$ | $30 \times 30 \times 250$ | 1 | | 详见设施 05、06、07 |
| 5 | 预埋短管 | $1200 \times 500$ | $1200 \times 500$ | $\delta = 2mm$ | | 1 | | 详见设施 05 |

　　3. 质量标准要求:

　　(1) 位置和标高应准确,其误差在 ± 5mm 以内。

　　(2) 圆形风道模板外径的误差应小于 ± 2mm,椭圆度用丈量互相垂直 90°两外径相差不应大于 2mm。

　　(3) 矩形风道模板外边长度误差应小于 ± 2mm,模板相互之间的垂直度为两对角线丈量相差不应大于 3mm。

　　(4) 孔洞内表面应光滑平整,不起毛或无蜂窝、狗洞现象。

　　(5) 预埋件的脚筋与铁板的焊接质量应焊缝均匀,无气泡、气孔、夹渣和烧熔、熔坑现象,焊渣应清除干净,脚筋应垂直钢板,且尺寸应符合图示要求。

　　4. 施工前提(施工条件):预留孔洞和预埋件预埋应在土建专业钢筋绑扎就绪、合模之前进行安装固定就位。同时应在再次校核施工图纸和与其他专业会审无误后施工。

　　5. 预埋件和预留孔洞模板固定措施:

　　(1) 预埋件的固定只许用退火钢丝绑扎固定,不允许用焊接固定,若土建钢筋与固定位置要求不一致,可增设辅助钢筋,将预埋件脚筋焊接在辅助钢筋上,然后再将辅助钢筋绑扎在土建的钢筋网上。辅助钢筋的直径采用 $\phi12mm$。短管用四根焊接于短管侧面(互成井字形)的 $L = $ 边长 + $2 \times 250$、$\phi16$ 八根锚固。

| 技术交底记录(表式 C2－2－1) | | 编号 | J4－3 |
| --- | --- | --- | --- |
| | | | 001 |
| 工程名称 | 广安门医院扩建工程<br>地下一、二层和夹层孔洞预留和预埋件、短管的预埋 | 施工单位 | 新兴建设总公司<br>五公司六项 |

(2) 孔洞模板的固定,可用 2 英寸的铁钉钉于楼板或墙板的木模板上,然后增设加固钢筋。其中圆形孔洞模板用四根 $\phi16mm$、$L＝800mm$ 的井字形加固钢筋绑扎固定在土建的钢筋网片上,矩形孔洞模板可用 8 根或 16 根 $\phi12mm$、长度分别为 $L＝$ 边长 ＋800mm(井字筋,共 8 根)和 $L＝600mm$(8 根与井字筋成 45°的加固筋,仅长边 $L＝$ 1300mm 的孔洞模板才有)固定筋绑扎于土建的钢筋网片上。

(3) 土建专业浇筑混凝土时应派工人在现场进行成品保护和校正埋设位置移动的误差。

(4) 在此工序的实施过程中,应特别关注埋设位置的准确性,措施如前所述。

6. 安全措施:

(1) 施工人员应戴安全帽进行作业。

(2) 施工人员应穿硬底和防滑鞋进入现场,防止铁钉扎脚伤人。

(3) 安装前应检查焊接设备是否符合安全使用要求,电源、接线有无破皮、漏电等不安全因素,严禁未检查就启用焊接设备进行焊接工作。

(4) 高空作业施工人员应系好安全带。

7. 施工过程检查合格后,预留孔洞应填写《预检工程检查记录表》C5－1－2,预埋件和预埋短管的预埋应填写《隐蔽工程检查记录表》C5－1－1。不合格项应填写《不合格项处置记录表》C1－5。

8. 插图见图 2.7.5－9。

| 技术负责人 | 童 杰 | 交底人 | 童 杰 | 接受交底人 | 杨学峰、王延岭、王小明等 |
| --- | --- | --- | --- | --- | --- |

本表由施工单位填报,交底单位与接受交底单位各保存一份。

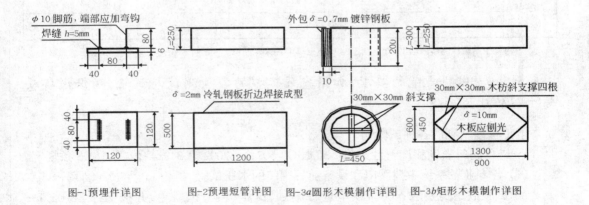

图-1 预埋件详图　　图-2 预埋短管详图　　图-3a 圆形木模制作详图　　图-3b 矩形木模制作详图

图 2.7.5－9　1－1001 预留孔洞预留和预埋件埋设技术交底插图

3. 思想教育与奖惩制度:组织在施人员学习,加强教育,认真贯彻执行,确保成品、半成品保护工作,对成效突出的个人进行奖励,对破坏成品者严肃处理。

| 管道强度严密性试验记录(表式 C6－5－2) | | 编 号 | J2－1 |
|---|---|---|---|
| | | | 1－002 |
| 工程名称 | ×××图书馆工程 | 试验日期 | 年　月　日 |
| 试验部位 | 给水系统 GL1 | 材质及规格 | 热镀镀锌钢管 DN40 |

试验要求:

　　1. 试压泵安装在地上一层,系统工作压力为 0.6MPa,试验压力为 0.9MPa;压力表的精度为 1.5 级,量程为 1.0MPa。

　　2. 试验要求是:试验压力升至工作压力后,稳压进行检查,未发现问题,继续升压。当压力升至试验压力后,稳压 10min,检查系统压力降 $\Delta P$ 应≤试验允许的压力降 0.05MPa,检查无渗漏。

　　3. 然后将压力降至工作压力 0.6MPa 后,稳压进行检查,不渗不漏为合格

试验情况记录:

　　1. 自 08 时 30 分开始升压,至 09 时 25 分达到工作压力 0.6MPa,稳压检查,发现八层主控制阀门前的可拆卸法兰垫料渗水问题;经卸压进行检修处理后,10 时 05 分修理完毕。10 时 15 分又开始升压,至 11 时 02 分达到工作压力 0.6MPa,稳压检查,未发现异常现象。

　　2. 自 11 时 20 分开始升压作超压试验,至 11 时 55 分升压达到试验压力 0.9MPa,维持 10min 后,压力降为 0.01MPa。

　　3. 压力降 $\Delta P$ 为 0.01MPa≤允许压力降 0.05MPa,维持 10min,经检查未发现渗漏等现象。

试验结论:

　　　　　符合设计和规范要求

| 参加人员签字 | 建设(监理)单位 | 施工单位 | | |
|---|---|---|---|---|
| | | 技术负责人 | 质检员 | 工　长 |
| | | | | |

本表由施工单位填写,城建档案馆、建设单位、施工单位各保存一份。

　　**5.2.9　依据规范的要求,加强安装工程的各项测试与试验,确保设备安装工程的施工质量**

　　本工程涉及到的各种试验如下:

　　1. 进场阀门强度和严密性试验。依据 GB 50242—2002 第 3.2.4 条、第 3.2.5 条规定。

　　(1) 各专业各系统主控阀门和设备前后阀门的水压试验

　　A. 试验数量及要求:100% 逐个进行编号、试压、填写试验单,并按 ZXJ/ZB 0211—1998 进行标识存放,安装时对号入座。

　　B. 试压标准:强度试验为该阀门额定工作压力的 1.5 倍作为试验压力;严密性试验为该阀门额定工作压力的 1.1 倍作为试验压力。在观察时限内试验压力应保持不变,且壳体填料和阀瓣密封面不渗不漏为合格。

　　阀门强度试验和严密性试验的时限见表 2.7.5－5。

| | 阀门强度试验和严密性试验的时限 | | 表 2.7.5-5 | |
|---|---|---|---|---|

| 公称直径 $DN$(mm) | 最短试验持续时间（s） | | | |
|---|---|---|---|---|
| | 严密性试验 | | 强度试验 | |
| | 金属密封 | 非金属密封 | | |
| ≤50 | 15 | 15 | 15 | |
| 65~200 | 30 | 15 | 60 | |
| 250~450 | 60 | 30 | 180 | |

（2）其他阀门的水压试验：其他阀门的水压试验标准同上，但试验数量按规范规定为：

A．按不同进场日期、批号、不同厂家（牌号）、不同型号、规格进行分类。

B．每类分别抽 10%，但不少于 1 个进行试压，合格后分类填写试压记录单。

C．10% 中有不合格的，再抽 20%（含第一次共计 30%）进行试压后，如果又出现不合格的，则应 100% 进行试压。但本工程第二批（20%）中又出现不合格的，应全部退货。

D．阀门应有北京市用水器具注册证书。

2．其余水暖附件的检验

（1）进场的管道配件（管卡、托架）应有出厂合格证书。

（2）应按 91SB3 图册附件的材料明细表中各型号的零件规格、厚度及加工尺寸相符，且外观美观，与卫生器具结合严密等要求进行验收。

3．卫生器具的进场检验

（1）卫生器具应有出厂合格证书。

（2）卫生器具的型号规格应符合设计要求。

（3）卫生器具外观质量应无碰伤、凹陷、外凸等质量事故。

（4）卫生器具的排水口应阻力小，泄水通畅，避免泄水太慢。

（5）坐式便桶盖上翻时停靠应稳，避免停靠不住而下翻。

（6）器具进场必须经过严格交接检，填写检验记录，没有合格证、检验记录，不能就位安装。

4．室内生活给水及水源管道的试压：依据 GB 50242—2002 第 4.2.1 条的规定。

（1）试压分类：

单项试压——分局部隐检部分和分各系统（或每根立管）进行试压，应分别填写试验记录单。

系统综合试压——按系统分别进行。

（2）试压标准：

单项试压的试验压力为 0.6MPa，且 10min 内压降 $\Delta P \leqslant 0.02$MPa，检查不渗不漏后，再将压力降至工作压力 0.4MPa 进行外观检查，不渗不漏为合格。

综合试压：试验压力同单项试压压力，但稳压时限由 10min 改为 1h，其他不变。

5. 消火栓供水系统的试压:除局部属隐蔽的工程进行隐检试压,并单独填写试验单外,其余均在系统安装完后做静水压力试验,试验压力为 1.8MPa(注:设计工作压力已超过 1.0MPa,依据 GB 50242—2002 第 4.1.1 条的规定,GB 50242—2002 的第 4.2.1 条规定已不适用本工程要求,故按 GB 50261—96 第 6.2.2 条的规定实施),维持 2h 后,外观检查不渗不漏为合格(试验时应包括先前局部试压部分)。

6. 消防自动喷洒灭火系统管道的试压:依据 GB 50261—96 第 6.2.2 条、6.2.3 条的规定。

(1)试压分类:

单项试压——分局部隐检部分和各系统进行试压,应分别填写试验记录单。

系统综合试压——本工程按系统分别进行。

(2)试压标准:

单项试压的试验压力为 1.8MPa 且 30min 内压降 $\Delta P \leqslant 0.05$MPa,检查不渗不漏,管网不变形后,再将压力降至工作压力 1.2MPa 进行外观检查,不渗不漏为合格。

综合试压(即通水试验):依据 GB 50261—96 第 6.2.4 条的规定。在工作压力 1.2MPa 下,稳压 24h,进行全面检查,不渗不漏为合格。

7. 有压排水管道的水压试验:试验标准同水源和生活给水管道的水压试验。

8. 灌水试验:

(1)室内排水管道的灌水试验:分立管、分层进行,每根立管分层填写记录单。试验标准的灌水高度为楼层高度,灌满后 15min,再将下降水位灌满,持续 5min 后,若水位不再下降为合格。

(2)卫生器具的灌水试验:洗面盆、洗涤盆、浴盆等,按每单元进行试验和填表,灌水高度是灌至溢水口或灌满,其他同管道灌水试验。

(3)生活给水水箱和消防给水水箱灌水试验:应按单个进行试验,并填写记录单,试验标准同卫生器具,但观察时间为 12~48h。

(4)雨水排水管道灌水试验:每根排水干管灌水高度应由地面上 1m 至干管端部排出口的高差,灌满 15min 后,再将下降水面灌满,保持 5min,若水面不再下降,且外观无渗漏为合格(新规范仅提室内雨水管道的灌水试验,未提室外雨水管道也要试验)。

9. 室内排水管道通球试验:依据 GB 50242—2002 第 5.2.5 条的规定。

(1)通球试验:排水立管和水平干管应按不同管径做通球试验,试验率必须达到 100%。立管试验后按立管编号分别填写记录单,横管试验后按每个单元分层填写记录单。

(2)试验球直径见表 2.7.5-6:通球球径不小于排水管管径的 2/3。

| 试验球直径 | | | 表 2.7.5-6 | |
|---|---|---|---|---|
| 管　　径(mm) | 150 | 100 | 75 | 50 |
| 胶球直径(mm) | 100 | 70 | 50 | 32 |

10. 管道冲洗试验

(1)管道冲洗试验应按专业、按系统分别进行,即水源和室内给水系统、室内消火栓供水、消防喷洒供水系统,并分别填写记录单。

(2)水源、生活给水、消火栓和消防喷洒给水管道的冲水试验:水源、生活给水消火栓和消防喷洒给水管道管内流速≥1.5m/s,为了满足此流速要求,冲洗时可安装临时加压泵。

(3)达标标准:一直到各出水口水色和透明度、浊度与进水口一侧水质一样为合格。

11.通水试验

(1)试验范围:要求做通水试验的有水源和室内生活给水系统、室内消火栓供水系统、室内排水系统、卫生器具。

(2)试验要求:

A.水源和室内生活给水系统:应按设计要求同时开放最大数量的配水点,观察是否全部达到额定流量,若条件限制,应对卫生器具进行100%满水排泄试验检查通畅能力,无堵塞、无渗漏为合格。

B.室内排水系统:应按系统1/3配水点同时开放进行试验。

C.室内消火栓供水系统:应检查能否满足组数的最大消防能力。

D.室内消防喷洒灭火系统:详见室内消防喷洒灭火系统综合水压试验。

12.通风风道、部件的检漏试验:详见 GB 50243—2002 第 4.2.5 条、第 6.1.2 条、第 6.2.8 条。

(1)通风系统管段安装的灯光检漏试验:通风系统管段安装后应分段进行灯光检漏,试验数量为系统的 100%并分别填写。测试装置详见 4.2.4 – 2 节。

灯光检漏的标准:低压系统每 10m 接缝的漏光点不大于 2 处,且 100m 接缝的漏光点不大于 16 处为合格。中压系统每 10m 接缝的漏光点不大于 1 处,且 100m 接缝的漏光点不大于 8 处为合格。

(2)通风系统漏风量的检测:通风管道安装时应分系统、分段进行漏风量检测,其检测装置如图 2.7.5 – 10 和图 2.7.5 – 11 所示。检测合格标准:检测合格标准应符合 GB 50243—2002 第 4.2.5 条的要求,即:

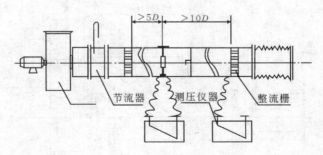

图 2.7.5 – 10  负压风管式漏风量测试装置

A.风道的强度应能满足在 1.5 倍工作压力下接缝处无开裂。

B.矩形风道的允许漏风量应符合以下规定:

低压系统风道    $Q_L \leq 0.1056 P^{0.65}$

中压系统风道    $Q_M \leq 0.0352 P^{0.65}$

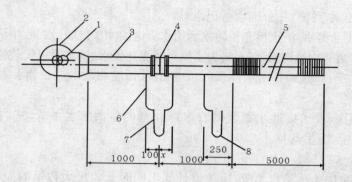

图 2.7.5 – 11　风管漏风试验装置

孔板 1：$\chi = 45mm$；孔板 2：$\chi = 71mm$；

1—进风挡板；2—风机；3—钢风管 $\phi100$；4—孔板；5—软管 $\phi100$；6—软管 $\phi8$；7、8—压差计

高压系统风道　　$Q_{\mathrm{H}} \leqslant 0.0117 P^{0.65}$

式中　　$Q_{\mathrm{L}}$、$Q_{\mathrm{M}}$、$Q_{\mathrm{H}}$——在相应的工作压力下，单位面积(风道的展开面积)风道在单位时间内允许的漏风量($\mathrm{m^3/h \cdot m^2}$)；

$\quad\quad\quad P$——风道系统的工作压力($\mathrm{Pa}$)。

C. 低压、中压系统的圆形金属风道、复合材料风道及非法兰连接的非金属风道的漏风量为矩形风道允许漏风量的 50%。

D. 排烟风道的允许漏风量应符合中压系统的允许漏风量标准(低压中压系统均同)。

13. 通风系统的重要设备(部件)的试验：通风系统的重要设备(部件)应按规范和说明书进行试验和填写试验记录单。

14. 风机性能的测试：大型风机应进行风机风量、风压、转速、功率、噪声、轴承温度、振动幅度等的测试，测试装置如图 2.7.5 – 12 所示。

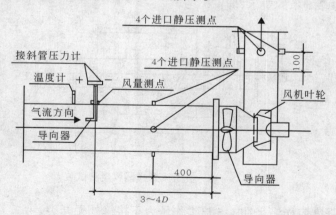

图 2.7.5 – 12　风机测试装置图

15. 水泵、风机、热交换器等的单机试运转：为了测流量，应在机组前后事先安装测试口，以便安装测试仪表。水泵等设备的单机试运转应在安装预检合格和配管安装后进行，

每台设备应有独立的安装预检记录单和单机运转试验单。试运转记录单中应有流量、扬程、转速、功率、轴承和电机发热的温升、噪声的实测数据及运转情况记录。其测试结果应符合 GB 50243—2002 第 11.1.1 条、第 11.1.2 条、第 11.1.3 条、第 11.1.4 条、第 11.2.1 条、第 11.2.2 条、第 11.3.1 条的规定。

16. 送风系统、排风排烟系统风量的检测与平衡调试：因本工程主要靠分布于各防火分区内的 DA－1 射流风机来促使室内气流均匀，因此对于各系统风量的平衡不是主要的，故可不必进行系统风量的平衡调试。但为了证实各系统的总送、排风量与设计的总送、排风量是否相符，应对各系统总干管的总送、排风量进行测定。各系统的总送、排风量与设计的总送、排风量测定值的允许误差应符合 GB 50243—2002 第 11.2.3 条第 1 款的要求，即误差值应大于设计风量 10%。

17. 通风系统的联合试运转：送风系统、排风排烟系统安装完成后，应按 GB 50243—2002 规范第 11.1.1 条～第 11.1.4 条、第 11.2.3 条第 1 款、第 11.2.4 条、第 11.3.2 条、第 11.3.4 条规定进行进行无负荷和全负荷的系统联合试运转，试运转的时间和记录的参数及其他内容详见规范规定。

# 6  主要分项项目施工方法及技术措施

## 6.1  给水工程

### 6.1.1  预留孔洞及预埋件施工

1. 预留孔洞及预埋件施工在土建结构施工期间进行。

2. 预留孔洞按设计要求施工，设计无要求时按 DBJ 01—26—96(三)表 1.4.3 规定施工。预留孔洞及预埋件应特别注意：

A. 预留、预埋位置的准确性；

B. 预埋件加工的质量和尺寸的精确度。

具体技术措施：

A. 分阶段认真进行技术交底；

B. 控制好预留、预埋位置的准确性，措施可采用钢尺丈量和控制土建模板的移位变形；模具选用优良材质并改进预留孔洞模具的刚度、表面光洁度；适当扩大模具的尺寸，留有尺寸调整余地；加强模具固定措施；做好成品保护，防止模具滑动。

3. 托、吊卡架制作按 DBJ 01—26—96(三)第 1.4.5 条规定制作，管道托、吊架间距不应大于该规程的表 1.4.5 和 GB 50242—2002 第 3.3.8 条表 3.3.8 的规定。固定支座的制作与施工按设计详图施工。

4. 套管安装一般比管道规格大 2 号，内壁做防腐处理或按设计要求施工。

5. 预留洞、预埋件位置、标高应符合设计要求，质量符合 GBJ 302—88 有关规定和设计要求。

### 6.1.2 管道安装

暖卫工程管道安装应严格按照质量控制程序(详见 5.2.4 – 5 节)进行。

1. 镀锌钢管的安装：热镀镀锌钢管，$DN \geqslant 100$ 的管道采用卡箍式柔性管件连接；$DN \leqslant 80$ 的管道采用丝扣连接。安装时丝扣肥瘦应适中，外露丝扣不大于 3 扣，锌皮损坏处应采取可靠的防腐措施(涂防锈漆后再涂刷银粉漆)。$DN > 80$ 的镀锌钢管及由于消火栓供水立管至埋于墙内连接消火栓 $DN < 80$ 的支管，因转弯过急或受安装尺寸限制时也可采用对口焊接连接，其外观质量要求焊缝表面无裂纹、气孔、弧坑和夹渣，焊接咬边深度不超过 0.5mm，两侧咬边的长度不超过管道周长的 20%，且不超过 40mm，并应遵守焊接质量控制程序。做好防腐措施和冷水管穿墙应加 $\delta \geqslant 0.5mm$ 的镀锌套管，缝隙用油麻充填。穿楼板应预埋套管，套管直径比穿管大 2 号，高出地面 $\geqslant 20$，底部与楼板结构底面平。

2. 焊接钢管的安装：焊接钢管 $DN \leqslant 32$ 的采用丝扣连接，$DN \geqslant 40$ 的采用焊接，丝接、焊接接口要求同上。管道穿墙应预埋厚 $\delta \geqslant 1mm$，直径比管径大 2 号的套管、套管两端与墙面平，缝隙填充油麻密封；管道穿楼板的预埋套管同上。安装中应特别注意暖气片进出水管甩口的位置，以免影响支管坡度的要求；灯叉弯应在现场实地煨弯，弯曲半径应与墙角相适应，保证安装后美观和上下整齐。

3. 给水管道安装的质量要求：给水管道安装的质量要求应符合 GB 50242—2002 第 4.1.2 条、第 4.1.3 条、第 4.2.2 条、第 4.2.3 条、第 4.2.5 条、第 4.2.6 条、第 4.2.7 条、第 4.2.8 条、第 4.2.9 条、第 4.3.1 条、第 4.3.2 条、第 4.3.3 条的规定。

4. 室内排水铸铁管道安装：在安装管道前应清扫管腔，将承口内侧、插口外侧端头的沥青除掉，承口朝来水方向，连接的对口间隙应不小于 3mm，找平找直后，将管子固定。管道拐弯和始端应支撑牢靠，防止接口时轴向移动，所有管口应随时封堵好。铸铁立管应用线坠校验使其垂直，不出现偏心、歪斜，支管安装时先搭好架子，并按管道坡度准备埋设吊卡处吊杆长度，核准无误，将吊卡预埋就绪后，再安装管道。卡箍式柔性接口应按产品说明书的技术要求施工，吊架加工尺寸应严格按标准图册要求加工，外形应美观，规格、尺寸应准确，材质应可靠。支吊架埋设应牢靠，位置、高度应准确。

5. 室内排水铸铁管道安装的质量标准：室内排水管道安装的质量要求应符合 GB 50242—2002 第 5.1.1 条、第 5.2.2 条、第 5.2.6 条、第 5.2.7 条、第 5.2.8 条、第 5.2.13 条、第 5.2.14 条、第 5.2.15 条、第 5.2.16 条的规定。

6. 消防喷洒管道的安装：消防喷洒管道安装应与土建密切配合，结合吊顶分格布置喷淋头位置，使其位于分块中心位置，且分格均匀，横向、竖向、对角线方向均成一直线。镀锌钢管安装如前所述。

### 6.1.3 卫生器具安装

1. 一般卫生器具的安装

(1) 卫生器具安装除按图纸要求及 91SB 标准图册详图安装外，尚应严格执行 DBJ

01—26—96(三)的工艺标准,同时还应了解产品说明书,按产品的特殊要求进行安装。

(2)卫生器具的安装应在土建做防水之前,给水、排水支管安装完毕,并且隐蔽排水支管灌水试验及给水管道强度试验合格后进行。

(3)卫生器具安装器具固定件必须使用镀锌膨胀螺栓固定,且安装必须牢固平稳,外表干净美观,通水试验合格。

(4)卫生器具安装完毕做通水试验,水力条件不满足要求时,卫生器具要进行 100% 满水试验。

2. 卫生器具安装的质量标准:卫生器具安装的质量标准应符合 GB 50242—2002 第 7.1.2 条、第 7.1.3 条、第 7.1.4 条、第 7.2.1 条、第 7.2.2 条、第 7.2.3 条、第 7.2.6 条的要求。

3. 卫生器具配管安装的质量标准:卫生器具配管安装的质量标准应符合 GB 50242—2002 第 7.3.1 条、第 7.3.3 条、第 7.4.1 条、第 7.4.2 条、第 7.4.3 条、第 7.4.4 条的要求。

### 6.1.4 消火栓箱体安装

1. 消火栓箱与墙体固定不牢的,可用 CUP 发泡剂(单组份聚氨酯泡沫发泡剂)封堵作为弥补措施,安装时箱体标高应符合设计和规范要求,箱体应水平,箱面应与墙面平齐,为防止污染,应贴粘胶带保护。

2. 消火栓箱体安装的质量标准:消火栓箱体安装的质量标准应符合 GB 50242—2002 第 4.3.1 条、第 4.3.2 条、第 4.3.3 条的要求。

### 6.1.5 室外消防水泵结合器的安装

1. 室外消防水泵结合器的位置标志应明显,栓口的位置应方便操作。

2. 室外消防水泵结合器的安装质量应符合 GB 50242—2002 第 9.3.4 条、第 9.3.5 条、第 9.3.6 条的要求。

### 6.1.6 水泵的安装

1. 设备的验收:泵的开箱清点和检查应对零件、附件、备件、合格证、说明书、装箱单进行全面清点。数量是否齐全,有无损伤、缺件、锈蚀现象,各堵盖是否完好。

2. 检查基础和划线:泵安装前应复测基础的标高、中心线,将中心线标在基础上,以检查预留孔或预埋地脚螺栓的准确度,若不准,应采取措施纠正。

3. 基础的清理:泵就位于基础前,必须将泵底座表面的污浊物、泥土等杂物清除干净,将泵和基础中心线对准定位,要求每个地脚螺栓在预留孔洞中都保持垂直,其垂直度偏差不超过 1/100;地脚螺栓离孔壁大于 15mm,离孔底 100mm 以上。

4. 泵的找平与找正:泵的找平与找正就是水平度、标高、中心线的校对。可分初平和精平两步进行。

5. 固定螺栓的灌浆固定:上述工作完成后,将基础铲成麻面并清除污物,将碎石混凝土填满并捣实,浇水养护。

6. 水泵的精平与清洗加油:当混凝土强度达到设计强度 70% 以上时,即可紧固螺栓进行精平。在精平过程中进一步找正泵的水平度、同轴度、平行度,使其完全达到设计要求后,就可以加油试运转。

7. 试运转前的检查:试运转应检查密封部位、阀门、接口、泵体等有无渗漏,测定压力、转速、电压、轴承温度、噪声等参数是否符合要求。

8. 水泵安装的质量要求:水泵安装的质量要求应符合 GB 50242—2002 第 4.4.1 条、第 4.4.2 条、第 4.4.6 条、第 4.4.7 条的要求。

### 6.1.7 蓄水箱的安装

蓄水箱的安装:应检查水箱的制造质量,做好安装前的设备检验验收工作;和水泵安装一样检查基础质量和有关尺寸;安装后检查安装坐标、接口尺寸、焊接质量、除锈防腐质量、清除污染;做好满水试验(有压水箱则做水压试验);有保温或深度防腐的则做好保温防腐工作。具体安装步骤如下:

1. 水箱进场必须经过严格交接检,填写检验记录,没有合格证、检验记录,不能就位安装。器具固定件必须做好防腐处理,且安装必须牢固平稳,外表干净美观。水箱安装应在土建做防水之前,上水管安装完毕后进行。

2. 水箱安装前要仔细检查基座的质量,基座表面应平整,并且清理干净。水箱就位前应根据图纸,复测基座的标高和中心线,并用标记明显地标注在确定的中心线位置上,然后画出各固定螺栓的位置。

3. 水箱的开箱、清点和检查。水箱进场要进行检查,开箱前应检查水箱的名称、规格、型号。开箱时,施工质检人员应会同监理工程师进行检查,根据制造厂商提供的装箱单,对箱内的设备、附件逐一进行清点,检查水箱的零件、附件和备件是否齐全,有无缺件现象,检查设备有无缺损或损坏锈蚀等不合格现象。

4. 水箱的找正找平。第一步,主要是初步找标高和中心线的相对位置;第二步,是在初平的基础上对泵进行精密的调整,直到完全达到符合要求的程度。水箱进水管应安装可靠的支架,不将管道的重量落在水箱上。

5. 水箱的灌水试验:水箱安装后应按 GB 50242—2002 第 4.4.3 条的规定做满水试验,满水试验静置 24h 观察,不渗不漏为合格。

6. 蓄水箱安装的质量要求:蓄水箱安装的质量要求应符合 GB 50242—2002 第 4.4.4 条、第 4.4.5 条、第 4.4.7 条的规定。

### 6.1.8 水—水片式热交换器的安装

如同水泵安装应做好设备进场检验、设备基础检验、设备安装和安装后的验收和单机试运转试验,应特别注意其与配管的连接和接口质量。具体安装事项参考设备使用说明书和相关规范。

### 6.1.9 管道和设备的防腐与保温

1. 管道、设备及容器的清污除锈:铸铁管道清污除锈应先用刮刀、锉刀将管道表面的氧化皮、铸砂去掉,然后用钢刷反复除锈,直至露出金属本色为止。焊接钢管和无缝钢管的清污除锈用钢刷和砂纸反复除锈,直至露出金属本色为止。应在刷油漆前用棉纱再擦一遍浮尘。

2. 管道、设备及容器的防腐:管道、设备及容器的防腐应按设计要求进行施工,室内镀锌钢管刷银粉漆两道,锌皮被损坏的和外露螺丝部分刷防锈漆一道、银粉漆两道。

3. 管道、设备及容器的保温:管道的保温采用内缠 ALDES 电热电阻丝外包 $\delta = 40mm$ 阻燃型橡塑海绵保温管壳保温,管道的保温质量应符合 GB 50242—2002 第 4.4.8 条的规定。

# 6.2 通风工程

## 6.2.1 预留孔洞及预埋件

施工参照给排水工程施工方法进行。

## 6.2.2 通风管道及附件制作

1. 通风管道的材料:通风送风、排风排烟系统机房内系统风道配管采用 $\delta = 2.0mm$ 厚度的优质冷轧薄钢板以卷折焊接成型风道外,其余风道均采用优质复合改性菱镁无机玻璃钢风道。法兰角钢用首钢优质型钢(角钢)产品。

(1) 优质复合改性菱镁无机玻璃钢风道的材质要求:复合改性菱镁无机玻璃钢风道采用 1:1 经纬线的玻璃纤维布增强,树脂的重量含量应为 50% ~ 60%,规格见表 2.7.2-7。玻璃钢法兰规格见表 2.7.2-8。

(2) 风道的质量要求:风道的质量应符合 GB 50243—2002 第 4.2.3 条、第 4.2.4 条、第 4.2.5 条、第 4.2.7 条、第 4.2.8 条、第 4.2.11-2 条、第 4.2.12 条的要求。

A. 防火风道的本体、框架与固定材料、密封垫料必须是不燃材料,其耐火等级应符合设计要求。

B. 复合改性菱镁无机玻璃钢风道的覆面材料必须是不燃材料,内部的绝热材料应为不燃或难燃 B1 级,且对人体无害的材料。

C. 风道必须通过工艺性的检测或验证,其强度和严密性要求符合 GB 50243—2002 第 4.2.5 条的规定。

D. 出厂或进场产品必须有材料质量合格证明文件、性能检测报告。

E. 进场应观察检查或点燃试验其材料的可燃性质是否符合设计和规范要求。

F. 复合改性菱镁无机玻璃钢风道的玻璃钢法兰规格必须符合表 2.2.7-8 的规定。

G. 复合改性菱镁无机玻璃钢风道采用法兰连接时,法兰与风道板材的连接应可靠,其绝热层不得外露,不得采用降低板材强度和绝热性能的连接方法。

H. 复合改性菱镁无机玻璃钢风道的加固应为本体材料或防腐性能相同的材料,并与风道成为一个整体。

I. 矩形风道弯管的制作一般应采用曲率半径为一个平面边长的内外同心圆弧弯管。当采用其他形式的弯管时,平面边长大于 500mm 时,必须设置弯管导流片。

2. 加工制作按常规进行,但应注意以下问题:

（1）材料均应有合格证及检测报告。

（2）防锈除尘必须彻底，不彻底的不得进入第二道工序。镀锌板可用中性洗涤剂清除油污,冷轧板、角钢应用钢刷彻底清除锈迹和浮尘,直至露出金属本色。

（3）咬口不能有胀裂、半咬口现象,焊缝应整齐美观、无夹渣和漏焊、烧熔现象,翻边宽度为 6～9mm,不开裂。

（4）制作应严格执行 GB 50243—2002、GBJ 304—88 及 DBJ 01—26—96（三）的有关规定和要求。

（5）风道部件的制作：风道部件的制作应符合 GB 50243—2002 第 2 章的有关规定和质量要求。

### 6.2.3　管道吊装

1. 通风管道安装质量控制程序见图 2.7.5－4。

2. 管道加工完后应临时封堵,防止灰尘污物进入管内;风道进场后应再次进行加工质量检查和修理,并用棉布擦拭内壁后再进行吊装。吊装还应随时擦净内壁的重复污染物,然后立即封堵敞口。安装过程还应按 GB 50243—2002 规定进行分段灯光检漏,和进行漏风率检测合格后才能后续安装。

3. 安装时法兰接口处采用 9501 阻燃胶条作垫料,螺栓应首尾处于同一侧,拧紧对称进行;阀件安装位置应正确,启闭灵活,并有独立的支、吊架。

4. 为保证支、吊架的安装质量,吊架安装前应先实地放线,确定吊杆长度、支架标高和吊杆宽度,以保证安装平直、吊架排列整齐美观。

5. 风道的吊装质量要求：风道的吊装质量应符合 GB 50243—2002 第 6.1.2 条、第 6.1.3 条、第 6.2.1 条、第 6.2.2 条、第 6.2.4 条、第 6.2.5 条、第 6.2.8 条、第 6.3.1 条、第 6.3.4 条、第 6.3.6 条的规定和要求。

（1）风道接口的连接应严密、牢靠。法兰垫片材料应符合系统功能性要求（本工程应为不燃材料）,厚度不应小于 3mm,垫片不应凹入管内,也不宜凸出法兰外。风道系统安装后必须进行严密性检验,检验结果应符合第 4.2.5 条和第 6.2.8 条的要求,合格后方能交付下一道工序。风道系统严密性检验以主、干管为主。在加工工艺得到保证的前提下,低压风道系统可采用漏光法检测。

（2）风道吊架采用膨胀螺栓等胀锚方法固定时,必须符合其相应技术文件的规定。风道支、吊架间距和安装要求见表 2.7.6－1。

（3）复合改性菱镁无机玻璃钢风道的连接处接缝应牢固,无孔洞和开裂;连接两法兰端面应平行、严密,法兰螺栓两侧应加镀锌垫圈。

（4）风道穿过需要封闭的防火、防爆墙体或楼板时,应设预埋管或防护套管,其钢风道支、吊架间距和安装要求板厚不应小于 1.6mm。风道与防护套管之间应用不燃且对人体无害的柔性材料封堵。

（5）风道内严禁其他管线穿越;室外立管的固定拉索严禁拉在避雷针或避雷网上;安装在易燃、易爆环境内的风道系统应有良好的接地;输送易燃、易爆气体的风道系统应有良好的接地,当它通过生活区或其他辅助生产房间时必须严密,并不得设置接口。

| 风道支、吊架间距(m) | | | | | | | 支吊架的质量要求 | |
|---|---|---|---|---|---|---|---|---|
| 直径 $D$ 或 长边 $L$ | 水平风道 | | | | 垂直风道 | | 位　置 | 质　量 |
| | 一般 风道 | 螺旋 风道 | 薄钢板法 兰风道 | 复合材料 风道 | 一般 | 单根 直管 | | |
| ≤400 | ≤4m | ≤5m | ≤3m | 按产品标准 规定设置 | ≤4m | ≥2 个 | 应离开风 口、阀门、 检查口、 自控机构 处；距离 风口、插 接管 ≥ 200mm | 1. 抱箍支架折角应平直、紧贴箍 紧风道 2. 圆形风道应加托座和抱箍,它 们圆弧应均匀,且与外径相一致 3. 非金属风道应适当增加支吊 架与水平风道的接触面 4. 吊架的螺孔应用机械加工,吊 杆应平直,螺纹应完整、光洁。受力 应均匀,无明显变形 |
| >400 | ≤3m | ≤3.75m | ≤3m | — | — | — | | |
| >2500 | 按设计要求设置 | | | | | | | |

（6）风道安装前和安装后应检查和清除风道内、外的杂物,做好清洁和保护工作;连接法兰螺栓应均匀拧紧,其螺母应在同一侧,螺栓伸出螺母长度应不大于一个螺栓直径。

（7）风道的连接应平直、不扭曲。明装水平风道的水平度的允许偏差为 3/1000,总偏差不应大于 20mm。暗装风道位置应正确、无明显偏差。柔性短管的安装应松紧适度,无明显扭曲。

（8）风道附件的安装必须符合如下要求：

A．各类风道部件、操作机构应能保证其正常的使用功能和便于操作;

B．斜插板阀的阀板必须为向上拉启,水平安装时插板阀的阀板还应为顺气流方向插入;

C．止回阀、自动排气阀门的安装应正确。

（9）防火阀、排烟阀（口）的安装方向、位置应正确。防火分区隔墙两侧的防火阀距离墙面不应大于 200mm。

### 6.2.4　风口的安装

墙上风口的安装,应随土建装修进行,先做好埋设木框,木框应精刨细作。然后在风口和阀件上钻孔,再用木螺丝固定,安装时要注意找平,并用密封胶堵缝。与土建排风竖井的固定应预埋法兰,固定牢靠,周边缝隙应堵严。风口的安装质量应符合第 6.3.11 条的要求。

### 6.2.5　通风机房设备和配管的安装

1．运往现场的设备厂家应按 DBJ 01—51—2000《建筑安装工程资料管理规程》的要求,提供一切必须的安装技术资料。

2．安装前应做好设备进场开箱检验,办理检验手续,研读使用安装说明书,充分了解其结构尺寸和性能,加速施工进度,提高安装质量。

3. 安装前应详细审阅图纸,明确工艺流程和各设备的接口位置和尺寸,先在纸面上放大,再到实地检验调整,使各管道部件加工尺寸合适、连接顺利、外观整齐。

4. 机房内设备和配管的安装应符合 GB 50243—2002 第 7.1.2 条 ~ 第 7.1.5 条、第 7.2.1 条、第 7.3.1 条的规定。

5. 安装后按 GB 50243—2002 相关条文要求进行单机试运转,并测试有关参数,填写试验记录单。

6. 机房配管安装应严格按设计和规范要求进行,安装后应进行渗漏检查和隐检验收后,再进行保温。

### 6.2.6 防火阀、调节阀、密闭阀安装

防火阀、调节阀、密闭阀的安装必须注意设备与周围围护结构应留足检修空间,安装时还应注意安装空间对将来调试、维护、替换的可能性和熔断片温度、安装方向的正确性。安装后启闭应灵活,详细参阅 91SB6 的施工做法。

# 7 保证实现工期目标、现场管理的各项目标和措施

## 7.1 工期目标与保证实现工期目标的措施

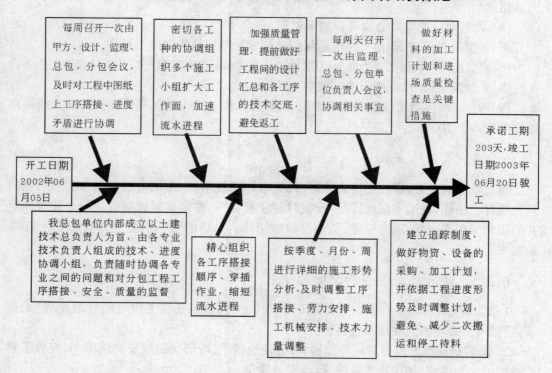

## 7.2 降低成本目标及措施

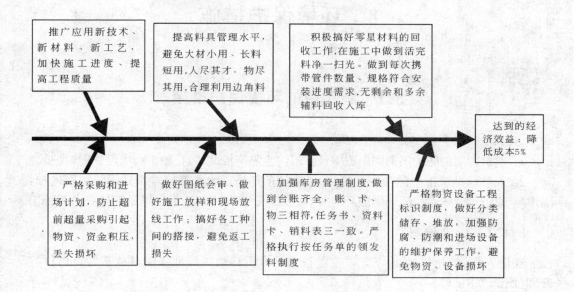

## 7.3 文明施工现场管理目标及措施

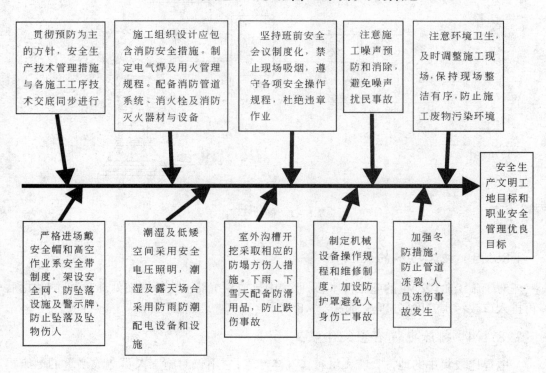

# 8  环境保护措施

## 8.1  施工中的环境保护措施

### 8.1.1  噪声控制

1．建筑四周的防护隔离网内侧增设一层防尘隔声板，以阻止粉尘和噪声往周围扩散。

2．入装修期施工中的噪声控制，除了维持前期施工阶段整栋建筑外围防护网内加衬隔声层，防止噪声外溢，污染周围环境外，对发声量较大的施工工序尽量安排在白天施工。

### 8.1.2  粉尘控制

在进入装修期间对装修工艺发尘量较大的采用移动式局部吸尘过滤装置，进行局部处理（图 2.7.8－1）。

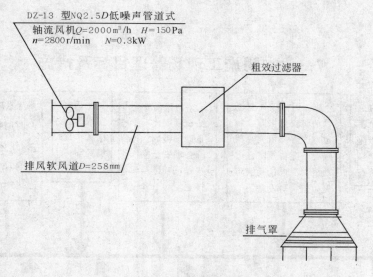

图 2.7.8－1  移动式除尘装置

### 8.1.3  施工污水的处理

对于施工阶段产生的施工污水，采取集中排放到沉淀池进行沉淀处理，经检测达标后再排入市政污水管网（处理流程图 2.7.8－2）。

### 8.1.4  排除电焊有害气体装置

电焊比较集中的地方会有大量有害气体产生，它不仅对施工人员造成严重的健康损害,也对周围环境造成较严重的污染,因此必须采用专用的排风设备(图 2.7.8-3)进行排除。

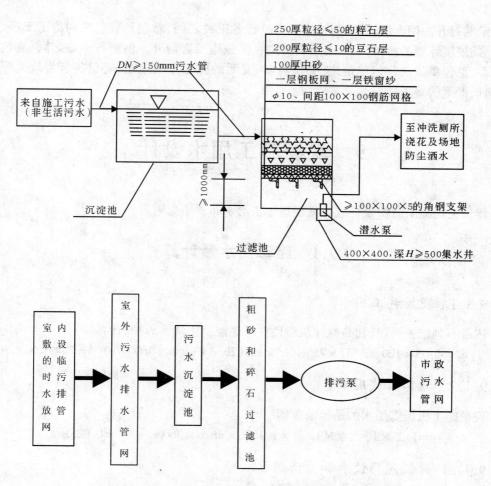

图 2.7.8-2 现场施工污水处理流程和结构示意图

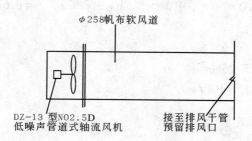

图 2.7.8-3 移动式电焊排烟装置

## 8.2 加强协调确保环保措施的实现

定期召开协调会议,除了加强施工全过程各工种之间、总包和分包之间施工工序、技术矛盾、进度计划的协调,将所有矛盾解决在实施施工之前外。做到各专业之间(总包单位内部、总包单位与分包单位之间)按科学、文明的施工方法施工,避免各自为政无序施工,造成严重的施工环境污染事故。

# 9 现场施工用水设计

详见土建施工组织设计或详见现场施工给水布置图见附页。

## 9.1 施工用水量计算

### 9.1.1 现场施工用水

按最不利施工阶段(初装修抹灰阶段并考虑混凝土浇水养护)计算

$$q_1 = 1.05 \times 120(\text{m}^3/\text{d}) \times 750\text{L}/\text{m}^3 \times 1.5(2\text{b}/\text{d} \times 8\text{h}/\text{b} \times 3600\text{s}/\text{h})^{-1} = 2.49\text{L}/\text{s}$$

### 9.1.2 施工机械用水

现场施工机械需用水的是运输车辆

$$q_2 = 1.05 \times 10\ \text{台} \times 50\text{L}/\text{台} \times 1.4(3\text{b} \times 8\text{h}/\text{b} \times 3600\text{s}/\text{h})^{-1} = 0.085\text{L}/\text{s}$$

### 9.1.3 施工现场饮水和生活用水

现场施工人员高峰期为 700 人/d,则

$$q_3 = 500 \times 50 \times 1.4(2\text{b} \times 8\text{h}/\text{b} \times 3600\text{s}/\text{h})^{-1} = 0.61\text{L}/\text{s}$$

### 9.1.4 消防用水量

1. 施工现场面积小于 25hm²
2. 消防用水量　　$q_4 = 10\text{L}/\text{s}$

### 9.1.5 施工总用水量 q

$$\because q_1 + q_2 + q_3 = 3.185\text{L}/\text{s} < q_4 = 10\text{L}/\text{s}$$

$$\therefore q = q_4 = 10\text{L}/\text{s} = 0.01\text{m}^3/\text{s} = 36\text{m}^3/\text{h}$$

## 9.2　贮水池计算和水泵选型

本工程仅依靠市政自来水供应即可,不需另设蓄水池和加压泵。

## 9.3　输水主干管道管径计算

$$D = [4G(\pi v)^{-1}]0.5 = [4 \times 0.010(2.5 \times \pi)^{-1}]0.5 = 0.0714\text{m} \approx 80 \text{ mm}$$

为了安全最后取 $DN = 100$

式中　　$D$——计算管径(m);

$\quad\quad DN$——公称直径(mm);

$\quad\quad G$——流量(m³/s);

$\quad\quad v$——流速(按消防时管内流速考虑 v = 2.5m/s)(m/s)。

## 9.4　施工现场供水管网平面布置图

详见附图或土建施工组织设计。

# 八、首都国际机场东西跑道联络通道工程 供热、给水、排水安装工程 施工组织设计

# 1 编制依据和采用标准、规程

## 1.1 编制依据

编制依据见表 2.8.1-1。

编制依据

表 2.8.1-1

| | |
|---|---|
| 1 | 北京首都国际机场东西跑道联络通道工程道路综合管线工程招标文件 |
| 2 | 中国民航机场规划设计研究院施工图纸 |
| 3 | 中国新兴建设开发总公司质量体系文件：ZXJ/ZB 0100—2000《质量手册》、ZXJ/ZB 0202—2000《施工组织设计控制程序》 |
| 4 | 施工工程概算、施工现场场地实际情况 |
| 5 | 国家及北京市有关文件规定 |

## 1.2 采用标准和规程

采用标准和规程见表 2.8.1-2。

采用标准和规程

表 2.8.1-2

| 序号 | 标准编号 | 标 准 名 称 |
|---|---|---|
| 1 | GB 50235—97 | 工业金属管道施工及验收规范 |
| 2 | GBJ 126—89 | 工业设备及管道绝热工程施工及验收规范 |
| 3 | GB 50264—97 | 工业设备及管道绝热工程设计规范 |
| 4 | GB 50268—97 | 给水排水工程施工及验收规范 |
| 5 | GBJ 242—82 | 采暖与卫生工程施工及验收规范 |
| 6 | CECS 18:90 | 室外硬聚氯乙烯给水管道工程施工及验收规范 |
| 7 | CJJ 28—89 | 城市供热管网工程施工及验收规范 |
| 8 | DBJ 01—26—96 | 北京市建筑安装分项工程施工工艺规程(三) |
| 9 | CJJ 38—90 | 城市供扇管网工程质量检验评定标准 |
| 10 | GBJ 302—88 | 建筑采暖与煤气工程质量检验评定标准 |
| 11 | 国标给排水标准图集 | S222、S231、88S162、CS345、热力管道安装标准图集及华北地区图集 91SB1、91SB3、91SB4、91SB9 |

# 2 工程概况

本工程是首都国际机场北通道改扩建工程的一项子项工程,主要施工区域长约1400m(机场北侧西雷达至东侧东雷达),宽约19m(即机场坐标 P97+20 至 P97+1.0)内的污水管线、半通行电缆地沟、通讯电缆排管、通行热力地沟、道路照明电缆、道路及北区生活给水管线、污水管线、道路、排水沟等。

## 2.1 给水工程

给水工程主要是北区的室外生活和消防给水管网。管网安装范围在机场坐标(P97+8.00,H18+25.00)至(P96+36.50,H46+29.79),并与新建小区的阀门 8 相连。给水管网包括生活给水和消火栓安装,设计工作压力为 0.6MPa,管道的材质 $DN \geqslant 100$ 为 UPVC 室外硬聚氯乙烯给水管道(应采用 ISO4422-90 国际标准生产的产品,产品检验应采用 ISO 标准),为乘插粘贴连接;$DN < 100$ 为球墨铸铁管道或热镀镀锌钢管,球墨铸铁管道为乘插连接,内做水泥砂浆防腐,外做二遍沥青防腐。热镀镀锌钢管(当与原有建筑进户引入管采用热镀镀锌钢管时)$DN \leqslant 100$ 为丝扣连接(套丝外露处为保证质量我们准备采用美国进口的 IC531 新型防腐涂料防腐)。当 $DN \geqslant 300$ 时在管道转弯角度 $> 22.5°$ 时采用混凝土支墩,做法见 CS345。

## 2.2 排水工程

排水管线分两段:

1. 机场北侧西雷达至东侧东雷达区间内。污水管安装范围为(P97+18.50,H24+14.00)至(P97+18.50,H35+13.50)并接入污水井排 19。

2. 北区生活污水管线污水管的安装范围为(P95+26.00,H15+33.00)至(P96+33.00,H44+31.00),并接至原站坪污水井。

3. 排水沟:由土建负责。管材 $DN300$ 和 $DN400$ 为重型钢筋混凝土管,管基采用以 135°素混凝土管基,接口为钢丝网水泥砂浆抹带连接;管道基础较差的地段管基采用以 180°素混凝土管基。

## 2.3 热力管线安装工程

热力管线包括现有北区采暖供热管网的主干线和沿线的各单位的进户引入管的安装。热力管网安装的具体范围包括(P97+11.65,H18+4.50)到(P97+11.65,H43+17.00)地沟内管道的安装。热力管道由换热站接入,并且:

1. 管道接至新建小区的进户线 JN-8;

2. 管线与进户线 JN-12 连接的管线长度约 12m(不含进户线 JN-12);

3. 与 58 号站的连接管道为直埋敷设,管线埋到室外 2m 处;

4. 由热力站到管廊区间地沟敷设管线的安装。

主管沟为通行整体现浇钢筋混凝土结构,内部安装有供暖的供、回水干管和蒸汽管道;12m 地带为砖砌半通行地沟,内部安装供暖的供、回水干管。一次热媒温度为 130℃/90℃,二次热媒(供暖)温度为 95℃/70℃。供暖管道额定工作压力为 0.46MPa。供暖管道管材分别采用 $DN < 125$ 为焊接钢管(GB 3092—82)、$DN > 125$ 为无缝钢管(GB 8163—87)、$DN > 250$ 为螺旋焊接钢管(SYB 10004—63);蒸汽管道采用无缝钢管;管道间接口为焊接,管道与阀门或伸缩器间采用法兰连接。补偿器为套筒式补偿器,保温材料为岩棉管壳,$\delta = 4mm$,做法见 91SB – 热力柔质结构。

# 3 施工中应特别注意的问题

为确保工程质量,避免因质量事故影响机场的正常运转,有损国家的声誉,造成严重的政治恶果。因此施工质量的保证是本工程的重中之重。

1. 注重进场设备、材料的质量:

(1) 材料的机械性能、化学成分一定要符合设计和规范的要求,因此设备和原材料的生产厂家一定是国家较大型的厂家;采购前应对产品厂家进行考察,严禁向小厂、质量差的厂家订购货物,尤其是生产设备和生产工艺落后的乡镇企业。

(2) 材料规格一定要符合设计和规范规定的要求,外径要与选用的管材匹配,壁厚应≥设计管材的壁厚。钢筋混凝土管道强度应符合设计要求,无裂纹和损伤。

2. 注意钢材(管材、型钢等)的除锈工序,它是下一工序(防腐工序)质量的保证;也是工程寿命能否保证的关键工序。因此除了加强"三检"等贯标程序外,尚应建立施工人员登记表册,实行挂牌施工,以便将来出现事故时能方便地找到责任人。

3. 注重沟底沟壁外围回填土的回填质量,它是避免排水、给水等管道因基础不牢而下沉,造成管道积水、破裂渗漏和将来地面沉陷事故的原因。

措施是:

(1) 加强对土建基础回填质量的监督与验收力度,确保基础施工质量合格;

(2) 严格执行工序间的交接验收制度,未办理基础交接验收手续的,直埋管道不得进行管道安装;

(3) 按设计要求,做好管道支座(墩)施工,以确保管道不下沉;

(4) 管道支座(墩)不得敷设在冻土和未经处理的松土上。

注意埋地管道的水压和渗水渗漏试验,即《工程招标文件》(第二卷)4.1.2 条第 3 – 1)、2)、3)款的要求。尤其是第 3 – 3)款要求与一般建筑工程的施工工序是有区别的。因此:

(A) 在管道就位安装前应对管道产品(尤其是下水管道)的严密性进行检查,以免试验时才发现管道渗漏,加大返工工作量;

(B) 试验时除了检查接头处的密闭性外,还应观察埋土管道部分覆盖土壤有无渗水痕迹。

4．注重管道焊接焊缝的质量：

（1）焊接工人必须持有压力容器焊接准许证的工人才许可上岗；建立定期和不定期的焊接工人资质检查制度，发现无证上岗的焊接工人，除了立即撤离外，并对当事人和管理人员予以处罚。

（2）按 GB 50235—97 的要求，对每条焊缝进行 100% 的超声波探伤检测。

5．热镀镀锌钢管（当原有建筑进户引入管采用热镀镀锌钢管时）$DN \leqslant 100$ 为丝扣连接，套丝外露处和锌皮损坏部位为保证质量我们准备采用美国进口的 IC531 新型防腐涂料；$DN > 100$ 采用法兰连接，为保证质量我们准备采用先预装然后拆卸下来，送厂镀锌防腐，再安装。

6．注意支架的安装。尤其是固定支架的安装，一定要事先进行放样，并做好安排，配合土建施工进行埋设；支架的制作应特别注意选用型钢规格、厚度应符合设计要求。

7．安装期间应特别注意清理管道内的污物（泥土、砂粒、石子），未经检查合格并办理交接检的，不得进行管道的连接施工工序。同时还应及时封堵敞口，避免污物进入管内；提高警惕，严防有人故意将异物塞进管内，造成管路堵塞。

8．施工试验标准应以设计要求和规范要求为准，凡是规范要求比设计要求高的以规范要求为准；凡是规范要求比设计要求低的以设计要求为准。

9．应注意按暖施 1A 第 10 条说明在管道的低点设泄水管和疏水器；在高处设排气管。

10．由于岩棉保温管壳目前多为乡镇企业生产，产品尺寸极不稳定，外径尺寸误差较大，因此安装前应认真挑选，尽量使相邻管段保温后外径一致；且保温壳之间的缝隙要用碎片填实，以保证施工质量和外观质量整齐美观。在安装过程中应避免保温材料被水打湿影响保温效果。

11．钢质管道的弯头、变径管应采用钢制或锻压配件，其外径、厚度应与采用管道的外径、厚度相匹配。渐变径管热水管道采用上平下斜渐变径管；蒸汽管道采用下平上斜渐变径管；给水管道和凝结水管道、垂直管道采用同心渐变径管。加工尺寸应符合 S311 - 1 ~ 5、9 ~ 13 的规定（表 2.8.3 - 1、表 2.8.3 - 2，尺寸见图 2.8.3 - 1）。

12．解决好管道试压和冲洗时废水的排放，避免因废水的排放影响工程质量和污染环境（详见后面的 4.4 节 6.7 款）。

异径管（渐变径管）规格尺寸表（给水排水标准图集 S311 - 9 ~ 13）　　表 2.8.3 - 1

| $DN_1$ | $DN_2$ | $L$ | $\delta$ | 重量(kg/个) | $DN_1$ | $DN_2$ | $L$ | $\delta$ | 重量(kg/个) |
|---|---|---|---|---|---|---|---|---|---|
| 80 | 50 | 209 | 4 | 1.31 | 450 | 250 | 549 | 9 | 44.3 |
| | 70 | 168 | 4 | 1.34 | | 300 | 449 | 9 | 39.0 |
| 100 | 50 | 248 | 4 | 1.94 | | 350 | 348 | 9 | 32.0 |
| | 70 | 198 | 4 | 1.74 | | 400 | 248 | 9 | 24.5 |
| | 80 | 188 | 4 | 1.77 | 500 | 300 | 549 | 9 | 51.0 |
| 125 | 100 | 198 | 4 | 2.28 | | 350 | 448 | 9 | 43.0 |
| 150 | 100 | 248 | 4.5 | 3.17 | | 400 | 348 | 9 | 36.0 |
| | 125 | 198 | 4.5 | 2.78 | | 450 | 248 | 9 | 26.3 |

| $DN_1$ | $DN_2$ | $L$ | $\delta$ | 重量(kg/个) | $DN_1$ | $DN_2$ | $L$ | $\delta$ | 重量(kg/个) |
|---|---|---|---|---|---|---|---|---|---|
| 200 | 100 | 351 | 6 | 8.20 | 600 | 350 | 648 | 9 | 69.5 |
|  | 125 | 301 | 6 | 7.20 |  | 400 | 548 | 9 | 58.0 |
|  | 150 | 251 | 6 | 6.73 |  | 450 | 448 | 9 | 53.2 |
| 250 | 100 | 449 | 7 | 14.40 |  | 500 | 348 | 9 | 42.0 |
|  | 125 | 399 | 7 | 13.30 | 700 | 400 | 748 | 9 | 95.5 |
|  | 150 | 349 | 7 | 12.80 |  | 450 | 648 | 9 | 84.0 |
|  | 200 | 252 | 7 | 10.20 |  | 500 | 548 | 9 | 73.0 |
| 300 | 125 | 499 | 8 | 22.0 |  | 600 | 348 | 9 | 51.2 |
|  | 150 | 449 | 8 | 20.9 | 800 | 450 | 848 | 9 | 121.0 |
| 300 | 200 | 352 | 8 | 18.0 |  | 500 | 748 | 9 | 111.0 |
|  | 250 | 250 | 8 | 14.0 |  | 600 | 548 | 9 | 87.0 |
| 350 | 150 | 548 | 9 | 32.0 |  | 700 | 348 | 9 | 59.0 |
|  | 200 | 451 | 9 | 29.0 | 900 | 500 | 948 | 9 | 150.0 |
|  | 250 | 349 | 9 | 24.0 |  | 600 | 748 | 9 | 121.0 |
|  | 300 | 249 | 9 | 18.7 |  | 700 | 548 | 9 | 100.0 |
| 400 | 200 | 549 | 9 | 38.5 |  | 800 | 348 | 9 | 67.0 |
|  | 250 | 449 | 9 | 33.7 | 1000 | 600 | 948 | 9 | 196.0 |
|  | 300 | 349 | 9 | 28.5 |  | 700 | 748 | 9 | 132.0 |
|  | 350 | 248 | 9 | 21.5 |  | 800 | 548 | 9 | 119.0 |
|  |  |  |  |  |  | 900 | 348 | 9 | 78.0 |

注:额定工作压力 $DN \leqslant 600$,$P_N \leqslant 1.6$MPa;$DN = 700 \sim 1000$,$P_N \leqslant 1.0$MPa。

### 钢制(焊接)弯头规格尺寸表(给水排水标准图集 S311-1~5)　　表2.8.3-2

| | $DN$ | | 50 | 70 | 80 | 100 | 125 | 150 | 200 | 250 | 300 |
|---|---|---|---|---|---|---|---|---|---|---|---|
| 90°弯头 | $\delta$ | mm | 3.5 | 4 | 4 | 4 | 4 | 4.5 | 6 | 7 | 8 |
| | R | | 90 | 110 | 130 | 160 | 185 | 210 | 260 | 260 | 260 |
| | $L_0$ | | 125 | 144 | 164 | 194 | 224 | 244 | 292 | 300 | 300 |
| | 重量 | kg | 1.22 | 1.77 | 2.15 | 3.20 | 4.56 | 7.20 | 15.65 | 22.00 | 29.00 |
| | $DN$ | | 350 | 400 | 450 | 500 | 600 | 700 | 800 | 900 | 1000 |
| | $\delta$ | mm | 9 | 9 | 9 | 9 | 9 | 9 | 9 | 9 | 9 |
| | R | | 300 | 350 | 400 | 450 | 490 | 540 | 640 | 680 | 730 |

| | | | | | | | | | | | |
|---|---|---|---|---|---|---|---|---|---|---|---|
| 90°弯头 | $L_0$ | mm | 339 | 389 | 439 | 489 | 529 | 579 | 679 | 719 | 769 |
| | 重量 | kg | 42.30 | 58.50 | 65.20 | 93.80 | 120.0 | 152.0 | 214.0 | 244.0 | 314.0 |
| 60°弯头 | $DN$ | | 50 | 70 | 80 | 100 | 125 | 150 | 200 | 250 | 300 |
| | $\delta$ | mm | 3.5 | 4 | 4 | 4 | 4 | 4.5 | 6 | 7 | 8 |
| | R | | 90 | 110 | 130 | 160 | 185 | 210 | 260 | 260 | 260 |
| | $L_0$ | kg | 95 | 104 | 114 | 134 | 149 | 159 | 192 | 190 | 190 |
| | 重量 | | 1.03 | 1.43 | 1.88 | 2.34 | 3.32 | 5.18 | 11.15 | 17.00 | 20.50 |
| | $DN$ | mm | 350 | 400 | 450 | 500 | 600 | 700 | 800 | 900 | 1000 |
| | $\delta$ | | 9 | 9 | 9 | 9 | 9 | 9 | 9 | 9 | 9 |
| | R | | 300 | 350 | 400 | 450 | 490 | 540 | 640 | 680 | 730 |
| | $L_0$ | kg | 21 | 244 | 269 | 299 | 324 | 354 | 409 | 434 | 459 |
| | 重量 | | 31.50 | 41.10 | 53.50 | 66.50 | 85.00 | 103.5 | 145.0 | 171.0 | 202.0 |
| 45°弯头 | $DN$ | | 50 | 70 | 80 | 100 | 125 | 150 | 200 | 250 | 300 |
| | $\delta$ | mm | 3.5 | 4 | 4 | 4 | 4 | 4.5 | 6 | 7 | 8 |
| | R | | 90 | 110 | 130 | 160 | 185 | 210 | 260 | 260 | 260 |
| | $L_0$ | | 75 | 84 | 94 | 104 | 119 | 129 | 142 | 150 | 150 |
| | 重量 | kg | 0.84 | 1.09 | 1.60 | 1.73 | 2.46 | 3.82 | 8.45 | 12.60 | 18.70 |
| | $DN$ | | 350 | 400 | 450 | 500 | 600 | 700 | 800 | 900 | 1000 |
| | $\delta$ | mm | 9 | 9 | 9 | 9 | 9 | 9 | 9 | 9 | 9 |
| | R | | 300 | 350 | 400 | 450 | 490 | 540 | 640 | 680 | 730 |
| | $L_0$ | | 164 | 184 | 204 | 224 | 244 | 264 | 304 | 324 | 344 |
| | 重量 | kg | 23.20 | 33.8 | 41.20 | 51.20 | 66.00 | 81.00 | 110.0 | 127.0 | 150.0 |
| 30°弯头 | $DN$ | | 50 | 70 | 80 | 100 | 125 | 150 | 200 | 250 | 300 |
| | $\delta$ | mm | 3.5 | 4 | 4 | 4 | 4 | 4.5 | 6 | 7 | 8 |
| | R | | 90 | 110 | 130 | 160 | 185 | 210 | 260 | 260 | 260 |
| | $L_0$ | | 65 | 69 | 74 | 84 | 89 | 94 | 112 | 110 | 110 |
| | 重量 | kg | 0.58 | 1.02 | 1.22 | 1.71 | 2.26 | 3.26 | 6.62 | 11.00 | 13.29 |
| | $DN$ | mm | 350 | 400 | 450 | 500 | 600 | 700 | 800 | 900 | 1000 |
| | $\delta$ | | 9 | 9 | 9 | 9 | 9 | 9 | 9 | 9 | 9 |

| 30°弯头 | R | mm | 300 | 350 | 400 | 450 | 490 | 540 | 640 | 680 | 730 |
|---|---|---|---|---|---|---|---|---|---|---|---|
| | $L_0$ | | 119 | 134 | 144 | 159 | 174 | 184 | 209 | 224 | 234 |
| | 重量 | kg | 17.00 | 24.60 | 29.70 | 35.89 | 47.40 | 58.20 | 75.40 | 91.00 | 105.2 |
| 22.5°弯头 | DN | mm | 50 | 70 | 80 | 100 | 125 | 150 | 200 | 250 | 300 |
| | $\delta$ | | 3.5 | 4 | 4 | 4 | 4 | 4.5 | 6 | 7 | 8 |
| | R | | 90 | 110 | 130 | 160 | 185 | 210 | 260 | 260 | 260 |
| | $L_0$ | | 55 | 59 | 64 | 69 | 79 | 84 | 92 | 95 | 95 |
| | 重量 | kg | 0.49 | 0.86 | 1.06 | 1.43 | 2.00 | 2.90 | 5.46 | 9.50 | 11.50 |
| | DN | mm | 350 | 400 | 450 | 500 | 600 | 700 | 800 | 900 | 1000 |
| | $\delta$ | | 9 | 9 | 9 | 9 | 9 | 9 | 9 | 9 | 9 |
| | R | | 300 | 350 | 400 | 450 | 490 | 540 | 640 | 680 | 730 |
| | $L_0$ | | 99 | 109 | 119 | 129 | 139 | 149 | 164 | 174 | 184 |
| | 重量 | kg | 14.08 | 19.90 | 24.39 | 29.38 | 38.00 | 47.50 | 59.50 | 71.00 | 83.50 |

注:额定工作压力 $DN \leqslant 600$,$P_N \leqslant 1.6MPa$;$DN = 700 \sim 1000$,$P_N \leqslant 1.0MPa$。

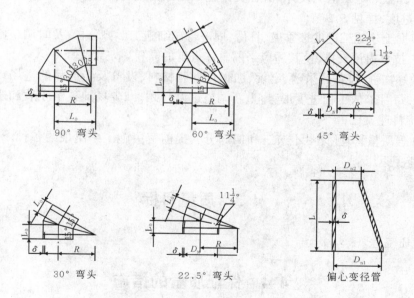

注:1. 本图尺寸依据给排水标准图 S311—1~5、9~13 绘制;
　　2. 同心变径管的高度与偏心变径管相同。

图 2.8.3-1　钢制弯头及变径管尺寸图

13．因安装工作均在室外进行，因此应特别注意雨天施工的防滑、防摔伤及漏电等安全事故的发生；以及塌方及管件下料时造成的工伤事故。为了在狭窄半封闭地沟内安装焊接烟雾的排放和人员安全，施工时应增设送风和排风设施。

# 4 质量目标和保质措施

## 4.1 工期目标

招标工期为 123d，2000 年 6 月 16 日开工，2000 年 10 月 15 日竣工。

## 4.2 实现工期目标的措施

为配合土建竣工工期 123d 的目标，拟定如下实施措施：

1．在本工程指挥部统一指挥下，密切各工种的协调，紧密配合土建工序扩大工作面，加速施工流水进程。

2．认真做好施工组织设计，精心安排施工工序搭接，穿插施工，缩短工序间隔时间，提高工程进度，详见 5.2 节。

3．根据土建施工进度按季度、月份、周进行详细施工形势分析，及时调整施工工序搭接和劳力、技术力量安排，使其适应当前总体进度的需要。

4．做好物资、设备的采购、定货、加工计划和材料、设备及半成品的进场计划。建立追踪制度，每月末依工程进度形势，重新调整进度计划，减少场地狭窄矛盾和避免二次搬运、停工待料现象。

5．加强质量管理〔详见本节三和四部分〕，提前解决施工中出现的各种矛盾，保证一次成活，避免返工。

## 4.3 质量目标

市优质工程。

## 4.4 保证质量的措施

1．调配我公司在人民大会堂及金隆基工程施工的管理人员，组成本工程施工的项目领导班子，建立强有力的领导机构。

2．选派参加过上述工程和参加过获得长城杯奖的昌平公安部消防器材研究中心工程和解放军总医院锅炉房工程安装的施工队，承担本工程的施工任务。

3. 实行军事化管理,实行班排建制,统一服装,统一行为规范。

4. 建立挂牌施工制度,便于查找施工质量事故责任人;并实行质量与工资待遇挂钩的奖酬制度,调动施工人员的质量意识。

5. 严格执行《工程招标文件》(第二卷)第4.1.2条、第4.1.3条、第4.2.2条、第4.2.3条、第6.2条、第6.3条的设计施工要求和质量标准和本施工组织设计第一条第(二)款中各规范的施工要求和质量标准。

6. 协调土建专业做好沿热力管沟集水井的施工,以便施工、安装时排除施工积水、水压试验泄水、冲洗试验排水;在埋地敷设的给水管道和排水管道沿线也每隔50m左右增设500×500×500(h)砖砌集水井(防水砂浆抹面防水)一个,以便施工时排除水压试验后的泄水;渗水试验、冲洗试验的排水。

7. 增设管道冲洗的加压泵和排水泵,确保管道的冲洗质量。管道冲洗试验的加压泵和排水潜水泵流量应满足如下的流量要求:

$$Q \geqslant 1.2 \times 1.5F = 1.4137D^2 \qquad\qquad \text{m}^3/\text{s}$$

式中　$Q$——水泵的流量($\text{m}^3/\text{s}$);

　　　$F$——试验管道的最大断面积($\text{m}^2$);

　　　$D$——试验管道的最大断面管段的直径($\text{m}$)。

8. 依据施工组织设计及施工进度,组织专门专业技术骨干,对管道交叉复杂地点的安装工作进行认真研究,找出合理可行的施工方案和技术措施,安排详细的施工工序搭接、质量保证措施与交接验收管理制度,编制工序施工技术交底资料,使施工人员对该工序的技术重点、难点、保质技术措施了如指掌,确保设计要求及国家技术规定得以如实贯彻,并做到一次成活。技术交底要做好记录,在实施过程中各负其责,做到质量责任、进度计划层层落实到人。

9. 严格班组"三检制度"(自检、互检、交接检),实行四定(定量、定点、定人、定时)的施工管理,质量要求落实到人,把质量优劣与经济挂钩,实行优奖劣罚制度,使提高质量意识深入每个人头脑中。在"三检制度"基础上,由专业施工队组织工种、班组、监理技术人员进行合验,确保达到优质要求。

10. 为了保证各工序达到预定质量目标,进场材料、设备的质量是关键的一关,因此在本工程建立材料、设备进场检验小组,严格进场检验制度,各种证件和应有的检测报告、说明书不齐的,质量有问题的材料、设备不许进场,测试为不合格的产品不能在工程中使用。

11. 贯彻总公司 ZXJ/ZB 0211—2000《工程标识和可追溯性控制程序》做好现场加工场区,物资设备堆放标识工作,标识牌要美观、规范。对设备前后连接管道上的控制调节阀门和系统主控阀门、规范及设计单位要求试压的阀门,应认真与图纸对应编号,逐个试压,并做好工程标识,专人负责保管,安装时对号入座。

12. 事先准备测试调节仪表,研究调试测量及测试资料记录方案,做好调试人员培训,严格计量器具的管理与校验。由专人按总公司计量管理办法进行定期维护和保养,确保各种计量仪器检测设备的合格率,为施工质量的提高创造条件。

13. 技术资料填写工整,内容简明扼要,笔迹有区分,签字齐全,整理规范,符合市建委418号文件要求,定期将资料送上级主管单位检查、验收。

# 5 施工部署

## 5.1 施工组织机构及施工组织管理措施

总的施工组织机构详见土建专业施工组织设计。安装工程将由项目经理部组织参加过有影响的大型优质工程施工的技术人员和技术工人参加施工,在技术上确保达到优质目标。具体施工组织管理措施如下:

1. 建立由项目经理、项目技术主管工程师、专业技术主管、材料供应组长组成的本工程专业施工安装项目领导班子,负责本工程专业施工的领导、技术管理、材料供应和进度协调工作。

2. 组织由项目主管工程师、项目专业技术主管、暖卫、电气专业负责工程师、专业施工工长、专业施工质量检查员等技术人员组成的专业技术组,负责施工技术、施工计划、变更洽商和各工种技术资料的填写与管理工作;技术组内除了设专职质检员负责质量监督与把关外,项目及专业技术主管工程师、专业技术负责人、施工工长也应对质量负责,尤其是主管工程师更应负全责。

3. 按专业、按项目、按工序、按系统及时进行预检、试验、隐检、冲洗、调试工作,并完成各种记录单的填写和整理工作。

4. 由专业施工队与项目经理部签订施工质量、产值和工期承包合同,层层把关负责合同履行。

## 5.2 施工力量总的部署

依据本工程设备安装专业工程量的安排如下。

1. 给水排水工程:给排水工程安装组 30 人(其中电焊工 2 人、机械安装工 1 人)。

2. 供热工程:投入水暖工人 35 人(其中电焊工 6 人、机械安装工 2 人)。

3. 土建施工的配合:与土建各流水段的配合见表 2.8.5-1。一切工作必需在竣工前 20d 完成,留 20d 时间作为检修补遗和资料整理时间。

## 5.3 施工流水作业安排

暖卫设备安装流水作业应与土建紧密配合。为了解决场地狭小和加速施工进度,减少与甲方其他单位使用上的矛盾,可分为两段(或三段)流水作业,现以为两段流水作业为例说明见表 2.8.5-1:

| 流水作业段 | 流水作业段<br>施工工序 | 第一流水作业段(西700m) | | | | | | 第二流水作业段(东700m) | | | | | |
|---|---|---|---|---|---|---|---|---|---|---|---|---|---|
| | | 挖沟 | 浇混凝土底板 | 管沟支模 | 管沟浇筑 | 管沟拆模 | 土方回填 | 挖沟 | 浇混凝土底板 | 管沟支模 | 管沟浇筑 | 管沟拆模 | 土方回填 |
| 第一流水作业段(西700m) | 土主外运 | ▬ | | | | | | | | | | | |
| | 模板进场 | | ▬ | | | | | | | | | | |
| | 管沟浇筑材料进场 | | | ▬ | | | | | | | | | |
| | 支架埋设 | | | ▬ | | | | | | | | | |
| | 管道进场 | | | | ▬ | | | | | | | | |
| | 管道下料 | | | | | ▬ | | | | | | | |
| | 管道安装 | | | | | | ▬ | | | | | | |
| | 管道试验 | | | | | | | ▬ | | | | | |
| | 管道保温 | | | | | | | | ▬ | | | | |
| 第二流水作业段(东700m) | 土建挖沟 | | | | | | ▬ | | | | | | |
| | 模板进场 | | | | | | | ▬ | | | | | |
| | 管沟浇筑材料进场 | | | | | | | | | ▬ | | | |
| | 支架埋设 | | | | | | | | | ▬ | | | |
| | 管道进场 | | | | | | | | | | ▬ | | |
| | 管道下料 | | | | | | | | | | | ▬ | |
| | 管道安装 | | | | | | | | | | | | ▬ |
| | 管道试验 | | | | | | | | | | | ▬ | |
| | 管道保温 | | | | | | | | | | | | ▬ |

# 5.4　施工准备

## 1. 技术准备

（1）组织图纸会审人员认真阅图,熟悉设计图纸内容,明确设计意图,通过会审记录明确各专业之间的相互关联,将记录图纸中存在的问题和疑问整理成文,为参加建设单位组织的设计技术交底做好书面准备。

（2）参加建设单位召集的设计技术交底,并由各组资料员和技术负责人负责交底中的记录工作。

## 2. 机械器具准备

施工所有钢材、管材、设备由工地器材组统一采购管理,贮存在基地仓库内,并按施工进场计划分批进场贮存在工地周转库房内。施工时依据下达的任务书及领料单随用随领。其他材料、配件由器材组采购入库,班组凭任务单领料。依据工程施工材料加工,预制项目的需要,故在现场设仓库一间和供各班组存放施工工具、衣物场所一间。

施工机具配备和调试测量仪表:

交流电焊机:4 台　电锤:8 把　电动套丝机:2 台　倒链:4 个

台式钻床:2 台　切割机:4 台　角面磨光机:2 台　手动试压泵:2 台

气焊(割)器:4 套　电动试压泵:2 台　超声波探伤仪:一台

弹簧式压力计:4 台　刻度 0.5℃ 玻璃温度计:6 支

管道冲洗加压泵:IS100 – 65 – 200 型 $G = 60m^3/h$、$H = 11.8mH_2O$、$n = 1450r/min$、$N = 4kW$ 1 台;IS150 – 125 – 250 型 $G = 240m^3/h$、$H = 17.5mH_2O$、$n = 1450r/min$、$N = 18.5kW$　2 台(用于冲洗)

潜污泵:QX100 × 7 – 3 型 $G = 80 \sim 120m^3/h$、$H = 7m\ H_2O$、$n = 2870r/min$、$N = 3kW$ 一台(用于排水)轴流通风机:低噪声 DZ35 型 NO5.6 $G = 9840\ m^3/h$、$H = 137Pa$、$n = 1450r/min$、$N = 1.1kW$ 1 台(排烟)

# 6　主要分项项目施工方法及技术措施

## 6.1　预埋件施工

1. 预留孔洞及预埋件施工在土建结构施工期间进行。

2. 托、支架制作按 DBJ 01—26—96(三)第 1.4.5 条规定制作,管道托、支架间距不应大于该规程的表 1.4.5 规定。固定支座的制作与施工安装设计详图施工。

3. 预埋件位置、标高应符合设计要求,质量符合 GBJ 302—88 有关规定和设计要求。

## 6.2　管道安装

1. 镀锌钢管(当与原有建筑进户引入管采用热镀镀锌钢管时)$DN \leqslant 100$ 采用丝接,安装时丝扣肥瘦应适中,外露丝扣不大于 3 扣,锌皮损坏处应采取可靠的防腐措施(涂防锈漆后再涂刷银粉漆)。$DN > 100$ 的镀锌钢管可采用焊接连接,但是应注意焊口质量和做好防腐措施。套丝外露处和锌皮损坏部位为保证质量我们准备采用美国进口的 IC531 新型防腐涂料,$DN > 100$ 采用法兰连接,为保证质量我们准备采用先预装然后拆卸下来,送厂镀锌防腐,再安装。

2. 焊接钢管、无缝钢管、螺旋焊接钢管的安装:$DN \leqslant 40$ 的采用丝扣连接,$DN > 40$ 的采用焊接,丝接接口要求同上。安装中应特别注意接管甩口的位置,以免影响支管的连接。热力管道的弯管应采用在现场实地煨弯,弯曲半径应符合规范要求,或参照前三—(十一)表执行。

管道的焊接当 $\delta \leqslant 5mm$ 时采用对口焊接,当 $\delta > 5mm$ 时采用对接 V 形坡口焊接。其外观质量要求焊缝表面无裂纹、气孔、弧坑、结瘤和夹渣,焊接咬边深度不超过 0.5mm,两侧咬边的长度不超过管道周长的 20%,且不超过 40mm(详见 GBJ 242—82 第九章)。

3. PVC－U 等硬聚氯乙烯给水管道的安装。

(1) 硬聚氯乙烯管道的安装应符合 CECS 18:90《室外硬聚氯乙烯给水管道工程施工及验收规范》和设计的有关规定。

(2) 管材、管件、胶粘剂应有合格证、说明书、生产厂名、生产日期(胶粘剂尚应有使用有效日期)、执行标准、检验员代号。

(3) 管材、管件的运输、装卸和搬运应轻放,不得抛、摔、拖。存放库房应有良好通风,室温不宜大于 40℃,不得曝晒,距离热源不得小于 1m。管材堆放应水平、有规则,支垫物宽度不得小于 75mm,间距不得大于 1m,外悬端部不宜超过 500mm,叠放高度不得超过 1.5m。

(4) 胶粘剂等存放与运输应阴凉、干燥、安全可靠,且远距火源。胶内不得含有团块和不溶颗粒与杂质,并且不得呈胶凝状态和分层现象,未搅拌时不得有析出物,不同型号的胶粘剂不得混合使用。

(5) 管道粘接时应将承口内侧和插口外侧擦拭干净,无尘砂、无水迹,有油污的应用清洁剂擦净。承插口内外侧胶粘剂的涂刷应先涂刷管件承口内侧,后涂刷插口外侧,胶粘剂的涂刷应迅速、均匀、适量、不得漏涂。管子插入方向应找正,插入后应将管道旋转 90°,管道承插过程不得用锤子击打。插接好后应将插口处多余的胶粘剂清除干净。粘接环境温度低于 －10℃ 时,应采取防寒、防冻措施。

(6) 埋地管道的敷设。

A. 埋地管道的沟底应平整、无突出的硬物。一般还应敷设厚度 100～150 mm 的砂垫层,垫层宽度不应小于管道外径的 2.5 倍,坡度应与管道设计坡度相同。埋地管道渗水试验合格后才能回填,回填时管顶 200mm 以下应用细土回填,待压实后再分层回填至设计标高。每一层回填土高度为 300mm 夯至 150mm。

B. 穿越地下墙体时应采用刚性防水套管等措施,套管应事先预埋,套管与管道外壁间的缝隙中部应用防水胶泥充填,两端靠墙面部分用水泥砂浆填实。

C. 依据放样图和安装尺寸,并依据 CECS 18:90 的有关规定到现场实地放线校验无误后,测定各管段长度,然后进行配管和裁管。裁管可用木工锯或手锯切割,但切口应垂直均匀、无毛刺。

D. 选定支承件和固定形式,按 CECS 18:90 的有关规定确定垂直管道和水平管道支承件(支墩)间距,选定支承件(支墩)的规格进行埋设。

E. 管道粘接后应迅速摆正位置,并进行垂直度、水平坡度校正。校正无误后,采取临时固定措施,待粘接剂固化后再与支承件(支墩)固定,以免损坏管件。然后拆除临时固定设施、进行回填等。

4. 铸铁上、下水管道安装。

在安装管道前应清扫管腔,将承口内侧、插口外侧端头的沥青除掉,承口朝来水方向,连接的对口间隙应不小于 3mm,找平找直后,将管子固定。管道拐弯和始端应支撑牢靠,防止捻口时轴向移动,所有管口应随时封堵好。铸铁管道捻口应密实、平整、光滑,捻口四周缝隙应均匀,垂直管道应用线坠校验使其垂直,不出现偏心、歪斜。管道安装后应及时先封堵管口,进行浇水养护,然后应进行水压和渗漏试验。

## 6.3 管道的防腐与保温

1. 管道的清污除锈。清污除锈应用钢刷清除外部锈迹,直至露出金属本色为止。管膛内部应用铁丝绑扎白布来回反复拉动清除管内壁铁锈;严重的应用压缩空气喷砂除锈。在刷油漆前还应用棉纱再擦一遍浮尘。

2. 管道、支架的防腐应按设计要求进行施工,刷防锈漆两道。

3. 管道保温因常用保温壳生产工艺低,外径尺寸误差较大,在施工前应进行挑选,同一规格的外径尺寸应尽量一致,垂直管道的保温应按设计的要求增设固定件、支撑环、支吊架等。保温层缝隙应用碎块填充密实,以免产生冷桥和外观质量问题。

## 6.4 伸缩器安装应注意事项

1. 伸缩器应水平且应与管道同心,固定支座埋设应牢靠。

2. 套筒式伸缩器应按设计的要求安装在直管段上,靠两端固定支座附近应按设计的要求安设导向支座。有关安装要求参见相关规范和使用说明书。

3. 安装时应进行预拉伸(预压缩)试验并逐个填写试验记录单。预拉伸(预压缩)后的安装长度由管道最大伸缩量确定,但应考虑管道低于安装温度运行的可能性,因此其导管支撑环与外壳支撑环之间应留有一定的间隙。其预留间隙值可参照表2.8.6-1取值。

固定支座间直管线的长度　　　　　　　　　　　表2.8.6-1

| 固定支座间直管线的长度(m) | 在下列安装温度时其间隙量 △ 的最小值(mm) | | |
| --- | --- | --- | --- |
| | 5℃ | 5~20℃ | 20℃ |
| 70 | 30 | 40 | 50 |
| 100 | 30 | 50 | 60 |

## 6.5 施工试验与调试

本工程涉及到的试验与调试如下。

1. 进场阀门强度和严密性试验。依据 GBJ 242—82 第2.0.14条规定:

(1) 本工程各专业各系统主控阀门和设备前后阀门的水压试验

A. 试验数量及要求:100%逐个进行编号、试压、填写试验单,并 ZXJ/ZB 0211—2000进行标识存放,安装时对号入座。

B．试压标准：为该阀门额定工作压力的 1.5 倍作为试验压力。观察时限及压降为 10min、$\Delta P \leqslant 0.05$MPa，不渗不漏为合格。

（2）其他阀门的水压试验试验标准同上，但试验数量按规范规定为：

A．按不同进场日期、批号、不同厂家（牌号）、不同型号、规格进行分类。

B．每类分别抽 10%，但不少于 1 个进行试压，合格后分类填写试压记录单（表式 62）。

C．10% 中有不合格的，再抽 20%（含第一次共计 30%）进行试压后，如果又出现不合格的，则应 100% 进行试压。但本工程第二批（20%）中又出现不合格的，应全部退货。

2．供水和热水供应管道试压

（1）给水管道水压试验：试压图 3.6.4−1 的试验压力 1.1MPa，且 10min 内压降 $\Delta P \leqslant 0.05$MPa，检查不渗不漏后，再将压力降至工作压力 0.6MPa，进行外观检查，不渗不漏为合格。

试验管段长度为 ≤750m。

（2）供热热水管道和蒸汽管道、凝结水管道的水压试验：

A．单项试验：包括局部隐蔽工程的单项水压试验、分支路或整个系统与设备和附件连接前的水压试验、管道保温前的水压试验，试验压力为 0.7MPa，稳压 10min 进行外观检查不渗不漏后。然后再将压力降至工作压力 $P = 0.46$MPa，30min 内压降 $\Delta P \leqslant 0.02$MPa，用重 1kg 的小锤在焊缝周围逐个进行敲击外观检查，不渗不漏为合格。应分别填写记录单。

B．综合试验：是系统全部安装完且固定支架能承受设计推力后进行的水压试验，试验压力为 0.575MPa，1.0h 内压降 $\Delta P \leqslant 0.05$MPa，外观检查不渗不漏为合格。并填写记录单。

3．室外排水管道的渗水试验：

依据 GBJ 242—82 第 7.3.5 条和 GBJ 302—88 第 7.0.2 条规定，结合本工程的具体水文地质情况，$DN \leqslant 500$ 的排水管道的渗水试验标准是灌水高度为距离管顶的高度 2~4m，灌满后 24h 内，若 1000m 长的管道渗水量（m³）不超过表 2.8.6−2 数额为合格。然后填写记录单。

渗水试验允许渗水量      表 2.8.6−2

| 管径(mm) | 小于 | 150~200 | 250 | 300 | 350 | 400 | 450 | 500 |
|---|---|---|---|---|---|---|---|---|
| 渗水量(m³) | 7.0 | 20 | 24 | 28 | 30 | 32 | 34 | 36 |

4．供暖系统伸缩器预拉伸试验：应按系统按个数 100% 进行试验[详见本章 6.4 条]，并逐个分别填写记录单。

5．管道冲洗试验

（1）管道冲洗试验应按专业、按系统、分段（每段 ≤1000m）分别进行，并分别填写记录单。

（2）管内冲水流速和流量要求

A．给水和供暖供回水管道管内流速 ≥1.5m/s，为了满足此流速要求，冲洗时可安装临时加压泵(表2.8.6-3)。

B．供暖管道冲洗前应将流量孔板、滤网、温度计等暂时拆除,待冲洗完后再安上。冲洗流量和压力按设计最大流量和压力进行(表2.8.6-3)。

临时加压泵的配置                                    表2.8.6-3

| 管道直径 | 配 置 临 时 加 压 泵 的 型 号 规 格 | 台 数(台) | 运行方式 | 备注 |
|---|---|---|---|---|
| $DN \leqslant 100$ | IS100-65-200型 $G=60m^3/h$、$H=11.8m$、$n=1450r/min$、$N=4kW$ | 1 | | $\leqslant 50$ |
| $125 \sim 200$ | IS150-125-250型 $G=240m^3/h$、$H=17.5m$、$n=1450r/min$、$N=18.5kW$ | 1 | | $\leqslant 170$ |
| $250 \sim 300$ | IS150-125-250型 $G=240m^3/h$ $H=17.5m$、$n=1450r/min$、$N=18.5kW$ | 2 | 并联运行 | $\leqslant 480$ |

注:备注栏内的数字单位为 $m^3/h$;是保持管内流速 $\geqslant 1.5m/s$ 时,管内的流量。$DN=350$ 的管道要保持管内流速 $\geqslant 1.5m/s$,管内的流量应 $\geqslant 520\ m^3/h$。

C．达标标准——直到各出水口水色和透明度、浊度与进水口一侧水质一样为合格。

(3)蒸汽管道的吹洗:依据 GB 50235—97 第 8.4.2 条的规定,蒸汽管道的吹洗用蒸汽,蒸汽压力和流量与设计同,但流速应 $\geqslant 30m/s$,吹洗前应慢慢升温,待暖管恒温 1h 后,再吹扫,应吹扫三次。

6．焊接管道的超声波试验:依据 GB 50235—97 第 7.4.3.3 条的规定抽检比例不低于5%(本工程施工方拟采用100%),其质量不得低于Ⅲ级。

7．供热和供汽系统的热工调试:按(94)质监总站第 036 号第四部分第 20 条规定和设计要求进行系统平衡调试,并按系统填写记录单。

# 7    降低成本与成品保护

本工程各专业要达到的经济效益是降低工程成本5%。

实现上述指标的技术措施和管理措施如下:

1．大力推广新技术、新材料、新工艺的使用,加快工程施工进度,提高工程质量

2．材料节约措施

(1)增强对材料节约的认识,提高料具管理水平,做到人尽其材,物尽其用,合理用料,不大材小用、长料短用,合理利用边角料,做到活完料尽,不得丢失、损坏,各种成品、设备必须有计划进场,随用随进。材料按施工平面图堆放整齐有序,管材码放搭好架子,黑铁管进场应及时除锈刷漆,预防再生锈。

(2)加强库房管理,完善各项制度。库房台帐齐全,库内干净整洁。做到帐、卡、物三相符,任务书、资料卡、销料表三一致。

(3)严格定购计划,加强材料计划管理,防止超前超量采购,避免材料积压,资金使用不合理。

(4)严格执行材料消耗定额,按任务书限额领料,控制超计划用料。领料必须有工长

或技术负责人开具的领料单,材料保管员按规格、数量严格发放,无任务书和领料单的不得发料。

(5) 积极搞好零星材料的回收工作,在施工中做到活完料净一扫光。管件、管材做到用多少带多少,不用的材料及余料及时交回仓库。

(6) 设备材料必须做好进场验收、入库保管、经常检查制度,仓库防雨、防潮措施一定落实。

3. 成品、半成品保护措施

本工程作业面小、交叉作业多,尤其是从井口爬进爬出,故成品、半成品保护工作特别重要。为确保质量,拟采取下列措施:

(1) 管沟浇筑阶段:各专业施工人员不得撬钢筋、扭曲钢筋、拆除扎丝,应在钢筋上放走道护板,严禁割主筋。要派专人看护套管、预埋件,防止移位。

(2) 加强在施人员教育,认真贯彻执行成品、半成品保护条例,确保成品、半成品得到保护,对成效突出的个人进行奖励,对损坏成品者严肃处理。

# 8 安全生产及现场达标措施

## 8.1 配合土建专业建立共同的安全生产管理网络

详见土建施工组织设计。

## 8.2 安全生产及现场达标具体措施

依本工程的具体情况,拟定如下安全生产及现场达标措施:

1. 贯彻预防为主,安全生产的方针。安全生产的注意事项、技术措施与各工序的施工技术交底同时进行。各专业必须按照各自的施工特点,认真编写安全交底内容,并落实于现场施工中。

2. 坚持班前安全会制度,遵守各项安全操作规程,杜绝违章作业。

3. 贯彻安全消防部门制定的施工组织设计的安全措施,电气焊器材及现场布置必须符合消防要求,动用电气焊时对周围易燃物质进行清除,避免火星引燃易燃物而失火。动用电气焊和用火时必须有用火证,并布置好消防器材,然后施工。进入现场严禁吸烟。

4. 进入现场必须戴安全帽,防止冲击及坠物伤人。

5. 潮湿地带及沟内狭窄空间使用电气设备要有防触电措施,照明采用36V以下安全电源电压。

6. 各种机械设备要定期检修,并有安全操作规程,不得违章操作。机械设备要有防护措施,并由专人操作。

7．管道检查井要有封闭防护措施，并悬挂警示牌，防止坠落及坠物伤人。

8．配电箱和用电设备在雨期应有防雨罩，电焊机两线必须良好，防止漏电伤人或短路失火。

9．室外沟道开挖应按土质要求放坡，放坡未达到要求的，要有可靠的支撑体系，防止塌方伤人。尤其雨期应加强防范。雨天室外作业应穿防滑鞋，防止跌伤事故。

10．存放易燃物资处应配备消防器材，如灭火器和消防箱等。

11．落实施工人员的消防教育工作，建立例会制度每季度进行一次消防演习。

## 8.3 文明施工措施

1．划分责任区，由专人负责四板一图齐全。

2．注意专业施工中的噪声处理，把噪声大的工种安排在白天施工。

3．做好油漆洒漏的预防工作，防止油漆污染。

4．增强法制观念，建立良好施工秩序，抓施工队的素质培养，保持施工现场、宿舍、食堂的整洁卫生。

5．施工现场不得随地大小便，违者重罚。

6．依据施工进度，及时调整施工现场，保持施工现场有序整洁。

# 9 施工进度计划和材料进场计划

详见土建施工组织设计。

# 10 现场施工用水设计

## 10.1 施工用水量计算

本工程因采用商品混凝土，故施工用水主要考虑消防用水。因施工现场面积小于25ha，故考虑消防用水量即可。消防用水量按 $q_4 = 10\text{L/s}$

∴施工总用水量 $q$

$$q = q_4 = 10 \text{ L/s} = 0.01\text{m}^3/\text{s} = 36\text{m}^3/\text{h}$$

## 10.2 消防加压水泵选型

1．水泵流量 $G \geqslant 36\text{m}^3/\text{h}$

2．水泵扬程估算

$$H = \sum h + h_0 + h_s + h_1 = 3 + 0 + 10 + 3 = 16 mH_2O = 0.16 MPa$$

式中　$H$——水泵扬程$(mH_2O)$；

　　　$\sum h$——供水管道总阻力$(mH_2O)$；

　　　$h_0$——水泵吸入段的阻力(拟直接接由原供水外网)$(mH_2O)$；

　　　$h_s$——用水点平均资用压力$(mH_2O)$；

　　　$h_1$——用水最高点与水泵中心线高差（$h_1 = 3m$)$(mH_2O)$；

3．水泵选型

IS100 - 65 - 200 型 $G = 60 m^3/h$、$H = 11.8m$、$n = 1450 r/min$、$N = 4kW$

## 10.3　输水管道管径计算

$$D = [4G(\pi v)^{-1}]^{0.5} = [4 \times 0.01(2.5 \times \pi)^{-1}]^{0.5} = 0.0714m$$

取 $DN = 80$

式中　　$D$——计算管径$(m)$；

　　　$DN$——公称直径$(mm)$；

　　　$G$——流量$(m^3/s)$；

　　　$v$——流速(按消防时管内流速考虑取 $v = 2.5 m/s$)$(m/s)$。

## 10.4　施工现场供水管网布置

详见施工现场供水平面布置图(略)。